电子与嵌入式系统
设计译丛

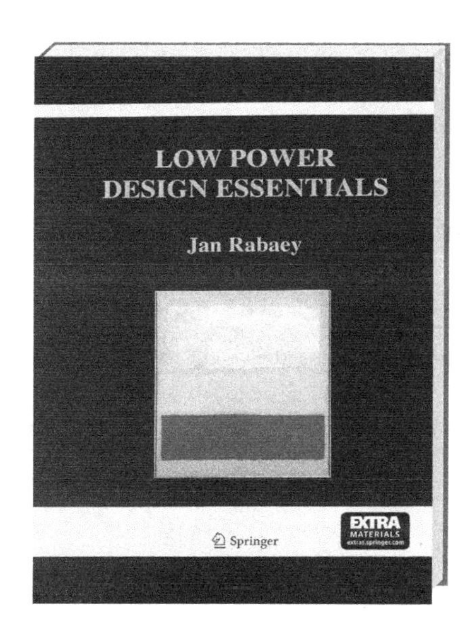

Low Power Design Essentials

低功耗设计精解

[美] 简・拉贝艾 (Jan Rabaey) 著

蒲宇 赵文峰 哈亚军 杨胜齐 译

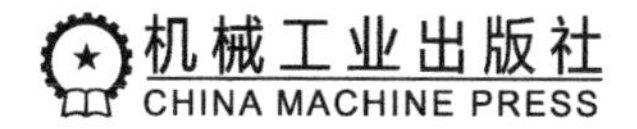

机械工业出版社
CHINA MACHINE PRESS

图书在版编目（CIP）数据

低功耗设计精解 /（美）简・拉贝艾（Jan Rabaey）著；蒲宇等译．—北京：机械工业出版社，2019.11（2023.4 重印）
（电子与嵌入式系统设计译丛）
书名原文：Low Power Design Essentials

ISBN 978-7-111-63827-8

I. 低… II. ①简… ②蒲… III. 数字集成电路 – 电路设计 IV. TN431.2

中国版本图书馆 CIP 数据核字（2019）第 222940 号

北京市版权局著作权合同登记 图字：01-2014-2860 号。

低功耗设计精解

出版发行：机械工业出版社（北京市西城区百万庄大街 22 号 邮政编码：100037）
责任编辑：张梦玲　　责任校对：殷 虹
印 刷：北京捷迅佳彩印刷有限公司　　版 次：2023 年 4 月第 1 版第 4 次印刷
开 本：186mm×240mm 1/16　　印 张：23
书 号：ISBN 978-7-111-63827-8　　定 价：129.00 元

客服电话：（010）88361066 68326294

前　　言

幻灯片 0.1

欢迎阅读本书。

近年来，功耗和能耗已经成为数字电路设计中最引人注目的问题。一方面，功耗已经严重制约了电路的运行速度；另一方面，能耗节省技术已经让我们能够造出随处可见的移动设备，它们可以在单电池供电下支持更长的待机时间。

幻灯片 0.2

你可能很想知道，既然市场上已存在很多关于低功耗设计的书（我自己也合著过其中的一些），为什么还需要本书呢？答案很简单：所有的此类书都是汇编成册的，而且都是针对在功耗和能耗的主要设计课题上已颇具专业功底的读者而编写的。今天，这些课题变得尤为引人注目，我认为需要一本适合教学的书。这意味着从基础入手，通过严格的方法论并采用统一的符号和定义来揭示不同的主题。本书采用最为先进的半导体制造工艺（90nm 及以下尺寸）结合实例阐明概念，主要适用于中短期低功耗设计课程，也非常适合想要通过自学来紧跟低功耗设计前沿的专业人士阅读。

本书目的

- 提供一种针对低功耗数字集成电路设计的教学观点
- 促进针对低功耗、低能耗设计的结构性设计方法
- 遍历设计的各个层面
- 探求边界和障碍
- 提供面向未来的观点

前言也给了我机会去阐述一个长期让人们对低功耗设计感到望而生畏的问题。业内的许多人士似乎认为，只是将一些“应用技巧”点对点套用在设计上，只有大师级的人才能把低功耗弄得水落石出，低功耗方法这个概念是一个自相矛盾的说法。事实上，近年来，研究和设计人员已经表明，这些认识一点都不正确。过去几年里，最为重要的低功耗实现之一是最低能耗的设计，这虽然很有趣，但并非我们真正的追求。通常情况下，我们是在权衡电路延迟和能耗的同时，探求一个针对指定性能的最低能耗或者针对指定能耗的最优性能。一些探索优化设计的工具能帮助我们在设计的各个层次和级别上，根据丰富的信息来权衡电路延迟和能耗。

整本书将秉承这种方法。同时我们也会探求，如果要继续降低每次运算的能耗，我们将会面临哪些必须克服的主要障碍。这自然会涉及能量可以缩放的物理极限问题。只要有可能，我们就会大胆地展望未来。

幻灯片 0.3

新颖的格式

- 在 W. Sansen 教授编著的《Analog Design Essentials》(由 Springer 出版) 中首次采用
- 幻灯片用于快速列出关键点和问题，同时提供图形化视角
- 幻灯片的注释提供深入的讲解，解释具体原因，并将各个专题串联起来
- 一个用于专题讲座的理想工具

这个前言里，你已经看到本书采用了有点非正统的方法。本书没有采用在连续而冗长的文字中偶尔插入图片的传统方式，取而代之的是相反的做法：首先是图片，文字放在其旁边作为注释。依照我的经验，一张图片比一页文字更能有效地传达信息（所谓“一图胜过千言万语”）。这种方式被 Willy Sansen 教授在他的《Analog Design Essentials》（也是由 Springer 出版的）一书中首次采用。当我第一次看见他的书时，我立刻就被他的这个创意给迷住了。我对他的那本书看得越多，就越喜欢它。故而这本书……浏览它时，你会发现，幻灯片和注释发挥了完全不同的作用。这种格式的另一个优点是，教师基本上立刻拥有了所有的课件。

幻灯片 0.4

本书的大纲采用如下方式：在建立了基础之后，着手解决三种不同操作模式下的功耗优化——设计阶段、待机阶段和运行阶段。在每种模式下所使用的技术截然不同，但所有情况下我们都要把动态功耗和静态功耗同时优化——在今天的半导体工艺下，漏电功耗几乎可以与开关功耗（switching power）相提并论。因此，将它们分开并没有太大的意义。事实上，更好的设计往往需要对两者进行精心的权衡。最后，本书总结一些常用的课题，比如设计工具、功耗的限制，以及对未来的一些预测。

大纲

- 背景
  - 第 1 章　综述
  - 第 2 章　纳米晶体管及其模型
  - 第 3 章　功耗和能耗基础
- 优化功耗 @ 设计阶段
  - 第 4 章　电路层技术
  - 第 5 章　架构、算法和系统
  - 第 6 章　互联和时钟
  - 第 7 章　存储器
- 优化功耗 @ 待机阶段
  - 第 8 章　电路与系统
  - 第 9 章　存储器
- 优化功耗 @ 运行阶段
  - 第 10 章　电路与系统
- 展望
  - 第 11 章　超低功耗 / 电压设计
  - 第 12 章　低功耗设计方法和流程
  - 第 13 章　总结与展望

幻灯片 0.5

没有他人的帮助，是不可能完成这本书的。首先，对 Ben Calhoun、Jerry Frenkil、Dejan Marković和 Bora Nikolić的帮助以及合著某些章节的行为表示深深感激。另外，还有很多人对提供幻灯片制作和审阅本书初稿有帮助。特别要感谢那些对低功耗设计技术领域有深远影响和卓越建树的同行——Bob Brodersen、Anantha Chandrakasan、Tadahiro Kuroda、Takayasu Sakurai、Shekhar Borkar 和 Vivek De，在过去几十年中与他们的合作真是让我感到无比愉快和振奋。

致谢

感谢我的许多同事对这本书的贡献。没有他们，我是不可能完成这一套幻灯片的。要特别感谢以下做出了重大贡献的人：Ben Calhoun、Jerry Fenkil 和 Dejan Markovic。与他们一起工作绝对是一种享受。

另外，很多人也为本书提供了资料或者审阅了本书的部分章节，衷心地感谢他们。他们是：E. Alon、T. Austin、D. Blaauw、S. Borkar、R. Brodersen、T. Burd、K. Cao、A. Chandrakasan、H. De Man、K. Flautner、M. Horowitz、K. Itoh、T. Kurdoda、B. Nikolic、C. Rowen、T. Sakurai、A. Sangiovanni-Vincentelli、N. Shanbhag、V. Stojanovic、T. Sakurai、J. Tschanz、E. Vittoz、A. Wang，以及我在伯克利无线研究中心的研究生。

还要感谢那些资助了我对低功耗设计技术和方法进行研究的基金资助部门。特别感谢 FCRP 项目及其成员公司，以及美国国防部高级研究计划署。

幻灯片 0.6 ~ 幻灯片 0.7

每章末尾都给出该章所引用的一组参考文献。对于你尤其感兴趣的那些低功耗设计主题，这两个幻灯片列举了许多常用的参考文献、综述论文以及富有远见的演讲稿。

低功耗设计 —— 参考文献

- A. Chandrakasan and R. Brodersen, *Low Power CMOS Design*, Kluwer Academic Publishers, 1995.
- A. Chandrakasan and R. Brodersen, *Low-Power CMOS Design*, IEEE Press, 1998 (Reprint Volume).
- A. Chandrakasan, Bowhill, and Fox, *Design of High-Performance Microprocessors*, IEEE Press, 2001.
  - Chapter 4, "Low-Voltage Technologies," by Kuroda and Sakuraipggy
  - Chapter 3, "Techniques for Leakage Power Reduction," by De, et al.
- M. Keating et al., *Low Power Methodology Manual*, Springer, 2007.
- S. Narendra and A. Chandrakasan, *Leakage in Nanometer CMOS Technologies*, Springer, 2006.
- *M. Pedram* and J. Rabaey, Ed., *Power Aware Design Methodologies*, Kluwer Academic Publishers, 2002.
- C. Piguet, Ed., *Low-Power Circuit Design*, CRC Press, 2005.
- *J. Rabaey* and M. Pedram, Ed., *Low Power Design Methodologies*, Kluwer Academic Publishers, 1995.
- J. Rabaey, A. Chandrakasan, and B. Nikolic, *Digital Integrated Circuits - A Design Perspective*, Prentice Hall, 2003.
- S. Roundy, P. Wright and J.M. Rabaey, *Energy Scavenging for Wireless Sensor Networks*, Kluwer Academic Publishers, 2003.
- A. Wang, *Adaptive Techniques for Dynamic Power Optimization*, Springer, 2008.

在 2007 年春季休假期间，当我在欧洲旅行时，我欣然把本书内容汇编成册，这是一个美好的过程。我希望各位读者也喜欢本书。

低功耗设计——精选论文

- S. Borkar, "Design challenges of technology scaling," *IEEE Micro*, 19 (4), p. 23–29, July–Aug. 1999.
- T.Kuroda, T. Sakurai, "Overview of low-power ULSI circuit techniques," *IEICE Trans. on Electronics*, E78-C(4), pp. 334–344, Apr. 1995.
- Journal-o fLow Power Electronics (JOLPE), http://www.aspbs.com/jolpe/
- Proceedings of the IEEE, Special Issue on Low Power Design, Apr. 1995.
- Proceedings of the ISLPED Conference (starting 1994)
- Proceedings of ISSCC, VLSI Symposium, ESSCIRC, A-SSCC, DAC, ASPDAC, DATE, ICCAD conferences

——Jan Rabaey

目 录

第1章
综　　述

幻灯片 1.1

这一章将讨论为什么在如今复杂的数字集成电路中功耗和能耗已成为主要的设计问题之一。我们首先从功耗的角度，分析不同的应用领域，并评估它们各自的具体问题和要求。大多数针对未来的预测显示这些问题极有可能不会消失。事实上，一切都似乎表明，这些问题甚至会加剧。接下来，我们评估技术发展趋势——企望工艺尺寸的缩小可以帮助解决一部分的问题。但是，互补金属氧化物半导体（CMOS）尺寸缩小似乎只会使问题变得更糟。因此，通过设计方案将能耗、功耗控制在一定范围内是最主要的机制。找到核心的设计主题和技术，并且设法将它们系统地、有方法地应用起来，是本书的主要目的。在相当长的时期内，低功耗设计包括一系列特有的技术。要将这些技术成功而广泛地推广，并避免太多“人为干预”，将需要把这些技术和传统的设计流程紧密结合。然而，低功耗设计技术和方法之间的差距依然存在。

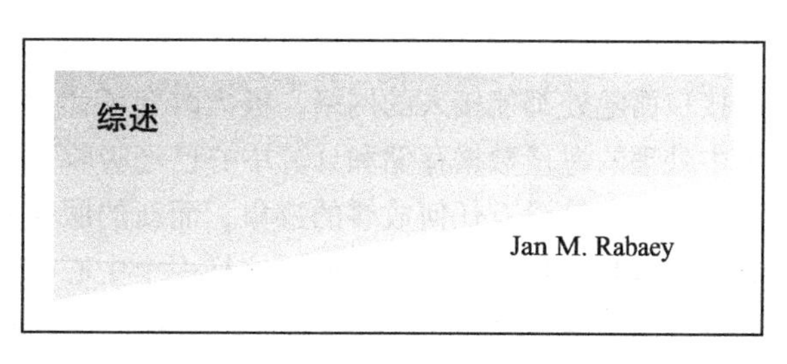

幻灯片 1.2

设计人员和应用开发人员担心功耗的原因有许多。近年来，人们迫切提出对“绿色电子”产品的需求。虽然过去电子产品的功耗只占整个功耗预算的一小部分，这种情况在过去几十年里已经发生了重大的变化。在办公室和家庭里，台式机和笔记本电脑被广泛使用。消费电子器件以及机顶盒的待机功耗一直快速增长，以至于在我写本书的时候，它们已经和一个普通容量冰箱的功耗大

为什么要担心功耗？

半开玩笑的回答

- 银河系的总能量：10^{59}J
- 数字逻辑门的最小开关功耗（一个电子 100mV）：1.6×10^{-20}J（受限于热噪声）
- 数字操作的上限：6×10^{78} 次
- 10 亿台 1 亿次运算 / 秒电脑完成这一操作上限所需的操作 / 年：3×10^{24} 次 / 年
- 所有的能量会在 180 年内消耗光，假设每年计算需求加倍（摩尔定律）

小相提并论了。电子产品功耗正变得与现代化的汽车功耗相当。这些趋势在未来只会更加明显。

在这张幻灯片中，针对不断增长的电子产品功耗作为功耗预算的一部分，我们可以做一些直观的推理。如果摩尔定律继续存在，而未来的计算量保持每年增长1倍，我们银河系的总能量将在非常短的180年内被耗尽（即使我们假设每次数字运算都消耗最少的能量）。然而，正如戈登·摩尔本人在2001年的ISSCC会议上所说的，“没有指数是永远的”，随后迅速指出，“…但永远可以延迟”。

幻灯片 1.3

此后的一系列幻灯片针对一些数字集成电路领域占主导地位的应用领域进行功耗需求及其趋势的评估。首先，我们将讨论计算和通信基础设施。互联网的问世，加上采用有线和无线接口而随处都能接入的网络，极大改变了计算的性质。今天，由大公司运营的在不同地点集中处理的海量数据存储和计算中心已经吸收了大量的世界各地的来自公司和个人的运算负荷。这一趋势没有任何放缓的迹象，而新的服务器群正以惊人的速度并入网络。但是，这种集中处理是要付出一定代价的。这样一个中心的“计算密度”以及随之而来的功耗是非常巨大的。引用谷歌公司（最倡导远程计算概念的公司之一）Luis Barosso 的话，数据中心的成本仅由每月的电费决定，而非硬件或者维护的费用。电费来自于电子设备的功耗，以及消除散热的成本——也即空调。这就解释了为什么大多数数据中心的建立地点都经过了仔细考虑，在这些地点容易获取能量也存在行之有效的冷却技术（比如接近主干河流——有点可怕地类

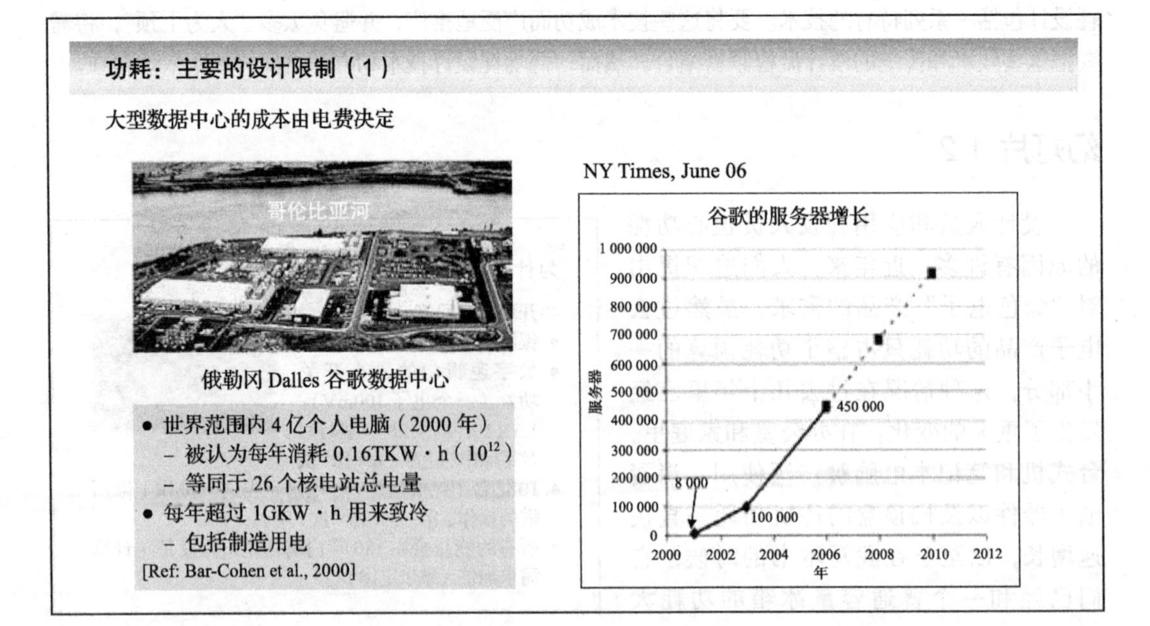

似于核电厂)。虽然数据中心代表了由计算和通信基础设施所消耗的功耗的主要部分，其他的组成部分也不可忽略。高速路由器链接全球各地的数据，以及让我们能够以无线方式连接到网络无线基站（接入点），这都对功耗带来了挑战。由于它们的位置，功耗的可获取性以及冷却技术的有效性经常是非常有限的。最后，分布式计算和通信基础设施也不能忽略。在办公室、工厂、家庭的有线和无线数据路由器、后台计算服务器和台式电脑加在一起也带来了一个可观的功耗。这些日益增长的计算基础设施导致了很大一部分办公室里的空调费用。

幻灯片 1.4

[Ref: R. Schmidt, ACEED'03]

花一点时间在散热问题上是值得的。一个典型的、放在服务器群中的计算服务器能消耗高达 20KW 的功耗。服务器群中的服务器数量很容易超过 100 台，而它们的总功耗能达到 2MW（这些功耗都转化成了热量）。设计空调系统、房间中空气流通路径和机架是相当复杂的，需要许多的模型和分析。一个不良设计所带来的影响可以很大（即重大失误），或者很小。在这样一个数据中心的设计中，冷却的空气从地板引出，它从机架上的刀片表面上升从而逐渐被加热。这样就形成了一个温度梯度，这可能意味着更靠近地板的处理器比在顶部的处理器更快！即使采用最好的空气冷却实践技术，预测数据中心的整体动力学也非常困难，并且可能导致冷却不足。有时候一些快速的简易修复是唯一的拯救办法，正如在这些可笑的图片中看到的那样。这些图片是由 Roger Schmidt 提供的，他是 IBM 的杰出工程师、IBM 大型计算机散热系统设计和管理的顶级专家。

幻灯片 1.5

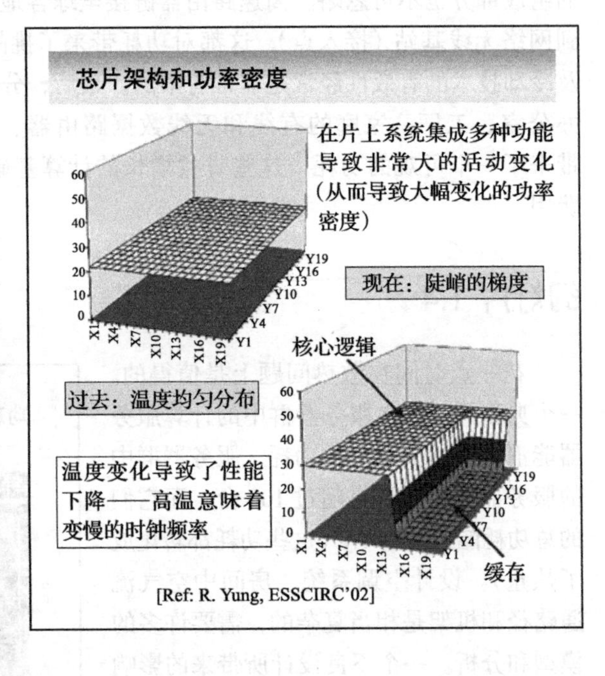

机架上的温度梯度会造成性能差异，同样的事实也存在于今天先进的高性能处理器之中。过去，芯片尺寸足够小，并且芯片上的运算工作量非常平均。这就形成了芯片表面的平坦的温度曲线。随着片上系统（SoC）的出现，越来越多的功能被集成在小尺寸的芯片之上，往往具有非常不同的工作负载和活动属性。例如，大多数高性能处理器（或者多核处理器）集成了多个层次的缓存，紧靠在高速运算引擎的旁边。当处理器的数据通路由最高的主频所控制，并且几乎 100% 时间都在保持工作时，它的功耗比缓存的功耗高很多。这就导致了芯片内热点和温度梯度的产生。这会影响元件的长期可靠性，从而使得芯片的验证工作非常复杂。执行速度和传播延迟都强烈地受温度的影响（取决于处理器不同的工作模式），芯片上的温度梯度可以动态改变。和过去不一样的是，现在的仿真可以不必在单一温度下进行。

幻灯片 1.6

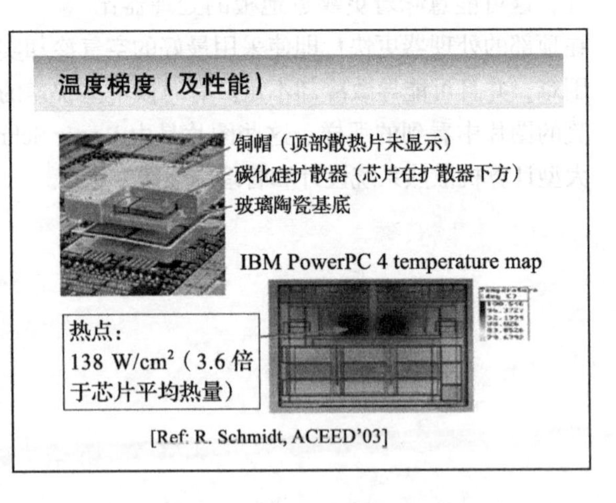

这张幻灯片非常好地展示了这些热梯度的存在。它展示了 IBM PowerPC 4（20 世纪 90 年代的一款处理器）的温度情况。处理器核到缓存之间有超过 20℃的温度差异。更令人吃惊的是，热点（数据流水线）的发热量几乎等于 140W/cm^2。这是冷却系统散热能力的 3.6 倍。为了纠正这种不平衡，不得不构建一个复杂的组件去让热量能从更为广阔的芯片面积上得以散开，从而改善散热过程。在高性能原件中，封装的费用已经成为总成本中的重要部分。能帮助减轻封装难题的技术（要么通过减小梯度或者通过减小所选择子系统的功耗密度）是至关重要的。结构化的低功耗设计方法，正如本书所提倡的，能做到这一点。

幻灯片 1.7

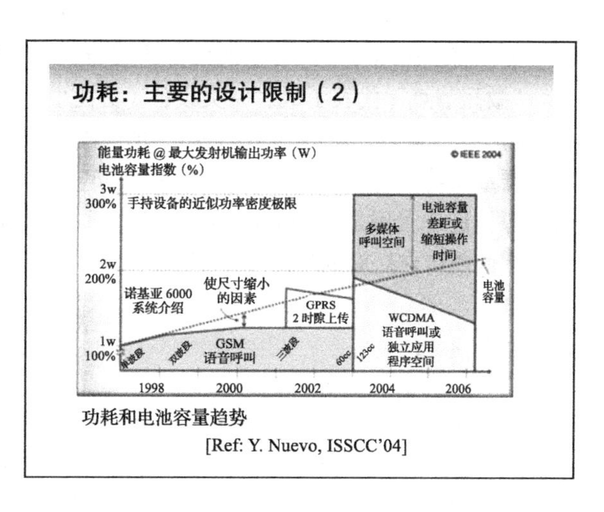

功耗和电池容量趋势

[Ref: Y. Nuevo, ISSCC'04]

低功耗/能耗变得如此重要的第二个原因是，移动电子设备的兴起。虽然移动消费电子已经存在了相当长的一段时间（FM 收音机、便携 CD 播放器），但却是笔记本电脑和数字蜂窝手机的同步成功成为驱动低能耗计算和通信的原动力。在用电池供电的设备里，能量的存储是有限的，并且功耗的大小决定了电池的使用时间（对不充电时候的电池而言）以及多久时间需要充电。电池容量、尺寸以及重量普遍是由应用或者相关设备所决定的。蜂窝电话可以允许的电池尺寸通常设置为最大 4 ~ 5cm^3，这是由用户可以接受的尺寸所制约的。给定某个既定的电池技术，设备在两次充电之间的预计可运行时间——今天的手机用户期望能有数天的待机时间以及 4 ~ 5h 的通话时间——就划定了不同运行模式下的最高功耗，这也决定了哪些功能可以由该设备支持，除非低功耗设计能有重大突破。比方说，一部手机的平均功耗限制大概是 3W，这受限于今天的电池技术。这个限制反过来决定了你的手机能否支持数字视频广播、MP3 功能以及 3G 网络以及 WIFI 互联。

幻灯片 1.8

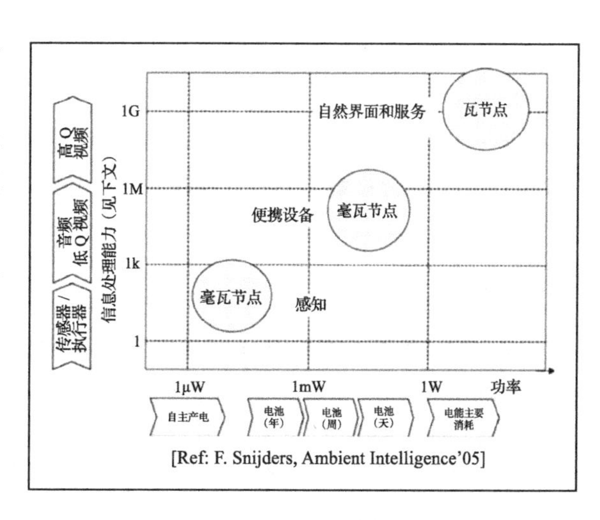

[Ref: F. Snijders, Ambient Intelligence'05]

从这个角度来看，是有必要把消费和计算设备划分为若干分类——基于它们的能量需求以及功能。在“环境智能”未来之家（由飞利浦公司的 Fred Boekhorst 在他 2002 年 ISSCC 的主旨演讲中所提出的术语），我们可以识别三种不同类型的设备。首先，我们有“瓦节点”（功耗大于 1W）。这就是那些连接到电网的节点，它们提供大约 10 亿次运算/秒的计算能力，实现计算和数据服务的功能，也提供路由和无线接入。能源的可获取性，以及由此获得的运算能力，让它们成为了实现先进多媒体处理、数据处理和用户界面交互的最理想的平台。第二类设备称为“毫瓦节点”（在

1mW 和 1W 之间)。它们工作在几百万次运算 / 秒，这代表着移动、不受束缚的设备，比如掌上电脑、通信设备（连接到广域网和局域网）以及无线显示器。这些设备由电池供电，它们归类于前一张幻灯片所讨论的设备的范畴。

"微瓦节点"代表了最后一类设备（功耗小于 1mW)。它们的功能是向网络添加认知，提供感测功能（温度、存在、运动等)，并将数据发送给更强大的节点。1000 次运算 / 秒的计算能力严重制约了它们的功能。鉴于一个典型的家庭可能包含了数量庞大的这种节点，它们必须能源自足或者用采集的能量供电。它们非常低的功耗水平使后者成为可能。关于这类节点更多的信息将在后面的幻灯片里提到。

幻灯片 1.9

通过上面的讨论，很明显地产生了一个问题：电池技术正走向何方？正如在前面的幻灯片 1.7 已经看到的那样，电池的容量（即对于给定的电池容量，可以被存储和使用的能量）大约每 10 年增长 1 倍。这也就意味着每年 3% ~ 7% 的改进（当有新技术出现的时候这个斜率会有所变化)。这个增长速度大幅滞后于摩尔定律，即计算的复杂度在每 18 个月之内就会增加 1 倍。电池技术受到的严峻挑战的背后原因是化学工艺，因为提高电池容量往往需要新的化学品和电极材料，而这些都是非常难做到的。此外，对于每种新的材料来说，发展制造过程需要很长的时间。尽管如此，对现有化学品的分析似乎显示出了巨大的潜力。醇或者汽油的能量密度大约比锂聚合物高了两个数量级。可惜的是，对于这些物质的有效性和安全性的担忧，让它们很难被利用在小容量的电池之中。

电池存储：一个限制因素

- 基础科技进步很小
  – 利用化学反应储能
- 电池容量每年增加 3% ~ 7%(在 1990 年代翻倍，之前趋势平缓)
- 能量密度 / 尺寸和安全操作都是限制因素

材料能量密度	KW · h/kg
汽油	14
铅酸	0.04
锂聚合物	0.15

关于不同材料的能量密度的更多信息，请查阅 http://en.wikipedia.org/wiki/Energy_density

幻灯片 1.10

事实上，电池容量的历史趋势有很大的变化。截至 20 世纪 80 年代，很少或者说根本没有取得任何进展，再由于应用范围的狭窄，几乎没有动力去推进电池发展。手电筒可能是最主要的应用。在 20 世纪 90 年代，移动应用开始腾飞。急剧开展的研究结合先进制造策略极大地改变了这个斜率，将电池容量在近十年内提高了 4 倍。遗憾的是，自 21 世纪初，这个过程开始有些停滞。电池容量的主要改进只能依靠引入崭新的电池化学品。也需要注意的是，一个电池容量（即可以从它提取出的能量）也取决于电池的放电曲线。缓慢地消耗电池会比很快放电获得更多的能量。因此，将电池结构和手头的应用进行匹配是非常值得的。

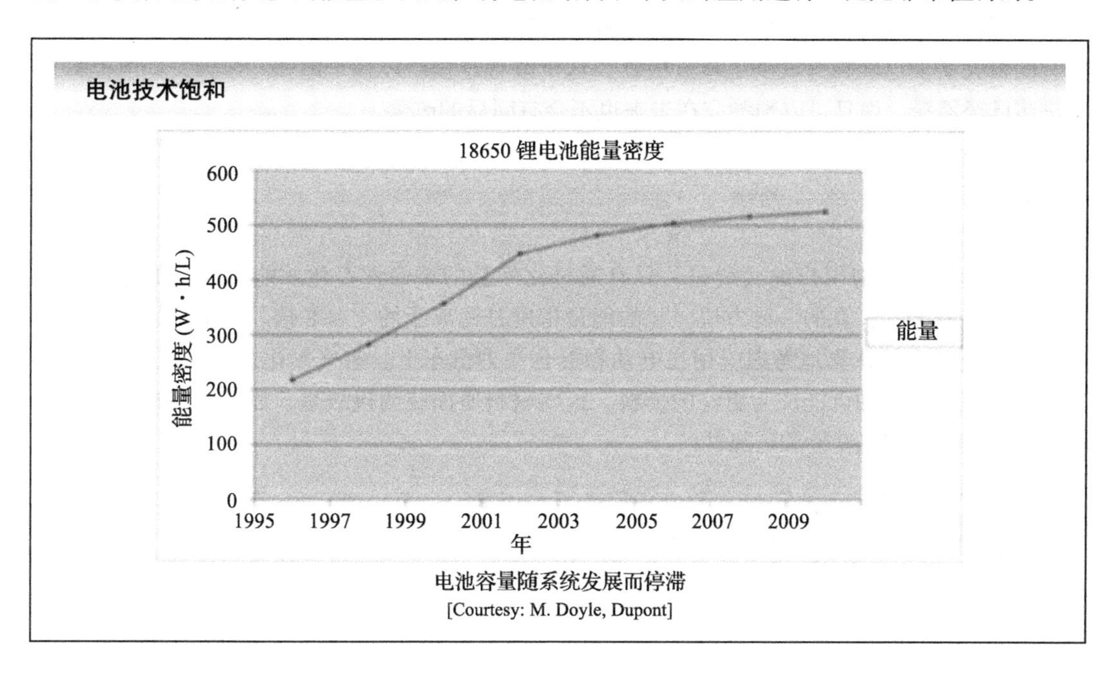

电池容量随系统发展而停滞

[Courtesy: M. Doyle, Dupont]

幻灯片 1.11

电池所能提供的储能容量最终由所采用材料的基本化学品属性所决定，这一事实被清楚

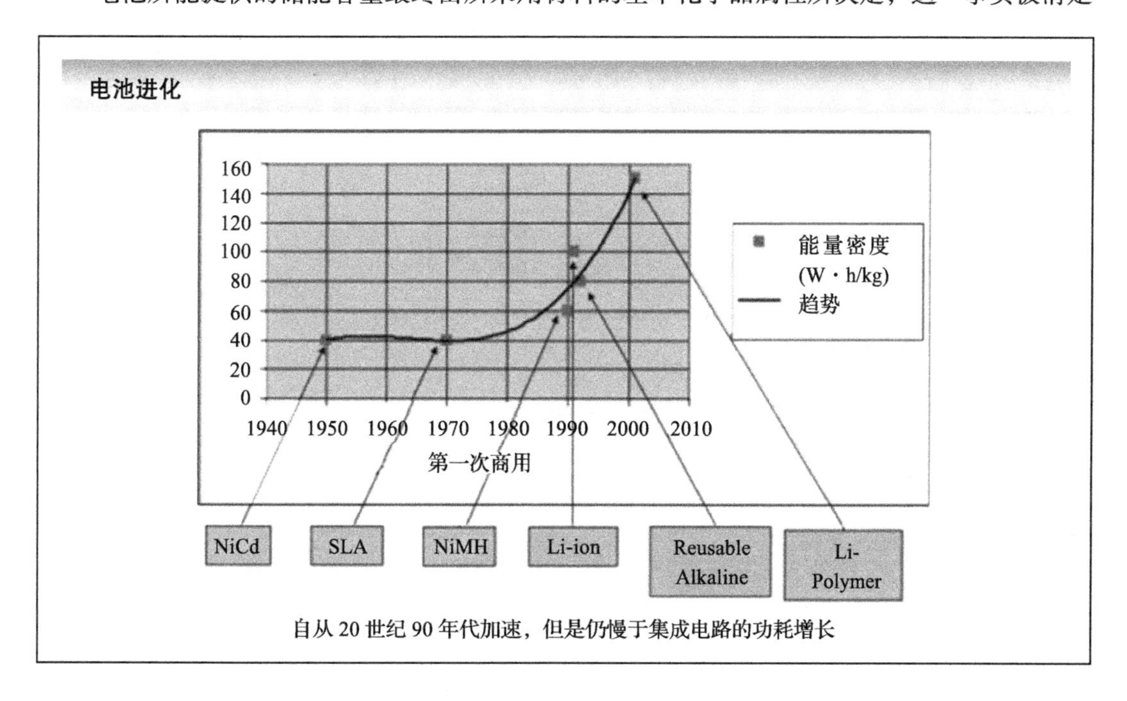

自从 20 世纪 90 年代加速，但是仍慢于集成电路的功耗增长

地在这张幻灯片所诠释。在20世纪90年代，锂电池的容量被大幅改善。这主要是得益于更好的工程技术：改善电极结构，更好充电技术的产生，以及先进的电池系统设计。由于材料固有的最大潜能已经被开放到了接近极致，这个改善过程已经趋于饱和。今天，锂电池科技的进步已经停滞，而且可以预测它在未来也不会有明显的改善。

幻灯片 1.12

从所呈现的趋势引出的底线是，只有通过化学品的革命性变化才能带来电池容量的增长。显然，机会是存在的。比方说，氢的能量密度是锂离子的4～8倍。毫不奇怪地，氢燃料电池目前正在被认真地考虑应用在电动和混合动力汽车上。氢气氧化之后产生水和电流。乙醇、甲醇或者汽油可能成为更好的燃料。这些材料所面临的挑战是，如何去保持小规模而高效率，同时保持安全性和可靠性。

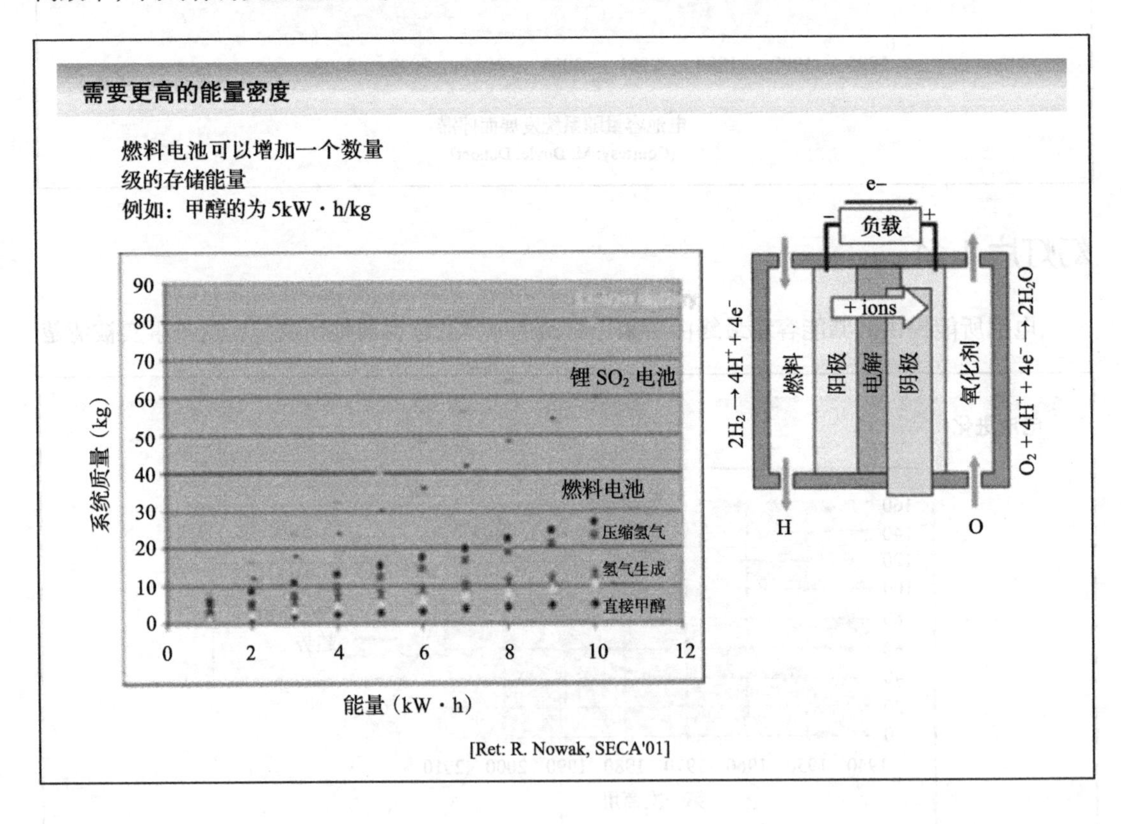

幻灯片 1.13

毫不奇怪，这一领域的研究非常激烈，大公司和创业型公司正在争夺这一块存在巨大金钱收益的蛋糕。成功的案例迄今为止并不多见。例如，东芝带来了一些甲醇燃料电池，有希望将你的移动电话操作时间延长到1000h（40d）。其他正在积极探索燃料电池的公司是NEC和IBM。然而，这项技术仍然需要找到打入市场的方式。长期的效率、安全性和使用模式都存在问题。其他候选方案，比如固态氧燃料电池（也成为陶瓷燃料电池），正在幕后等待。一旦其中任何一个取得成功，它将显著地改变移动产品的能量方程。

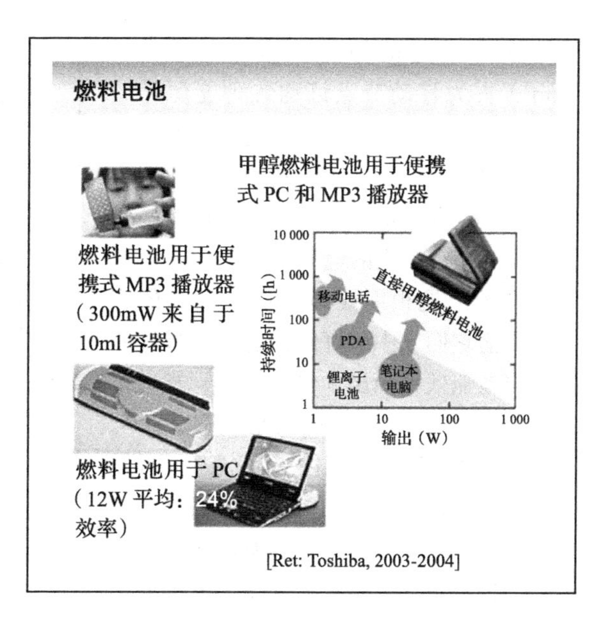

幻灯片 1.14

另一个有趣的新兴电池领域是“微电池”，它们采用从薄膜和半导体制造所继承的技术，电池的阳极和阴极被印制在衬底上，然后用微机械封装技术将化学品包含在内。这样，可以将电池打印在印制电路板（PCB）上，或者甚至嵌入到集成电路之中。虽然这些电路的容量永远不会大，微电池却可以很好地成为备用电池或者作为传感器节点的储能元件。电池的设计包括在电流提供能力（电极的数量）和容量（化学品的量）之间进行权衡。这种技术显然还在起步阶段，但是可以在今后数年之内占据一些有意思的小众市场。

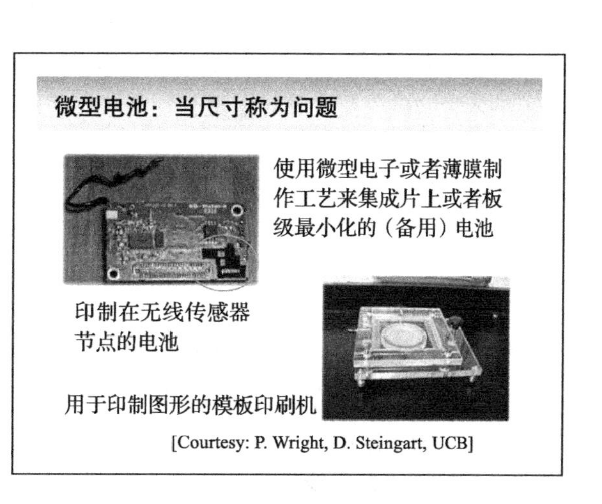

幻灯片 1.15

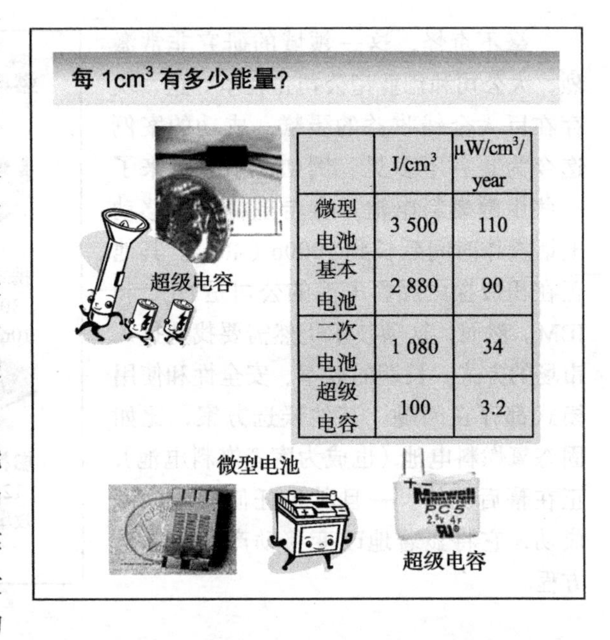

	J/cm³	μW/cm³/year
微型电池	3 500	110
基本电池	2 880	90
二次电池	1 080	34
超级电容	100	3.2

综合上述的讨论，基于容量（以 J/cm³）去为移动节点订购各种能源存储技术是值得的。另一个有用的指标是，一个立方厘米电池在一年时间跨度中所能提供的平均电流 (mW/cm³/year)。它能衡量针对某个特定应用的电池寿命。

微型电池很明显地提供了最高的容量。目前它们之中最好的代表，比最好的可充电电池效率高出 3 倍。但是，却最多比非充电电池（比如碱性电池）高出 25%。

目前我们尚未讨论一个作为暂时能量存储的替代策略——电容。由高品质的电介质所构建的普通电容拥有简单、可靠和长寿的特点。但是与此同时，它的能量密度很有限。作为一个缩短电容与电池的差距的尝试，所谓的超级电容是一种相比普通电容而言具有极高能量密度的电化学电容，但是它与可充电电池相比，其容量还是非常低。超级电容最大的优点是可以获得很高的瞬态电流，这使得它们对具有突发性的应用非常有吸引力。在未来数年内的预期是，新的材料，比如碳纳米管、碳气凝胶和导电聚合物能够显著地增加超级电容的容量。

幻灯片 1.16

功耗：主要的设计限制（3）

需要“0 功耗”的新兴应用

例如：无线传感器网络中的计算 / 通信节点

处处存在的无线数据采集的介观尺度低成本无线收发器：

- 完全集成
  - 尺寸小于 1cm³
- 非常便宜
  - 1 美元以下
- 最小化的功耗 / 能量耗散
  - 限制于 100μW 的功耗，使得能量收集成为可能
- 形成自配置、稳定的、包含 100 到 1000 个节点的临时的网络

[Ref: J. Rabaey, ISSCC'01]

第三个，也是最后一个促进“超低功耗”设计的动机是称为“零功耗电子”或“消失电子”（即 Boekhorst 分类中的微瓦节点）的一类前沿的应用。由半导体工艺缩小而带来的不断小型化的计算机和通信组件，使得微小的无线传感器节点（常常称为微尘）得以发展。它们的尺寸大小可以在 1cm³ 甚至更小的范围，这些设备可以集成到日常生活环境的传感器中，提供广泛的传感和监控的能力。通过提供关于时间和空间的信息，例如，感知一个房间的环境条件可以更高效、有效地控制房间

的空调。集成的方式和低成本让大规模采用，甚至是用数量极其巨大的此类微尘变得可能。自从20世纪90年代问世以来，这些新兴的“无线传感网络（WSN)”已经取得了一些重大的进展。如果WSN模式要取得成功，能量是需要克服的主要障碍之一。考虑到网络中会有大量的节点，定期更换普通电池是不经济和不实际的。因此，原则上讲，节点的能耗在整个应用的生命周期（可以长达数十年）需要自足。一个节点应该能够在一个单电池下持续工作，或者能够采用能量采集技术去补充其能量。由于能量存储和采集的容量与体积成正比，而节点的大小是有限的，因此超低功耗的设计是绝对需要的。在作者1998年开始的“picoRadio”项目里，已经决定了节点的功耗不能超过100μW。

幻灯片 1.17

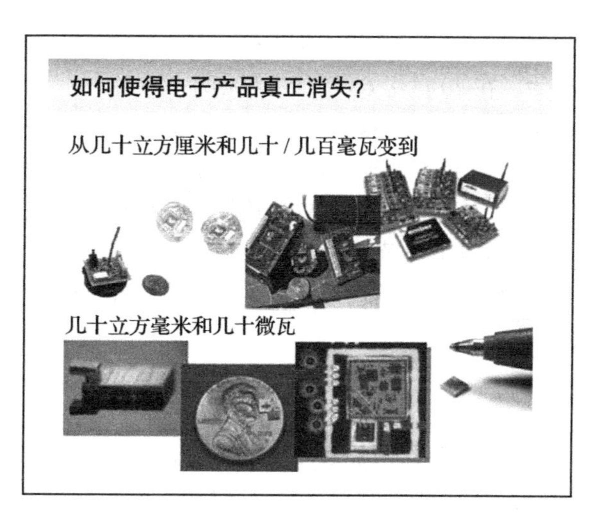

自从WSN概念问世以来，在减小微尘的尺寸、成本和功耗上已经有了很大的进展。第一代节点是采用现成的组件构建的，它们结合了通用微处理器、简单的低功耗无线收发器以及标准传感器。由此产生的微尘在每个指标上都比既定目标至少进步了10 ~ 100倍（尺寸、成本、功耗）。

自那时以来，微型低功耗电子产品的研究已经开花，并且已经产生了可观的结果。先进的封装技术、新型设备（传感器、无源器件和天线）、超低电压设计和智能电源管理已经让微尘接近既定的性能目标。这些技术创新的影响超出了无线传感器网络的领域，它们同样可以用在植入人体设备领域以进行健康监控或者用在智能卡上。

幻灯片 1.18

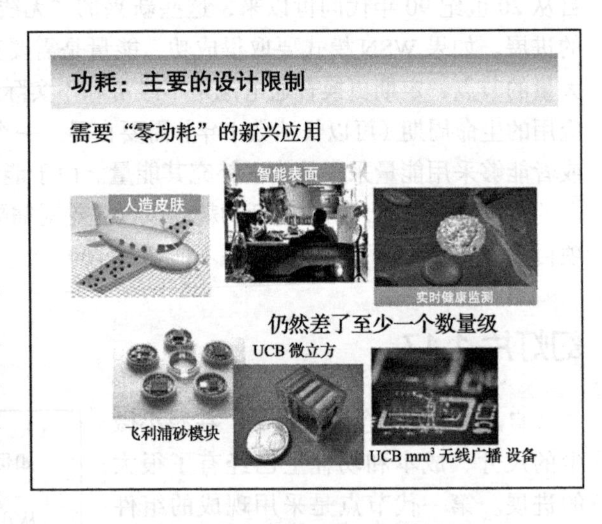

超低功耗设计的进步和极端小型化，甚至让一些原本根本不可能实现的应用得以出现。两个例子可以说明这个事实。部署在一个广阔表面、由传感器组成的密集网络可以用作“人造皮肤”，它们对触摸、应力、压力或者疲劳很敏感。这种网络应用很显然可以用在智能飞机翅膀、新型用户界面，以及改进机器人领域。嵌入多个传感器到物体可以形成智能物体，比如能感知路况的智能轮胎可相应调整驾驶行为。在 20 世纪 60 年代的科幻小说（比如臭名昭著的、Issac Asimov 所著的《神奇之旅》）中，那个“可注入”的健康诊断、监控并最终用在手术设备的概念，很可能不再是一个虚幻。然后，将这些应用真正变成现实需要将功耗和尺寸大小再减小 90%（或 99%）。今天的立方厘米节点应减小到真正的“尘埃”大小（即立方毫米）。这正提供了一个去进一步探求超低功耗设计的绝对能量极限的动机，这是本书第 11 章的内容。

幻灯片 1.19

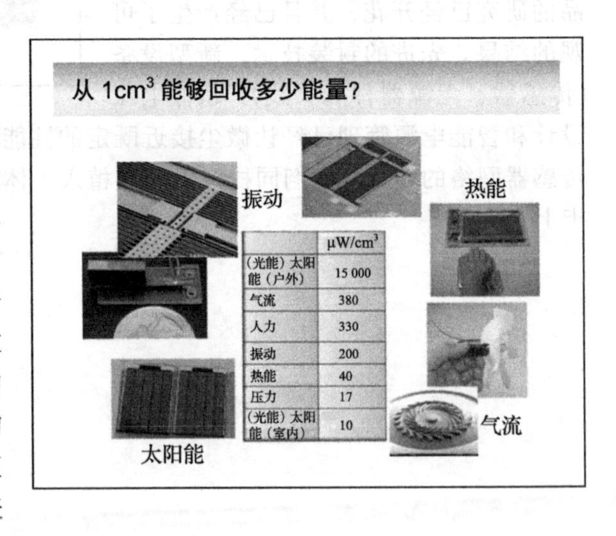

	μW/cm³
(光能) 太阳能 (户外)	15 000
气流	380
人力	330
振动	200
热能	40
压力	17
(光能) 太阳能 (室内)	10

能量采集是让微瓦节点取得成功必不可少的组成部分。这个想法是把来源于环境中的不同物理能量转化成电能。物理能量的示例包括温度或者压力梯度、光、加速度、动能和电磁能。近年来，来自学术界和工业界的研究人员在对不同能量的采集科技的分类和度量上做了大量的努力 [Roundy03, Paradiso05]。一个能量收集器的效率的最好表达是通过用 1cm³ 的采集器在各种条件下操作所能提供的平均功率。正像电池一样，采集效率是线性正比于体积（或者，对太阳能电池而言是表面积）。

从幻灯片给出的表中，很明显，光（由光伏电池所捕获）是迄今最为高效的能量来源，尤其是在户外条件下。可以获得高达 $15mW/cm^2$ 的输出功率。遗憾的是，这个功率在室内环境工作的条件下，下降了两个或者三个数量级。其他的颇具潜力的无处不在的能量有振动、风、温度和压力梯度。有兴趣的读者可以参照上述参考书获得更多信息。主要的要点是，大约 100 W/cm^3 平均功率水平是可以在许多实际情况下获得的。

到目前为止的讨论，并没有包括一些其他的能量来源，比如磁场和电磁场，而这对于采集来说是首要的目标。把移动线圈放入磁场（或具有可变磁场），可以在线圈中感应出电流。同样地，一个天线可以采集到入射到它上面的、电磁波形式的能量。这个理念被有效使用在无源无线射频识别（RF-ID）上提供能量。这些能量的源头不是自然发生的，所以需要提供一个“能量传输器”。如果需要很高功率水平，诸如对健康有影响的问题就需要考虑。此外，这些方法的总体效率是非常有限的。

幻灯片 1.20

至此，本书简介集中在各个微电子应用领域、它们的功耗需求和限制。在随后的幻灯片中，我们将从技术角度来讨论能源和功耗的发展趋势，回顾过去的演化和预测未来的发展。在这样做之前，多做一个侧面说明可能是有用的。把微电子系统的能源效率纳入视角，这值得把它们与其他“计算引擎”相比较，比如生物机械（即人脑）。

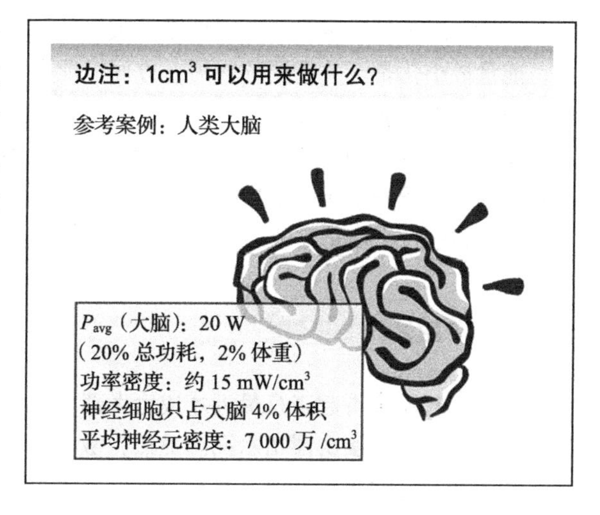

人脑的平均功耗约等于 20W，这是人体总功耗的大约 20%。这个比重是相当高的，特别是考虑到人脑只占 2% 的总体重。事实上，大脑功率占身体总功率的比重是生物进化阶梯的一个有效的指标。再考虑到平均大脑的大小（1.33dm^3），这就意味着 15mW/cm^3 的功耗消耗——类似于可以通过 1cm^2 的太阳能电池所能提供的功耗。活跃的神经元只占到了这个数量的一小部分（4%），其余大部分被血管（它把能量带入大脑，把热量带出大脑）和密集的互联网络所占用。

判断大脑的能源效率是一个完全不同的问题。如果相关的话，比较神经元和一个数字逻辑门或者一个处理器的“运算复杂度”是极其困难的。平均 1cm^3 的大脑包括了 7 亿个神经元，每个神经元都执行复杂的非线性处理。对有兴趣的读者而言，你们可以在 Ray Kurzweil 的畅销书《The Singularity Is Near》中找到他对电子和神经计算很好的分析和比较。

幻灯片 1.21

在讨论趋势之前，说一下有用的度量指标是必要的（更多细节见第 3 章）。到目前为止，我们在功耗和能耗两个术语间互换使用。然而，它们在需要解决的现象或者手中的应用的限制之下都有自己的特定角色。平均功耗是研究高性能处理器散热和封装问题时最主要的参数。另一方面，峰值功耗则是设计集成电路系统复杂的功耗传输网络的时候需要关注的。

在设计移动设备或传感器网络节点时，能量源的类型决定着哪个属性是最重要的。在电池供电系统中，能量供应是有限的，因此，能量最小化是至关重要的。另一方面，能量采集系统的设计者要确保所消耗的平均功率比有采集器提供的平均功率小。

最后，将功耗分为动态（正比于翻转活动）和静态（独立于翻转活动）在使用系统操作模式下的电源管理系统开发中至关重要。以后我们会看到，这个的现实是相当复杂的，认真在二者之间进行平衡是先进的低功耗设计的精妙之处之一。

幻灯片 1.22

虽然功耗密度看起来是最近才成为大部分设计者担忧的问题，但这个问题之前在（电气）工程系统设计中就屡次浮出水面。显然，散热是许多热力学系统首要关注的问题。在电子世界，功耗和随之而来的高温，是真空管电脑不可靠的主要原因。虽然二极管电脑设计提供了优越的、超过那时由金属氧化物半导体（MOS）实现可提供的性能，功耗密度和随后的可靠性问题限制了可获得的集成度。同样的事情发生在纯 n 沟道 MOS（nMOS）逻辑——非互补逻辑，家族固有的静态电流问题，最终导致半导体制造商转而采用 CMOS，即使这意味着增加工艺复杂度和性能上的损失。在 20 世纪 80 年代，CMOS 被采纳为可选技术时，许多人认为功耗的问题已经被有效解决，并且 CMOS 设计将享受一个能带来更高的性能和相对的无故障运行。不幸的是，这是不可能的。早在 20 世纪 90 年代初，不断提高的时钟频率和出现新的应用领域将功耗问题又带到了前台。

这张幻灯片中的图表展示了二极管和 CMOS 系统中的热通量如何在只有短短 10 年左右的时间内变得互为镜像。它们说明了很有趣的一点，那就是指数增长很难得以解决。新技术创造了一个固定的偏移，但是指数级增长的复杂度——这对半导体行业的成功至关重要——在短期内将难以消除。

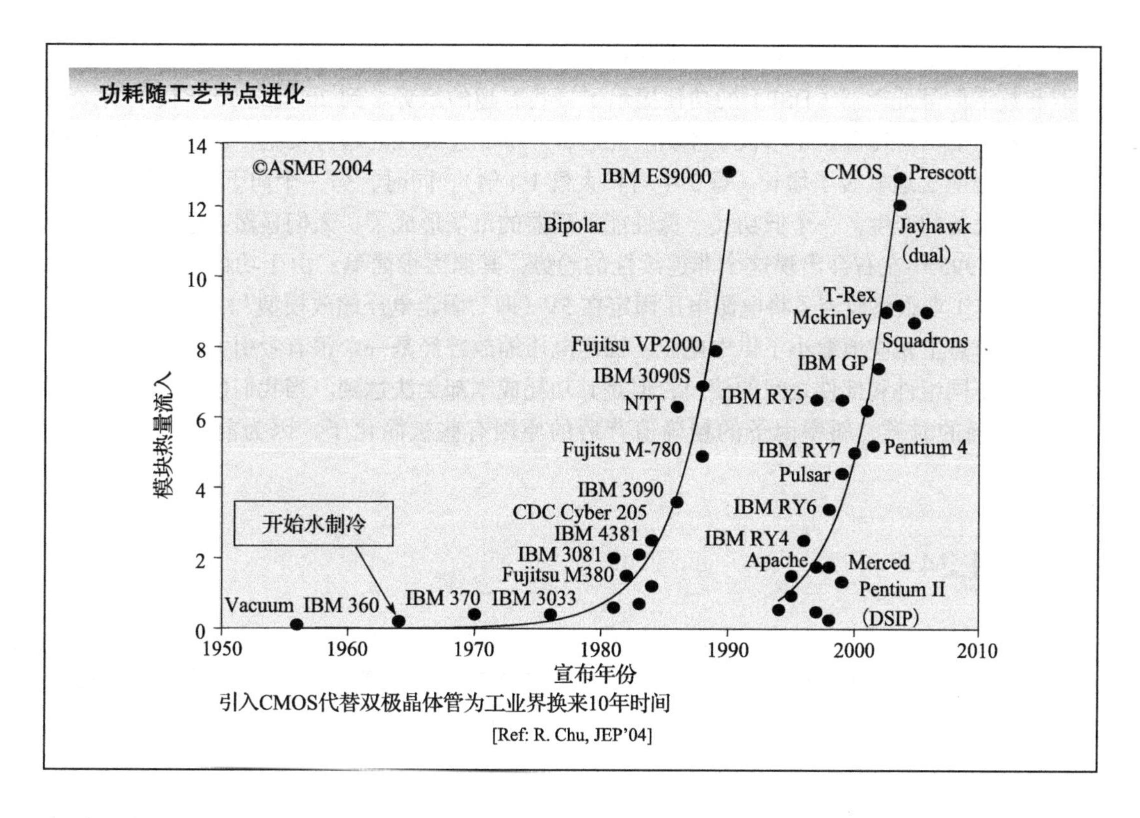

幻灯片 1.23

过去的功耗趋势可以通过凭经验采取先进的处理器设计去进行观察（正如领先的电路领

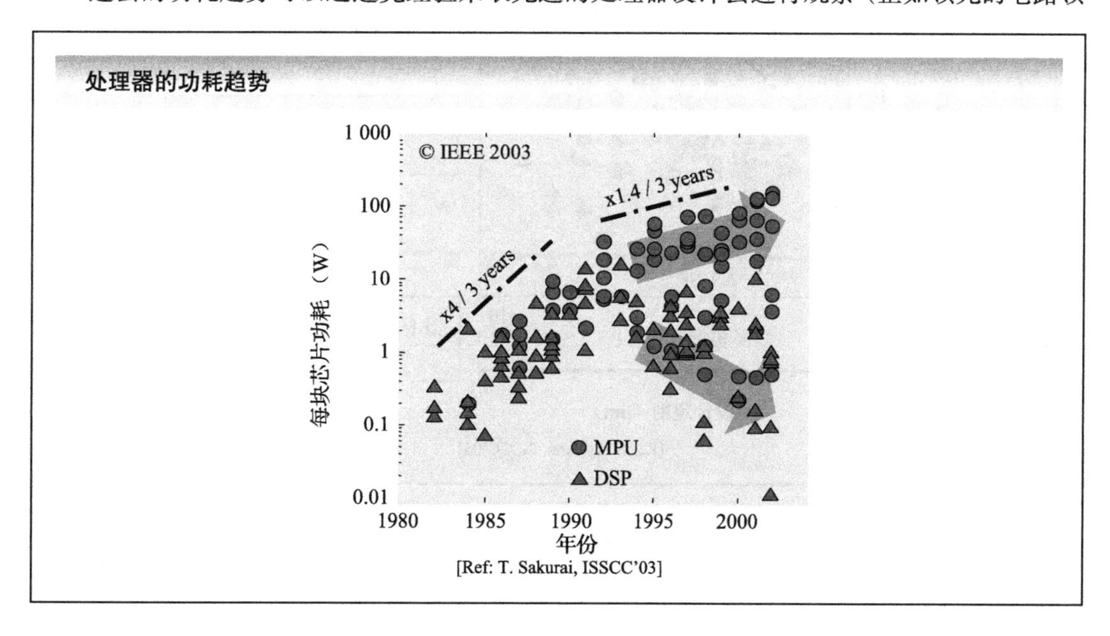

域的会议 ISSCC 期刊所呈现的）[T. Kuroda，T. Sakurai]。以时间作为一个变量去绘制微处理器和数字信号处理器（DSP）的功耗揭示了一些有趣的趋势。到 20 世纪 90 年代中期，一个处理器的平均功耗每 3 年增长了 4 倍。此后，一个非连续性的趋势发生了。最先进的处理器的功耗很明显地放缓了增长（每 3 年增长大概 1.4 倍）。同时，另一个向下的向量产生了：由于移动设备的产生，一个低功耗、低性能处理器的市场形成了。人们显然会想知道，为什么大概在 1995 年左右会出现这个非连续性的趋势，其原因很简单：由于功耗和可靠性的问题，半导体工业最终放弃了将电源电压固定在 5V（即"固定电压缩放模型"），并且开始在随后的工艺节点上相应地缩小了供电电压。固定电压缩放曾经是一个很有吸引力的提案，因为它简化了不同组件和部件之间的接口，但是其功耗成本却无法达到。当我们研究功耗密度而不是总功耗的时候，斜率因子的精确值背后的原因有些被简化了，因为前者与芯片大小无关。

幻灯片 1.24

在假设固定电压缩放【参见 Rabaey03】以及长沟道器件（第 2 章有更多的关于这种器件的介绍）的前提下，供电电压假定不变，而放电电流缩小。在这种情况下，时钟频率 f 在两代工艺下放大 k^2，这里 k 是工艺放大因子（它通常等于 1.41）。其功耗密度为：

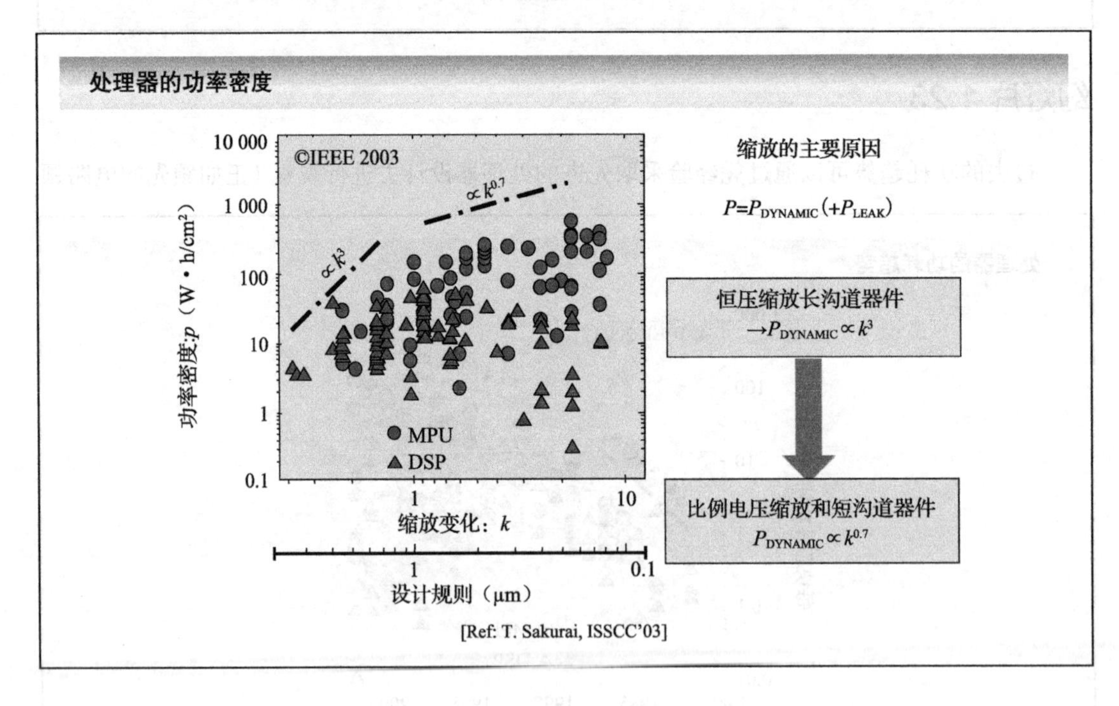

$$P=CV_{DD}^2f$$

随后变成

$$K=k\times 1\times k^2=k^3$$

现在考虑 1995 年以后的情形。在全缩放模式下，电源电压与最小特征尺寸同比缩放。此外，那个时候，短沟道器件效应——诸如速度饱和（同样参见第 2 章）开始变得重要，导致了饱和电流（即最大放电电流）以 $k^{-0.3}$ 在缩放，从而使时钟频率增长放缓为 $k^{1.7}$。对功耗密度而言，有

$$P=CV^2_{DD}f$$

现在变成了

$$P=k\times(1/k)^2\times k^{1.7}=k0.7$$

这对应于经验性的数据。虽然这意味着功耗密度仍然在增长，却可以看到已有一个很大的放缓。这绝对是一个值得欢迎的消息。

幻灯片 1.25

为了说明全缩放模型是从大概 0.65μmCMOS 工艺节点开始真正被采用这个事实，这张幻灯片绘制了每代工艺下常见的供电电压。直到 20 世纪 90 年代的前期，供电电压基本固定在 5V，在 0.35μm 那代工艺时第一次降到 3.3V。从那以后，电源电压基本上追随最小特征尺寸。例如，180nm 处理器的标准供电电压为 1.8V，对 130nm 而言，是 1.3V，以此类推。但是，这种趋势正逐渐再次变得恶化，让性能和功耗密度的微妙权衡变得苦恼，下面的幻灯片会清楚地说明这个问题。

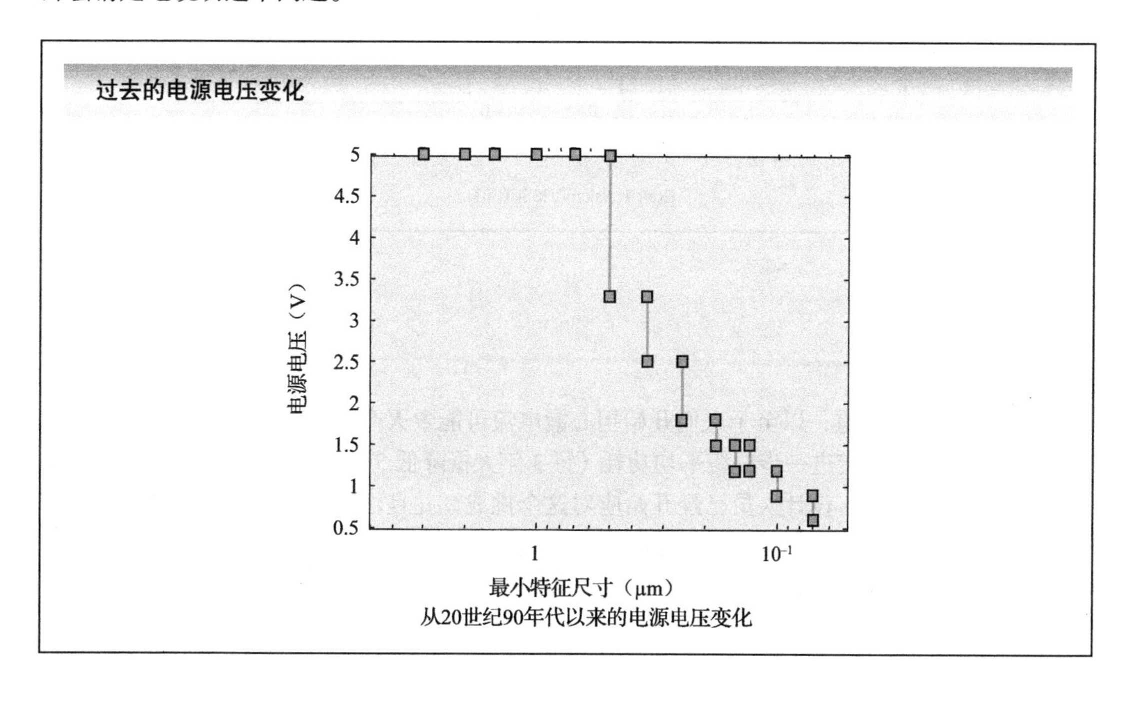

从20世纪90年代以来的电源电压变化

幻灯片 1.26

到了 20 世纪末，新的风暴云聚集在了地平线上。当时流行的缩放模型假设电源电压和阈值电压保持某一不变的比值。如果不是这样，最大时钟速度会显著下降（这一般等同于系统性能），导致了设计人员不愿接受的代价。唯一看似可行的可以解决这个挑战的解决方案是把阈值电压也缩小，从而保持一个固定的比值。然而，这个带来了一个新的问题。正如我们在这章随后要详细讨论的，CMOS 晶体管的截止电流（即当栅源电压设置成 0 的时候的电流）随着阈值电压的减小而指数地增长。突然之间，静态功耗，这个曾经因为 CMOS 的引入而消失的问题死灰复燃。预测曾表明，如果不去管它，静态功耗会在 2000 ~ 2010 年的中后期超过动态功耗。

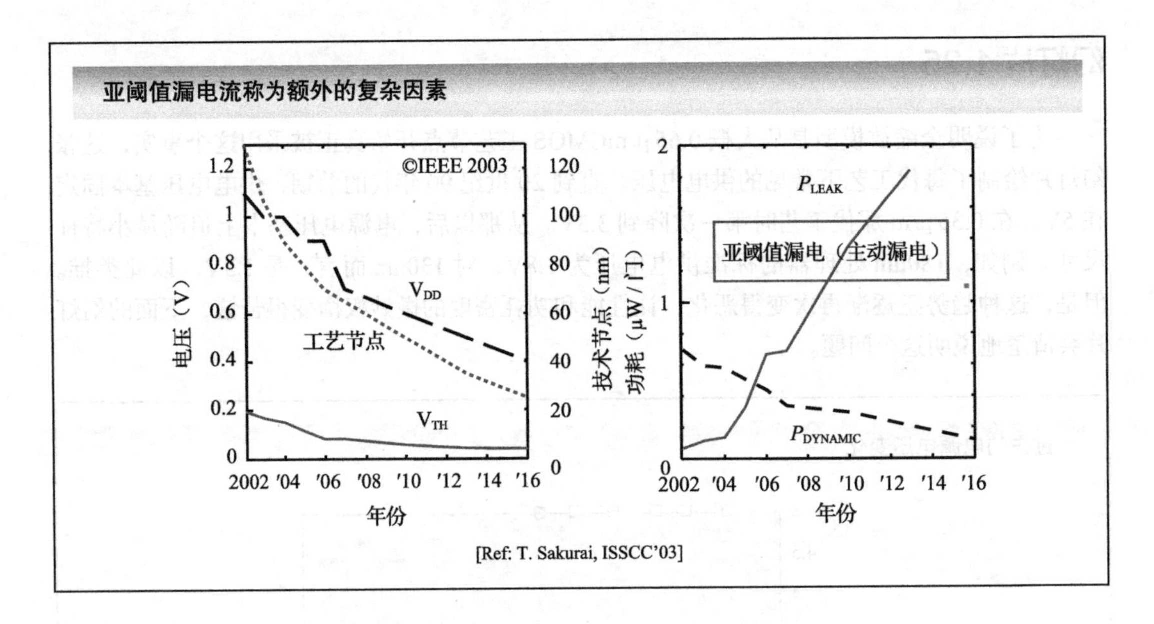

幻灯片 1.27

这个问题如此严重，以至于人们开始担心漏电流可能毁灭摩尔定律。当国际科技半导体蓝图机构（ITRS）确定进一步放缓平均功耗（每 3 年大概降低 55%），静态功耗反而非常可能迅速增加。幸运的是，设计人员已经开始应对这个挑战，并且已经开发出一系列将漏电功耗限制在一定范围内的技术。然而，静态功耗已经成为当今电路总功耗中可观的一部分，大多数预测表明，这个问题将会随着时间推移越来越严重。

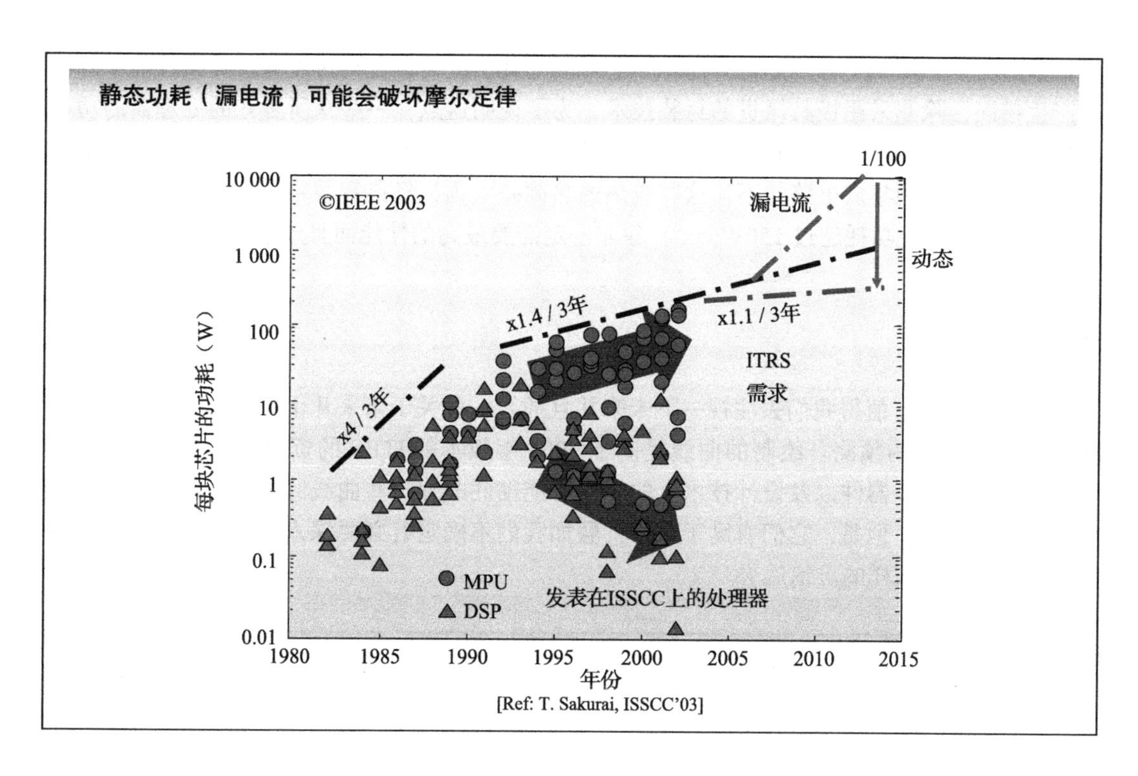

幻灯片 1.28

这里存在着非常引人注目的原因说明为什么应该竭尽所能避免功耗密度进一步提高。

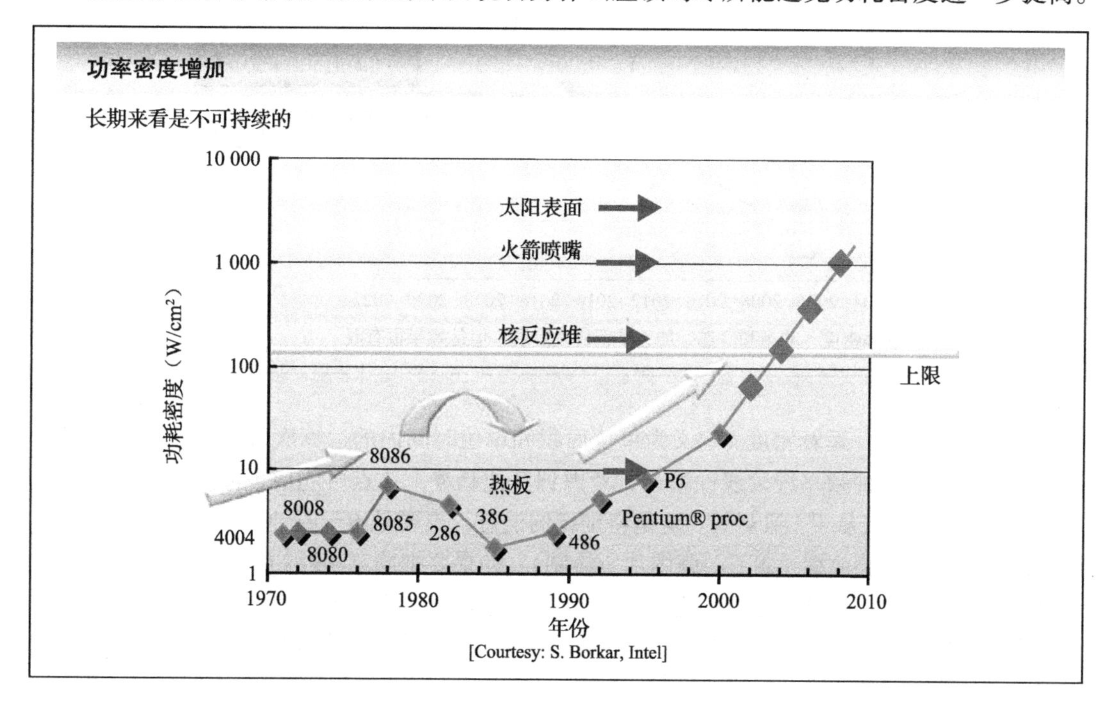

正如前面关于 PowerPC 4 的幻灯片所示，芯片的功耗密度可以变得过度并且导致性能下降或者产生错误，除非采用极其昂贵的封装技术。为了说明这点，一些众所皆知的处理器的功耗密度等级与其他的例子（比如热板、核反应堆、火箭喷嘴，或者太阳表面）进行比较，出人意料的是，高性能集成电路并不比这些极热的热源差太远！经典智慧告诉我们，绝大多数的设计应该尽量避免功耗超过 150W/cm^2，除非一定需要最高的性能而且成本不是问题。

幻灯片 1.29

在这一点上，值得我们去注视一下未来并且插入一些关于未来几十年电压、功耗和运算密度将如何演变的预测。绘制的曲线是基于 2005 年版本的 ITRS 的资料。显然，难以预见的、发生在制造、器件以及设计技术上的革新可能彻底改变这些曲线的斜率。因此，我们对它要持保留态度。但是，它们有助于展示：假如我们不确定有必要深入研究的领域并采取行动，将会发生什么样的可怕后果。

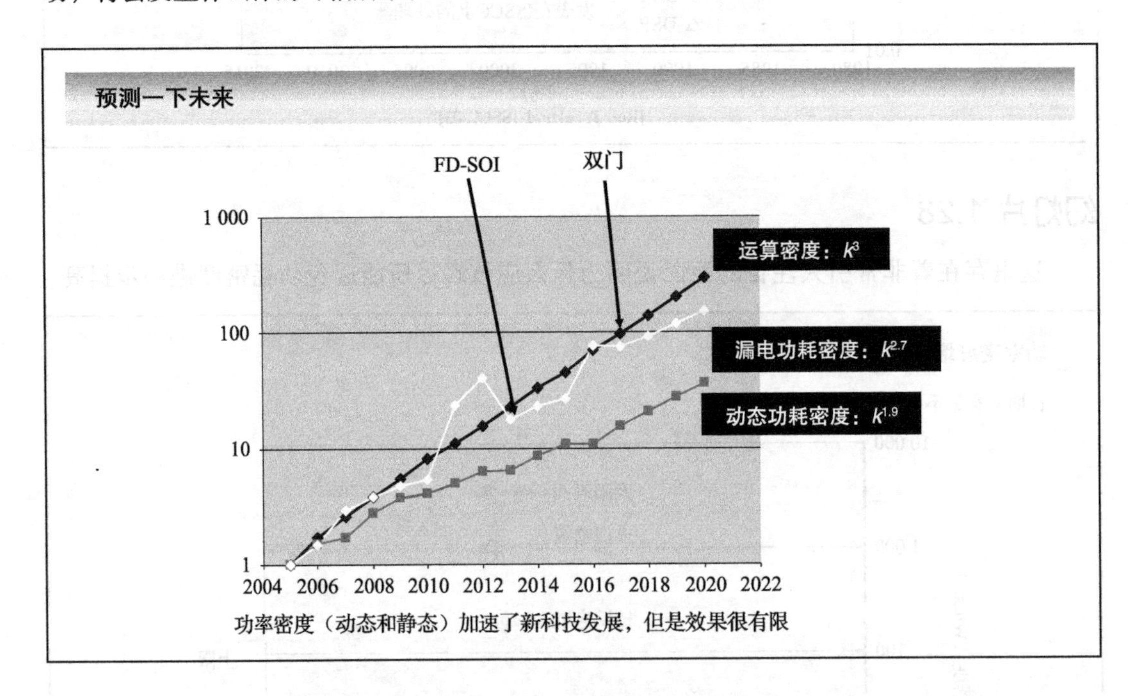

第一个现象是，运算密度（定义为单位面积和单位时间内的运算次数）继续以 k^3 的速率增长。这是假设时钟频率继续线性增长，考虑到其他趋势，这点可能值得怀疑。动态功耗密度预计将重新加速（从 $k^{0.7}$ 到 $k^{0.9}$）。这是特别坏的消息，主要是由于时钟速度的持续增长并且供电电压的缩小趋势放缓（如下一张图片所绘制）。如果要把静态功耗约束在一定区间内，后者是必需的。但是，即使考虑到了电源电压以及阈值电压的调整放缓缩小，并且假定一些技术和器件有突破，比如全耗尽 SOI（FD–SOI）和双门晶体管，静态功耗密度仍然以 $k^{2.7}$ 的比率增长。这就意味着如果不管漏电功耗的话，它就会成为集成电路功耗预算中最主要的部分。

最可能的是，上述场景不会发生。最前沿的处理器的时钟频率已经饱和，而且架构的革新（比如多核处理）已经用来保持性能预期的增长。所获得的余量可以用来减小动态或者静态功耗，或者两者都减小。此外，大多数 SoC 的异质组合说明了，不同的场景会发生在芯片里的不同部分。

幻灯片 1.30

为了强调最后一个论点，这张幻灯片绘制一些不同公司的微处理器和数字信号处理器（DSP）的功耗预算。电源在不同的资源上的分布，比如在运算逻辑、内存、时钟和互联上的变化很大。展望未来，这个趋势只会加速。复杂的、用于通信和多媒体处理、运算的 SoC 包换了很多不同种类的组件，它们性能非常不同，而且具有不同的类别（包括混合信号、射频以及无源器件）。管理这些不同的缩放轨迹是“电源管理”的任务，这将在第 10 章中讲述。

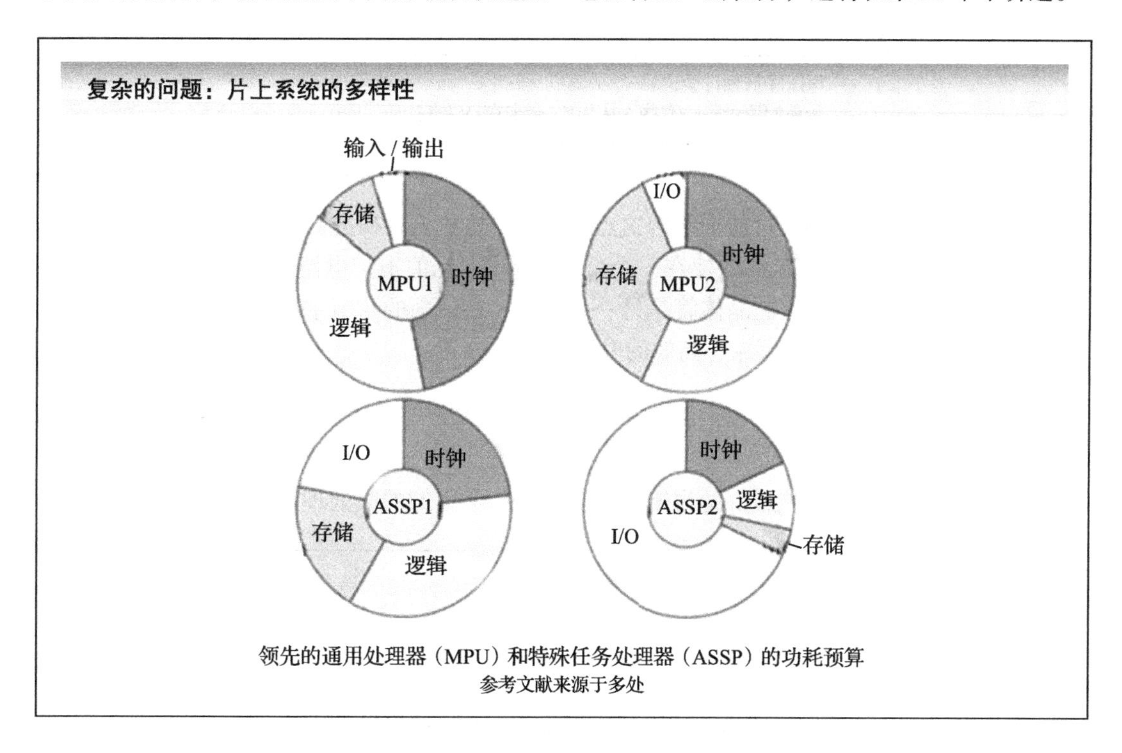

幻灯片 1.31

对漏电流的担忧设定了阈值电压的下限。除非一个（不可能的）事件发生，即无漏电的逻辑门系列突然出现，阈值电压不可能跌到 0.25V 以下。这严重阻碍了进一步缩小电源电压。）国际科技半导体蓝图机构（ITRS）（对低功耗场景）乐观地预测，电源电压将跌到 0.5V。

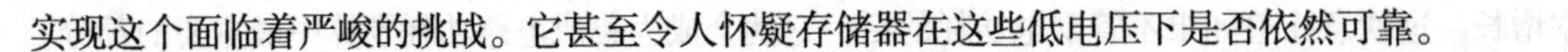
实现这个面临着严峻的挑战。它甚至令人怀疑存储器在这些低电压下是否依然可靠。

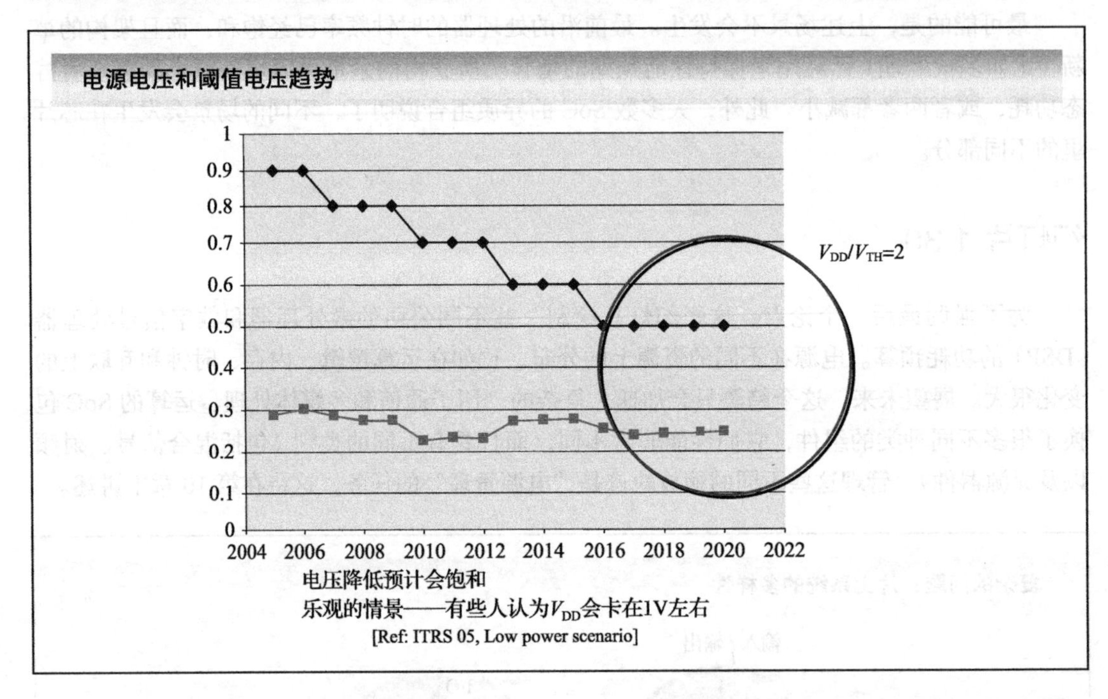

器件和电路层面的创新可能会缓解这点。目前一些机构在研究具有更高电子流动性的晶体管。更高的驱动电流意味着即使在一个低的 V_{DD}/V_{TH} 比值下，电路的性能依然可以保持。具有陡峭的开、关状态变化的晶体管是另一个机会。在后面的章节中，我们会探索即使在非常低的电压下，如何去设计可靠、高效的电路。

幻灯片 1.32

一个简单的例子往往能最好地说明问题。假设一个虚幻的微处理器，它的体系结构是直

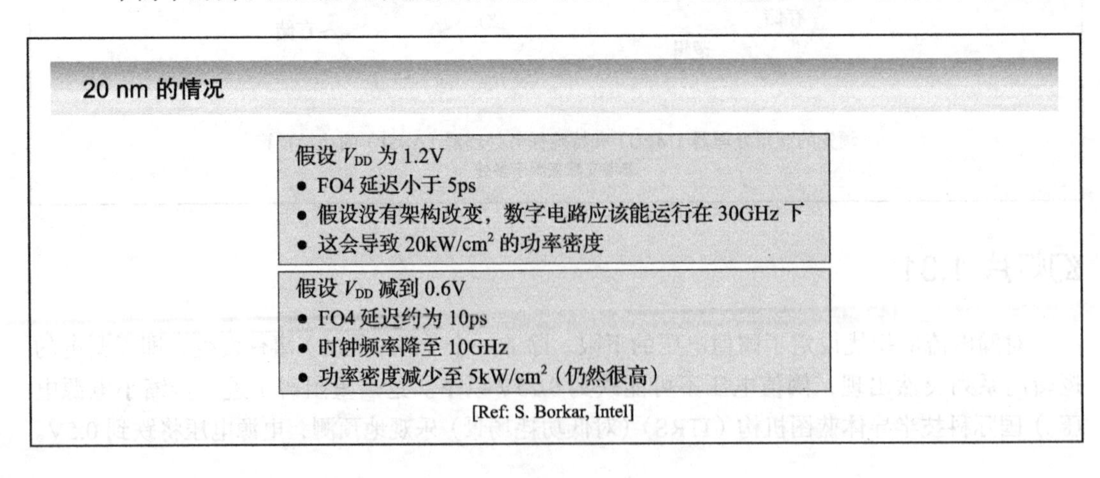

接由现在的这一代处理器移植而去的。在20nm技术下，如果电源电压保持在1.2V不变，高达30GHz的时钟速度在理论上是合理的。但是，即使电源电压降到0.6V，在10GHz的时钟频率下，功耗密度仍会高得可怕。

幻灯片 1.33

让我们暂时乐观一点，假设新的器件让我们能维持10GHz的时钟频率，并且能把功耗密度缩小80%。4cm^{2}的处理器仍将消耗4kW的功耗。要将功耗降低到可以接受的200W，就要求绝大多数的器件在95%的时间内是关闭的且不漏电。这是多么可怕的挑战！这个例子清楚地说明，对设计策略和运算体系结构进行大幅度的审视是多么必要。

20 nm 的情况（接上）

假设我们设计场效应晶体管（FET）（双栅、鳍栅，诸如此类）运行在1kW/cm^{2}来达到FO4=10ps和V_{DD}=0.6V [Frank, Proc. IEEE, 3/01]

- 对于2cmx2cm高性能微处理器的晶片，这意味着4kW的功耗。
- 如果晶片功耗限制在200W，那么只有5%的器件可以同时切换，前提是其他的部分没有功耗。

[Ref: S. Borkar, Intel]

幻灯片 1.34

总结一下，本章阐明了为什么绝大多数参与半导体行业的创新者都相信我们已经进入了一个有限功耗缩小的时代。这意味着当我们考虑如何缩小工艺、晶体管和互联的参数时，功耗成为一个决定性的因素。这与过去截然不同，因为过去的工艺缩小主要由性能方面的考量所指导。此外，我们不相信有一个能"救命"的瞬变，比如，像从二极管到MOS这样的快速途径。目前正在试验阶段的新型器件有很大的前景，但是也只会提供有限的帮助。事实上，引入缩小尺寸的器件让快乐里掺入了伤痛（比如可靠性的降低和工艺误差的增加）。最后，新的设计策略和创新的运算架构会决定方向。相关的主要概念将在接下来的章节中详细讲述。

功耗限制工艺缩放的时代

工艺创新会带来一定程度缓解
- 在低电压下性能良好且没有很大漏电流的器件

但也带来主要的问题
- 持续增加的工艺偏差以及各类失效机制在低功耗范围更为明显

最合理的情景
- 电路和系统级解决方案对于控制功率/能耗非常重要
- 降低运算密度增长速度并使用备用部件来控制功率密度增加
- 引入设计方法来使电路工作在正常情况下，而非工作在最差情况下。

幻灯片 1.35、幻灯片 1.36

一些有用的文献。

一些有用的文献

精选主旨演讲

- F. Boekhorst,"Ambient intelligence, the next paradigm for consumer electronics: How will it affect Silicon?," *Digest of Technical Papers ISSCC*, pp.28–31, Feb. 2002.
- T.A.C.M. Claasen, "High speed: Not the only way to exploit the intrinsic computational power of silicon," *Digest of Technical Papers ISSCC* , pp.22–25, Feb.1999.
- H. DeMan, "Ambient intelligence: Gigascale dreams and nanoscale realities," *Digest of Technical Papers ISSCC*, pp.29–35, Feb. 2005.
- P.P. Gelsinger, "Microprocessors for the new millennium: Challenges, opportunities, and new frontiers," *Digest of Technical Papers ISSCC*, pp.22–25, Feb. 2001.
- G.E. Moore, "No exponential is forever: But "Forever" can be delayed!," *Digest of Technical Papers ISSCC*, pp.20–23, Feb. 2003.
- Y. Neuvo,"Cellular phones as embedded systems," *Digest of Technical Papers ISSCC*, pp.32–37, Feb. 2004.
- T. Sakurai,"Perspectives on power-aware electronics," *Digest of Technical Papers ISSCC*, pp.26–29, Feb. 2003.
- R. Yung, S.Rusu and K.Shoemaker, "Future trend of microprocessor design," *Proceedings ESSCIRC, Sep.* 2002.

书及章节

- S. Roundy, P. Wright and J.M. Rabaey, "Energy scavenging for wireless sensor networks," Kluwer Academic Publishers, 2003.
- F. Snijders, "Ambient Intelligence Technology: An Overview," In *Ambient Intelligence*, Ed. W. Weber et al., pp. 255–269, Springer, 2005.
- T. Starner and J. Paradiso, "Human-Generated Power for Mobile Electronics," In Low-Power Electronics, Ed.C. Piguet, pp. 45–1-35, CRC Press 05.

一些有用的文献（接上）

论文

- A. Bar-Cohen, S. Prstic, K. Yazawa and M. Iyengar. "Design and Optimization of Forced Convection Heat Sinks for Sustainable Development", Euro Conference – New and Renewable Technologies for Sustainable Development, 2000.
- S. Borkar, numerous presentations over the past decade.
- R. Chu, "The challenges of electronic cooling: Past, current and future,"*Journal of Electronic Packaging*, 126, p. 491, Dec. 2004.
- D. Frank, R. Dennard, E. Nowak, P. Solomon, Y. Taur, and P. Wong, "Device scaling limits of Si MOSFETs and their application dependencies," *Proceedings of the IEEE*, Vol 89 (3), pp. 259 –288, Mar. 2001.
- International Technology Roadmap for Semiconductors, *http://www.itrs.net/*
- J. Markoff and S. Hansell, "Hiding in Plain Sight, Google Seeks More Power", NY Times, http://www.nytimes.com/2006/06/14/technology/14search.html? r=1&oref=slogin, June 2006.
- R. Nowak, "A DARPA Perspective on Small Fuel Cells for the Military," presented at Solid State Energy Conversion Alliance (SECA) Workshop, Arlington, Mar. 2001.
- J. Rabaey et al. "PicoRadios for wireless sensor networks: the next challenge in ultra-low power design,"*Proc. 2002 IEEE ISSCC Conference*, pp. 200–201, San Francisco, Feb. 2002.
- R. Schmidt, "Power Trends in the Electronics Industry –Thermal Impacts," ACEED03, IBM Austin Conference on Energy-Efficient Design, 2003.
- Toshiba, "Toshiba Announces World's Smallest Direct Methanol Fuel Cell With Energy Output of 100 Milliwatts," http://www.toshiba.co.jp/about/press/2004_06/pr2401.htm, June 2004.

第 2 章
纳米晶体管及其模型

幻灯片 2.1

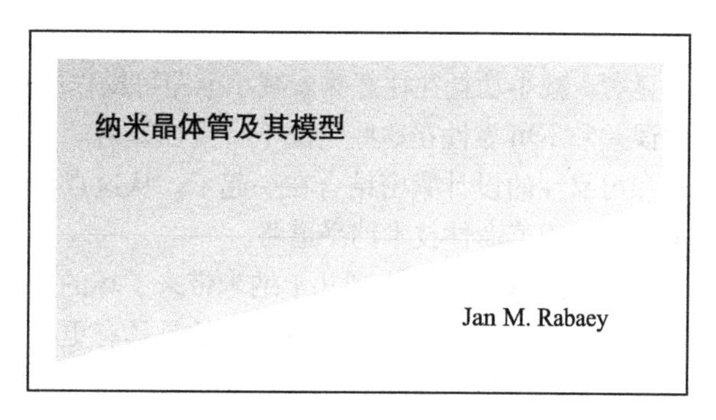

正如第 1 章讲的，当金属氧化物半导体（MOS）晶体管缩小到 100nm 之内时，它会对新一代的集成电路如何消耗功率产生很大的影响。因此，任何有关低功耗设计的讨论应该建立在对深亚微米的晶体管有很好的认识之上，并且对其未来趋势进行分析。此外，获得足够的模型对手工和计算机辅助分析都必不可少。由于本书强调优化，所以将会介绍简单而准确的、可以用在 MATLAB 语言编程方式中的自动优化框模型。

本章和以后的章节所用的结果都是以由 UCB 和亚利桑那大学所开发的预测性 MOS 模型，以及工业界从 110nm 到 45nm 的模型为基础。

幻灯片 2.2

本章大纲

- 纳米晶体管特性及模型
- 亚阈值电流和漏电流
- 工艺偏差
- 器件和工艺创新

本章将从讨论纳米晶体管和它的特性开始。我们会特别关注于晶体管的漏电流特性。接下来将分析越来越具有影响力的工艺误差。本章的最后，我们评估了一些正处在研究试验中的创新型器件，并且讨论它们对低功耗设计技术潜在的影响。

幻灯片 2.3

除了第1章所提到的晶体管的开/关特性变得恶化外，由于制造的精度以及物理极限的限制，亚100nm晶体管也被增加的工艺误差所困扰。一旦工艺的特征尺寸接近分子级别，很显然一些量子效应就开始出现。此外，减小的尺寸也使器件容易发生可靠性故障，例如软错误（单事件扰动）和时序性能的下降。

纳米晶体管和模型

- 亚100nm区域的新兴器件对于低功耗设计的挑战
  - 漏电流
  - 工艺偏差
  - 稳定性
- 也带来了机遇
  - 增加的迁移率
  - 改进的控制（？）
- 最先进的低功耗设计应该基于或者开发这些性质
  - 需要透彻地理解以及良好的模型

尽管这些问题影响每一个MOS电路设计，但是它们却对低功耗设计的影响尤其显著。减小功耗往往意味着减小电路可操作的信噪比余量（比如降低供电电压）。比如性能的误差和不可靠性在这些情况下将更加显著。可以这样说，今天的低功耗设计已经与面向误差和可靠性的设计紧密结合在一起了。从这点讲，低功耗设计通常是为引入随后被设计界所采用的通用革命性技术铺平道路。

虽然将晶体管缩小到几十纳米带来了坏的效应，一些新兴的器件实际上在未来能帮助大幅度减小功耗密度。特别有吸引力的是具有更高的电子流动性、更陡峭的亚阈值斜率、更好的阈值电压控制，以及更小的关断电流。

幻灯片 2.4

从电路运行的角度看，100nm以下晶体管的主要特性可以归纳为：电压与电流呈现线性关系（在强反型区域）；阈值电压是一个关于沟道长度和操作电压的函数；漏电流（亚阈漏电流和栅极漏电流）起了很重要的作用。这些问题都会在下面的幻灯片中详细地讨论。

亚100nm晶体管

- 速度饱和
  - I_D和V_{GS}呈线性关系
- 阈值电压V_{TH}受沟道长度L和V_{DS}的强烈影响
  - 通过体偏置来控制降低阈值电压效果
- 漏电
  - 亚阈值漏电
  - 栅极漏电

→减少的I_{on}/I_{off}比例

幻灯片 2.5

模拟的一个 65nm 的 n 沟道 MOS（nMOS）晶体管的 I_D-V_{DS} 特性清楚地演示了 I_D 和 V_{GS} 在饱和区的线性关系。这是众所周知的速度饱和效应造成的结果，这个效应大约从 250nm 的工艺开始产生影响。主要的影响是对于给定的栅极电压，驱动电流会降低。当然，这表明过去的简单模型是不准确的。为了解决这个问题，我们引入了一些简化的、具有不同复杂度和精度的晶体管模型。这本书的一个主要目标是为电路和系统设计人员提供必要的工具，以快速地预测功耗和性能。

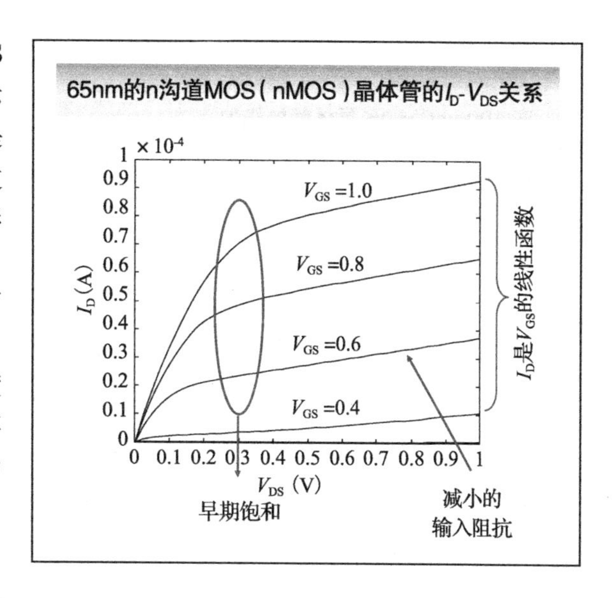

从曲线可以看到另一个重要的效应，即当器件工作在饱和区时，它的输出电阻是减小了。

幻灯片 2.6

或许最精确的、只通过限制一组参数就可以用以快速分析的模型，是由 Taur 和 Ning 在 1998 年引入的。这个模型中一个重要的参数是临界电场 E_c，它决定了速度饱和的起点。这个模型的缺点是，它是高度非线性的，这让它很难应用在优化程序（以及手工）分析中，例如，E_c 本身就是一个关于 V_{GS} 的函数。这样，一些进一步的简化是需要的。

速度饱和下的漏极电流

$$I_{DSat}=v_{Sat}WC_{ox}\frac{(V_{GS}-V_{TH})^2}{(V_{GS}-V_{TH})+E_CL}$$

- 良好的模型，可以用来手算或 MATLAB 分析

$$I_{DSat}=\frac{W}{L}\frac{\mu_{eff}C_{ox}}{2}V_{DSat}(V_{GS}-V_{TH})$$

其中，$$V_{DSat}=\frac{(V_{GS}-V_{TH})E_CL}{(V_{GS}-V_{TH})E_CL}$$

[Ref: Taur-Ning, ‘98]

幻灯片 2.7

MOS 晶体管的“统一模型”是由［Rabaey03］引入的。一个简单的非线性方程足以描述晶体管在饱和区和线性区的特性。该模型最主要的简化是，假设速度饱和发生在一个固定的 V_{DSat} 下，而这个电压与 V_{GS} 的值无关。这个模型最大的优点是，它的优雅与简洁，总共只需要 5 个参数去描述晶体管：K'、V_{TH}、V_{DSat}、λ 和 γ。每个参数都可以通过经验，以及实际

器件图进行曲线拟合。请注意，这些参数完全是经验性的，它们与诸如沟道长度调制 λ 之类的器件物理参数没有（或略微有点）关系。

亚 100nmCMOS 晶体管的模型

- 进一步简化
  统一模型——对于手算分析有用
- 假设 V_{DSat} 为常量

$$I_D = 0 \text{（如果} V_{GT} \leqslant 0\text{）}$$

$$I_D = k'\frac{W}{L}\left(V_{GT}V_{min} - \frac{V_{min}^2}{2}\right)(1 + \lambda V_{DS}) \text{（如果} V_{GT} \geqslant 0\text{）}$$

$$\text{其中，} V_{min} = \min(V_{GT}, V_{DS}, V_{Dsat})$$

$$V_{GT} = V_{GS} - V_{TH}$$

$$V_{TH} = V_{TH0} + \gamma\left(\sqrt{|-2\phi_F + V_{SB}|} - \sqrt{|-2\phi_F|}\right)$$

[Ref: Rabaey, DigIC'03]

幻灯片 2.8

然而，简单是有代价的。与实际器件模型（BSIM-4）产生的 *I-V* 曲线比较，一个较大的出入在 V_{DS} 的中间值（大约在 V_{DSat}）处被观测到。当采用这个模型去推导互补金属氧化物半

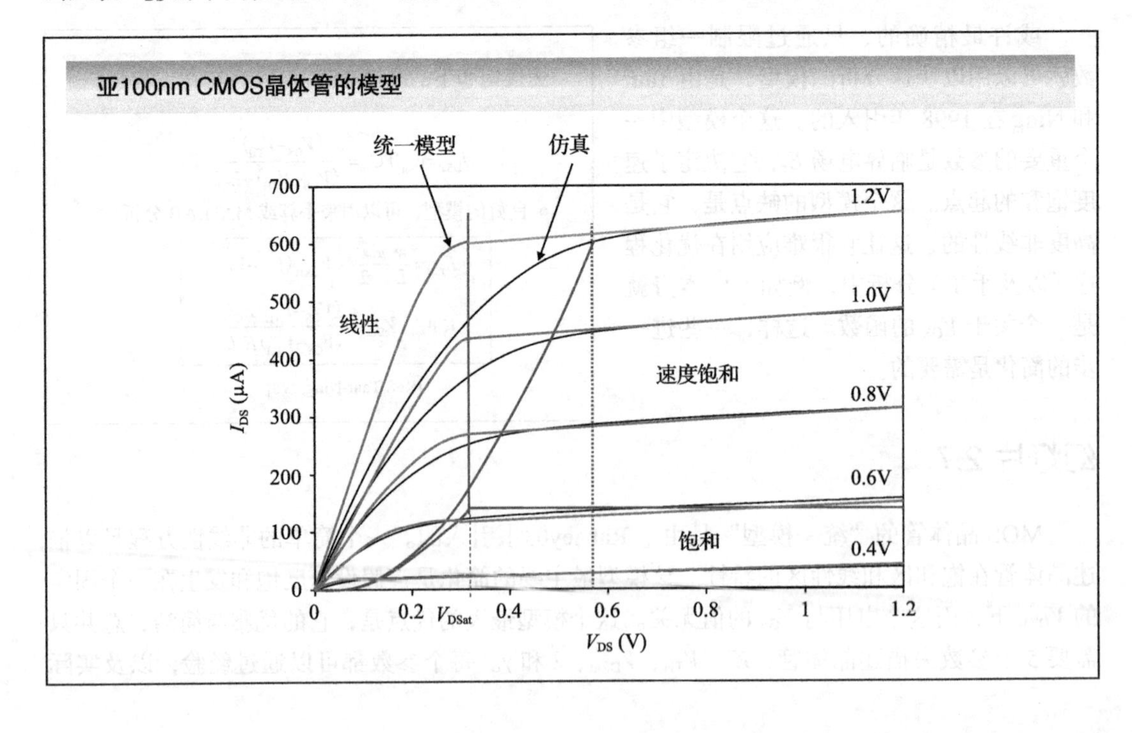

导体（CMOS）门电路的传播延迟时，这一段在整个运行区间里对精度的影响并不至关重要。最为重要的是，在最高的 V_{DS} 和 V_{GS} 值，电流的值可以精确预测——因为主要是这些决定了输出电容充电和放电时间。这样，输出延迟的误差只有几个百分点，模型复杂度的大量简化仅仅带来了很小的影响。

幻灯片 2.9

更简单的是 α 模型，它是由 Sakurai 和 Newton 在 1990 年引入的，它甚至不试图接近实际的 I–V 曲线。α 和 V_{TH} 的值是纯粹的经验值，选择它们的值可让数字门的延迟用 $t_p=kv_{DD}/((v_{DD}-v_{th})^{\alpha})$ 描述，从而与仿真产生的传播延迟曲线最大程度拟合。通常情况下，曲线拟合技术如使用最小均值平方（MMS）方法。要知道，这些方法不产生唯一解，而是由建模人员去发现产生的最好拟合解。

由于它简单，α 模型是随后章节中优化框架的基石。

α 功率定律模型

- 另一种方法，对于手算延迟有帮助

$$I_{DS}=\frac{W}{2L}\mu C_{OX}(V_{GS}-V_{TH})^{\alpha}$$

- α 功率定律模型参数 α 为 1 ~ 2
- 在 65 ~ 180nm CMOS 工艺中，α 在 1.2 ~ 1.3

- 这不是一个物理模型
- 简单的经验模型
  - 可以拟合到一系列的 α、V_{TH}
  - 需要找一个具有最小均方差的值，拟合的 V_{TH} 可以和物理值有差别。

[Ref: Sakurai, JSSC'90]

幻灯片 2.10

除了速度饱和外，缩小晶体管尺寸也降低了在饱和区的器件的输出电阻。这导致了数字门电路噪声容限的下降。这个现象背后的两个主要原理是：（1）沟道长度调制——这在长沟道设备中也存在；（2）漏致势垒降低（DIBL）效应。后者是一个深亚微米效应。它描述了阈值电压的减少与漏源电压之间的函数。DIBL 主要影响漏电流（后面会讲到），但是它对输出电阻的影响也很可观。衬底电流体效应 Substrate Current Body Effect，SCBE）只在电压高于通常运行区间的时候出现，因此它的影响不重要。

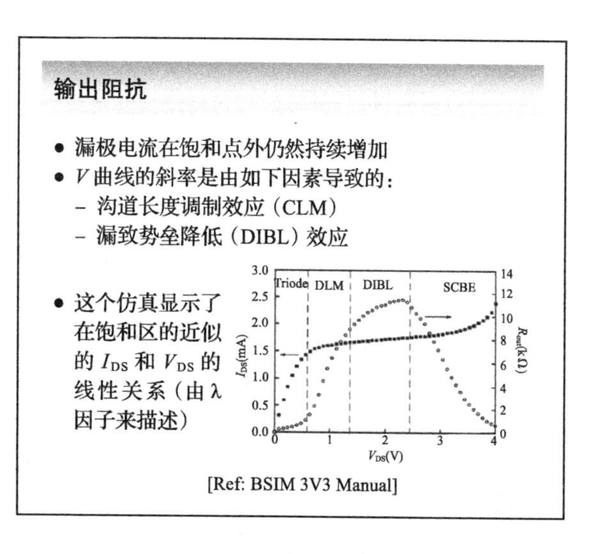

幸运的是，漏电压和电流被证明几乎是线性的，并且由一个参数 λ 描述。

幻灯片 2.11

随着电源电压的持续减小，阈值电压的缩小也是必要的，正如第 1 章详细说明的那样。定义晶体管实际的阈值电压并非易事，因为许多因素发挥着作用，并且测量并不简单。“物理”上的关于阈值电压的定义是，导致晶体管门强反型层出现的 V_{GS} 值。然后这个值不可能被测量。一个经常使用的试验方法是，通过在 I_D–V_{GS} 曲线上线性外插饱和区的电流（看图）去推导它。与零轴的交叉点定义为 V_{TH}（也称为 V_{THZ}）。另外一个方法是“ constant-curve”(CC) 方法，它把阈值电压定义为，当晶体管的 W/L 比值相应缩放后，漏 – 源间的电流降到一个固定值（I_{D0}）之下。然而 I_{D0} 的值可以任意选择。这样，除非特别注明，本书中我们一概采用外插方法。

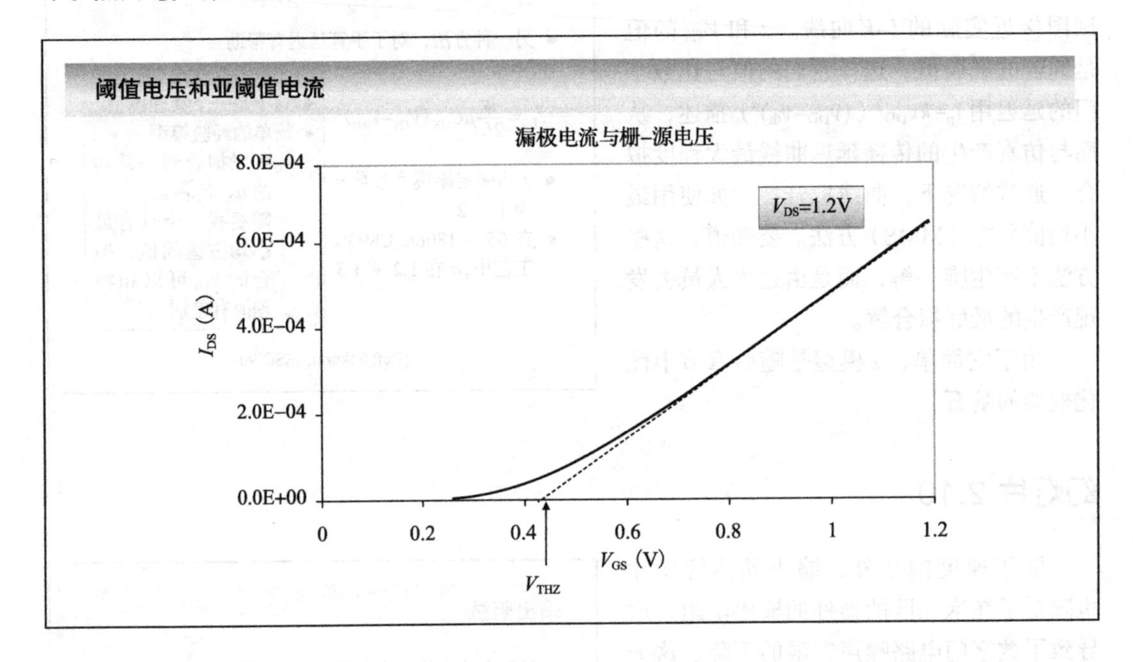

幻灯片 2.12

很遗憾，阈值电压不是一个恒定的参数，它是受一系列操作参数影响的。最重要的是体偏置或体效应，即晶体管的第四个端口（衬底或者阱电压）成为一个额外的控制节点。V_{TH} 与 V_{BS} 的关系是广为人知的，并且需要引入一个额外的器件参数，那就是体效应参数 γ。注意，体偏置既可以用来增加（反偏），也可以用来减少（正偏）阈值电压。正偏效应的作用范围被限制，因为 source-bulk 二极管必须保持在反偏条件下（即 V_{SB}>–0.6V）。否则，电流可以直接从源极注入衬底，从而严重地恶化晶体管的增益。对 130nm 工艺而言，1V 的 V_{SB} 变化可以让阈值电压改变 200mV。

体偏置功效的美妙之处在于，它可以动态地调整运行时的阈值电压，从而补偿工艺误差或者动态地在性能和漏电流之间做权衡。

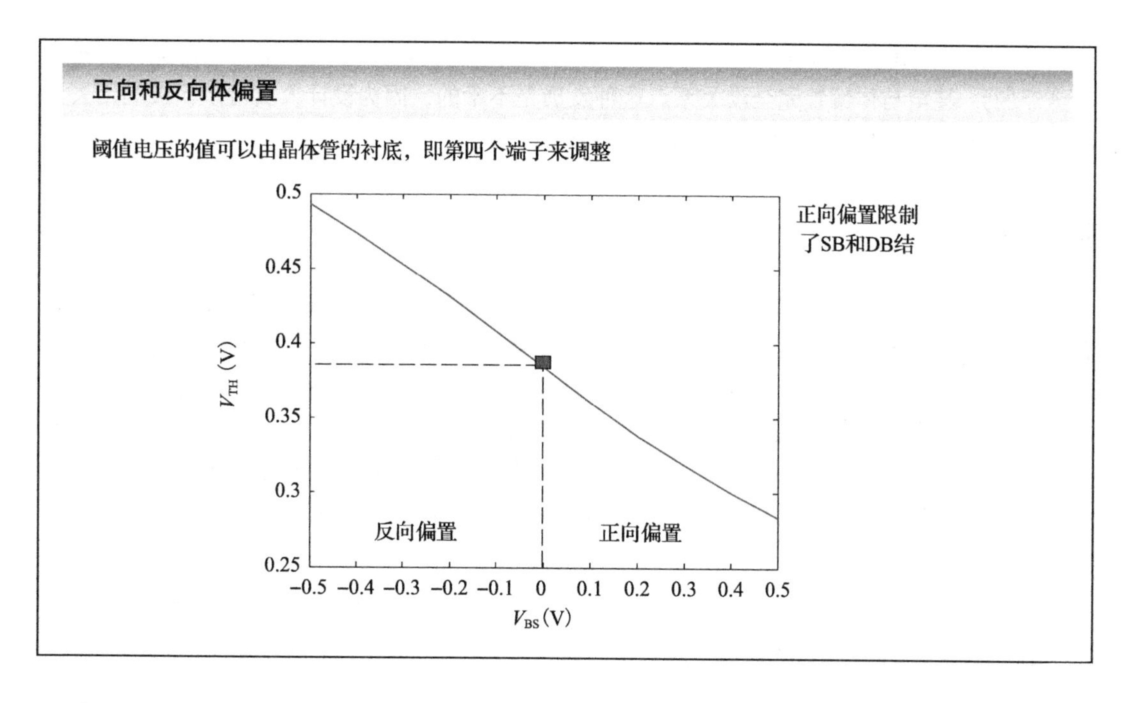

幻灯片 2.13

遗憾的是，器件的缩小正逐渐让体偏置效应消失。随着沟道中的掺杂水平增加，改变偏置电压对强反型层的起点几乎没有影响。这张幻灯片清楚地说明了这一点，它描述了三个工

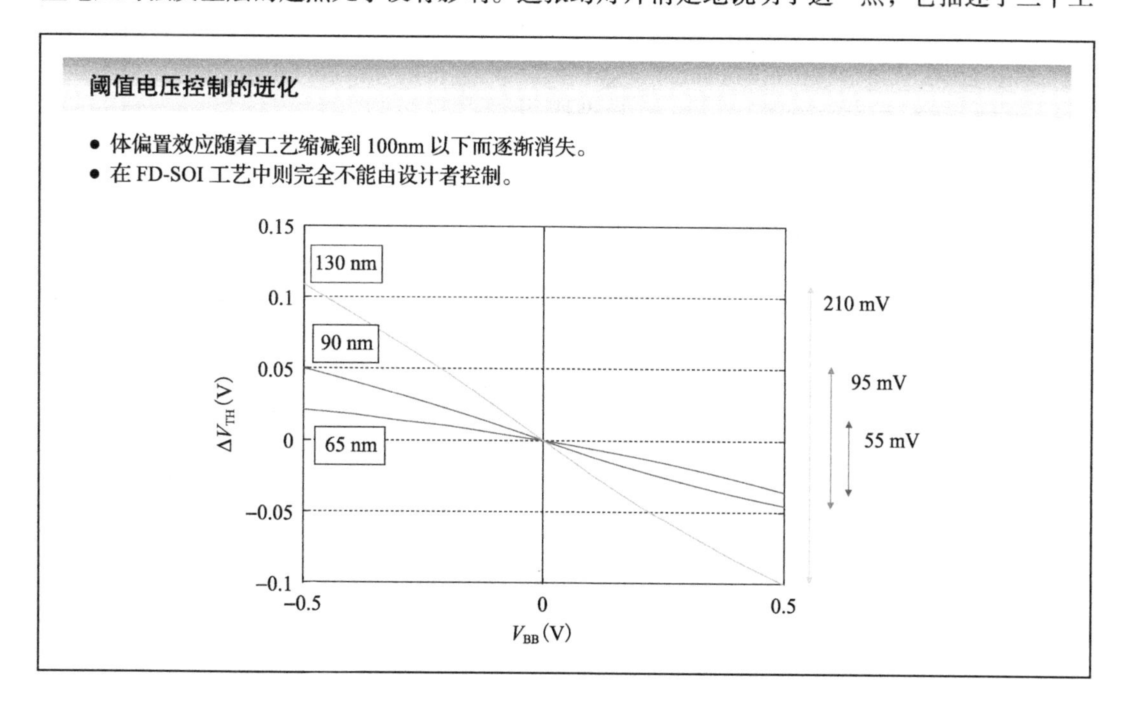

艺技术节点下体偏置的影响。新兴的技术，如全耗尽 SOI（FD-SOI）工艺（它的晶体管衬底是悬浮的），甚至与体偏置完全没关系。这种发展是不幸的，因为设计人员可以积极利用去控制漏电效应的、为数不多的参数之一就这样被带走了。

幻灯片 2.14

沟道长度是另一个影响阈值电压的参数。对很短的沟道而言，漏（和源）交汇处本身的耗尽区耗尽了沟道可观的一部分。这使得开启晶体管变得更容易，从而导致了阈值电压的减小。为了抵消这样的效应，器件工程师们添加了一些额外的“ halo 掺杂”，这导致了阈值电压的峰值出现在沟道长度标准值上。虽然这样做总的来说是有利的，但是也增加了阈值电压相对于沟道长度变化的灵敏度。比如，可能发生的是，某个批次的晶圆的沟道长度可能会一致低于标准值。这就导致了阈值电压远低于预期值，从而带来了更快但是更漏电的芯片。

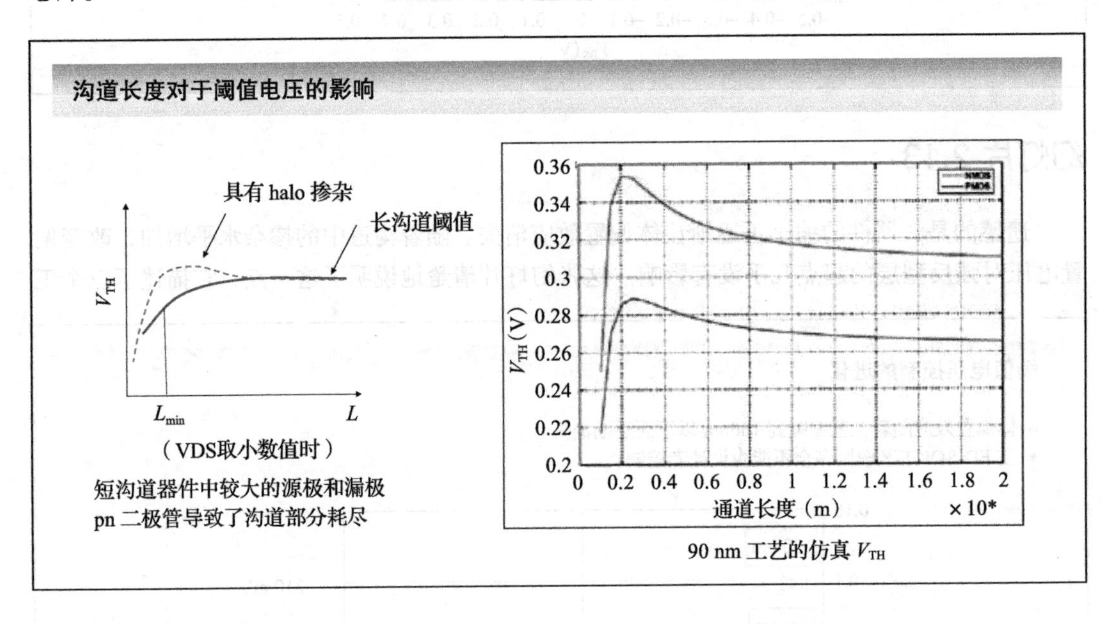

幻灯片 2.15

为了得到更大的阈值电压、相对更小的误差，设计人员会把它们的晶体管尺寸扩大到超过标准的沟道长度。这样做很显然带来了面积的惩罚。它的影响可能相当可观。在 90nm 工艺下，远离最小沟道长度可以让漏电流缩小一个数量级。只要增加 10% 的尺寸，就可收获大部分的好处。这个观察事实没有逃脱关注漏电流敏感模块的设计人员的注意，比如静态随机存储器（SRAM）。

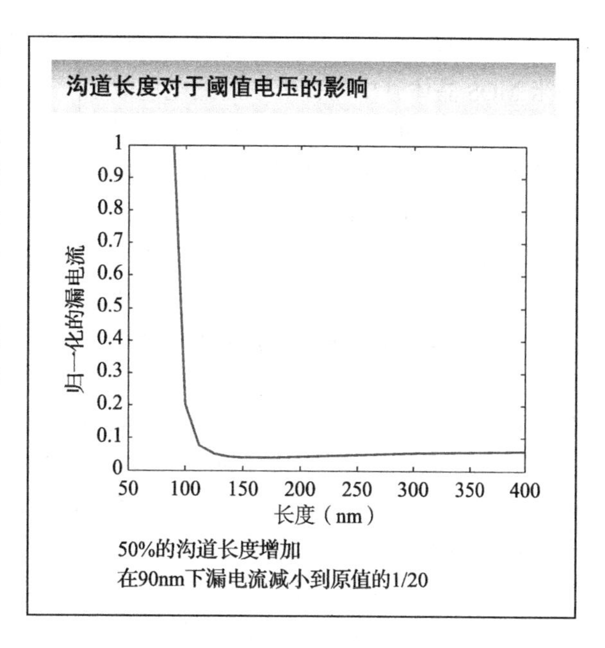

幻灯片 2.16

漏极电压是另一个对阈值电压有可观影响的变量。漏致势垒降低（DIBL）效应已经在关于短沟道器件的输出电阻相关内容中提到过。随着漏极电压的增加，漏极与沟道交界的耗尽区扩大并且在晶体管门下沿展开，这有效地降低了阈值电压（这是一个非常简单的解释，但是它捕捉了最主要的原因）。DIBL 最负面的效应是它把阈值电压变得与信号变量相关。鉴于所有的实用的目的，假设 V_{DS} 以比例因子 λ_d 线性地改变阈值电压是可以的。

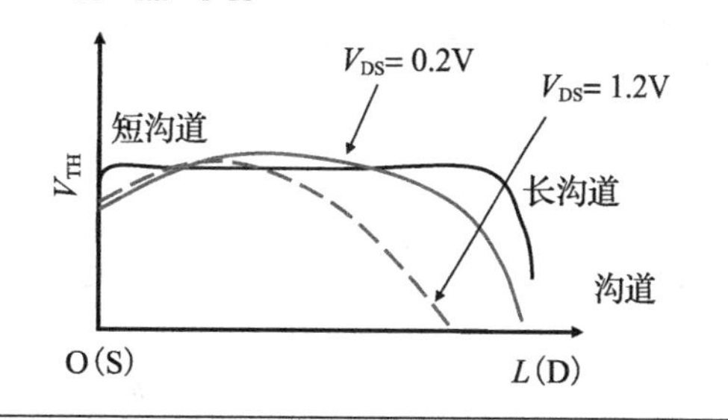

幻灯片 2.17

在介绍中，很多时候我们都有提到纳米 MOS 晶体管中与日俱增的漏电流效应。一个理想的晶体管（至少从数字电路的角度）不应该有任何电流流入衬底（或者阱区），当关闭的时候不应该导通任何漏极、源极之间的电流，并且应该有无穷大的晶体管门电阻。如幻灯片里附图所示，一系列效应正在造成当代的器件背离这个理想模型。通过源 – 衬底 pn 电压反偏，以及漏 – 衬底 pn 反偏造成的漏电流一直存在。但是，它们的值是如此之小，以至于它们的影响通常情况下可以被忽略，除了在依赖于电荷存储的电路中，比如动态随机存储器（DRAM）和动态逻辑。

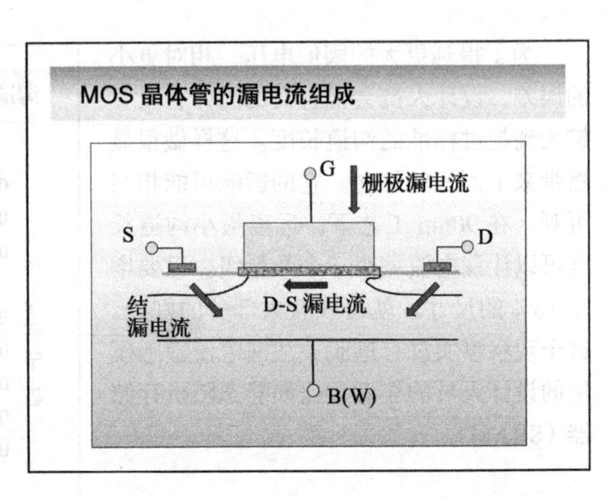

最小特征尺寸的缩小引入了一些其他的漏电效应，它们更具有影响力，并且超过了 pn 结漏电流 3 ~ 5 个数量级。最重要的是亚阈漏 – 源电流和栅漏电效应，后面我们会详细讨论。

幻灯片 2.18

此前的幻灯片中，我们有提到阈值电压 V_{TH} 的值与（亚阈）漏电流的关系。当晶体管门电压比阈值电压低时，晶体管并不是瞬间关闭的。实际上，晶体管进入了一个称为“亚阈值区间”（或者弱反型）。在次操作模式下，漏 – 源电流成为 V_{GS} 的指数函数。如果电流被绘制为对数刻度，这就可以从 I_D–V_{GS} 曲线中清楚地看到。

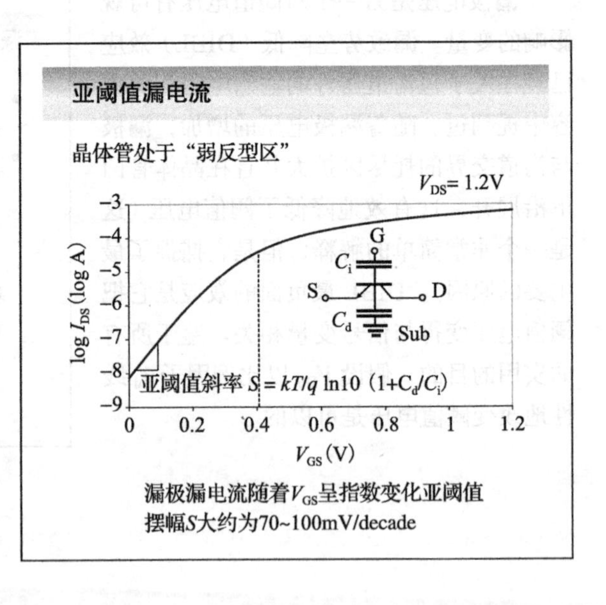

指数性依赖性可以用如下事实最好地解释：在这些条件下的 MOS 晶体管表现为一个二极管器件的特性（对一个 nMOS 来说是 npn），其基极通过一个电容分压器耦合到栅极。我们知道，对于一个理想的双极型晶体管，基极电流与基极 – 射极电压的关系是 $I_{CE}=e^{V_{BE}/(KT/q)}$，这里 k 是玻耳兹曼常数，T 是热力学温度。这个称为热电压的 (kT/q) 在室温下大约为 25mV。对于一个理想的二极晶体管，V_{BE} 每增加 60mV(=25mV × ln10)，集电极的电流就增加 10 倍！

在 MOS 晶体管的弱反型状态，它的指数一定程度上被栅极与沟道（基极）之间的电容耦合削弱。因此，亚阈值电流最好被建模为 $I_{DS}=e^{V_{GS}/(n(kt/q))}$，这里对于现代工艺技术来说 n 是 1.4 ~ 1.5 的斜率因子。这种弱化的净效果是，如果要把亚阈值区间的电流缩小 9/10，V_{GS} 的减小不是 60mV，而更像 70 ~ 100mV。显然，对于一个理想的开关，我们希望电流在 V_{GS} 小于 V_{TH} 时能立刻缩小到 0。

幻灯片 2.19

现在我们可以理解亚阈值电流日益增长的重要性。如果阈值电压被设定为，例如，在 400mV 时，漏电流从 $V_{GS}=V_{TH}$ 到 $V_{GS}=0$ 降低了 5 个数量级（假定亚阈值摆幅大约是 80mV/dec）。现在假设阈值电压减小到 100mV，从而能在供电电压减小的情况下保持性能。对这个低阈值电压的晶体管而言，在 $V_{GS}=0$ 时，它的漏电流大约是高阈值电压漏电流的 10^4 倍，或者说漏电流随着线性减小的阈值电压而按指数增长。这又是另一个有关指数关系的影响的例子。

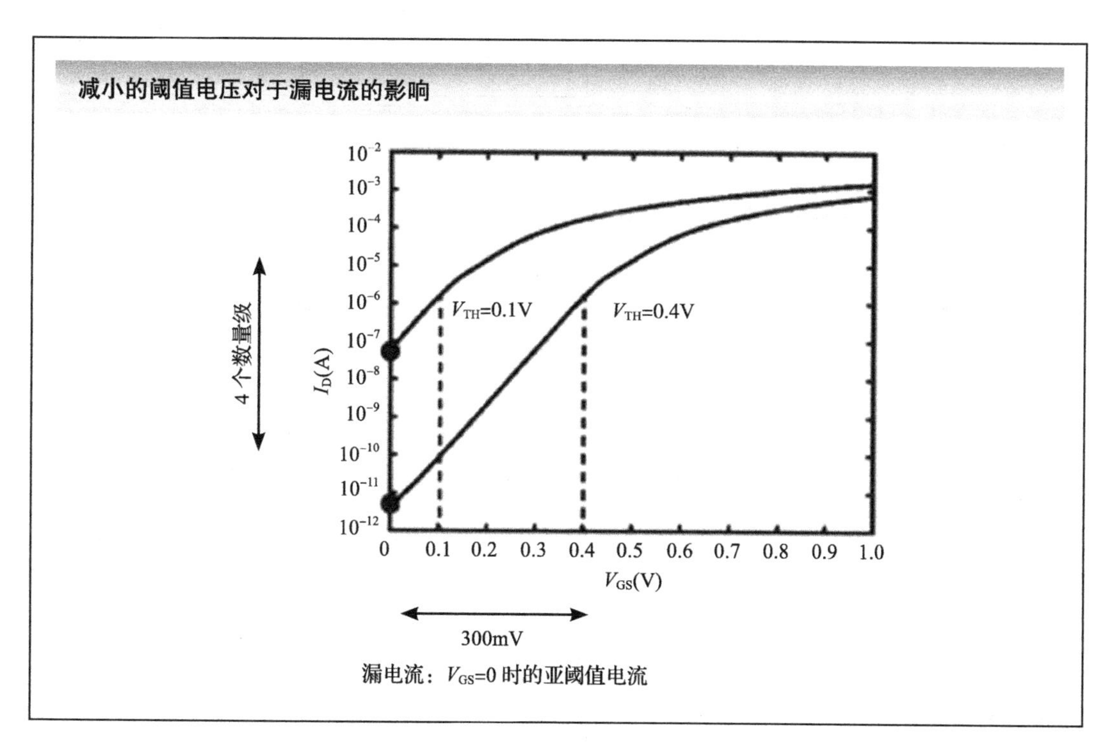

幻灯片 2.20

由于亚阈值漏电流对于纳米设计来说扮演了至关重要的角色，因此好的、可用的模型必不可少。亚阈操作区间的一个优势是，它的物理模型是非常可行的，并且可以很容易地把漏极电流表述成 V_{GS} 或者 V_{DS} 的基本函数。

亚阈值电流

- 亚阈值特性可以用物理方法来建模

$$I_{DS} = 2n\mu C_{ox}\frac{W}{L}\left(\frac{kT}{q}\right)^2 e^{\frac{V_{GS}-V_{TH}}{nkT/q}}\left(1-e^{\frac{-V_{DS}}{kT/q}}\right)$$

$$= I_S e^{\frac{V_{GS}-V_{TH}}{nkT/q}}\left(1-e^{\frac{-V_{DS}}{kT/q}}\right)$$

N 为斜率因子（≥1，通常约为 1.5）并且

$$I_S = 2n\mu C_{ox}\frac{W}{L}\left(\frac{kT}{q}\right)^2$$

- 通常以 10 为底表达为

$$I_{DS} = I_S 10^{\frac{V_{GS}-V_{TH}}{S}}\left(1-10^{\frac{-nV_{DS}}{S}}\right)$$

≈ 1（如果 V_{DS} > 100 mV）

其中，$S = n\left(\frac{kT}{q}\right)\ln(10)$，亚阈值摆率，范围在 60 ~ 100mV

幻灯片 2.21

前一张幻灯片中的简单模型并不覆盖两个可以动态调制阈值电压的效应：DIBL 和体偏置。虽然这些效应影响晶体管的强反型操作模式（如前面所讨论的那样），它们对亚阈值模式的影响却远远更大，因为漏极电流与阈值电压有指数关系。这个模型可以很容易地调整，通过加入两个参数 λ_d 和 γ_d 以包括这些效应。

亚阈值电流 - 回顾

- 漏致势垒降低效应（DIBL）
  - 阈值电压随 V_{DS} 增加大致线性地减小
  $$V_{TH}=V_{TH0}-\lambda_d V_{DS}$$
- 体偏置效应
  - 阈值电压随 V_{BS} 增加大致线性地减小
  $$V_{TH}=V_{TH0}-\gamma_d V_{BS}$$

导致：

$$I_{DS} = I_S 10^{\frac{V_{GS}-V_{TH0}+\lambda_d V_{DS}+\lambda_d V_{BS}}{S}}\left(1-10^{\frac{-nV_{DS}}{S}}\right)$$

漏电流是漏极电压和体电压的指数函数

幻灯片 2.22

尤其是 DIBL 对于纳米 CMOS 晶体管的亚阈值漏电流有着巨大的影响。假设，比如，一个 nMOS 晶体管在关闭状态（V_{GS}=0），这个晶体管的亚阈值电流此时就强烈地依赖于所施加的 V_{DS}。例如，对于幻灯片中所示的器件特征，将 V_{DS} 从 0.1V 提到到 1V，漏电流增长了 10

倍（而在一个理想器件中它应该保持大致平坦）。这就带来了挑战与机遇，因为这说明漏电流变得与数据有很强的关系。若置此于不顾将导致重大的问题。同时，它提供给了有创造力的设计人员另一个可以去尝试的参数。

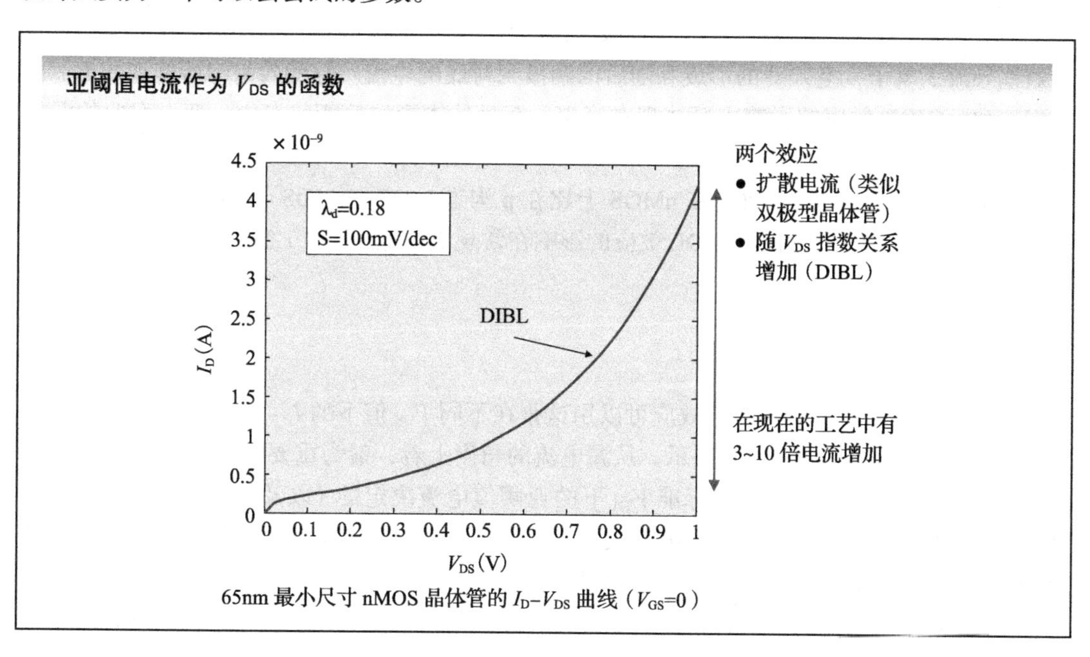

幻灯片 2.23

此外，在关断状态下流过漏极的电流被栅致漏极泄漏（Gate-Induced Drain Leakage，GIDL）

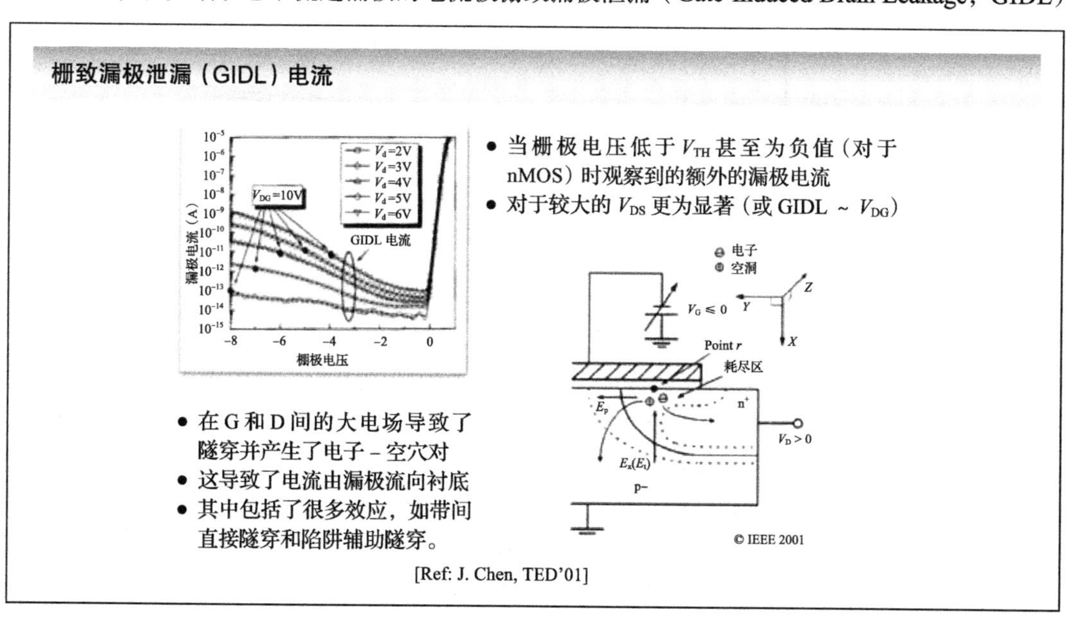

电流效应影响。人们期望在漏极电压 V_D 固定、V_G 减小到 V_{TH} 以下时，漏极电流持续减小，然而事实却是相反的。尤其是在负的 V_G 时，漏极电流的增长被观察到。这样的结果是组合效应所导致的，比如带间隧穿和基于陷阱的隧穿。栅极 / 漏极重叠区下的强电场（如发生低的 V_G（0V 甚至更低）和高的 V_D），导致深度耗尽和漏极与阱交界处耗尽层宽度有效变薄。这有效地导致了电子 - 空穴对的形成和随后的漏极到衬底的电流。它的效果与所施加的 V_{DG} 的值成正比。GIDL 效应的影响主要体现在当 V_{GS}=0 时晶体管的关断状态中。朝上弯曲的漏极电流曲线导致了漏电流的有效增加。

需要注意的是，GIDL 效应在 nMOS 上比在 p 沟道 MOS（pMOS）上要大得多（大约两个数量级）。同时观察到的是，GIDL 效应的影响在常规供电电压下（1.2V 或者更低）非常小。

幻灯片 2.24

漏极漏电流组成部分的组合效应可以用这张在不同 V_{DS} 值下的 I_D–V_{GS} 曲线（正如这张幻灯片中 90nm nMOS 晶体管）来展示。从漏电流的角度上看，最为重要的是 V_{GS}=0 时的电流。对于较小的 V_{DS}，漏极电流是由标准 V_{TH} 下的亚阈值电流决定的（以及漏 - 阱结漏电流，这是可以忽略的）。当 V_{DS} 增加时，DIBL 使 V_{TH} 降低，从而引起漏电流的大幅增加。例如，把 V_{DS} 从 0.1V 增加到 1V，会导致漏极电流增加了 8 倍。

GIDL 效应可以在 V_{GS} 小于 –0.1V 时清楚地观察到。然而，即使在 V_{DS} 高到 2.5V，V_{GS}=0 时，其效果仍然可以忽略。因此在今天大多数的设计中，GIDL 的作用不大。

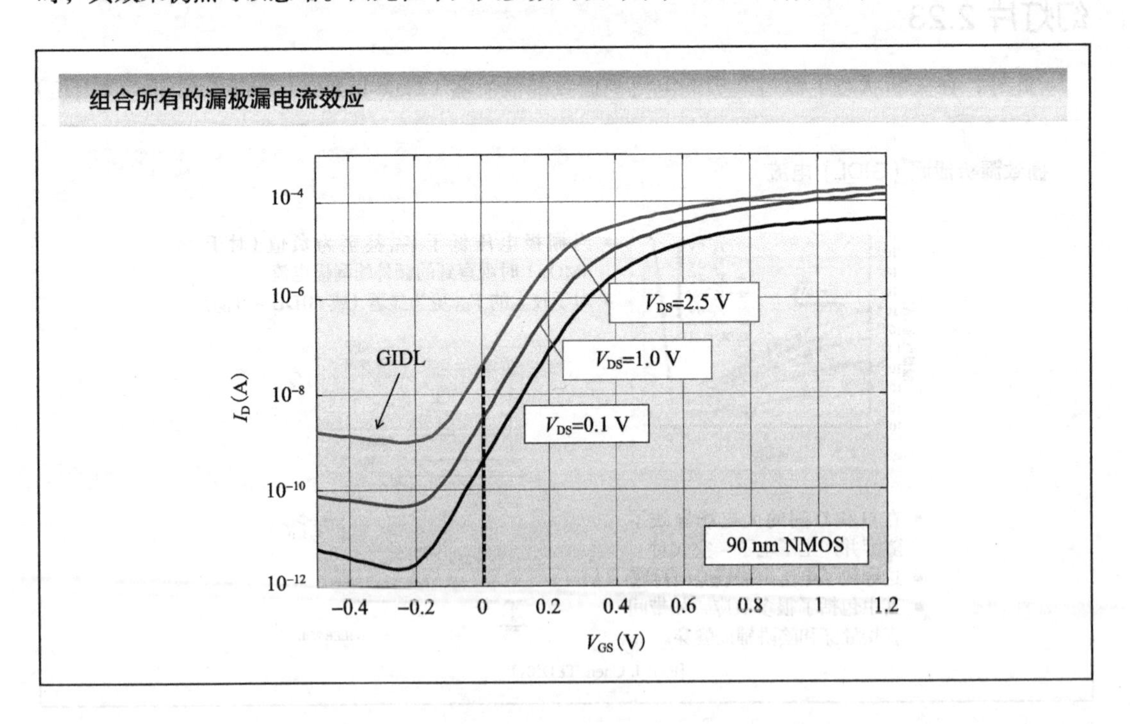

由此而浮现出的整体画面是值得考虑的。对于一个最小尺寸的、在低漏电流工艺下、V_{TH} 为 0.35V 的晶体管，其漏极漏电流在室温下徘徊在 1nA 内。这意味着对于一个有一亿门（或等价功能）的设计来说，总漏电流大概是 0.1A。这个值随着温度增加（标准的运行条件下）而大幅增加，随着器件宽度增加而线性增加，随着阈值电压降低而按指数增加。在待机状态下拥有数安培的漏电流变得合乎情理而且真实，除非我们小心地去阻止漏电。

幻灯片 2.25

尽管亚阈值电流随着 180nm 工艺节点的引入成为一个问题，另一个当工艺缩小到 100nm 级别以下变得重要的是栅极漏电流。MOS 晶体管的一个有吸引力的属性是它总是具有非常高的（接近无限）的输入电阻。对应的是，二极管结构所固有的有限的基极电流，让这些器件在复杂数字设计中变得不具有吸引力。

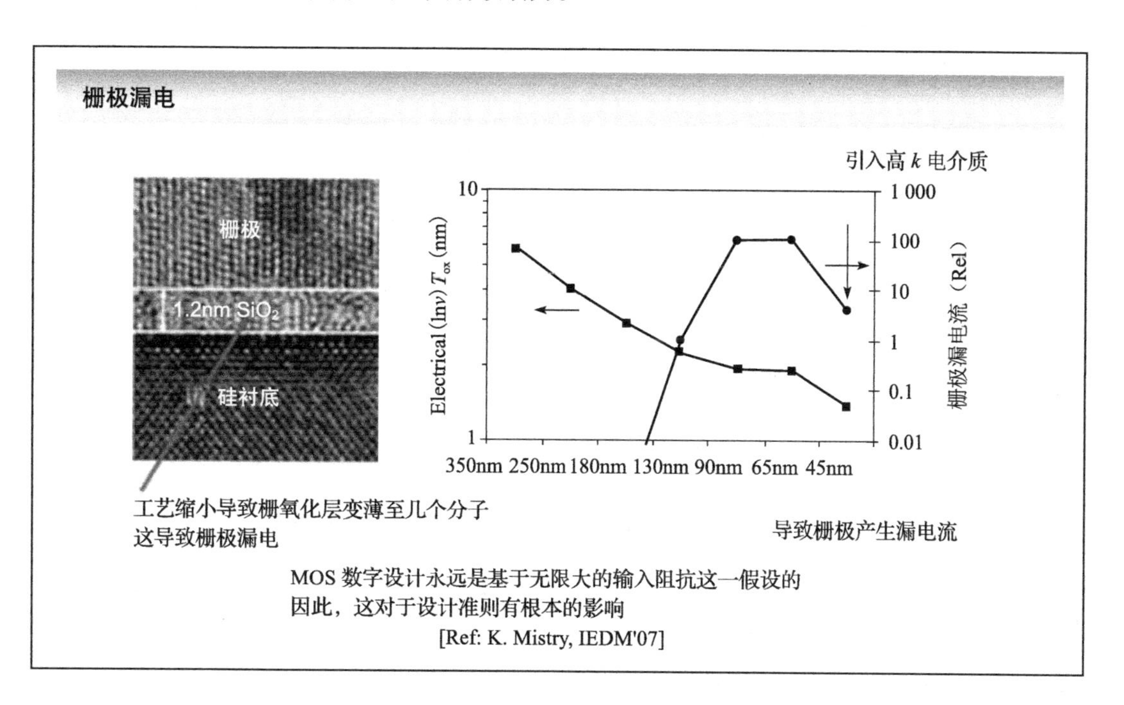

当横向尺寸缩小时，为了保持晶体管的驱动能力，通用的缩放理论限定了栅氧化层（二氧化硅）的厚度也会被缩小。然而，一旦栅氧化层厚度变得和几个分子同为一个数量级别，一些大的障碍就浮出水面了。这正发生在低于 100nm 的晶体管上，如 65nm、氧化层厚度为 1.2nm 的 MOS 晶体管的截面 SEM 照片所示。很清楚的是它的氧化层只有区区几个分子那么厚。

虽然提出了一些明显的缩小极限，非常薄的氧化物也引起了晶体管栅极电阻的减小，这样电流开始渗透电介质。这个趋势清楚地在这张图中说明，它展示了在不同工艺下栅极厚度以及栅极漏电流的演变过程。从 180nm 到 90nm，栅极漏电流增长超过了 4 个数量级。这个数量以及接下来的降低的背后原因在随后的幻灯片中会清楚说明。观察到，栅极漏电流随着温度增加也迅速增加。

不同于亚阈值电流（它主要导致待机功耗增加），栅级电流威胁到了 MOS 数字电流设计中一些基本的概念。

幻灯片 2.26

栅极漏电流的起源来自两种不同的机制：FN (Fowler-Nordheim) 隧道穿越，以及直接氧化层隧道穿越。FN 隧道穿越是一种被有效利用设计非易失性存储器的效应，其对于氧化层厚度大于 6nm 的器件非常显著。但是它的发生要求一个高的电场强度。随着氧化层厚度的减少，隧道穿越效应在很低的场强度就开始发生。在这些条件下，占主导地位的效应是直接氧化层隧道穿越。

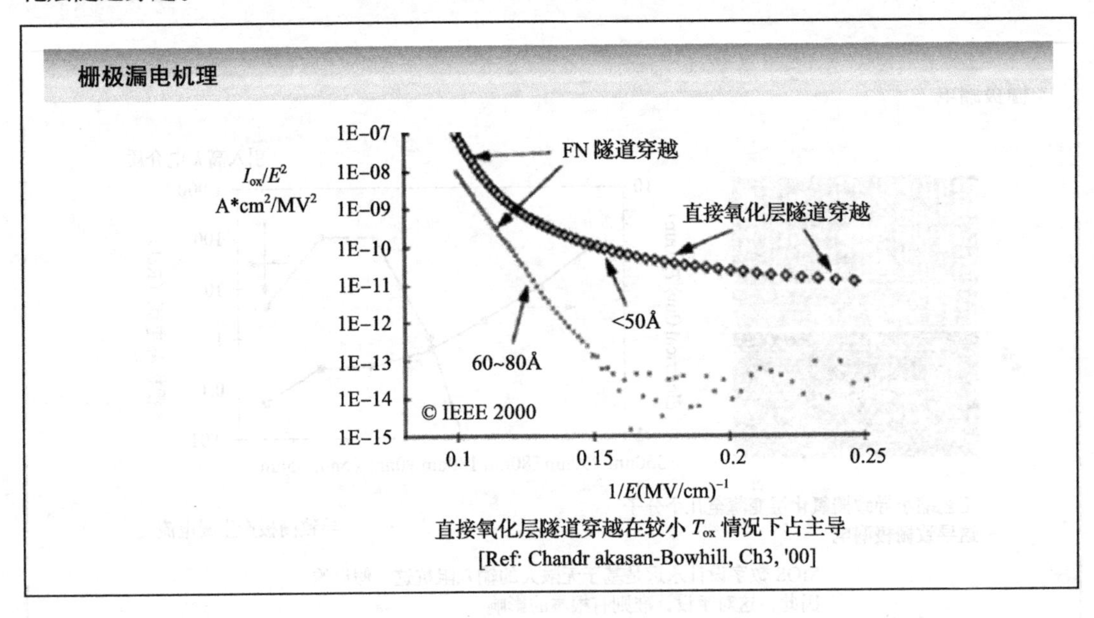

幻灯片 2.27

在这张幻灯片中，直接氧化层隧道穿越被绘制成一个关于施加的电压和二氧化硅厚度的函数。可以看到漏电流随着这些参数按指数地变化。这样，即使我们在连续两代工艺节点间缩小了供电电压，氧化物厚度的同时缩小造成了栅极漏电流密度持续增加。这种趋势显然威胁到了 MOS 技术的进步，除非一些创新的工艺技术的解决方案出现。

为了应对这一挑战，第一种方法是停止或者减缓缩小氧化物的厚度，同时持续缩小其他的关键器件尺寸。这个方法的负面影响是可获得的电流密度降低，从而降低了工艺缩小带来的性能优势。但是，即使有这样的负面效应，这也正是大部分的半导体公司在前进到 65nm 节点时采用的（正如在幻灯片 2.25 中明显看到的）。然而这只被认为是一种临时解决办法，与此同时有一些相当可观的器件革新，比如高 k 电介质以及高电子迁移率的晶体管。Φ

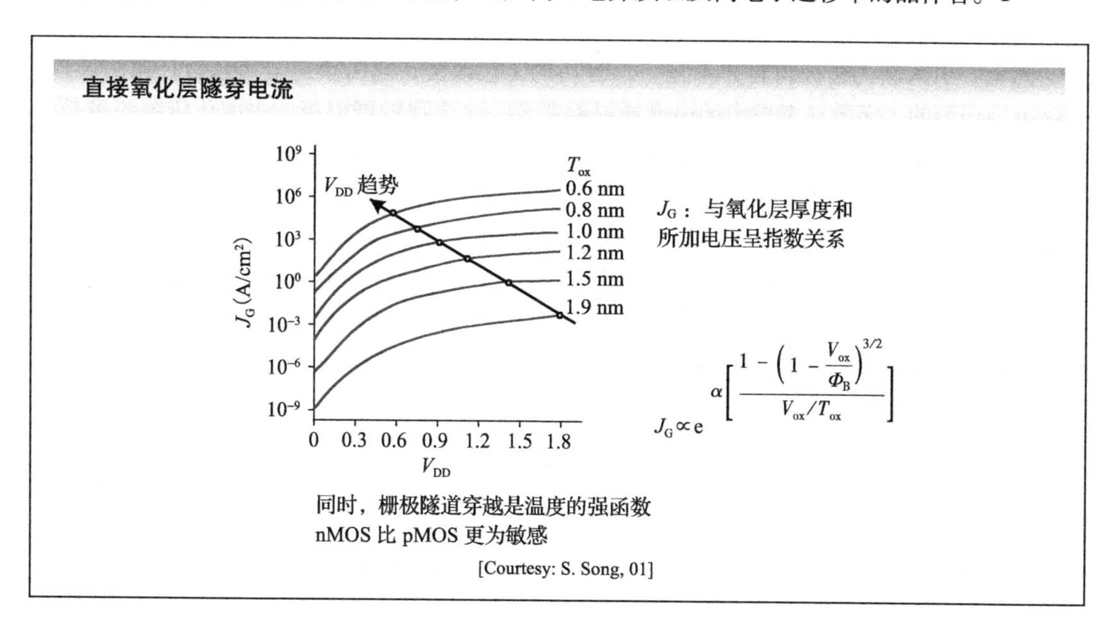

幻灯片 2.28

MOS 晶体管的电流与工艺跨导参数成正比，$k'=\mu C_g=\mu\varepsilon/T_g$。为了通过缩放增加 k'，我们必须找到一个方法去增加载流子的流动性或者增加栅极电容（单位面积上）。前者需要从根本上改变器件结构（后面会讨论）。以传统的方式增加栅极电容（即缩小 T_g）的代价高昂，唯一

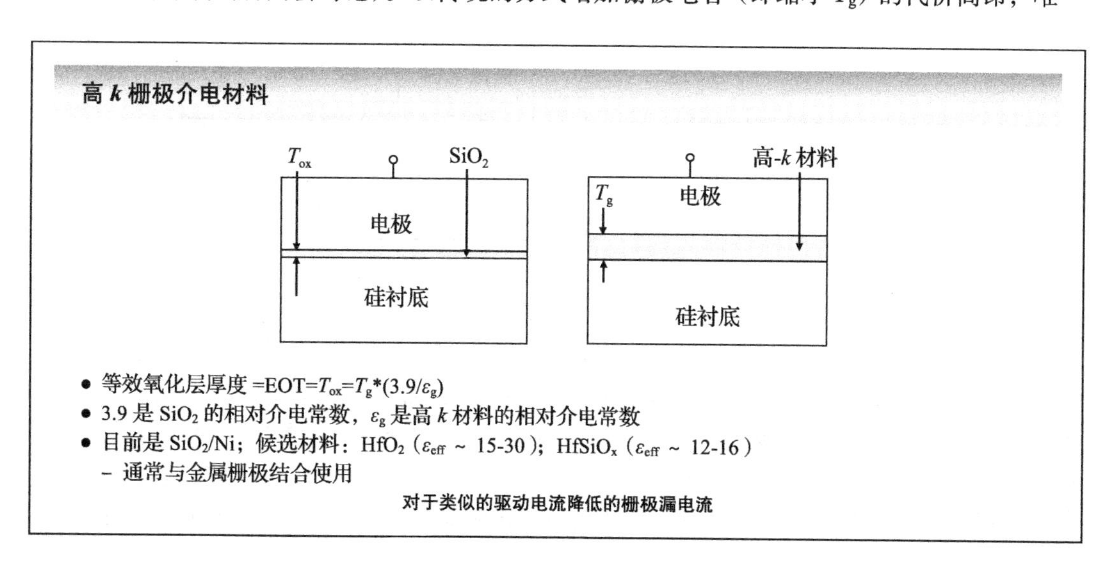

剩下的选择是寻找具有更高电介质常数的栅极介质 ε，即所谓的高 k 电介质。用高 k 材料取代二氧化硅能产生与缩小厚度相同的效果，同时保持漏电流能在控制范围内。

器件学家引入了一个标准去测量新型电介质的效果：等效氧化层厚度或者 E_{OT}。它等于 $T_g.(\varepsilon_{ox}/\varepsilon_g)$。

然而，引入新的栅极材料并不是一个容易的工艺改变，它需要完全重新设计栅的堆栈。实际上，今天的大多数在考虑中的电介质材料需要一个金属的栅电极，去取代传统的多晶硅栅极。将此类重大改变与高良率的制造工艺结合需要时间和大量的经济投入。这就解释了为什么将高 k 电介质引入生产工艺被推迟了好几次。主要的半导体公司，比如 IBM 和 Intel 现在采用氧化铪（二氧化铪）作为首选的 45nm 和 32nm CMOS 工艺的电介质材料，并同时采用金属栅电极。氧化铪的相对介电常数等于 15 ~ 30，对比二氧化硅的 3.9，这相当于约 2 代和 3 代技术之间的缩小，并应该有助于在一段时间内解决栅极漏电流。这所带来的 Intel 的 45nm 处理器上栅极漏电流的减小可以清楚地在幻灯片 2.25 看到。

幻灯片 2.29

高 k 栅极电介质所带来的好处很明显：更快的晶体管和减小的栅极漏电流。

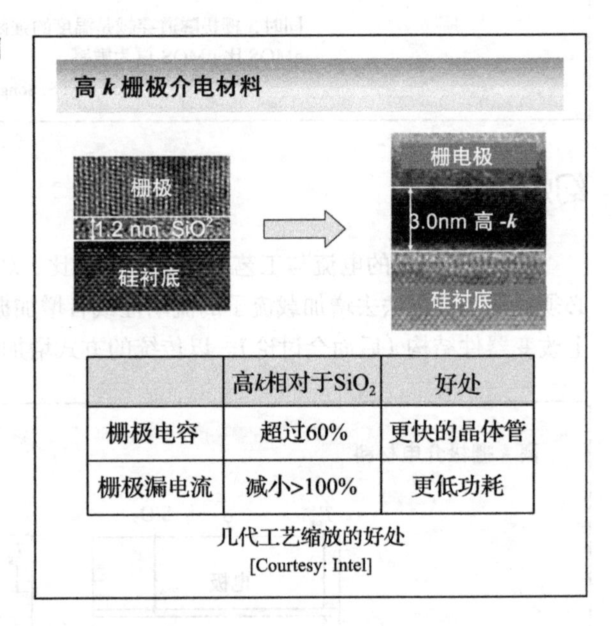

几代工艺缩放的好处

[Courtesy: Intel]

幻灯片 2.30

栅极漏电流和栅极材料预期的演变，可以通过这张从 2005 年国际半导体技术路线图上提取的图加以最好的总结。通过分析最大的允许漏电流的密度（显然，这个数字是有争议的——什么是允许的取决于应用的领域），可以总结出迈出通向高 k 电介质这一步在 2009 年前后是必要的（45nm 的工艺节点）。结合一些其他的器件创新，比如 FD-SOI 工艺和双栅工艺（本章后面会更多地讲到），这可以允许 E_{OT} 被缩小到 0.7nm！同时保持栅漏电流密度大于 $100A/cm^2$。

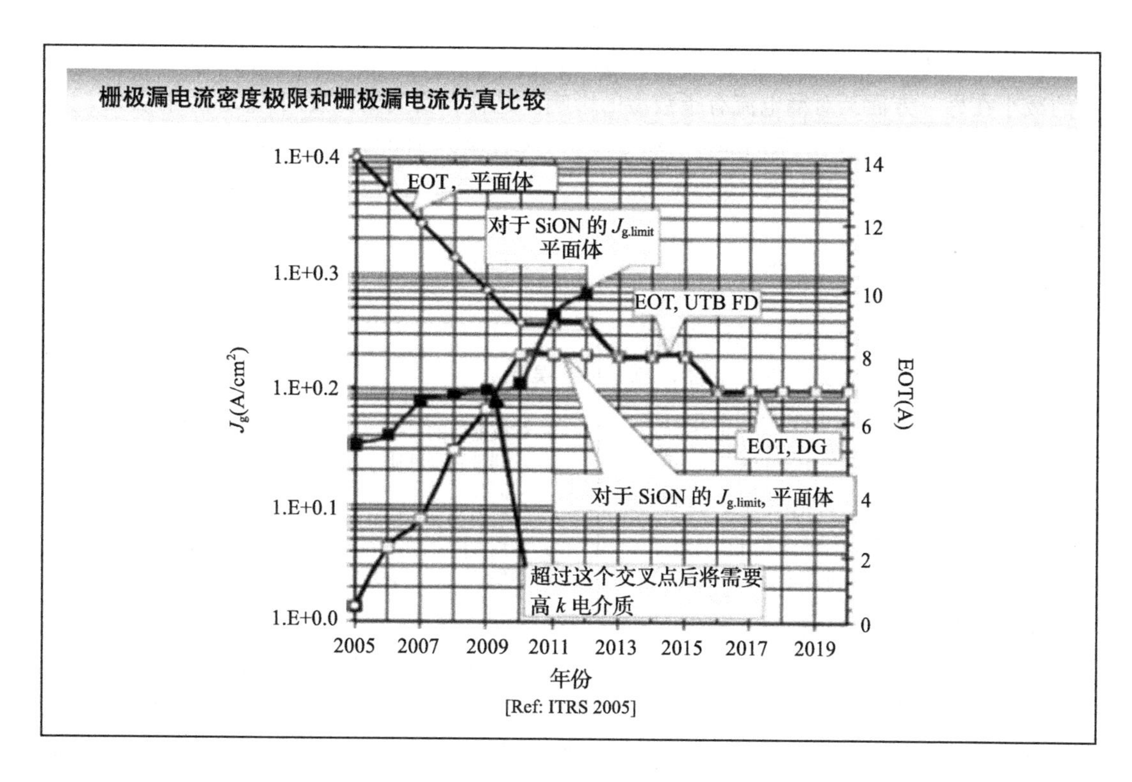

幻灯片 2.31

温度对于晶体管漏电流特性的影响在之前已数次提到。通常，它可以假设为，晶体管开

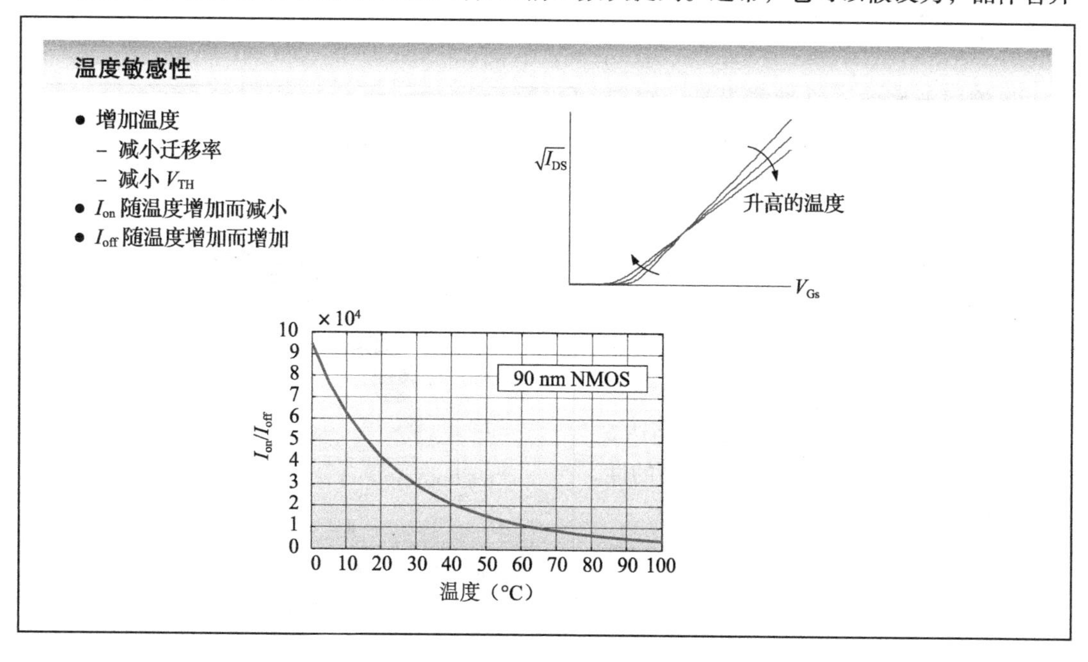

启电流随着温度增加略微减小，阈值电压的减小不足以弥补载流子流动性的减少。而阈值电压的减小在另一方面又对漏电流有指数型的影响。这样，更高的温度对 I_{on}/I_{off} 是有害的，正如在 90nm 晶体管上表现出来的那样。将温度从 0℃提高到 100℃，会把这个比例缩小为原来的 1/25。这主要是由于漏电流增加（大约 22 倍），同时略微减小了开启电流（10%）。

幻灯片 2.32

误差

- 缩放器件的尺寸增加了工艺偏差的影响。
  - 器件物理性质
  - 制作工艺
  - 暂时的和环境导致的
- 影响性能，功耗（主要指漏电流）和制作良率
- 在低功耗设计中因为降低的电源电压 / 阈值造成

误差这个议题在讨论纳米晶体管和它的属性时开始出现。情况一直是这样：晶体管的参数比如物理尺寸或者阈值电压是不确定的。当在晶圆之间进行采样，或者在晶圆之内，或者在一片芯片上，这些参数的每一个都展现出了统计特性。过去，把参数分布投射到性能空间上，只产生一个很窄的分布。这很容易理解。当供电电压是 3V 而且阈值电压是 0.5V 时，一个 25mV 的阈值电压误差对数字模块的性能和漏电流产生很小影响。然而，当供电电压是 1V 并且阈值电压是 0.3V 时，同样的误差就产生更大的影响。这样，过去一代的处理器在标准操作点以外，只需要在最坏的条件下 (FF, SS, FS, SF) 验证设计就足够去决定良率分布。今天，这是不够的，因为性能分布变得很宽，纯粹在最坏的情况下分析既导致了设计的浪费，也不会带来高的良率。

幻灯片 2.33

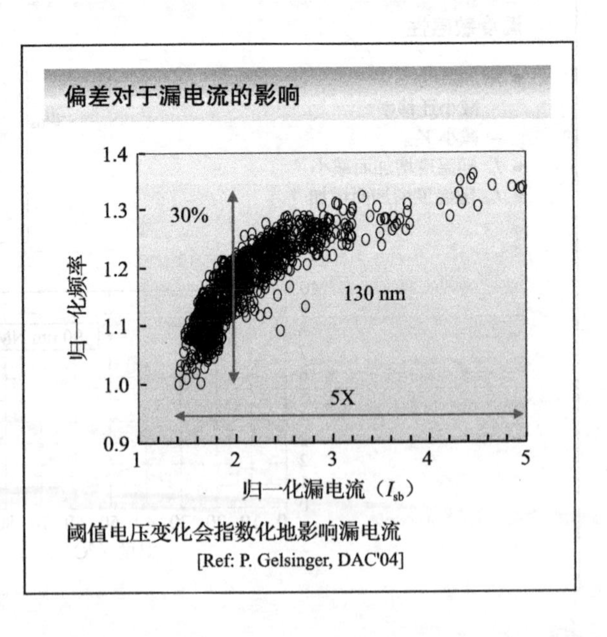

尽管误差影响了高性能设计，它们的影响在低功耗设计这个舞台上却更加明显。首先，预测漏电流变得困难。亚阈值电流是阈值电压的指数函数，阈值电压的每个误差都会极大地放大漏电流的波动。这点被非常好地展示在了这张性能 - 漏电流分布图（对 130nm 工艺）上。当对裸片（晶圆）进行大量采样时，数字门的性能变化超过了 30%，同时漏电流波动高达 5 倍。注意到最漏电的设计也具有最高的性能（这不足为奇）。

其他的为什么误差对低功耗设计有重要影响会在此后的章节中显现。但是，它

们可以总结为以下的观察事实：通常，低功耗设计在更低的供电电压、更低的 V_{DD}/V_{TH}、更小的信噪比下操作。这些条件往往很容易扩大参数误差的重要性。

幻灯片 2.34

工艺误差并不是唯一造成一个设计的性能参数（例如延迟和功耗消耗）变化的原因。它实际上起源于一系列非常不同的时域特性。广义上说，我们可以把它们分为物理、制造、环境和运行这几类。一个中肯的说法是，由制造工艺造成的器件和连接参数的变化正主导了今天的设计。然而，随着器件的尺寸趋近于分子数量级，统计量子力学开始发挥作用，因为“大数字定律”开始变得不太适用。环境和运行条件紧密相关。当电路运行时，一些外部的参数比如供电电压、运行温度，以及寄生电容可能由环境条件或者活动概况而被动态改变。

变化源

- 物理来源
  - 器件和连线性质改变
  - 由集成电路（IC）制作工艺，器件物理学以及损耗（电迁移）引起
- 环境来源
  - 运行条件改变（模式）：V_{DD}、温度、局部耦合
  - 由于特殊的完成设计的方法而导致
  - 时间尺度：10^{-6}~10^{-9}s（时钟变化）

幻灯片 2.35

当试图创建设计方案去解决误差带来的隐忧时，我们需要付出代价去了解误差源的本性和特性，因为这些最终决定了什么样的设计技术可以有效地减小或消除影响。最重要的、值得关注的统计参数是时间和空间的相关性。如果参数具有很强的空间相关性（即所有附近的器件表现出同样的趋势），一个诸如全局校正被证明是有效的。在时域中，这也是适用的。非常强的时间相关性（即，一个器件参数是可完全预测的，或者可能不随时间变化而改变），可以再次通过一次性或缓慢调整去解决。

这张幻灯片中，我们从时间的角度划分误差的不同来源。频谱最慢的是制造误差，它持续了整个产品的寿命期。几乎和寿命期大致相同，但是有着完全不同性质的是磨损引起的误差，这会在长时间使用后表现出来（通常为若干年）。这类误差源有诸如电迁移、热电子退化，以及 NBTI (Negative Bias Temperature Instability)。接下来的时间尺度是缓慢操作或者环境条件。温度梯度在芯片上变化缓慢（以毫秒为单位的范围），并且变换通常是由于系统操作模式的变化引起的。一个这样的例子是，在一段集中的计算时间之后把一个模块置于休眠或者待机状态。其他的误差发生在更快的时间尺度，比如在时钟周期或者甚至一个单一信号瞬变中。它们非常动态的性质没有留一点余地让我们能适应消除，只有屏蔽这样的电路技术是唯一能消除它们影响的途径。

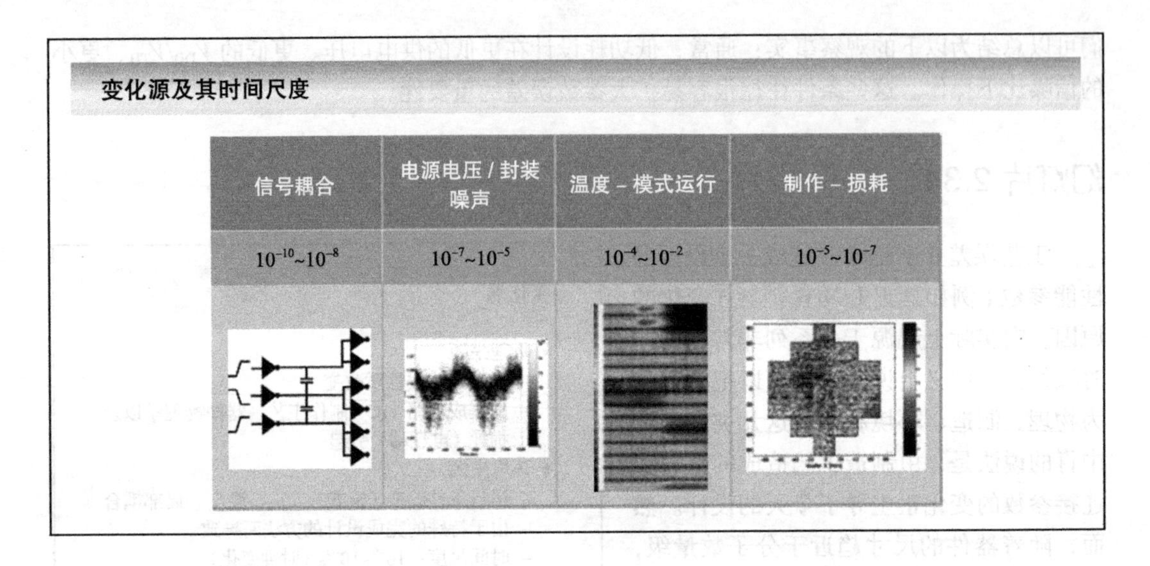

幻灯片 2.36

工艺和制造的误差可能是最为关注的问题。进化的趋势很明显：几乎所有的技术参数（例如晶体管长度、宽度、氧化物厚度和互联电阻率）随着时间推移呈现增长（通过标准偏差相对平均值的比例去衡量）。虽然每个参数本身都是重要的，它们对阈值电压的影响从数字设计角度看是最具有影响力的。如表格所示，当从 250nm 工艺进化到 40nm 工艺，阈值电压的误差可以从 4% 增长到 16%。人们可以假设这个误差主要是由不断增加的沟道长度的偏差导致的，因为 V_{TH} 对在临界尺寸周围的 L 变化很敏感（回忆一下 halo 掺杂）。由此产生的对性能和功耗指标的影响是相当可观的。

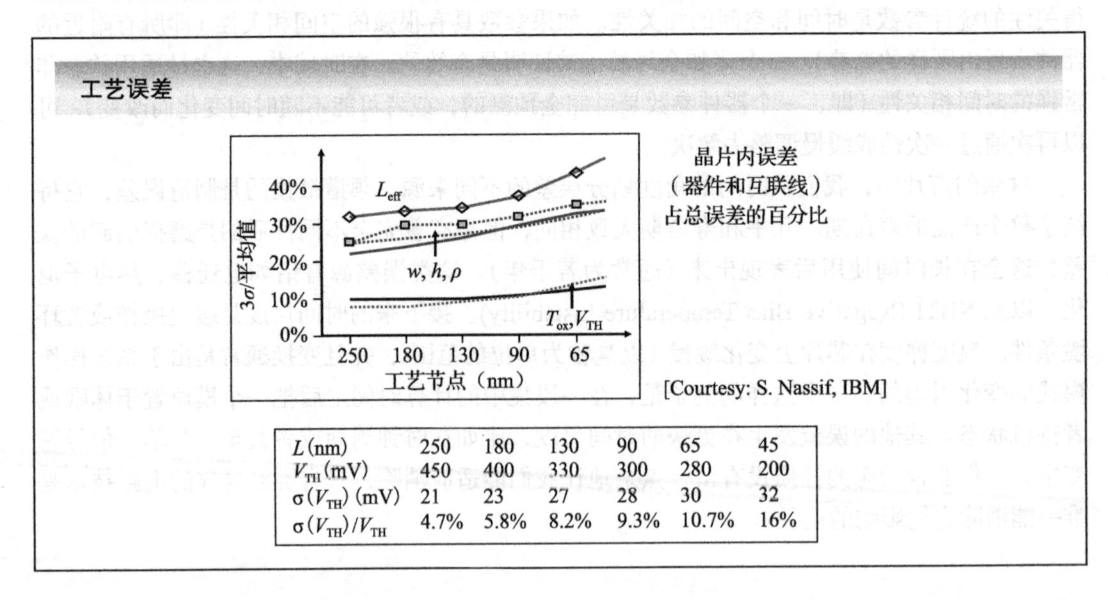

L (nm)	250	180	130	90	65	45
V_{TH} (mV)	450	400	330	300	280	200
$\sigma(V_{TH})$ (mV)	21	23	27	28	30	32
$\sigma(V_{TH})/V_{TH}$	4.7%	5.8%	8.2%	9.3%	10.7%	16%

幻灯片 2.37

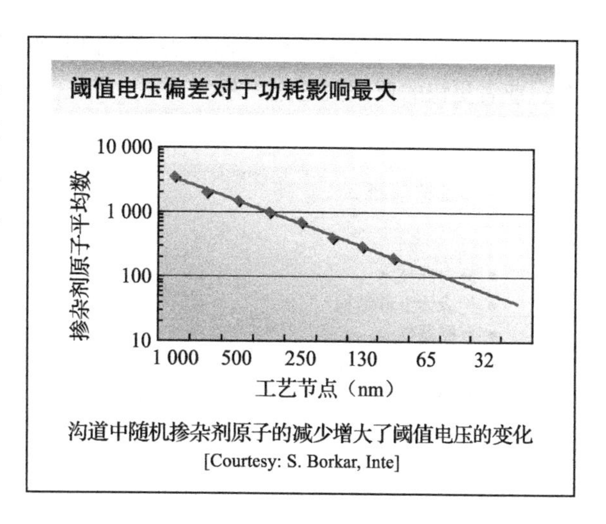

沟道中随机掺杂剂原子的减少增大了阈值电压的变化
[Courtesy: S. Borkar, Inte]

由于临近的晶体管的长度往往在制造过程中受到相似的偏差影响，人们会认为紧密排列的晶体管的阈值电压应该有很强的相关性。这一结论尤其对于超过 100nm 的工艺节点是成立的，可以观察到它们的相邻区域阈值间有很强的系统化趋势。

然而，随着工艺持续缩小，当另一个器件参数的偏差（沟道掺杂）开始成为一个问题时，这个现象不再成立，如图所示，掺杂剂原子的数量是一个离散数字，它在晶体管尺寸比 100nm 小的时候跌至 100 以下。沟道里确切的掺杂剂原子数量是一个随机变量，从一个晶体管到另一个晶体管这个数量可以不同。这样，我们会期望未来的工艺中相邻的晶体管的阈值电压能大幅降低。这里关于工艺误差的主要讨论重点是，大多数器件和设计参数会随着时间推移而具有更广泛的分布，而这主要是由于晶体管阈值电压的误差形成的。虽然这些误差在今天往往具有系统性，我们可以预期它们在未来有更大的随机成分。

幻灯片 2.38

器件和工艺创新

- 纳米 CMOS 晶体管带来的功耗挑战可以部分由新器件结构和更好的材料来解决
  - 高迁移率
  - 减小的漏电流
  - 更好的控制
- 然而
  - 大部分这类技巧只能带来一个（或两个）工艺节点的改善
  - 必须伴随使用电路和系统级的方法

人们可能想知道如此之多巨大的挑战是否会让纳米区间的设计变得不可能。这确实是一个非常有意义的问题，这让许多半导体公司的高管在过去几年睡不着觉。反思一下，以下的注意事项需要牢记在心。这些年来，设计人员已经被证明非常聪慧，并且他们一次又一次拿出新的设计技术和方法去解决新出现的挑战和障碍。我们可以相信，在将来这会继续发生（毕竟这是本书相关的内容）。同时，器件工程师也没有闲着。规划中的一些器件结构可能会帮助解决部分的（可能不是全部的）本书提到的担忧。对设计人员而言，知道有什么器件会出现并且做出相应的计划是非常重要的。

幻灯片 2.39

下面的幻灯片将要介绍的器件展示了如下的特性：更好的载流子流动性，更好的阈值控制，或者更快的亚阈值电流关断。

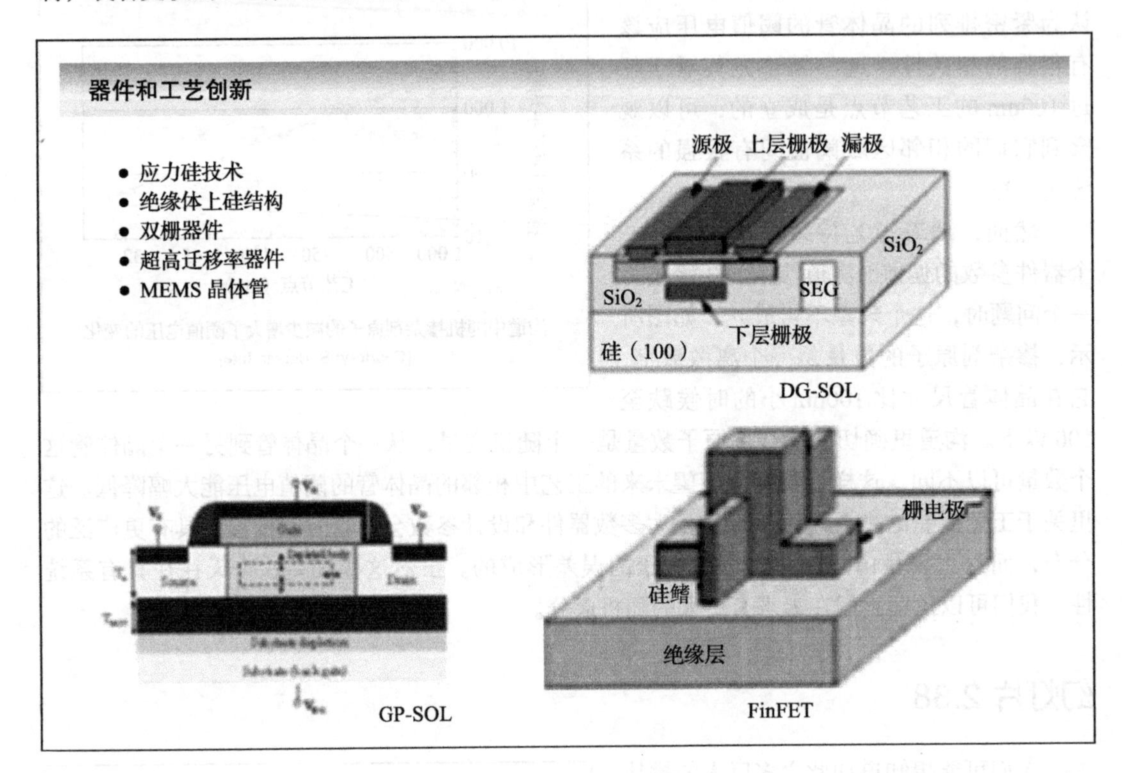

幻灯片 2.40

应力硅的概念由 IBM 引入，它增加了传统 CMOS 晶体管的载流子流动性。从 65nm 这一代开始，它几乎被所有半导体厂商使用。主要的想法是创建一个硅层（通常是晶体管沟道），这层上的硅原子被拉伸（或受力）超过了它们正常的原子间间隙长度。

一个常用的方法是在 SiGe 衬底之上加上一层硅。当硅层中的原子与 SiGe 中的原子排列在一起时，原子会进一步分开，硅原子间的联系会被拉伸，从而形成应力硅。将原子进一步分开降低了原子作用力，减少了电子在晶体管中移动的干扰，从而得到了更高的流动性。

不同的制造商有不同的实际的实现方式。这张幻灯片展示了一种策略，它被 Intel 采用。为了拉伸硅晶格，Intel 在高温下把氮化硅薄膜加在整个晶体管上。由于冷却时氮化硅收缩得没有硅收缩得厉害，这样就把硅晶格锁定在了一个比它正常间距更大的距离上。这将电子导电性提高了 10%。对 pMOS 晶体管而言，硅被压缩了。这是由在沟道的最两端挖沟槽实现的。这些沟槽被注入了 SiGe，它的晶格尺寸比硅的大，从而压缩了附近的区域。这样做将空穴导电率提高了 25%。

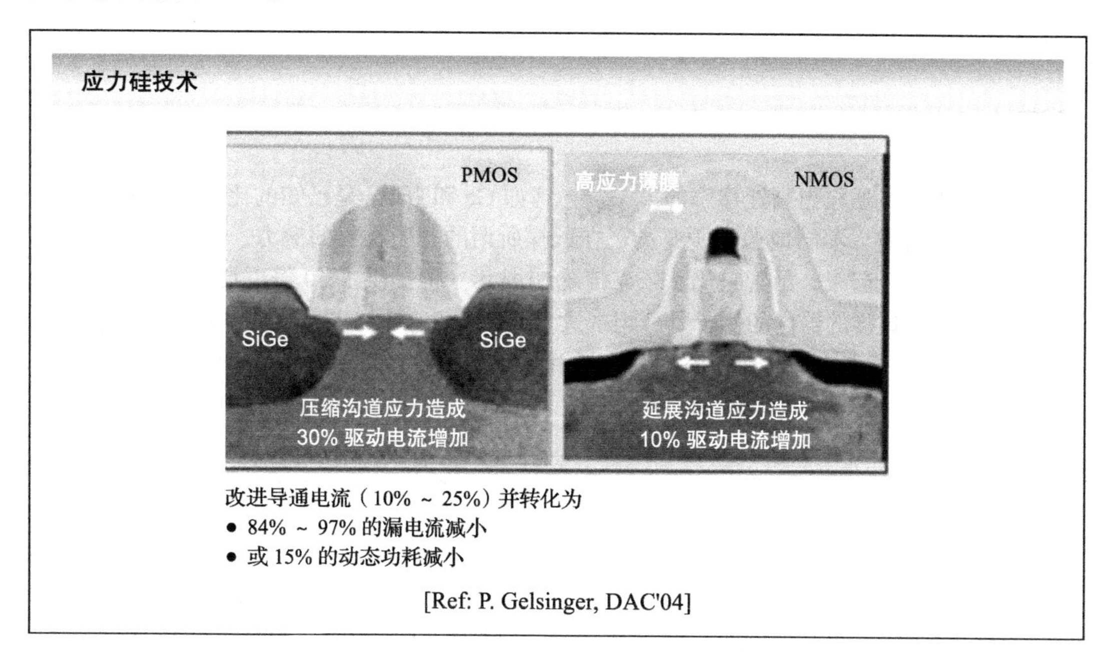

幻灯片 2.41

更高的流动性可以用来帮助提高性能。从功耗的角度，更好的使用方法是，通过更高的

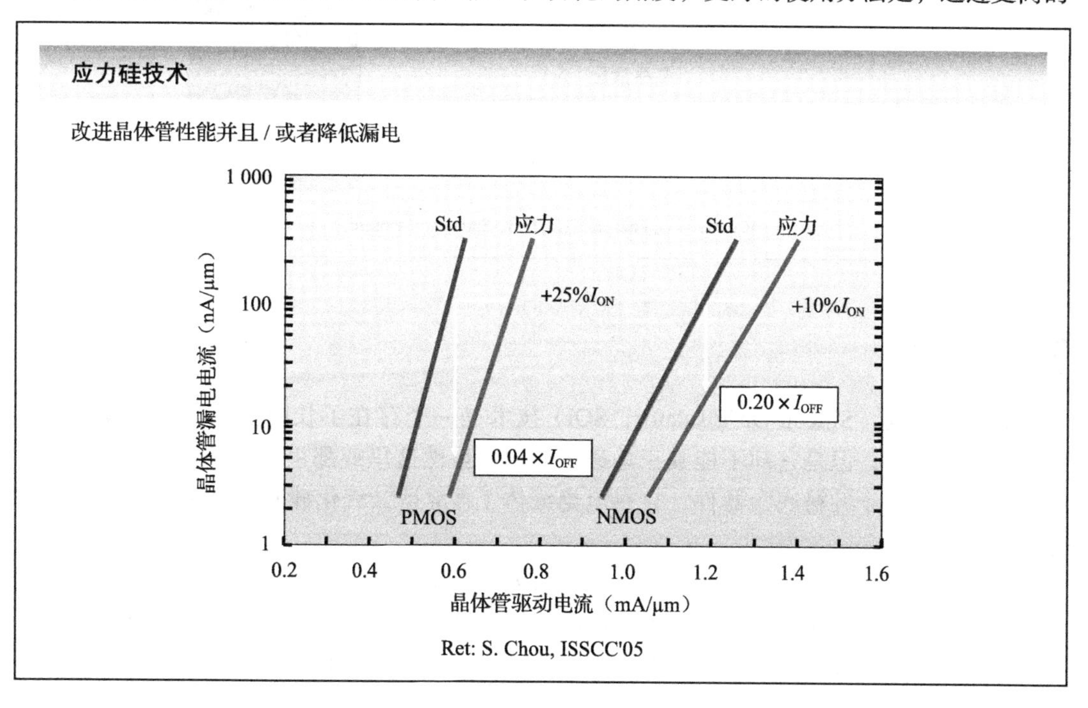

流动性去获得相同的性能，从而有更高的阈值电压（缩小漏电流），或者降低 V_{DD}/V_{TH} 比例，正如这张幻灯片所展示的那样。

幻灯片 2.42

施加应力只是通往更高迁移率的第一步。诸如 Ge 和 GaAs 是已知的比 Si 材料的电子迁移率大得多的材料。不同地点的研究员正在试探所谓的异质材料的潜力，它把 Si 和其他材料（诸如 Ge）结合起来，尽管它仍然依靠传统 Si 技术，但提供了 10 倍更具有迁移率的载流子的潜能。一个这样的器件的例子是斯坦福大学研发的 Si-Ge-Si 异质结构（这是正在研究的许多结构之一）。虽然这些高迁移率器件需要相当长的时间才能进入生产线（如果实现的话），它们却让我们看到了未来改善潜力的曙光。

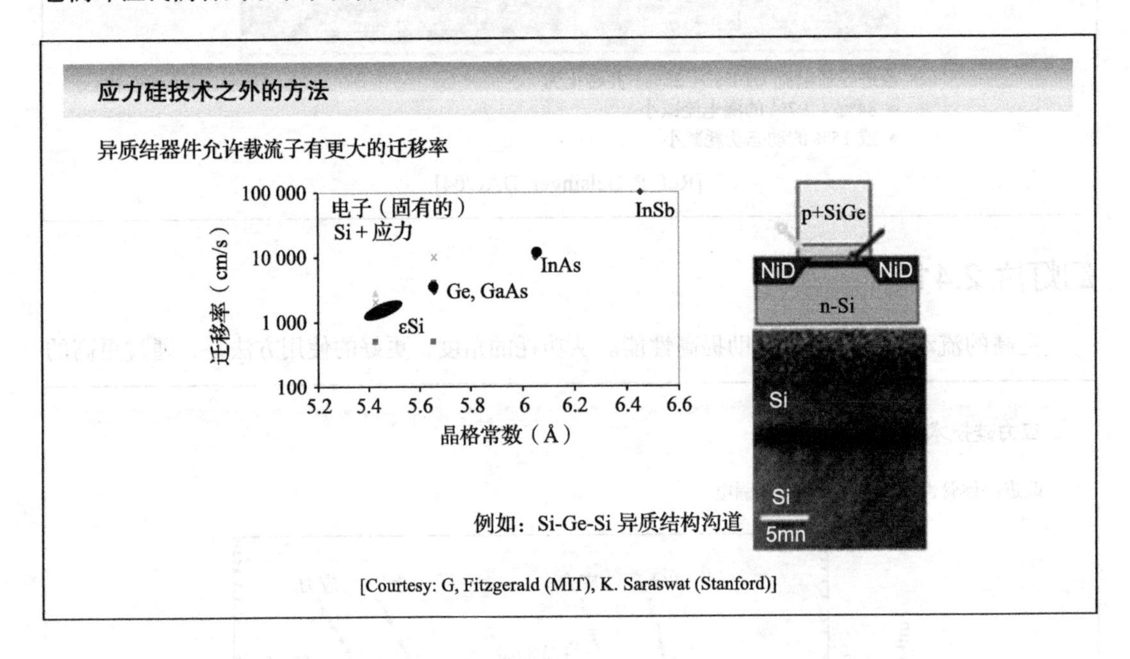

幻灯片 2.43

绝缘体上硅（Silicon-On-Insulator，SOI）技术是一个存在了长时间“在地平线上”的即将升起的技术，但是它却不能真正地破土而出，虽然这里或那里有一些例外。一个 SOI 晶体管不同于一个“衬底”器件，它在电绝缘体（通常是二氧化硅）上沉淀上一层薄薄的硅层。

这样做有一些诱人的特点。首先，随着漏极和源极扩散区一路延伸到了绝缘层体，其结电容大幅度减小，这就直接带来了功耗的节省。另外一个优势是，更高的亚阈值斜率因子（接近了理想的 60mV/decade），从而减小了漏电流。最后，由于更小的集电效率，所以对软错误的灵敏度减小了，进而带来了更高可靠性的晶体管。但是也存在一些重要的负面效应。添加 SiO_2 层和薄硅层增加了衬底材料的成本，也影响到了良率。此外，一些辅效应需要引起注意。SOI 晶体管本质上说是一个三端口的器件，它没有衬底（或者体）连接，并且“体”是悬浮的。这就有效地去除了体偏置作为一个阈值电压控制技术的可行性。这个悬浮的晶体管的体同时引入了一些有趣（挖苦地讲）的特性，比如滞后现象和状态依赖性。

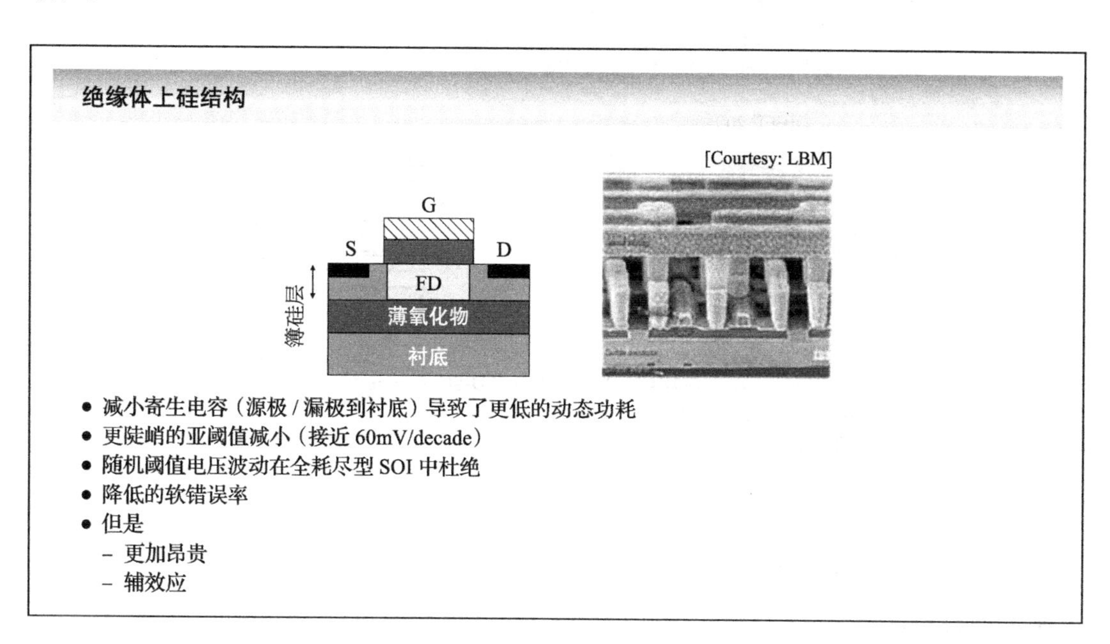

设备工程师区别两种类型的 SOI 晶体管：部分耗尽 SOI（PD-SOI）和全耗尽 SOI（FD-SOI）。后者中，硅层是很薄，以至于它在常见的晶体管操作条件下被完全耗尽，即意味着栅极下的耗尽层 / 反型层一直延伸到了绝缘体。这对抑制一些悬浮体效应是有好处的，而且一个理想的亚阈值斜率在理论上是可以达到的。从误差的角度看，阈值电压变得与沟道掺杂无关，这有效地取出了一些随机误差的来源（如幻灯片 2.37 所讨论的那样）。FD-SOI 要求沉积非常薄的硅层（比栅的长度薄 1/5 ~ 1/3！）

幻灯片 2.44

FD-SOI 器件架构可以进一步扩展，通过一个额外的特点去恢复阈值电压控制的第四个端口。一个掩埋在 SiO_2 绝缘层下面的栅极有助于控制沟道中的电荷，从而控制阈值电压。正如图中曲线所示（日立公司发表的），这个掩埋栅极的概念几乎恢复了体偏压作为一个可行设计方案的想法。随机掺杂误差对阈值电压的影响减小，比如典型的 FD-SOI，也在图中展示出来。

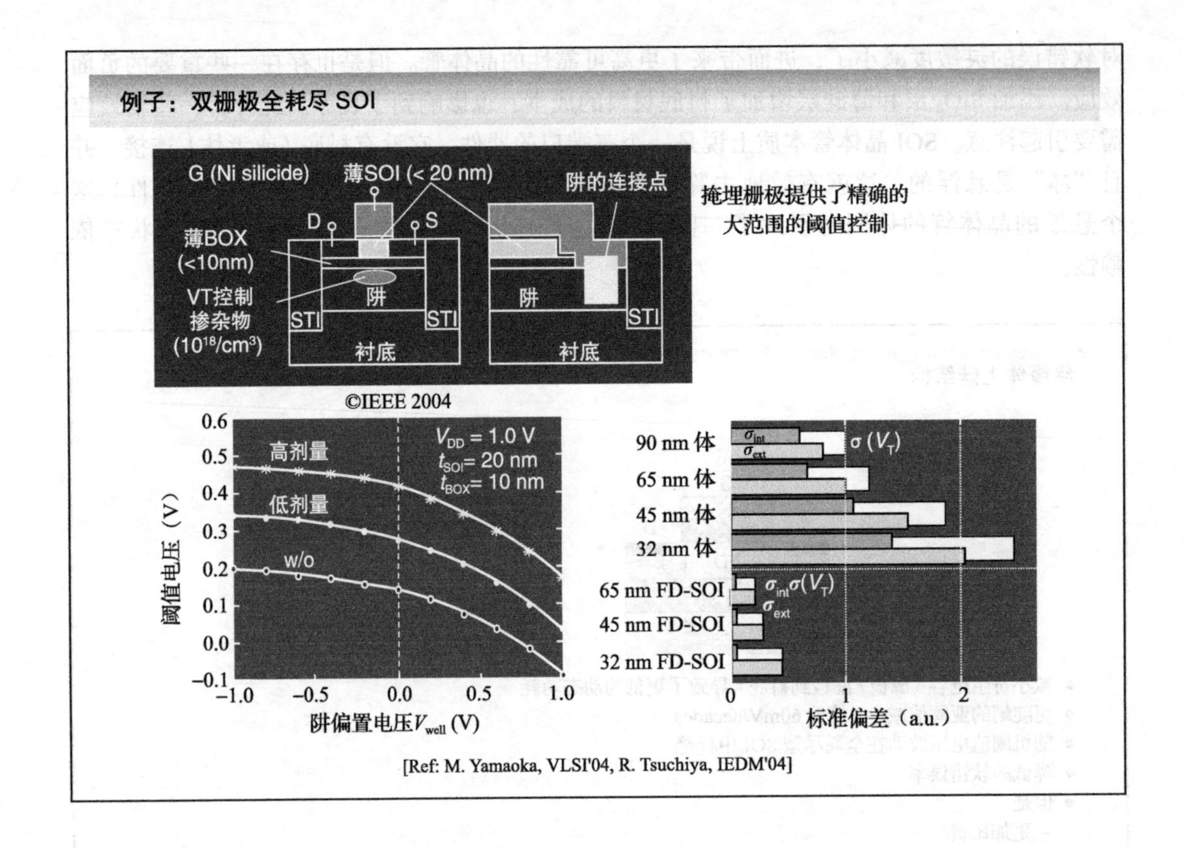

幻灯片 2.45

鳍栅晶体管 FinFET（被 Intel 称为 trigate）是一种完全不同的晶体管结构，它实际上提供了一些类似于前一张幻灯片中所讲的器件的特性。术语 FinFET 是加州大学伯克利分校的研究人员所描述的一个非平面的、放置在 SOI 衬底上的双栅极控制晶体管。FinFET 最显著的特性是，控制栅极被包裹在了一个非常薄的硅“fin”（鳍）里面，形成了器件体。Fin 的尺寸决定了有效的器件沟道长度。器件结构显示了传统平面器件非常难实现的、非常小的沟道长度值。事实上，沟道长度降低到 7nm 的可工作的晶体管已经被实现。除了抑制深亚微米效应，这个器件的一个重要的特点是增加的控制能力，因为栅极几乎完全包住了沟道。

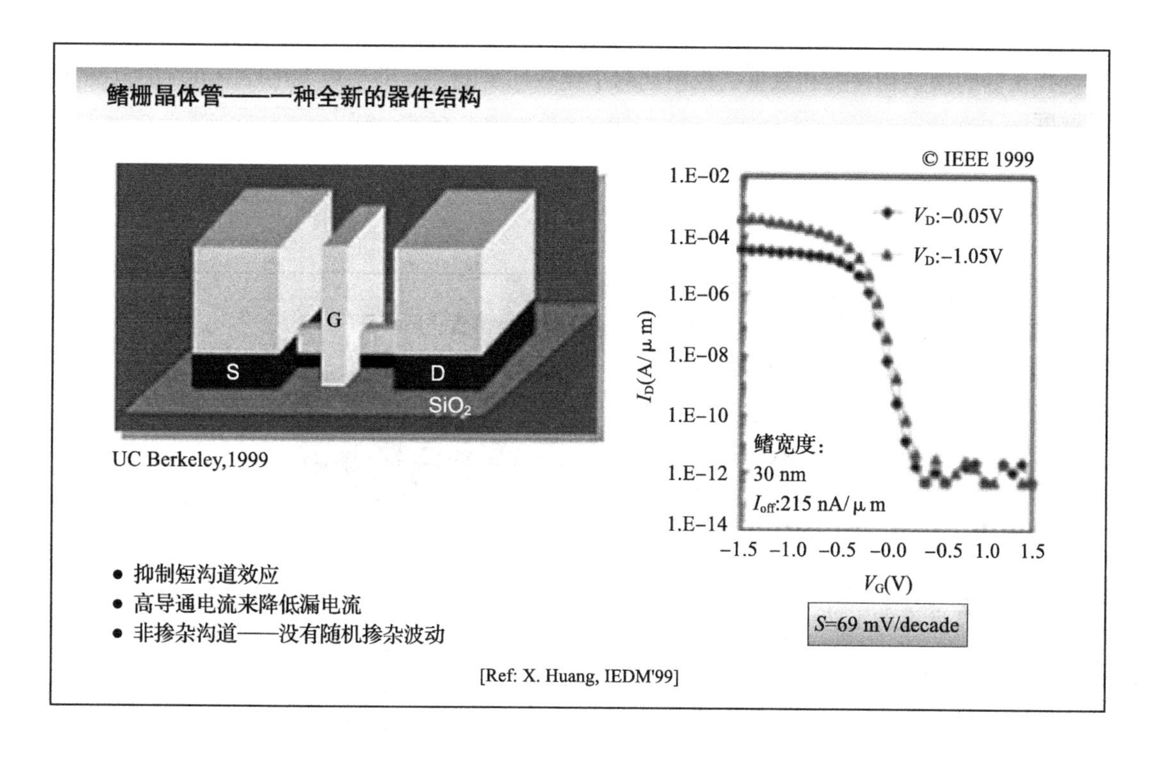

幻灯片 2.46

这个增加的二维控制可以通过一些方法加以利用。在双栅极器件里，事实上栅极从两侧（以及顶部）控制沟道，从而增加了工艺的跨导。另一种选择是去掉栅极的顶部，从而形成了背栅控晶体管。在这个结构中，一个栅极作为标准的控制栅极，另一个用于控制操作阈值电压。从某种意义上讲，这种器件提供了类似于前面讨论过的掩埋栅极的 FD-SOI 的功能。通

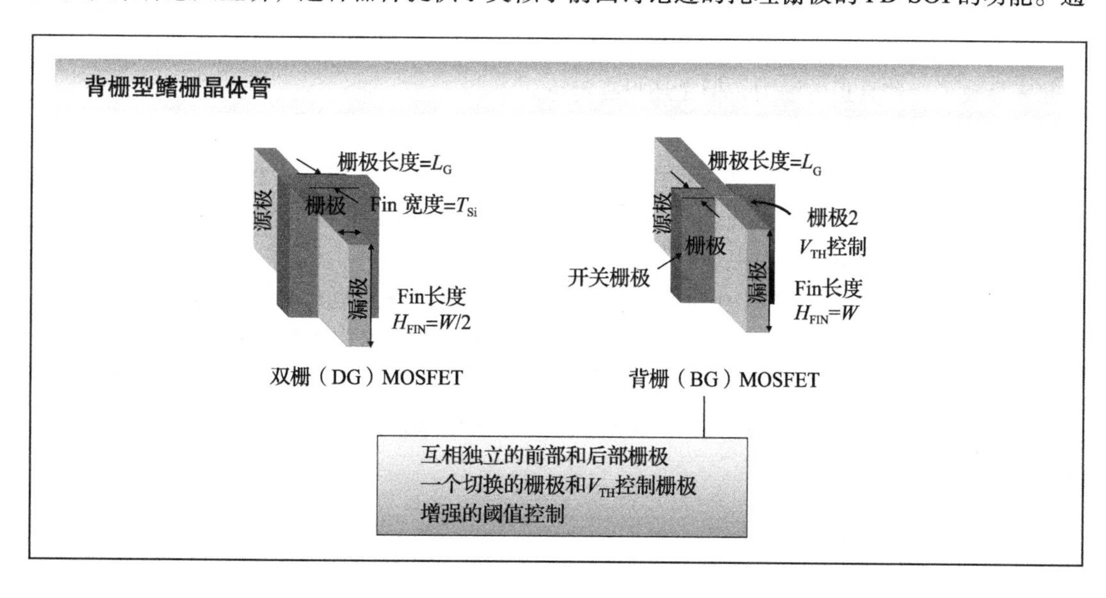

过选择正确的掺杂物种类和数量去控制这两个栅极的功能，有助于最大化控制节点的范围和灵敏度。

幻灯片 2.47

FinFET和它的表亲是与标准衬底MOS晶体管截然不同的器件，这是事实，可以通过来自伯克利和Intel的图片来说明。设置和控制物理尺寸的工艺步骤完全不同。虽然这带来了新的机遇，它也带来了挑战，因为所需的工艺步骤有很大不同。最终FinFET能否成功很大程度上取决于这些变化如何转化为一种可缩放的、低成本而且高良率的工艺——这的确是一些可怕的问题！现在看来，另一个不清楚的问题是，这些变化采用这种新的结构会怎么样影响误差，因为临界尺寸和器件参数依赖于整个不同的工艺步骤。

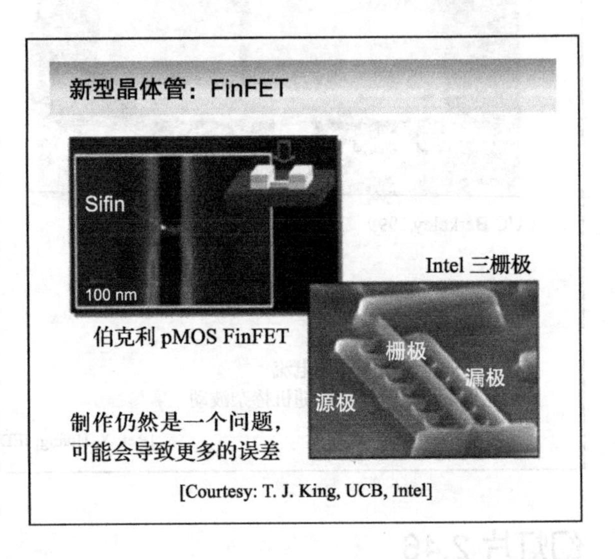

幻灯片 2.48

值得指出的是，这里所描述的器件绝不代表所有新的、正在被探索的晶体管和开关器件。实际上，从研究实验室涌现出来的可供选择的器件的数量非常多，但它们中的大多数会呜咽着死去，而其他的仍然需要数十年去变得真正可用。后者中，碳纳米管（CNT）晶体管看起来显现了一些真正的潜力，但是还没有定论。

从功耗的角度看，一些从研究实验室涌现出来的器件结构的优点值得特别关注。IMOS晶体管采用实质不同的机制，比如冲击电离，去产生一个具有大幅低于60mV/decade的亚阈值斜率因子的晶体管。这打开了通往接近理想特性的开关的大门。这样的器件存在会允许用比现今的电压大幅降低的供电电压进行操作。

另一种全新的器件将允许在待机模式下几乎完全消除漏电流：采用MEMS（微机电系统）技术。悬浮栅（SG）MOS物理上将实际的栅上下移动，这由施加的栅电压决定。在向下的位置上，这个器件类似于一个传统的晶体管。把栅极朝上移动，在物理上等效于机械地关断开关，从而有效压制了漏电流。这种设备的可用性将会极大地帮助低待机功耗器件的设计。

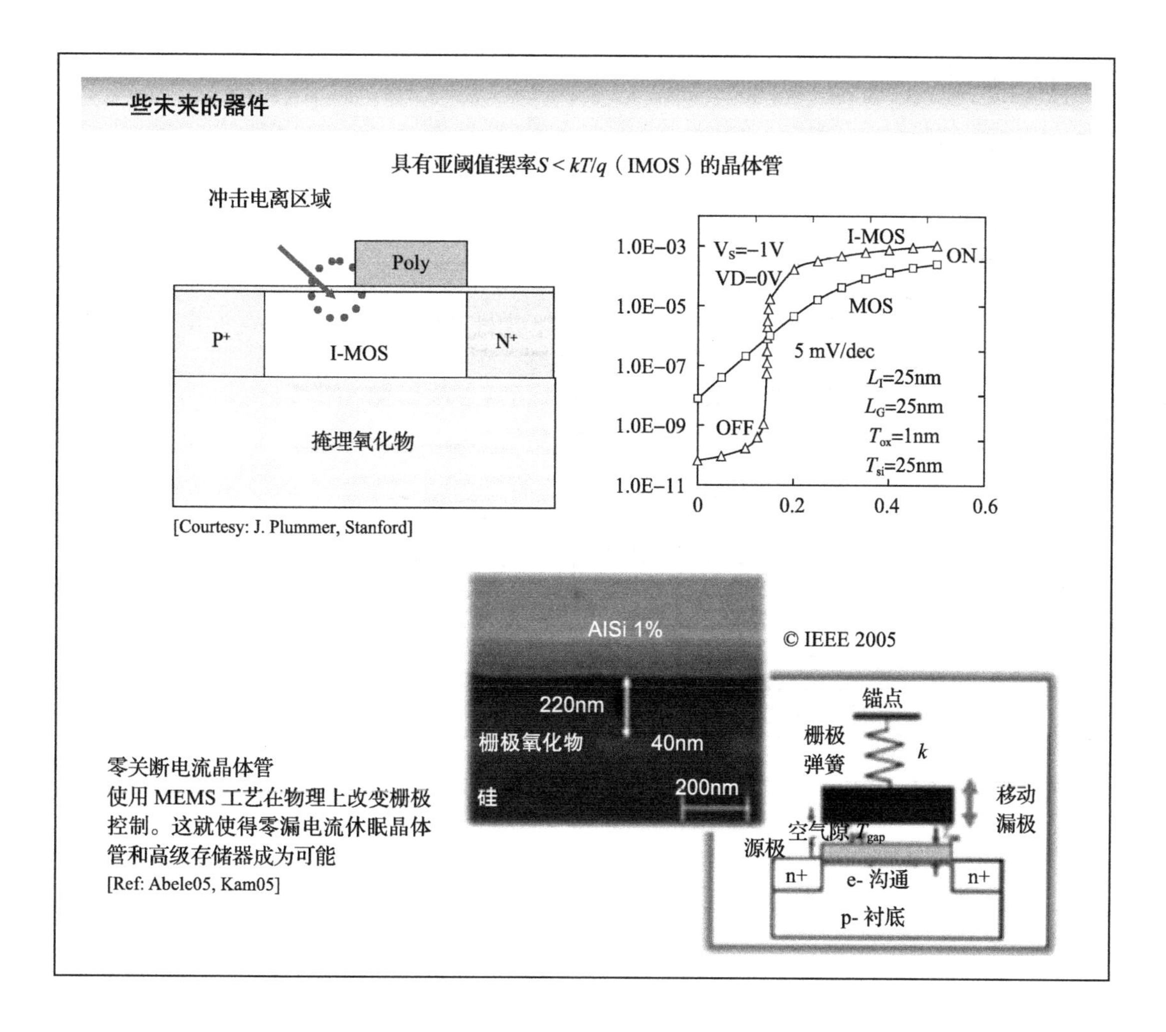

幻灯片 2.49

对电路设计者来说，本章有一些重要的知识点，缩小到纳米区间对 CMOS 晶体管有一定的深刻影响，无论在开和关状态。可以描述晶体管在这两种状态下的行为的简单模型是可用的，它会帮助我们在后面的章节中建立有效的分析和优化框架。对于器件特性的深刻认识，以及适应其不同属性的能力被证明是纳米时代低功耗设计至关重要的原则。

小结

- 在纳米时代有大量的机会来进行尺寸缩减
- 深亚微米 MOS 晶体管的性质对于设计有着重要影响
- 功耗主要受增加的漏电流和工艺误差的影响
- 新型器件和材料会保证尺寸缩减到几个纳米

幻灯片 2.50

一些参考文献……

参考文献

书及章节

- A. Chandrakasan, W. Bowhill, and F. Fox (eds.), "Design of High-Performance Microprocessor Circuits", IEEE Press 2001.
- J. Rabaey, A. Chandrakasan, and B. Nikolic, "Digital Integrated Circuits: A Design Perspective,"2nd ed, Prentice Hall 2003.
- Y. Taur and T.H. Ning, *Fundamentals of Modern VLSI Devices,* Cambridge University Press, 1998.

论文

- N. Abele, R. Fritschi, K. Boucart, F. Casset, P. Ancey, and A.M. Ionescu, "Suspended-Gate MOSFET: Bringing New MEMS Functionality into Solid-State MOS Transistor," Proc. Electron Devices Meeting, 2005. IEDM Technical Digest. IEEE International, pp.479–481, Dec. 2005
- BSIM3V3 User Manual, http://www.eecs.berkeley.edu/Pubs/TechRpts/1998/3486.html
- J.H. Chen et al., "An analytic three-terminal band-to-band tunneling model on GIDL in MOSFET," *IEEE Trans. On Electron Devices,* 48(7), pp. 1400–1405, July 2001.
- S. Chou, "Innovation and Integration in the Nanoelectronics Era," Digest ISSCC 2005, pp. 36–38, February 2005.
- P. Gelsinger, "Giga-scale Integration for Tera-Ops Performance," 41st DAC Keynote, DAC, 2004, (www.dac.com)
- X. Huang et al., "Sub 50-nm FinFET: PMOS," International Electron Devices Meeting Technical Digest, p. 67. Dec. 5–8, 1999.
- International Technology Roadmap for Semiconductors, *http://www.itrs.net/*
- H. Kam et al., "A new nano-electro-mechanical field effect transistor (NEMFET) design for low-power electronics, "IEDM Tech. Digest, pp. 463–466, Dec. 2005.
- K. Mistry et al., "A 45nm Logic Technology with High-k+Metal Gate Transistors, Strained Silicon, 9 Cu Interconnect Layers, 193 nm Dry Patterning, and 100% Pb-free Packaging," Proceedings, IEDM, p. 247, Washington, Dec. 2007.
- Predictive Technology Model (PTM), http://www.eas.asu.edu/~ptm/
- T. Sakurai and R. Newton. "Alpha-power law MOSFET model and its applications to CMOS inverter delay and other formulas.," *IEEE Journal of Solid-State Circuits,* 25(2), 1990.
- R. Tsuchiya et al., "Silicon on thin BOX: a new paradigm of the CMOSFET for low-power high-performance application featuring wide-range back-bias control," *Proceedings IEDM 2004,* pp. 631–634, Dec. 2004.
- M. Yamaoka et al., "Low power SRAM menu for SOC applicaton using Yin-Yang-feedback memory cell technology," Digest of Technical Papers VLSI Symposium, pp. 288–291, June 2004.
- W. Zhao, Y. Cao, "New generation of predictive technology model for sub-45nm early design exploration," *IEEE Transactions on Electron Devices,* 53(11), pp. 2816–2823, November 2006

第3章 功耗和能耗基础

幻灯片 3.1

本章的目的是推导出与低功耗设计领域相关、针对所有设计指标的清晰而不含糊的定义和模型。任何人只要有一些数字电路设计的训练和经验，可能已经熟悉了它们中的大多数。如果你是其中的一位，你应该考虑用本章作为复习。不过，我们建议大家至少还是浏览一下这些内容，因为提供了一些新的定义、视角和方法。此外，如果要真正解决能耗的问题，就必须对今天先进的数字电路中能量消耗的原因有非常深入的了解。

幻灯片 3.2

本章大纲

- 指标
- 动态功耗
- 静态功耗
- 能量 – 延迟折中

在讨论现代数字集成电路许多不同的功率消耗的来源之前，值得花一点时间去评估通常用于电路或者设计质量的指标。如果要提供公平比较的话，明确的定义是必不可少的。本章随后的部分把功耗的来源大致上分成动态功耗和静态功耗两条线。本章的最后，我们指出只优化功耗或者能耗的意义很小。针对低功耗的设计经常是一个能耗 – 延迟空间里的权衡过程。要实现这点，需要走一段很长的路去为一个有效的功耗缩小设计方法建立基础。

幻灯片 3.3

指标

- 延迟（s）
  - 性能指标
- 能量（J）
  - 效率指标：完成任务所需付出的
- 功率（W）
  - 单位时间消耗的能量
- 功耗 – 延迟积（J）
  - 大部分情况下是一个与工艺相关的参数，用来量度指定工艺下的效率
- 能耗 – 延迟积 = 功耗 – 延迟平方积（J · s）
  - 联合性能和能耗指标：设计品质因数
- 其他指标：（能耗 – 延迟）^{n}（（J · s）^{n}）
  - 增加性能对于能耗的权重

最基本的设计指标——传输延迟、能耗和功耗——对任何有数字电路设计经验的人来说都是众所周知的。但是，这可能并不足够。在今天的设计环境中，延迟和能耗几乎等价重要，只针对它们中的一个去优化很少有意义。比方说，一个具有最小延迟的设计通常消耗过高的能量，反过来，一个具有最小能量的电路却是难以接受得慢。二者代表了一个非常大的优化空间的两个极限，这个空间里存在许多最优的工作点。因此，一些其他潜在有趣的指标就被定义了，比如能量 – 延迟积，它给两个参数相同的权重。实际上，对一些优化过的通用设计来说，标准化的能耗 – 延迟积始终落在一个小小的区间。虽然这是一个有趣的指标，一个实际设计的能耗 – 延迟积仅仅告诉我们这个设计如何接近性能和能耗效率之间的完美平衡。在真正的设计中，获得那个平衡并非一定有意思。通常，一个指标被赋予了更高的权重，比方说，给定一个最大的延迟，能耗被减小；或者给定一个最大的能耗，延迟被减小。对于这些不平衡的情况，可以定义其他的指标，比如（能耗 – 延迟）^{n}。虽然很有趣，但这些衍生的指标很少被使用，因为它们导致了只面向整个设计空间中一个目标进行优化。

这里有必要去重温一下传播延迟的定义：它是衡量输入和输出波形的 50% 的转换点之间时间上的差异。对于有许多输入和输出的模块，我们通常定义所有场景下最坏的延迟作为传输延迟。

幻灯片 3.4

CMOS 中的功率耗散在何处

- 动态功耗
  - 电容充放电
  - 短路功率
    - 上拉网络和下拉网络在转换过程中同时导通
- 静态（漏电）功耗
  - 晶体管并非完美的开关
- 静态电流
  - 偏置电流

功耗的源头可以分成两大类：动态功耗和静态功耗。二者的区别在于前者正比于网络中的活动率和切换频率，而后者与这两个都无关。直到最近，动态功耗都大大超过了静态功耗。随着漏电崛起成为主要的元件功耗，这两种功耗都应该被平等对待。模拟元件（比如感测放大器或者电平转化器）的偏置电流严格来说归于静态功耗类别，但是这来自于设计的选择而非一个器件的缺陷。

幻灯片 3.5

正如所提到的，动态功耗正比于切换频率。电容的充电和放电是动态功率消耗的主要来源，因为这些操作是构成 MOS 数字电路设计的核心。其他的来源（短路电流和动态危害或毛刺）是寄生效应，它们应该尽可能地减小。

动态功耗

动态功耗的关键性质

$$P_{\text{dyn}} \propto f$$

此处 f 为切换频率

源于

- 电容充放电
- 临时的毛刺（动态危害）
- 短路电流

幻灯片 3.6

图中的公式可能是本书中你要遇到的最重要的一个公式：施加一个电压 V 去对一个电容 C 充电，一个等于 CV^2 的能量从电源被带走。其中一半存储在了电容上，另一半以热量形式消耗在了充电网络的电阻元件上。放电的时候存储在电容上的能量也作为热量消耗了。请注意，网络的电阻并没出现在这个等式之中。

电容充电

加入一个阶跃电压

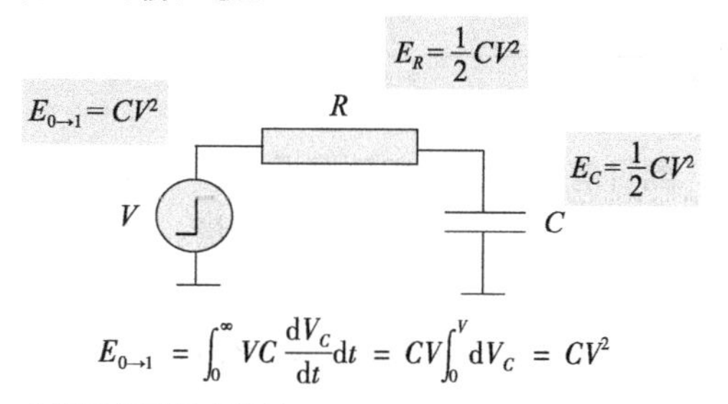

$$E_{0\to1} = \int_0^{\infty} VC\frac{\mathrm{d}V_C}{\mathrm{d}t}\mathrm{d}t = CV\int_0^{V}\mathrm{d}V_C = CV^2$$

电阻值并不影响能耗

幻灯片 3.7

这个模型直接适用于数字 CMOS 门，它的 pMOS 和 nMOS 晶体管形成了阻性充电和放电网络。为了简便起见，网络的电容加到了逻辑门的输出电容上。

应用于互补 CMOS 门

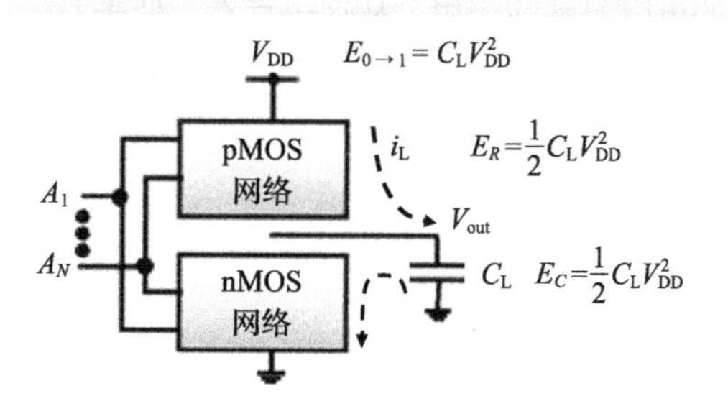

- 从电源来的功率一半被上拉网络消耗，另一半则存于负载电容 C_L 上
- C_L 上的电荷在 $1 \to 0$ 的变化过程中被丢弃
- 与充放电网络中的电阻无关

幻灯片 3.8

更通用地，我们可以计算把一个电容从电压 V_1 充电到电压 V_2 所用的能量。运用类似的数学，我们推出这需要从电源供给等于 $CV_2(V_2-V_1)$ 的能量。这个公式对一些特殊的电路非常有用。一个例子是 nMOS 传输门链接。众所周知，这样的链接的末端电压会比电源电压低一个阈值电压 [Rabaey03]。用前面推导的等式，可发现这个情况下能耗等于 $CV_{DD}(V_{DD}-V_{TH})$，并且它正比于输出电压摆幅。通常，减少数字网络的波动会带来能耗的线性递减。

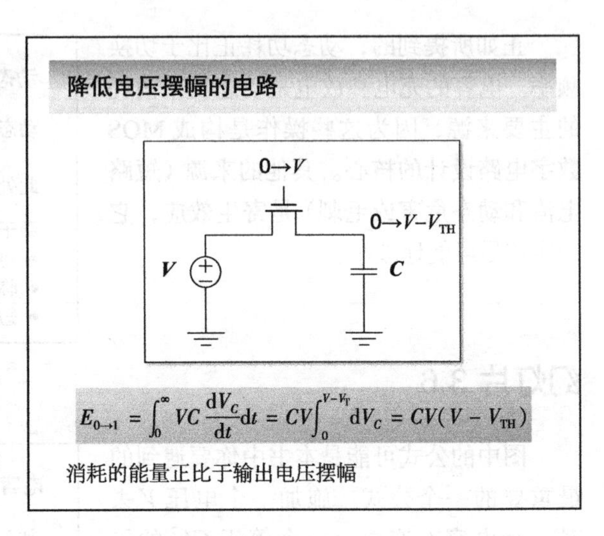

幻灯片 3.9

到目前为止，我们已假设为一个电容充电总是需要一个等于 CV^2 的能量。对于驱动波形是阶跃电压来说这是成立的。事实上是可以通过选择其他的波形而减小所需的能量的。假设，比方说，用一个具有固定电流 I 的电流源来替代。在这种情况下，电阻消耗的能量减少到 $(RC/T)\,CV^2$，这里 T 是充电时间，并且输出电压随着时间增加而线性上升。观察在这些情况下网络的电阻起到的作用。从这一点看，似乎电阻的功耗可以缩小到非常小的值。如果不为 0，可通过非常缓慢地充电（即减少 I）来实现。

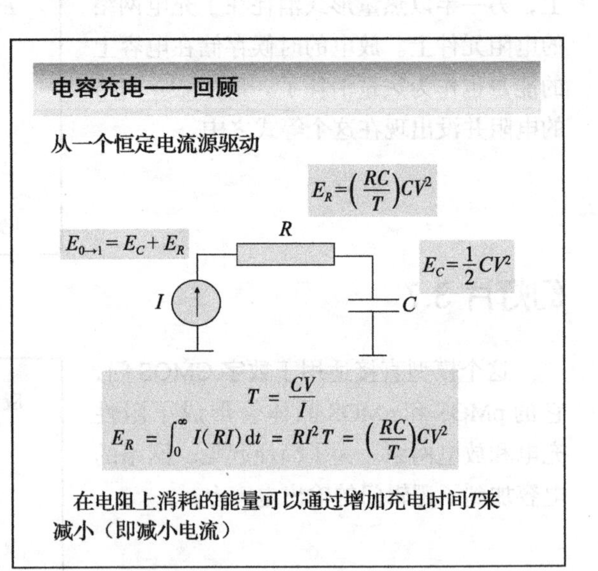

幻灯片 3.10

事实上，在 $T>2RC$ 的情况下，用电流驱动的方案比用电压驱动的方案要好。作为参考，电压驱动的电路的输出从 0 到 90% 的两点间所用的时间为 $2.3RC$。这样，只要比这个更慢，电流驱动的电路就比电压驱动的电路更省能量。

为了让这个方案实现，同样的方法要用在对电容放电上，并且流过电源的电荷要被回收。如果不这样，能量就浪费在了电源里。

电容充电

使用恒压源还是恒流源

如果 $T > 2RC$

$E_{constant\_current} < E_{consant\_voltage}$

使用恒流源充电的能耗可以在增加延时的代价下无限降低

绝热充电

注意：$t_p(RC) = 0.69\ RC$

$T_{0\%\sim90\%}(RC) = 2.3\ RC$

这个“高效节能”的想法在 20 世纪 90 年代获得了很大关注。然而，相对较差的性能和电路的复杂度让这个想法局限在了学术界。随着未来电压缩放趋势触底，这些概念会赢得一些重新重视（将在第 13 章中更多地提到）。

幻灯片 3.11

用电流源对电容充电只是一个选项。其他的电压和电流波形也可以加以利用。例如，假设输入电压波形为正弦曲线而不是一个阶跃跳变。一阶分析证实，这个电路比电压跳变方案好，如果正弦频率 ω 低于 $1/(RC)$。得出这个结论的最简单的方法是在频域中评估电路。RC 网络是一个低通滤波器，它的唯一极点在 $\omega_p = 1/(RC)$ 处。众所周知，对于远远小于这个极点的频率，输出正弦波和相位都与输入波形的相同。换言之，没有或者可以忽略流过电阻的电流，这样极少有功率被消耗。正弦波形最吸引人的特性是，它们可以由谐振网络（比如 LC 振荡器）轻松地产生。另外，除了一些比如电源稳压器的特例外，正弦充电在工业界几乎很少应用。

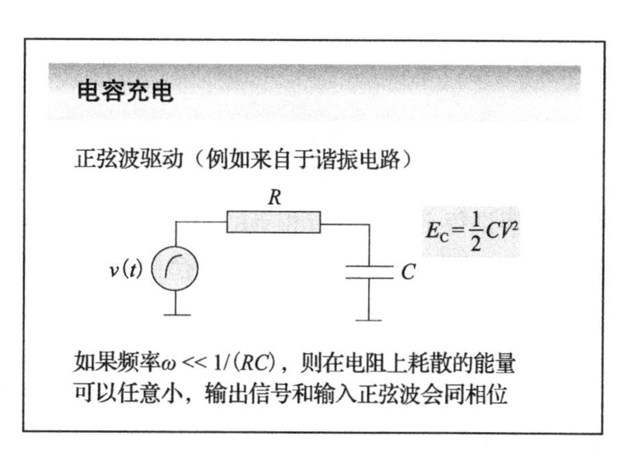

幻灯片 3.12

这把我们带回了 CMOS 反相器这个通用例子。为了把每个操作所耗能量换算为功耗，它必须乘以功耗转换率 $f_{0\to1}$，得到的指标的单位是瓦特（焦耳 / 秒）。这个换算立刻带来了一个功耗分析和优化中最难的问题：它需要对电路的“活动”有认识。假设一个时钟频率为 f 的电路。在一个固定的时钟沿，它的一个节点从 0 到 1 跳变的概率为 αf，这里 α（$0 \leqslant \alpha \leqslant 1$）是该节点的切换活动因子。正如我们在下一张幻灯片中讨论的，α 是一个电路拓扑结构和输入信号活动的函数。功耗估计的准确度很大程度上取决于电路活动能被多好地估计——这点经常都做得不够。

动态功耗

$$
\begin{aligned}
\text{功耗} &= \text{每次变化的能量} \times \text{转换率} \\
&= C_L V_{DD}^2 f_{0\to1} \\
&= C_L V_{DD}^2 f p_{0\to1} \\
&= C_{switched} V_{DD}^2 f
\end{aligned}
$$

- 功耗是和数据相关的——取决于切换概率 $p_{0\to1}$
- 切换电容 $C_{switched} = p_{0\to1} C_L = \alpha C_L$（$\alpha$ 称为切换活动因子）

通过把所有节点相加，推导出的表达式可以扩展到整个模块，这样平均功耗可以表达为 $(\alpha C)V^2f$。这里 αC 称为这个模块的有效电容，它等于一个时钟周期内被充电的电容的平均容值。

幻灯片 3.13

举例来说，让我们去推导一个双输入“或非”门（这定义了电路的拓扑结构）的活动。假设每个输入具有相等的为 1 或为 0 的概率，并且在时钟跳变时的转换概率为 50%，这确保了状态之间是平均分布。在真值表的帮助下，我们推导出 0→1 的转换（或者活动）等于 3/16。更通常地，输出端口的活动可以表达为输入端口 A 和 B 为 1 的概率的函数 $\alpha_{NOR}=p_A p_B(1-p_A p_B)$

逻辑功能的影响

例子：静态双输入“或非”门

A	B	输出
0	0	1
0	1	0
1	0	0
1	1	0

假设信号概率

$p_{A=1} = 1/2$

$p_{B=1} = 1/2$

那么切换概率

$p_{0\to1} = p_{out=0} \cdot p_{out=1} = (3/4)\times(1/4) = 3/16$

如果输入在每个周期都切换

$\alpha_{NOR} = 3/16$

“与非”门会得到类似的结果

幻灯片 3.14

可以对“异或”门做一个类似的分析。得到的活动因子比 1/4 略高。

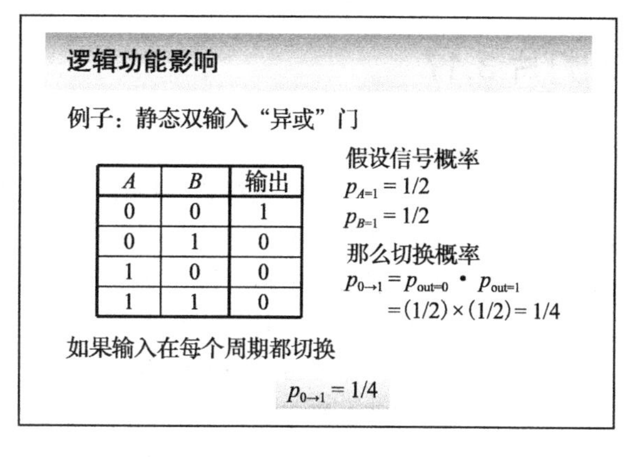

A	B	输出
0	0	1
0	1	0
1	0	0
1	1	0

幻灯片 3.15

这些结果可以被所有基本逻辑门通用。

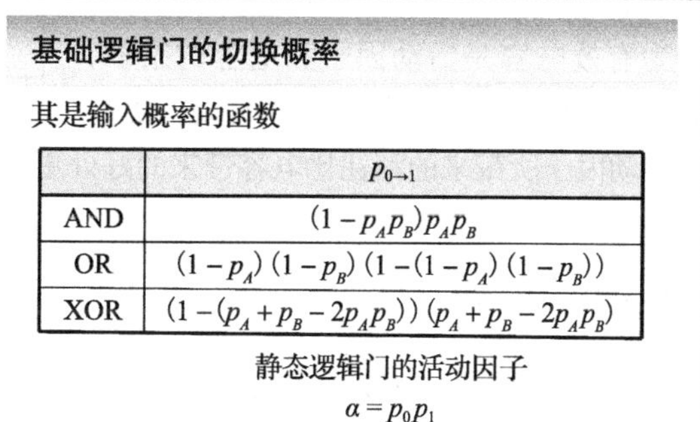

	$p_{0\to1}$
AND	$(1-p_Ap_B)p_Ap_B$
OR	$(1-p_A)(1-p_B)(1-(1-p_A)(1-p_B))$
XOR	$(1-(p_A+p_B-2p_Ap_B))(p_A+p_B-2p_Ap_B)$

幻灯片 3.16

逻辑网络的拓扑结构对活动有主要的影响。通过比较“与非”（NAND）门“或非”（NOR）门和“异或”（XOR）门的活动因子（作为输入端的个数的函数）可以很好地说明这一点。一个“与非”（NAND）门的输出端跳变的概率渐近到 0。输出为 0 的概率的确随着输入的个数增加而递减。一个这样的例子是存储器地址译码器。另一方面，“异或”（XOR）门网络的活动因子与输入端口无关。这对于模块（比如加密、解密和编码功能）的功耗不是好兆头，

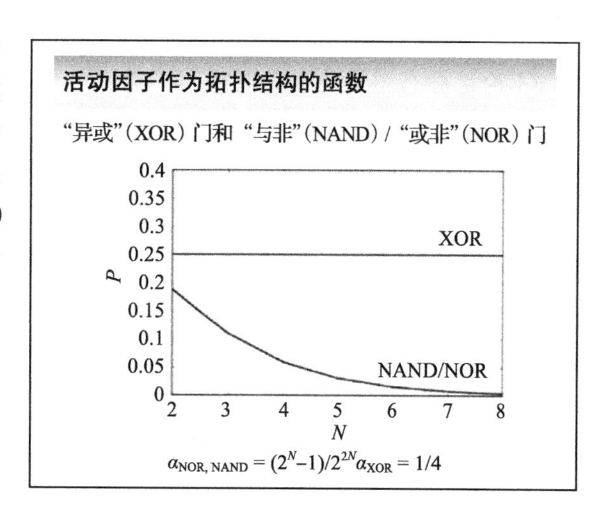

因为这些模块主要由“异或”(XOR) 门组成。

幻灯片 3.17

一个显然的问题是逻辑门家族如何影响活动因子和功耗。可以观察到一些有趣的全局性趋势，比如先考虑在动态逻辑情况下，在预充电逻辑门中唯一消耗功率的跳变发生在输出值变为 0 时，此后在下一个欲充电周期内它需要重新充电到高电位。这样，活动因子 α 等于输出变为 0 的概率。这就意味着动态逻辑中的活动因子总是比静态逻辑的大，这与功能无关。这并不意味着动态逻辑的功耗本身比较高，因为有效电容是活动因子和电容的乘积，而动态逻辑门的电容更小。通常说，更高的活动因子所带来的消耗比电容带来的好处更大。

对于动态逻辑如何呢

V_{DD}

预充电

Eval

当有效输出为0（或$p_{0\to1}=p_0$）时才消耗能量

永远大于p_0p_1

例如$p_{0\to1}$(NAND)$=1/2^N$; $p_{0\to1}$(NOR)$=(2^N-1)/2^N$

动态逻辑电路的活动因子因此永远高于静态逻辑电路的。但是，寄生电容大部分时候非常小

幻灯片 3.18

另一个有趣的逻辑门家族是差分逻辑，它在低电压设计中非常有吸引力，因为它增加了信噪比。但是，差分电路的实现从功耗的角度看，带来了固有的缺点：它不仅有更高的总电容，其活动因子也更大（不论是静态还是动态实现）。唯一积极的说法是，对于一个给定的功能，差分电路减少了所需门的数量，从而减小了关键路径的长度。

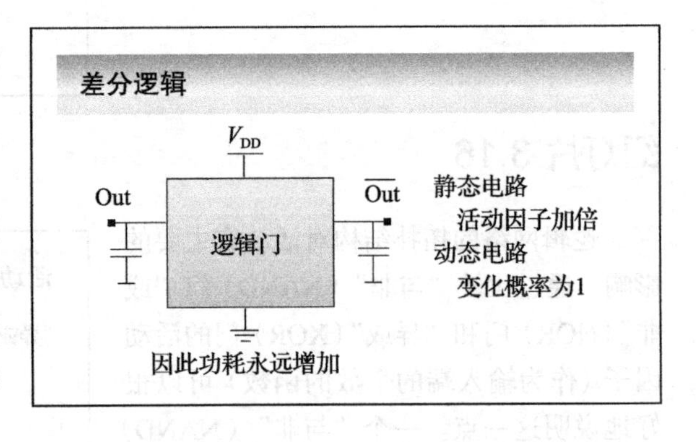

幻灯片 3.19

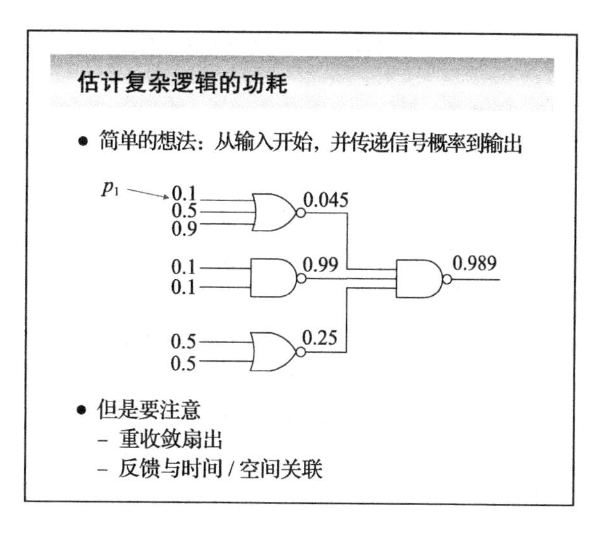

在功耗的分析中，活动因子是很重要的参数，这样就有必要花一些时间去了解如何评估一个复杂逻辑网络的活动因子。人们可能想知道是否可能沿着“静态时序分析器”的道路来开发一个“静态功耗分析器”。静态时序分析器只分析网络的拓扑，而不需要任何仿真就可以评估一个逻辑网络的传播延迟（从而称为“静态”）。第一眼看去，静态功耗分析器似乎是很可能成功的。考虑，比方说，一个如幻灯片所示的网络，假设其输入端信号1和0的概率是已知的。使用早些时候提出的、基本的门表达式，第一层门的输出信号的概率可以通过输入端而推导出。这个运算可以一直反复，直到电路最后的输出被计算出为止。

这个过程看起来十分直截了当，然而，有一个问题：为了让基本门的等式成立，输入必须是统计上独立的。在概率论中，两个事件独立，直觉上说的是这一个事件的发生不会受另一个事件的发生概率的增加或减小影响。虽然这个假设对于幻灯片中的网络基本适用（假设所有的电路输入信号显然都独立），但这在真正的电路中则很少适用。

幻灯片 3.20

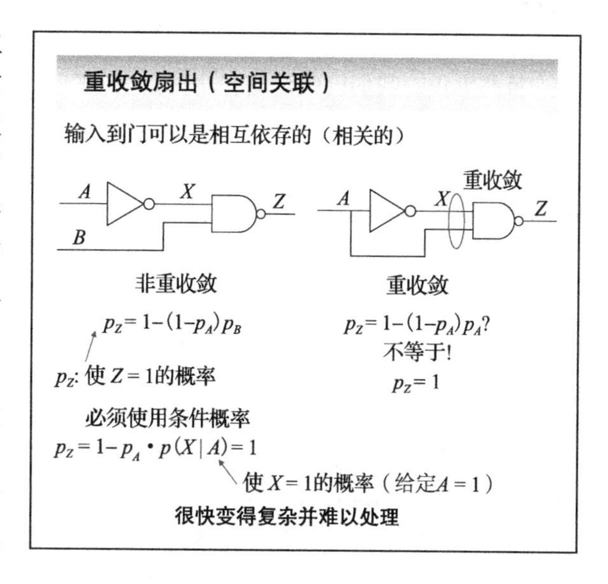

即使一个逻辑网络的主输入是独立的，当这些信号通过逻辑网络传播时，它们会变得相关或者“被染色”。这可以通过一个简单的例子最好地展示，也展示了一个称为重收敛扇出的网络属性带来的影响。在最右端的电路中，“与非”门 Z 的输入并不独立，而都是来自同一个输入信号 A 的函数。为了计算 Z 的输出概率，先前推导的“与非”门的表达式不再适用，条件概率需要被使用。条件概率是说，在一些其他事件 B 发生的情况下，A 事件的概率。条件概率表示为 $p(A\mid B)$，并且被读作“给定 B 发生，A 的概率”。更具体

地说，人们可以推导出 $p(A|B)=p(A\cap B)/p(B)$，这里假设 $p(B)\neq 0$。

虽然在网络中传播这些条件概率在理论上可行，你可以想象在复杂网络中这样做的复杂度很快会变得无法控制——现实的确如此。

幻灯片 3.21

由于信号发生的时间相关性，这个故事变得更加复杂。如果在信号流中一个数据值与它的前一个值相关，信号显示时间相关性。时间相关性是时序网络的基石，网络中任何信号几乎都与它的前一个值相关（由于反馈网络的存在）。此外，主输入信号也显示时间相关。比方说，一个数字化的语音信号的任何采样都与之前的值有关。

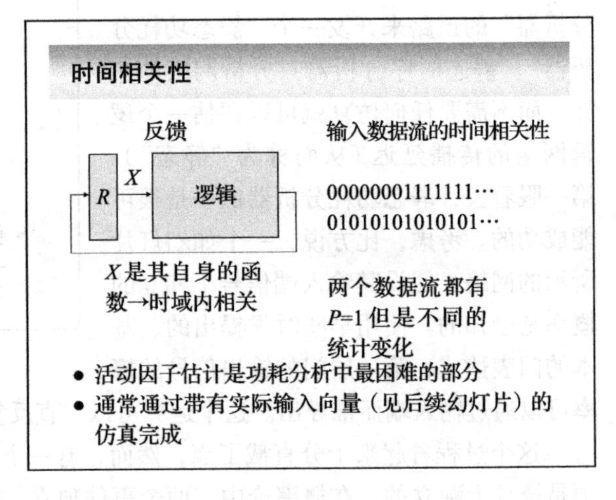

所有这些论据都帮助说明了，静态活动因子分析是多么困难，在现实中是不可实现的。因此，功耗分析工具要么基于实际信号轨迹去获得信号概率或者基于简化的假设——比如，假定输入信号是独立的，完全随机的。第 12 章会详细地介绍。在以后的章节中，我们会经常假设下一个模块的活动因子在其典型运行模式下可以通过一个独立参数 α 进行描述。

幻灯片 3.22

目前为止，我们已假设动态功耗完全来自时钟事件之间对电容的充电和放电。动态功耗的一些其他来源（如，正比于时钟频率）应该加以考虑。虽然电容的充放电是一个 CMOS 数字电路运行的基础，动态危害和短路电流则不是。它们被认为是寄生，并且应该保持在绝对的最小值。

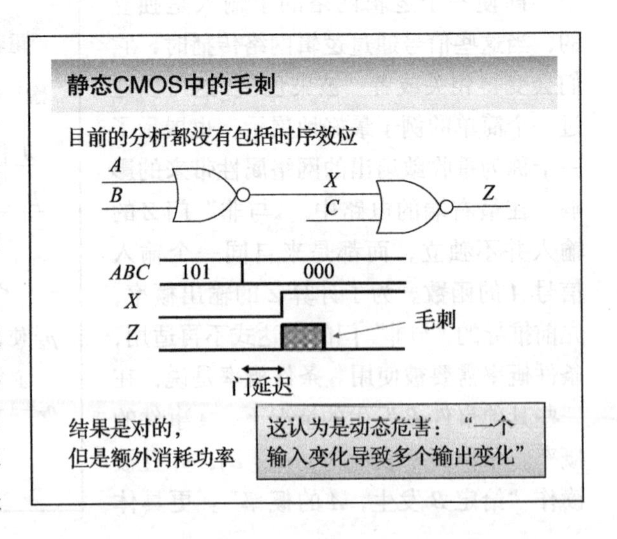

当一个输入变化导致门的输出端出现多个跳变时，这就发生了动态危害。这些事件，也称为“毛刺”，显然会浪费功率，因为电容被充放电却没有对最终结果产生影响。在前面的幻灯片中，分析复杂的逻辑电路的转换概率时，毛刺没有出现，因为单个门的传播延迟被忽略了——所有的事件假定为瞬时的。为了检测动态危害的发生，详细的时序分析是必要的。

幻灯片 3.23

一个典型的例子，关于毛刺的影响显示在这张幻灯片中，它展示了一个“与非”门链的仿真结果，所有的输入都同时从 0 到 1。开始时，所有的输出都为 1，因为其中一个输入为 0。对于这个特殊的转换，所有的奇数位必须跳变到 0，而偶数位则保持在 1 的值。然而，由于传播延迟是有限的，高位数的偶数位开始被放电，同时电压下降。当正确的输入波形通过网络，输出电压最终变高。偶数位的毛刺导致了额外的功耗，这是严格实现逻辑功能的要求之外的消耗。虽然在这个例子中，毛刺只是一部分（即不是完全从电源电压到零电压），它们却对功耗有显著影响。长的门链经常在重要的结构中出现，比如加法器和乘法器，毛刺部分可以轻松主导整个功耗。

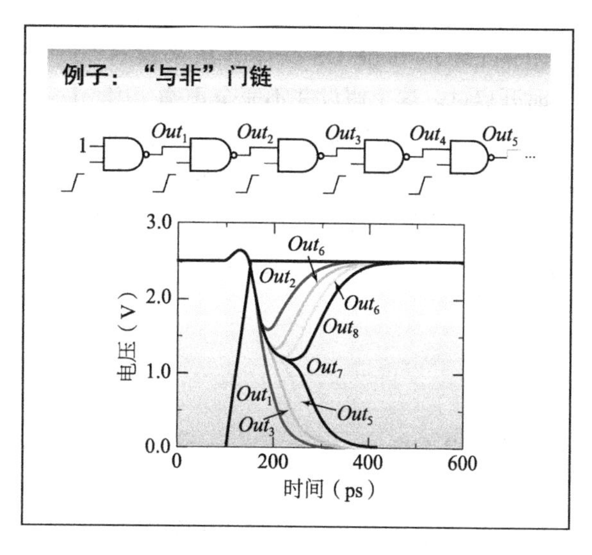

幻灯片 3.24

毛刺在电路中的产生主要是由于网络中路径长度不匹配。如果一个门的所有输入信号同时变化，就不会有毛刺产生。另一方面，如果输入信号发生在不同时间，一个动态危害就会产生。信号时间中这样的不匹配往往是由相对于网络主要输入不同的路径长度引起的。这在这张幻灯片中展示出来，其中，分析了两个等同功能的、但是拓扑不同的 $Z = ABCD$。假设这个“与门”有一个单元延迟。最左面的网络遭受到了毛刺，这是由于门 Y 和 Z 的输入信号的到达时间不同引起的。例如，对于门 Z，输入 D 在时间 0 时稳定，而输入 Y 只能在时间 2 稳定。重新设计网络，使所有的到

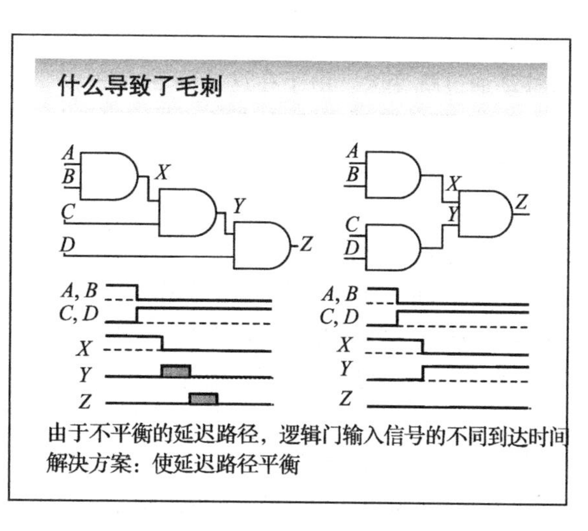

达时间是相同的，可显著减少不必要的转换数量，如图中的最右边的网络。

幻灯片 3.25

到目前为止，人们认为 CMOS 门电路里的 nMOS 和 pMOS 晶体管从来没有同时开启过。这个假设并不完全正确，因为输入信号在切换期间的有限斜率，使 V_{DD} 和 GND 之间产生了短时间的直接电流通路。由于这些短路或撬棍电流所产生的额外功耗正比于电路开关活动，类似于容性功散。

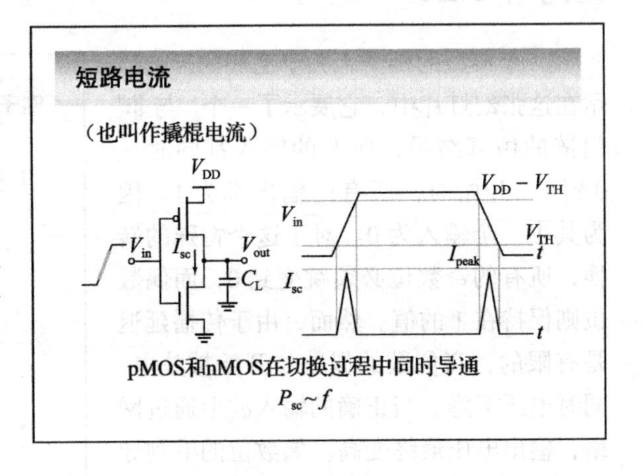

幻灯片 3.26

短路电流的峰值也是输入和输出信号斜率的一个强函数。这个关系可以由下面的简单分析得到说明。假设一个静态 CMOS 反相器的输入在 0 到 1 跳变。首先假设负载电容非常大，这样输出的下降时间比输入的上升时间大很多（左边）。在这种情况下，在输出开始变化之前，输入移动通过跳变区。由于在这期间 pMOS 晶体管的源 – 漏极电压大致上为 0，这个晶体管处于关闭状态，不提供任何电流。短路电流接近为 0。现在假设相反的例子（右边），输出电容非常小，并且输出的下降时间比输入的上升时间短得多。pMOS 晶体管的源 – 漏极电压多数时间等于 V_{DD}，保证了有最大的短路电流。这显然代表了最坏的情况。这个直观的分析得到的结论由仿真结果证实。

这个分析可以产生（错误）的结论是，通过使输出上升 / 下降时间远远大于输入

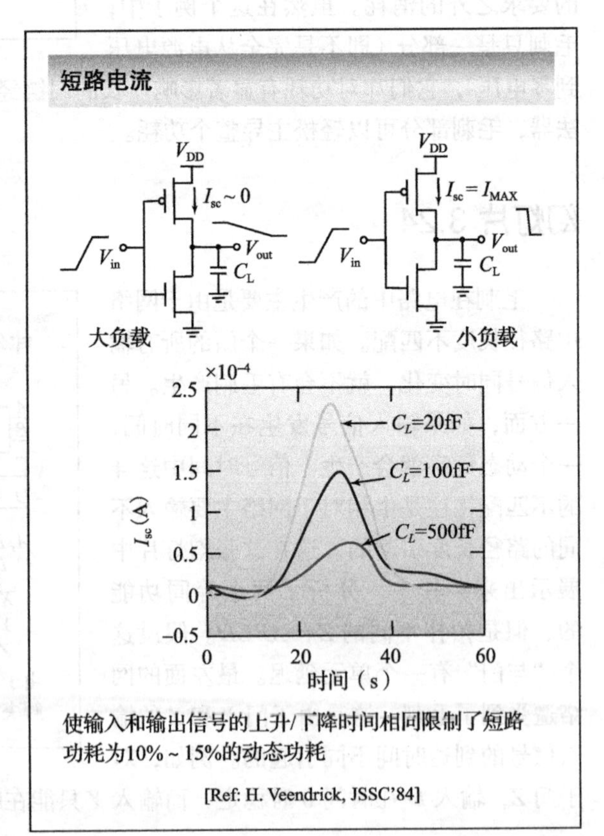

使输入和输出信号的上升/下降时间相同限制了短路功耗为10%～15%的动态功耗

[Ref: H. Veendrick, JSSC'84]

上升 / 下降时间，短路电流消耗可以被最小化。另一方面，使输出上升 / 下降时间过大，会减慢电路，并造成连接的门的大短路电流。一个更实际的用于全局性优化功耗的规则可以被准则化：由短路电流导致的功耗可以通过让输入和输出信号的上升 / 下降时间匹配而得以最小化。就整体电路的层面而言，这意味着所有信号的上升 / 下降时间应该在一个范围内保持恒定。让一个门的输入和输出转换时间相等对这个门来说不是最优化的方案，但是可以把整个短路电流保持在一定范围内（最多是总动态功耗的 10% ~ 15%）。注意到短路电流的影响也随着降低供电电压而减小。在极端的情况下，当 $V_{DD}<V_{THn}+|V_{THp}|$，短路损耗被完全消除，因为器件不会同时处于开启状态。

幻灯片 3.27

由于短路功耗正比于时钟频率，它可以用等效电容建模，$P_{sc} = C_{sc}V_{DD}^2f$，这个电容可以集中到门的输出电容中。但是请注意，C_{sc} 是输入和输出转换时间的函数。

短路电流建模

- 可以建模为一个电容

$$C_{SC} = k\left(a\frac{\tau_{in}}{\tau_{out}} + b\right)$$

a, b：工艺参数

k：电源 / 阈值电压、晶体管尺寸的函数

$$E_{SC} = C_{SC}V_{DD}^2$$

非常容易包含在时序和功耗模型中

幻灯片 3.28

尽管动态功耗曾经在总功耗中占主导地位，当工艺缩小到 100nm 以下时，静态功耗已经越来越成为问题。这背后的主要原因在第 2 章中已经讨论到了。亚阈值源 - 漏极漏电流、结漏电流和栅极漏电流都起了重要的作用，但是在当代的设计中，亚阈值漏电流是受关注的主要原因。

晶体管漏电

- 漏极漏电流
  - 扩散电流
  - DIBL
- 结漏电流
  - 栅致漏极泄漏电流
- 栅极漏电流
  - 薄氧化层的隧穿电流

幻灯片 3.29

在第 2 章，已经指出漏 - 源极漏电流增加的主要原因是降低供电电压而迫使阈值电压逐渐缩小。任何阈值电压的缩小导致漏电流呈指数型增长。重复这张图是为了说明这个问题。

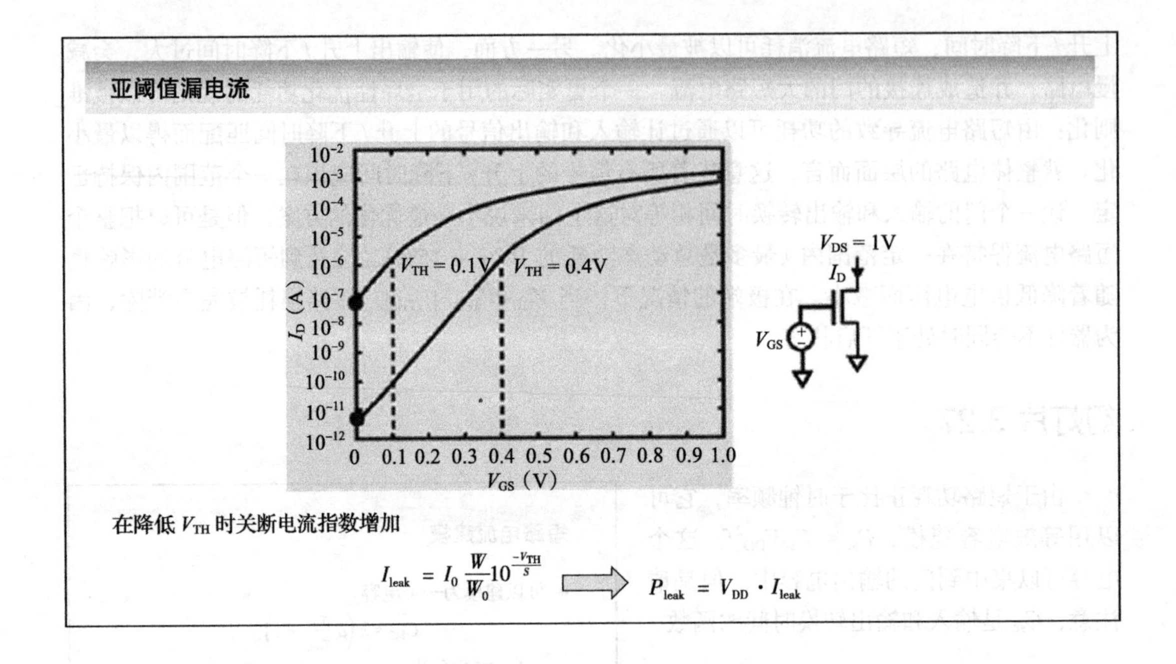

幻灯片 3.30

另外一个因素是影响力越来越大的 DIBL。将亚阈值漏电流的方程和 DIBL 对 V_{TH} 的影响结合起来，一个针对门漏电流的表达式可以推导出来。注意到漏电流同 V_{TH} 和 V_{DD} 都呈指数型关系。

亚阈值漏电流

漏电流随着漏极电压增加而增加（由 DIBL 导致）

$$I_{leak}=I_0\frac{W}{W_0}10^{\frac{-V_{TH}+\lambda_d V_{DS}}{S}} \quad （如果 V_{DS}>3\ KT/q）$$

因此

$$P_{leak}=\left(I_0\frac{W}{W_0}10^{\frac{-V_{TH}}{S}}\right)\left(V_{DD}10^{\frac{\lambda_d V_{DD}}{S}}\right)$$

漏电功耗是电源电压的强函数

幻灯片 3.31

漏电流与所施加的源－漏极电压的关系给复杂逻辑门造成了一些有趣的副作用。假设一个双输入的“与非”门，它的下拉网络中两个 nMOS 晶体管都关闭。如果 nMOS 晶体管的关断电阻是固定的，而不是一个电压的函数，人们可以预料到将两个晶体管串联会让漏电流减半（与同样尺寸的反相器相比）。

实际的分析显示，漏电流的减小幅度显著增大。当下拉网络关闭，M 节点稳定在一个中间电压，这个电压由晶体管 M1 和 M2 的漏电流的平衡点决定。这就减小了两个晶体管漏－源极电压（尤其是晶体管 M2），由于 DIBL，这就带来了明显的漏电流减小。此外，M1 晶体管的栅－源极电压为负，导致漏电流的呈指数下降。反向的体偏置电压让 M1 的阈值电压升高，虽然这是第二级的影响。

使用之前推导的漏电流表达式，我们可以决定中间节点 V_M 的电压值，同时推导出以 DIBL 因子 d 和亚阈值摆幅 S 为函数的漏电流的表达式。得到的等式显示出，通过堆叠晶体管所减小的漏电流确实比早期预计的线性减小要大。这称为堆叠效应。

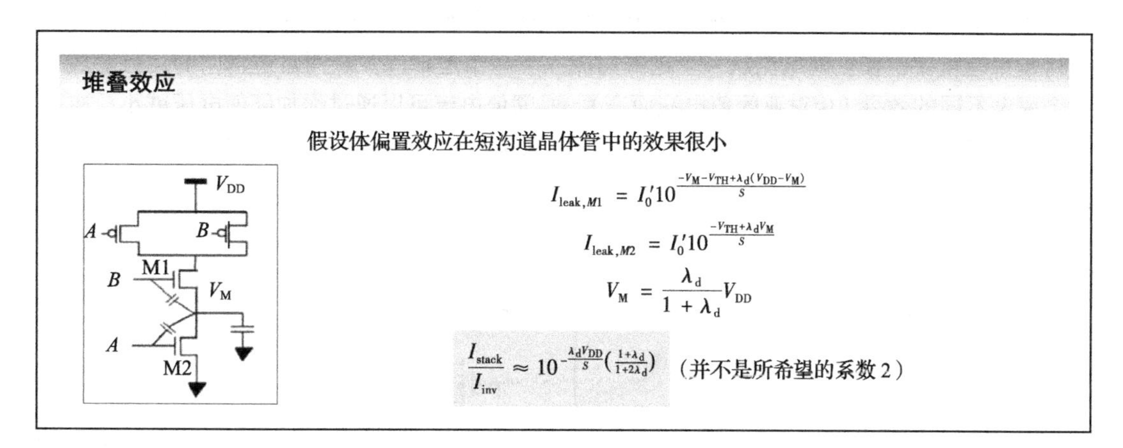

幻灯片 3.32

堆叠的效果可通过在 90nm 工艺下实现的两个堆叠的 nMOS 晶体管（如幻灯片 3.31 中

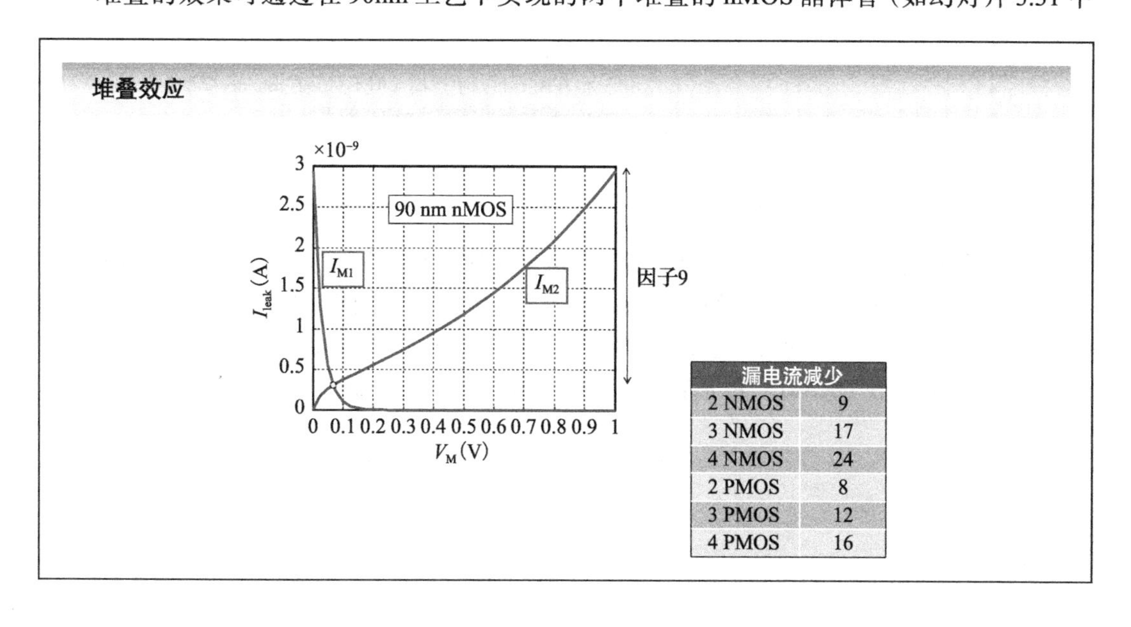

漏电流减少	
2 NMOS	9
3 NMOS	17
4 NMOS	24
2 PMOS	8
3 PMOS	12
4 PMOS	16

“与非”门）来举例说明。流过晶体管 M1 和 M2 的电流被绘制成中间电压 V_M 的函数。实际工作点位于两条负载线的交叉点。如观察到的那样，M2 的漏 - 源极电压从 1V 降低到 60mV，从而导致漏电流减小 9/10。M1 晶体管的负 60mV 的 V_{GS} 导致了一个类似的减小。

堆叠效应在表格中进一步被列出，它展示了 90nm 工艺下不同堆叠程度的漏电流减小。nMOS 堆叠和 pMOS 堆叠的漏电流减小都非常可观。这个影响对于 pMOS 网络稍小，因为 DIBL 在这些器件上较弱。堆叠效应将被证明是一个对抗静态功耗很强有力的工具。

幻灯片 3.33

虽然亚阈值电流主导静态功耗，其他的漏电源不应被忽略。栅极漏电流在亚 100nm 时代变得越来越重要。栅极漏电流从一个逻辑门流入下一个逻辑门，从而对逻辑门的运行造成了一个完全不同的效果（相对亚阈值电流而言）。亚阈值电流可以通过增加阈值电压减小，减小栅极漏电流唯一的途径是降低栅极电介质上的电压作用力，这意味着缩小电压。

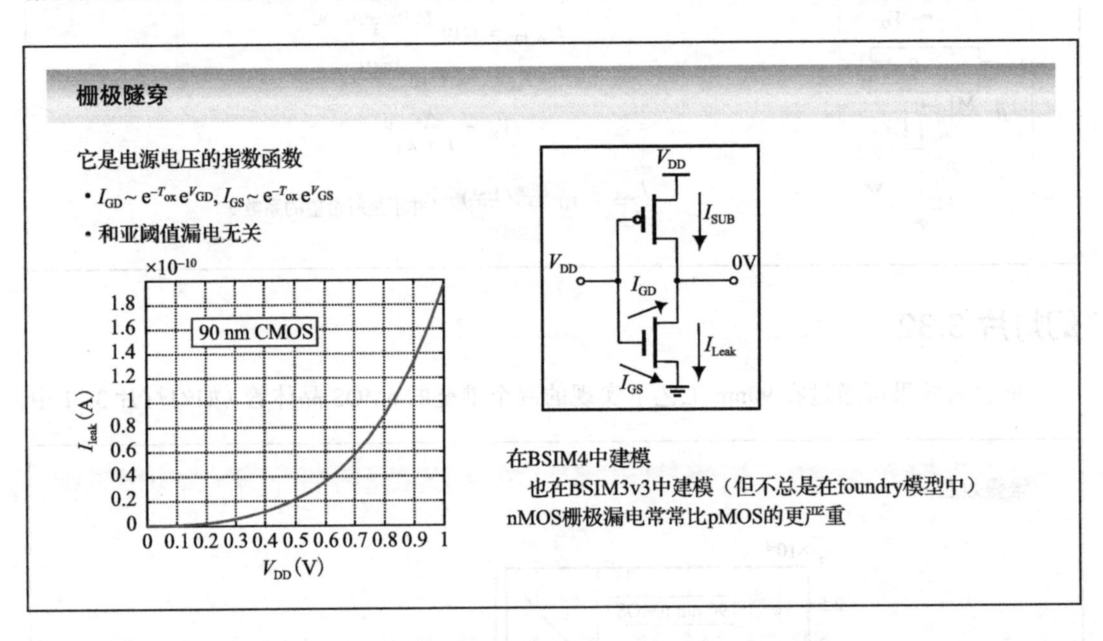

类似于亚阈值漏电流，栅极漏电流也是供电电压的指数函数。这被一个 90nm CMOS 反相器的仿真结果所显示出。最大的漏电流大约为 100pA，这比亚阈值电流的等级小一个数量级。但是，即使是如此小的值，它的影响可以很大，尤其是，如果要在电容上将电荷存储相当长的时间（比如在 DRAM、充电泵，甚至是动态逻辑中）。请记住，栅极漏电流是电介质厚度的指数函数。

幻灯片 3.34

最后，尽管结漏电流显著小于前述的漏电组分，它也不应该被忽视。随着由于高掺杂而逐渐变薄的耗尽层，一些隧穿效应在亚 50nm 工艺节点下变得越来越显著，其随温度变化的强函数必须被重新强调。

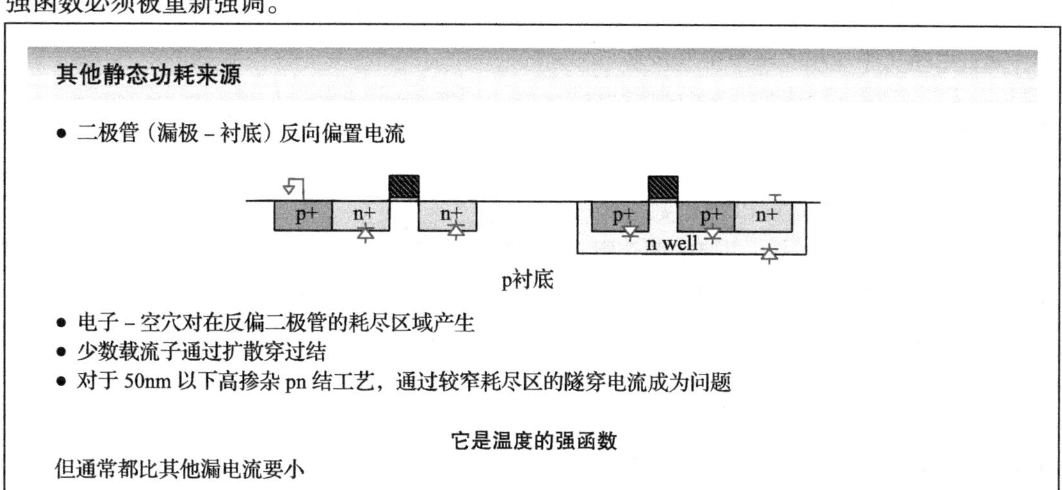

幻灯片 3.35

主流的数字电路中大部分都包含模拟电路。这些电路的例子包括灵敏放大器、基准电压、稳压器、电平转换器以及温度和漏电传感器等。这些电路的一个属性是，它们在运行时需要偏置电流。这些电流可能在漏电流中占据相当大的比重。为了减少其比重，可以使用两种机制：

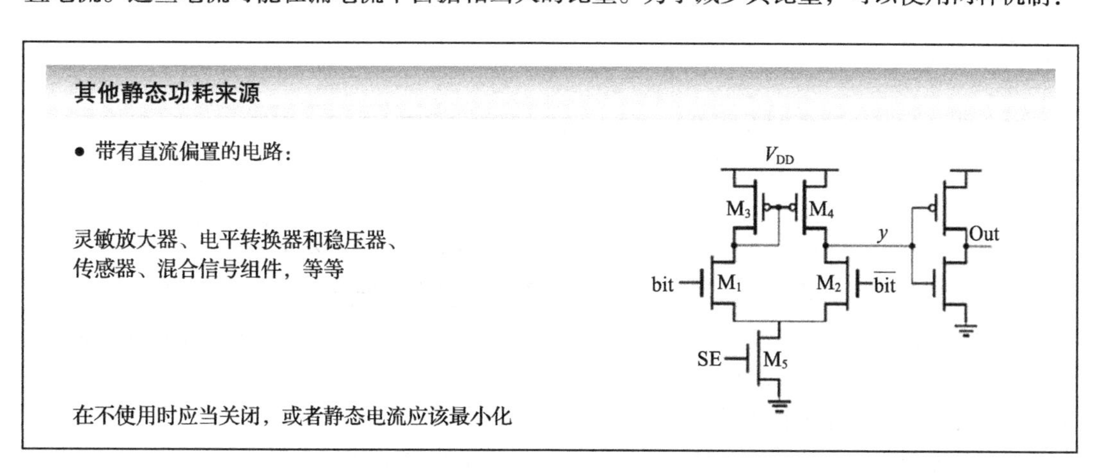

（1）性能和电流折中考虑——减小模拟电路的偏置电流通常会影响电路性能。例如，放大器的增益和压摆率会受益于较大的偏置电流。

（2）电源管理——一些模拟元器件只需要在一段时间内运行。例如，DRAM 和 SRAM 中的灵敏放大器只需要在读周期的最后开启。在这些条件下通过在不使用时断开偏置电路来降低静态功耗。尽管在大部分时候有效，但是在需要永远开启的模块（例如一些偏置或者基准网络）中这个技巧就不再适用，或者它们因为启动时间太长而不实用。

总之，每个模拟电路都需要仔细检查，并且偏置电流和开启时间应该最小化。主要准则为“偏置电路在不使用时绝对不要接通”。

幻灯片 3.36

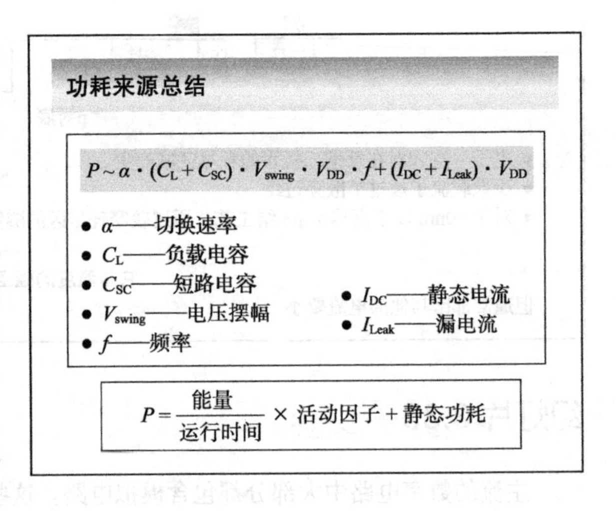

从前面的讨论中，可以推出数字电路的一个全局功耗表达式。主要的两个组分——动态和静态功耗可以很容易看出。通过认识到给定的计算（例如乘法或者处理器中指令的执行）是通过能耗来表征的，可以得到两部分功耗之间关系的一个有趣结论。相反，静态功耗是通过功耗来定量的。为了确定两者的相对均衡，前者必须通过乘以其自身的运行时间来转化为功耗，或用另一种方法表述，活动因子。因此，如果想知道总功耗，精确地知晓活动因子就尤为重要。注意，以另一种相似的方法，将静态功耗乘以时间会得到关于能量的全局表达式。

幻灯片 3.37

传统设计理念

- 最大化性能作为主要设计目标
  - 在电路级别最小化延迟
- 架构实现所需功能以及目标吞吐量和延迟
- 性能通过优化尺寸、逻辑映射以及架构变换实现
- 设置电压、阈值来最大化性能但要考虑稳定性限制

最小化功耗的重要性正在改变我们所认识的设计。长时间以来所使用过的方法需要修改，并改变建立起来的设计流程。尽管在嵌入式设计中 10 年前这一趋势就已经变得明显起来，但是直到最近它才开始颠覆高性能设计领域中的一些传统信仰。更高的时钟频率仍是设计者的圣杯。尽管架构优化在这些年的性能提升中起到作用，但是随着工艺尺寸缩小而降低时钟周期才是最主要的原因。

一旦架构选定，设计流程的主要功能就是通过尺寸设计、工艺映射以及逻辑变换来优化电路，从而达到最高性能。电源电压和阈值电压都要提前选定来保证高性能。

幻灯片 3.38

这一理念在广为流行的基于“逻辑努力”(logic effort) 的设计优化方法中得到最好体现。如果每级的“有效输出”都设计成相等(同时设置为近似于 4)，电路的延迟就可以最小化。这个技术很有用，它也保证了功率消耗最小化！在接下来的章节中，我们会重新制定“逻辑努力”方法，把功耗带入等式中。

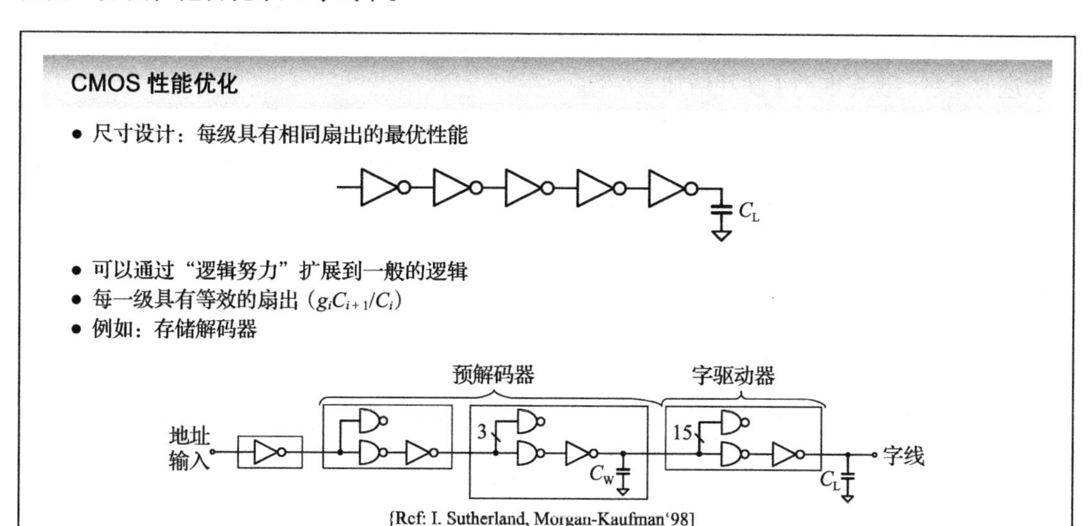

幻灯片 3.39

旧的电路优化理念不再适用，这一点可以通过这个简单的例子最好地说明(由 Intel 的

CMOS 性能优化

传统缩放模型

$$\text{如果} V_{DD} = 0.7,\ \text{且 Freq} = \left(\frac{1}{0.7}\right),$$

$$\text{功率} = CV_{DD}^2f = \left(\frac{1}{0.7} \times 1.14^2\right) \times (0.7^2) \times \left(\frac{1}{0.7}\right) = 1.3$$

维持频率缩放模型

$$\text{如果} V_{DD} = 0.7,\ \text{且 Freq} = 2,$$

$$\text{功率} = CV_{DD}^2f = \left(\frac{1}{0.7} \times 1.14^2\right) \times (0.7^2) \times (2) = 1.8$$

同时放慢电压缩放

$$\text{如果} V_{DD} = 0.85,\ \text{且 Freq} = 2,$$

$$\text{功率} = CV_{DD}^2f = \left(\frac{1}{0.7} \times 1.14^2\right) \times (0.85^2) \times (2) = 2.7$$

Shekhar Borhar 提供)。假设一个微处理器在给定的工艺技术下得以实现。一代工艺的跃变可以把芯片的关键尺寸缩小 0.7。通用的把电压降低了同样因子的缩小，将时钟频率增加了 1.41 倍。如果我们考虑到现实中，新一代的芯片的尺寸通常会比上一代增加（实际上，曾经增加是更好的措辞）14%，芯片的总电容增加了 $(1/0.7) \times 1.142^2 = 1.86$（这个简化的分析假设下所有额外的晶体管都有好的表现）。净效果是，芯片的功耗增加了 1.3 倍。

然而，微处理器的设计师往往比这更为激进。在过去的数十年内，处理器的频率在两代工艺之间增加了 2 倍。额外的性能通过电路的优化得以达到，比如逻辑深度的降低。保持这个改进的速率，现在推动了功耗增加 1.8 倍。

当考虑到供电电压的缩小在放缓，情况变得更加恶化。即使按 0.85 的因子降低电源电压，意味着相较于上一代工艺，这一代工艺下的芯片功耗会上升 270%。因为这是无法接受的，所以设计理念上的变化是唯一的选择。

幻灯片 3.40

新的设计理念

- 最大化性能（依据传播延迟）的功耗太大，甚至可能无法实现
- 许多（不是所有）应用可以忍受较大延迟或者可以在低于最快时钟频率下工作
- 多余的性能（工艺提供）可以用来降低能耗 / 功耗

权衡速度与功耗

这个修正的理念离开了“不顾一切代价得到最大性能”的理念，并放弃了时钟频率等价于性能的概念。“设计松弛”，带来了在一个新的工艺中以一个低于最高时钟频率的速度去使得动态功耗和静态功耗限定在一定范围内。提升性能仍然是可以的，但是现在这主要来自于架构的优化——有时候，并非总是这样，而是以额外芯片面积为代价。设计现在变成了一个速度和功耗（能耗）权衡的问题。

幻灯片 3.41

这种权衡可以通过这组现在已经成为经典的图表非常好地说明。这组图片由 T.Kuroda 和 T.Sakurai 在 20 世纪 90 年代中期提出，它绘制了一个 CMOS 模块的功率和（传播）延迟，其作为供电电压和阈值电压的函数——而这两个变量在很早前曾被认为是固定的。优化性能和功率的对立性显而易见——最高性能准确出现在功耗峰值（高 V_{DD}，低 V_{TH}）处。另一个观察结果是，相同的性能可以在数个有着非常不同的功率消耗的工作点获得。这些“相同延迟”和“相同功率”曲线的存在被证明是在权衡延迟 – 功耗（或者能耗）空间时重要的优化手段。

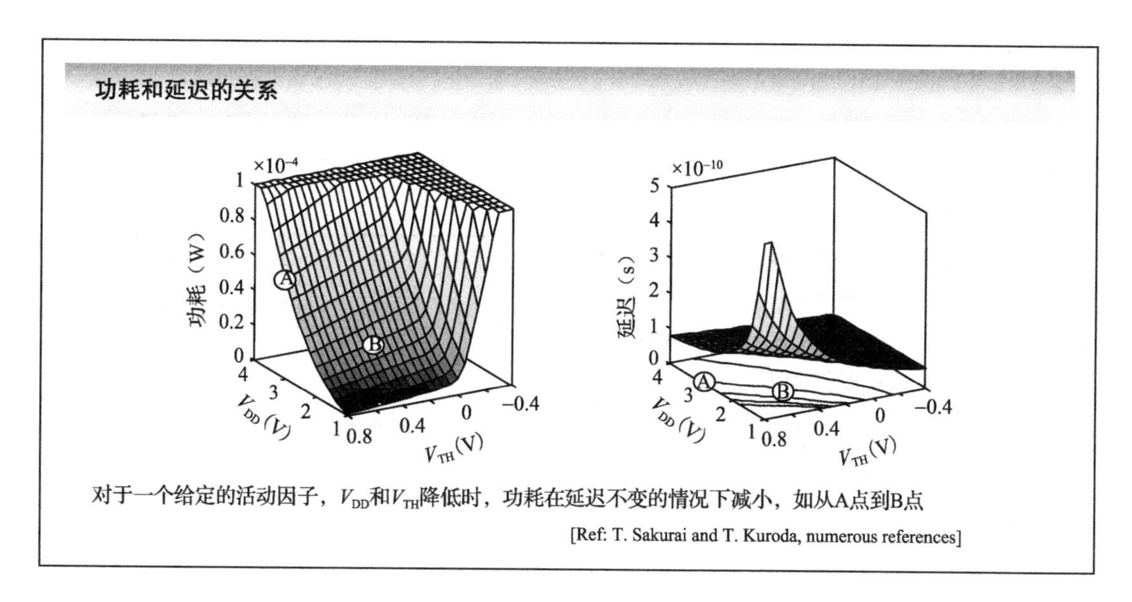

对于一个给定的活动因子，V_{DD}和V_{TH}降低时，功耗在延迟不变的情况下减小，如从A点到B点

[Ref: T. Sakurai and T. Kuroda, numerous references]

幻灯片 3.42

相等性能或能量的等高线在延迟和每次运行所耗的（平均）能量的二维绘图中更加显著，作为供电电压和阈值电压的函数。后者通过平均功率（使用幻灯片 3.36 中的表达式获得）与时钟周期的长度相乘得到。类似的趋势在上一张幻灯片中可以观察到。尤其有趣的是，可以找到一个最小能量点。将电压点降到比这个点更低是毫无意义的，因为漏电流能量占主导地位而性能急剧恶化。

请注意，该组曲线是在一个特定的活动值下获得的。对于其他的值，静态功耗和动态功耗之间的平衡点移动，权衡曲线也会移动。另外，这里展示的曲线是针对固定的晶体管尺寸而言的。

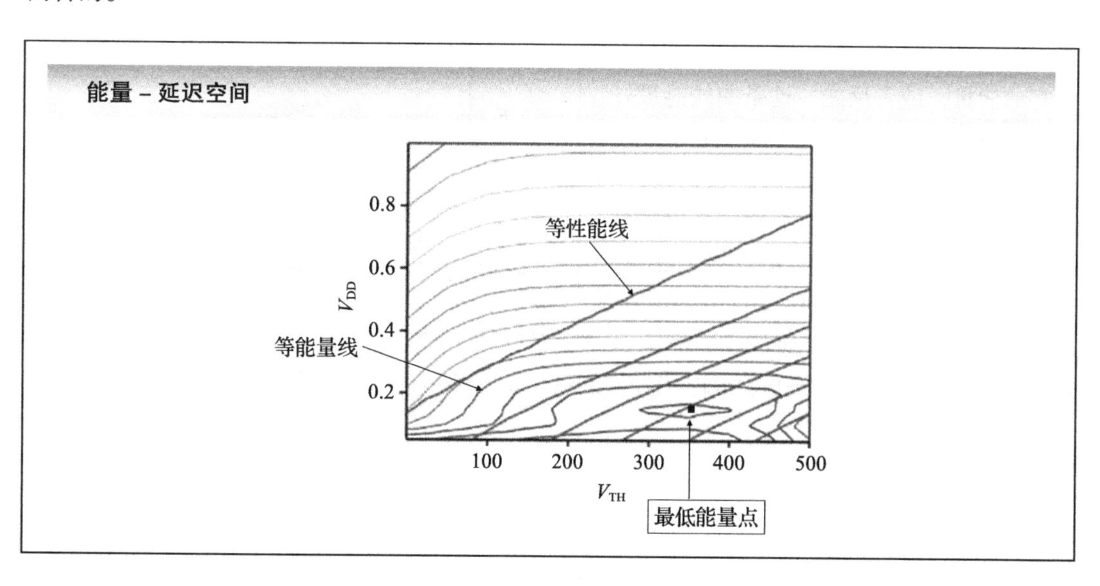

幻灯片 3.43

保持阈值电压不变，可以进一步简化这个曲线图。当供电电压减小时，能量和延迟之间对立的趋势是明显的。人们会预料到二者的乘积（能量和延迟乘积，或 EDP）会显示出一个最小值，确实如此。事实证明，对 CMOS 设计来说，EDP 的最小值发生在大约是器件阈值电压的 2 倍的点上。实际上，更好的预测是 $3V_{TH}/(3-\alpha)$（α 是 alpha 模型中的拟合参数，不要与活动因子混淆了）。对于 α=1.4，这意味着 1.875 倍的 V_{TH}。虽然这是一个有趣的信息，但不应该高估它的意义。如前面提到的，EDP 指标只在对延迟和能量给予相等权重时有意义，这是很少见的情况。

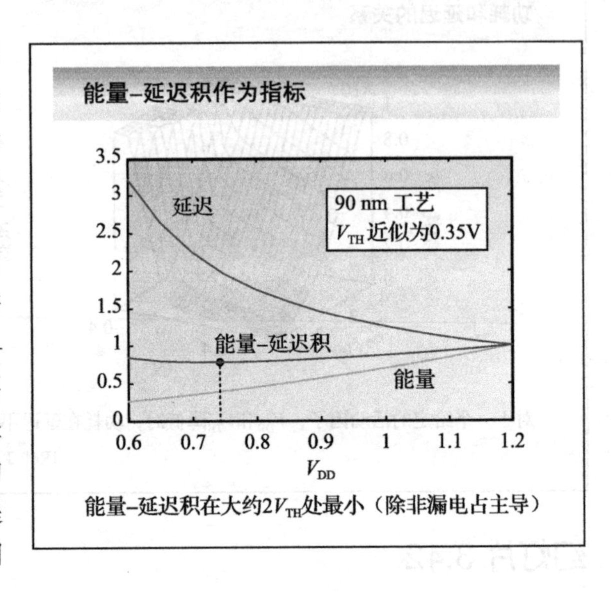

幻灯片 3.44

上面的图表充分证明低功耗设计的折中过程。我们已经发现，捕获性能和能量效率二者之间的对偶性的最好方式是利用能量 – 延迟曲线。给定一个特定的设计和一组设计参数，有可能推导出一个最优曲线，去描述对于每个延迟值的最小可以实现它的能量，或者反之。这条曲线能最好地表征设计的能量和性能效率。它也有助于把设计问题从“产生尽可能快的设计”重新定义成一个二维挑战：给定一最大延迟，最小化能量，或者，给定最大能量，发现具有最小延迟的设计。

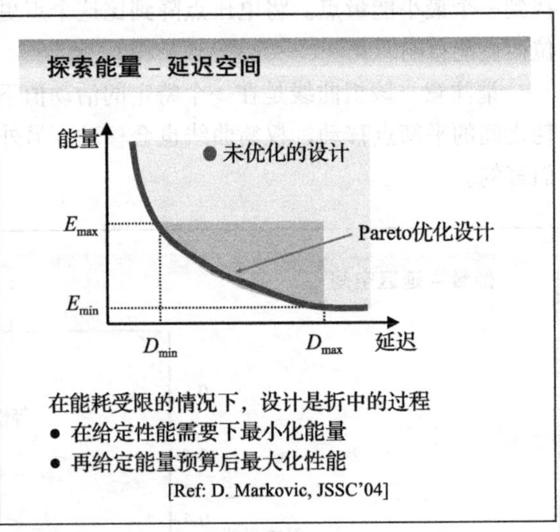

在下一章会更广泛地使用能量 – 延迟曲线，也会提供源自当代 CMOS 设计的能量 – 延迟曲线的有效技术。

幻灯片 3.45

总结一下，我们已经深入分析了当今 CMOS 数字设计中的各种功耗，并且对于它们的所有种类，已经推导了分析型的和经验型的模型。有了这些知识，可以开始探索许多降低功耗和让电路节能的方法。在这个故事结尾，一个主要的点是，天下没有免费的午餐。优化能量通常以额外的延迟为代价（很明显，除非最初的设计是两个方面都没最优化）。能量 - 延迟图是抓住这个二重性的最好方式。

小结

- 功耗和能耗都是主要的设计约束
- 动态功耗在大部分应用中占主导
  - 电源电压、活动因子和寄生电容是重要参数
- 漏电流在 100nm 以下工艺节点逐渐重要
  - 主要受电源和阈值电压影响
- 设计成为能量 - 延迟折中

幻灯片 3.46

一些参考文献……

参考文献

- D. Markovic, V. Stojanovic, B. Nikolic, M.A. Horowitz and R.W. Brodersen, “Methods for true energy–performance optimization,” *IEEE Journal of Solid-State Circuits*, 39(8), pp. 1282–1293, Aug. 2004.
- J. Rabaey, A. Chandrakasan and B. Nikolic, *Digital Integrated Circuits: A Design Perspective*,” 2nd ed, Prentice Hall 2003.
- T. Sakurai, “Perspectives on power-aware electronics,” *Digest of Technical Papers ISSCC*, pp. 26–29, Feb. 2003.
- I. Sutherland, B. Sproull and D. Harris, “Logical Effort”, Morgan Kaufmann, 1999.
- H. Veendrick, “Short-circuit dissipation of static CMOS circuitry and its impact on the design of buffer circuits,” *IEEE Journal of Solid-State Circuits*, SC-19(4), pp. 468–473, 1984.

第4章
优化功耗@设计阶段——电路层技术

幻灯片 4.1

优化功耗@设计阶段

电路层

Jan M. Rabaey
Dejan Marković
Borivoje Nikolić

在对现代集成电路中的功耗来源有了很好的理解后，就可以开始探索形形色色的低功耗技术了。正如本书开头所明确阐述的，功率或者能量最小化可以在设计过程中的许多阶段实现，并且可以针对不同的目标，比如动态功耗或者静态功耗。本章重点介绍在设计阶段、在电路层降低功耗的技术。同时回答设计师们经常提出的一些实际问题：逻辑门的尺寸变化或者供电电压的选择是否能产生功率－延迟的最大回报；需要多少个电源；什么样的离散供电电压与阈值电压的比例，等等。正如上一章结尾明确指出的，所有的优化需要放在更广的能量－延迟权衡中看待。为了有助于指导这个过程，我们引入一个统一的以灵敏框架。有了这个框架，我们就可以无偏见地比较各个参数（比如某个设计布局下的逻辑门尺寸、供电电压和阈值电压）所带来的影响。这个结果将作为在更高抽象层进行优化的基础，它也是后续章节的重点。

幻灯片 4.2

本章摘要

- 能量－延迟折中的优化框架
- 动态功耗优化
  - 多电源电压
  - 晶体管尺寸设计
  - 工艺映射
- 静态功耗优化
  - 多阈值电压
  - 晶体管堆叠

本章以介绍统一的能量－延迟优化框架开始，它被构造为强大的“逻辑努力”方法的延伸，“逻辑努力”过去用于优化性能。开发出的技术随后用于评估设计阶段的电路层功耗降低技术的有效性和实用性。它采取了同时考虑动态功耗和静态功耗的策略。

幻灯片 4.3

能量 / 功耗优化策略

- 对于给定的功能和活动因子，一个最佳工作点可以在能量 - 性能空间得到
- 何时优化取决于活动因子的特征
- 动态功耗与静态功耗的优化方法不同

	固定活动因子	可变活动因子	无活动（待机）
动态	设计时	运行时	休眠
静态			

在着手任何优化之前，我们应该记得功率和能量的指标是相关的，但是并非说它们是相等的。二者的联系是活动因子，它改变了动态功耗和静态功耗部分的比值，并且它会随着运行状态的改变而动态改变。拿加法器作为一个例子。当电路以最高速度工作，并且它的输入不停随机改变时，动态功耗占主导地位。另一方面，当活动因子很低时，静态功耗领先。另外，加法器的所期望性能很可能也会随时间变化而变化，使得优化轨迹变得更加复杂化。

采用不同的设计技术去使动态功耗和静态功耗最小化，这一点在本章中是重点。因此，需要将减小功耗的技术以活动因子进行分类，而活动因子是一个动态变化的参数，如同已经讨论过的那样。幸运的是，在设计阶段存在一个广阔的优化空间可以利用，要么是它们与活动因子无关或者是因为模块活动因子是固定的和预先已知的。这些“设计阶段”的设计技术是接下来 4 章的内容。一般来说，活动因子和性能要求随着时间改变而改变，并且在这些情况下功率 / 能量的最小化需要采用可以适应当时情况的技术。这些称为“运行”优化。最后，需要特别注意操作条件：在系统处于空闲状态（或者在“待机”）下，动态功耗部分接近于零，漏电功率占主导地位。在这样的情况下保持静态功率在一定范围内，就需要专门的设计技术。

幻灯片 4.4

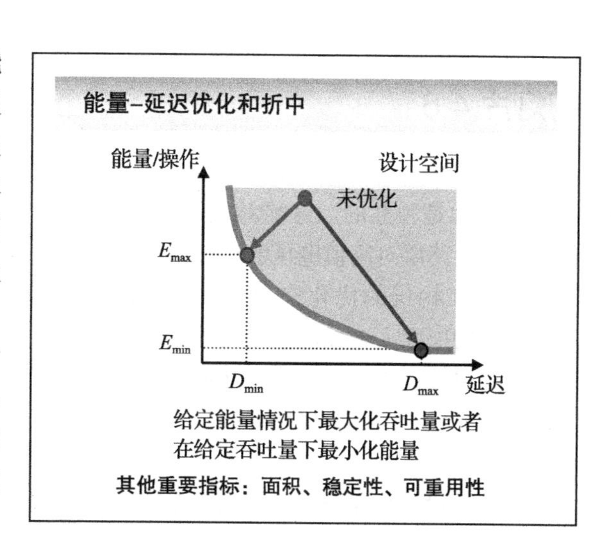

在上一章结尾，有人认为，功率或能量的设计优化需要权衡，并且能量和延迟代表了权衡空间中的主轴（其他指标，比如面积或可靠性也有作用，但是它们在本书中只作为次要因素）。这自然鼓励使用能量 - 延迟（E–D）空间作为坐标系，让设计人员评估设计的有效性。

通过改变各个独立的设计参数，每个设计映射到一个受限的能量 - 延迟平面。从非优化的设计开始，我们希望要么加速该系统同时保持设计的功率上限（通过

E_{max} 表示)，要么尽量减小能量消耗同时满足吞吐量的限制（D_{max}）。优化空间被最优能量－延迟曲线所限定。这条曲线是最优的（对于给定的一组设计参数），因为所有其他可实现的点要么会为了相同的延迟消耗更多的能量，要么在同样的能量消耗下有更长的延迟。虽然在这张幻灯片中找到最佳的曲线看起来相当简单，在现实生活中它会更为复杂。还观察到，任何最优能量－延迟曲线都假定一个给定的活动因子，并且改变活动因子可能导致曲线移动。

幻灯片 4.5

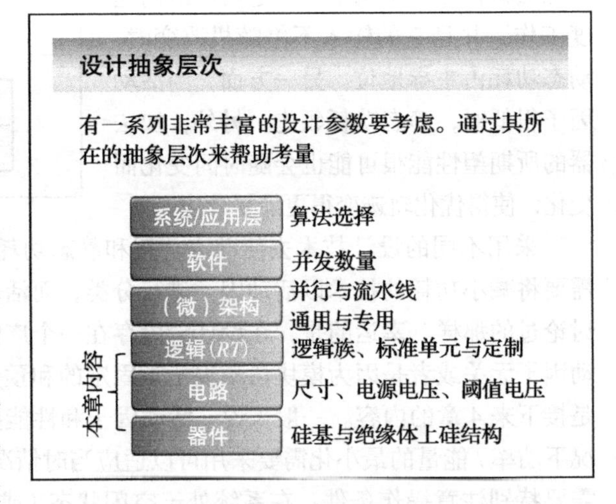

问题是，有许多组参数要进行调整。这些变量中的一部分是连续的，像晶体管尺寸、供电电压和阈值电压。其他的变量是离散的，像不同的逻辑方式、拓扑和微结构。从理论上说，应该能够同时考虑所有参数，并定义一个单一的优化问题。在实践中，我们已经了解到，问题的复杂性变得势不可挡，而且导致设计（如果该过程不断收敛）经常是亚最优的。

因此，集成电路（IC）的设计方法论依靠一些重要的概念，以帮助管理复杂性：抽象（隐藏详情）和层次结构（通过组合规模较小的实体建立起更大的实体）。二者经常合在一起使用。如这张幻灯片展示了一个典型的数字 IC 设计流程的抽象栈。在一般情况下，大多数设计参数是限制在并被选择自栈的单层之中。例如，不同的指令集的选择是一种典型的微架构优化，而选择具有不同阈值电压的器件最好是在所述电路层中进行。

因此，分层是在设计优化过程中管理复杂性的优选技术。

幻灯片 4.6

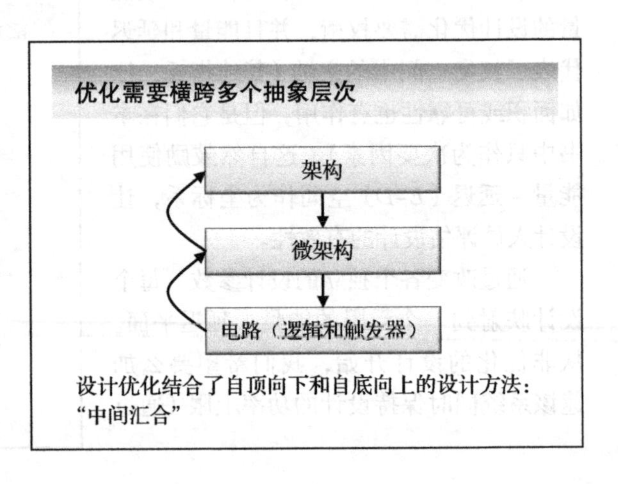

分层方法可让人产生错觉，以为不同层次的优化是独立的。这绝对是不对的。例如，在电路层对阈值电压的选择改变了逻辑或者架构层的优化空间形状。类似地，在架构层引入诸如流水线的改变可能增加电路层的优化空间大小，从而导致更大的潜在收益。因此，优化可能和必须跨越不同层次。

一般的设计优化遵循“中间汇合”的

方法：指标和要求从最高抽象层自顶向下（top-down）传播，约束是从最底部的抽象层向上（bottom-up）传播。

幻灯片 4.7

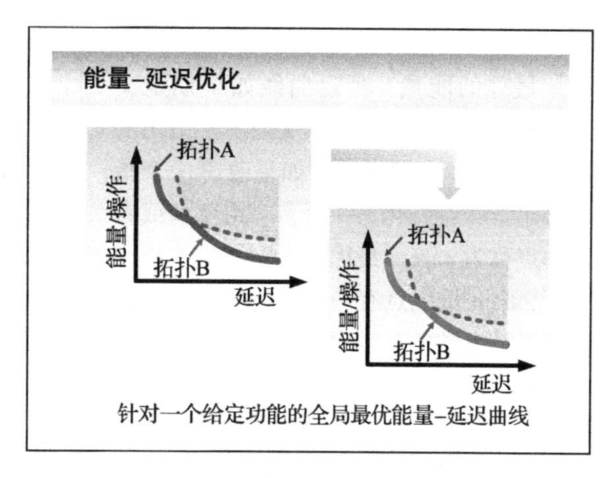

连续的设计参数，例如，电源电压和晶体管尺寸，产生了连续的优化空间和一个最佳的能量 - 延迟曲线。离散的参数，如选择不同的加法器拓扑，产生了一组最优边界曲线。然后，它们合起来定义了整体最优。

例如，拓扑 B 在针对大的目标延迟有更优的能量 - 性能，而拓扑 A 针对更短的延迟更有效。

本章的一个目标是演示如何可以快速搜索这个全局最优，并在此基础上，建立对不同设计参数的影响范围和效果的理解。

幻灯片 4.8

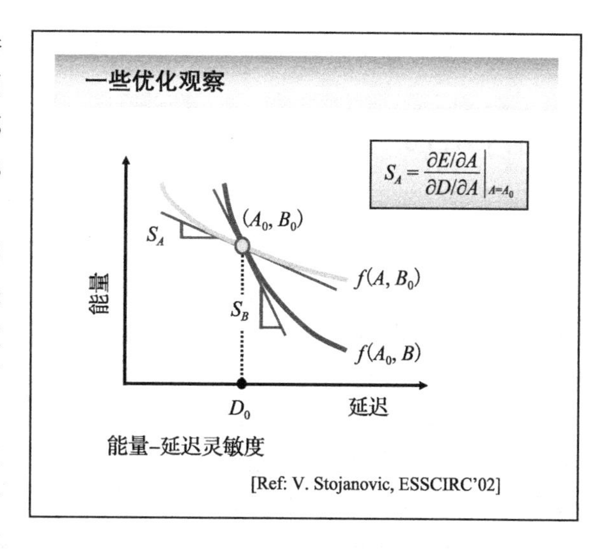

给定适当的能量和延迟（作为设计参数的函数）的配置，任何优化程序都可以用于推导出最优能量 - 延迟曲线。本书大部分的优化和设计探索都采用各种 MATLAB 程序模块来实现 [mathworks]。

然而，虽然依靠自动优化对解决大问题或者快速找到精确结果非常有用，但是一些分析性技术经常在判断一个给定参数的有效性时带来方便，或者带来一个封闭形式的解决方案。

能量 - 延迟灵敏度正是一个做这件事的工具：它提供了一个有效的方法来评估各个设计变量改变的有效性。它依赖于简单的梯度表达式，它们量化设计修改的好处：能量和延迟改变多少可以从微调设计变量中获得。假设，比方说，在工作点（A_0, B_0），其中 A 和 B 是正在研究的设计变量。每个变量的灵敏度是简单地由该变量微小变化得到的曲线斜率。注意到由于能量 - 延迟权衡的属性，灵敏度为负值（本书在其余部分比较灵敏度时，将使用它们的绝对值——一个较大的绝对值表示有较高的潜在能量降低）。例如，变量 B 在点（A_0, B_0）比变量 A 具有更高的能量 - 延迟灵敏度，因此改变 B 产生了一个更大的潜在收益。

幻灯片 4.9

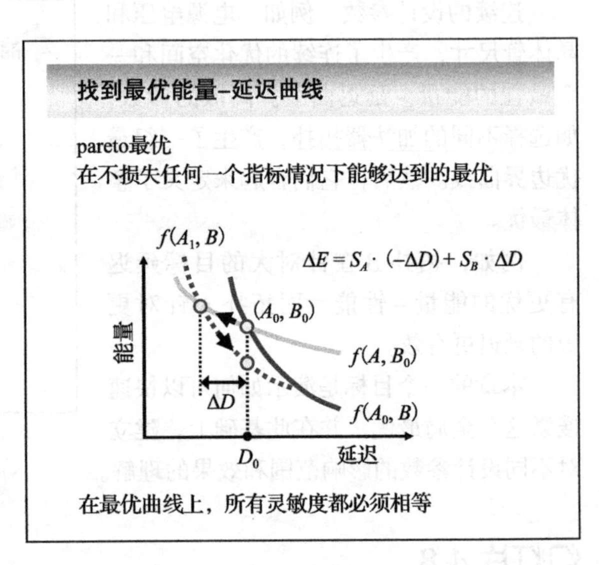

最佳的能量 - 延迟曲线如早期定义为 pareto 最优曲线（一个从经济学借用的概念）。在多维搜索中，如果改善一个指标必定意味着恶化另一个，一组赋值或者工作点称为 pareto 最优。

Pareto 最优点有一个有趣的属性，即所有设计参数的灵敏度必须相等。这可以很直观地理解。如果灵敏度不相等，则可以利用差异来产生一个无损耗的改善。比方说，这里讲的示例力求以最小的能量去实现一个给定的延迟 D_0。使用“低能量成本”变量 A，我们首先以小的能量 E 为代价去创建一些时间裕量 D（正比于 A 的 E–D 灵敏度）。在新的工作点（A_1, B_0），现在可以使用“更高的能量成本”变量 B，以达到整体的能量降低，如公式表示。当所有的灵敏度都是相等的，优化中的固定点显然是达到了。

幻灯片 4.10

减小动态能量 @ 设计时

$$E_{\text{active}} \sim \alpha \cdot C_{\text{L}} \cdot V_{\text{swing}} \cdot V_{\text{DD}}$$
$$P_{\text{active}} \sim \alpha \cdot C_{\text{L}} \cdot V_{\text{swing}} \cdot V_{\text{DD}} \cdot f$$

- 减小电压
  - 以牺牲时钟速度为代价，降低电源电压（V_{DD}）
  - 降低逻辑电压摆幅（V_{swing}）
- 减小晶体管尺寸（C_{L}）
  - 使逻辑速度变慢
- 降低活动因子（α）
  - 通过转化来实现活动因子降低
  - 平衡逻辑来减少毛刺

在本章的其余部分，我们主要专注于电路和逻辑层。让我们首先专注于功率消耗的动态部分，或者，借助于 E–D 权衡的角度去看待动态能量消耗。后者是逻辑门输出端的切换活动因子、输出负载电容、逻辑摆动和供电电压的乘积。因此，对于能量降低的简单指导方法则是减小乘法表达式中的各个参量。但是，一些变量会比另外一些变量更有效。

看起来，对动态能量影响最大的是电源电压的缩放，因为它对功率有二次效应（假设逻辑摆幅相应缩放）。所有其他的参量都具有线性影响。例如，更小的晶体管具有较小的电容。跳变活动绝大部分依赖电路拓扑的选择。

对于一个固定的电路拓扑结构，最有趣的是，影响权衡的是电源电压和逻辑门尺寸，因为这些协调既影响着能量，也影响着性能。阈值电压起到了次要作用，因为它们会影响性能，但不会影响动态能量。

幻灯片 4.11

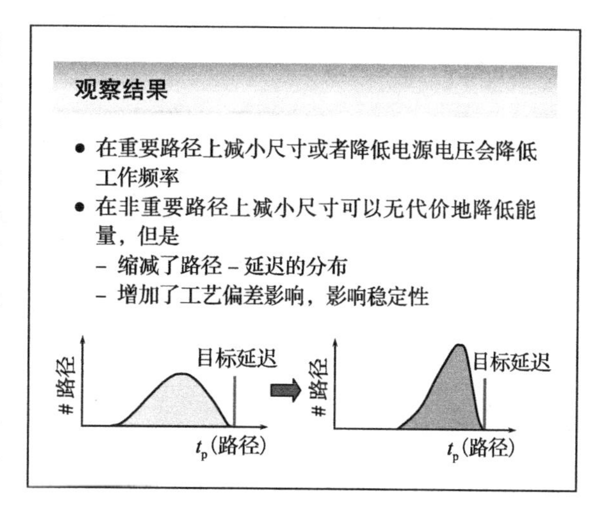

在整个讨论中，要记住，*E–D* 空间中的优化也影响此处未包含的其他重要设计指标，如面积或可靠性。例如，晶体管尺寸和电路可靠性之间的关系。修剪非关键路径上的逻辑门会既节约功耗，又不影响性能——似乎是一个双赢的操作。然而在极端情况下，这会导致所有路径成为关键路径（除非满足最小逻辑门尺寸约束）。这种效果表示在幻灯片中。对非关键门减小尺寸会让延迟分布变狭窄并驱使一般路径的延迟更靠近最长延迟。这会使得设计更容易受工艺变化的影响从而降低可靠性。

幻灯片 4.12

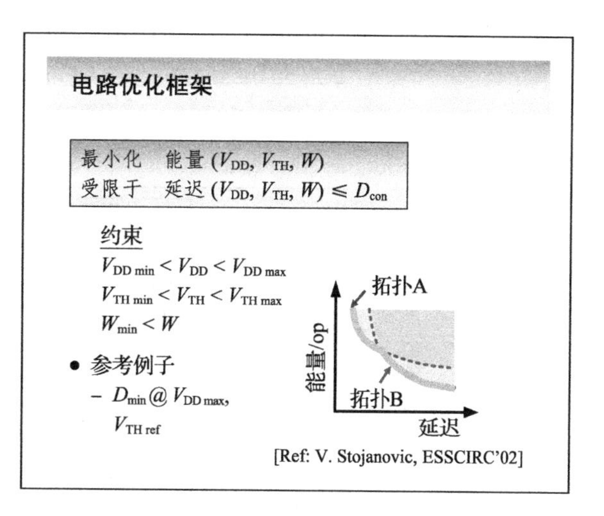

为了在问题中全面评估设计变量的影响，即供电电压、阈值电压和逻辑门尺寸对于能量和性能的影响，我们需要构造一种简单、有效且准确的优化框架。寻找全局最优能量－延迟曲线，对于给定电路拓扑结构和活动因子的问题，被定义成一个优化问题：

在存在延迟约束和优化变量（V_{DD}、V_{TH} 和 W）界限的情况下，最小化能量。

优化是相对于一个参考设计进行的，得到该参考设计在所指定工艺的标称电压和阈值电压（例如，V_{DD}=1.2V 和 V_{TH}=0.35V 的 90nm 工艺）下确定的尺寸，并具有最小延迟。获得此参考设计很方便，因为它被定义得很好。

幻灯片 4.13

该框架的核心包括延迟和能量的有效模型，作为设计参数的函数。为了开发出表达式，假设通用的电路配置，如这张幻灯片所示。所研究的逻辑门是在逻辑网络的第 i 级，并且以第 i+1 级的数个逻辑门作为负载，把它们集中成为单个有效逻辑门。C_w 表示导线电容，假设它正比于扇出（这是一个对于一阶模型合理的假设）。

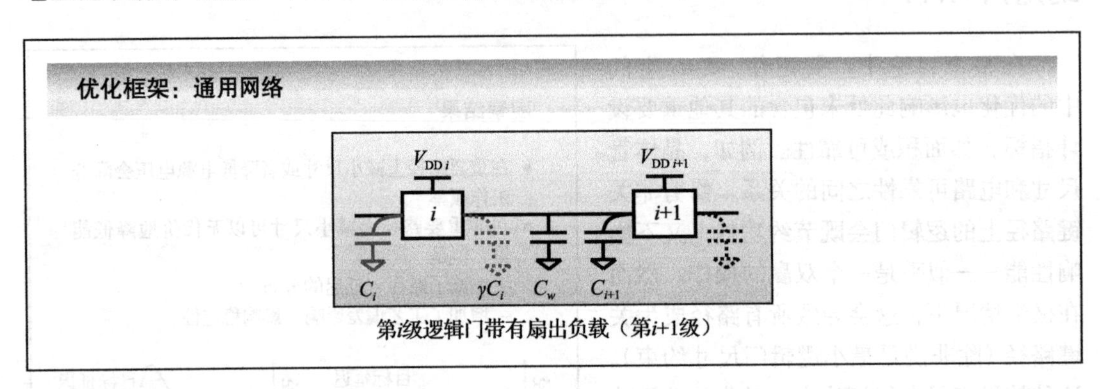

幻灯片 4.14

复杂逻辑门 i 的延迟模型由两步进行。首先，我们推导一个反相器的延迟，作为供电电压、阈值电压和扇出的函数；接下来，扩展到更加复杂的逻辑门。

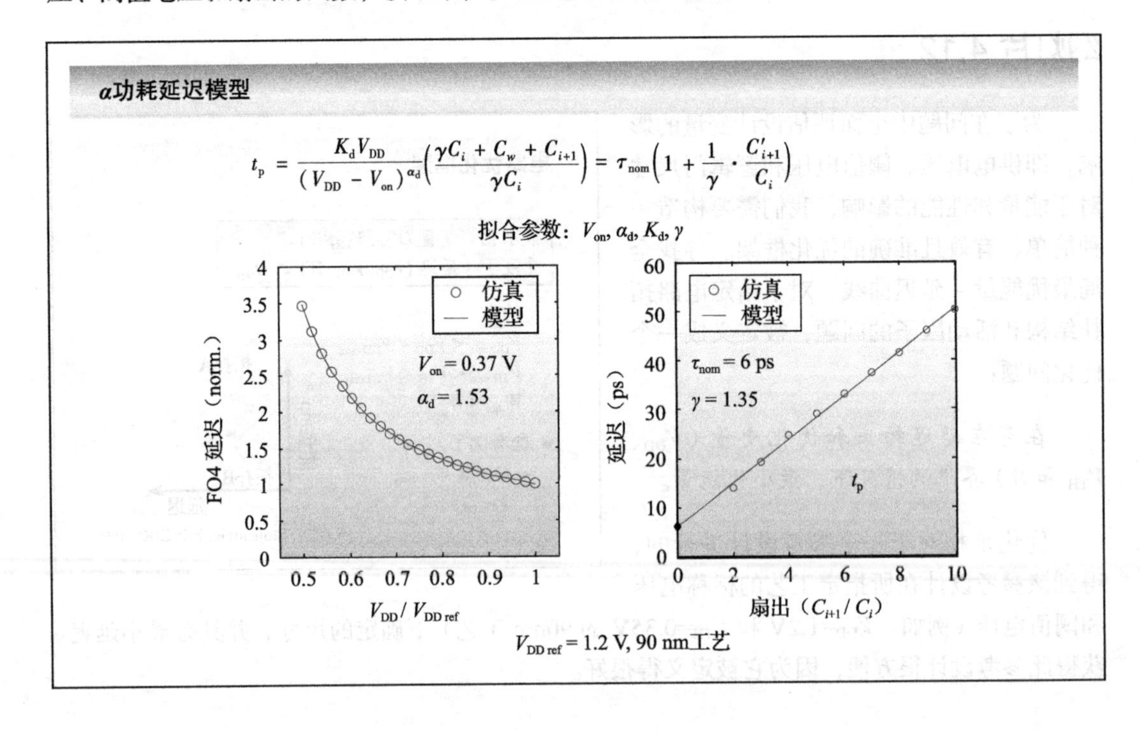

反相器的延迟使用的是简单的线性延迟模型，它基于针对漏极电流的 α 功率定律（参见第 2 章）。注意，这个模型是基于曲线拟合的。参数 V_{on} 和 a_d 本质上是相关的，并不等同于晶体管阈值电压和速度饱和指数。K_d 是另一个拟合参数，而且与工艺的跨导（及其他）相关。该模型能在很广的电压区间，非常好地拟合 SPICE 仿真得到的数据，以标称电源电压进行归一化（对 90nm CMOS 工艺而言是 1.2V）。注意，这个模型只在供电电压超过阈值电压一定数量时是有效的（这个约束将在第 11 章中去掉，在那里我们修改模型，使其可扩展到亚阈值区域中）。

扇出 $f=C_i+1/C_i$ 表示负载电容除以逻辑门电容得到的比例。一个小的改动是允许包括导线电容（f'）。γ 是另一个工艺相关的参数，它表示最小尺寸无其他额外负载的反相器的输出和输入电容的比例。

幻灯片 4.15

与“逻辑努力”公式结合

对于复杂逻辑门

$$t_p = \tau_{nom}\left(p_i + \frac{f_i g_i}{\gamma}\right)$$

- 寄生延迟 p_i 取决于逻辑门拓扑结构
- “电路努力” $f_i \approx S_{i+1}/S_i$
- “逻辑努力” g_i 取决于逻辑门拓扑结构
- 等效扇出 $h_i=f_i g_i$

[Ref: I, Sutherl and Morqan-kaufman'qq]

该模型的其他部分基于“逻辑努力”公式，它把这个概念扩展到复杂的逻辑门。使用“逻辑努力”表示法，延迟可以简单地表达为一个乘积，即工艺相关的时间常数 τ_{nom} 和一个无单位的延迟（$p_i+f_ig_i/\gamma$）相乘，这里 g 是量化一个逻辑门提供电流的相对能力的“逻辑努力”，f 是逻辑门总输出电容和总输入电容的比例，p 表示逻辑门自身负载带来的延迟部分。“逻辑努力”和“电路努力”的乘积称为有效扇出 h。通过扇出因子 $f=S_i+1/S_i$，逻辑门尺寸方式被引入这个方程。

幻灯片 4.16

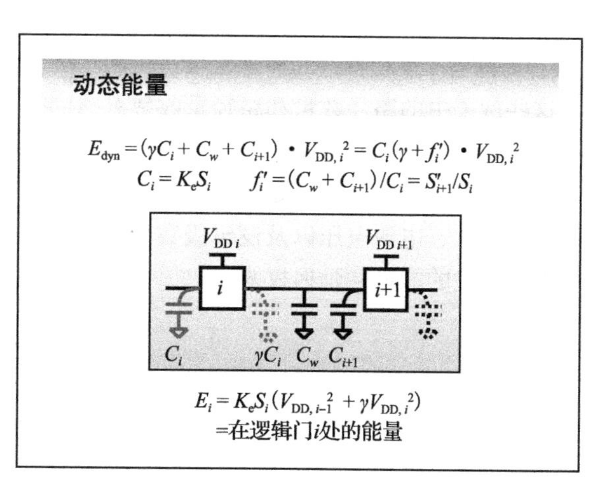

暂且只考虑逻辑门的切换能量。在这个模型中，$f_i'C_i$ 是输出的总负载，包括线路负载和逻辑门负载，而 γC_i 是逻辑门自身负载。存储在这些电容中的总能量取自第 i 级的电源电压。现在，如果改变第 i 级的逻辑门大小，它只会影响存储在逻辑门输入电容和寄生电容上的能量。E_i 因此定义为第 i 级的逻辑门的能量对整体能耗的贡献。

幻灯片 4.17

如前面提到的，灵敏度分析提供了有关优化的盈利能力的直觉。使用前一个幻灯片开发的模型，现在可以推导一些重要的设计参数灵敏度的表达式。

该表达式表明，节约能量的最大潜力是在最小延迟 $D_{\min}$ 处，它是由均衡所有电路级上的最小扇出，以及设定电源电压为最大允许的电源电压得到的。这种观察直观上是有道理的：在最小延迟（该延迟不能被降低到超过最小可实现的值），不论多少能量被消耗。在同一时间，通过电压缩放带来的潜在能量减小随着电源电压减小而减小：E 降低，而 D 和 V_{on}/V_{DD} 的比值增高。

优化投入回报（ROI）

取决于灵敏度（$\partial E/\partial D$）

- 逻辑门尺寸

$$\frac{\frac{\partial E}{\partial S_i}}{\frac{\partial D}{\partial S_i}} = -\frac{E_i}{\tau_{\text{nom}}(h_i - h_{i-1})}$$

等于 $h(D_{\min})$ 时为∞

- 电源电压

$$\frac{\frac{\partial E}{\partial V_{DD}}}{\frac{\partial D}{\partial V_{DD}}} = -\frac{E}{D} \cdot \frac{2 \cdot \left(1 - \frac{V_{on}}{V_{DD}}\right)}{\alpha_d - 1 + \frac{V_{on}}{V_{DD}}}$$

在 V_{DD} (max) ($D_{\min}$) 处最大

关键的一点是，优化主要是通过调整具有最大灵敏度的变量，最终得到了其中所有灵敏度都是相等的解决方案，你会看到这个概念会用在很多例子中。

幻灯片 4.18

我们使用了一些著名的电路拓扑去说明针对能量的电路优化概念。这些例子在关断路径的负载数量和路径重收敛上是不相同的。通过分析这些属性如何影响能量分布，可以得出一些关于不同设计参数影响的一般原则。更精确地说，我们要研究（被很好理解）反相器链和树加法器——因为这些例子中的路径数量和路径重收敛有很大不同。

让我们从反相器链开始，目标是找到最优的尺寸、电源电压以及逻辑级数，从而带来最优的能量－延迟权衡。

例子：反相器链

- 反相器链性质
  - 单路拓扑结构
  - 能量以几何形式从输入到输出增加

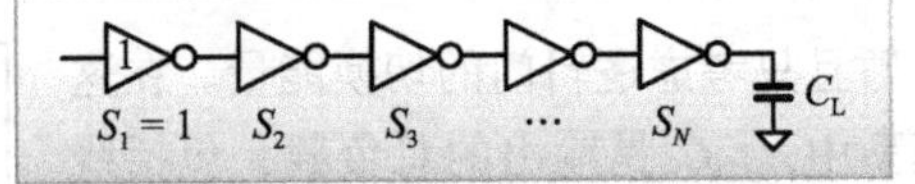

- 目标
  - 找到最优尺寸、电压，以及缓冲策略来达到最优能量－延迟折中

幻灯片 4.19

反相器链已经有很多关注的焦点，因为它是数字优化设计中的关键组成部分，以及一些关于优化的明确指南可以通过封闭形式得以推导出来。对于最小延迟，各个级别的扇出保持恒定，并且每个后续级以一个常数因子放大。这意味着，朝着输出端，每一级存储的能量呈现几何递增，最终的负载存储了最大的能量。

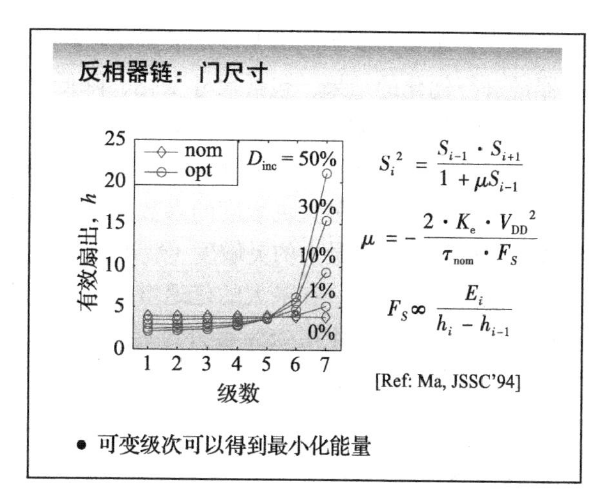

在第一步中，我们只考虑晶体管的尺寸。对于一个给定的延迟递增量，每一级的最佳尺寸大小（它最大限度地降低能量）可以被推导出。幻灯片 4.17 导出的灵敏度已经提供了可能展开的第一个想法：逻辑门尺寸改变的灵敏度正比于存储在门上的能量，反比于有效扇出的差值。这意味着，对于每个具有相等灵敏度的电路级，一个逻辑门的有效扇出必须与存储在门上的能量成比例增加，这表明朝输出端的方向有效扇出应该成指数型增加。

幻灯片 4.20

现在让我们考虑电源电压缩放的潜力。假设每一级电路可以运行在不同的电压下。在改变尺寸方法中，优化的目的是解决最大的消耗者——最后一级——首先通过缩小它的电压。净效果是类似于一个“虚拟”的逐渐变细的锥形。改变尺寸和电压缩放的一个重要区别是改变尺寸不会影响存储在最终输出负载 C_L 上的能量。另一方面，减小电压，通过降低驱动负载的逻辑门的电源电压，首先就降低了能量消耗源。由于对 C_L 充放电是能耗的最大来源，它的影响是相当大的。

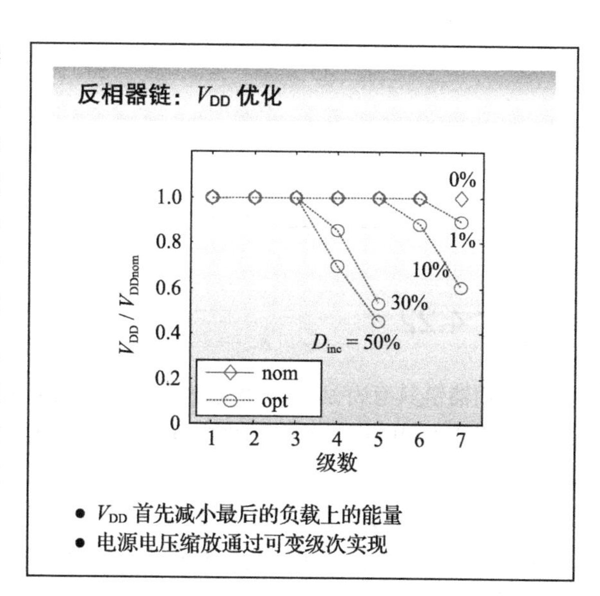

幻灯片 4.21

现在，所有的这些能多大地降低能耗？在这张幻灯片中，我们展示了用不同的方法对反相器链进行优化的结果，包括尺寸变化、降低全局 V_{DD}、两个离散的 V_{DD} 和每级都有可定制的 V_{DD}。对于每个情况，灵敏度和能量降低都作为（超过 D_{min} 的）延迟增量的函数，并绘制在图上。首要观察到的是，延迟增加 50% 可将能耗降低 70%。其次，它显示出，对于延迟增量的任何值，具有最大灵敏度的参数拥有降低能耗的最大潜力。例如，在小的延迟增量的时候，改变尺寸具有最大的灵敏度（最初无穷大），所以它提供了最大的能耗减小。但是，它的潜力很快就消失了。在最大的延迟增量时，缩放整个电路的电源电压更为合理，它得到的灵敏度等同于尺寸变化在 25% 额外延迟下的灵敏度。然而，两个离散的电压几乎一样好，而且从实现的角度来说更加简单。

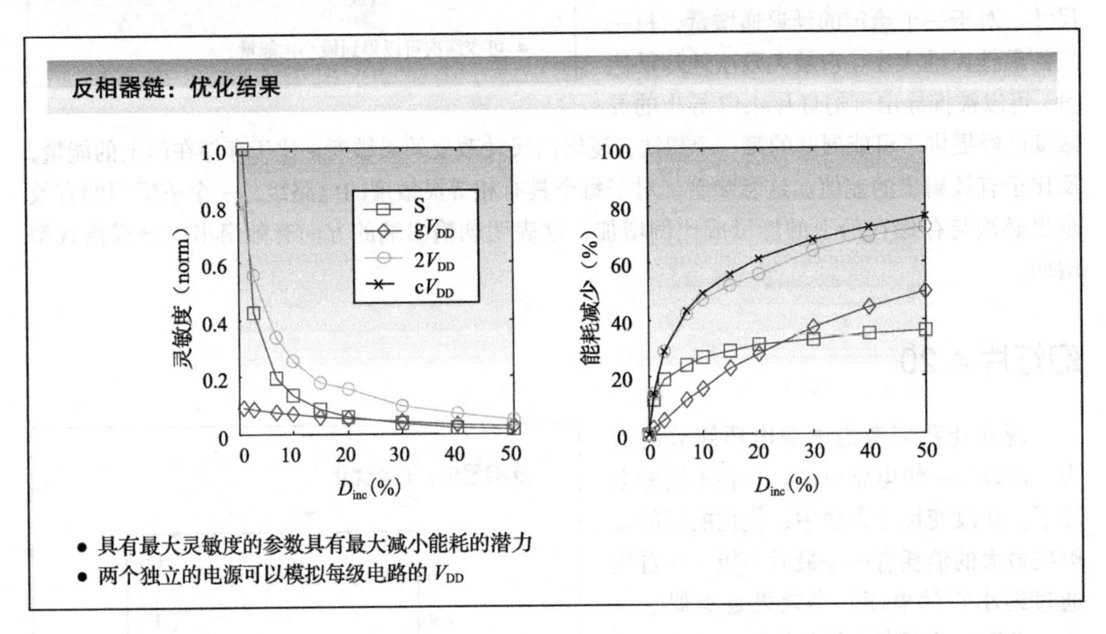

幻灯片 4.22

反相器链具有特别简单的能量分布，它从头到最后级呈现几何递增特性。这类特性促使优化（对尺寸和电压）首先要集中在最后一级电路。然而，最后现实的电路拥有一个更加复杂的能量特性。

树形加法器形成了一个有趣的对比，它具有长的连线、大的扇出变化，以及多个由具有不同逻辑深度的路径所驱使的动态输出端。我们选择这样的一个加法器（Kogge-Stone 版本），用于我们的研究 [Kogge'93, Rabaey'03]。加法器的整体结构包括若干在输入端（以正方形标识）的传播 / 产生，后跟着进位合并运算（圆圈）。通过“异或”函数（菱形）生成最终输出。

平衡延迟路径、缓冲门（三角形）单元被插入在许多路径之中。

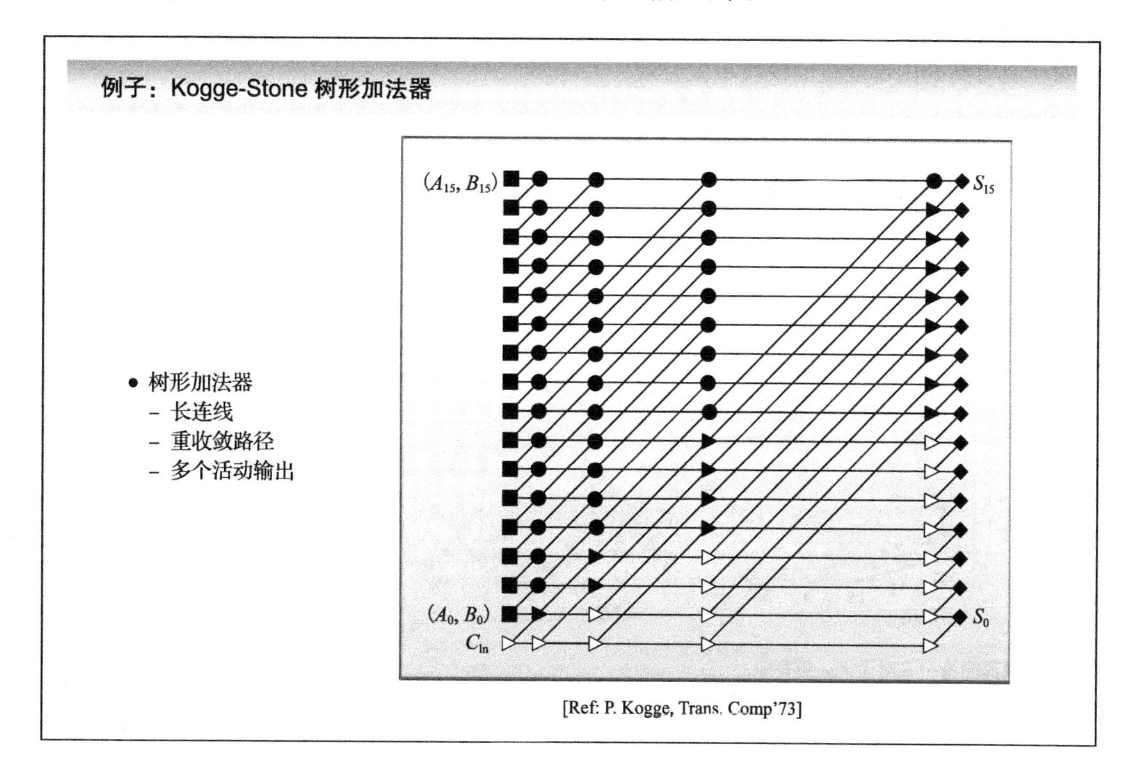

幻灯片 4.23

加法器的拓扑结构在一个二维平面里能被最好地理解。一根轴由不同的位片 N（在这个例子中我们考虑一个 64 位加法器）构成，而另一根轴由连续逻辑门构成。如一个树形加法器具备的，级数等于 $\log_2(N)+M$，其中 M 是传播 / 产生，以及最后“异或”函数的额外级数。当针对这个二维拓扑绘图时，内部节点的能量能被最好地予以理解。

一如既往，我们从被优化为最小延迟的参考设计开始，和大家谈论如何从该点开始权衡能量、延迟。初始的尺寸大小让加法器中的所有路径都等于关键路径。第一张图显示了针对最小延迟的能量图。虽然输出节点消耗了能量中相当大一部分，数个内部节点（大约在第五级）的能量占主导地位。

很大的内部能量增加了通过逻辑门尺寸变化带来的能量降低。这通过允许 10% 的延迟增加的情况可以说明。我们绘制了尺寸变化所造成的能量分布，也绘制了由引入了两个离散供电电压所造成的能量分布。前者导致了总体能量降低 54%，而后者只可节省 27%！

结果可以做如下解释。鉴于主导能量的节点是内部节点，尺寸变化允许每个这样的节点独立优化，而无须造成大的全局效应。在双电源情况下，人们必须认识到，从一个低电压节点驱动一个高电压节点是困难的。因此低电压节点的分配最好是从输出节点开始，朝向输入节点单方向进行。在这样的条件下，在到达内部高能量节点前，我们已经牺牲了许多低能量中间节点的延迟裕量。总而言之，电源电压不能随机分布到每个节点。这就使得离散电源电压对于具有高的内部能量的模块不太有效。

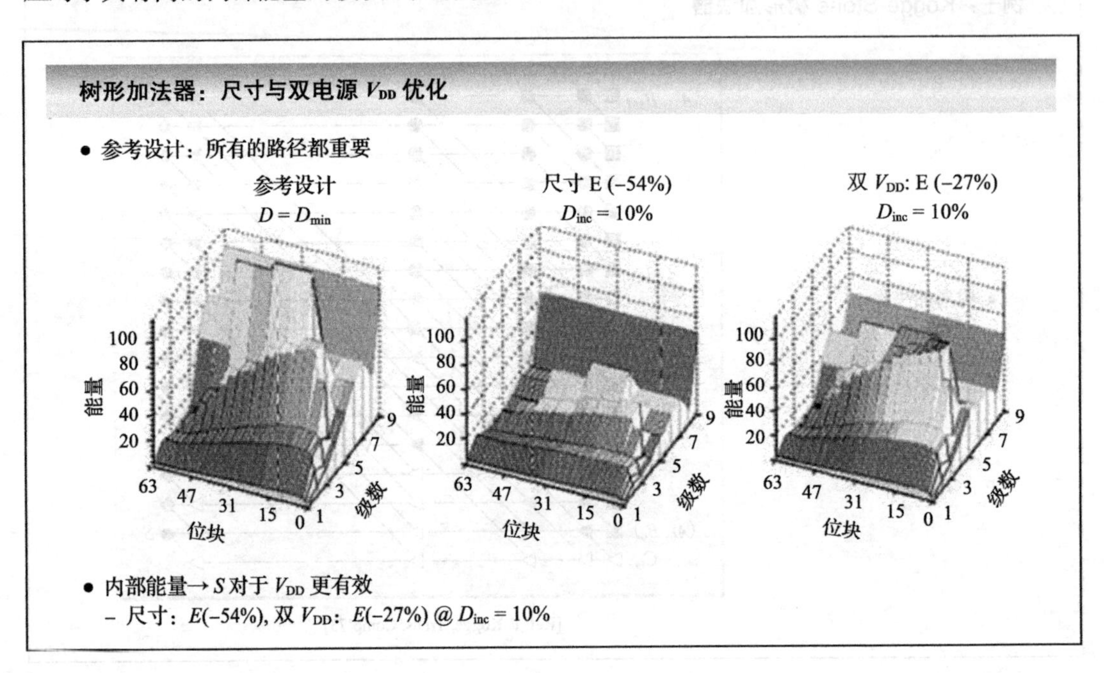

幻灯片 4.24

现在，可以把所有考虑都放在一起，探索树形加法器中的能量 - 延迟空间。每个设计参

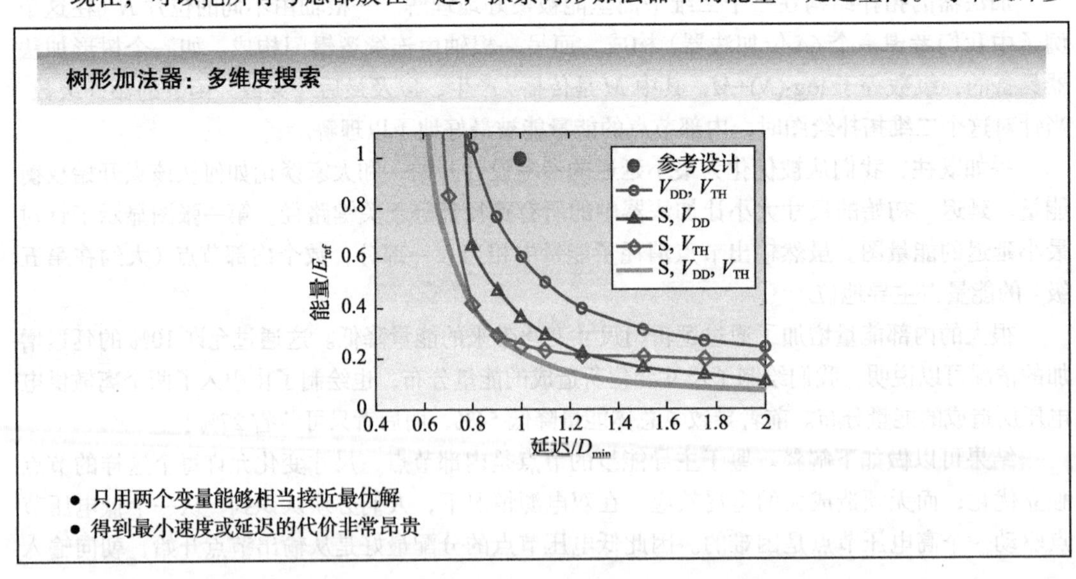

数（V_{DD}，V_{TH}，S）先分开分析，然后与其他参数合并分析（注意到引入阈值电压这个设计参数只有当漏电流也考虑时才有意义——在后面的章节中会讨论如何做到这一点）。这得出了一些有趣的结论。

（1）通过电路优化，可以通过延迟增倍为代价让加法器的能耗降低到原值的 1/10。

（2）只利用三个变量中的两个，获得接近最优的收益。对加法器来说，最有效的参数是尺寸变化和阈值电压选择。在参考设计点，尺寸和阈值电压降低分别具有最大和最小的灵敏度。这样，这组组合具有最大的潜力去沿着幻灯片 4.8 所展示的路径降低能量。

（3）在围绕参考点的小区域内进行电路优化是最有效的。超出这个区域通常会以非常昂贵的能量或者延迟为代价换取很小的收益，导致投入的回报减少。

幻灯片 4.25

多电源电压

- 模块及电源分配
  - 高吞吐量 / 低延迟功能在高 V_{DD} 下实现
  - 较慢的功能使用低 V_{DD} 实现
  - 这导致了所谓的带有不同电源节点的电压岛
  - 电平转化在模块边界实现
- 同一模块中的多电源
  - 非重要路径移到低电源电压上
  - 电平转化在模块内实现
  - 物理设计非常有挑战性

到目前为止，我们已经研究了电路优化理论上对能量和延迟的影响。现实中，设计空间更加受约束。为每个逻辑门选择不同的电源电压或者阈值电压是不实际的选择。晶体管尺寸是离散值，它们由可用的设计库所决定。前面的研究中出现的、一个有幸成立的结论是，针对每个设计参数，一些精心选择的离散值可以让我们非常接近最优值。

首先考虑关于使用多个电源电压的实际问题——一个直到最近都不经常用在数字集成电路设计中的做法。它会影响布局策略和让验证过程变得复杂（这将在第 12 章中讨论）。此外，产生、整压和分配多个电源不是容易的任务。

对于使用多电源电压，存在许多不同的设计策略。第一种方法是，在模块 / 宏观层面（即所谓的电压岛（voltage island）方法）分配电压。当一些模块比其他模块具有更高的性能 / 活动因子要求（例如，一个处理器的数据路径相对于它的存储器）时，这种方法尤其有意义。第二种更加通用的手段是允许电压分配进行到逻辑门级别（定制的电压分配）。一般情况下，这意味着，非关键路径的门分配在一个较低的电源电压上。请注意，有不同电压的信号就需要插入电压转换器。通常希望电压转换器的数量有限（因为它们要消耗额外的能量）并且只插入在模块的边界。

幻灯片 4.26

对于多电源电压，人们禁不住想知道如下的问题：如果多个电源电压被采用，多少个离散的电压是足够的，并且它们的值是多少？这张幻灯片显示了使用三个独立电源电压的潜力，这是 Tadahiro Kuroda [Kuroda, ICCAD'02] 的研究结果。给每个逻辑门分配电压是由一个优化函数完成的，它针对给定的时钟周期对能量进行最小化。当主要的供电电压固定在 1.5V 时，提供第二个和第三个电源电压产生了接近 50% 的功率降低率。一些有用的见解可以从图表中得出。

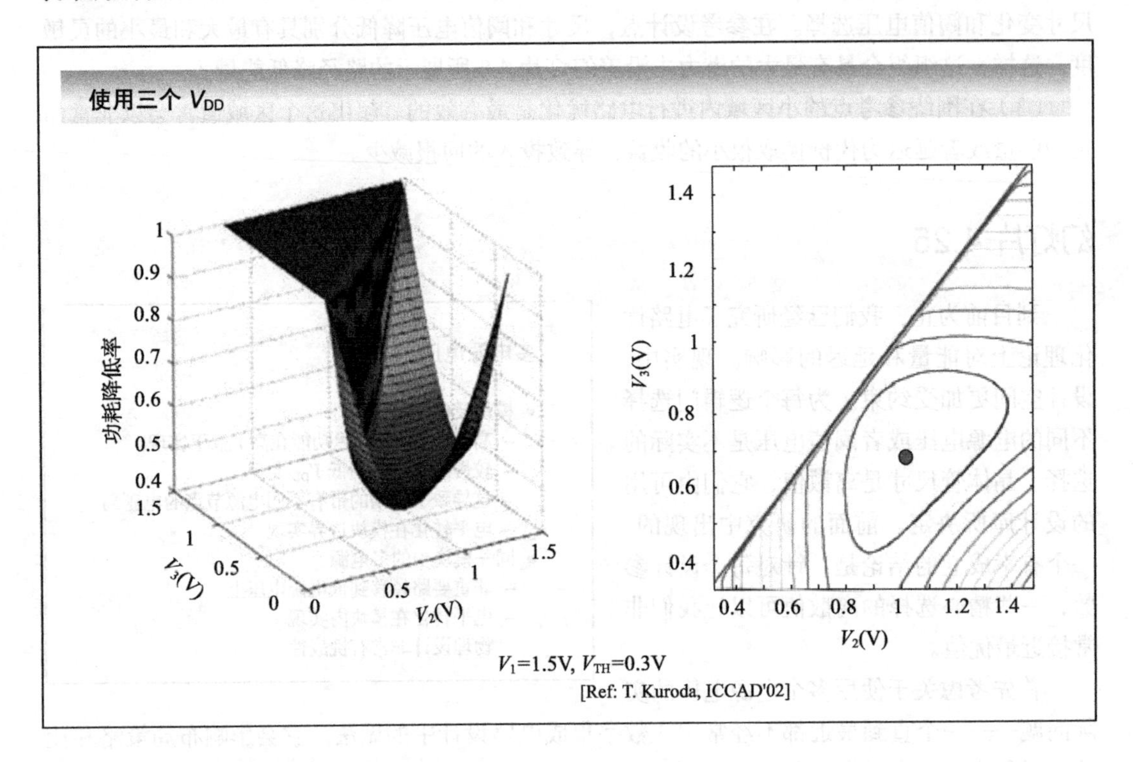

由图表所得的一些有用的观察如下：

（1）功耗的最小值发生在 V_2=1V 和 V_3=0.7V。

（2）最小值非常低。这是好消息，因为这意味着最小值附近的小偏差（比如由 *IR* 压降造成的）不会产生大的影响。

现在的问题是，每个额外的电压究竟能带来多大的影响。

幻灯片 4.27

事实上，增加额外的电压带来的边缘化好处很快触底。虽然增加第二个电压产生了大的功耗节省，但增加第三或者第四个电压可获得的额外节省是微不足道的。这是有道理的，因为可以通过额外电压获得好处的（非关键）逻辑门的数量随迭代次数递减。例如，第四个电压仅适用于非关键的靠近延迟分布尾部的逻辑门。另一个观察是，采用多电源电压供电获得的功率节省随着主电源电压的减小而降低（给定一个固定的阈值电压）。

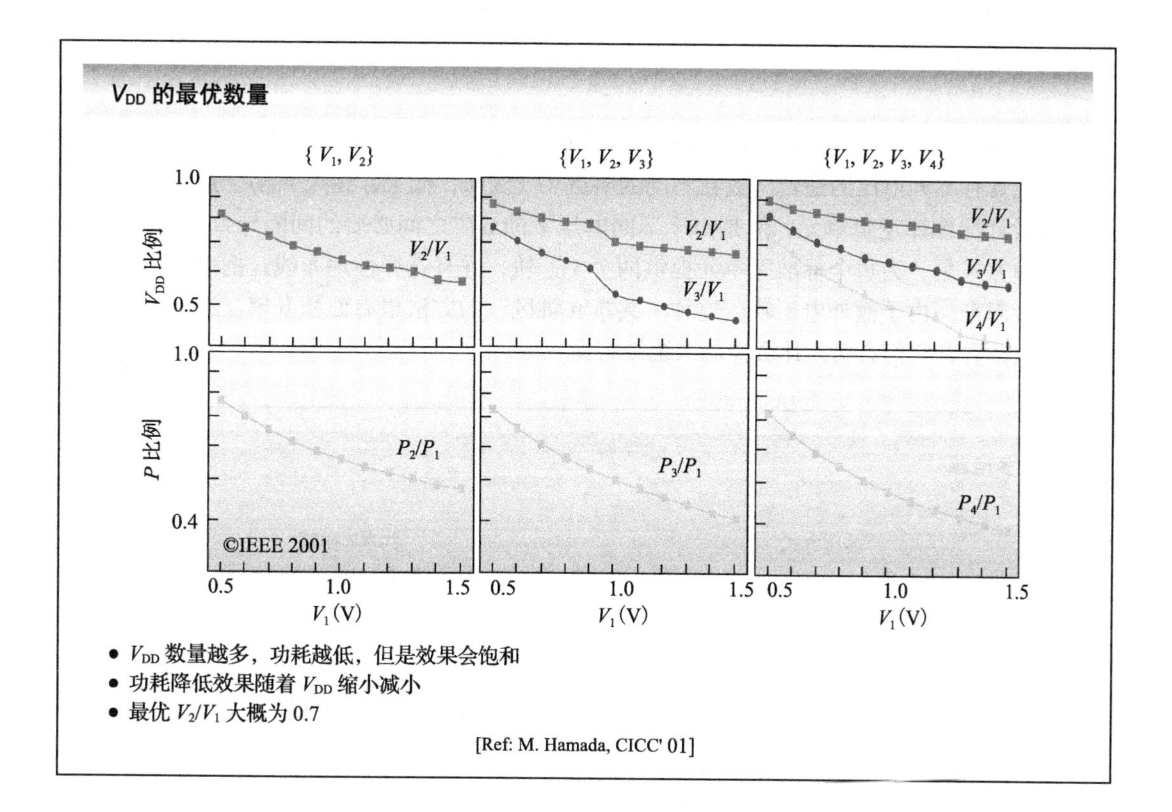

幻灯片 4.28

对多个离散电源电压的讨论可以总结为以下几个经验法则。

学到的规则：多电源

- 每个模块有两个电源是最优的
- 两个电源的最优比例为 0.7
- 在电压边界处进行电平转换，使用电平转换触发器（LCFF）
- 一个选择是使用异步电平转换器
  - 对于耦合和电源噪声更加敏感

（1）增加第二个电源电压会带来最大的好处。

（2）离散电源之间最佳的比值大概是 0.7。

（3）增添第三个电源电压提供了额外的 5% ~ 10% 的能量节省。超出三个电压并没有太大意义。

幻灯片 4.29

分配多个电源电压要求仔细地检查布局规划的策略。支持多个（这里是 2）V_{DD} 的常规方式是，把具有不同电压的逻辑门放在不同的阱区中（例如，低 V_{DD} 和高 V_{DD}）。这种方法不需要重新设计标准库逻辑单元，但是由于不同电压下的 n 阱之间必要的间隔导致了面积开销。另外一种方式是，为每个标准库单元提供两个 V_{DD} 轨，并且选择性地布线，把单元与合适的电源连接起来。由于额外电压轨，这种“共享 n 阱区”的方法也有面积开销。进一步分析这两种方法，看看它们会引入什么样的系统级权衡。

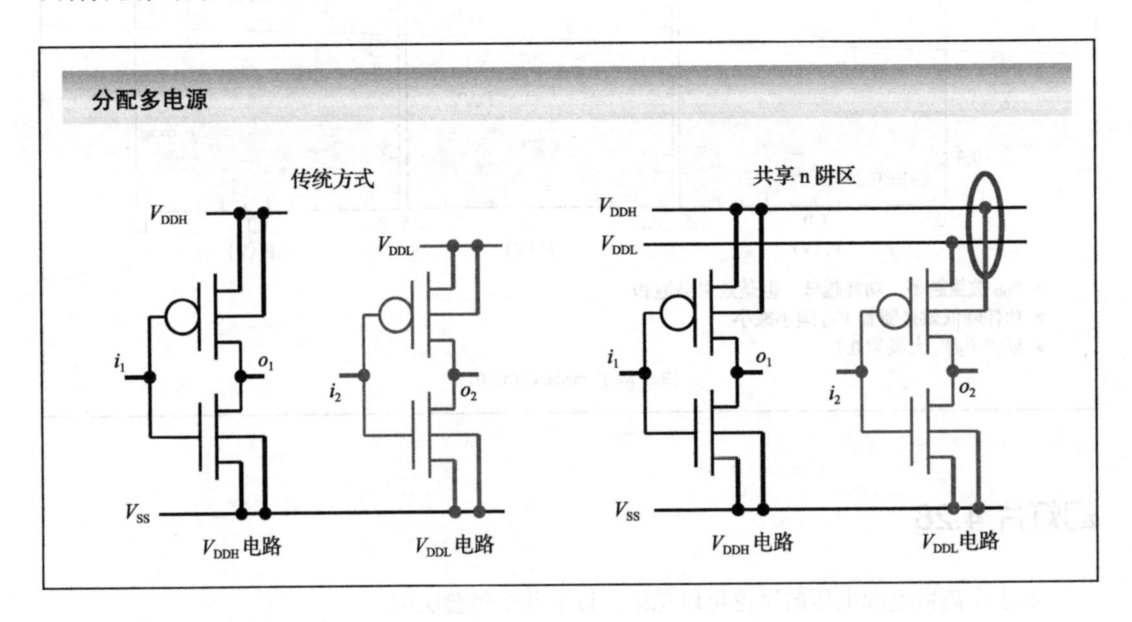

幻灯片 4.30

在传统的双电压方法中，最简单直接的办法是把逻辑门集群，连接在相同的电源上（方案 b）。这种方案对于“电压岛”模型非常有效，其中一个单电源用于给一整个模块供电。但是它不是很适合“定制电压分配”模式。同时具有高 V_{DD} 和低 V_{DD} 逻辑单元的路径会带来额外的线延迟增加，这是由两个电压集群间的长连线引起的。额外的导线电容也降低了功率节省。保持相连接的组合逻辑门的空间位置是至关重要的。

另一种方法是对每行电压单元（方案 a）指定电压。V_{DDL} 和 V_{DDH} 都只连到各行的边沿，一个特殊的标准单元添加进去，它在两个电压间选择（显然，这种方法仅适用于标准单元方法）。这种方法更适合“定制电压分配”方案，因为对每行分配提供了一个更小的粒度和电压域之间更小的移动开销。

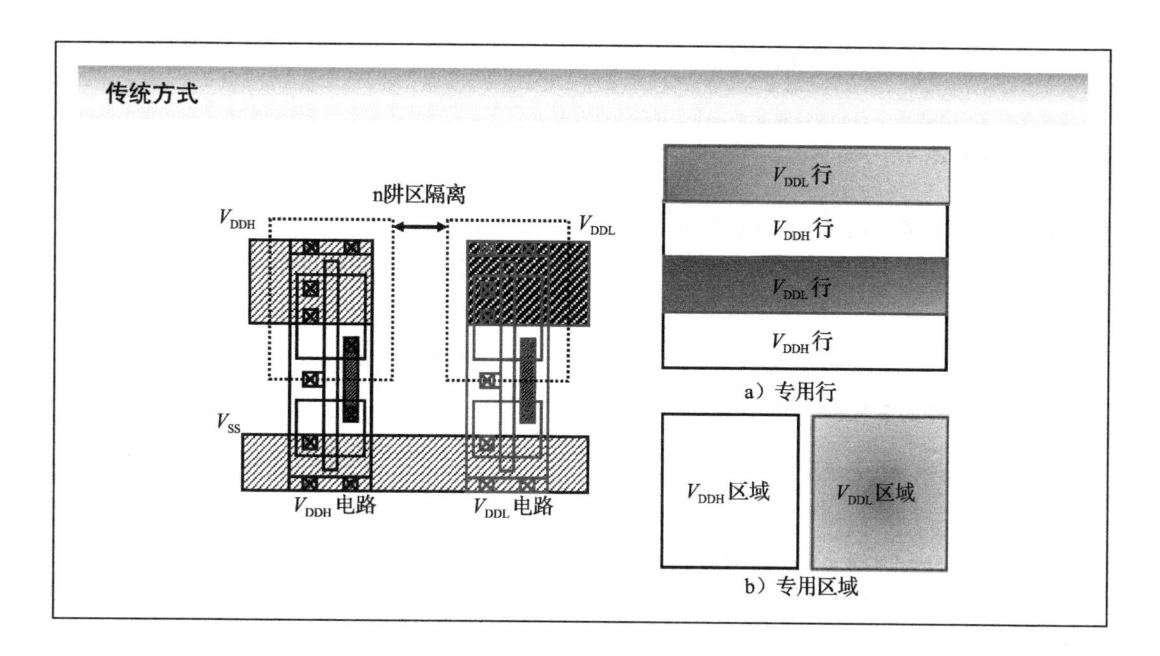

a）专用行

b）专用区域

幻灯片 4.31

最通用的方法是重新设计标准单元，单元内同时具有 V_{DDL} 和 V_{DDH} 轨（共享 n 阱区）。这种做法很有吸引力，因为没有必要担心区域划分——低 V_{DD} 和高 V_{DD} 单元可以互相靠在一起。这种方法被 Shimazaki 等人展示在高速加法器 / 算术逻辑单元（ALU）电路上 [Shimazaki, ISSCC'03]。但是，它带来了每个库单元面积的开销。同时，低 V_{DD} 库单元的 pMOS 晶体管

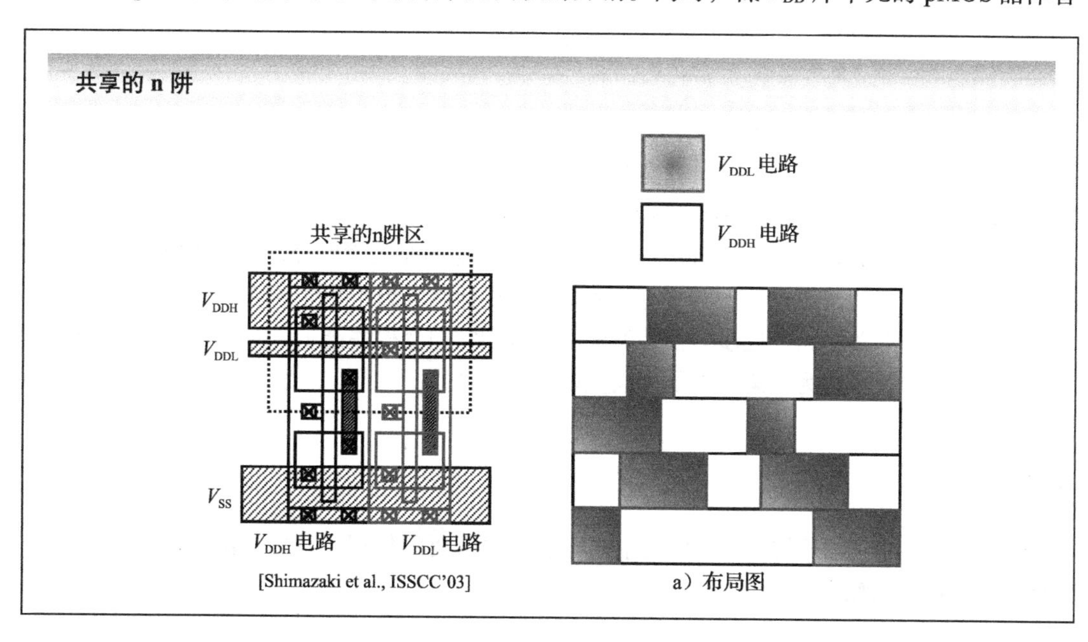

a）布局图

被反向体偏置，这样降低了它的性能。

幻灯片 4.32

电平转换是多个离散电源电压设计的另一个重要的问题。从一个高电压门去驱动一个低电压门是容易的。但是由于额外的漏电流、变小的信号斜率以及性能的降低，反之是困难的。因此让低到高的连接的发生次数最小化是很有意义的。

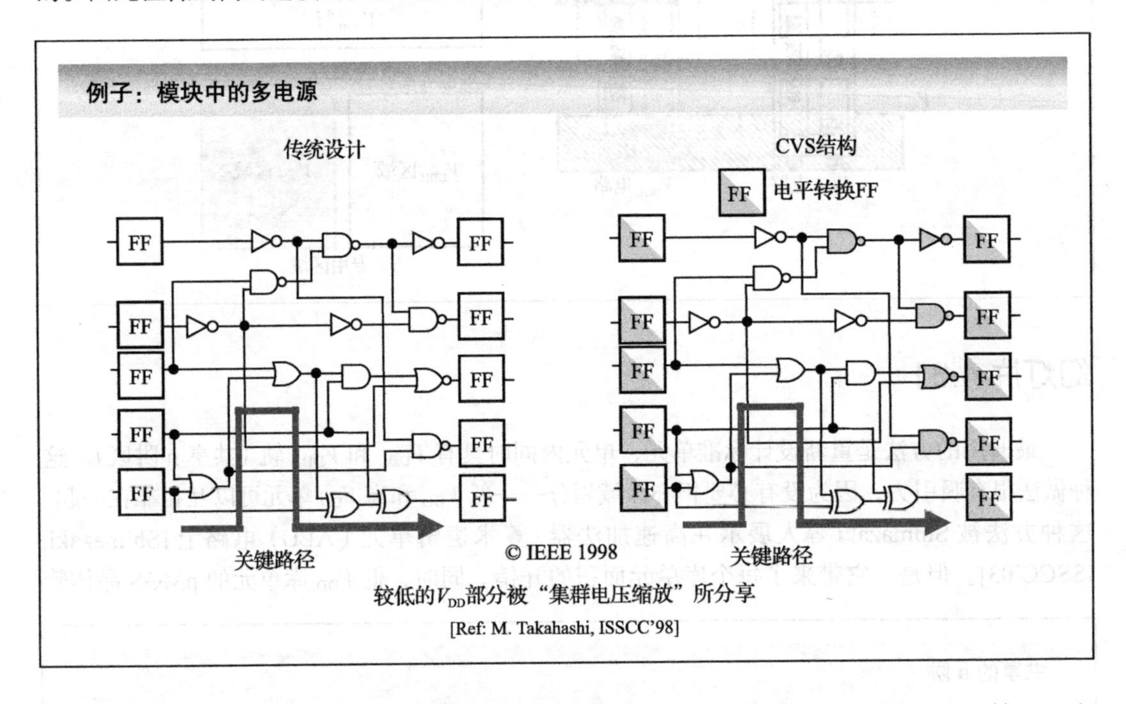

正如将在下面几张幻灯片看到的，由低到高的电平转换的最佳方式是使用正反馈——这自然地存在于触发器和寄存器中。这导致了以下策略：每条逻辑路径以高电压电平开始。一旦路径转换为低电压时，它绝不会切换回去。下一次转化为高电压发生在触发器上。电源电压分配从关键路径开始，反方向寻找电源电压可以降低的非关键路径。这种策略展示在这张幻灯片里。在左边的传统设计中，所有的逻辑门都用标称电源（关键路径突出显示）。从触发器开始反方向，非关键路径逐步转换为低电压，直到它们变得关键（灰色逻辑门工作在 V_{DDL}）为止。这种分组技术称为“集群电压缩放”(CVS）技术。

幻灯片 4.33

由于电平转换触发器在 CVS 模式中起到了至关重要的作用，我们提出了数个转换电平和保持很好速度的触发器。

第一个电路是根据传统的主 - 从模式，主级和从级分别运行在低电压和高电压下。正反馈动作发生在从锁存器中，从而确保了高效的低到高的电平转换。高电压节点 sf 从低电压节点 mo 通过传输晶体管（pass-transistor）分离出来，以低电压信号 ck 进行控制。同样的概念也可以用在边沿触发的触发器，如图中第二个电路（称为基于脉冲的半锁存器）。一个脉冲发生器从时钟沿产生了一个短脉冲，保证了锁存器只在很短时间内有效。这个电路具有更简单的优点。

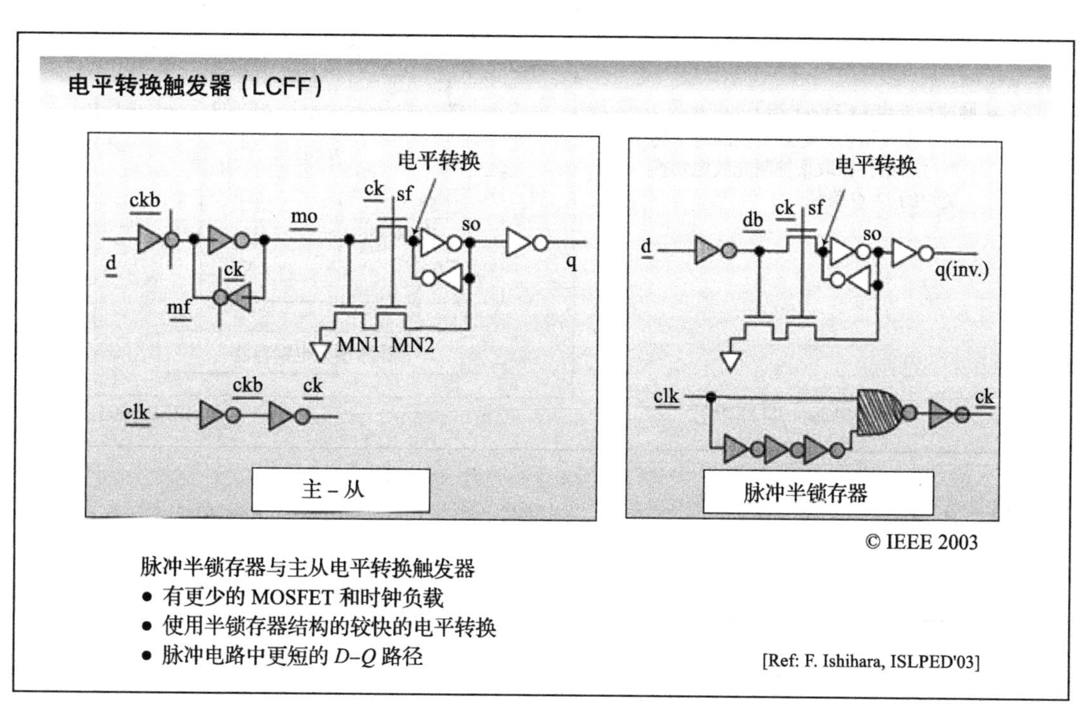

幻灯片 4.34

只具有 nMOS 的动态逻辑门读取晶体管上的逻辑值，这自然适合降低逻辑摆幅的操作，因为输入信号不需要产生一个完整的高 V_{DD} 摆幅去驱动输出节点变到 0。降低摆幅只带来了一点点略长的延迟。一个具有隐式电平转换的动态结构在这张图中展示。观察到电平转换也有可能采用异步方式。许多这样的无时钟转换器将在后面关于互联的章节（第 6 章）介绍。然而，依靠时钟的电路往往更可靠。

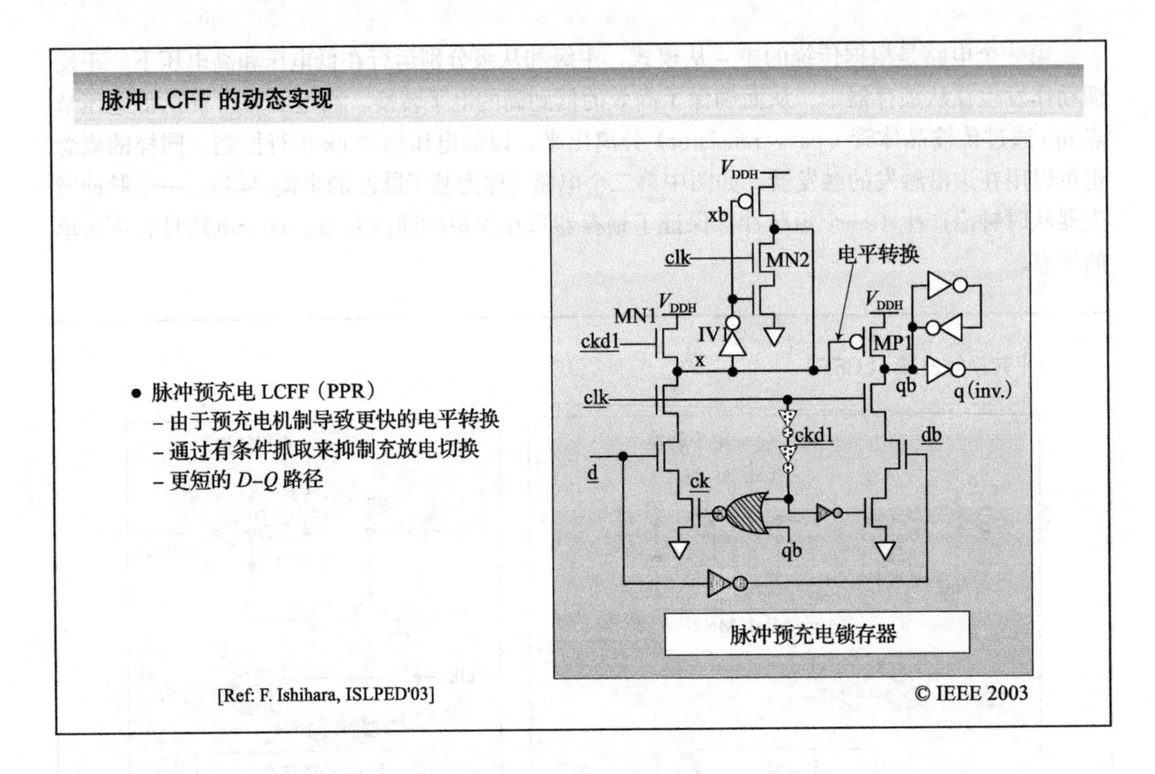

幻灯片 4.35

现实生活中一个高性能 Itanium 处理器系列（@Intel）数据路径的例子有助于演示有效利

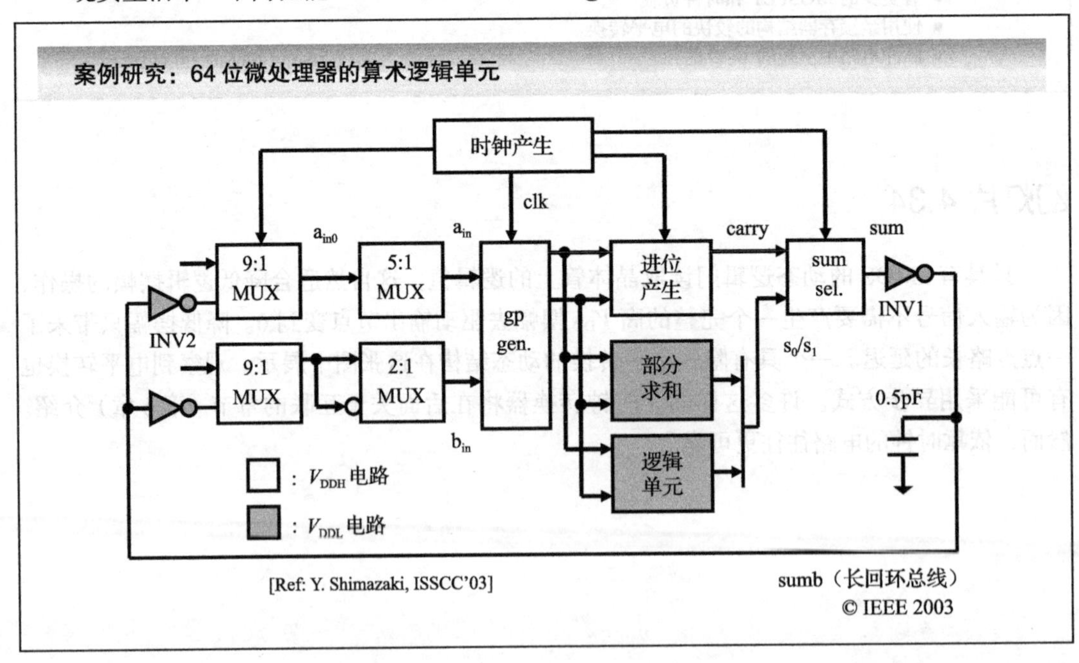

用双 V_{DD} 的方法。在框图中，从能量角度来看，关键组件很显然是来自算术逻辑单元（ALU）的非常大的输出电容，这是由高的扇出所导致的。因此，降低输出总线的电源电压能最大潜力地减小功率。

选定共享阱技术去实现这个 64 位的 ALU 模块，它包括了 ALU、回环（loop-back）总线驱动器、输入操作数选择器和寄存器。由于性能原因，多米诺电路方式被采用。由于进位产生是最关键的操作，电路中进位树被分配到了 V_{DDH} 域中。另一方面，部分求和发生器和逻辑单元被分配到了 V_{DDL} 域。此外，总线驱动器，作为具有最大负载的逻辑门，它用 V_{DDL} 驱动。从 V_{DDL} 信号电平变换到 V_{DDH} 信号是由求和选择器和 9:1 多路选择器进行的。

幻灯片 4.36

本图显示了低摆幅回环（loop-back）总线和多米诺式电平转换器。由于回环总线 sumb 具有一个大的电容负载，低电压实现就非常吸引人。有如下一些需要特别注意的问题。

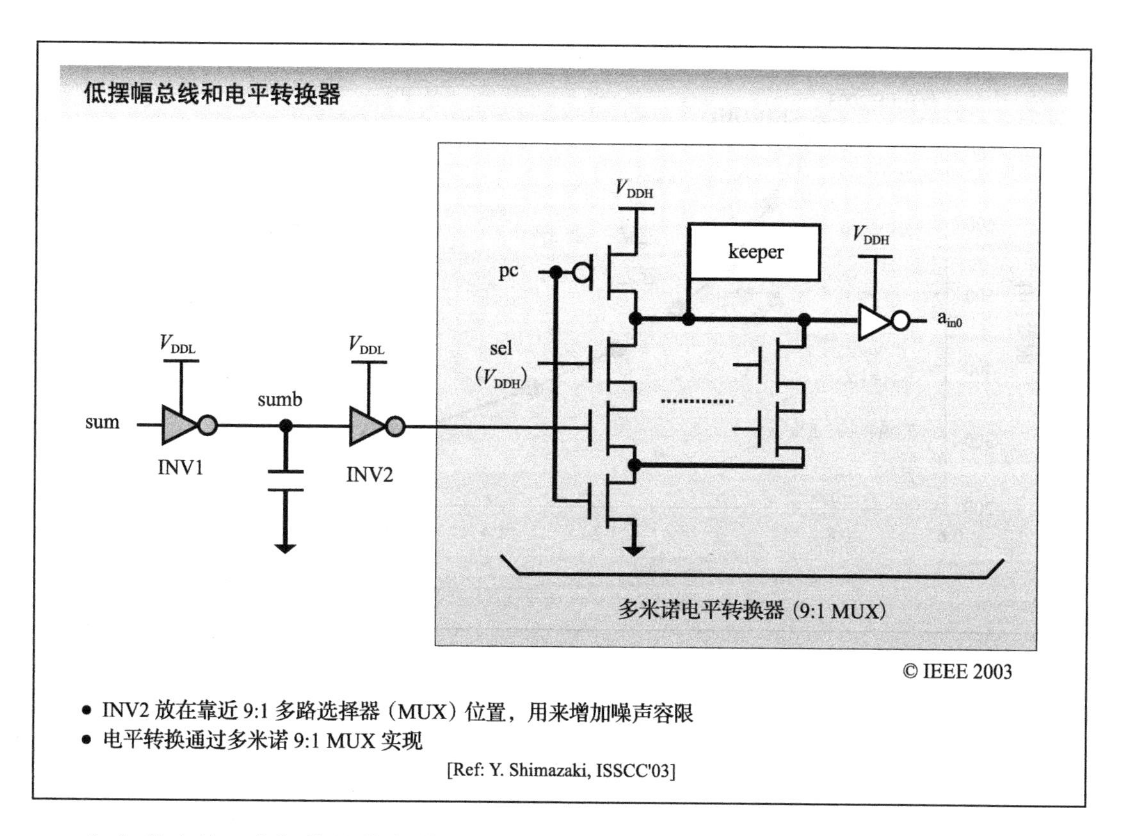

（1）其中的一个担忧是共享阱方法造成了 pMOS 晶体管的反向偏置。由于 sum 是一个单调上升信号（多米诺级的输出），这不会影响重要的逻辑门 INV1 的性能。

（2）在动态逻辑设计中，噪声是最关键的问题之一。为了消除干扰对回环总线的影响，接收器 INV2 放置在 9:1 多路选择器附近，以增加抗干扰能力。

（3）INV2 的输出是一个 V_{DDL} 信号，它由 9:1 多路选择器转换为 V_{DDH}。电压能很快转换，因为预充电平与输入信号电平无关。

幻灯片 4.37

此图为大家都熟悉的 (测定的)ALU 能量 - 延迟图。作为参考曲线，单电源下的能量 - 延迟曲线被绘制出来。在标称电源电压 1.8V(用于 180nm CMOS 技术）下，芯片工作在 1.16 GHz 上。引入第二个电源，可产生 33% 的能量节省，而只以 8% 的延迟增加为代价。这个例子证明了由前面的幻灯片推导出的理论结果在现实中是真实的。

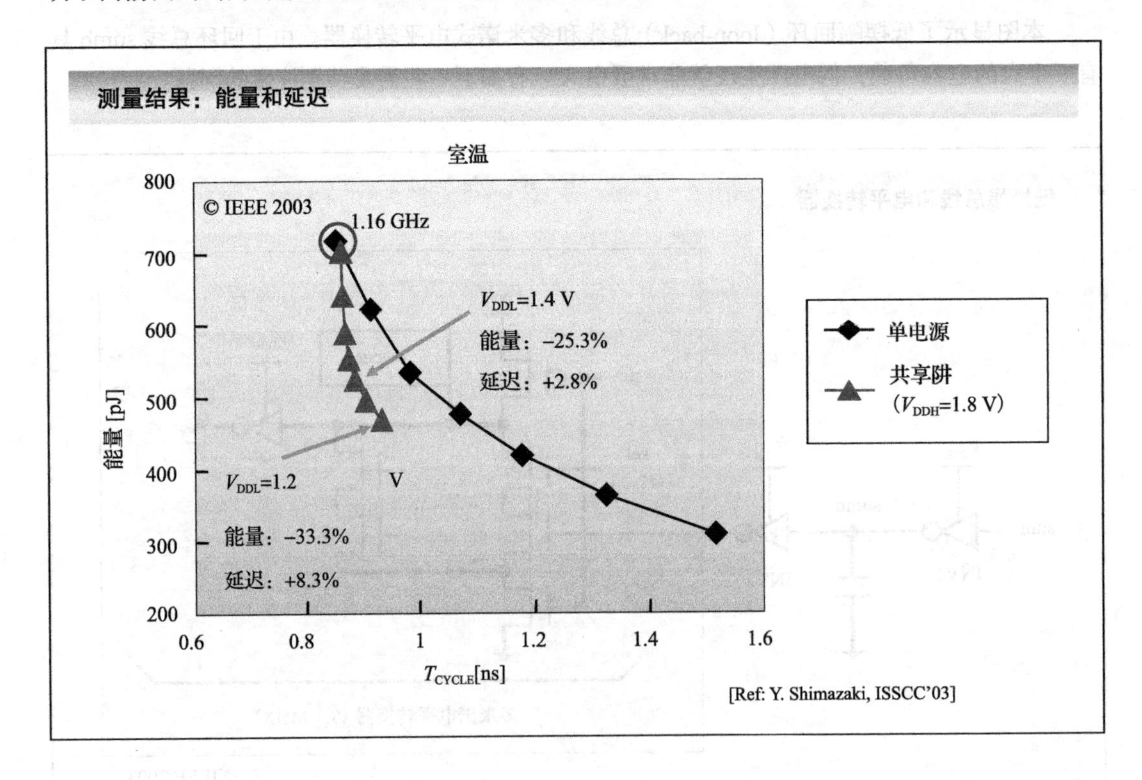

幻灯片 4.38

实际的晶体管尺寸

- 连续的晶体管尺寸只是全定制设计的一个选项
- 在 ASIC 设计流程中，这个选项由所给的库限定
- 离散的尺寸在标准单元设计方法中是可行的，这通过给一个单元提供多个选择
  - 这导致了很大的库（>800 单元）
  - 更容易集成到工艺映射中

晶体管尺寸是另一个已经在电路层探索过的具有很大影响的设计参数。理论分析假设了一个连续的尺寸模型，这只在完全定制设计中具有可能性。在专用集成电路（ASIC）设计流程中，晶体管尺寸在单元库中已经预先决定好了。在早期的 ASIC 设计及其自动化综合中，库都非常小，只含有 50 ~ 100 个单元。对于能量的考虑，已经大大改变了这个状况。随着每个逻辑单元都需要各种尺寸大小，现在工业级的库有接近 1000 个单元。对于供电电压，同样也有必要从连续模型变为离散模型。这样做对于能量效率的总体影响是很小的。

幻灯片 4.39

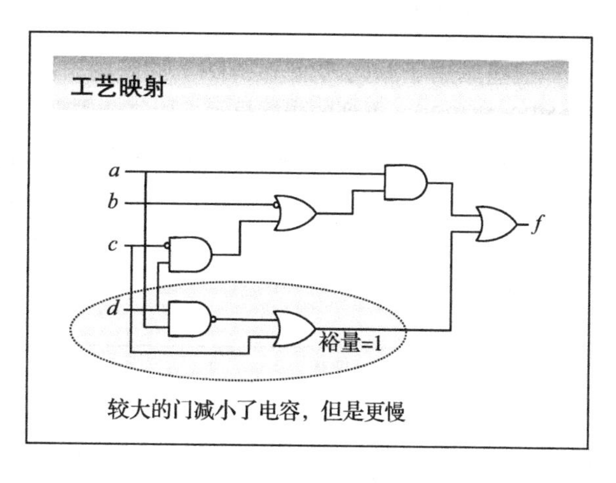

较大的门减小了电容，但是更慢

在 ASIC 设计流程中的“工艺映射”阶段，库单元用于实现一个固定的逻辑功能。这个逻辑网络通过“工艺无关”的优化形成，它被映射到库单元，这样性能约束能得到满足并且能量最小化。因此，这是晶体管（逻辑门）尺寸变化实际发生的地方。除了选择具有不同尺寸的相同单元，工艺映射也得以在不同门映射间选择：简单的单元有小的扇入，或者更复杂的单元具有更大的扇入。在过去的数十年里，已经有的共识是，简单的门从性能角度来说是好的，延迟是扇入的二次函数。从能源的角度，复杂的门更有吸引力，因为它们的内部电容比由简单逻辑门组成的网络里门之间的互联电容小得多。因此，在非关键路径上优先使用复杂逻辑门是有意义的。

幻灯片 4.40

用一个例子说明这种说法。在这张幻灯片里，我们总结了 4 个用 90nm CMOS 工艺实现的库单元（INV, NAND2, NOR2, NAND4）的面积、延迟和能量属性。两个不同的库被考虑：

一个低功耗的，另一个是高性能的。

工艺映射

例子：四输入“与门”
(a) 用四输入“与非”(NAND) 门和 INV 实现
(b) 用二输入“与非”(NAND) 门和二输入“或非”(NOR) 门实现

逻辑门类型	面积（单元单位）	输入电容（fF）	库 1: 高速 平均延迟（ps）	库 2: 低功耗 平均延迟（ps）
INV	3	1.8	$7.0 + 3.8C_L$	$12.0 + 6.0C_L$
NAND2	4	2.0	$10.3 + 5.3C_L$	$16.3 + 8.8C_L$
NAND4	5	2.0	$13.6 + 5.8C_L$	$22.7 + 10.2C_L$
NOR2	3	2.2	$10.7 + 5.4C_L$	$16.7 + 8.9C_L$

（延迟公式：C_L i (fF)）
（数据为 90 nm 工艺校准）

幻灯片 4.41

这些库用于相同功能（AND4）的映射，要么使用二输入或四输入门（NAND4+INV 或 NAND2+NOR2）。得到的指标显示，用复杂逻辑门实现获得了大量的能量降低和面积减少。在这个简单的例子里，复杂逻辑门只是同样快，而不是更快。然而，这是由这个例子中一些简化的性质所造成的。如果该库包括非常复杂的逻辑门（例如，5 或 6 扇入），这种情况变得更加明显。

工艺映射 – 例子

面积	8	11
四输入 AND	a) NAND4 +INV	b) NAND2 +NOR2
HS: 延迟（ps）	$31.0 + 3.8C_L$	$32.7 + 5.4C_L$
LP: 延迟（ps）	$53.1 + 6.0C_L$	$52.4 + 8.9C_L$
Sw 能量（fF）	$0.1 + 0.06C_L$	$0.83 + 0.06C_L$

- 面积
  - 四输入相比于二输入（二个门与三个门）更加紧凑
- 时序
  - 两个实现都是两级电路
  - 第二级为 INV（a）比 NOR2（b）作为驱动级更好
  - 对于更复杂的模块，简单门会有更好的性能
- 能量
  - 内部切换在二输入情况下会增加能量
  - 低功耗库有更差的延迟，但是具有更低漏电（见后文）

幻灯片 4.42

针对功耗的门级折中

- 工艺映射
  - 门选择
  - 尺寸
  - 引脚分配
- 逻辑优化
  - 因子分解
  - 重构
  - 加入 / 删除缓冲
  - 无关的优化

工艺映射把我们无缝地带入了设计过程中的下一个抽象层次——逻辑层。晶体管尺寸、电压电平和电路方式是电路层主要的优化旋钮。在逻辑层，实现一个给定功能的逻辑门——选择网络拓扑并精细地进行调整。二者的联系已经在工艺映射过程中讨论过。除了逻辑门选择和晶体管尺寸变化外，工艺映射也进行引脚分配。众所周知，从性能角度看，把最关键信号与距离输出节点最近的输入引脚相连是很好的主意。比如，对于一个 CMOS“与非”门，这就是 nMOS 下拉链里最上面的晶体管。另一方面，从功率减少的角度，明智的做法是，连接最具有活动性的信号到那个节点，因为这样让开关电容最小化。

工艺无关部分的逻辑综合过程包括了优化序列，它们操控网络拓扑去最小化延迟、功耗或者面积。因为我们已经知道了，每一个这样的优化代表了一个仔细的权衡，不仅仅是在功耗和延迟之间，有时也是在功耗里不同的组成部分之间，比如活动因子和电容。将在下面的幻灯片里用几个例子说明。

幻灯片 4.43

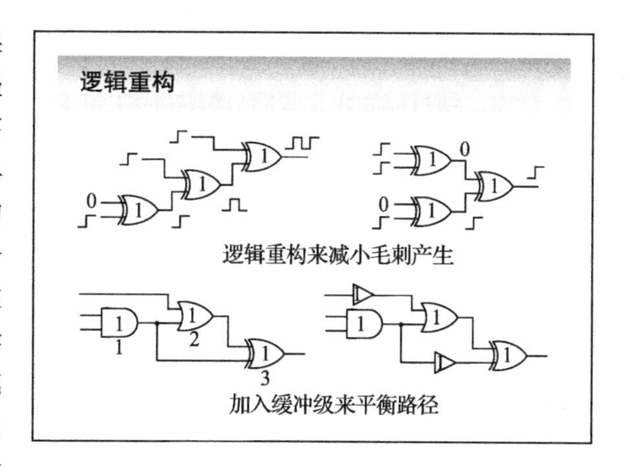

在第 3 章，我们已经确定了，如果网络从时序角度均衡（即大部分时序路径具有相似的长度），逻辑网络中动态危害的发生就会被最小化。通过一些方法，具有不相等长度的路径总是可以在时间上均衡的：（1）通过网络的重构，去获得一个具有均衡的路径的等价网络；（2）通过在最快路径上引入非反相缓冲器。细心的读者认识到，虽然后者有助于最大限度地减小毛刺，缓冲器本身将添加额外的开关电容。因此，一如既往，插入缓冲器是一个精心的权衡过程。分析采用最先进的综合工具产生的电路表明，简单的缓冲器占据了组合逻辑模块中相当一部分的总功率预算。

幻灯片 4.44

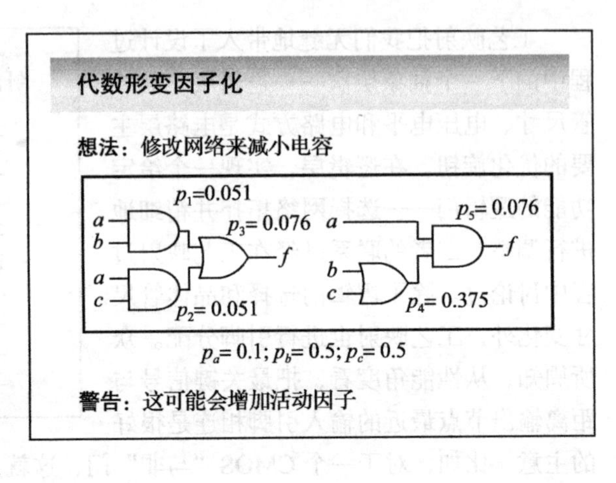

因子化（factoring）是另外一种可能带来意想不到后果的变形。从电容的角度来看，一个更简单的逻辑表达式可能也会带来更小的功率，这点似乎很明显。例如，把函数 $f = ab+ac$ 翻译为 $f=a(b+c)$ 似乎是显而易见的，因为它至少需要一个逻辑门。但是，它可能引入一个具有相当高翻转概率的内部节点，如标注在幻灯片上的。这可能会增加净功率。要悟出的是，功耗敏感的逻辑综合必须不仅仅注意到网络拓扑和时序，也应该——尽可能地——考虑到诸如电容、活动因子和毛刺这样的参数。最终，目标再次设定为推导 pareto 最优能量 - 延迟曲线，这是我们现在熟悉的，或者沿着下面的线索重新制定综合过程：给定最大延迟，选择最小化功率的网络或者针对最大功率去最小化延迟。

幻灯片 4.45

从电路优化学到的

- 可以通过使用基于敏感度的优化框架联合优化多个设计参数
  - 相等的边际成本 ⟺ 高能效设计
- 峰值性能的功耗效率较低
  - 大概 70% 的能量降低换来 20% 的延迟降低
  - 额外的变量得到更高的能量效率
- 两个电源电压通常就足够了；三到四个只能带来很小的优势
- 尺寸设计和电源电压参数的选择取决于电路拓扑结构
- 但是，目前还没有考虑漏电流

根据前面的讨论，我们现在可以得出一套明确的指导方针，在电路和逻辑层去优化能量延迟。本张幻灯片展示这样的一个尝试。

然而，到目前为止，我们只解决了动态功耗。在本章剩余的部分，我们要解决另一种功率的重要组成部分：漏电流。

幻灯片 4.46

迄今，漏电表述成一个对纳米尺寸工艺缩放有害的效应，应该尽一切方法避免。然而，给定一个实际的工艺节点，未必是这样的情况。例如，降低阈值电压（以及增加漏电流），在相同的延迟下允许更低的供电电压——从而以静态功率为代价有效改善了动态功率。这已经显示在幻灯片 3.41 中，其中一个逻辑功能的功率和延迟被绘制为供电电压和阈值电压的函数。一旦人们意识到，允许一定量的静态功耗实际上是一件好事，接下来的问题就不可避免地出现了：动态功耗和静态功耗之间有没有最佳平衡，如果有的话，什么是“黄金”比例?

在设计时考虑漏电

- 在亚 100nm 工艺节点，考虑漏电和动态功耗都十分必要
- 漏电并不一定是坏事
  - 增加漏电可导致性能增强，允许更低电压
  - 又是一个折中问题

幻灯片 4.47

答案是明确的。本张幻灯片最好地说明了这点，它针对一个给定的功能和延迟，作为静态功率和动态功率比例的函数，绘制一个归一化的最小操作能量。针对同样功能的另一版本，同样的曲线也被绘制。

可以得出一些有趣的观察结果：

- 最节能的设计具有相当大的漏电能量。
- 对于这两种设计，静态能量约是动态能量的 50%（或 1/3 的总能量），这在不同电路拓扑之间并没有什么太大变化。
- 该曲线在最低点相当平坦，让最小能量一定程度上对精确比率不敏感。

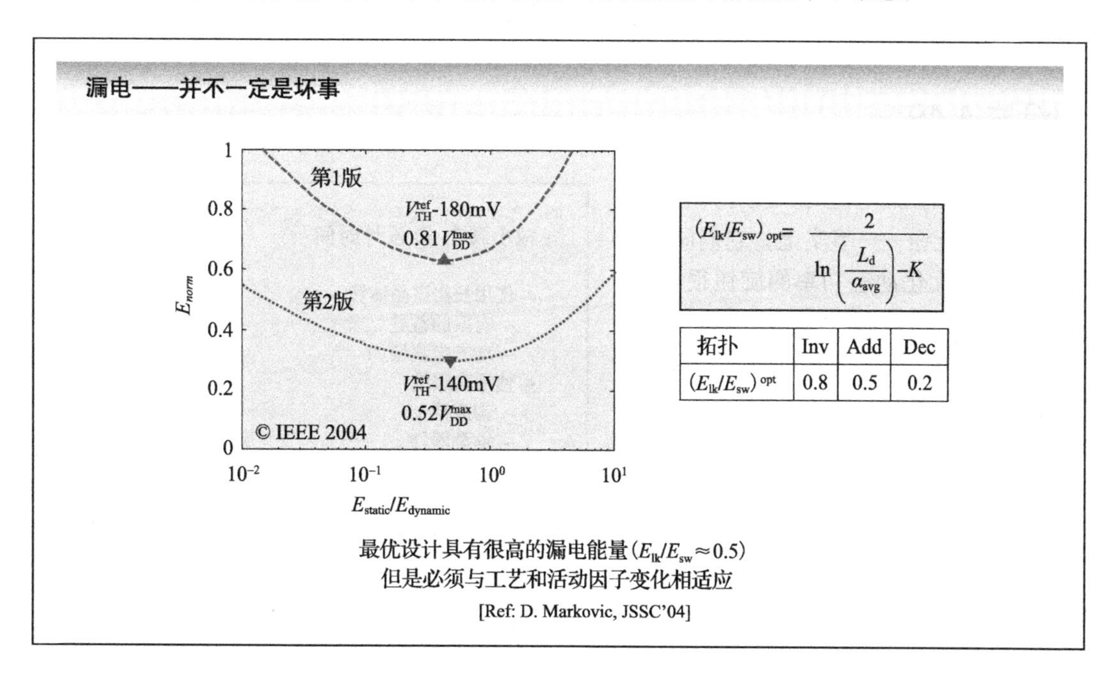

拓扑	Inv	Add	Dec
$(E_{lk}/E_{sw})^{opt}$	0.8	0.5	0.2

最优设计具有很高的漏电能量（$E_{lk}/E_{sw} \approx 0.5$）
但是必须与工艺和活动因子变化相适应

[Ref: D. Markovic, JSSC’04]

对于不同的拓扑结构，如果活动因子不发生数量级的变化，这个比例不会发生大的变化——因为最优比例是一个活动因子和逻辑深度的对数函数。尽管如此，看看最后几张幻灯片中显著不同的电路拓扑结构，我们发现最优的漏电与翻转能量的比没有太大变化。此外，在这些极端情况下定义的范围内，从 0.2 到 0.8 的漏电能量与翻转比，基于加法器的电路实现仍然非常接近最小（如图所示）。如果分析反相器链和存储器译码电路并假设最优漏电与翻转能量比为 0.5，会发生类似的情况。

从这个分析，我们可以得出一个很简单的一般性结果：能量最小化时，漏电与翻转能量比约为 0.5，这与逻辑拓扑结构或功能无关。这是一个重要的有实质意义的结果。我们可以利用这些知识，在一个广阔的设计范围内去决定最优化的 V_{DD} 和 V_{TH}。

幻灯片 4.48

漏电流的效果可以轻松地引入我们之前定义的优化框架。请记住，一个模块的漏电流是它的输入状态的函数。然而，通常可接受的是使用不同状态下的平均漏电流。另一点观察到的是，动态能量和静态能量之间的比值是一个周期时间和每个周期内平均活动因子的函数。

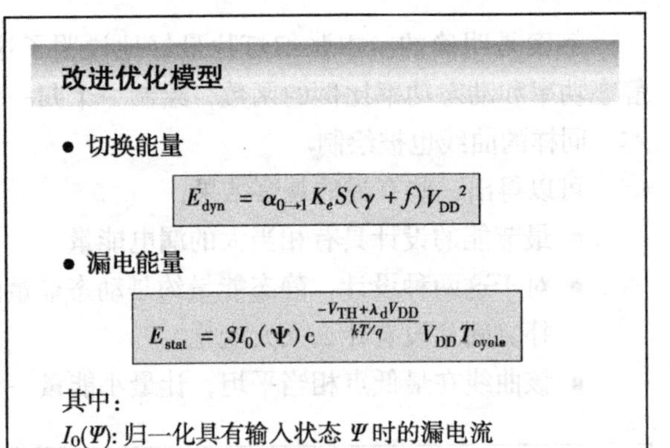

幻灯片 4.49

当试图操控漏电流时，设计师有许多供她使用的旋钮——事实上，它们同那些被我们用于优化动态功率的旋钮很相似：晶体管尺寸、阈值电压和供电电压。它们如何影响漏电流却是非常不同的。阈值电压的选择尤其重要。

减小漏电 @ 设计时间

- 使用长沟道晶体管
  - 有限的益处
  - 动态电流增加
- 使用高阈值
  - 沟道掺杂
  - 堆叠器件
  - 体偏置
- 降低电压

幻灯片 4.50

虽然更宽的晶体管显然漏电更多，但选择晶体管的长度也有影响。如幻灯片 2.15 已经显示的，很短的晶体管的阈值电压急剧减小，因此指数型地增加了漏电流。在漏电至关重要的设计中，比如存储器单元，考虑使用比标称工艺参数所标注的沟道长度更长的晶体管是有意义的。虽然这带来了动态功率增长的惩罚，但是增长相对很少。对于 90nm 的 CMOS 工艺，沟道长度增加 10%，减小了 50% 的漏电流，同时将动态功率增加了 18%。似乎有点奇怪的是，这样做放弃了工艺缩放的一个主要优势——即更小的晶体管——但有时面积和性能方面的惩罚是无关紧要的，而总体功耗的收益是巨大的。

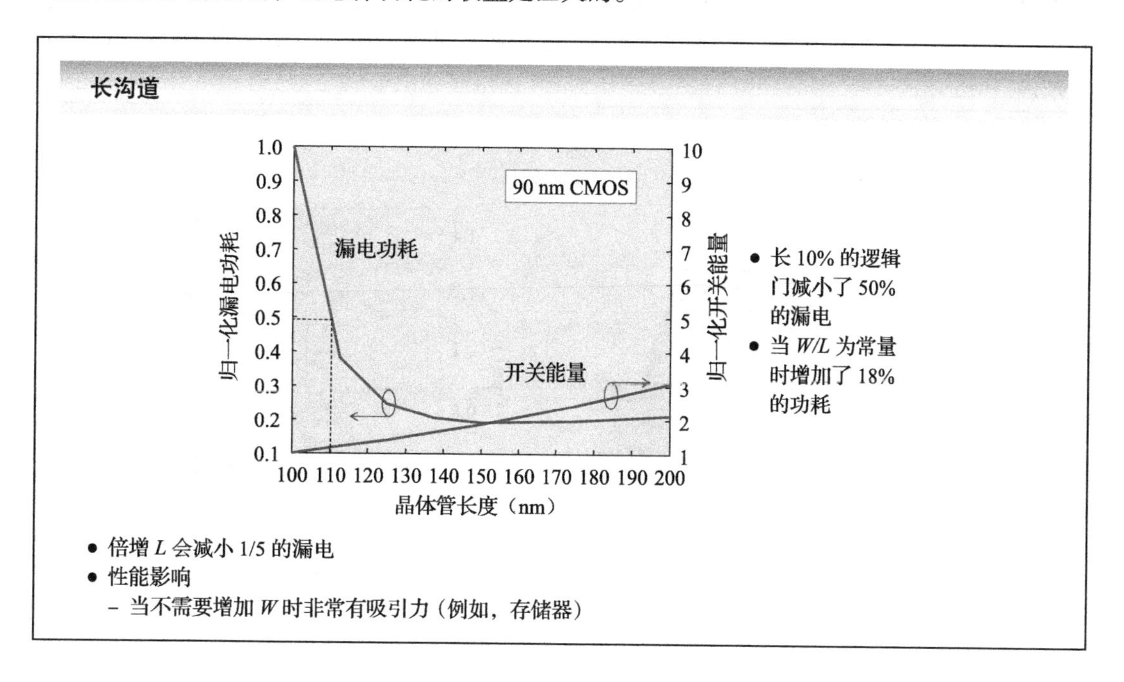

幻灯片 4.51

使用多个阈值电压是优化静态功率投资组合中一个有效的工具。相对于采用多个供电电

使用多阈值

- 没有电平转换的需求
- 双阈值可以加入到标准设计流程中
  - 高 V_{TH} 和低 V_{TH} 库在亚 0.18μm 工艺中是标准提供的
  - 例如，可以只使用高 V_{TH} 然后简单换入低 V_{TH}，但改善了时序
  - 第二个 V_{TH} 单元插入可以同时结合尺寸变化
- 一个模块中只需要两个 V_{TH}
  - 使用多于两个只能带来很小的改进

压，引入多个阈值电压对设计流程有相对较小的影响。这不需要电平转换器，并且不需要考虑特殊的布局策略。真正的负担是制造过程中成本的增加。从设计的角度来看，面临的挑战是工艺映射过程，即具有不同阈值电压的单元究竟如何选择。

幻灯片 4.52

眼下的问题是，多少个阈值电压是真正理想的方案。与加入更多的电源电压相同，加入更多的阈值电压是以客观的成本为代价的，并且非常可能产生一个递减的收益。一些研究表明，虽然针对 nMOS 和 pMOS 晶体管各提供三个离散的阈值电压仍存在一些好处，但好处相当有限。因此，针对两种器件给予两个阈值电压已经成为亚 100nm 工艺的规范。

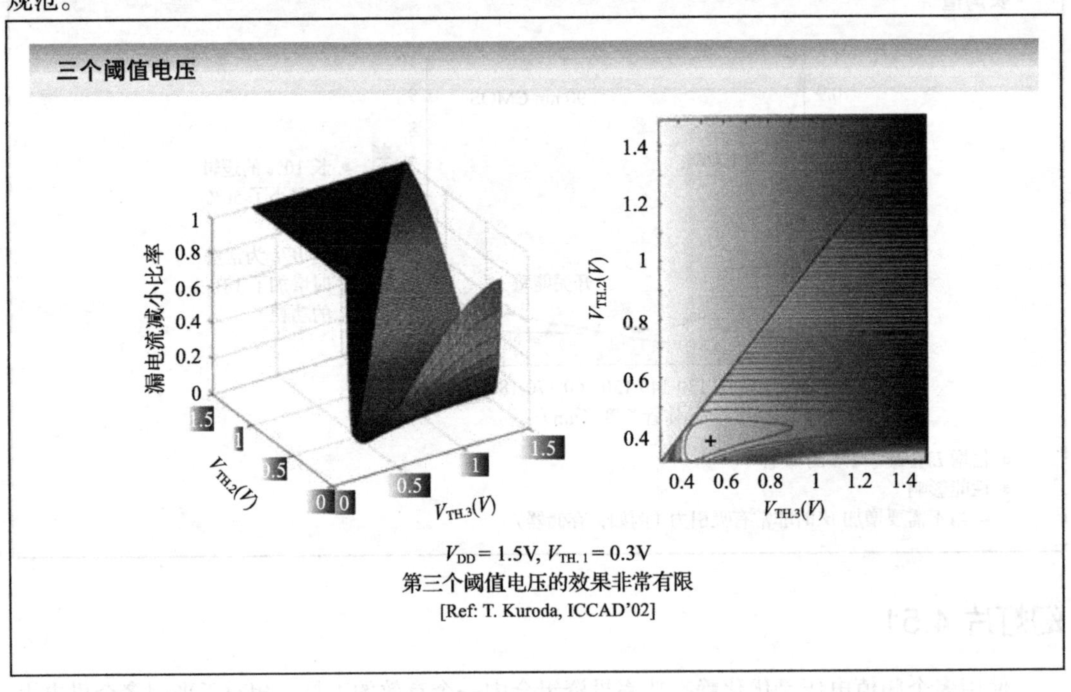

幻灯片 4.53

同减小动态功率的情况一样，在非关键时序路径上增加阈值电压的策略，带来了静态漏电功率的降低，却没有性能和动态功耗的增加。该方法吸引人的因素是，高阈值电压的单元可以引入逻辑结构的任何地方，而没有大的副作用。负担显然是在工具上，因为时序裕量可以用许多方法加以利用：减小晶体管尺寸、电源电压或者阈值电压。前两个方法同时减小动态功率和静态功率，而最后一个方法只影响静态部分。但是请记住，最优设计要认真平衡这两个部分。

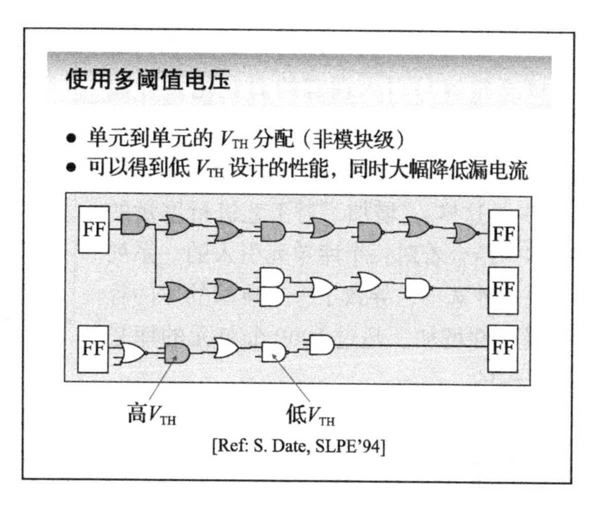

幻灯片 4.54

迄今，关于漏电的大部分讨论集中在静态逻辑。我认为动态电路设计人员甚至会更为担忧：对他们来说，漏电意味着不仅仅是功率增加，也意味着一系列噪声容限的恶化。再次，对低 V_{TH} 和高 V_{TH} 器件的谨慎选择可以带来很多效果。低 V_{TH} 晶体管在关键时序路径使用中，例如下拉逻辑模块。然而，即使有这些选择，变得越来越明显的事实是，动态逻辑在极端缩小的区间正面临一系列严峻的挑战。

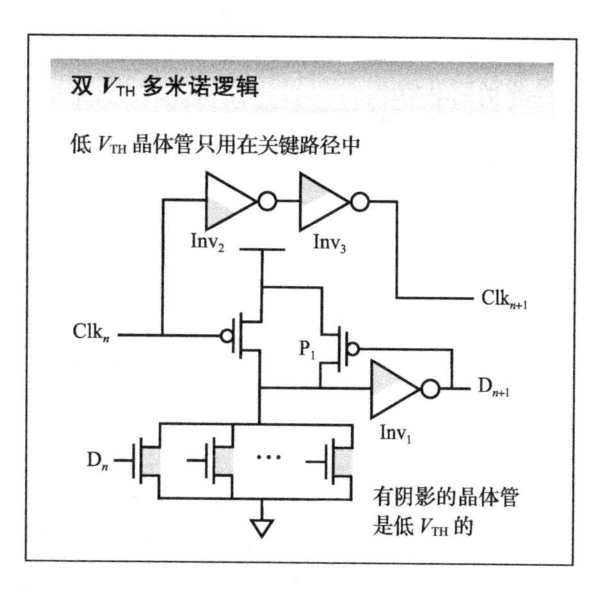

幻灯片 4.55

重复之前我们阐述的，多阈值电压的概念很容易引入现有的商业化设计流程中。事后看来，这很简单。最大的影响是，单元库的容量（库单元个数）加倍（至少是这样），增加了对工艺进行度量的成本。结合着对每个库单元引入的一系列不同尺寸选项，导致了一个典型的库的容量爆炸性增加。超过1000个单元的库是很普遍的。

多阈值电压和设计方法

- 很容易在标准单元设计方法中通过在单元库中增加不同阈值的单元的形式引入
  - 工艺映射时的单元选择
  - 没有影响到动态功耗
  - 没有接口问题（如多电源的情况）
- 影响：可以大幅降低漏电

幻灯片 4.56

在由东芝和Synopsys进行的实验中，分析在高性能设计中引入具有多个阈值电压的单元所带来的影响。这个双阈值电压策略让时序和动态功耗保持不变，而减小了一半的漏电功率。

双阈值电压用于高性能设计

	高 V_{TH}（仅）	低 V_{TH}（仅）	双V_{TH}
总时间裕量	–53 ps	0 ps	0 ps
动态功耗	3.2 mW	3.3 mW	3.2 mW
静态功耗	914 nW	3873 nW	1519 nW

所有设计都是使用Synopsys流程自动综合的

[Courtesy: Synopsys, Toshiba, 2004]

幻灯片 4.57

这张幻灯片深入地分析了选出的设计流程针对6个复杂度各不相同的测试集各有什么影响。它用一个设计来比较高 V_{TH} 和低 V_{TH} 两个极端情况。这个设计先从只使用低 V_{TH} 晶体管开始并渐渐加入高 V_{TH} 晶体管，然后又从只使用高 V_{TH} 晶体管开始并渐渐加入低 V_{TH} 晶体管。结果显示用后面这个方法且只在关键路径中加入低 V_{TH} 晶体管来满足时序约束会减少漏电流。

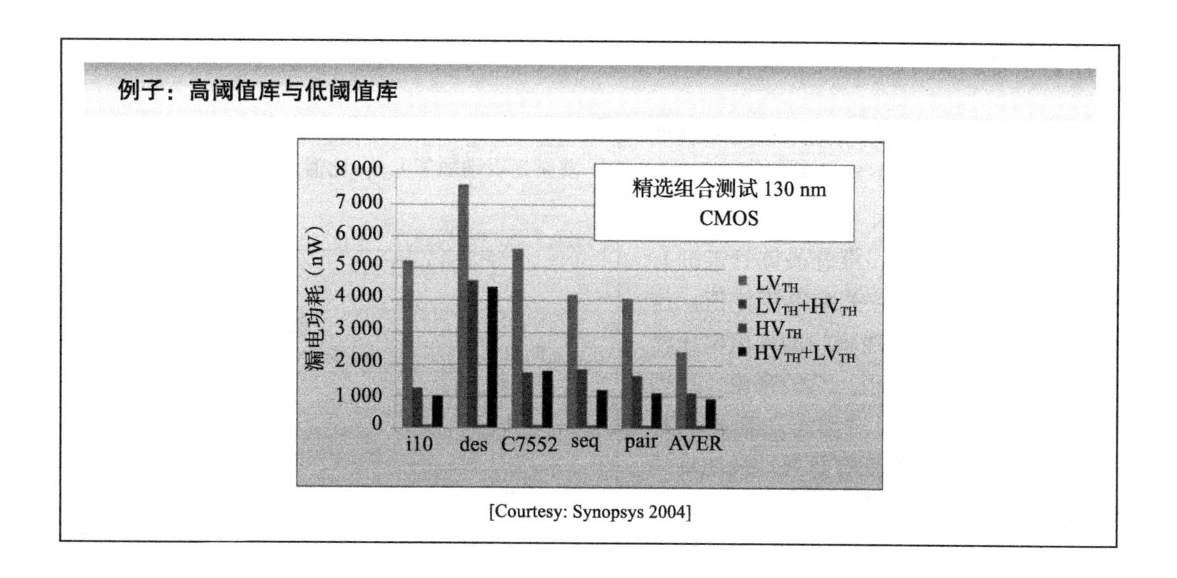

幻灯片 4.58

在前面的章节中，我们已经介绍了一个概念，那就是因为漏致势垒降低（DIBL）效应，堆叠晶体管能以超线性的效果降低漏电流。叠加效应是一种有效的在设计阶段管理漏电流的方法。如该曲线图所示，堆叠和晶体管尺寸改变的组合可以让我们保持开启电流，同时让关断电流在可控范围内，即使在更高的供电电压下。

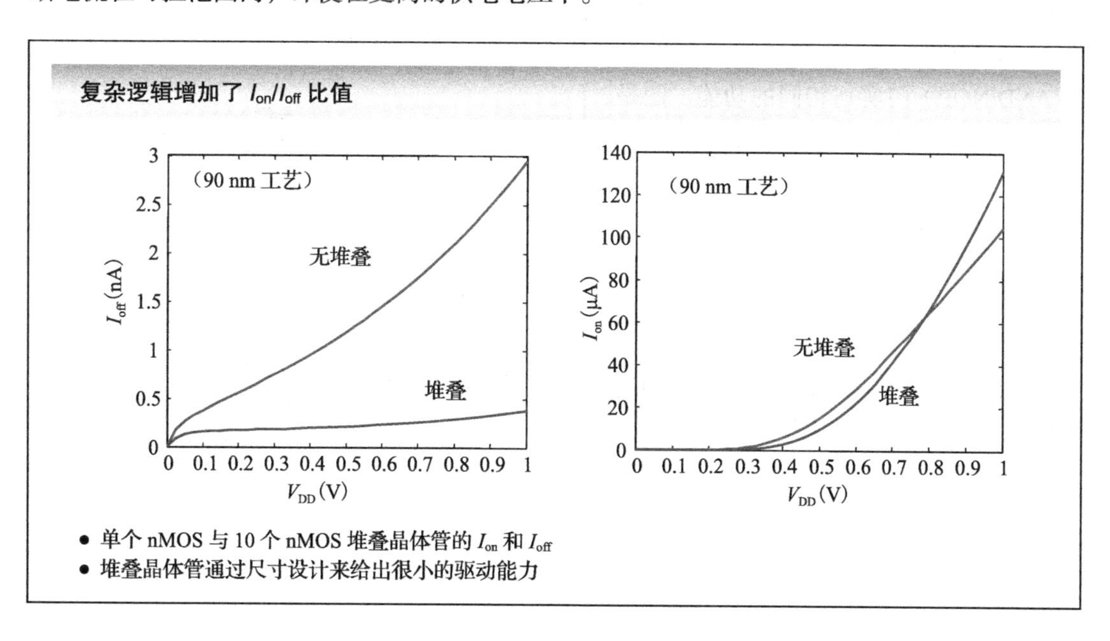

幻灯片 4.59

在这张图中，该组合效果被很明确地说明，它描绘了10个堆叠晶体管和单个晶体管的I_{on}/I_{off}比率，作为V_{DD}的函数。对于1V的供电电压，堆叠晶体管链拥有一个10倍高的开启－关断电流比值。这使得我们能够把简单逻辑门的阈值电压降低到曾经望但却步的值。总的来说，这表明采用复杂逻辑门，对动态功耗降低有利，也对静态功耗降低有益处。从功率的角度，这是一个双赢的局面。

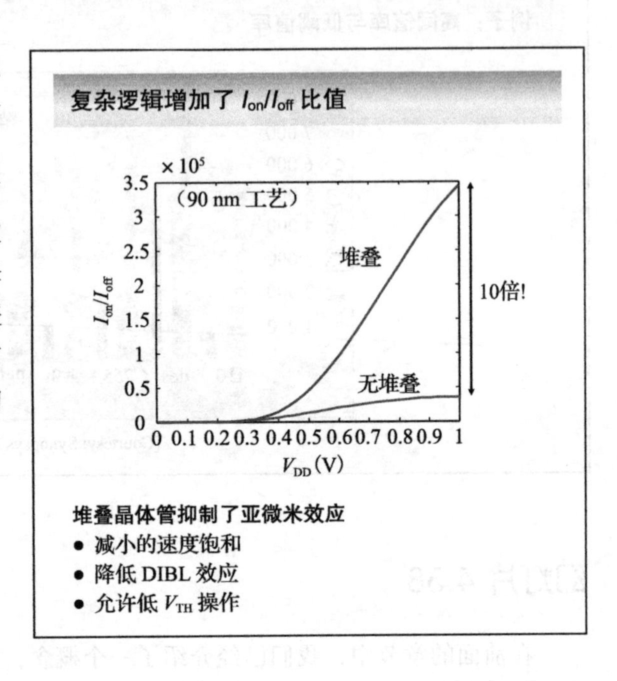

幻灯片 4.60

使用复杂逻辑门的好处可用一个简单的例子加以说明：一个4扇入的“与非”（NAND）门与2扇入的“与非”/“或非”（NAND/NOR）门实现相同的功能。图是对所有16种输入组合下的漏电流加以分析（请记住漏电与状态有关）。平均来讲，复杂逻辑门拓扑的漏电流比简单逻辑门实现的漏电流小1/3。理解这个结果的一种方式是，对于同样的功能，复杂逻辑门有更少的漏电流路径。然而，它们也带来了性能的损失。对于高性能设计，简单的逻辑门是在关键时序路径上所必要的。

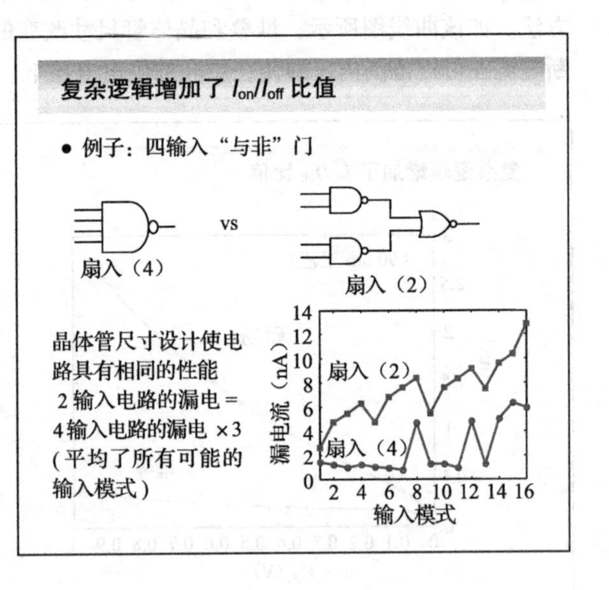

幻灯片 4.61

用一个复杂 Kogge-Stone 加法器（来自 [Narendra, ISLPED’01]) 为例子来展示复杂 - 简单逻辑门之间的权衡。这个电路在本章的前面已经讨论过。随着大量的随机输入信号变化的漏电流的柱状图被绘制。可以观察到，低阈值电压版本的平均漏电流只比高阈值电压版本的平均漏电流高 18 倍，这明显小于仅仅通过阈值电压比值所预测到的。对单个晶体管而言，将阈值电压降低 150mV，可以导致漏电流上升 60 倍（当斜率因子 n=1.4）。

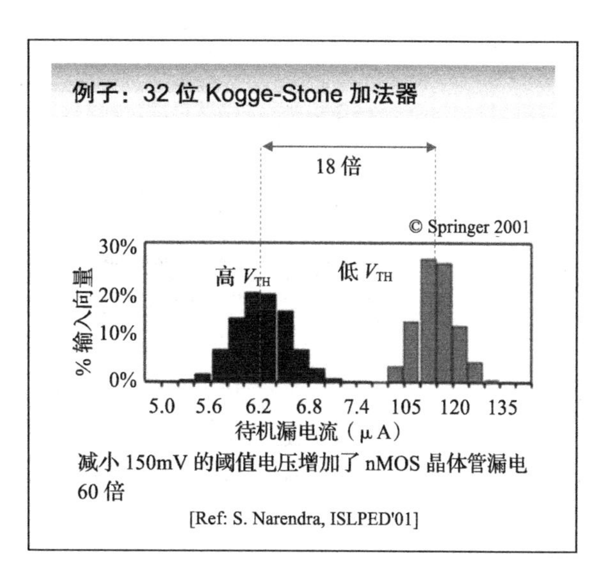

幻灯片 4.62

总结一下，能量 - 延迟权衡的挑战可以重新定义为一个可以被完美管理的优化问题。晶体管尺寸变化、多电压和多阈值电压、电路拓扑结构是设计人员可以用的主要旋钮。同时，需要记住的是，对于所预测的模块的活动因子，高能量效率的设计慎重地权衡动态功耗和静态功耗部分。现在的负担留给了 EDA 公司，即该如何把这些概念转化为普遍适用的工具流程。

小结

- 电路优化可以以有限的性能下降带来显著的能量降低
- 能量 - 延迟图是最完美的分析能量 - 延迟折中的方法
- 良好定义的基于 W、V_{DD} 和 V_{TH} 参数的优化问题
- 如今的 CAD 流程可提供越来越好的支持
- 观点：漏电并不一定是坏事，前提是提前做好规划

幻灯片 4.63 和幻灯片 4.64

一些参考文献……

参考文献

书：

- A. Bellaouar and M.I Elmasry, *Low-Power Digital VLSI Design Circuits and Systems*, Kluwer Academic Publishers, 1st ed, 1995.
- D. Chinnery and K. Keutzer, *Closing the Gap Between ASIC and Custom*, Springer, 2002.
- D. Chinnery and K. Keutzer, *Closing the Power Gap Between ASIC and Custom*, Springer, 2007.
- J. Rabaey, A. Chandrakasan and B. Nikolic, *Digital Integrated Circuits: A Design Perspective*, 2nd ed, Prentice Hall 2003.
- I. Sutherland, B. Sproul and D. Harris, *Logical Effort: Designing Fast CMOS Circuits*, Morgan- Kaufmann, 1st ed, 1999.

论文：

- R.W. Brodersen, M.A. Horowitz, D. Markovic, B. Nikolic and V. Stojanovic, "Methods for True Power Minimization," Int. Conf. on Computer-Aided Design (ICCAD), pp. 35–42, Nov. 2002.
- S. Date, N. Shibata, S. Mutoh, and J. Yamada, "1-V 30-MHz Memory-Macrocell-Circuit Technology with a 0.5 gm Multi-Threshold CMOS," Proceedings of the 1994 Symposium on Low Power Electronics, San Diego, CA, pp. 90–91, Oct. 1994.
- M. Hamada, Y. Ootaguro and T. Kuroda, "Utilizing Surplus Timing for Power Reduction," IEEE Custom Integrated Circuits Conf., (CICC), pp. 89–92, Sept. 2001.
- F. Ishihara, F. Sheikh and B. Nikolic, "Level Conversion for Dual-Supply Systems," Int. Conf. Low Power Electronics and Design, (ISLPED), pp. 164–167, Aug. 2003.
- P.M. Kogge and H.S. Stone, "A Parallel Algorithm for the Efficient Solution of General Class of Recurrence Equations," *IEEE Trans. Comput.*, C-22(8), pp. 786–793, Aug 1973.
- T. Kuroda, "Optimization and control of V_{DD} and V_{TH} for Low-Power, High-Speed CMOS Design," Proceedings ICCAD 2002, San Jose, Nov. 2002.

参考文献

论文（续）：

- H.C. Lin and L.W. Linholm, "An optimized output stage for MOS integrated circuits," *IEEE Journal of Solid-State Circuits*, SC-102, pp. 106–109, Apr. 1975.
- S. Ma and P. Franzon, "Energy control and accurate delay estimation in the design of CMOS buffers," *IEEE Journal of Solid-State Circuits*, (299), pp. 1150–1153, Sep. 1994.
- D. Markovic, V. Stojanovic, B. Nikolic, M.A. Horowitz and R.W. Brodersen, "Methods for true energy-Performance Optimization," *IEEE Journal of Solid-State Circuits*, 39(8), pp. 1282–1293, Aug. 2004.
- MathWorks, http://www.mathworks.com
- S. Narendra, S. Borkar, V. De, D. Antoniadis and A. Chandrakasan, "Scaling of stack effect and its applications for leakage reduction," Int. Conf. Low Power Electronics and Design, (ISLPED), pp. 195–200, Aug. 2001.
- T. Sakurai and R. Newton, "Alpha-power law MOSFET model and its applications to CMOS inverter delay and other formulas," *IEEE Journal of Solid-State* Circuits, 25(2), pp. 584–594, Apr. 1990.
- Y. Shimazaki, R. Zlatanovici and B. Nikolic, "A shared-well dual-supply-voltage 64-bit ALU," Int. Conf. Solid-State Circuits, (ISSCC), pp. 104–105, Feb. 2003.
- V. Stojanovic, D. Markovic, B. Nikolic, M.A. Horowitz and R.W. Brodersen, "Energy-delay tradeoffs in combinational logic using gate sizing and supply voltage optimization," European Solid-State Circuits Conf., (ESSCIRC), pp. 211–214, Sep. 2002.
- M. Takahashi et al., "A 60mW MPEG video codec using clustered voltage scaling with variable supply-voltage scheme," IEEE Int. Solid-State Circuits Conf., (ISSCC), pp. 36–37, Feb. 1998.

第5章

优化功耗@设计阶段——架构、算法和系统

幻灯片5.1

优化功耗@设计阶段

架构、算法和系统

Jan M. Rabaey
Dejan Marković

本章在设计层级中一个更高的层面上讲述功率-面积-性能优化——这包括了电路、架构和算法层的联合优化。所有的这些优化共同的目标是对一个给定的设计实现一个功率-面积-性能空间全局最优。融入了来自所有设计抽象层次链的变量，全局优化的复杂度非常高。幸运的是，结果表明许多变量可以独立地调解，因此一个设计人员可以把优化方式分解为更小的、可控的问题。这种模块化的方法帮助增加对每个变量的认识，同时提供了一种方法，它通过层次间的交互作用，对在高层的优化进行遍历。

幻灯片5.2

本章大纲

- 架构/系统折中空间
- 并行性提升能量效率
- 探索其他拓扑结构
- 去除低效的部分
- 灵活性的代价

系统层功率（能量）优化的目标是变换能量-延迟空间，这样可以在逻辑或者电路层得到一个更广阔的选择区间。在本章里，我们把这种变换归纳为几类：采用并行，考虑别的拓扑去实现同样的功能，并消除浪费。后者需要一些特别的注意。为了降低非重复成本，并且鼓励重复使用，可编程架构成为实现平台的理想选择。但是，这带来了巨大的能量效率开销。探索将灵活度和高效相结合的架构是本章最后一部分的议题。

幻灯片 5.3

分层次优化的主要挑战是层次之间的相互作用。一种看待这个的方式是，在更高的抽象层做优化扩大了优化空间，也让电路层的技术（诸如供电电压或者尺寸变换）变得更加有效。其他的优化可以帮助对于给定的功能去增加运算效率。

动机

- 架构或者系统级的优化可以更有效地在电路级别降低功耗（并保持性能），例如
  - 减小电源电压
  - 对于给定功能减小有效开关电容（物理电容、活动率）
  - 降低活动因子
  - 降低漏电
- 在更高抽象层次优化会带来更大潜在影响
  - 电路技巧可能带来 10% ~ 50% 的改善，架构和算法优化可以带来数量级差别的功耗降低

幻灯片 5.4

如已经在第 4 章讨论过的，我们考量能量 – 延迟设计空间的探索，利用尺寸大小以及供电电压和阈值电压作为参数。对于 64 位树形加法器和一个给定的工艺技术，一个 pareto 最优能量 – 延迟曲线展示出了，一些很好的能量或者延迟的、相对于参考设计的优化。然而，整体优化空间受制于加法器的拓扑结构。选择一个不同的加法器拓扑（比如 ripple 加法器）可能带来更大的能量节省。为了实现这些更大的收益（延迟和能量），需要在微架构或系统架构层做变换。在过去的数十年中，已经表明，这可能会导致能量效率改善数十倍，相对于电路层优化所带来的通常有 30% 的优化。在本章内，我们提出了一个方法论去把目前已经介绍过的技术扩展到更高的抽象层。

从电路优化中学到的

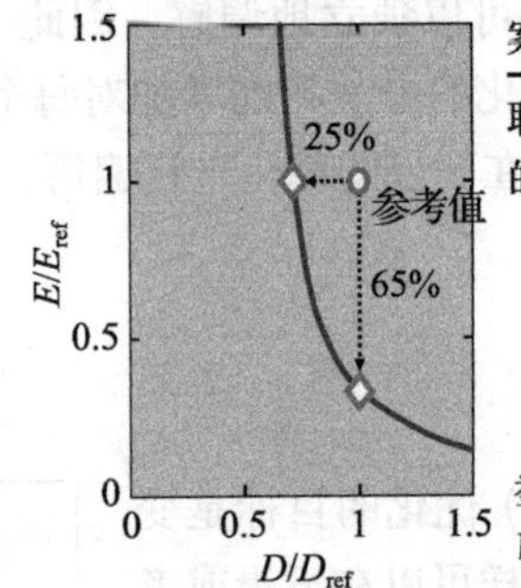

案例研究：树形加法器

联合优化（V_{DD}、V_{TH}、W）的结果

- 没有延迟的代价下减少65%能量
- 在不增加能量的情况下减小25%延迟

参考值：在额定 V_{DD}、V_{TH}时最小的延迟

电路优化有限制

需要更高层次的优化来得到更大的收益

[Ref: D. Markovic, JSSC'04]

幻灯片 5.5

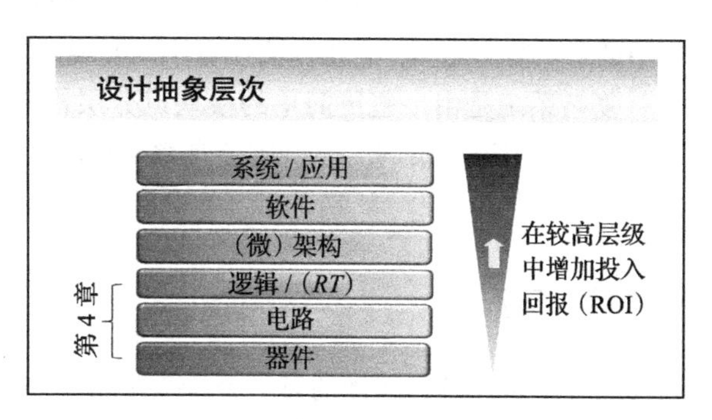

数字化设计抽象层堆栈被画在了这张幻灯片上。目前，我们已经基本涵盖了器件、电路和逻辑层。现在，我们将探索微架构和架构层。虽然软件层和系统层优化也可能有巨大的影响，它们一定程度上不在本文的范围，因此它们只是一笔带过。

然而，为了让更高层的探索变得有效，至关重要的是底层的信息向上渗透，而且成为架构或者系统设计人员可见的信息。例如，对一个给定工艺技术的加法器，能量 - 延迟曲线决定了该加法器可提供的设计空间（总之，其设计参数）。在这里，信息传播“自下而上”。同时，手中的具体应用受到实现中（比如，最低性能和最大能量）的限制。这些限制以“自上而下”方式传播。在给定设计抽象层进行探索由此变成了一个将自上而下和自下而上的信息相结合的功课。这个过程称为“meet-in-the-middle”。

幻灯片 5.6

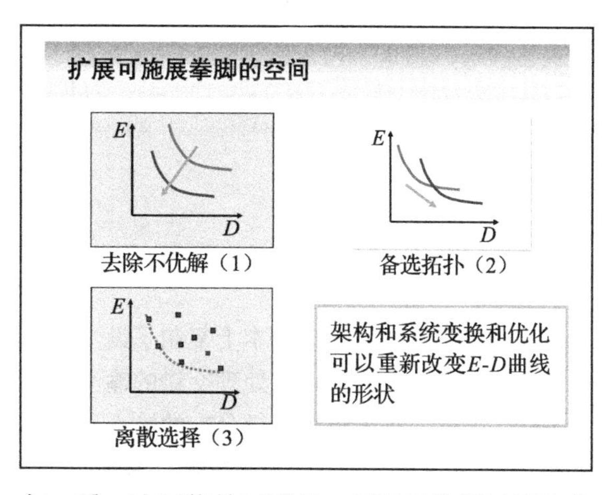

电路层的设计参数大多数是连续的（尺寸大小、阈值电压选择和电源电压）。在更高的抽象层次，选择变得较为离散：哪一种加法器拓扑被采用，多少流水线级被引入，等等。从探索的角度，这些离散的选择可帮助扩大能量 - 延迟空间。比方说，当两种加法器拓扑结构可行，它们都有自己的最优能量 - 延迟曲线。现在设计空间是二者的组合，以及出现一个新的优化的 *E-D* 曲线，如权衡图 2 所示。在某些情况下，功能的一个方案总是优于另一个的，这使得选择过程非常简单（权衡图 1）。乍一看，这可能并不明显，而且只能通过严格的分析检查才能看出。通过已知的设计空间探索，我们将在本章中展示一些在任何情况下都不是最好的加法器结构，它们不应该被使用（至少，不是在现代 CMOS 工艺中）。第三种情况是空间探索包括了许多离散的选项（如寄存器的大小和数量）。在这个情况下，我们可以通过为每个性能级别选择最佳可用的选项，从而推导出一条最优组合的 *E-D* 曲线（权衡图 3）。

虽然 *E-D* 空间代表了整个设计空间中一个非常有趣的投影，设计师应该知道，整个设计空间要复杂得多，而其他的指标，如面积和设计成本也是相关的。前两个方案中，灰色箭头指出面积较小的实现方案。在大多数情况下，具有较低的能量的设计也具有较小的面积，但是并不一定是这种情况。然而，对前两个探索场景中大多数的例子而言，这是成立的。这由途中的灰色箭头注明，它指向面积更小的实现方案。

复杂系统是由一些更简单的模块以分层构建的方式建立起来的。源于所有组合模块的 *E-D* 曲线是相当复杂的。能量成分是叠加性的，因此非常简单。延迟分析可能是更复杂的，但是很容易理解。

幻灯片 5.7

架构能量–延迟权衡的第一个（最有名的）例子是，利用并发性大幅度缩小供电电压［Chandrakasan, JSSC'92］，或者等价地，在固定每次操作能量（E_{OP}）的情况下去提供改进的性能。为了演示这个概念，我们从一个简单的、采用标准（参考值）电源电压 V_{DDref} 和频率 f_{ref} 的参考设计开始。该设计的平均开关电容是 C_{ref}。

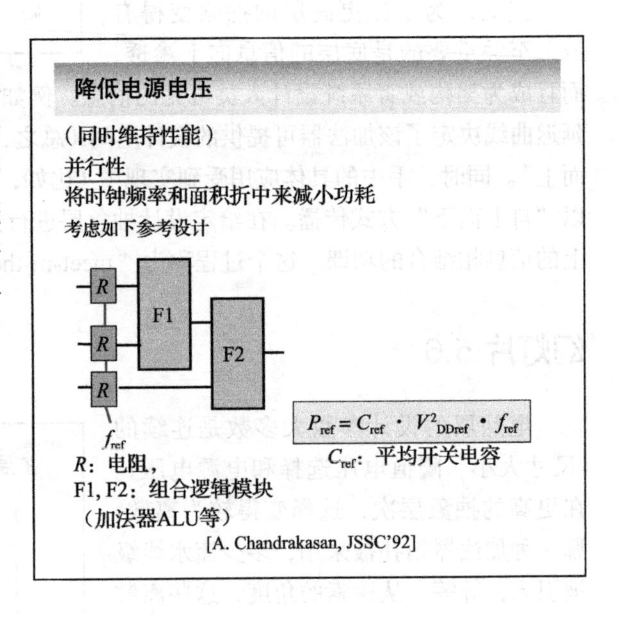

幻灯片 5.8

相同设计的并行实现基本上复制了设计，从而使并行的分支可以处理交错的输入采样。因此，进入每个并行分支的输入被有效地降低采样。需要输出选择器去将输出进行重组，并且产生一个单一的数据流。

由于这种并行性，分支现在可以以一般的速度操作，因此 $f_{par} = f_{ref}/2$。这降低了延迟要求，让所对应的供电电压以因子 ε_{par} 缩小。所带来的（功率）降低的平方效果让这个技术非常有效。复用开销通常很小，尤其在大的模块上采用并行时。请

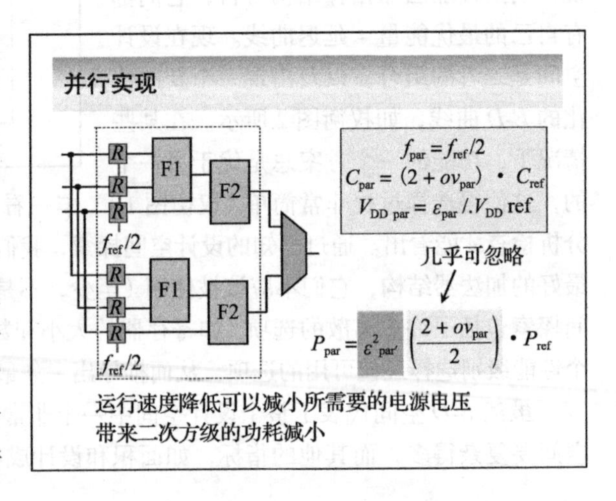

注意，虽然开关电容的额外开销被最小化，但额外面积开销非常大（比引入的并发性的数量更大）。

幻灯片 5.9

引入并发性去降低固定性能的 E_{OP} 所带来的影响，关键在于延迟 - 供电电压关系上。对于 90nm 工艺，延迟增加 2 倍，等价于供电电压降低 0.66。对此求平方可转化为能量降低过半（包括额外的开销）。让并行度再增加 2 倍，可以让所要求的供电电压降至 0.52V，从而带来了更高的功率节省（71%）。

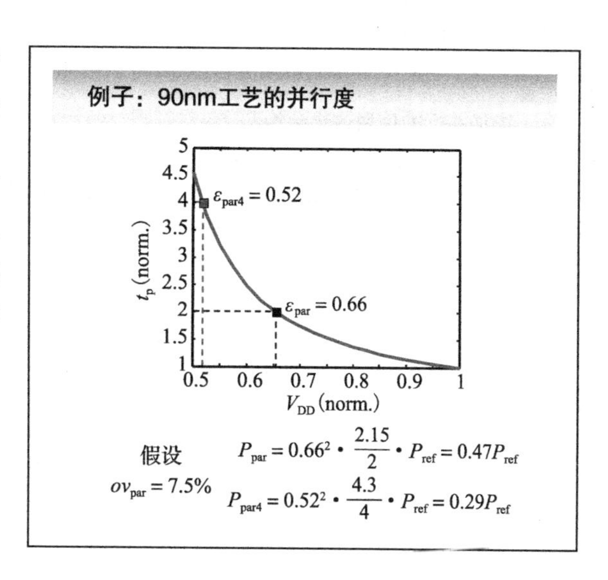

幻灯片 5.10

引入并发性的其他的方式，可以同样有效地降低电源电压，从而降低功率消耗。这样的一个例子是流水线，它在逻辑门之间插入额外的寄存器，以延迟为代价提高了吞吐量。流水线的面积开销比并行设计的小得多——相比复制设计和增加复用器，流水线唯一的成本是额外的寄存器。然而，由于寄存器（和额外的时钟负载）所引入的额外的开关电容，流水线实现通常具有比并行设计更高的开关电容。假设 10% 的流水线开销，它的功率节省类似于并行设计所获得的功率节省。但是，面积的成本大大降低。

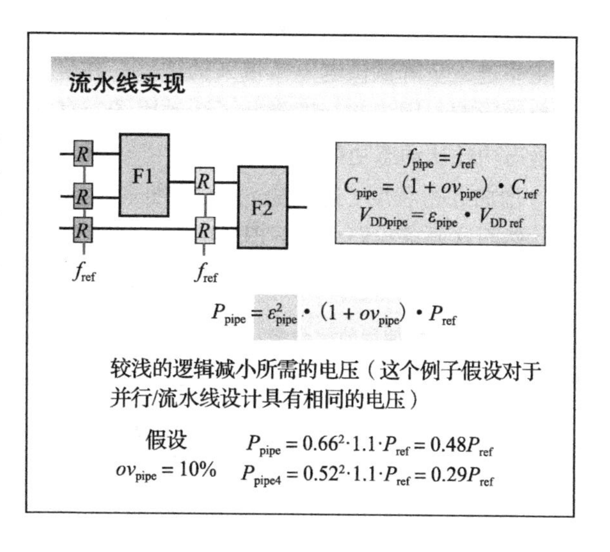

幻灯片 5.11

正如我们已经从前面对电路层优化的讨论中了解到的，降低电源电压的效果很快就会饱和——特别是当 V_{DD}/V_{TH} 比例变小的时候。在这些情况下，一个小的 V_{DD} 的递增型减小转换成一个大的延迟增加，这必须通过更多的并发性去加以补偿。如图所示的一个典型的 90nm 技术，大于 8 的并行度对功率消耗的改善贡献很小。

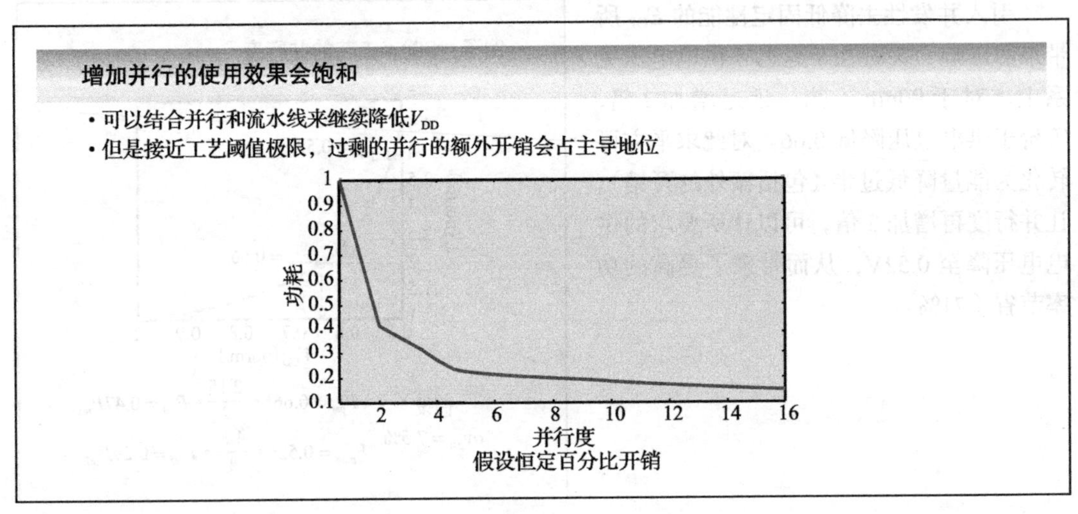

幻灯片 5.12

现实更加恶化。引入并行带来了一个额外开销。在低电压（因此高度并行），这个开销开始主宰进一步降低供电电压带来的增益，并且功率消耗实际上重新开始增加。漏电流也受到了负面影响，因为并行度降低了活动因子。存在更大数量的、具有大的延迟的逻辑门倾向于让静态功耗比动态功耗更受重视。

增加并行程度（进而是 E_{OP}）的唯一办法是降低阈值并在没有性能损失的情况下降低电压。然而这要求我们小心管理漏电流，尽管这不容易（你现在应该已经相信这点了）。

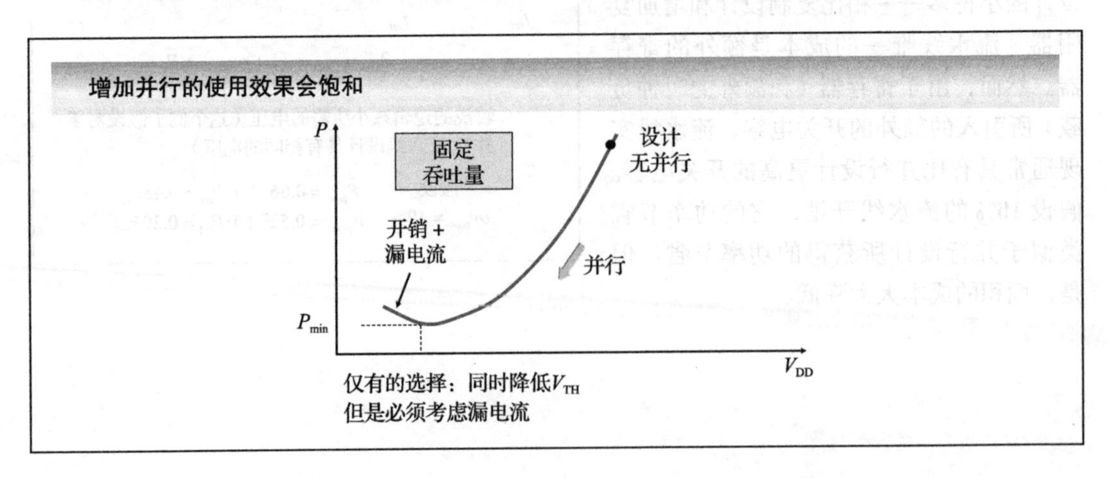

幻灯片 5.13

引入并发的总体效果及其潜在的好处可以用我们熟悉的能量－延迟空间去很好地理解。在此图中，我们为一个采用不同并发度的算术逻辑单元（ALU）设计绘制了最佳的能量－延迟曲线，对每种实现方法，pareto 最优曲线都是采用第 4 章讲述的方法获得的。再次，曲线可以结合起来，获得一个单一最佳的 *E-D* 曲线。可以考虑使用并发的两种不同的优化场景。

映射到能量–延迟空间

® IEEE 2004

N=5　N=4　N=3　N=2　正常

固定吞吐量

最优能量–延迟点

E_{OP}

增加并行度

延迟 = 1/吞吐量

- 对于每个层级的性能，使用最优的并行数量
- 并行的最优能效只有在需要的吞吐量大于正常功能下最优工作点的吞吐量时得到

[Ref: D. Markovic, JSSC'04]

- 固定性能：添加并发降低了 E_{oP}，直到某个既定的点上额外开销开始占据主导地位。因此，对于每个性能，存在一个最佳的并发性，它能最大限度地减少能量。
- 固定 E_{OP}：引入并发性帮助改善性能，却没有 E_{OP} 损失。相对于传统方法中，即增加性能意味着增高时钟频率从而有更大的动态功耗。

有趣的是，可以观察到每个设计实例在有限的延迟范围内是最优的。例如，如果所要求的吞吐量很小，使用高度并行不是最好的选择，因为额外开销太大。能量－延迟曲线表示的吸引力在于，它允许设计师以知情的方式，去做架构上的决定。

幻灯片 5.14

现在的问题是，当要求的吞吐量很低时，我们要做什么（例如，在第 1 章中讲述的微瓦节点的情况中）。这尤其对缩小的工艺技术有意义，晶体管的速度比一个给定的应用所要求的速度更高，在标准状况下即使不用并发，实现速度也仍然过快。在这种情况下，解决方案是，引入与并发相同的思路，这就是时分复用，用多余的时间去减小面积。

如果需要的吞吐量小于最小值

（这就不再是并行）

介绍时分复用

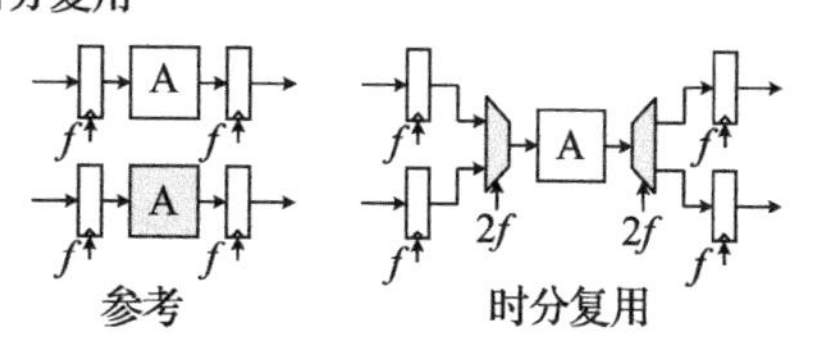

通过增加时钟频率（和电压……）吸收没有使用的时间余量

再一次，伴随而来的是面积和电容的额外开销

幻灯片 5.15

回到能量－延迟空间，我们观察到，通过并行和时分复用，可以在性能轴上跨越一个非常宽的范围。减小约束的延迟（低吞吐量）的目标倾向于时分复用解决方案，而增加并发是需要高吞吐量时的正确选择。一个进入这个游戏的额外的因素是面积成本，对于一组给定的设计约束，我们想尽量减小它。让我们考虑不同场景。

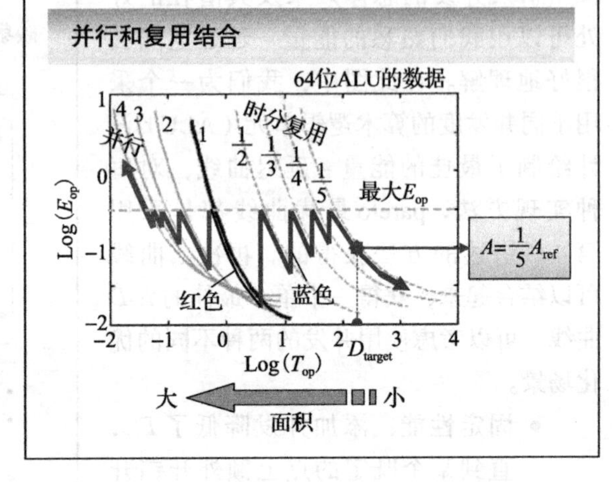

- 对于给定的最大延迟（图中 D_{target}）：如果目标是最小化 E_{OP}，那么存在一个最优的并发性（=1/2）；另一方面，如果目标是要对给定 E_{OP} 最小化面积，则更小的并发性是更可取的（=1/5）。
- 对于一个给定的最大 E_{OP}，我们选择的并发性满足最低性能同时让面积最小化，如图中的红色和蓝色曲线所指示。在这种情况下，并发和时分复用提供了一种有效的方法来权衡吞吐量和面积。

幻灯片 5.16

总结一下，最好性能的设计要求尽可能大的并发度，以面积增加为代价。然而对于一个给定性能，人们应该优化并发度去让能量最优化。

等效地，对于给定的能量预算，能满足性能要求的最小的并发度应该被采用。要获得绝对最小的能量，应该使用直接映射架构（并发性 =1），因为它没有开关电容的额外开销，当然，这是在这个架构能满足设计要求的情况下。

一些能量驱使的设计准则

最大性能
- 以面积为代价最大化使用并行

给定性能
- 最优化并行数以达到最低能量

给定能量
- 最低并行性满足性能指标

最低能量
- 最小开销的解决方案（即，直接在功能和架构间映射）

幻灯片 5.17

前面的幻灯片提出的想法起源于 20 世纪 90 年代。但是过了一段时间，它才真正完全被计算机界所采纳。只有当人们开始意识到，处理器上传统的性能提升策略——即工艺缩小结合时钟频率增加——开始渐渐无效，如图所示。主要是功率约束让时钟频率的增加放缓，并最终可能导致它完全停止。还记得时钟频率是 20 世纪 80 年代和 90 年代新的处理器广告中主要的区别吗？随着时钟频率停滞增长，保持单处理器性能增长比例不变的唯一途径是增加每个周期的指令（I/C），这是通过引入额外的架构上的性能增强技术，比如多线程和预测执行，来实现的。所有这些都增加了处理器的复杂性，并且是以能量效率为代价的（警告：这是一个简而言之的总结——真正的方程复杂得多）。

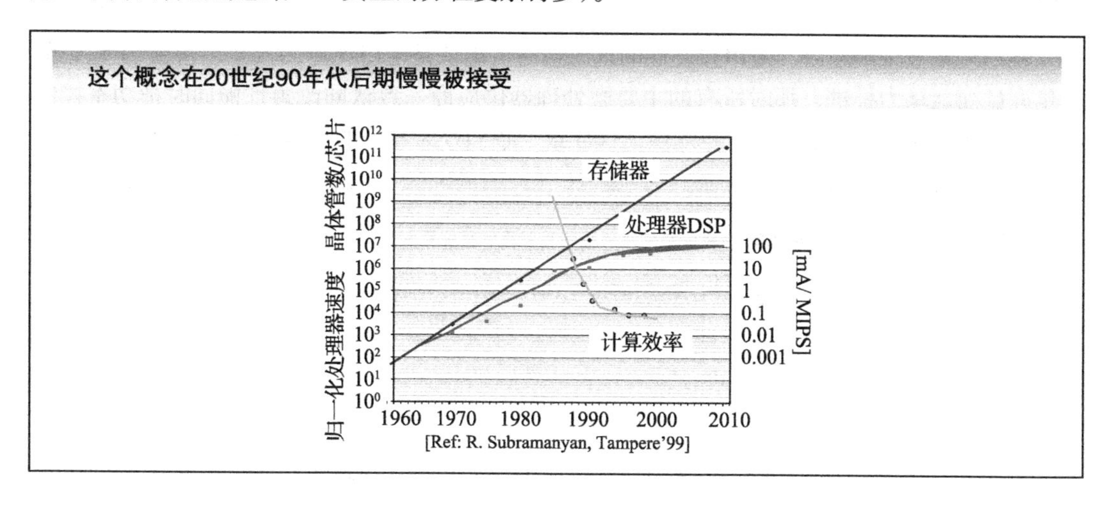

幻灯片 5.18

这些问题的现状在下面这张三维图中很清楚地展示了出来，图中在功率 - 时钟频

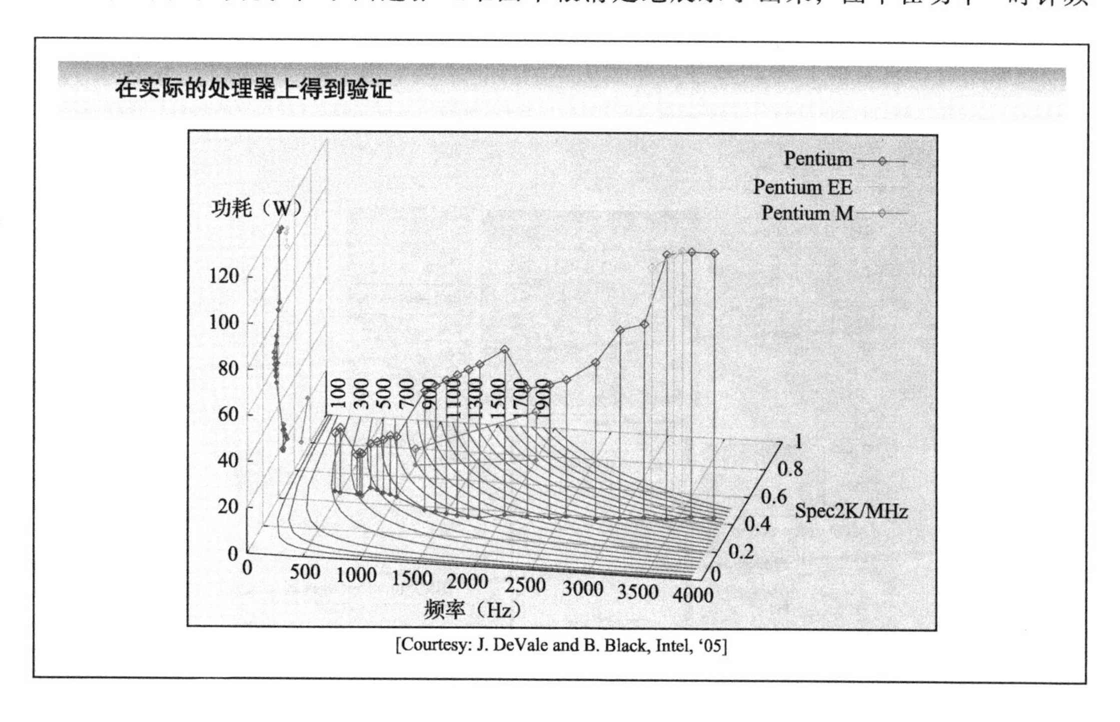

率 -Spec2K/MHz 空间中绘制了三个 Intel 处理器家族。最后的标准是度量一个处理器的有效性能，它与时钟频率无关。这表明一个家族里最终的处理器的有效性能随时间增加而稍微增加，而时钟频率是最主要的调整旋钮。不幸的是，这会直接转化为功耗的大幅增加。

幻灯片 5.19

在缓慢地被采纳之后，采用并发性的理念最终被确认是走出泥潭的方案，它在 21 世纪前十年开始加足马力推进，那时所有的主要微处理器供应商一致认同改善性能同时把功率控制在一个范围内的唯一方法是采用并发性，这导致了我们今天看到的许多多核芯片架构。

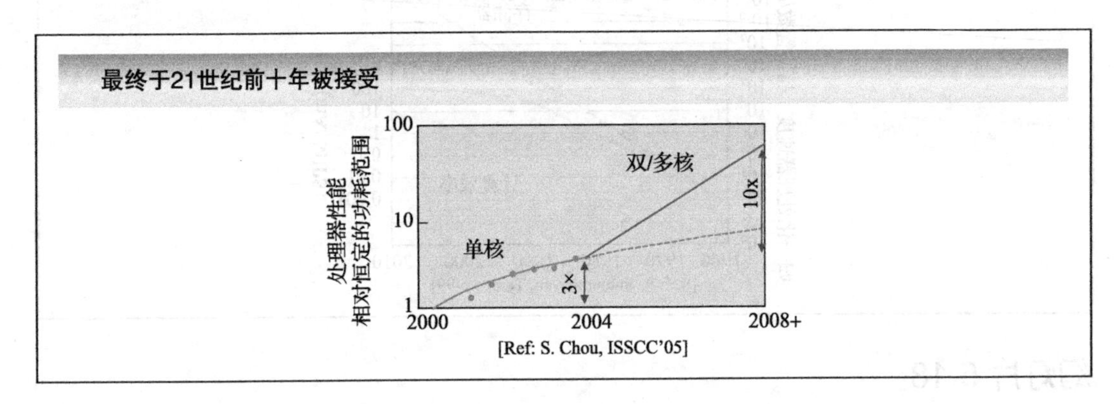

幻灯片 5.20

这张幻灯片只显示了从 2005 年以来被引入的许多多核架构中的一个例子。最初在专用

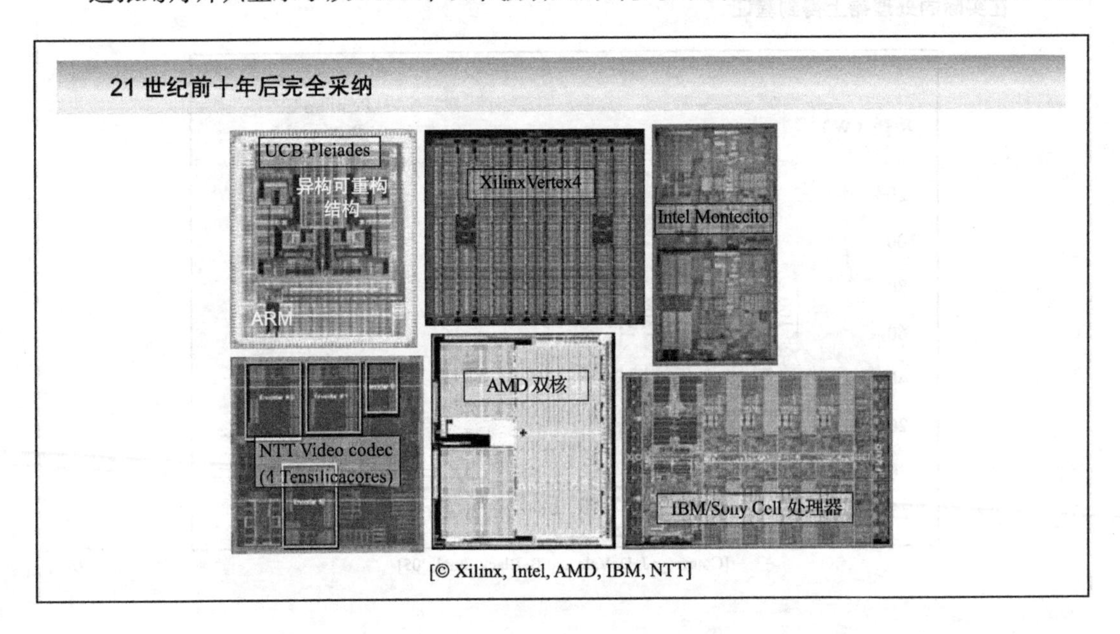

处理器（电信、多媒体处理、图形、游戏）中采用，从双核架构开始，多核思想扩展到通用处理器上，从此以后迅速在芯片上扩大到四核以及更多。

幻灯片 5.21

这里有一个重要的警告。从概念上讲，我们可以通过增加并行度，保持 E_{OP}，而继续（对于给定的工艺）改善性能。然而这需要并发性在手里的应用中是可用的。从著名的 Amdahl 定律，我们知道通过并发性能获得的加速比是被串行（非并行）的代码量所限制的。如果只有 20% 的代码是串行的，性能增益的最高量被限制在略微超过 4。

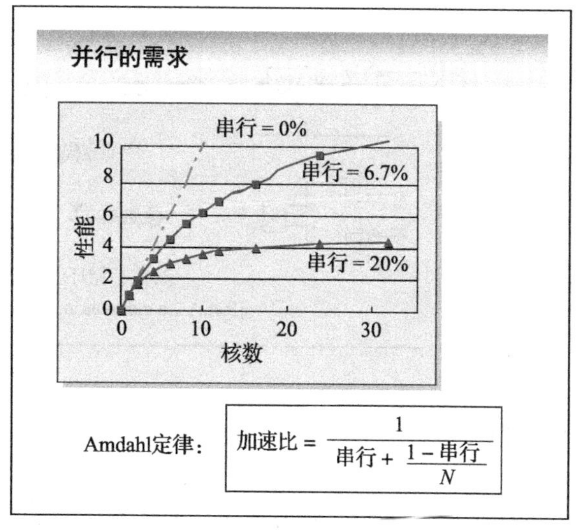

幻灯片 5.22

这方面的影响可以由下面这个 Intel 做的研究案例说明。一组基准被映射在三个不同的具有不同粒度和不同并发度的多核架构上（12 个大的，48 个中型的，或 144 个小型处理器）。每个实现都具有同样的面积大小（每边 13mm），且在一个虚拟的 22nm CMOS 工艺上消耗同样的最大功耗（100W）。从计算吞吐量角度，大的处理器更强大，但是运行要消耗更高的 E_{OP}。

当用一组具有不同并发度的基准去比较这三个方案的整体性能时，在少量并行处理可行的情况下，大的处理器版本比其他的版本好。然而，当并发大量存在时，“许多小的核”选项比其他的更好。在 TPT（完全并行）基准上，这个情况尤其成立。总之，“大规模并行”架构只在有足够多并发性的应用中有意义，这一点变得很清晰。关于正确的计算元件的粒度，这并没有明确的答案。可以想象的是，未来的架构将组合多种具有不同粒度的处理元件（比如 IBM 的 cell 处理器或者赛灵思的 Vertex）。

幻灯片 5.23

一个提高机遇的方法是借助优化变换，让应用变得更加并行化。循环变换，比如循环展开和循环重定时 / 流水线是最有效的。代数变换（交换性、关联性和分配性）也很有用。但是让这个过程自动化是不容易的（处在休眠状态的，但是正在复兴的）。高层逻辑综合实际上创造了一些真正的这个领域的突破，尤其是在信号处理领域。在后者中，一个无限循环（即，时间）总是存在的，从而允许创建几乎是无限量的并发［Chandrakasan, TCAD’95］。

例如，通过把这个循环展开数次并引入流水线，循环展开变换把一个连续执行（在递归循环中出现）变换为一个并行的执行。显然，反向变换也是可行的。

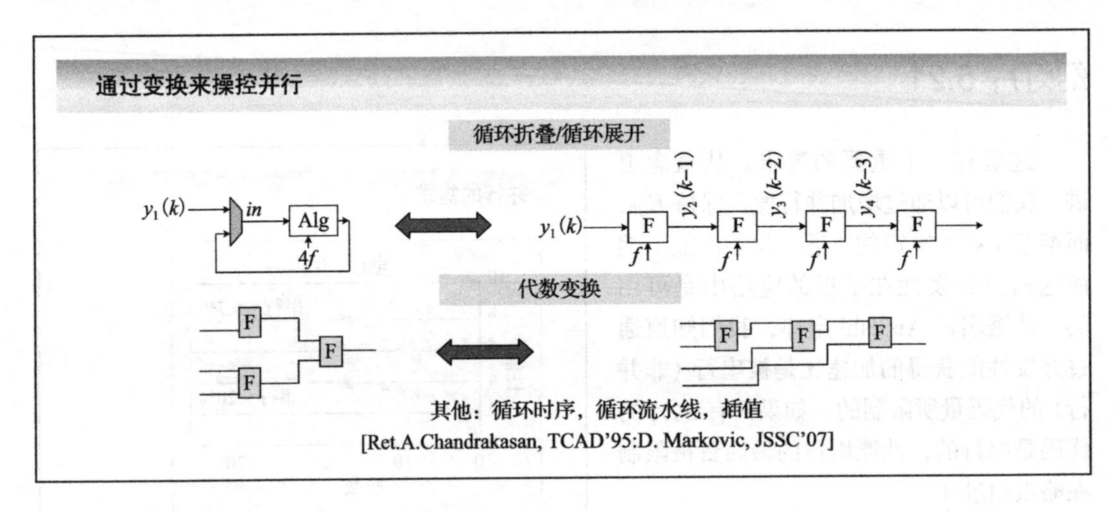

幻灯片 5.24

今天的优化编译器利用并发的有效性展示在了众所周知的 MPEG-4 视频编码器的例子

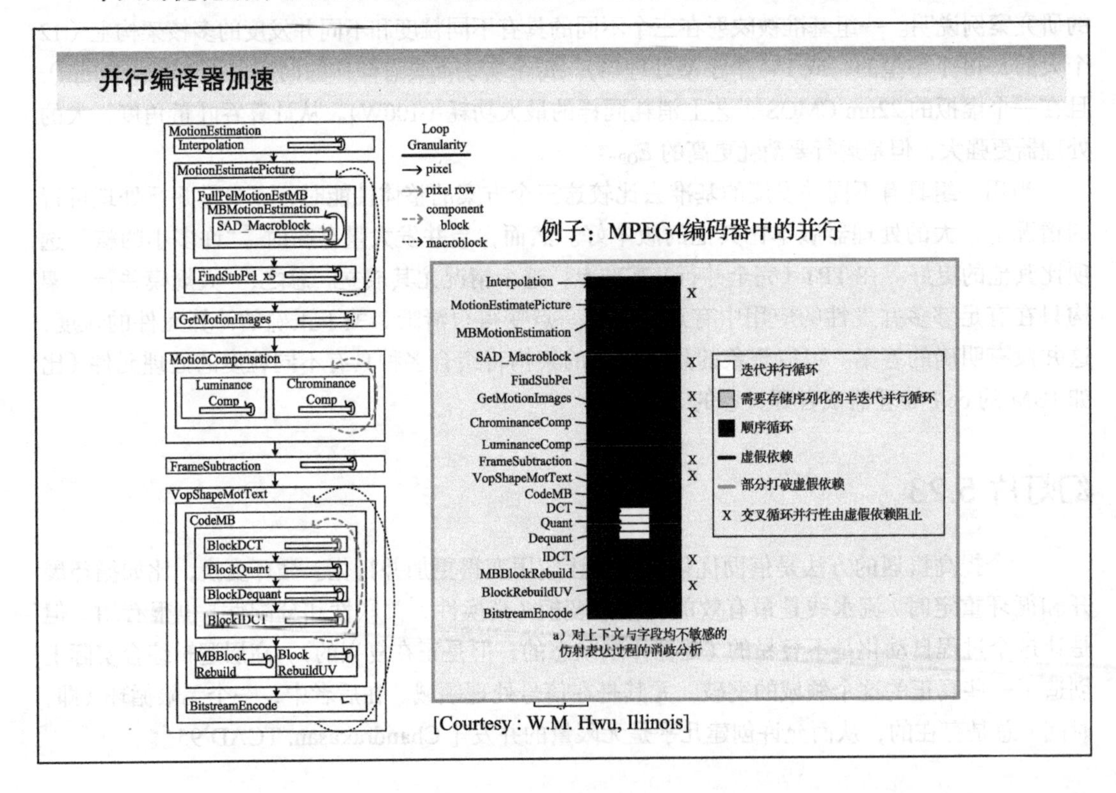

上。MPEG-4 的运算核心的层次组成，即运动补偿，被展示在了左边。在右边，可以看到参考设计中可用的并行数量。白色代表完全并行的循环，而黑色代表完全连续的循环。灰色代表只能部分并发的循环。同样重要的是“虚假依赖”关系，这会阻止代码并行执行，但是它只会间歇性发生，甚至不会发生。很显然，这个参考设计对并发架构并不是非常友好的。

幻灯片 5.25

单一变换的应用（比如指针分析或者歧义消除）可以带来很大前进，但是它只是能让代码几乎并行（这本身是一个了不起的成就）的多种变换同时采用的组合效果。读者应该认识到，直至今日，后者不能自动执行，需要软件人员人工干预。尚不清楚完全自动地将串行代码并行化能否变得可行。很多时候，一个高层次的视角是必需的，这很难通过本地化变换而做到。通过适当的可视化进行用户干预可能是必要的。更好的是培养软件工程师从头开发并发代码。这可以通过使用让并发显性的编程环境去最好地实现（如 Mathworks 公司 Simulink 环境）。

综上所述，并发是一个伟大的工具，它保持能量在一定范围内，甚至减小。但是它需要对如何完成复杂设计进行重新思考。

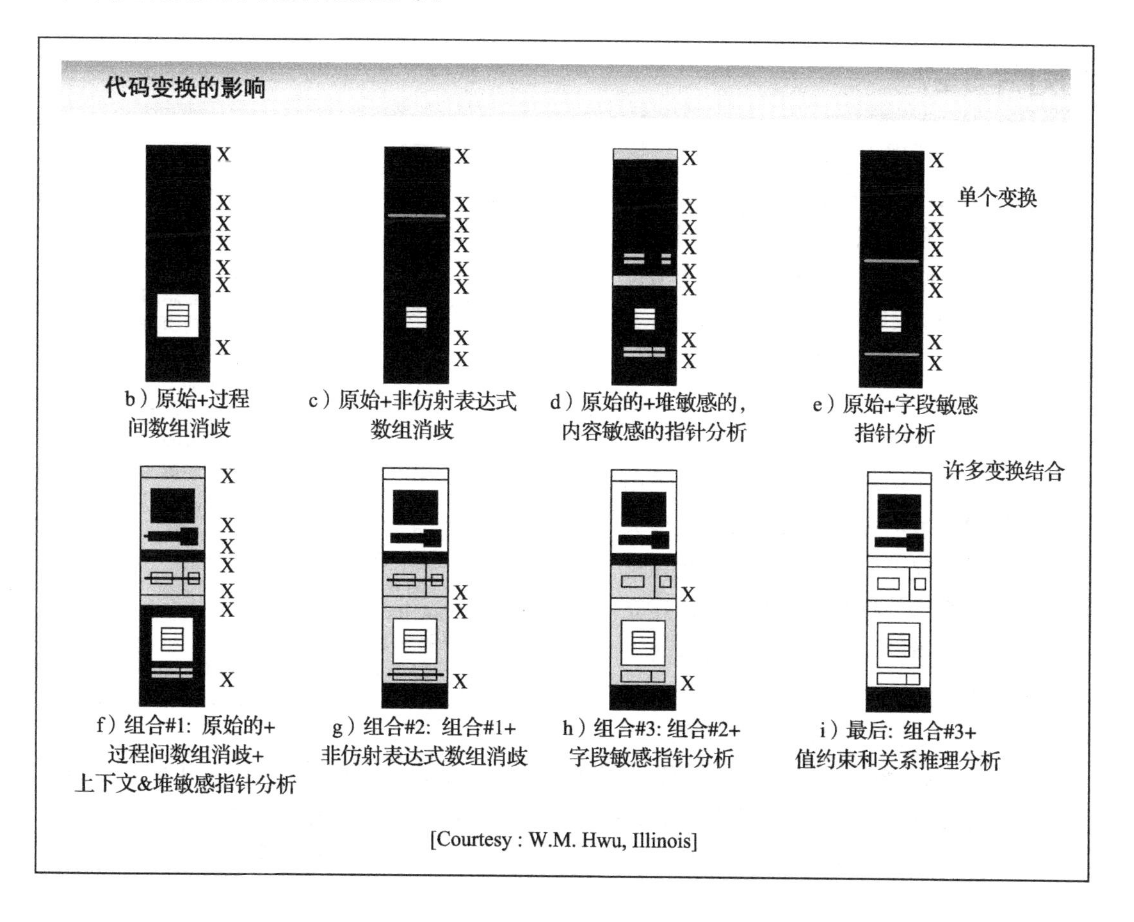

幻灯片 5.26

除了引入并发性，其他的架构策略也是可以探索的，例如对给定功能的另一种拓扑实现。对于每个拓扑，一条能量 - 延迟曲线可以由自下而上的方式去获得。对一组给定的性能和能量约束，架构探索过程可以选择最合适的实现方法。

针对这个要实现的功能，可以结合另外的拓扑结构的 *E-D* 曲线去定义一个组合、全局优化，权衡曲线（下图）。边界线是最优的，因为所有其他的点在同样的延迟上消耗了更多的能量，或者在同样的能量上却有更大的延迟。

其他结构的选择

E F′ F″ D

实现一个功能F有多种计算拓扑
- 例如：加法器、ALU、乘法器、触发器、角度函数
- 每个拓扑都有自己的*E-D*曲线

E D

对于功能F绝对最优的*E-D*通过复合图获得
- 对于给定*E*或*D*以及工艺，无可置疑的针对F的最优实现

幻灯片 5.27

比方说，考虑加法器模块的情况，这往往是一个设计中性能和延迟最关键的部件。寻求最终的加法器结构在许多会议、期刊文章和书籍章节中均有提及。选项包括 ripple、carry-select、carry bypass 和多个形式的 look-ahead 加法器（和其他）等。在每一个小类别之中，又有别的设计选项必须确定，例如具体而准确的拓扑（例如 look-ahead 加法器的基）或者要被采用的电路形式。虽然看起来选项数量是很大的，在决策过程中采用一定的层次化让选择过程变得容易，甚至可能引导我们建立一些基本的选择规则和一些明确的理论。

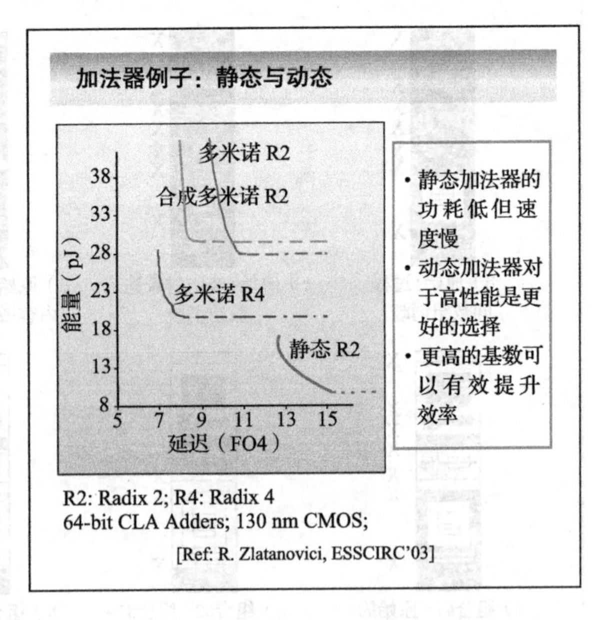

让我们考虑一个 64 位 carry look-ahead 加法器。设计参数包括基数（树中的扇出），以及该电路的形式。优化晶体管的尺寸大小和供电电压（使用第 4 章介绍的方法），可以得到每个选项的最优化的能量 - 延迟曲线，如幻灯片中的图所示。因此，决策过程被大大简化：对于高性能，使用较高基数的方案和动态逻辑，而静态逻辑和低基数作为低

能量解决方案的首选。这样的 *E-D* 探索的美妙之处是，设计人员可以依靠客观的比较而做出决定。

幻灯片 5.28

同样的方法也同样适用于决策层次中的较高层次。即使用 carry look-ahead 的拓扑结构，存在许多选项，一个例子是 Ling 加法器——它采用一些逻辑操作去获得更高的性能。再一次，一些广泛成立的结论可以建立起来。基 2CLA 加法器似乎很不吸引人。如果性能是首要目标，基 4 Ling 加法器是首选。

这些讨论的底线是，能量 - 延迟权衡可以变成一项工程性科学，而非一门黑色艺术。

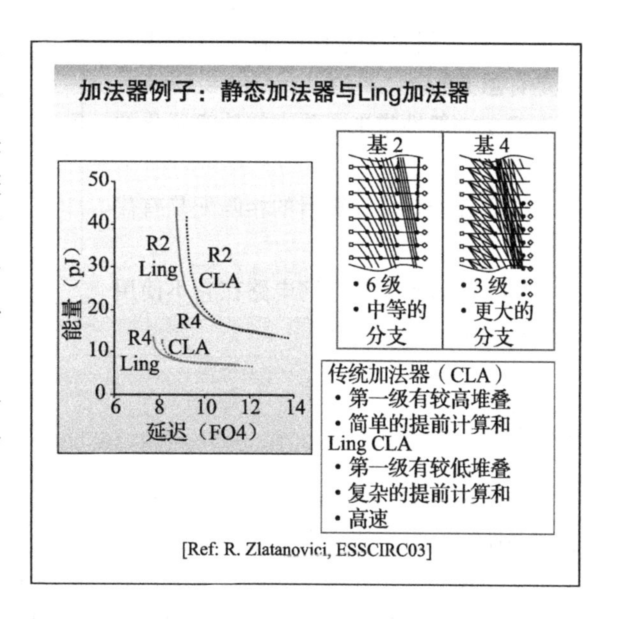

幻灯片 5.29

前述幻灯片中的绘图已经表明了一些架构的选项在各个方面都处在劣势，因此这些选项应该被设计师抛弃。这种低效率可能是由一系列原因，包括遗留或者历史问题、超标准设计、使用处于劣势的逻辑样式、处于劣势的设计方法等产生的。虽然这似乎是显而易见的，令人惊讶的是，效率低下的选项仍然在被频繁使用，原因往往是设计者缺乏知识或者缺乏探索能力，以及过于坚持已接受的设计范式和方法。

提高计算效率

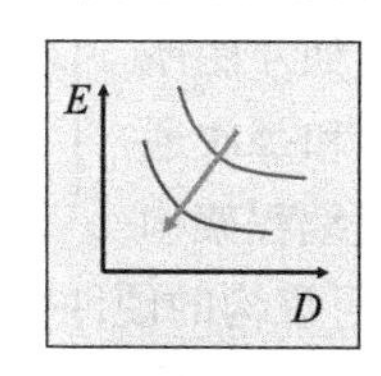

给定功能的实现可能低效，通常可以用更加有效的版本来取代并且不要付出任何能量和延迟的代价。

低效可能来自
- 过度设计
- 功能通用性
- 设计方法
- 有限的设计时间
- 对于灵活性、可重用性以及可编程性的需求

幻灯片 5.30

当谈到改善计算效率时，一些简单的和一般的准则是有效的。尽管幻灯片枚举了许多概念（它们在随后的数张中会更详细地讲解），但是把它们浓缩成为一些规律是有意义的。

（1）一般性带来了重大的效率恶化的代价。

（2）让架构与计算目的相匹配是有代价的。

（3）千万不要让任何电路在它不使用时消耗功率。

提高计算效率

一些简单的指导原则

- 匹配计算和架构
  - 目前都是专用设计更好
- 保留算法中的局部性
  - 从远处拿数据的代价很大
- 利用信号统计数据
  - 相关数据相比于随机数据带有很少的变化
- 按需求供能
  - 只在真正需要时花费能量

幻灯片 5.31

首先考虑让计算与架构匹配的问题。为了说明这一点，让我们考虑一个简单的二阶多项式的例子。在传统的冯·诺伊曼式处理器中，计算被拆开成一组连续的指令，对于一个通用的 ALU 进行时分复用。计算引擎的架构和算法的拓扑是完全无联系的，并且很少有共同点。将二者进行映射会带来可观的开销和低效率。另一个选项是让算法和架构直接匹配（如左图所示）。这样做的优点是每个操作和每次通信都不需要额外开销。这样的可编程架构称为“空间编程”，它最适用于可重构的硬件平台。前一种方法称为“时间编程”。我们将在后面看到，二者之间的能量效率的差异是非常巨大的。

使计算和架构相匹配

- 计算架构的选择可以显著地影响能量效率（接着看）

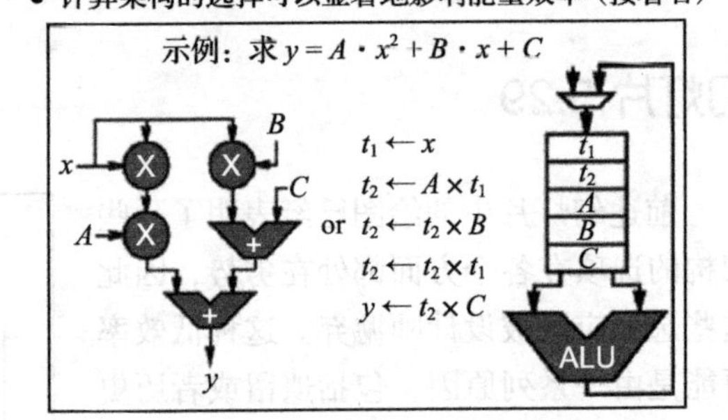

幻灯片 5.32

另一个让算法与架构匹配的例子是字长的选择。大多数可编程处理器具有固定字长（16、32、64 位），尽管实际计算量可能需要得少得多。在执行过程中，这导致了相当大的开关能量（以及漏电流）被浪费。如果计算引擎可能要么匹配，要么调整到算法的需求，则这种浪费是可以避免的。

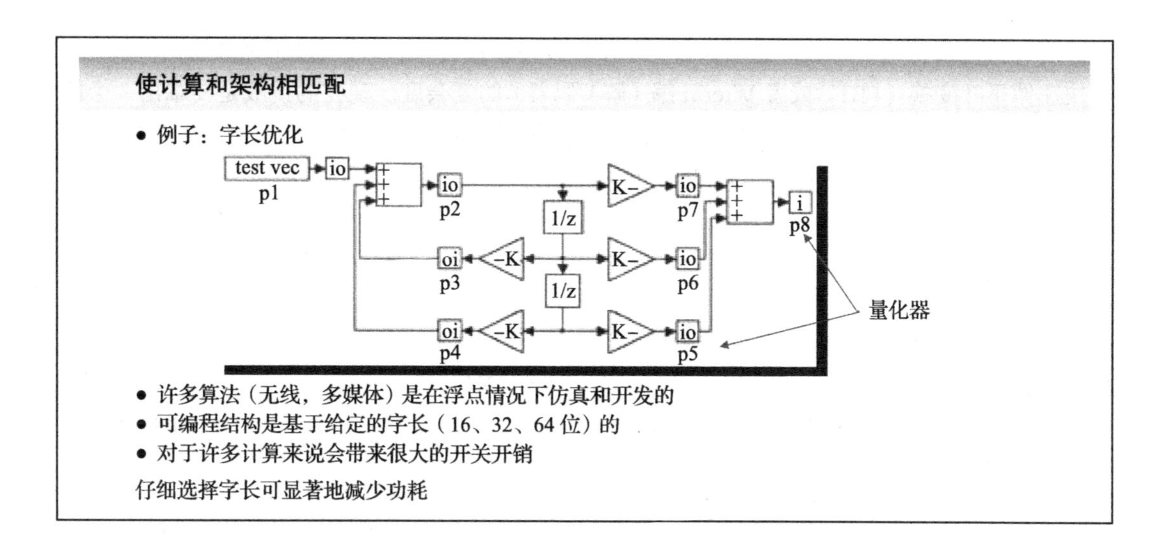

幻灯片 5.33

为了说明到目前所讨论的架构优化的影响及其相互作用，我们用一个针对多输入多输出（MIMO）通信的奇异值分解（Singular-Value Decomposition，SVD）处理器［D. Markovic’, JSSC’07］作为案例。多天线技术用于改善鲁棒性或增加无线链路的容量。链路鲁棒性的改善是通过对多条传播路径上的信号进行平均实现的，如图所示。被平均的路径的数量可以通过向多个天线发送相同信号而人为地增加。甚至更为积极的做法是，在发射天线上发送独立的和仔细定制的数据去进一步增加。这称为空间复用。

在 MIMO 系统中，信道是一个复杂的转移矩阵 $\boldsymbol{H}$，它由每组天线之间的转移方程所构成。$\boldsymbol{x}$ 和 $\boldsymbol{y}$ 是 Tx 和 Rx 符号的向量。给定 $\boldsymbol{x}$ 和 $\boldsymbol{y}$，问题是如何估计这些空间子信道的增益。提取空间复用增益的最佳的方式是使用奇异值分解。

但是这个算法相当复杂，而且涉及数百个加法和乘法运算，并且包括除法和平方根运

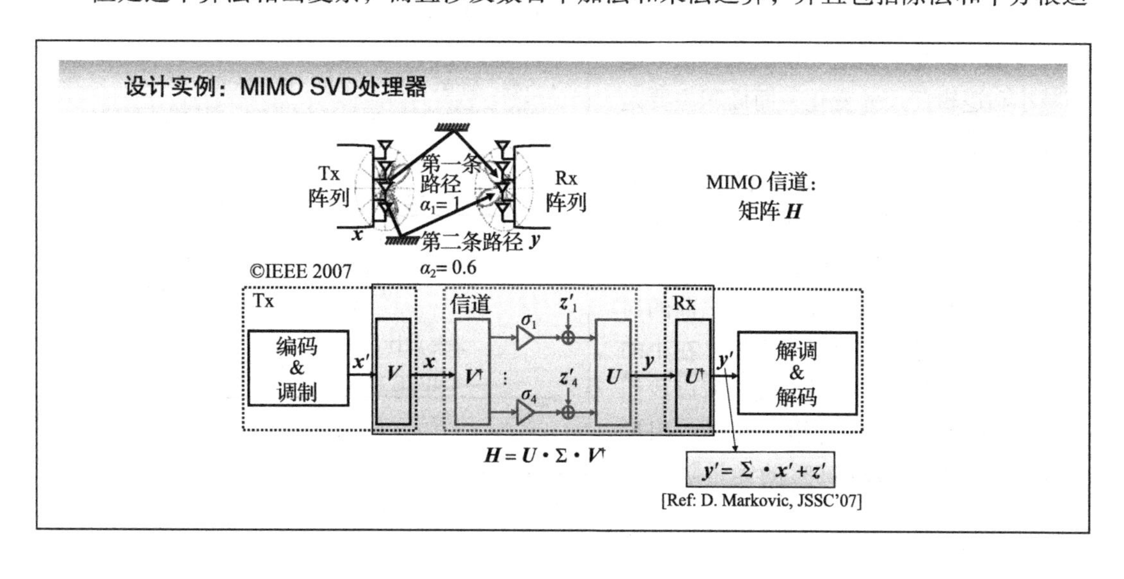

算，所有这些都将以实时数据速率执行（即在数百兆赫兹）。这远远超过了标准通信模块（比如快速傅里叶变换（FFT）或者 Viterbi 编（解）码器）的复杂度。现在的挑战是要拿出一个能量高效和节省面积的架构。在这种特殊情况下，我们研究了多天线算法，它们可以用 4×4 天线系统，在 16 个频率子信道实现 250Mb/s 的速率。

幻灯片 5.34

这张幻灯片说明了如何使用各种优化技巧，用最小的功耗和面积去实现目标速度。这个过程开始于一个完全并行的实现，它非常大而且过快。过剩的性能用于交换面积和能量节省。定性地讲，字长优化降低了面积和能量；交错和折叠主要影响面积，并且对能量有小的影响（这张简化图中忽略了这个影响）；逻辑门尺寸主要影响能量（基于标准单元的设计面积有小的改变）；最后，电压减小对能量有重大影响。

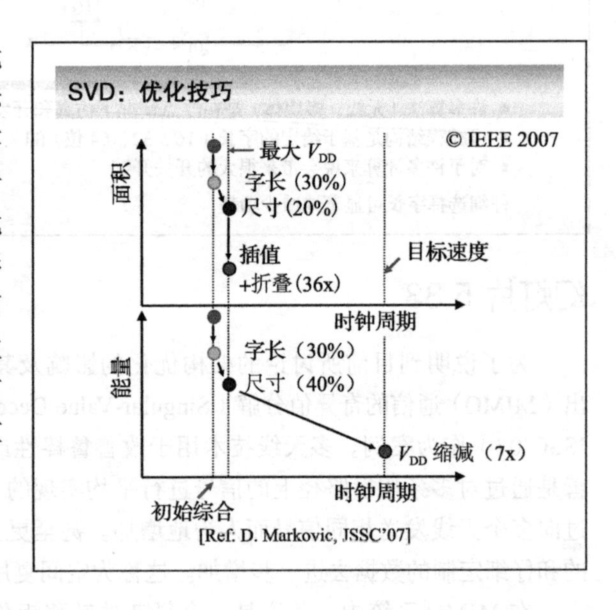

幻灯片 5.35

能量－延迟－面积图是一种方便观察各个优化步骤的组合效果的方法。如幻灯片所示，能量上的主要影响来自供电电压减小和逻辑门尺寸变化，而面积主要是由交错和重叠减小。

过程如下：从一个 16 位的算法实现开始，字长优化产生了 30% 的能量和面积减小。下一步是逻辑综合，这包括逻辑门尺寸变换和供电电压优化。从之前的讨论中，我们知道，相对最小延迟，在小的延迟增量上，尺寸变换最有效，所以我们用 20% 时间松弛并执行增量编译，用尺寸变换的优势去换取 40% 的能量降低和

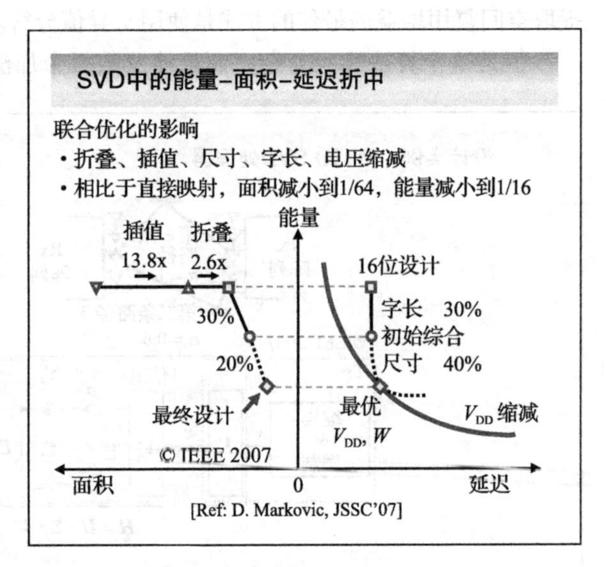

20% 的面积缩小。对于 1V 电压标准单元被特征化，所以我们把时序要求转化到电压上。在最佳的 V_{DD} 和 W，尺寸变化和 V_{DD} 的能量 - 延迟曲线相切，这表示灵敏度相等。最终设计的面积是最初 16 位的直接映射设计的 1/64，同时所用能量是原来的 1/16。

幻灯片 5.36

实现 SVD 算法的芯片的实测性能数据在这张幻灯片中展示。用一个 90nm CMOS 工艺去实现，最优的供电电压是 0.4V，此时时钟频率是 100MHz。该芯片实际的工作电压可以降至 255mV，在 10MHz 下运行。最坏情况下，漏电功率是总功率的 12%，时钟功率是 14mW，包括漏电流。

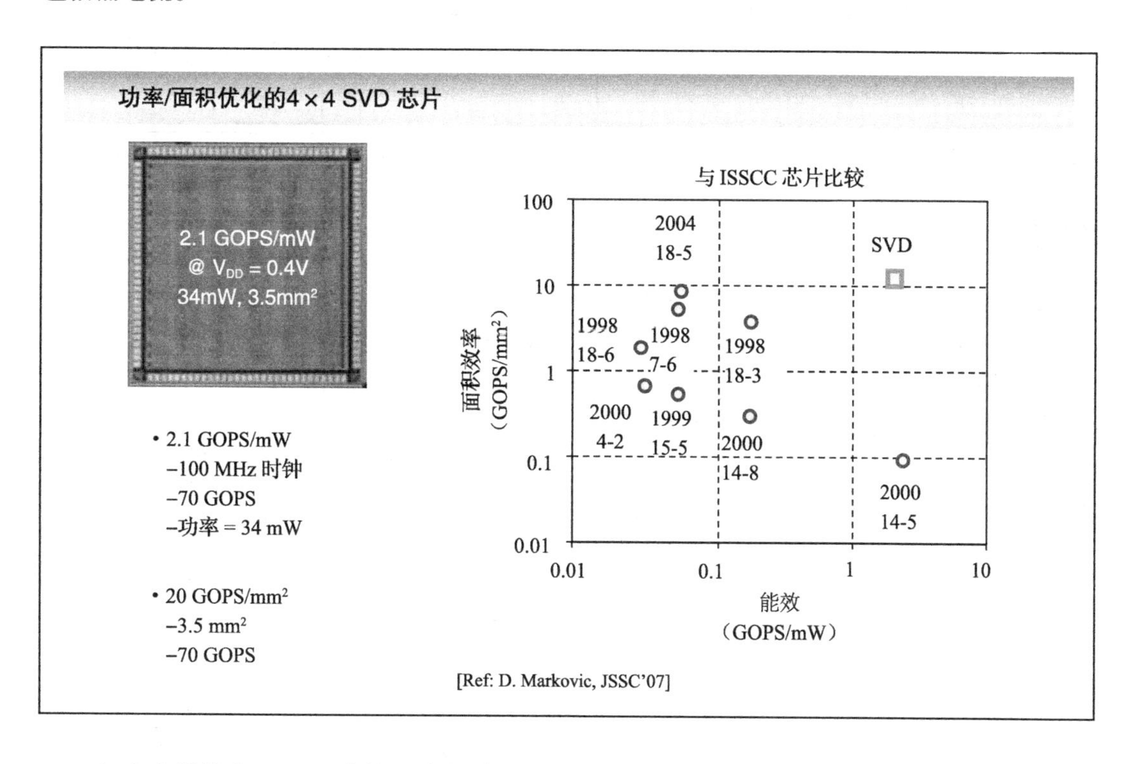

与来自媒体和 ISSCC 会议无线领域的定制芯片相比较，显示出了这个优化组合所带来的设计优化，可同时在面积和能效上胜出。出版的年份和论文标号图中有注明：此图用 90nm、1V 工艺进行了归一化。

幻灯片 5.37

保持局部性是另一种增加架构效率的机制。这其实并不只对功率成立，也帮助性能和面积的改进（换句话说，一种双赢）。不论任何时候一个数据片或者指令都必须从很远的地方获取，这是以能量和延迟为代价的。因此，保持相关的或经常使用的数据及指令靠近它们被处理的位置是一个好的办法。这就是，比如存储器层次结构（如多级高速缓存）背后的主要动机。

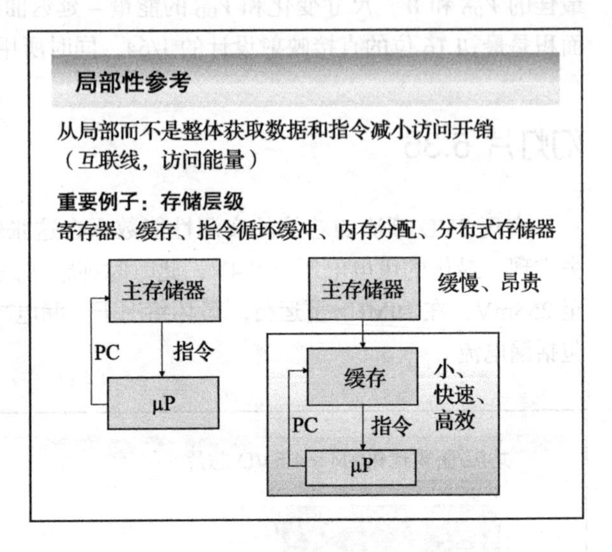

幻灯片 5.38

指令循环缓冲（ILB）的例子可以说明数字信号处理器（DSP）的局部性的效果。许多 DSP 算法，比如有限脉冲响应（FIR）滤波器、关联器和快速傅里叶变换（FFT）可以描述为只有少数指令的短循环，不需要从很大的指令存储器或缓存中获取指令。更节省能量的做法是，在首次执行循环时，把这些指令载入一个小的缓存中，然后在随后的迭代中从缓存中获取指令。

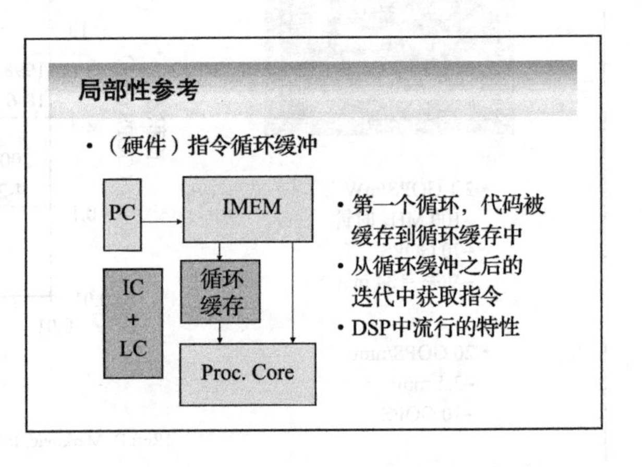

幻灯片 5.39

对于数据局部性，这种思想也是成立的。有时候，仔细重新组合算法或者代码就足以实现大的好处——而无需任何额外的硬件支持。例如，考虑图像或者视频处理的情况，许多算法需要对于视频帧首先在水平方向遍历，接下来在垂直方向遍历。这就要求中间结果要存储在一个帧缓存器中（这可以相当大），意味着对规模很大的静态随机存储器（SRAM）进行许多次访问。如果代码可以被重组（手动或者编译器产生）去遍历两次水平的数据，中间的存储需求将显著减少（即转化为一个单线），从而带来了能量节省和性能改善。

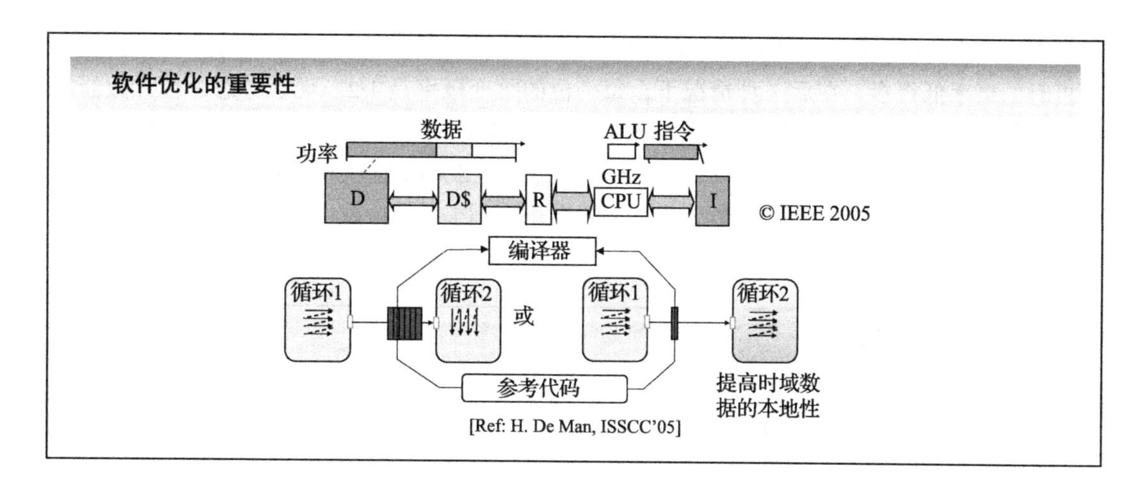

幻灯片 5.40

其实在通用架构上，比如 Pentium 处理器，对数据局部性进行优化的影响也会很大。从通用的 MPEG-4 参考代码开始，通过一系列软件转换，内存访问次数以因子 12 减少。这几乎直接转化为能量节省，同时将性能提高几乎 30 倍。

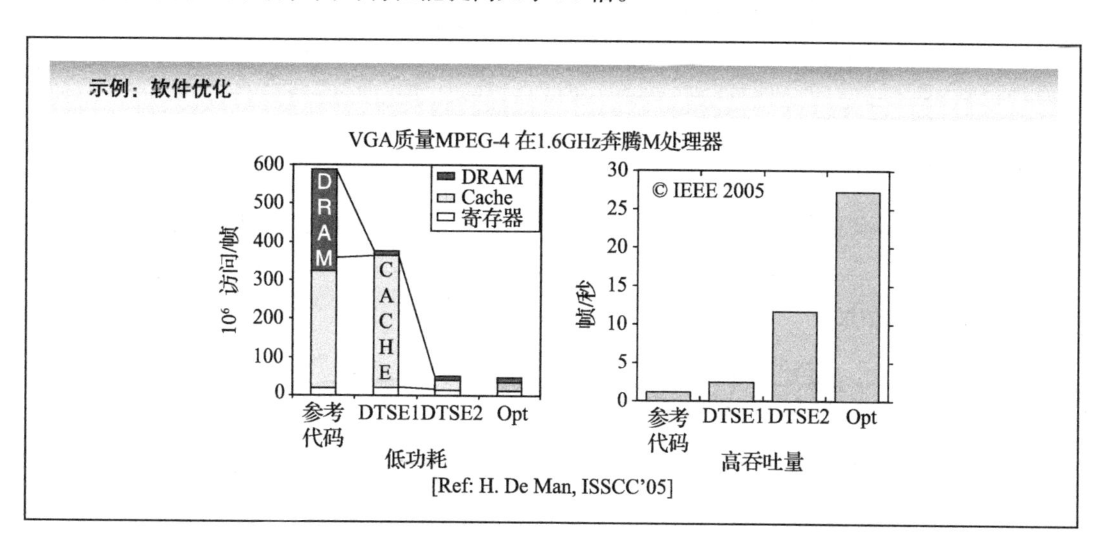

幻灯片 5.41

架构优化也可以用来减小活动因子——它是动态功率部分的重要组成。实际上，仔细考虑许多集成电路时，我们可以发现大量假的活动，它们对计算有很少甚至没有意义，它们中的一部分是架构选择所带来的直接后果。

一个简单的例子可以帮助说明这一点。许多数据流具有时间相关性。此类实例有语音、视频、图像、传感器数据。在这种情况下，从采样到采样之间一个位跳变的概率比数据完全随机时的概率低得多。在后一种情况下，每一位的跳变概率是1/2。现在考虑N位计数器的情况。平均转换概率等于$2/N$（对于大的N），对于$N>4$的时候，它比完全随机情况要低得多。

在同一总线上时分复用两个或多个不相关的数据流破坏了这些相关性，并且把每个信号变成随机信号，从而让活动因子最大化。当数据是强相关（且负载电容很大）时，多数情况下应该避免时分复用。

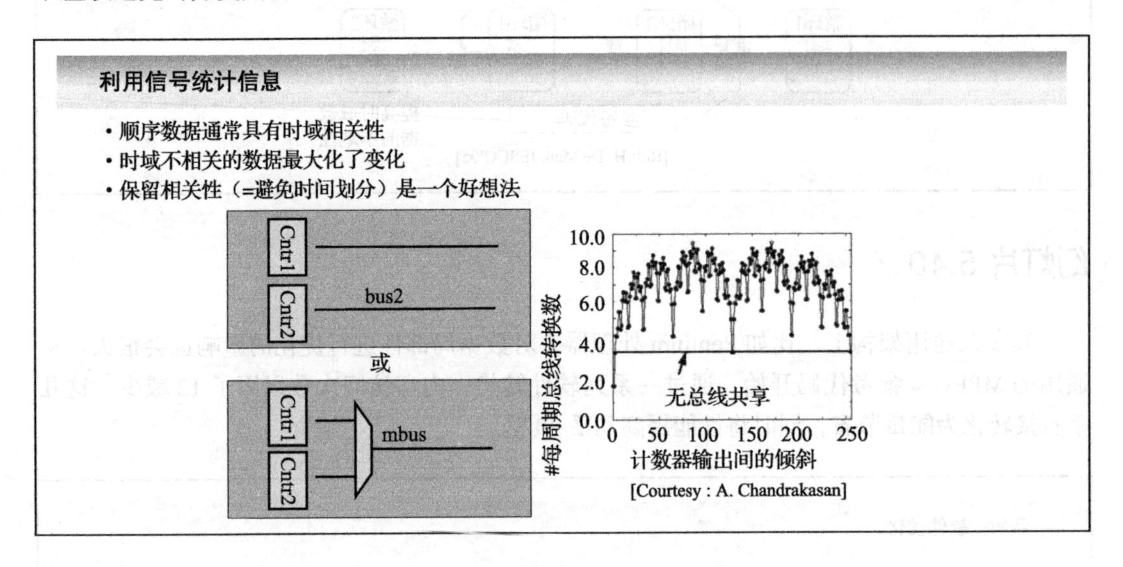

幻灯片 5.42

数据相关性如何能帮助减小活动因子的另一个例子展示在下面这张幻灯片上。在信号处

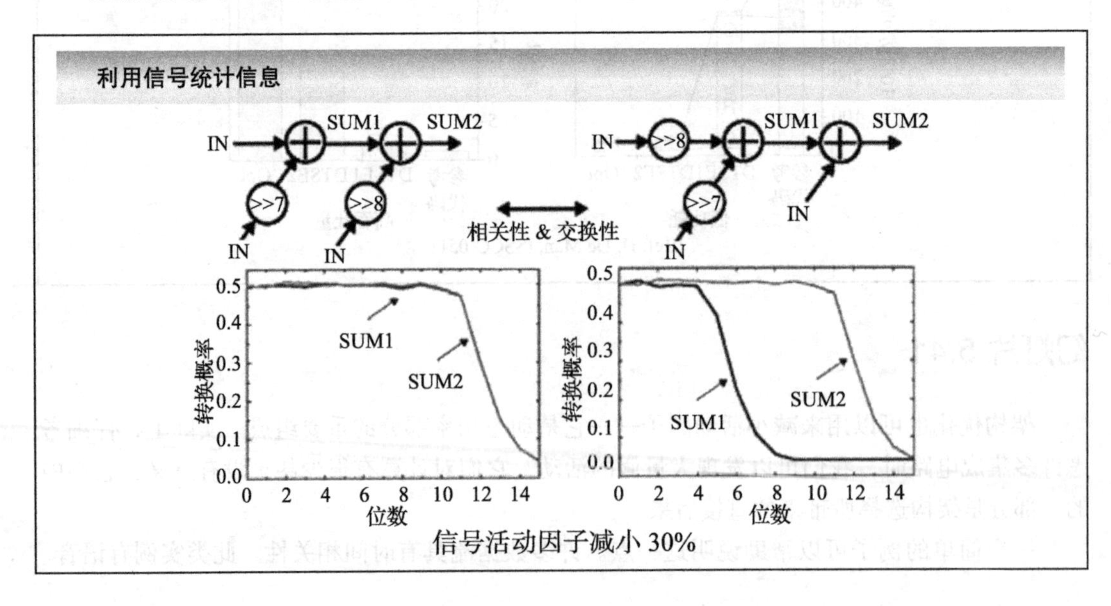

理程序中，与固定值相乘经常可转化为一系列加法和移位运算。这样避免了使用昂贵的乘法器，更快，更节省能量。添加这些数字的顺序（由于加法结合律，这个顺序是任意的）影响了逻辑网络的活动因子。通常情况下，最好是先结合紧密相关信号（如 x>>8 和 x>>7），因为这样保留着相关性并且减少了假的活动因子。

幻灯片 5.43

能量低效的一个主要原因是当代集成电路和系统要提供“灵活性”和“可编程性”。虽然从经济和商业角度来看，可编程性是一个非常有吸引力的提议，它带来了巨大的效率降低的代价。设计的挑战是推导出有效的架构，它把灵活性、可编程性和计算效率结合起来。

灵活性的代价

- 可编程解决方案很有吸引力
  - 更短的上市时间
  - 更高的复用性
  - 实时更新（重新编程）
- 但是随之而来的是很大的效率成本
  - 每个功能的能量和每个功能的吞吐 - 延迟显著高于定制实现
- 如何结合灵活性和有效性
  - 简单处理器 vs. 复杂处理器
  - 从“完全灵活”到“部分定制”
  - 并行 vs. 时钟频率
  - 新架构方案，如可重构

幻灯片 5.44

要对灵活性进行量化并不简单。对于给定的架构，唯一的、真正的评估灵活性的方式是，用一系列有代表性的应用程序或者基准集去分析它的性能指标。合适的框架是我们的能量 - 延迟图，用一根额外的“应用程序轴”进行扩展。专用或者定制架构只执行一个应用程序，并产生一条单一的能量 - 延迟曲线。对于更灵活的架构，每个测试程序都可以产生一条能量 - 延迟曲线。一个（首选的）选择是，由这些曲线的平均值去代表架构。另一种选择是，使用所有的应用程序的 E-D 图的外围。

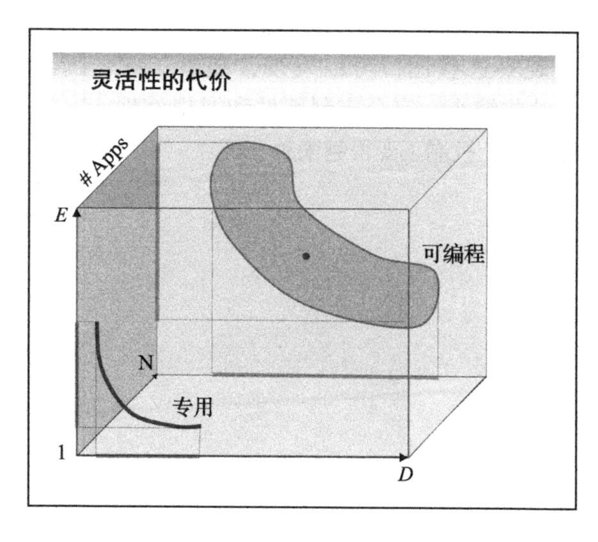

幻灯片 5.45

无论选择何种表示方法，当相同应用在可编程处理器上和用定制电路方法实现时，能量–延迟曲线通常相距甚远。已经被多次报告的是，对相同的（速度）性能，不同实现方法的 E_{OP}（用 MIPS/ 毫瓦或 MOPS/ 焦耳来衡量）可以相差三个数量级，完全定制实现在最小端，而通用处理器在另一个极端。为了填补二者之间的差距，设计人员想出了一些中间方法，比如专用指令处理器（Application-Specific Instruction Processor，ASIP）和数字信号处理器（DSP），它们都用减少通用性去换取能量效率。例如，通过加入专用硬件和指令，一个处理器可以对某些类别的应用变得更高效，这以减少其他类型的应用性能为代价。更接近专用硬件的是可配置的空间编程方法，其中专用的功能单元被重新配置去执行一个给定的功能或任务。

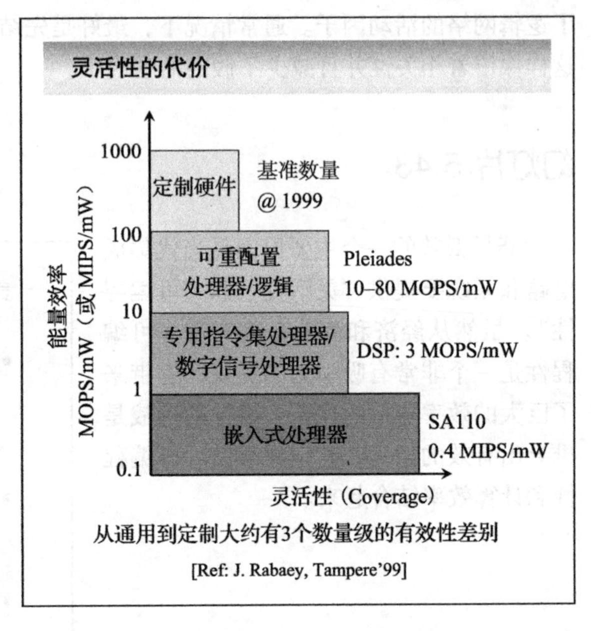

幻灯片 5.46

T. Claasen 和 H. De Man 在他们的 ISSCC 主题演讲中观察到了类似的比率。透过观察这些图，可以发现，随着工艺尺寸的缩小，完全定制硬件和通用处理器这两个极端正变得越来越分开。

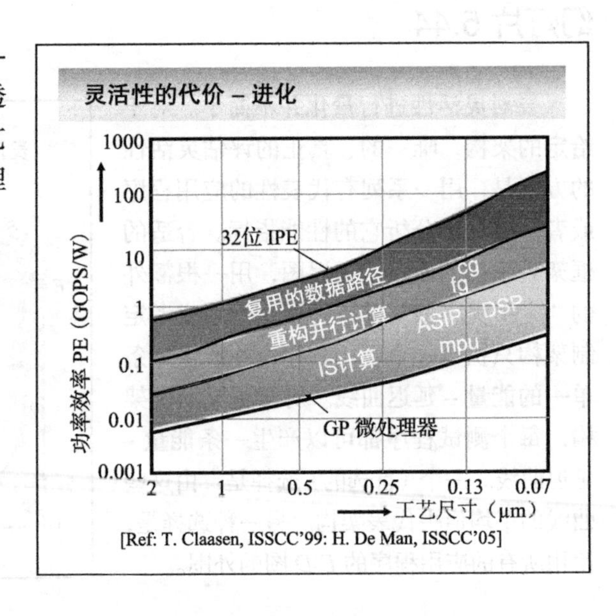

幻灯片 5.47

灵活性和能量效率之间的权衡可以由这个例子美妙地展示，它探讨了用于 CDMA（码分多址的实现方式接入）的各种相关器（correlator），比如用于 3G 蜂窝电话中。所有的实现都归一化到同一个工艺节点。用一个定制的模块去实现这一计算密集型的功能，每次执行所消耗的能量比用一个基于 DSP 的软件实现消耗的能量降低了大约 1/150。观察到面积开销也大幅降低。一个可重配置的解决方案变得更接近全定制，但是仍然需要 6 倍的能量。

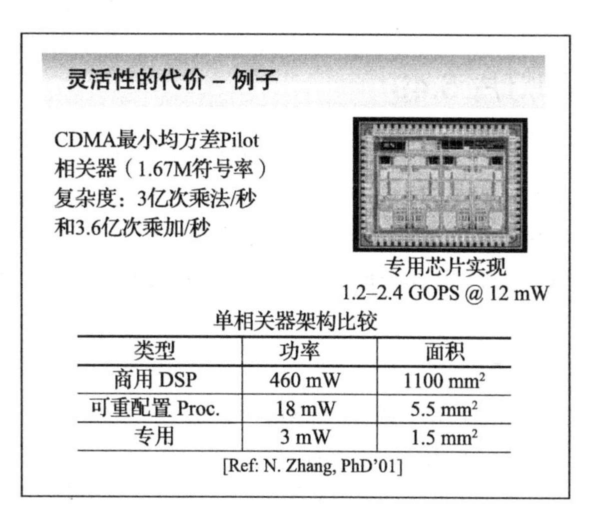

一个有节能意识的人可能想知道谁会使用这样低效的设计实现。然而，设计的权衡空间比仅仅是性能和能量要宽广很多。加入软件就增加了一个抽象层，从而允许更多的开发者去开发应用程序，同时减少将产品推向市场的时间和风险。事实上，随着纳米设计和制造变得前所未有的复杂和有挑战性，朝着更大的灵活性和可编程性发展的趋势是明显的。现在微体系架构和片上系统（System-on-Chip，SoC）的设计人员面临的最大挑战是如何有效地将二者结合起来。我们已经提过了采用并行架构。但是，可选的范围和选择项比这要宽得多。如果没有结构化的勘探战略，解决方案将大多是一个点对点的方案，这个决定依靠的是简单的通用法则或者完全凭直觉。

幻灯片 5.48

为了说明这个过程，让我们首先考虑在一个 SoC 中使用一个单指令处理器的情况。第一个选项是用一个通用处理器，它可以免费获得或者从知识产权（IP）公司获得。即使在受约束的框架下，一系列的选项也存在，比如选择数据路径的位宽或者存储器架构。如果能量效率是至关重要的，则要考虑进一步的选项，它们中的一些被展示在了这张幻灯片中，并将在随后的幻灯片中予以阐明。

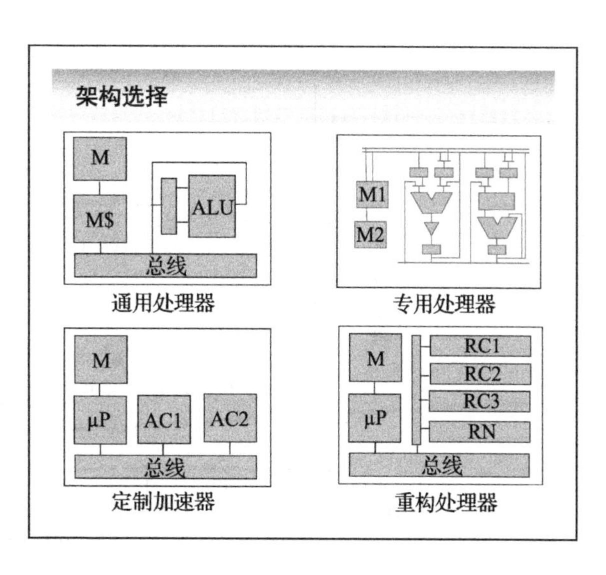

鉴于这些潜在的考虑，业界一直在积极地探索所有这些选项（以及许多其他的

选项）。在网络、通信和信号处理领域的公司都有它们自己的（不同的）处理器配方。许多创业型公司非常期待它们独有的理念带来完美的解决方案（和致富之路）。然而，只有少数人成功了。

幻灯片 5.49

首先考虑第一种情况，设计一个单一的通用处理器去覆盖一组具有代表性的基准。为了确定对于给定的性能或者 E_{OP} 要求，是否简单的处理器或者更复杂的处理器为最佳选择，可以采用结构化的探索方法。给定相关的设计参数，一组有实际意义的实例可以产生、综合并且被提取（引自（David Blaauw））。通过对获得的实例在一组基准上仿真并取平均值，就可以获得能量 - 延迟指标。

简单的处理器 vs. 复杂的处理器

- 最好用能量 - 延迟曲线
- 对于每个提出的架构和参数集，确定在一系列参考设计下的平均能量 - 延迟
- 现代计算机辅助设计工艺允许快速综合和分析
  - 这会带来公平的比较
- 例子：Subliminal 项目 - 密歇根大学
  - 基于如下参数来探索处理器架构：流水线级设计的深度和数量；存储器架构——冯 · 诺伊曼或哈佛；ALU 字长（8/16/32）；有或者没有独立的寄存器

幻灯片 5.50

每个处理器实例是架构的能量 - 空间中的一个点。有了足够的具有代表性的点，我们

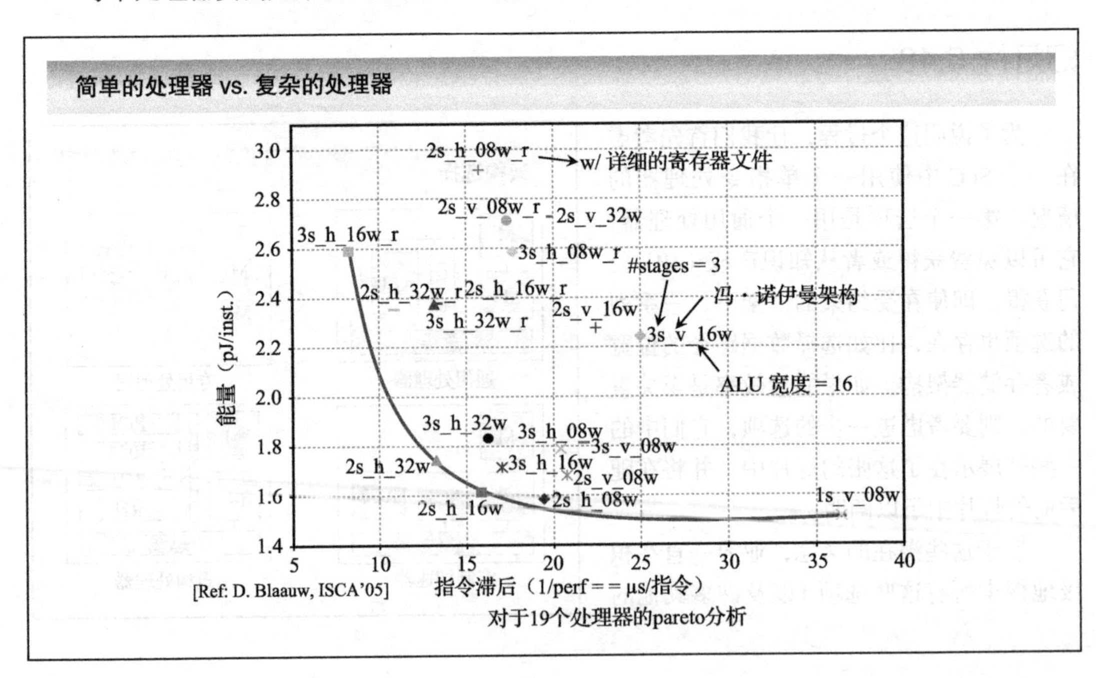

看到共同的曲棍球棒形状的 pareto 最优曲线开始出现。可很快看出亮点：对于绝对最低的能量，选择最简单的处理器；对于最高性能，选择最复杂的处理器。此外，有大量的处理器选项在任何角度下看都不是最优的，因此应该立刻否决掉它们。在这张幻灯片所示的结果再次表明，能量 - 延迟权衡的游戏以相同形式发生在各级设计层次上。

幻灯片 5.51

为了进一步改进能量效率并扩展能量 - 延迟空间，处理器可以进行微调，以更好地适合它面向的应用范围的子集（如通信、图形、多媒体或者网络）。通常，经常性的操作或功能要用数据路径中的专用硬件来实现，并引入特殊的指令。此外，寄存器、互联结构、存储器架构可以修改。这就带来了所谓的专用指令集处理器（ASIP）。

专用处理器

- 定制的处理器针对一部分应用更为有效
  - 存储器架构、互联线结构、计算单元、指令集
- 数字信号处理器是最知名的例子
  - 特殊的存储架构带来局部性
  - 数据路径针对向量乘法优化
- 这样的例子现在也出现在许多其他领域里（显卡、安全、控制，等等）

幻灯片 5.52

ASIP 的一个首要的例子是数字信号处理器（DSP）。这个概念在 20 世纪 70 年代后期由 Intel 和 AT&T 首先引入，最终在 TI 公司得以实现。虽然性能是最初的驱动力，人们很快意识到，专注于一个特定的应用领域（比如 FIR 滤波器、FFT、调制解调器和手机处理器）最终也带来了能量效率的提升。

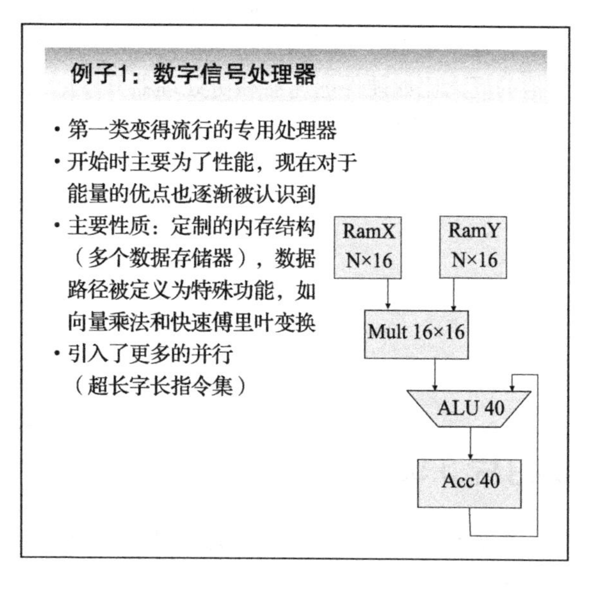

幻灯片 5.53

TI 的 Gene Frantz 由于第一个观察到 DSP 的能量效率每 18 个月翻倍而出名。这种改进是由工艺尺寸缩小和架构改进带来的结果，它几乎沿着通用处理器（GPP）相同的趋势。非常有趣的是，效率的改进在 21 世纪初开始饱和，这非常类似于 GPP 的性能。

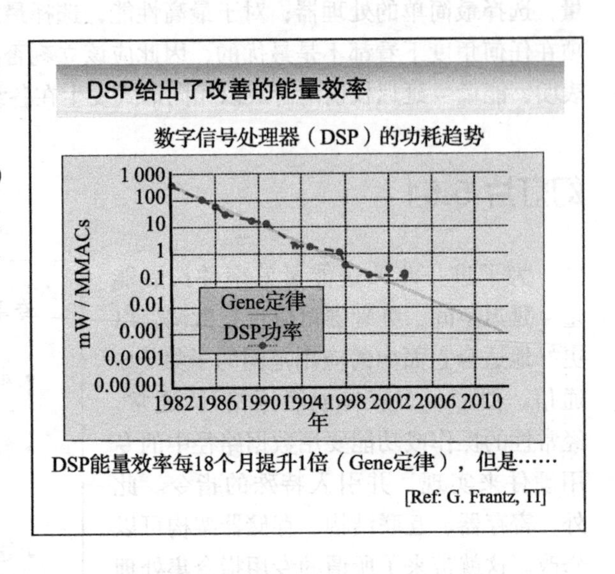

DSP能量效率每18个月提升1倍（Gene定律），但是……

[Ref: G. Frantz, TI]

幻灯片 5.54

用以前的设计去推测，到 2012 年 DSP 只需要 1mW/（MIPS）。鉴于现有的技术趋势，这是非常不可能实现的。实际上，近年来 DSP 概念受到严峻的挑战，其他的概念比如硬件加速器和协处理器开始有力地破土而出。

DSP性能

DSP	1982	1992	2002	2012 (?)
Techno (nm)	3000	800	180	20
# Gates	50K	500K	5G	50G
V_{DD}(V)	5.0	5.0	1.0	0.2
GHz	0.020	0.08	0.5	10
MIPS	5	40	5K	50K
MIPS/W	4	80	10K	1G
mW/MIPS	250	12.5	0.1	0.001

[Ref: G. Frantz, TI]

幻灯片 5.55

随着能量效率日益重要，ASIP 概念已经深入人心。一个非常诱人的选择是从通用处理器开始，基于所面向的应用范围，通过为数据路径添加专用硬件单元去扩充指令。这种方法的优势是，它是递增的。编译器和软件工具可以根据扩展的体系结构去自动更新。在某种意义上说，这种方法结合了时间的（通过利用通用处理器内核）和空间的处理（用专用的、并行硬件进行扩展）。

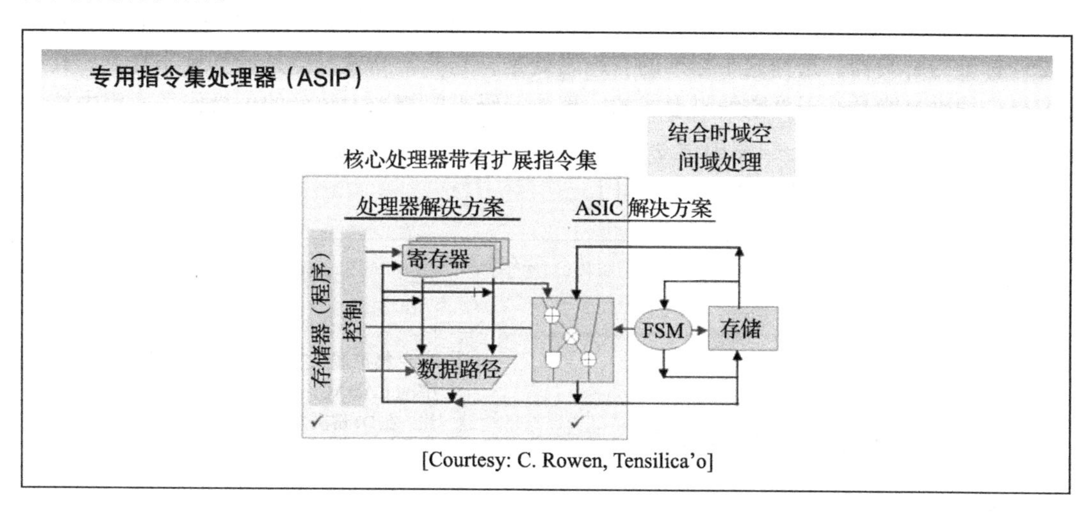

幻灯片 5.56

考虑一下，比如一个用于安全领域的处理器，它里面的 DES 加密算法是最显著的特点。给基本的处理器内核添加一个专用的扩展硬件模块，能有效地执行排列和 S 盒（这两种是 DES 算法的核心）。该额外的硬件只需要 1700 个额外的逻辑门。从软件角度来看，这些逻辑加法仅仅意味着需要 4 条额外的指令。然而这对性能和能量效率的影响是巨大的。

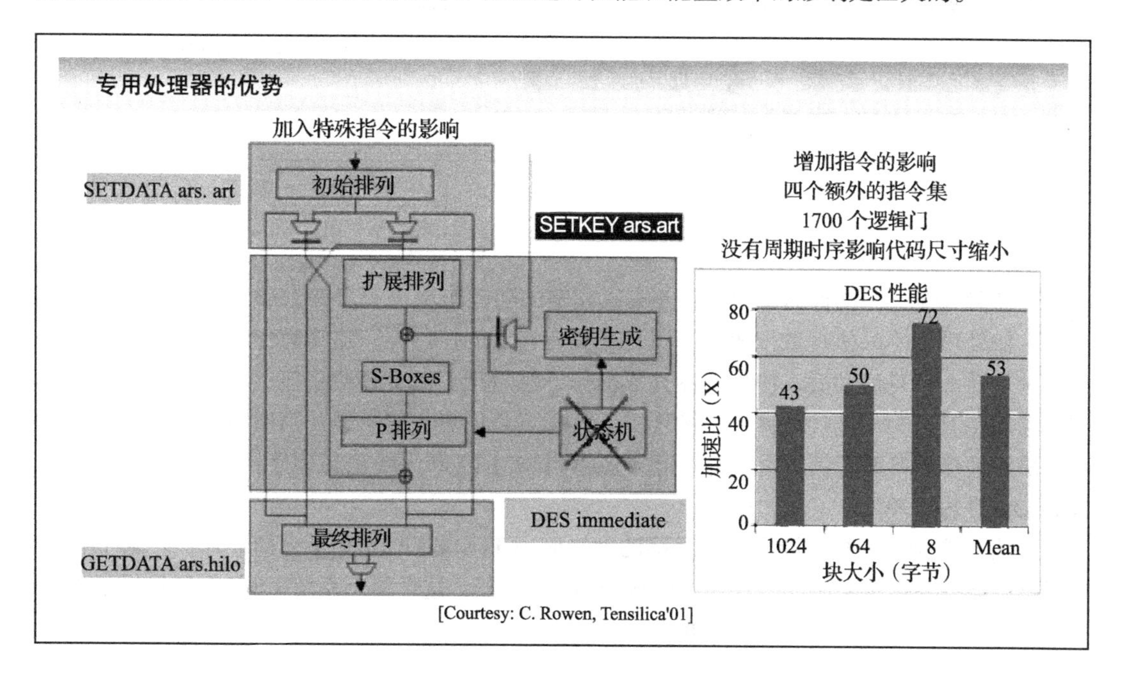

幻灯片 5.57

可扩展处理器方法的第二个和更新的例子是在视频处理器领域，尤其是在实现流行H.264标准的解码器。选择这个标准的有趣之处是，它非常高效，但是计算量非常大，其中CABAC编码装置是基于算数编码形成的。算数编码需要相当大数量的位操作，通用内核不能很好地支持它。添加一些专用指令让CABAC的性能改善了超过50倍，并且能量效率改善了30倍，而仅仅额外增加了2万逻辑门。

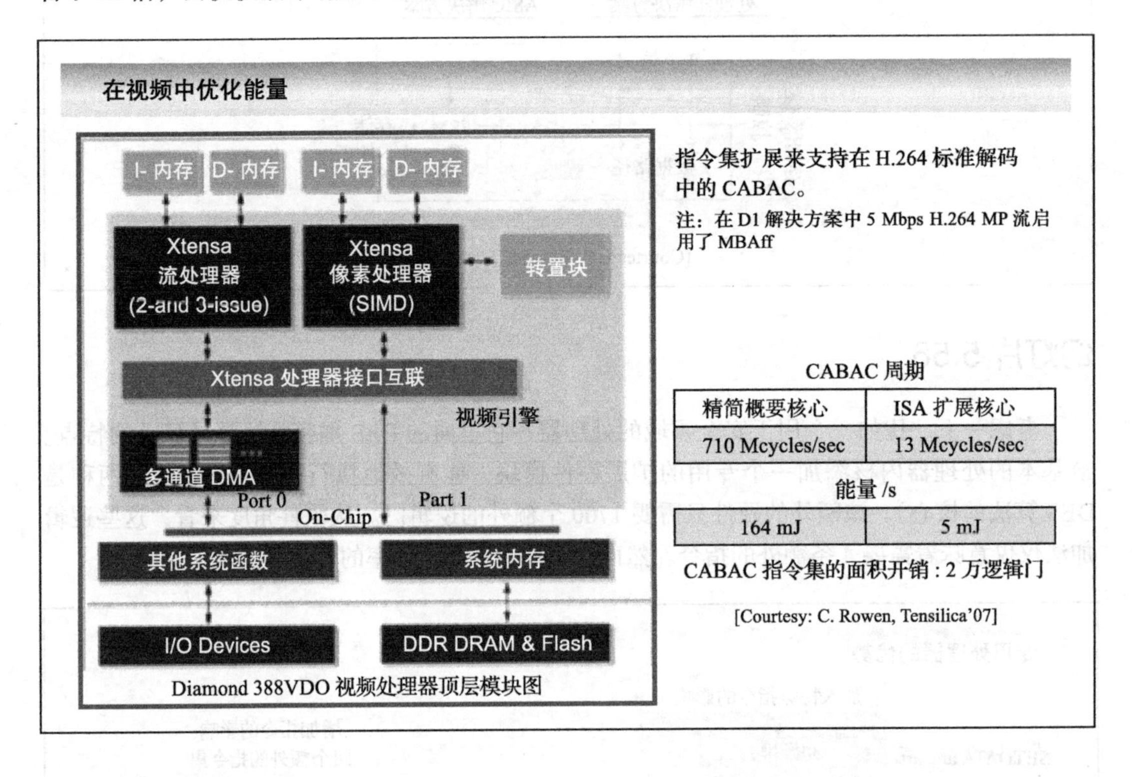

精简概要核心	ISA 扩展核心
710 Mcycles/sec	13 Mcycles/sec
164 mJ	5 mJ

幻灯片 5.58

用协处理器（通常称为加速器）去实现完整的功能是更进一步的做法。与扩展ISA不同的是，协处理器不只执行数据操作，而且还具有自己的控制器，这样运作起来就完全独立于核心处理器。一旦启动后，协处理器完成操作，然后把控制交还给主核。多数情况下，这些加速器用在具有大量迭代计算的小循环中。其优点是用更大的面积开销换回了更高的能量效率。协处理器的典型实例是用于宽带码分多址（CDMA）和无线正交频分复用（OFDM）(实现WiFi）中的FFT单元。

作为一个例子，我们展示了针对移动无线应用TI OMAP 2420平台的计算核。除了一个通用核心嵌入式核（ARM）和一个TI C55 DSP处理器，这个片上系统（SoC）还包括了数个用于图形、视频和安全功能的加速器。

硬件加速器

经常使用的功能被实现为一个专用模块并以一个协处理器形式使用

- 机会：网络处理，MPEG 编码 / 解码器，语音，无线接口
- 优势：具有定制实现的能量效率
- 劣势：增加面积开销

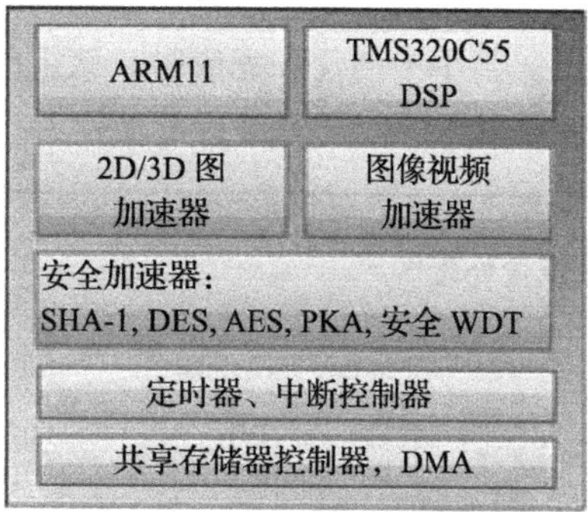

示例：TI OMAP 2420 平台的计算核

[Ref: OMAP Platform, TI]

幻灯片 5.59

加速器方法的有效性可以在这个（由 Intel 提供）例子中证明。它有一个用于流行的 TCP 网络堆栈的加速器。给定一个 2W 的功率预算，TCP 加速处理器的性能优于通用处理器的（它有 75W 的预算）。实际上，二者的差距随着时间推移越来越大（如已经在幻灯片 5.46 中看到的那样）。

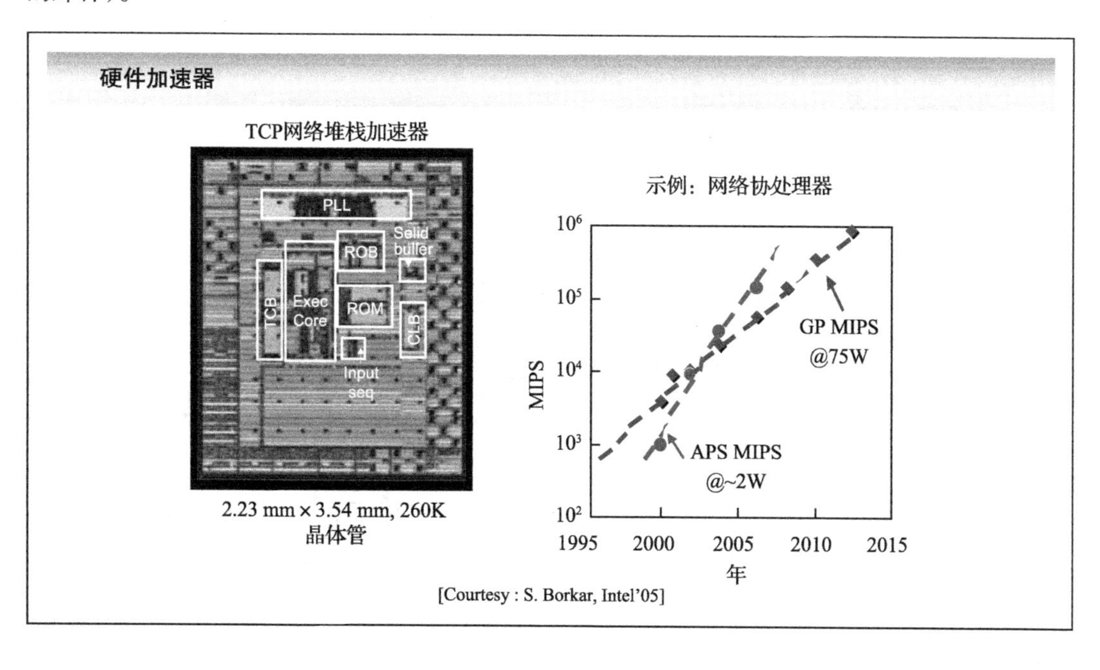

幻灯片 5.60

加速器方法最主要的缺点是，硬件开销——虽然它节能，但是专用加速器只在少数时间内使用，所以它们的面积效率非常低。可重配置空间编程提出了一种方法：能同时提供能源和面积效率，这个理念是通过把一系列功能单元组建成专用计算引擎，从而创建临时加速器得以实现的。当手中的任务完成时，该组件可分拆，计算单元可以被其他功能重复使用。它幕后的宗旨是基于每个任务进行重配置。

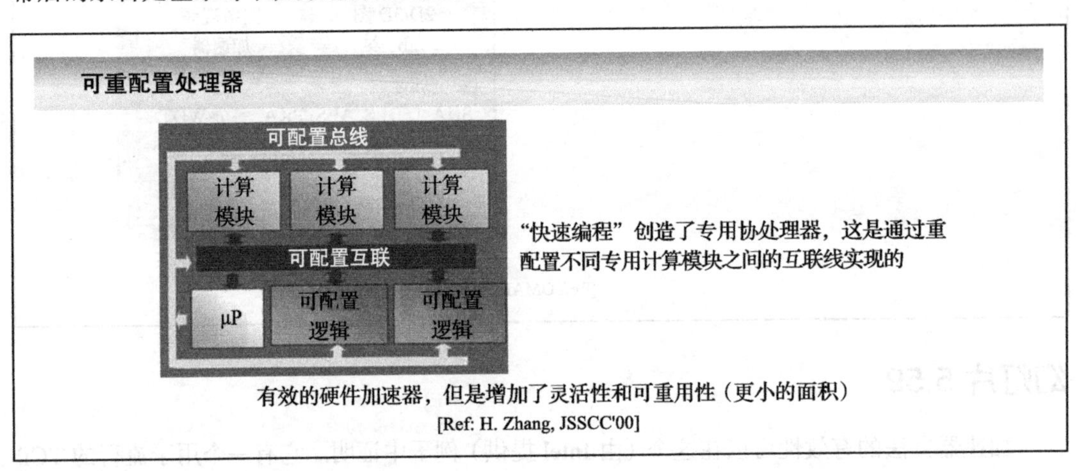

幻灯片 5.61

再给一个能很好诠释这个概念的例子。一些信号处理应用，比如语音压缩，需要对一个

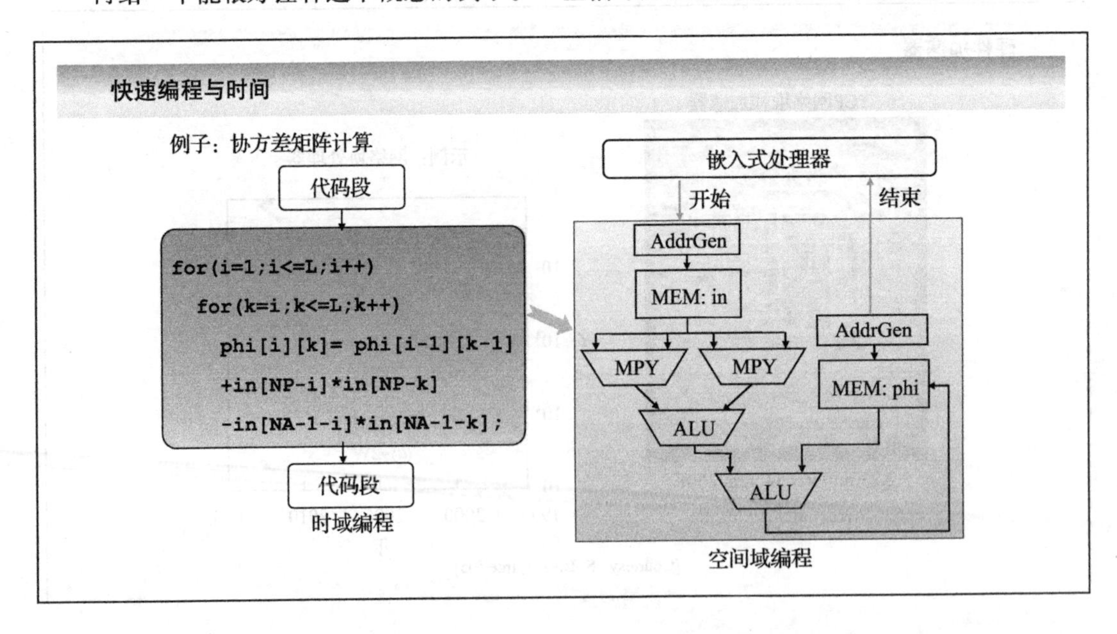

协方差矩阵做运算。左边展示了如何用顺序执行的“C”语言代码去实现这个功能。然而，不需要在一个顺序指令集处理器上实现，同样的功能可以用空间方法非常高效地实现，通过连接功能单元（诸如 ALU、乘法器、存储器和最重要的地址发生器）。从某种意义上讲，后者取代了嵌套循环的索引。观察到所有的单元都非常通用。创建一个专用功能需要两个动作：设定计算模块的参数和互联的配置编程。

幻灯片 5.62

把这个概念转化到硅片上的方法有许多。这张幻灯片展示了其中一种。目标应用领域为用于蜂窝电话的语音处理（今天，这个应用只代表一个移动通信器所需要的运算中的很小一部分，但是在 20 世纪 90 年代末它却是一件大事情）。这个片上系统（SoC）包括了一个嵌入式核（ARM）和运算单元阵列、地址发生器，以及各种内存储器条。为了提供更多的空间可编程性去实现小粒度的功能，两片 FPGA 模块都包括在内。把这些模块互相连接的最关键要素是可重配置网络。

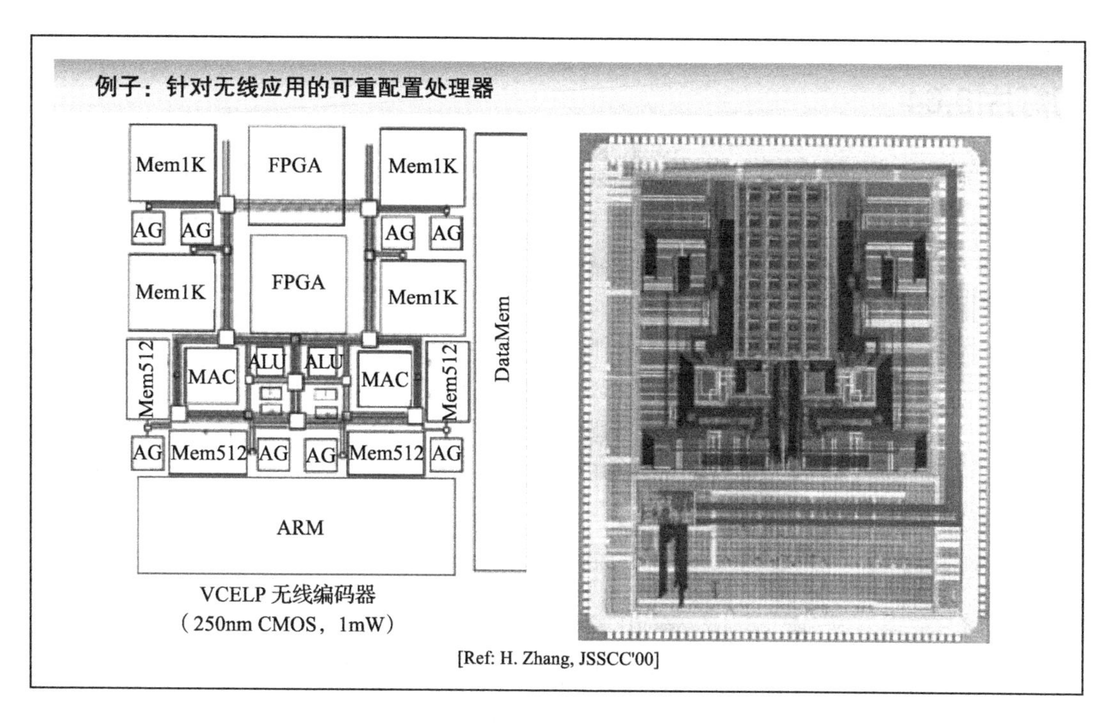

幻灯片 5.63

当把一个 VCELP 编码器映射到这个架构中时，它使得 80% 的计算周期可以用可重配置结构执行，而 20% 保持在 ARM 内核（还记得前面章节中提到的 Amdahl 定律）。比起用专用指令集处理器（ASIP）去实现相同架构，这种方法能得到差不多 20 倍的增益的净效果。

VCELP 音频编码器结果

VCELP 编码分解

功能	基本块 / 秒	ARM 8 周期（每块）	周期百分比
向量点积	2.7M	14	30.4%
滤波器	1.7M	16	21.4%
向量和乘以标量	1.1M	16	14.9%
计算代码向量	280K	32	7.4%
计算 *G*	180K	28	4.5%
顺序相反的点积	82K	16	1.1%
总共			79.7%

79.7%VCELP 编码可以映射到可配置数据路径

VCELP 能量分解

功能	VCELP 语音处理每秒耗能（mJ）
点积	0.738
FIR 滤波器	0.131
IIR 滤波器	0.021
核向量和乘以标量	0.042
计算代码	0.011
协方差矩阵计算	0.006
程序控制	0.838
总共	1.787

相比于最新的 17mW DSP

[Ref: H. Zhang et al., JSSCC'00]

幻灯片 5.64

可重配置加速器现在广泛应用在许多领域，包括大批量组件（比如 CD、DVD 和 MP3 播

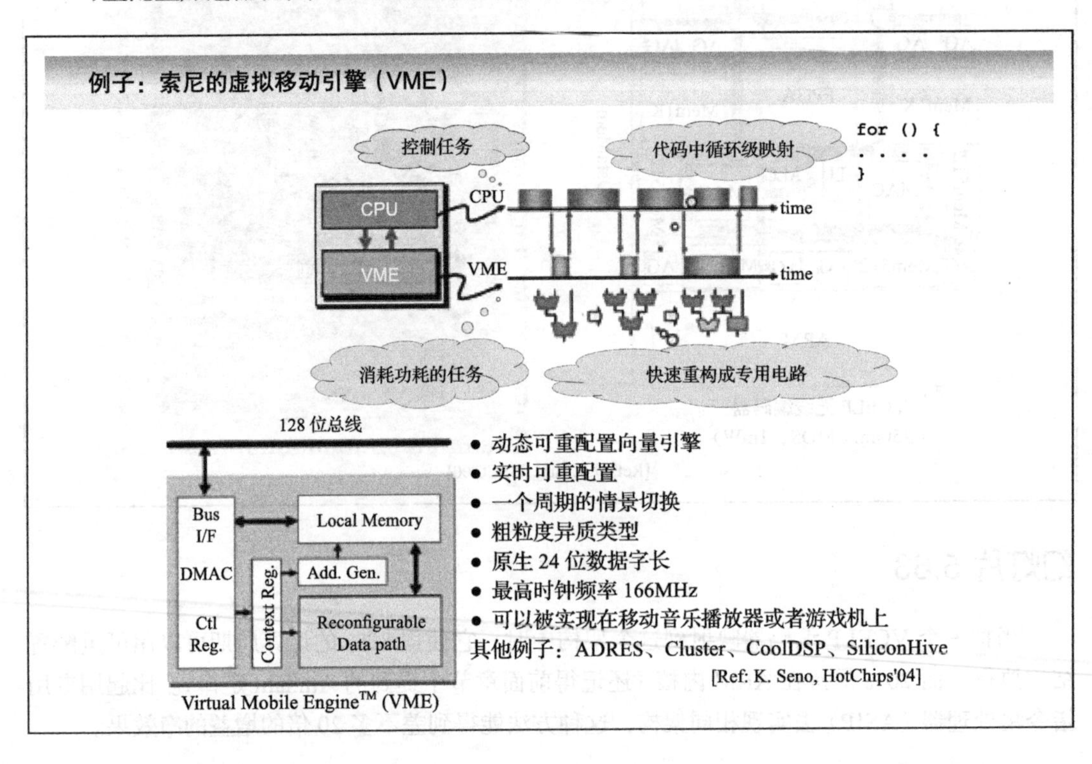

放器)。例如，索尼一直在它的许多消费电子应用中使用虚拟移动引擎（VME）架构。这种VME架构非常类似于前面的幻灯片中介绍过的可重配置处理器结构。快速地浏览一下今天的片上系统（SoC）架构可以看出许多例子都非常适合这个模型。

幻灯片 5.65

然而，ASIP和加速器的概念的有效性也同样被阻碍多核概念的那个因素所限制，即前面章节所介绍过的Amdahl定律。换句话说，能量效率的潜在增益被应用或者算法中完全顺序执行的部分所限定。通过明确描述并发性的输入语言、自动变换和算法的创新去提高并发性，是绝对必要的。

牢记：Amdahl定律仍然成立

- 其他架构（ASIP、加速器、重配置）的有效性取决于可以从通用处理器（GPP）改用而来
- 重复使用内核最为有效
- 80%-20%法则通常可行
- 变换可能有助于改善有效性
- 最重要的：代码开发和算法选择鼓励使用并行

虽然这并非新的概念，但是在过去的几年中它的紧迫性大幅度上涨。我们回想一下John Tukey（20世纪80年代流行的FFT算法的共同发明人之一）所说的："过去我们不得不集中精力去最大限度地缩小运算的次数，现在让一个算法变得并行和规范更为重要。"

幻灯片 5.66

把前面提到的所有概念放在一起，是一些值得去分析的今天业界正用于嵌入式应用（比如多媒体和通信，它们都受到能量和成本约束）中的集成方案。为了减少设计时间和将产品推向市场的时间，业界已经接受了所谓的基于平台的设计策略［K. Keutzer, TCAD'00］。平台是可编程架构的一种结构化的方法。围绕一个或多个通用处理器和DSP以及一个固定的互联结构，针对一条特定的产品线，可以选择添加各种特殊用途的模块和加速器，从而确保得到所需的性能和能量效率。这种再利用极大地降低了新的设计成本和时间。

一个例子是针对多媒体应用的NXP Nexperia平台。该平台的核心是一个互联结构和双核（它们中任何一个都可以省略）：一个MIPS GPP和一个Trimedia DSP。Nexperia提供很大的I/O模块、内存结构以及固定/可重配置的加速器的库。现在该平台的许多版本被应用于高清电视、DVD播放器、便携式视频播放器，等等。

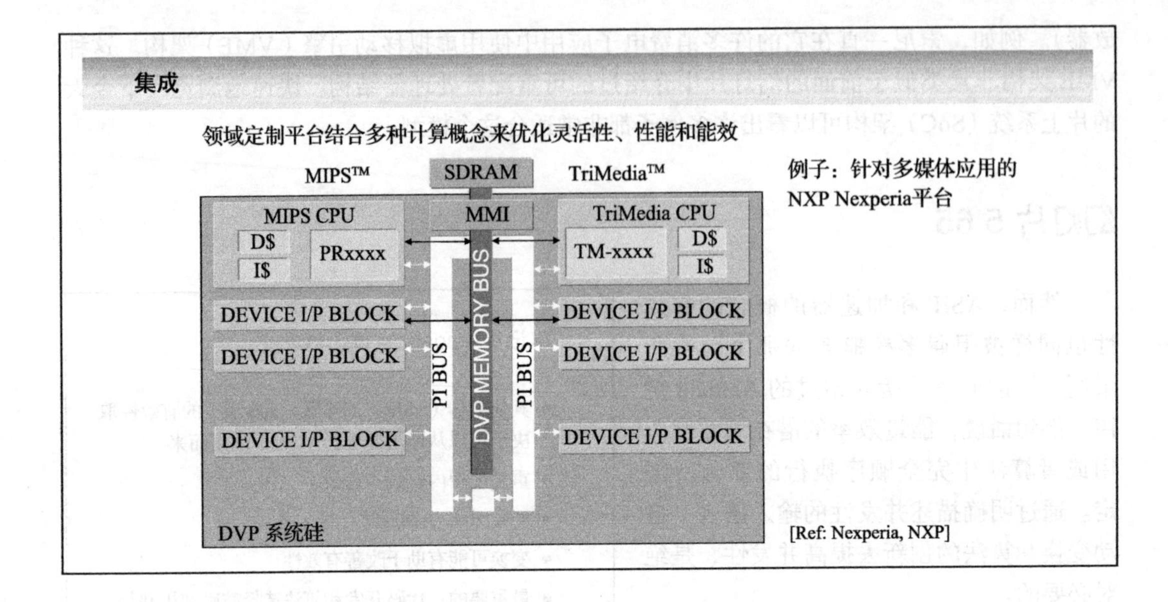

幻灯片 5.67

Nexperia 平台的一个实例是，一个为高清电视设计的多媒体处理器，它在下面展示。这个实现仅包括一个 DSP，没有 GPP。最有趣的是大范围的输入 / 输出处理模块与 MPEG-2 和

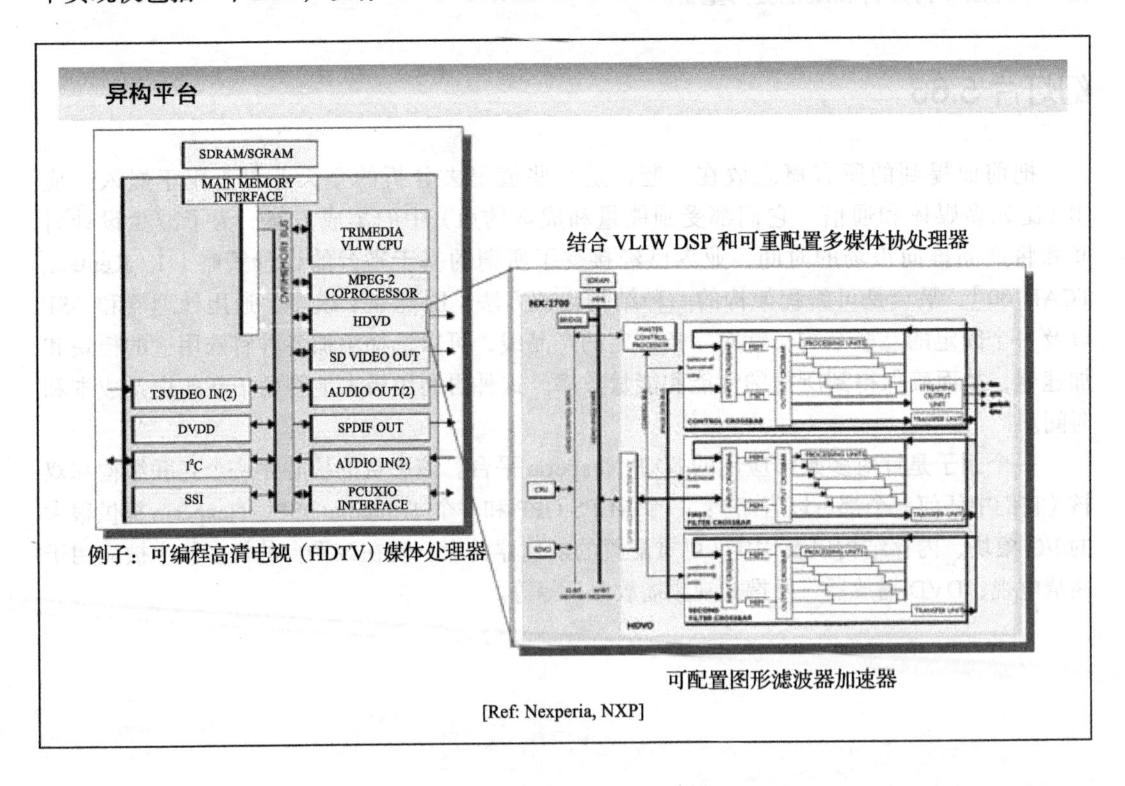

HDVO 加速器单元。后者是一个可重配置的用于图像过滤的协处理器，它以很低的面积开销使灵活性、性能和能量效率结合为一体。

幻灯片 5.68

高效节能的可编程平台方法的另一个例子是，前面已经提到的来自 TI 的 OMAP 平台。它的应用目标是无线通信领域。

随着无线便携设备拥有广阔的功能（从 MP3 播放器到 TV 到视频播放到游戏），以及广阔频谱的接口（3G 蜂窝、WiFi、蓝牙、WiMAX 等），可编程性和灵活性必不可少。同时，形状因素限制了可用能量的总量。功率上限为 3W，如第 1 章讨论过的那样。这张幻灯片展示了一个 OMAP 平台的实例（OMAP3430），它着重于提供图形和多媒体功能。

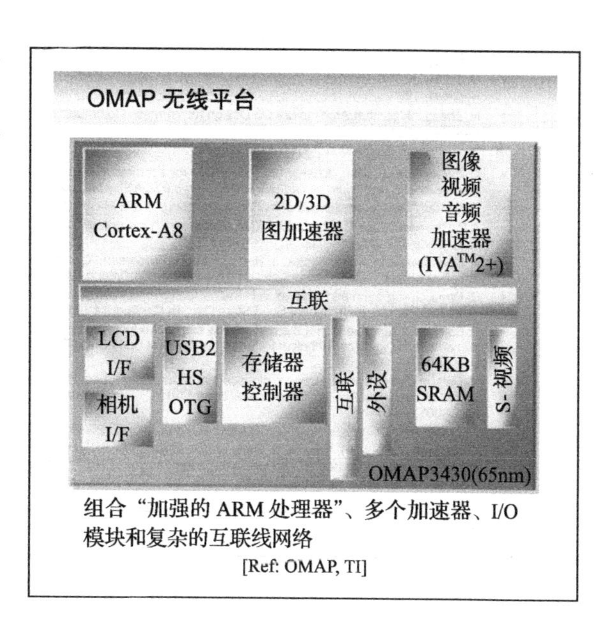

组合“加强的 ARM 处理器”、多个加速器、I/O 模块和复杂的互联线网络

[Ref: OMAP, TI]

幻灯片 5.69

总之，本章说明了架构和算法的创新是管理和减小能量消耗最有效的方法。此外，为了让这种创新成为日常设计过程中不可或缺的一部分，一种结构化的勘探策略是极其重要的（而非今日多数使用的点对点临时过程）。了解能量 - 延迟 -（面积，灵活性）空间的权衡能对简化这种方法有很大的帮助。

小结和观点

- 架构和算法优化可以带来能量效率的显著提升
- 并行是一个非常有效的方法在一定能量下能提升吞吐量或者以相同吞吐减小能量
- 高能效的架构针对经常复用的指令和功能进行定制实现

幻灯片 5.70 和幻灯片 5.71

一些参考文献……

参考文献

学位论文

- M. Potkonjak, "Algorithms for high level synthesis: resource utilization based approach," PhD thesis, UC Berkeley, 1991.
- N. Zhang, "Algorithm/Architecture Co-Design for Wireless Communication Systems," PhD thesis, UC Berkeley, 2001.

论文

- D. Blaauw and B. Zhai, "Energy efficient design for subthreshold supply voltage operation," *IEEE International Symposium on Circuits and Systems (ISCAS)*, April, 2006
- S. Borkar, "Design challenges of technology scaling," *IEEE Micro*, 19(4), pp. 23–29, July–Aug. 1999.
- A.P. Chandrakasan, S. Sheng and R.W. Brodersen, "Low-power CMOS digital design," *IEEE Journal of Solid-State Circuits*, 27(4), pp. 473–84, April 1992.
- A. Chandrakasan, M. Potkonjak, J. Rabaey and R. Brodersen, "Optimizing power using transformations", *IEEE Transactions on Computer Aided Design*, 14(1), pp. 12–31. Jan. 1995.
- S. Chou, "Integration and innovation in the nanoelectronics era, " Keynote presentation, Digest of Technical Papers, International Solid-State Circuits Conference (ISSCC05), pp. 36–41, Feb. 2005.
- T. Claasen, "High speed: not the only way to exploit the intrinsic computational power of silicon," Keynote presentation, Digest of Technical Papers, International Solid-State Circuits Conference (ISSCC99), pp. 22–25, Feb. 1999.
- H. De Man, "Ambient intelligence: gigascale dreams and nanoscale realities," Keynote presentation, Digest of Technical Papers, International Solid-State Circuits Conference (ISSCC '05), pp. 29–35, Feb. 2005.
- G. Frantz, http://blogs.ti.com/2006/06/23/what-moore-didn%e2%80%99t-tell us-about-ics/
- K. Keutzer, S. Malik, R. Newton, J. Rabaey and A. Sangiovanni-Vincentelli, "System level design: orthogonalization of concerns and platform-based design," *IEEE Transactions on Computer-Aided Design of Integrated Circuits & Systems*, 19(12), pp.1523–1543, Dec. 2000.

参考文献

论文（续）

- T. Kuroda and T. Sakurai, "Overview of low-power ULSI circuit techniques," *IEICE Trans. on Electronics*, E78-C(4), pp. 334–344, April 1995.
- D. Markovic, V. Stojanovic, B. Nikolic, M.A. Horowitz and R.W. Brodersen, "Methods for true energy-performance optimization," *IEEE Journal of Solid-State Circuits*, 39(8), pp. 1282–1293, Aug. 2004.
- D. Markovic, B. Nikolic and R.W. Brodersen, "Power and area minimization for multidimensional signal processing," *IEEE Journal of Solid-State Circuits*, 42(4), pp. 922–934, April 2007.
- Nexperia, NXP Semiconductors, http://www.nxp.com/products/**nexperia**/about/index.html
- OMAP, Texas Instruments, http://focus.ti.com/general/docs/wtbu/wtbugencontent.tsp?templateId=6123&navigationId=11988&contentId=4638
- J. Rabaey, "System-on-a-Chip – A Case for Heterogeneous Architectures", Invited Presentation, Wireless Technology Seminar, Tampere, May 1999. Also in HotChips' 2000.
- K. Seno, "A 90nm embedded DRAM single chip LSI with a 3D graphics, H.264 codec engine, and a reconfigurable processor", HotChips 2004.
- R. Subramanyan, "Reconfigurable Digital Communications Systems on a Chip", Invited Presentation, Wireless Technology Seminar, Tampere, May 1999.
- H. Zhang, V. Prabhu, V. George, M. Wan, M. Benes, A. Abnous and J. Rabaey, "A 1V heterogeneous reconfigurable processor IC for baseband wireless applications," *IEEE Journal of Solid-State Circuits*, 35(11), pp. 1697–1704, Nov. 2000 (also ISSCC 2000).
- R. Zlatanovici and B. Nikolic, "Power-Performance Optimal 64-bit Carry-Lookahead Adders," in Proc. European Solid-State Circuits Conf. (ESSCIRC), pp. 321–324, Sept. 2003.

第 6 章
优化功耗 @ 设计阶段——互联和时钟

幻灯片 6.1

到目前为止，我们把讨论主要放在了逻辑的能量效率上。然而，互联和通信占据了整体功率预算的主要部分，随后我们会说明这点。因此它们值得引起特别的注意，特别是物理互联的缩小与逻辑的缩小有些不同。与逻辑相同的是，功率优化可以再次在设计的多个层次中进行考虑。

优化功耗@设计阶段

互联和时钟

Jan M. Rabaey

幻灯片 6.2

本章从分析互联导线的缩小方式开始入手。一些基本的互联能量消耗的上限被建立。

本章的一个要点是它把芯片上的通信纳入一个通用网络问题，因此将低能量设计技术沿着标准 OSI 层次（正如我们对大规模网络做的一样）进行分类。本章最后用一类特殊的、需要特别注意的导线结尾，这就是时钟分布网络。

本章大纲

- 趋势和边界
- 互联线优化的 OSI 方法
  - 物理层
  - 数据链路层和 MAC
  - 网络
  - 应用
- 时钟分布

幻灯片 6.3

如果我们咨询 ITRS 预测未来 10 年互联将如何进化，它的缩小预计将保持与今天相同的速度。这带来了一些惊人的数字。到 2020 年，我们可能有 14 ~ 18 层互联，堆叠在最底层的金属的最小半间距只有 14nm。时钟速度可以在数十个 GHz 内，输入和输出信号的数量可以大于 3000 个。简单地分析一下，这将意味着，开关这个巨大的互联引线将导致难以置信的功率消耗。即使将电压调整到很低也不足以让功率消耗控制在可承受范围内。因此，用新的方法去解决信号如何在芯片上分布是需要的。

ITRS预测

年份	2012	2018	2020
互联线半间距	35nm	18nm	14nm
MOSFET物理门长度	14nm	7nm	6nm
互联线层数	12~16	14~18	14~18
片上局部时钟	20GHz	53GHz	73GHz
芯片到板级时钟	15GHz	56GHz	89GHz
高性能ASIC单独I/O引脚数量	2500	3100	3100
高性能ASIC电源/地引脚数量	2500	3100	3100
电源电压	0.7~0.9V	0.5~0.7V	0.5~0.7V
电源电流	283~220A	396~283A	396~283A

幻灯片 6.4

事实上，这个大问题今天已经存在。如果我们评估当今最现实的 65nm 器件与其最多的 8 个互联层、数百个 I/O 引脚和高达 5GHz 的时钟频率（至少局部是这样），我们看到了为组件提供互联实质上成为能实现的延迟水平的限制。如果我们把时钟分布网络考虑进来，至少它还主导着功耗。可靠、可预测地制造多层金属（主要是铜和铝）和电介质材料本身已经是一个挑战。

越来越重要的互联线

- 互联线在如下方面已经超过晶体管
  - 延迟
  - 功耗
  - 制作复杂度
- 直接工艺缩放的结果

幻灯片 6.5

为了说明这点，这种幻灯片显示了在一系列典型的集成电路中不同资源上分布的功布。

如果 I/O、互联和时钟都集中在一起，在每个类别的器件中，它们消耗了 50% 或者更多的功率预算。最坏的情况是 FPGA，其中互联功率占据了 80% 的功率预算 [Kusse'98]。这些数字基本代表 20 世纪 90 年代后期的设计，而且近年来单摆却更加朝向互联的方向摆动。

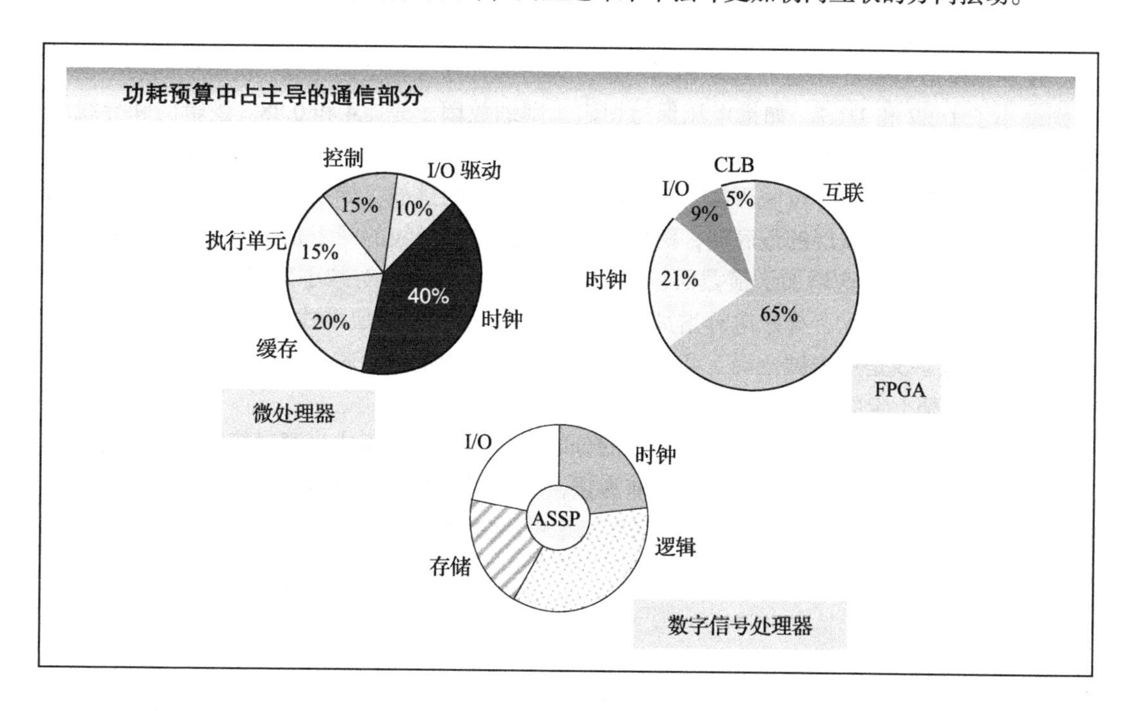

幻灯片 6.6

要理解为什么会发生这种转变，则值得去检查互联导线的总体缩放特性。理想的比例模型假定，在两代工艺节点间，导线两个维度的横截面（W 和 H）都以同样的缩放系数 S 进行等比缩放（S 与工艺关键尺寸的缩小因子是相同的）。导线延迟和跳变的能量消耗取决于导线长度如何演变缩小。局部导线（例如栅极之间）的长度通常是个人与逻辑相同的方式缩小的，然

理想互联线缩放模型

参数	关系式	局部导线	恒定长度	全局导线
W, H, t		$1/S$	$1/S$	$1/S$
L		$1/S$	1	$1/S_C$
C	LW/t	$1/S$	1	$1/S_C$
R	L/WH	S	S^2	S^2/S_C
$t_p \sim CR$	L^2/Ht	1	S^2	S^2/S_C^2
E	CV^2	$1/SU^2$	$1/U^2$	$1/(S_C U^2)$

而全局导线（如总线和时钟网络）往往只跟进芯片总体尺寸（如下一张幻灯片所示）。两代处理器之间，S 和 S_c(芯片缩小因子）通常分别是在 1.4 和 0.88，我们可以推导出如下的缩放特性。

（1）局部导线延迟保持不变（相对门延迟降低了 1/4），而长导线变慢了 1/2.5！

（2）从能量的角度看，这看起来似乎并不太坏，取决于电源电压（U）能多大程度地缩小。在理想模型 U=S 中，这看起来相当不错，因为局部导线和全局导线一次跳变的功率消耗分别缩小了 1/2.7 和 1/1.7。如果电压保持恒定，则缩放因子是 1.4 和 0.88。逻辑门和导线能量大致表现出了相同的缩放行为。

但是，理想模型并不反映现实。为了解决布线延迟的挑战，导线的尺寸没有按相同比例缩放。对于那些在互联层的最底层，两代工艺之间，缩小导线的间距是必要的，导线的高度一直保持几乎恒定。这增加了横截面，并因此减小电阻——这对减小延迟有利。另一方面，由于导线侧壁面积增大，导致电容增加（从而增加能量）。互联层堆栈顶层导线不进行缩放。这些“宽”的导线是用来做全局互联的。它们的电容和能量随着芯片尺寸缩放而缩放——这意味着它们是朝上走的。

值得一提的逻辑和互联之间一个重要的分歧是：虽然漏电流成为逻辑能量预算重要的组成部分，但互联并没有这个问题。到目前为止，所使用的电介质仍然足够好，这样让它们的漏电流保持在可控范围内，然而这种情况在未来可能会改变。

幻灯片 6.7

这张幻灯片绘制了一个实际的微处理器设计中导线长度的柱状分布图，这个处理器包含了 90 000 个逻辑门。

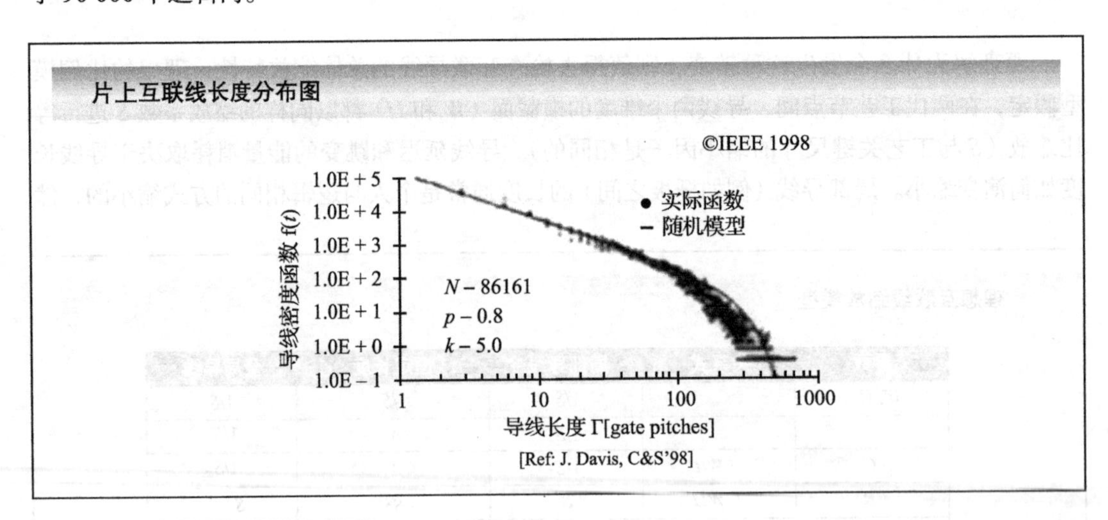

虽然大多数导线只有几个逻辑门间距那么长，它们中也有相当一部分很长，达到了 500 个逻辑门间距，这大约是裸片的尺寸。

幻灯片 6.8

一个显而易见的问题是技术创新可以做些什么去来解决这个问题。研究新颖的互联策略一直非常热门，目前仍在进行。简而言之，它们可以包括如下问题。

（1）具有更低电阻的互联材料——这只影响能量。对于相同的延迟，导线可以做得更薄，从而降低电容并降低翻转能量，然而这种途径走进了死胡同。通常情况下使用铜线，尚没有其他的材料可以让人们进入下一步。

（2）介电常数较低的电介质（所谓低 *k* 材料）——直接减小电容，从而减小能量。先进的工艺技术已经使用有机材料，比如聚酰亚胺，相比传统二氧化硅，它降低了介电常数。下一步还可以使用气凝胶（介电常数约为 1.5）。这可能是最为接近我们的自由空间。许多公司正在研究用比如自组装（self-assembly）的方法去有效植入“气泡”。

（3）更短的导线长度——一种能有效地减小导线长度（至少对于那些全局导线来说）的方法是去三维布线。垂直地堆叠器件已经显出对能量和性能的巨大影响。这个概念已经存在相当一段时间，但是最近才重新获得了人们更多的注意（尤其是鉴于可预知的水平缩小受到的限制）。该挑战仍然十分艰巨——良率与散热问题首当其冲。

（4）新颖的互联介质—光纤互联策略一直被吹捧为具有很大性能和能量效率的优点。虽然光通信是否在片上互联存在竞争力仍然是个问题（由于光电转换的开销），最近的进展已经使得片外的光互联是明确绝对可行的。长远地看，碳纳米管（carbon nanotubes）和石墨烯提供了其他有趣的机遇。在一个更长的时间尺度上，我们希望能够利用量子纠缠（quantum entanglement）的概念（随便说说的）。

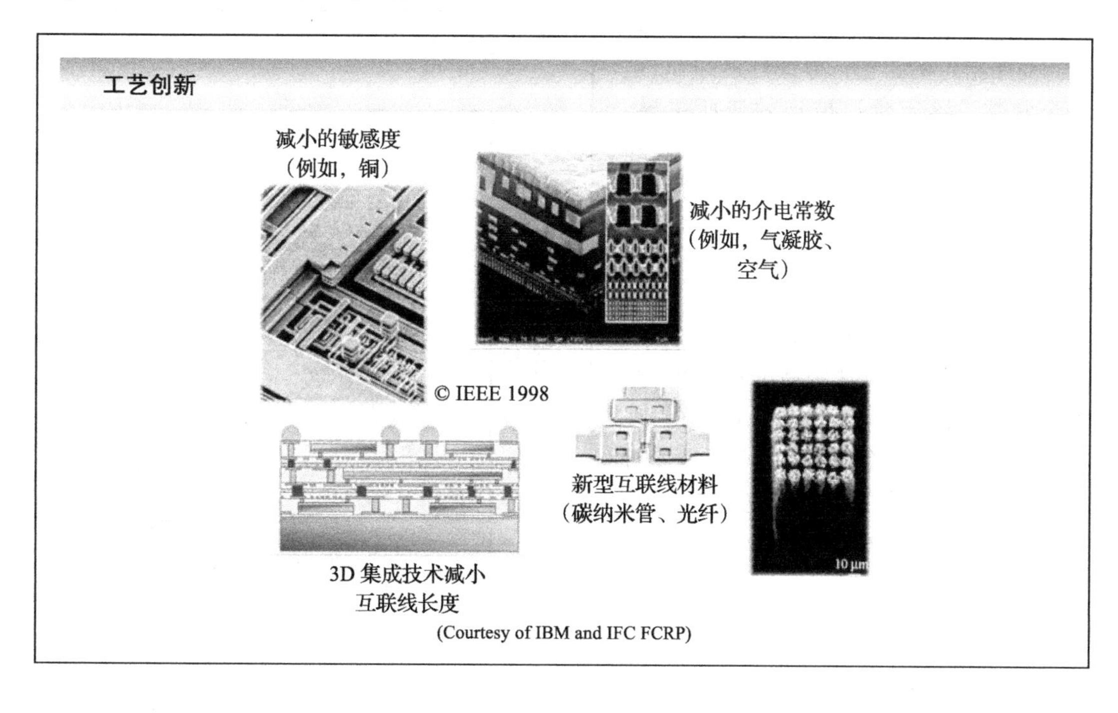

幻灯片 6.9

花点时间去回顾一下逻辑缩放和导线缩放本质上的差异。在理想缩放情况下，一个逻辑门的功率－延迟乘积（即能量）缩小 $1/S^3$。因此工艺尺寸越缩小对逻辑门越有效。

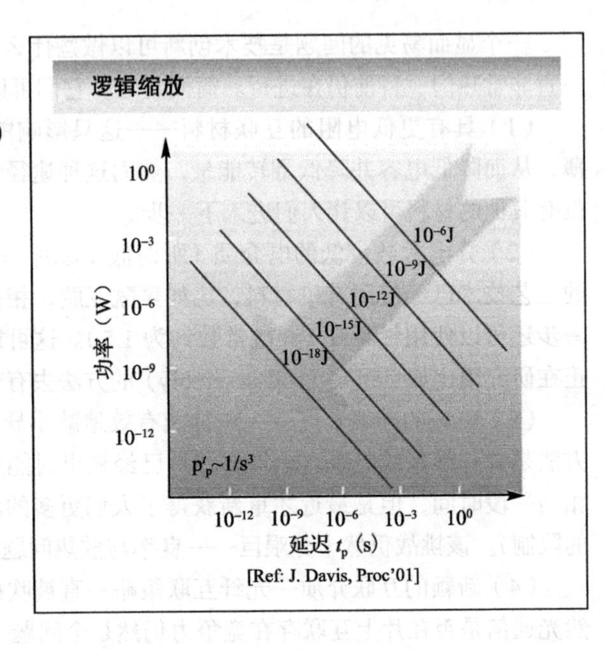

幻灯片 6.10

另一方面，导线渐渐变得不那么有效。对于给定的工艺，导线延迟和 L^{-2} 是一个常数，鉴定延迟被 rc 效应所主导。这可以认为是一个品质要素。再次假定理想的比例规则成立（即除了导线长度，其他所有尺寸都缩小同等比例），τL^{-2} 缩小为 S^2。

$$\frac{\tau}{L^2} = rc = \frac{\rho\varepsilon}{HT} \propto S^2$$

换言之，金属导线的品质要素随工艺缩小而恶化，至少从性能来看是这样。唯一的方式可改变这个情况，那就是改变材料特性（$\rho\varepsilon$），或者传播机制（例如，通过把 rc 主导的扩散变成波传播）。

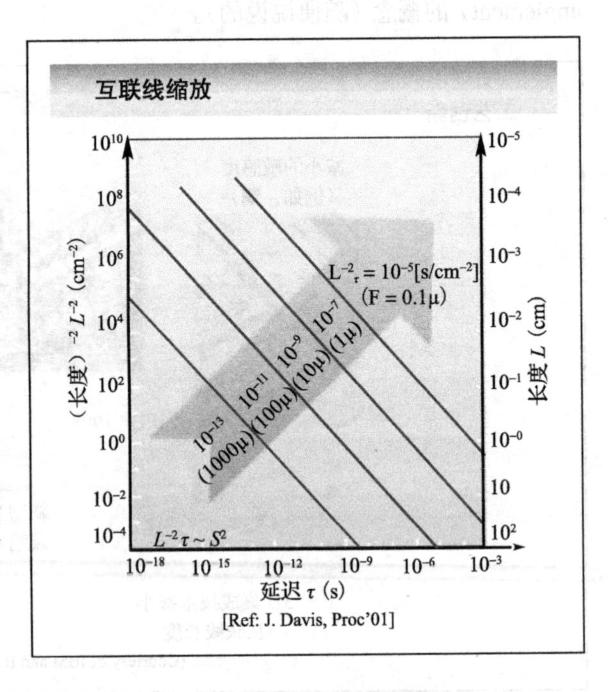

幻灯片 6.11

虽然我们已经知道性能的边界，知道能量效率是否也有边界是有价值的。它果然是存在的——而且它们可以只通过香农定理（Shannon theorem，在通信和信息论的一个著名理论）就能得到。这个定理把一条链路的容量（以 b/s）与它的带宽和平均信号功率关联起来。通过一些数学推导以及假设链路，可以使用无限长的时间去传输一个位，我们得到了在导线上传输一个位的最小能量值为 $kT\ln(2)$，（公式中 T 是热力学温度，k 是玻耳兹曼常数）——后面的章节中我们会看到这是一个多么了不起的结果。在室温下，这个计算结果为 4 zJ（或 10^{-21}J——一个值得记住的单元）。作为参考，在 90nm 工艺下在 1mm 中间金属层铜线发送一个 1V 的信号大约需要 200fJ，或者说这比最小值高出了 8 个数量级。

互联线能量下限

有关通信信道最大容量的香农定律

$C \leqslant B \log2 (1+\frac{P_s}{kTB})$

$E_{bit} = P_s/C$

C: 容量（以 b/s 表示）

B: 带宽

P_s: 平均信号功率

$E_{bit}(\min) = E_{bit}(C/B \to 0) = kT\ln(2)$

对于"无限长"的位转换成立

在室温下等于 4.10^{-21}J/b

[Ref: J. Davis, Proc'01]

幻灯片 6.12

让互联具有更高能量、效率的技术在很多方面类似于用在逻辑门上的技术。某种程度上，它们更为简单，因为它们与人们长时间在通信和网络世界（大的领域）学到的知识直接相关。因此，仔细考量设计师在这些领域的成果是有益的。然而我们应该注意以下一点：在宏观规模有用的，并不总是能很好地扩展到微观尺度。并非所有的物理参数能等比缩放。比如说，在更短的导线和更低的能量水平上，信号整形和检测的成本就显得更加重要（甚至往往占主导地位）。然而，随着时间推移，我们看到越来越多的曾经的系统或电路板级架构迁移到芯片上。

减小互联线功耗 / 能量

- 和逻辑电路相比，有相同的方法：减小电容、电压（或摆幅），以及 / 或者活动因子
- 最大的不同：从一个点发送到另一点的一个位本质上是通信 / 网络问题，并且这样想会很有帮助
- 抽象层间是不同的
  - 从计算角度：器件、门、逻辑、微架构
  - 从通信角度：互联线、链路、网络、通信
- 从抽象层出发有助于组织、更好地理解网络世界：OSI 协议堆栈

幻灯片 6.13

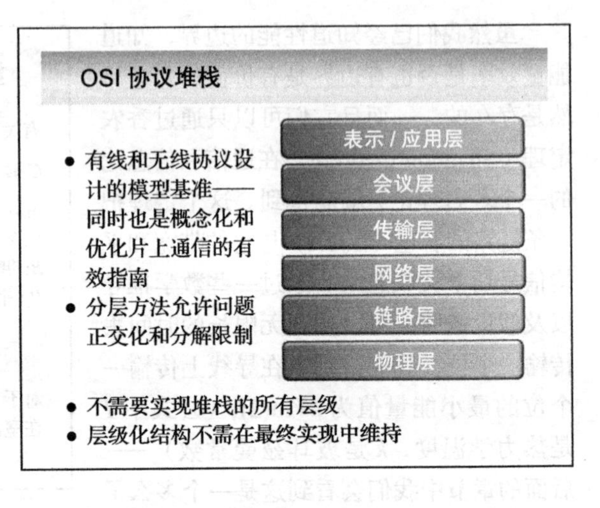

第5章，我们已经介绍了逻辑抽象层。类似的方法可以用在互联上。这里，层次要很好地理解，这早已作为OSI协议层进行过标准化（如果你不熟悉这个概念，请查看 http://en.wikipedia.org/wiki/OSI_model）。这个堆栈的顶层（比如会议层和应用层）现在并没有与芯片互联相关，它们更多适用于各种在互联网的应用中进行无缝通信。然而，随着时间推移，当100个到1000个处理器在一个芯片上集成时，这个画面可能改变。但是今天，相关的层是物理层、链路/层（MAC）和网络层。本章的剩余部分会沿着这条线索安排内容。在着手各种技术的讨论之前，值得指出的是，比如逻辑，在更高的抽象层进行优化通常具有更大的影响。与此同时，一些问题在物理层进行解决会更容易和更低成本。

幻灯片 6.14

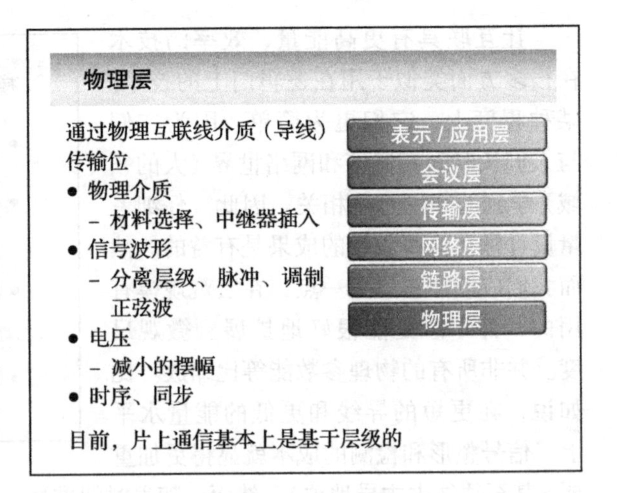

互联堆栈中的物理层要解决发送的信息如何表示在互联媒介中（在这个情况下是导线）。几乎没有任何例外，今天我们使用电压等级去表示数据。其他的选项将是使用电流、脉冲（利用更宽的带宽），或调制正弦曲线（正如在大多数使用无线通信系统）表示。这些方式增加了发射器和/或者接收器的复杂度，因此尚未对集成电路的设计产生非常很大吸引力。然而，未来这可能会改变，我们在本章最后会简短讨论这方面的内容。

幻灯片 6.15

多数芯片上的导线可以假定为一个纯电容（很短的连接），或者作为分布式 *rc* 线。随着芯片顶层厚铜线的使用，片上传输线成为一个可以供选的选项。对于长距离传输的信号，它们成为一个有趣的选择。鉴于其突出的特性，本章中我们把大部分的关注放在 *rc* 线上。众所周知的，金属丝的延迟随其长度增加而平方增加，而能量消耗线性上升。常见的解决延迟问题的技术是在精心挑选的间隔上插入中继器，这使得延迟可以正比于导线的长度。最佳的插入比例（从性能角度来看）取决于驱动器固有延迟和互联材料。

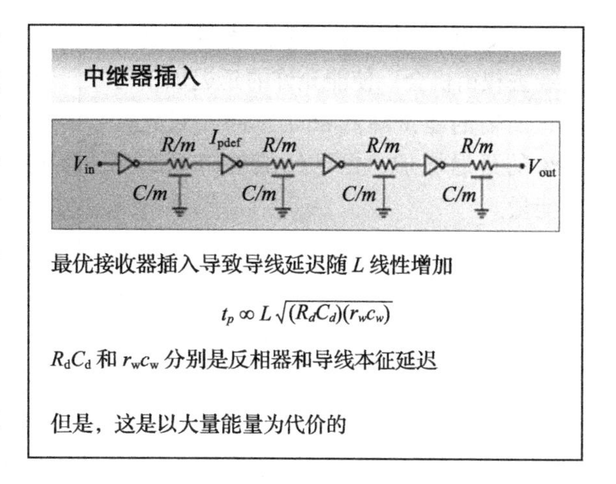

引入中继器是向无源结构中加入了有源组件，因此增加了额外的能量消耗。

幻灯片 6.16

得到最优性能的代价是非常高的（现在这点应该是毫不奇怪的）。考虑，比方说，在 90nm 工艺下 1cm 的铜线，接收器的能量比用一个驱动器对导线充放电所消耗的能量高 6 倍。再一次，不要去一味追求最小延迟，这可以在很大程度上让设计变得更节能。

中继器插入：例子

- 90nm 工艺中 1cm 铜导线（中间的层）
  - $r_w = 250\,\Omega/\text{mm}$; $c_w = 200$ fF/mm
  - $t_p = 0.69 r_w c_w L^2 = 3.45$ns
- 最优驱动器插入
  - $t_{p\ opt} = 0.5$ns
  - 需要插入 13 个中继器
  - 每次转换的能量是给导线充电能量的 8 倍（6pJ 与 0.75pJ）
- 退避是值得的

幻灯片 6.17

一如既往地，最好通过能量－延迟曲线去权衡机会。使能允许的延迟加倍可以让所需的能量降低 86%！即使只允许 10% 的延迟增加，也已经能够降低 30% 的能量。

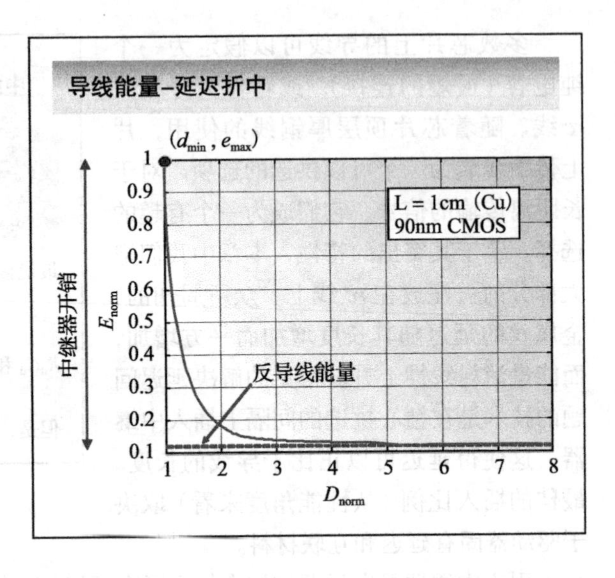

幻灯片 6.18

值得花些时间去思考如何去获得这个 pareto——最优 *E-D* 曲线，所需要的设计参数包括电源（信号）电压、级数和晶体管中（在缓冲器/中继器）尺寸大小。从多维优化的结果可以看出，电源电压具有最大影响，其次是中继器的插入比例。观察到导线的宽度对导线延迟仅仅具有较小的影响。一旦导线宽度最够宽，边沿电容或侧壁电容就能忽略不计，进一步增宽导线只会增加能量消耗，这由下面的公式可说明：

$$c_w = w \cdot c_{pp} + c_f \quad r_w = r_{sq}/w$$

$$\tau_w = c_{pp} r_{sq} + c_f r_{sq}/w$$

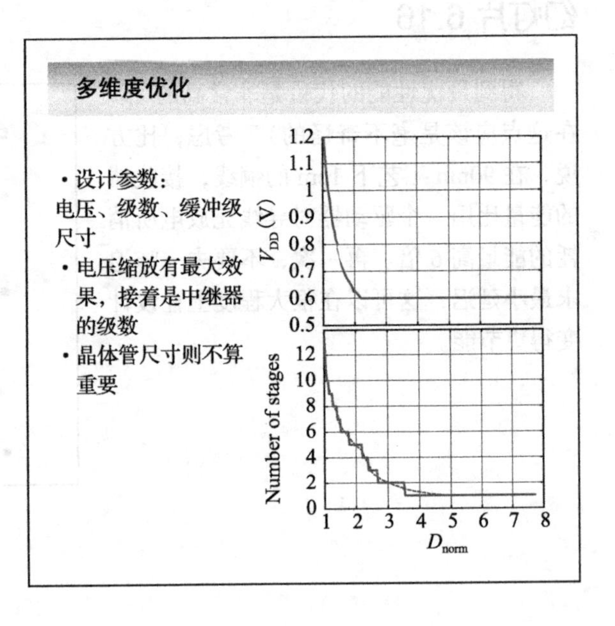

幻灯片 6.19

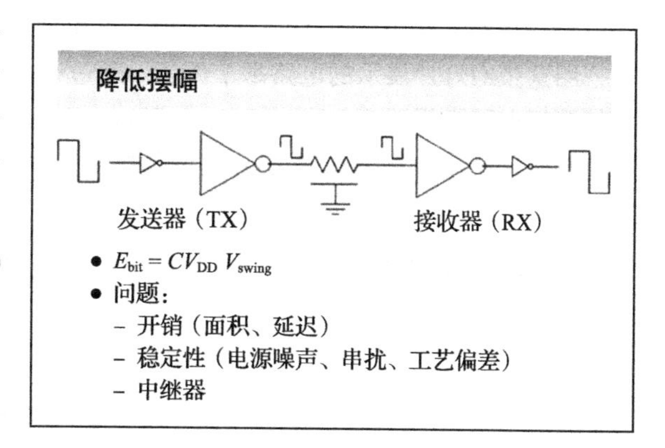

减小供电电压（或更精确地说，信号摆幅）被证明是最有效的节能技术，眼前要思考如何有效地实现它。正如我们之前观察到的，沿着导线发送信号是一个通信问题，并且它值得思考。一个通信链路由发送器（Tx）、通信介质和一个接收器（Rx）组成。在 CMOS 中常见的配置是一个驱动器（反相器）作为 Tx，另一个反相器作为接收器，中间用拉伸的铝线或铜线连接。

一旦我们减小信号摆幅，这就随之改变。Tx 被用作驱动器，同时也是一个电压向下变压器，而 Rx 进行电压向上变压。减小摆幅虽然能线性或平放性地节省能量，也带来了（可能的）延迟和（绝对的）复杂度。此外，它降低了噪声容限，从而让设计更容易受到干扰、噪声和误差的影响。然而，正如我们从通信界所学到的，妥善处理信号所带来的好处是相当可观的。

幻灯片 6.20

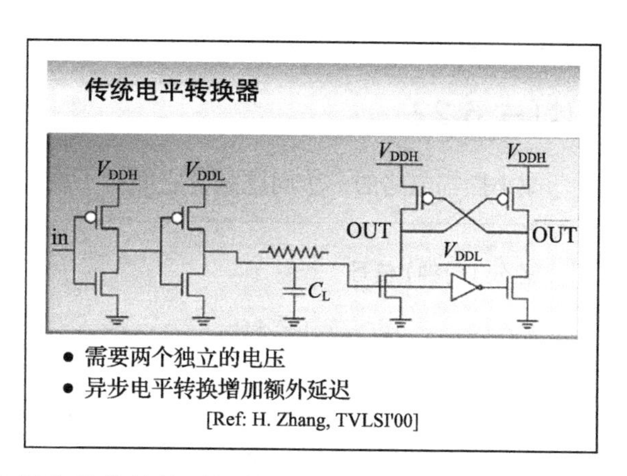

在第 4 章，我们已经触及了电压转换和多电压的话题（见幻灯片 4.32、4.33 和幻灯片 4.34），得出的结论是如果多电压存在，电压朝下变换是比较容易的。挑战在于向上转变。在逻辑域，额外的开销很容易抵消能量上的收益，我们得出的结论是电压转换最好是在组合逻辑的边界（即触发器），在进行耗能放大时，已存在的时钟信号有助于计时。正反馈存在于大部分的锁存器 / 寄存器中，它们对电压转换也非常有帮助。

然而，同步或基于时钟的转换在互联空间中并非总是可用的选项，异步技术是值得研究的。这张幻灯片提出了传统的减小摆幅互联方式。为了降低在发送端的信号摆幅，我们只需要用一个降低了供电电压的反相器。接收器类似于一个差分级联电压开关逻辑（DCVSL）门［Rabaey03］，它是由互补的下拉网络和交叉耦合的 pMOS 负载构成的。唯一的区别在于，输入信号是在一个被降低的电压水平上，需要一个低摆幅反相器去产生互补信号。这种方法的缺点是，它需要两个电源电压才有效。

幻灯片 6.21

用一个有趣的方式可创建一个压降，这就是利用不明显的电压基准，比如阈值电压。比如，用这张幻灯片展示的电路举个例子。通过交换驱动器中的 nMOS 和 pMOS 晶体管，导线上的逻辑电平被设置为 $|V_{THP}|$ 和 $V_{DD}-V_{THN}$。对于 1V 的供电电压和 0.35V 的 nMOS 和 pMOS 阈值电压，这就转化为只有 0.3V 的信号摆幅！

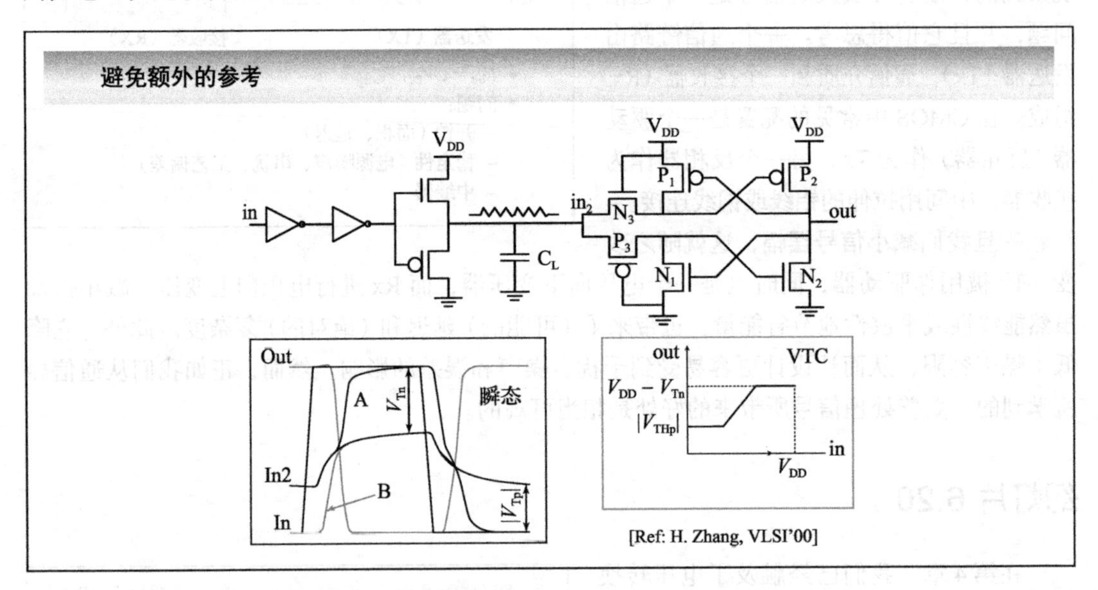

幻灯片 6.22

减小摆幅电路的一个问题是，它们对干扰和供电电压噪声的灵敏度增加了。使用差分方

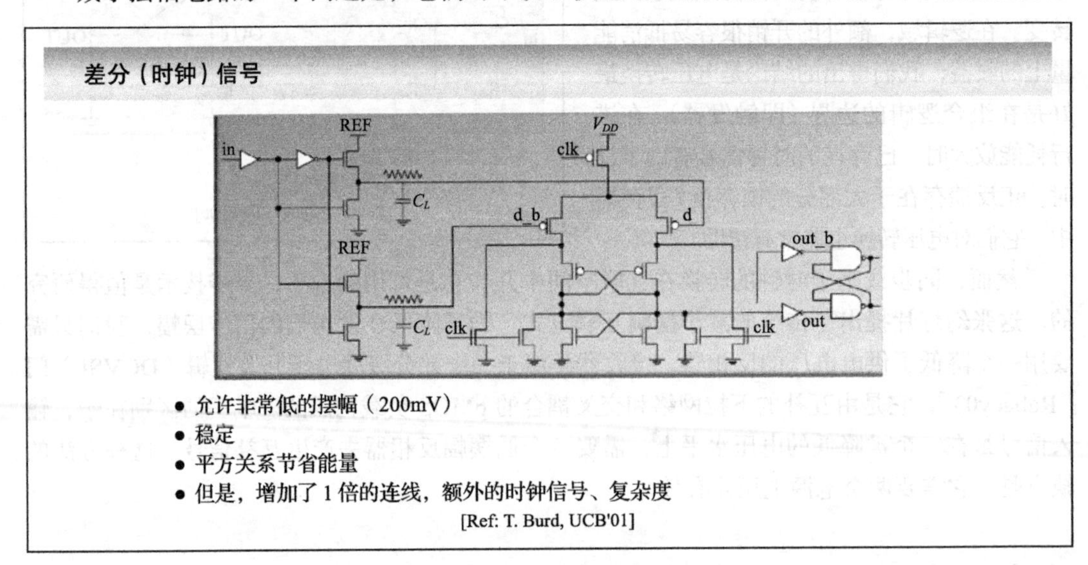

案不仅大幅增加了共模抑制，也有利于将干扰影响降低 6dB。低至 200mV 的可靠的信令方式已经有报道和使用。同时，差分互联网络带来了大量的开销，因为整个导线电容增加了 1 倍——这直接转换为额外的能量消耗。此外，差分接收检测方案消耗连续功率，它不被使用的时候应该关掉。这通常（但并非总是）意味着需要一个时钟同步方案。当导线电容很大，并且额外的小摆幅比起电容翻倍和额外时钟的开销更合算的时候，差分技术是最有效的。

幻灯片 6.23

在这点上，值得思考一下实际应用中是否存在信号摆幅的下界。如下一些问题需要考虑。

（1）减小摆幅负面影响延迟，因为它在接收端大大增加了重建信号电平的时间。通常我们可以假设接收器的延迟正比于它输入端的摆幅。这再次导致了一个权衡。一般情况下，导线越长，小摆幅越有意义。

（2）信号越小，收到寄生效应（例如噪声、串扰和接收器偏移（如果差分方式被使用））的影响就越大。所有这些都可能导致接收器做出错误的判断。除了发送器和接收器的电源噪声，互联网络中主要的噪声源是相邻导线间的电容（今天甚至是感性）耦合。这在总线上尤其突出，因为导线可以和其他导线一起长距离并行，因此串扰非常大。这个问题可以通过串扰降低技术，比如适当的屏蔽抑制技术来解决——这是以面积和导线折叠为代价的。

到目前为止，已报道的总线信号摆幅在 200mV 附近徘徊。没有理由去认定这个数字不能进一步降低，100mV 的摆幅已经被考虑用在许多设计中。

警告：片上减小信号摆幅的使用肯定是与标准设计流程和方法不兼容的，因此归入定制电路的领域。这意味着设计师全权负责验证和测试策略——显然不是为保守者准备的。幸运的是，近年来许多公司都已将模块化用于高能量、效率的片上通信 IP 方案引入市场，从而为 SoC 设计工程师隐藏了设计复杂性。

低摆幅的下限

- 信号摆幅减小导致接收器端更高的功耗——互联线和接收器能耗折中
- 减小的信噪比影响稳定性——现有的片上互联线设计策略需要0误码率(BER) (相比于通信和网络连接)
  - 噪声源：电源电压噪声、串扰
- 低至200mV的摆幅已经有了[Burd'00]，100mV当然也是可能的
- 更多的减小需要抑制串扰

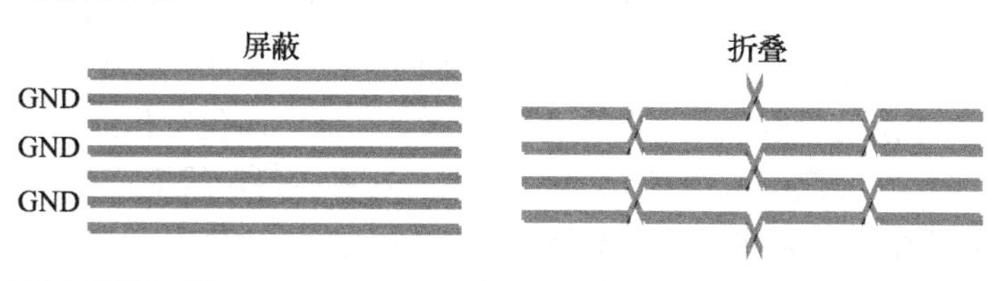

幻灯片 6.24

许多其他能让能量减小的芯片上的数据通信方式已经发布——但是它们中只有少数用在了工业设计中。它们中有一些想法非常引人注目，所以我们不能忽略这些想法。第一个是，基于绝热充电方法，这在第3章中已经简单介绍了。如果延迟不是最重要的考量，我们可以把能量－延迟空间通过采用其他的充电方法进行扩展。然而，一个真正实现的绝热电路需要一个能量回收时钟发生器，这通常需要一个写真网络，包括 L [L. Svensson, CRC'05]。后者当用片上集成的方式去实现时，代价是高昂的。另一方面，用片外电容也增加了系统成本。

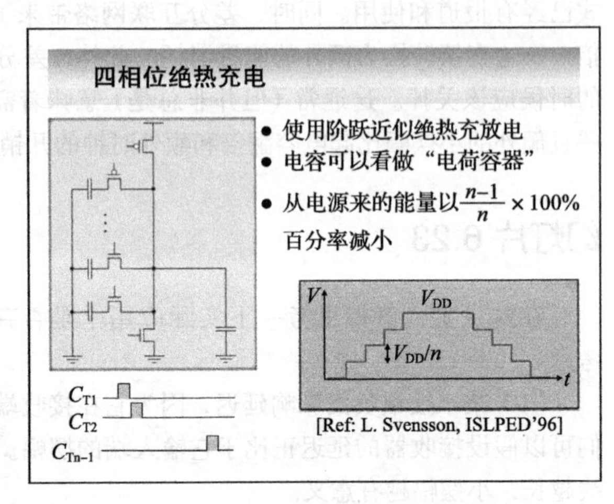

在这张幻灯片中，一个针对大电容总线的四相位绝热（quasiadiabatic）驱动器被展示出来。一个电压斜坡的 stepwise 逼近，是通过从底部开始，把输出按照一定顺序连接到数个均匀分布电压上进行的。从每个参考电压，在最终连接到供电电压之前，它接受一个 C_LV/N 的充电量。在对电容放电时，采用反向序列。每个周期中，等于 C_LV/N 的电荷量被电源所供应出来，比起单步充电来说降低了 $\frac{n-1}{n}\times100\%$。总能量也降低了同样的百分数。

N–1 个中间参考电压通过大电容 C_{Ti} 得以实现（这里 $C_{Ti} >> C_L$）。在每个充电和放电循环中，每个大电容器 C_{Ti} 提供和接收相同的电荷量，因此储能电容器的电压是自持的。此外，可以看到在电路刚开始运行时，电容电压自动地收敛成均匀分布。

本质上说，这个驱动器不是真正绝热的。它属于"电荷再分配"类型的电路：每个周期中，一个电荷包从电源注入，在随后的周期里逐步按照它的路线一级一级行进，最终在 N 个周期之后传送到地。下面的幻灯片显示了同类的另一个电路。

幻灯片 6.25

"充电回收"是另一个非常有趣的想法，但是很少被使用。在传统的 CMOS 方案中，充电只使用一个单一时间：它在第一阶段从电源转移到负载电容器中，然后在第二阶段从电容器到地。从能量的角度看，如果我们在到地之前可以多次使用电荷，这将是非常棒的。这必然需要多个电压电平。一个简化的、具有两个电压的充电回收总线展示在幻灯片上。每个位 i 被用差分形式 B_i 和 B_iB_{ar} 的形式表示。在预充电阶段，每个位的两条差分信号线用一个闭合开关 P 进行平均。在读值阶段，线中的一条被连接到一条"高位"位线（代表 1）上，而另一条线被开关 E 平衡在"低位"位线（代表 0）上。这将在每对线上产生差分电压，其极性取决于要传输的逻辑值。在总线末端的差分放大器（每对一个）恢复全摆幅的信号。

假设所有线路的电容是相等的，我们可以看到，预充电电压被平分在 V_{DD} 和 GND 之间。

在每条总线对上的信号摆幅等于 V_{DD}/N。这个原理类似于前一张幻灯片上的四相位绝热驱动器——一个电荷包从电源注入后，它按照降序依次驱动总线的每一位，直到最终传送入地。

挑战在于在工艺尺寸误差和噪声下能充分地检测不同的输出电平。这种想法很有潜力，势必会在许多特殊情况中有用。

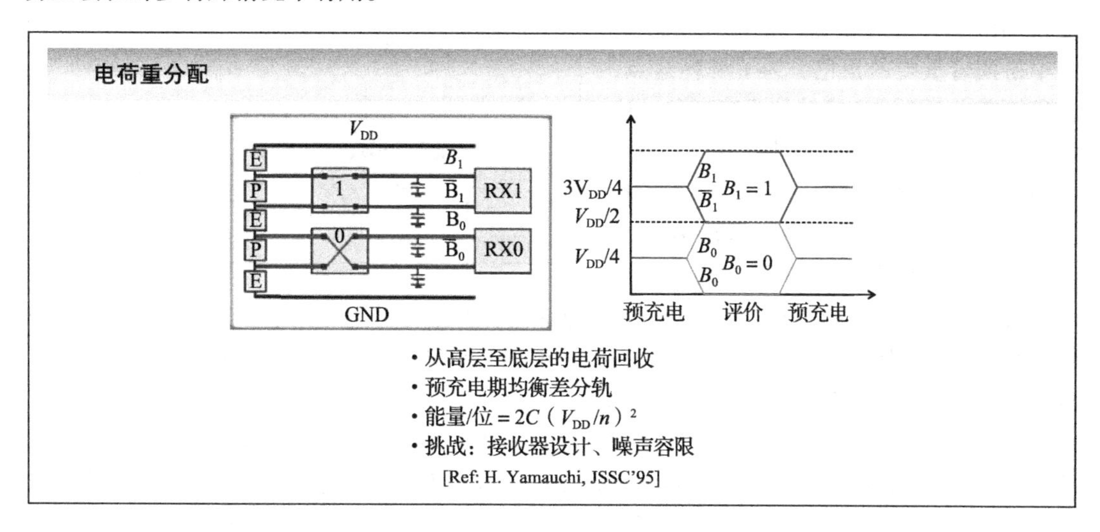

幻灯片 6.26

在结束物理层信令的讨论之时，值得指出的是其他信令策略有可能变得有吸引力。在这张幻灯片中，我们只显示了其中一种。无须阻性地连接到互联网络，驱动器也可以容性耦合。净效果是不需要额外电压，互联导线上的摆幅自动缩小。此外，驱动器的尺寸可以减小，并且信号转换更为陡峭。该方法有许多挑战（比如它仍然需要电压恢复接收器），但是绝对是值得密切关注的。

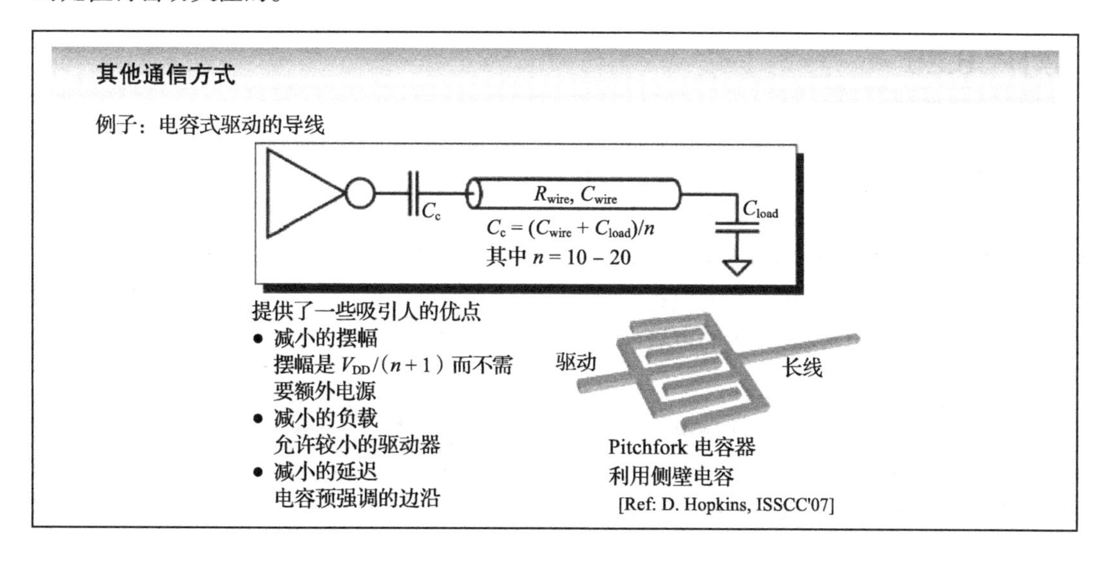

幻灯片 6.27

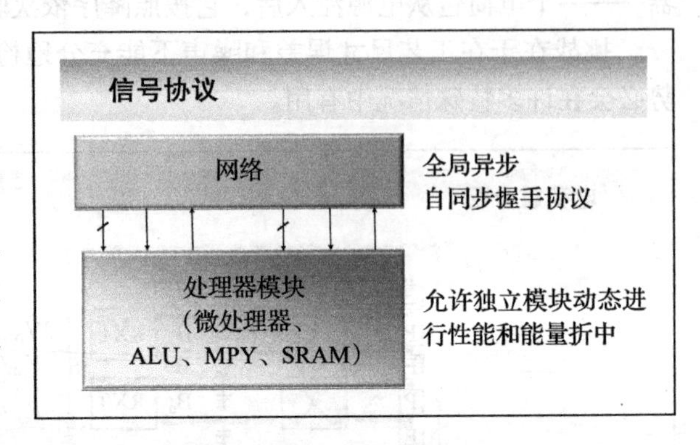

到目前为止，我们把关注放在信令协议的数据表示上，却忽略了时序。然而，互联网络在一个复杂 SoC 的整个时序策略中扮演着重要的角色。为了解释这点，让我们考虑下面这个简单的观察现象：让一个电子信号以其最快的速度移动（假设传输线条件），需要大概 66ps 从一个 1cm 芯片的一端移动到另一端。当 *rc* 效果占主导地位，现实就恶化很多，如幻灯片 6.16 所示，最小的延迟被确定为 500ps。这意味着，对于时钟速度大于 2GHz 的速度，一个信号在芯片上传播需要超过一个时钟周期。更糟糕的情况是，互联导线用一个大的扇出为负载——比如总线上的情况就总是这样。

有许多方法能处理这点。一个常用的方法是，插入一些时钟缓冲元件让导线变成流水线结构。这种情况在传上网络（network-on-chipNoC）样式上自然发生，我们将在稍后讨论。然而，所有的这些都让整个芯片的时序变得复杂，并且本质上将全局互联和局部运算的时序联系起来。这就阻碍了引入一些我们前面讨论过的降低功耗的技术（比如多个电源电压和时序松弛）或在随后的章节中将讨论的技术（比如动态电压和频率缩小）。

因此，采用异步通信去掉全局互联和局部运算的时序的耦合是有意义的。沿着这个思路，一个叫作 GALS（全局异步，局部同步）的方法近年来吸引了许多人［Chapiro'84］。该思想是在本地模块（称为同步域）使用一个同步的方式，而在它们之间进行异步通信。这种方法大大放宽了时钟分配和互联的时序要求，并允许在不同的处理器模块采用不同的省功耗技术。

幻灯片 6.28

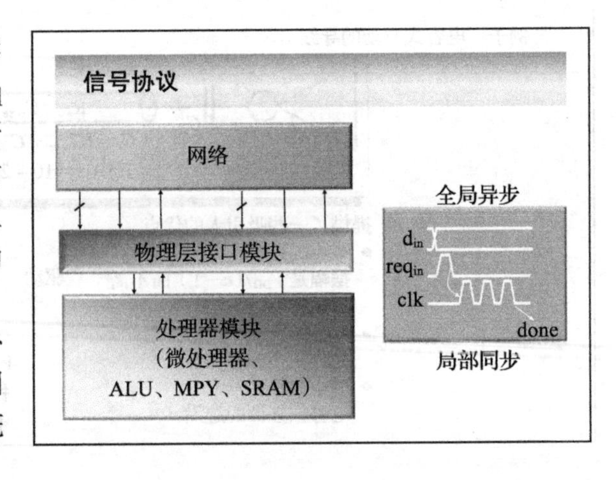

异步信令开启了多个优化的大门。然而这随即带来了多种额外的开销，比如 req（uest）和 ack（nowledgement）。虽然这些开销可以被总线中 *N* 条导线共同承担，但它仍然是可观的。这就是为什么在大规模互联网络中双相位信令协议优于更为可靠的四相位协议［Rabaey'03］。

用标准化的 wrapper 包在计算模块外去产生和中止控制信号，wrapper 充当同步和异步域之间的边界。最早追随这个概念的设计中的一个展示在 Zhang'00 中。

幻灯片 6.29

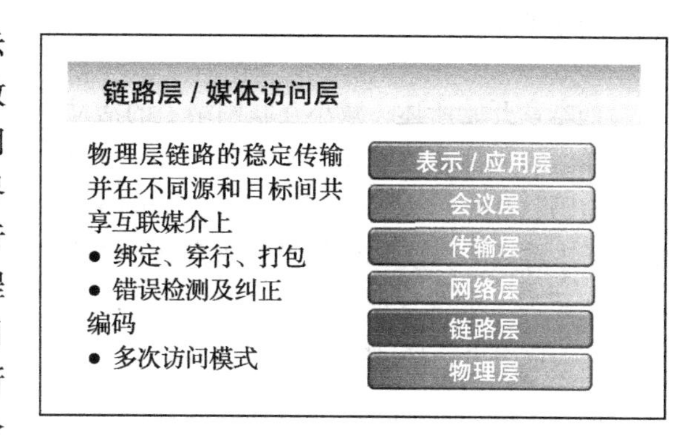

物理层解决如何在互联媒介上表示数据的各个问题，链路层的功能是保障数据用适当的格式可靠地在源和目的地之间发送。比方说，在有线和无线的网络世界中，数据包用一些额外的差错控制位进行扩展，这帮助目的地去决定数据包在行程中是否受损。如果链路连接到多个源和目的地，媒体接入控制（MAC）协议保证所有源可以用一个公平和可靠的方式共享介质。总线仲裁是广泛使用在 SoC 上的 MAC 协议的一个很好的例子。

大多数设计师还只把互联考虑为纯粹的一组电线。然而，把它们考虑为一个通信网络打开了广阔机遇的大门，随着工艺尺寸缩小，这个范围只会增加。作为第一步，链路层提供了大量的、全局互联节省能量的技术。例如，添加的纠错编码允许在一组总线中更多地缩小电压。

幻灯片 6.30

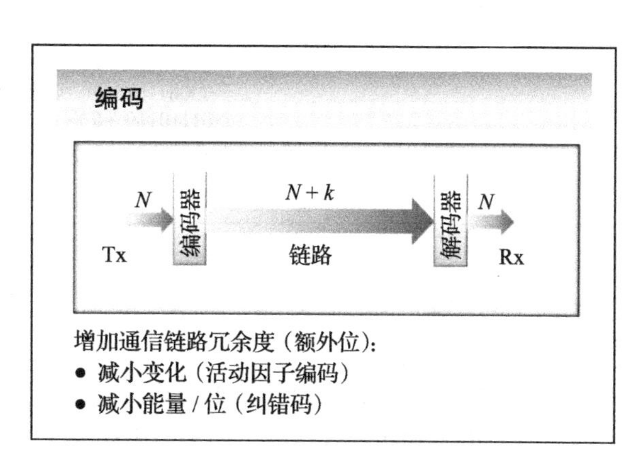

编码是一种强大的技术，它广泛使用在大多数有线和无线通信系统上。到目前为止，它的开销过高，因此难以使用在片内互联。随着集成电路的复杂度增高，这可能会迅速改变。许多编码策略可以予以考虑。

（1）信道编码技术，它修改要发送的数据，使得数据更好地在条件不完美的信道中发送。

（2）纠错码，它在数据中增添冗余，使最终的传输错误可以被检测和校正。

（3）源头编码，它通过压缩数据减小了通信开销。

最后一个策略依赖于应用，本节中我们专注于前面两种策略的介绍。虽然编码可能会产生大量的能量好处，但它也带来了开销：

（1）信道和纠错码要求数据表示中有冗余，通常这会转化为额外的位。

（2）编码的实现需要一个编码器（在 Tx 端）和一个解码器（在 Rx 端）。

因此，今天编码只在互联导线具有很大电容负载的时候能带来益处。

幻灯片 6.31

如本章开始所述，减小互联网络上的活动因子是一种有效降低能量消耗的方法。编码正是这样做的一种有效手段。为了展示这个概念，我们介绍一个简单的编码方法，称为“总线反相编码”（BIC）。如果连续数据字之间的跳变位的位数很高，把第二个字反相是有利的，正如例子中看到的。该 BIC 编码器计算出的先前的数据传输 D_{ENC}（$t-1$）和当前的 D（t）之间的汉明距离。如果汉明距离小于 $N/2$ 以下，我们只传输 D（t）和把额外的码位 p 设置到 0。在相反的情况下，$D_{enc}(t)=D(t)$，且 p 为 1。

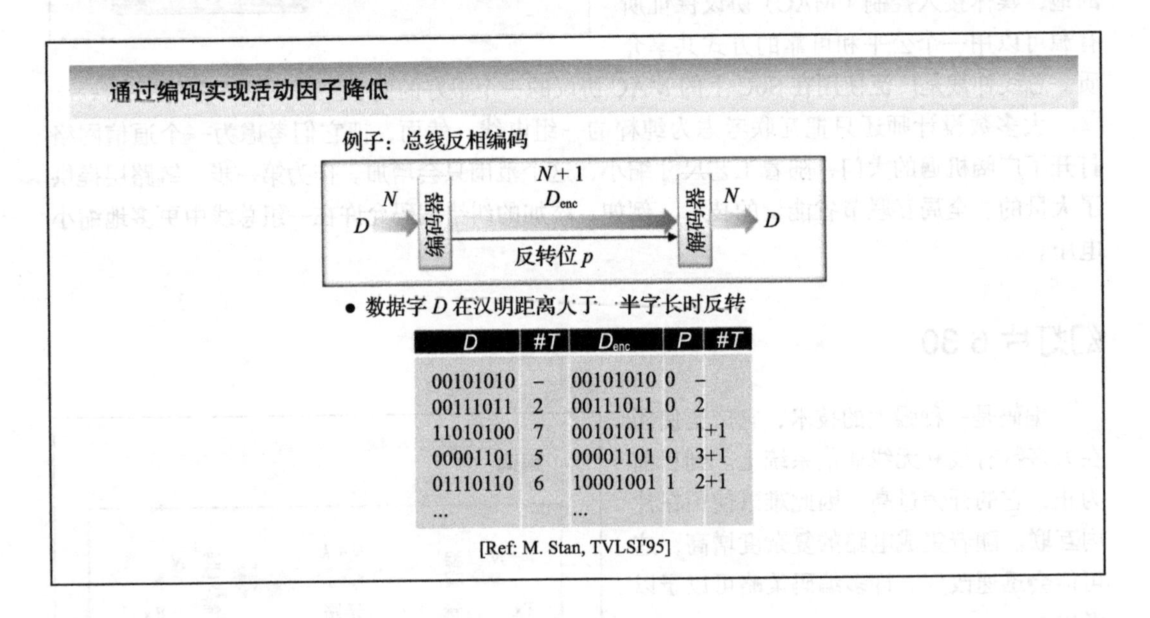

D	#T	D_{enc}	P	#T
00101010	–	00101010	0	–
00111011	2	00111011	0	2
11010100	7	00101011	1	1+1
00001101	5	00001101	0	3+1
01110110	6	10001001	1	2+1
...		...		

幻灯片 6.32

实现 BIC 方式的一种可行的方案展示在这张幻灯片中。该编码模块计算 $D_{enc}(t-1)$ 和 $D(t)$ 之间位的转换次数的基数。如果结果是大于 $N/2$，输入的字是通过“异或”（XOR）阵列反相，否则它就不做任何改变而被发送。解码只不过需要另外一组“异或”（XOR）阵列和寄存器。可以看到 BIC 方式引入了一个额外的位（p）开销。

在可能的最佳条件下，总线反相码可能导致功率降低 25%。发生这种情况时，后续的数据字之间有非常小的相关性（换言之，数据是几乎随机的，跳变很多）。当数据具有大量的相关性时，其他方案可以更有效。另外，对于较大的 N（> 16）值，编码的效果变得较低。

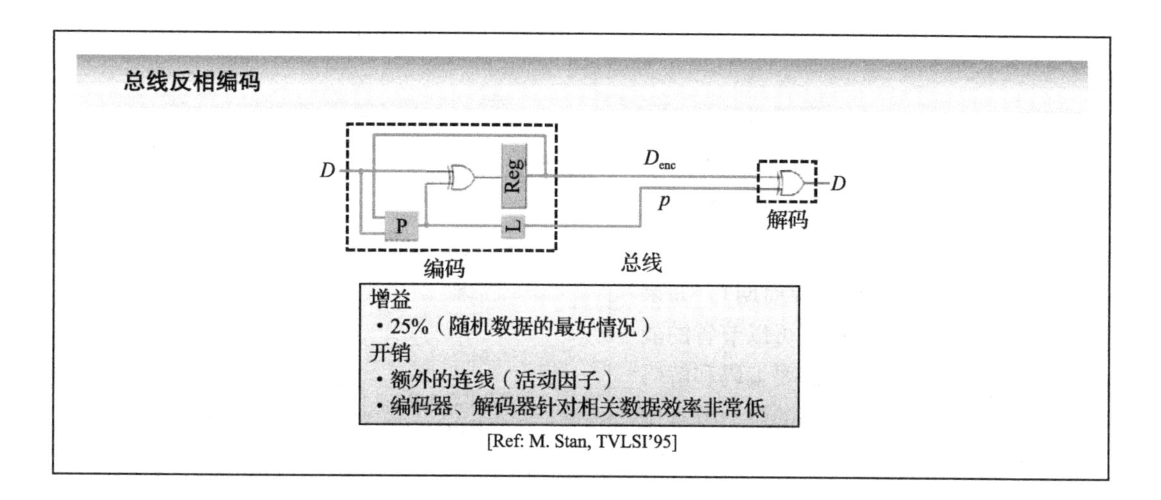

幻灯片 6.33

自从 BIC 方式被引入，跳变编码的方法获得许多关注。为了简便起见，我们只提供了一些参考引用。举例说，一类进一步优化 BIC 方式的方法是，如果总线字长度 N 变得太大，就对总线进行分割。更通用的信道编码方式已被予以考虑。

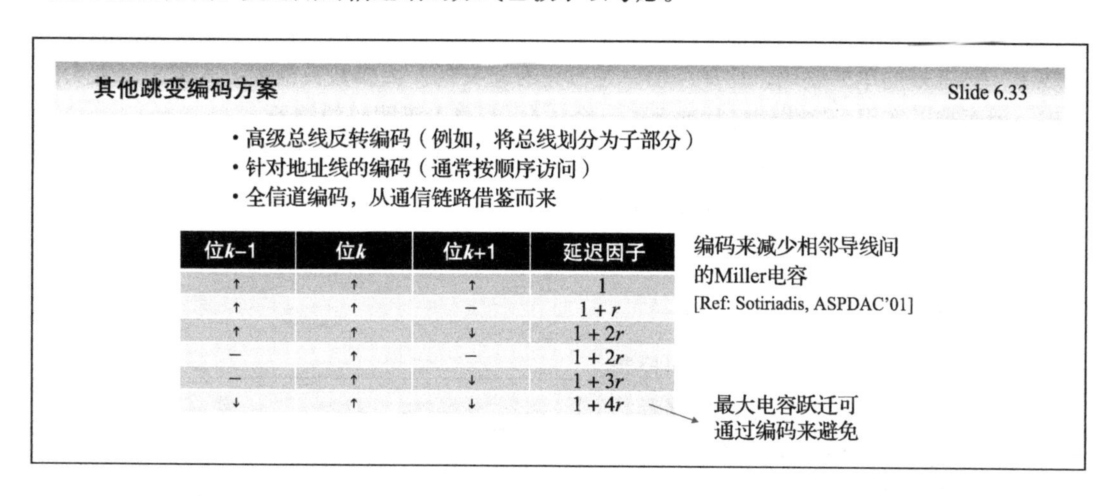

位k–1	位k	位k+1	延迟因子
↑	↑	↑	1
↑	↑	–	$1+r$
↑	↑	↓	$1+2r$
–	↑	–	$1+2r$
–	↑	↓	$1+3r$
↓	↑	↓	$1+4r$

在数据显示出大量的时间相关性的情况下，一个完全不同类的编码有用武之地。例如，内存经常执行顺序访问，通过利用这种相关性的地址表示，如格雷码地址表示形式，有助于大量减少跃迁的数量。

大多数跳变编码技术集中关注于时域影响，但空间因素也不应被忽略。正如之前观察到的，总线的信号线会一起跑很远。因此线间电容会比线到地的电容更重要。如幻灯片所示，相比不好和好的条件，一条导线的电容可以相差很多倍。需要优化代码来减少极端情况的发生，这样，相应的开销可以被用 [Sotiriades'01] 的方法控制住。

幻灯片 6.34

纠错码展现了另一个有趣的机遇。根据“better-than-worst-case”的设计宗旨（一个在第10章获得了许多关注的理念，它常常很好地用来故意违反设计约束，如最低电源电压和时钟周期）。如果这只让结果中偶尔有错误，可以节省的能量却是可观的。再次，这需要编码和解码的开销，以及传输一组额外的位，节省比预计的略低。这个理念几乎对所有的无线通信操作都是有用的，过去几十年已经广泛用于各种内存产品，如动态随机存储器（DRAM）和闪存。

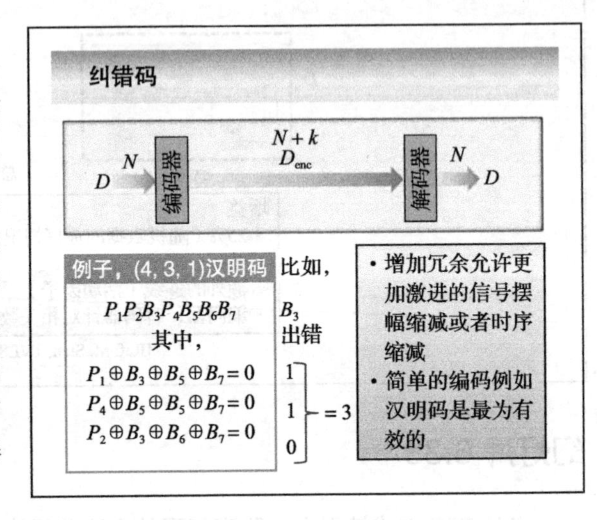

不难想象在不远的将来，纠错编码（ECC）也会在芯片内互联上扮演重要的角色。我们在信息理论界的同仁已经做了许多卓越的工作，发明了非常广泛的（从简单而快捷的到非常复杂而有效的）编码。一个代码以初始数据的位数、奇偶校验位的数量、它可以检测和/或纠正的错误数目进行划分。在当前的技术路线上，只有最简单的编码，比如汉明，是真正有意义的。大多数其他的方式带来了太大的延迟，因而难以实用。这张幻灯片展示了一个（4，3，1）汉明码的例子。

正如我们之前提到的，缩小工艺尺寸导致通信和计算的成本分别增加和减少。随着时间推移，这将使得编码技术越来越具有吸引力。

幻灯片 6.35

链路层的另一个方面是媒体访问控制（MAC）的管理——在发送者和接收者共享介质的情况下。总线就是这样一个共享介质的一个很好的例子。为了避免来自不同源的数据流之间的碰撞，时分多路复用（TDM）被使用。共享媒体的开销（除了增加的电容）来自于对流量进行调度。

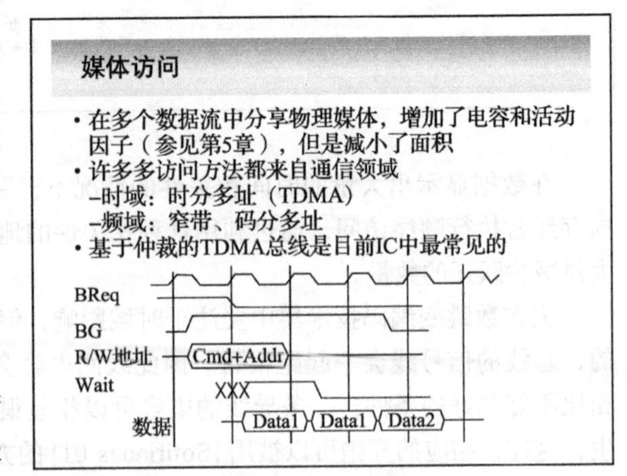

展望一下未来，值得借鉴一下无线和光通信领域（它们采用不同频域）的思路。今天，所有集成电路的通信是位于基带（即从0Hz至数百兆赫兹），这类似于曾经

相当一段时间内的光通信（在引如波分复用（WDM）之前）。把信号流调制到数个高频率信道允许同一导线同时被用于多个数据流。调制 / 解调的开销是相当大的——但，这是合理的，在可预见的未来频分复用（FDM）或码分复用（CDM）技术可用于芯片之间的大传输容量低能耗通信，这需要很大的链路的容量。这种策略的一个很好的例子在 Chang'08 里给出。

鉴于此，TDM 是今天唯一现实的芯片上的媒体访问协议，在这里，许多不同的选项存在，尤其是关于授权访问信道。最简单的选项是，一个数据源的数据只要准备好，就可开始传输。与其他数据源碰撞的概率是非常高的，重传的开销将占据能量和延迟预算的主导地位。另一个极端是提前分配每个数据流各自的时隙。这非常适用于那些需要保证吞吐量的流，但可能会造成一些信道的严重利用不足。总线仲裁是最常见的方案：准备好数据的数据源请求利用信道，被授予访问权限后开始传输。这种方式的开销是执行“仲裁”协议。

幻灯片 6.36

在一个方式里将能量效率、延迟控制、信道利用率和公正性结合起来，这是有可能的。对于周期性的、具有严格延迟要求的数据流，可以给它们分配自己的时隙。其他时间隙可以通过仲裁。OCP/IP 协议［Sonics, Inc］正是这样做的。OCP(open-core protocol）为互联网络创建了一个干净的抽象。模块通过套接字（套接字具有良好的定义协议，该协议与实际互联实现正交）对网络进行访问。根据吞吐量和延迟要求，链接要么被授予数个固定的时隙，要么通过轮询仲裁协议与其他链接竞争。

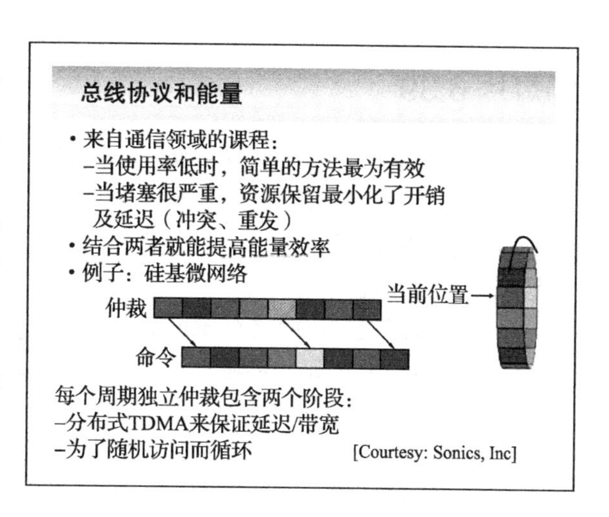

幻灯片 6.37

OSI 堆栈中的下一层是网络层。随着芯片中独立处理的模块数量不断快速地增长，这一层一直到最近才开始出现在芯片里——迅速受到关注。网络和并行计算领域为我们提供了极其多的选项阵列，它们中的大多数与 NoC 并没有真正相关。这些选择可以分为两大类①网络拓扑结构和②配置的时间。

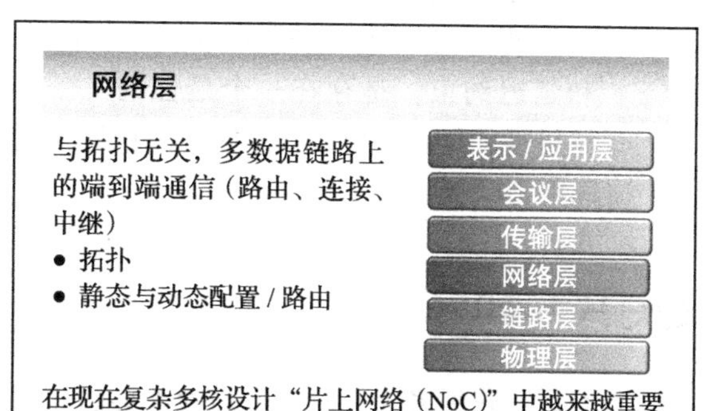

幻灯片 6.38

人们可能想知道一个 NoC 方案是否真的有意义。我们相信这绝对是有必要的。当有大量的模块时，点对点连接迅速变得笨拙，并且占据了一个不成比例的面积量。一个时分复用的共享资源，诸如总线，当连接元件数量非常大的时候就会变得饱和。因此，把联接分割成多段就更有意义。此外，插入交换机 / 路由器去作为中继，有助于控制互联延迟。

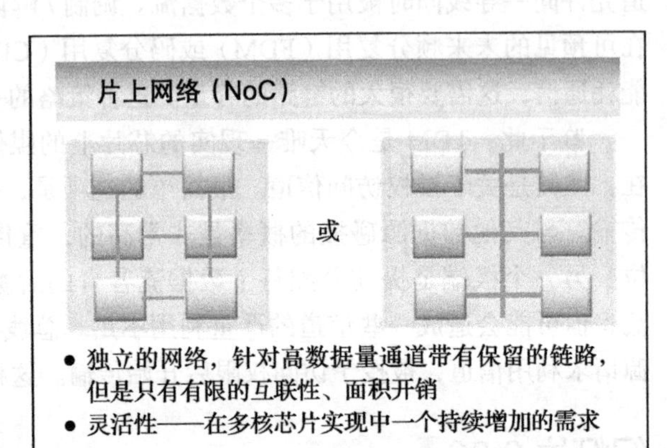

幻灯片 6.39

NoC 的架构探索是沿着该范畴的一切：包括了延迟和能量之间的权衡，此外，还有灵活性和面积的权衡。从能量的角度看，常见的问题重新出现：

- 保持局部性——网络分割的好处是相邻元件之间的、在整个流量中占有很大一席之地的通信变得更加节能。
- 建立层次结构——这创建了一个本地和全局通信之间的分离。为其中一个能很好工作的网络并不能很好地为另外一个工作。
- 最佳资源再利用——取决于能量和延迟约束，是存在一个最佳的并发性和复用的数量，它能将面积最小化。

听起来很熟悉?

网络折中

面向互联线架构在灵活度、延迟、能量和面积效率间通过如下概念折中
- 局部性 – 消除全局结构
- 层级性 – 基于通信要求给出局部性
- 并行 / 复用

非常类似于架构空间的折中

本地逻辑
路由器
网络布线
处理器
专用布线
NoC

[Courtesy: B. Dally, Stanford]

幻灯片 6.40

我们可以花很多宝贵章节去描绘人类已知的所有可能的互联拓扑结构的概貌，但是其中很大一部分是被浪费的。例如，一些擅长于高性能结构的并行计算机不能很好地映射在集成

电路的二维表面，一个例子是超立方体。因此，限制我们只讨论那些常用在芯片上的拓扑结构。

（1）十字交叉（crossbar）便是一个连接 n 个源到 m 目的地的延迟高效的方式。但是，它从面积和能量的观点来看是昂贵的。

（2）今天最流行的 NoC 架构是网格（mesh）。FPGA 是第一个采用这种拓扑的芯片家族。网格的优点是，它仅仅使用最近相邻的连接，从而在有必要时保持局部性。对于长距离连接，网格的多跳属性导致了大量的延迟。为了对抗这种影响，FPGA 将具有不同粒度的网格进行了叠加。

（3）二叉树的网络用相对低的布线电容和成本实现了 log2（N）的延迟网络（其中 N 是网络的元素数量）。这个网络的其他版本改变树的基数。在一个很宽的树上，基数逐渐增长到高的水平。相对于网格，树变成了一个有趣的对手，因为它们能更有效地建立长距离连接。

鉴于每个网络拓扑结构都有其长处和短处，一点也不奇怪的是，许多已经采纳的 NoC 模式用层次化的方式结合了数个拓扑结构，对局部导线采用一种方案，辅之以对全局连接采用另一种方案。此外，在需要时也采用点对点方案。

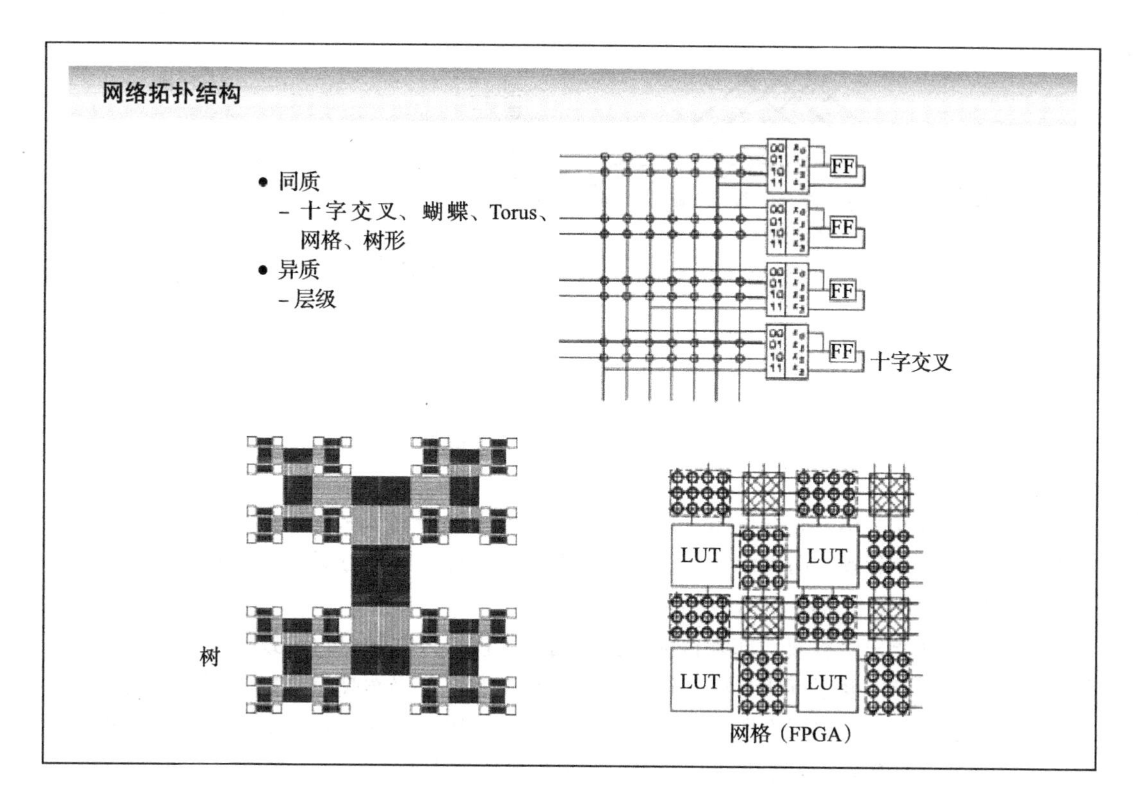

幻灯片 6.41

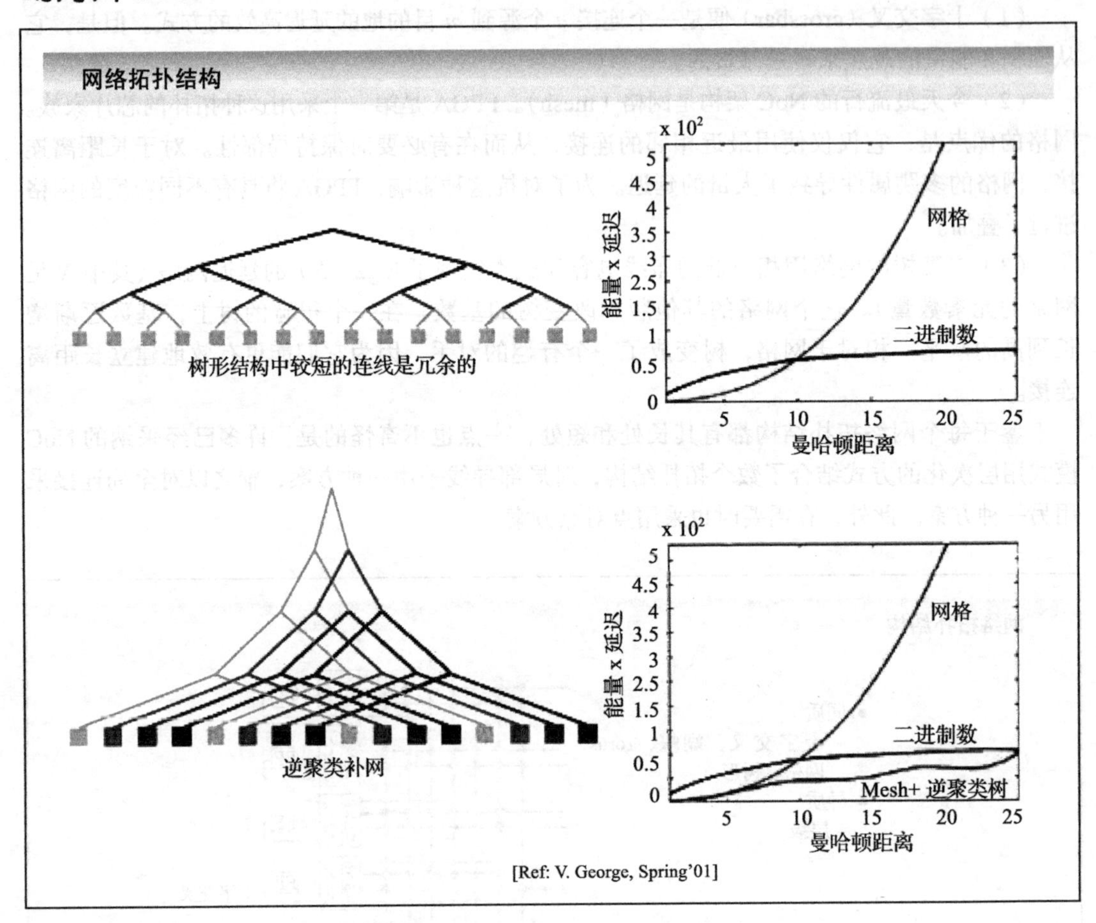

再次用教学式的方式遍历无数的选择，这需要一个能允许在参数集合中研究指标之间权衡的探索环境。

如这张幻灯片所示，它在能量－延迟空间下比较了网格和二叉树网络。正如所料，网格网络对短的互联最有效，而树则为较长互联的首选。一种将两个方案结合的网络带来了一个具有合并的 pareto 最优曲线的网络。

这个组合并非完全有效。如果目标是让任何两个模块之间的延迟大致均匀，直接结合树和网格拓扑在一定程度上有所帮助，但是更长的互联的代价仍然高昂。如果树的下级跨越了相互之间更远的节点，如图中所绘制的一个“逆聚类”树。将网格与逆聚类树结合起来可提供一个更优的解决方案，而这仅仅让曼哈顿距离略微有所上升。

幻灯片 6.42

网络探索中另外一个重要的方面是路由策略和它建立的时间。静态路由是最简单的选择。在这种情况下，网络路由在设计阶段被设定。比如，这正是 FPGA 的情况，其互联网络中的开关在设计阶段设定。对此一种简单的修改是允许重新配置。这允许路径在某个时间设置（例如，在运算任务持续的时间内），然后被分开和重新进行路由。这种方法类似于传统电话网络的电路交换方法。静态和电路开关路由的优点是它们的开销比较合理，它们只会在路径中引入额外的开关（注：由于性能原因，这些开关通常相当大，增加一个相当大的电容）。

分组交换网络提出了更灵活的解决方案，其中的路由选择是基于数据包（如由某些网络的路由器来完成）的。这种方案的开销很大，因为每个路由器件必须支持数据缓冲以及动态路由选择。一个主要的改进源自实现中大多数数据通信包括连续的数据包的启发。在这些条件下，路由可以一次决定（对于第一个数据包），其他的连续数据包只需要跟随。这种方法称为微片路由（“flit-routing”[编号：Dally'01]。

实验表明 NoC 中的微片路由仍然非常昂贵，动态路由的能量消耗比链路的消耗高出许多倍。必须认识到这点：比起实现路由和缓冲的成本，在芯片上一段导线中发送一个位的能量消耗仍然是非常合理的。只要这点成立，单纯的动态网络策略未必具有最够的吸引力。多重拓扑，比如结合针对短互联的总线，以及针对长距离互联的网格或基于树的电路或分组交换网络，最可能提供一个更优的方案。

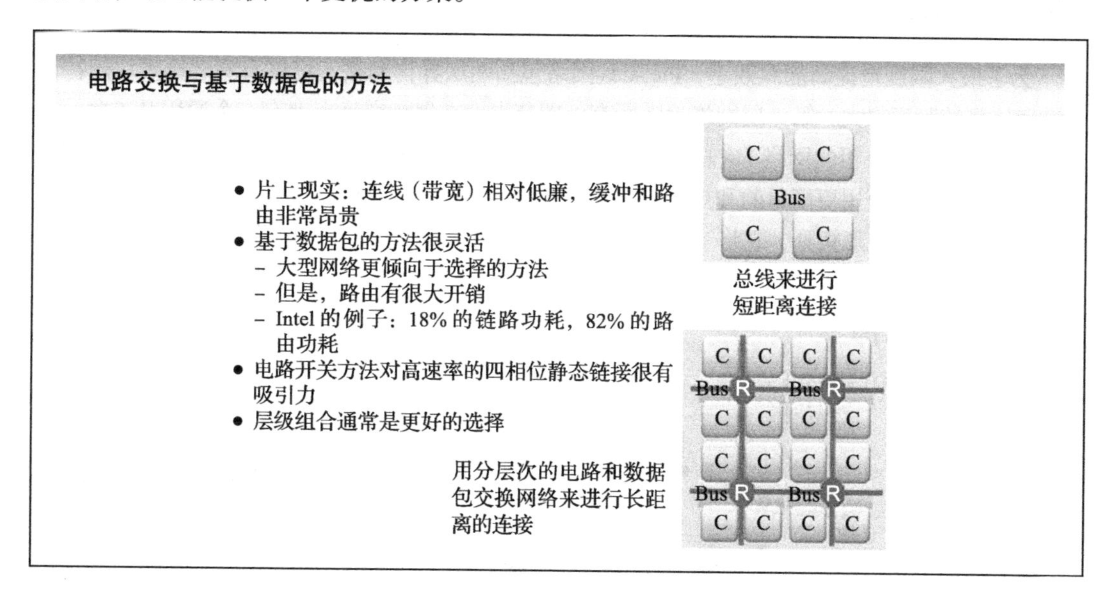

幻灯片 6.43

最早的片上网络（NoC）之一，它尤其侧重于能量效率，可以在 Pleiades 可重构架构中看到，这已经在第 5 章中讨论过。在这个平台，模块用连线互联在一起，形成一个基于任务的专用计算引擎。一旦任务完成，路由就被销毁并建立新的连接，为实现不同功能而重新使用互联和计算模块。这种方法因而归入“电路交换”级网络。

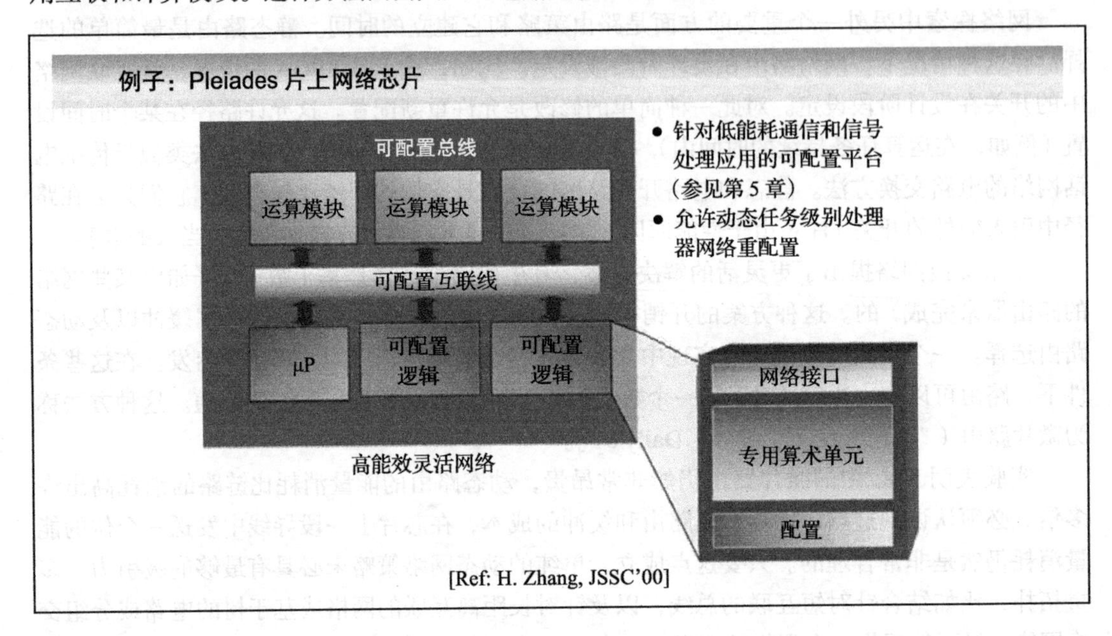

幻灯片 6.44

为了最大限度地提高能源效率，Pleiades 网络包括两层异构网格。可以看到运算模块的特征尺寸和比例的跨度很大。第一层网格追随所有外围节点，在每个交叉点上有一个通用开关盒。长距离连接由第二层更粗的网络（它耦合到第一层网络）支持。节点被划分成 4 块。这一级的有限流量需求允许我们使用更简单的和更受限制的开关盒。这种拓扑结构是由一种自动探索工具产生的，比起直接的十字形拓扑，它将互联能量降低了 1/7，同时也显著地节省了面积。

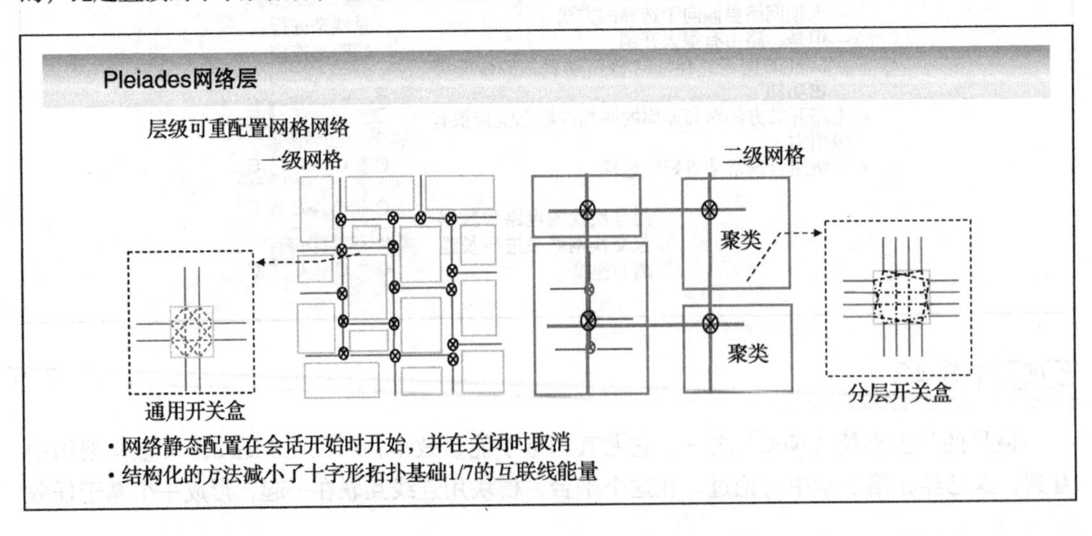

幻灯片 6.45

OSI 堆栈的顶层

- 系统通信架构抽象以及进行数据格式化及转化
- 建立和维持端到端通信
  - 流控制、信息重排、数据包分割以及重组

演示 / 应用层
会话层
传输层
网络层
链路层
物理层

例子：建立、维持并取消动态配置片上系统的连接，这对电源管理很重要

传统的 OSI 网络堆栈甚至能支持更多的抽象层，比如传输层、会话层、演示层和应用层。每层都进一步抽象掉了设置、维护，并去除两个节点间可靠链路的复杂性。让这些抽象在 NoC 中有意义是需要一些时间的。然而，有些元素已经存在于今天的 NoC。例如，会话的概念显然存在于电路交换 Pleiades 网络。

虽然对能量的影响可能并不会立即变得明显，但这些更高抽象层的存在让节能网络的实现变得一致、可扩展和可管理。

幻灯片 6.46

时钟分布

- 时钟是片上信号最少耗能的
  - 最大长度
  - 最大扇出
  - 最大活动因子（$\alpha = 1$）
- 时钟偏差控制增加了额外开销
  - 中间时钟中继器
  - 去偏差元素
- 机遇
  - 减小摆幅
  - 其他始终分布方法
  - 防止全局时钟

本章主要讲互联能量效率，在结尾花点时间讲最耗能量的互联——时钟上是值得的。在一些高性能功率预算处理器中，时钟网络及其扇出已经显示出消耗多达 50% 的总功耗。当性能是唯一要紧的事情时，设计师把大部分时间花在“skew 控制”，功耗只是这之后的考量。这就解释了诸如采用耗电的时钟网络［Rabaey'03, Chapter 10］的原因。自那时起许多发生了许多改变。今天的时钟分布网络是复杂的层次化和异构化的网络，它结合树和网格。此外，它采用 clock gating 去禁用网络中没有活动的部分（更多地在第 8 章中讲到）。最好的可能是完全避免时钟（第 13 章）。遗憾的是，详细的关于时钟网络设计和时钟同步的理念并非在本书覆盖的范围内。然而，物理层的一些有趣的方法是值得一提的。类似于我们已经在数据通信讨论过的，值得考虑的是另外的时钟信令方式，比如降低信号摆幅。

幻灯片 6.47

降低时钟信号摆幅是一个有吸引力的提案。在芯片上时钟具有最大的开关电容，因此减小其摆幅，可直接带来巨大的能量节省。这就是在 20 世纪 90 年代中期当功耗成为一个问题时，许多关于如何有效实现低摆幅时钟的想法立即涌现出来的原因。一个产生“半摆幅”时钟的例子显示在这张幻灯片。时钟发生器在两个相等电容上使用电荷再分配，从而产生中间电

压。时钟在驱动的 nMOS 和 pMOS 晶体管上和所连接到触发器上是分别用两相分布的。时钟摆幅的降低也限制了在扇出触发器上的驱动电压，这转化为时钟至输出延迟的增加。这直接影响到时间预算，降低摆幅的时钟分布带来了性能损失。降低时钟摆幅的另一个挑战是中继器和缓冲器的实现，它们是典型时钟分布网络中不可或缺的部分。这些都需要在较低的电压下很好地工作。鉴于这些和其他问题，降低摆幅时钟网络已经很少在复杂集成电路中使用了。

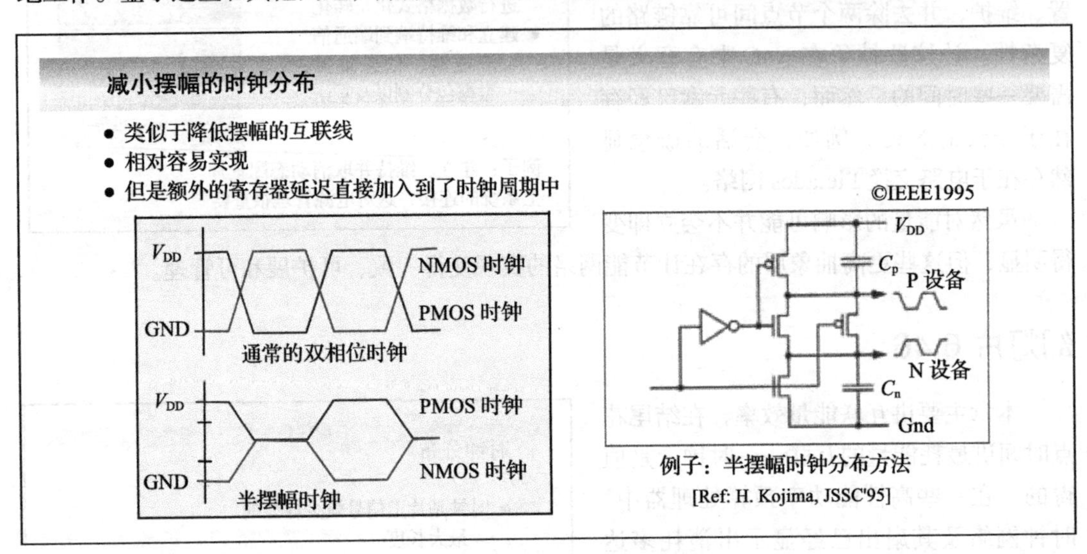

幻灯片 6.48

另一种选择是考虑替代时钟分布的其他方法。多年来，研究人员已经探索了许多关于如

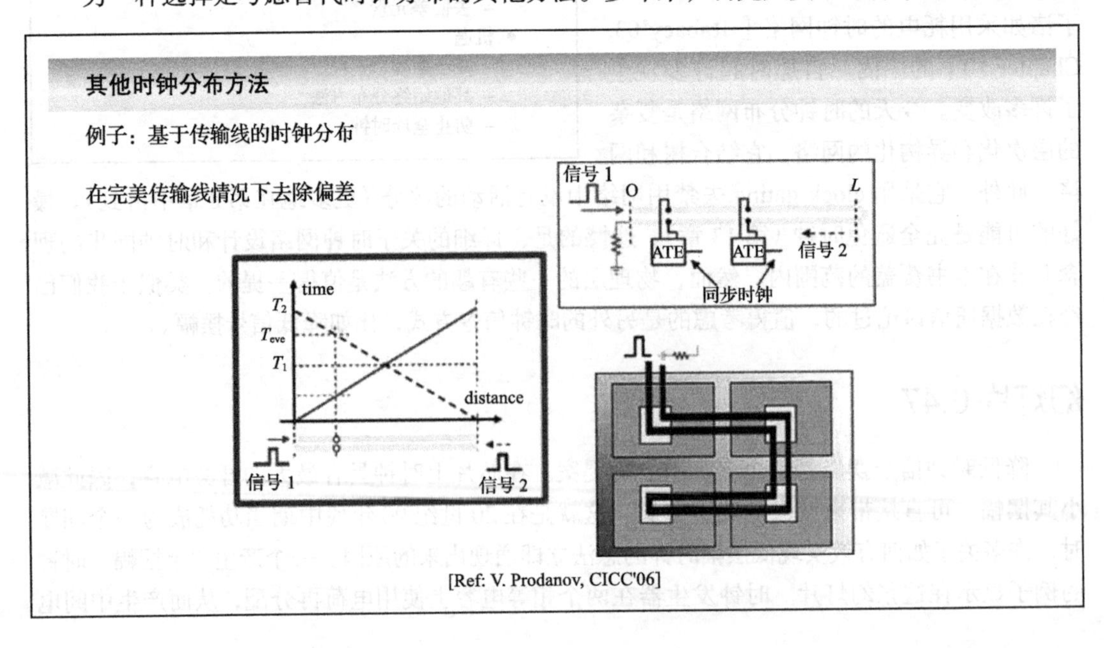

何在芯片上大量分布的元件上精确地进行同步的方法。这些思路非常广阔，从耦合振动网络到用分布式谐振电路元件产生谐波（比如[Sathe'07]），还有其他人已经考虑了光时钟分布的概念。鉴于本课题的重要性，研究仍在继续进行，可行的“skew-free”网络有可能会出现，以替代集中式时钟分布和模式。

由于篇幅有限，我们在这张幻灯片里只呈现一种选项（这并非臆断了其他方式）。这基于一个假设，那就是几乎无损传输线可以用所有现今CMOS工艺所具备的厚铜金属层得以实现。传输线毫无疑问是目前最快的互联介质。现在假定一个脉冲在折叠传输线（轮廓并不重要）上传输。在轨迹的任意点，脉冲的早、晚到达时间的平均值是一个常数——因此是skewfree。通过策略性地部署一些“时钟提取电路”（这可以是一个模拟乘法器），skewfree时钟分布网络可以被看到。这个网络功耗非常低。虽然这种方式有一些注意事项，但这类技术却正是设计人员需要关注的是革命性的技术。

幻灯片 6.49

小结

- 互联线在整个功耗中占重要组分
- 在不同抽象层中的结构化方法探索最为有效
- 许多是从通信和网络中学到的，然而，必须谨慎的使用方法
  - 有源器件和无源器件的成本关系
- 一些未来很有前景的可能性：三维集成、创新互联材料、光通信或无线I/O

本章的总结几乎和前一章的总结相同：建立干净抽象和秉承结构化的探索方法是低功耗互联网络的关键。借用来自通信和网络领域的知识是很好的主意，但是人们必须要注意大（广义）的网络和小（狭义）的网络之间的一些主要区别。

幻灯片 6.50 ~ 幻灯片 6.52

一些参考文献……

参考文献

书及章节

- T. Burd, *Energy-Efficient Processor System Design*, http://bwrc.eecs.berkeley.edu/Publications/2001/THESES/energ_eff_process-sys_des/index.htm, UCB, 2001.
- G. De Micheli and L. Benini, *Networks on Chips: Technology and Tools*, Morgan-Kaufman, 2006.
- V. George and J. Rabaey, "Low-energy FPGAs: Architecture and Design", Springer 2001.
- J. Rabaey, A. Chandrakasan and B. Nikolic, *Digital Integrated Circuits: A Design Perspective*, 2nd ed, Prentice Hall 2003.
- C. Svensson, "Low-Power and Low-Voltage Communication for SoC's," in C. Piguet, *Low-Power Electronics Design*, Ch. 14, CRC Press, 2005.
- L. Svensson, "Adiabatic and Clock-Powered Circuits," in C. Piguet, *Low-Power Electronics Design*, Ch. 15, CRC Press, 2005.
- G. Yeap, "Special Techniques", in *Practical Low Power Digital VLSI Design*, Ch 6., Kluwer Academic Publishers, 1998.

论文

- L. Benini et al., "Address Bus Encoding Techniques for System-Level Power Optimization," Proceedings DATE'98, pp. 861–867, Paris, Feb. 1998.
- T. Burd et al., "A Dynamic Voltage Scaled Microprocessor System," IEEE ISSCC Digest of Technical Papers, pp. 294–295, Feb. 2000.
- M. Chang et al., "CMP Network-on-Chip Overlaid with Multi-Band RF Interconnect", International Symposium on High-Performance Computer Architecture, Feb. 2008.
- D.M. Chapiro, "Globally Asynchronous Locally Synchronous Systems," PhD thesis, Stanford University, 1984.

参考文献（续）

- W. Dally, "Route packets, not wires: On-chip interconnect networks," *Proceedings DAC 2001*, pp. 684–689, Las Vegas, June 2001.
- J. Davis and J. Meindl, "Is Interconnect the Weak Link?," *IEEE Circuits and Systems Magazine*, pp. 30–36, Mar. 1998.
- J. Davis et al., "Interconnect limits on gigascale integration (GSI) in the 21st century," *Proceedings of the IEEE*, 89(3), pp. 305–324, Mar. 2001.
- D. Hopkins et al., "Circuit techniques to enable 430Gb/s/mm^2 proximity communication," *IEEE International Solid-State Circuits Conference*, vol. XL, pp. 368–369, Feb. 2007.
- H. Kojima et al., "Half-swing clocking scheme for 75% power saving in clocking circuitry," *Journal of Solid Stated Circuits*, 30(4), pp. 432–435, Apr. 1995.
- E. Kusse and J. Rabaey, "Low-energy embedded FPGA structures," *Proceedings ISLPED'98*, pp.155–160, Monterey, Aug. 1998.
- V. Prodanov and M. Banu, "GHz serial passive clock distribution in VLSI using bidirectional signaling," *Proceedings CICC* 06.
- S. Ramprasad et al., "A coding framework for low-power address and data busses," *IEEE Transactions on VLSI Signal Processing*, 7(2), pp. 212–221, June 1999.
- M. Sgroi et al.,"Addressing the system-on-a-chip woes through communication-based design," *Proceedings DAC 2001*, pp. 678–683, Las Vegas, June 2001.
- P. Sotiriadis and A. Chandrakasan, "Reducing bus delay in submicron technology using coding," *Proceedings ASPDAC Conference*, Yokohama, Jan. 2001.

参考文献（续）

- M. Stan and W. Burleson, "Bus-invert coding for low-power I/O," *IEEE Transactions on VLSI*, pp. 48–58, Mar. 1995.
- M.. Stan and W. Burleson, "Low-power encodings for global communication in CMOS VLSI", *IEEE Transactions on VLSI Systems*, pp. 444–455, Dec. 1997.
- V. Sathe, J.-Y. Chueh and M. C. Papaefthymiou, "Energy-efficient GHz-class charg-recovery logic", *IEEE JSSC*, 42(1), pp. 38–47, Jan. 2007.
- L. Svensson et al., "A sub-CV^2 pad driver with 10 ns transition time," *Proc. ISLPED 96*, Monterey, Aug. 12–14, 1996.
- D. Wingard, "Micronetwork-based integration for SOCs," *Proceedings DAC 01*, pp. 673–677, Las Vegas, June 2001.
- H. Yamauchi et al., "An asymptotically zero power charge recycling bus," *IEEE Journal of Solid-Stated Circuits*, 30(4), pp. 423–431, Apr. 1995.
- H. Zhang, V. George and J. Rabaey, "Low-swing on-chip signaling techniques: Effectiveness and robustness," *IEEE Transactions on VLSI Systems*, 8(3), pp. 264–272, June 2000.
- H. Zhang et al., "A 1V heterogeneous reconfigurable processor IC for baseband wireless applications," *IEEE Journal of Solid-State Circuits*, 35(11), pp. 1697–1704, Nov. 2000.

第7章
优化功耗@设计阶段——存储器

幻灯片 7.1

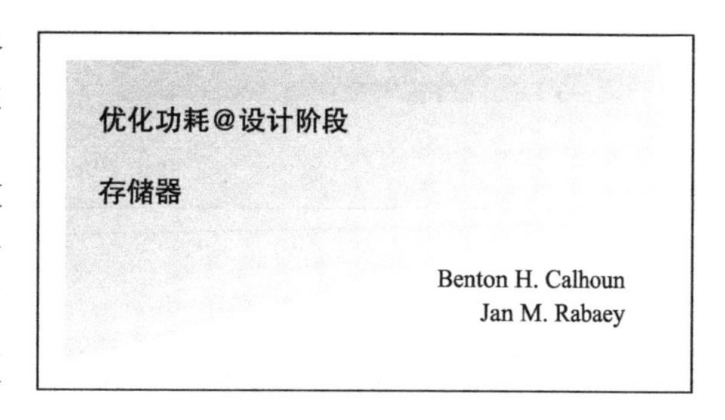

在本章中，我们将讨论在存储器电路中优化功耗的技术。具体而言，我们专注于嵌入式静态随机存取存储器（SRAM）。虽然其他的内存结构（如动态RAM（DRAM）和磁阻RAM（MRAM））也需要功耗优化，但是嵌入式SRAM绝对是片上最主要的数据存储器——由于它需要稳定可靠的操作、高速以及相对其他选项而言的低功耗。此外，SRAM与标准CMOS工艺完全兼容，而其他的内存选项是基于工艺解决方案的，这通常需要对制造过程进行特殊调整（例如，针对嵌入式DRAM的特殊电容）。

本章重点介绍在设计阶段降低活动的SRAM的功率消耗的方法。虽然在给定时间内大规模SRAM中绝大多数的单元（cell）并不会被访问，它们必须保持警戒状态，以在需要时提供及时的访问。这意味着SRAM的总动态功耗包括了活动单元的切换功耗以及未活动单元的静态功耗。

幻灯片 7.2

几乎所有的具有相当复杂度的集成芯片都需要一定形式的嵌入式存储器。其中一些SRAM块可以是非常大的。这张幻灯片上的图建立了一个趋势——采用缩小工艺的处理器的大部分面积来自SRAM缓存。随着更高层次的缓存层次结构朝片内移动，由SRAM消耗的芯片面积将持续增长。虽然大缓存主导了面积，但最近的许多处理器和片上系统（SoC）包括了几十甚至上百种不同用途的SRAM阵列。由此看来，对未来芯片设计来说，存储器的功能和面积的重要性（即，成本）是显而易见的。

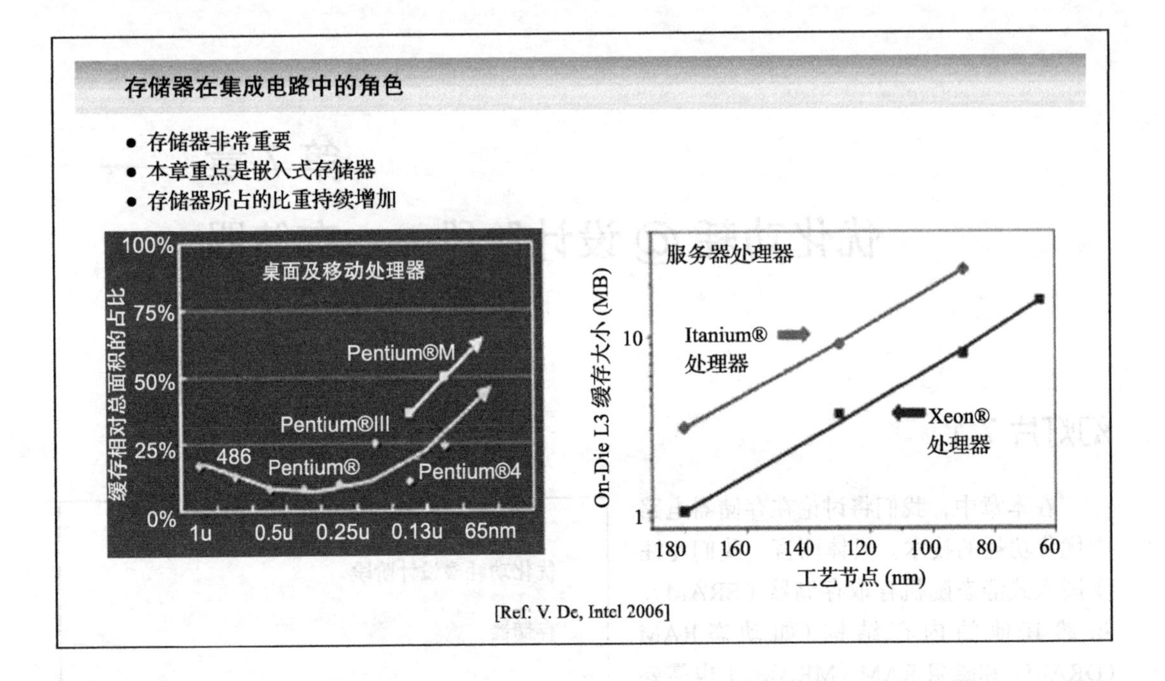

幻灯片 7.3

Intel 的 Penryn 处理器芯片的照片让 SRAM 的重要性更加清晰。大的缓存是立即可见的。黑框所示的区域仅仅是芯片上无数其他 SRAM 模块中的几个而已。除了对面积的影响，存储器的功耗正相对于其他芯片模块在增长。芯片功耗中的漏电部分尤其是这种情况。由于 SRAM 必须保持供电以保持数据，片上 SRAM 中大量晶体管将不断消耗漏电功率。这种漏电功率可以主导待机功率和低功耗应用中动态漏电功率的预算，并且成为其他总功率中可观的一部分。

处理器面积变为存储器占主导

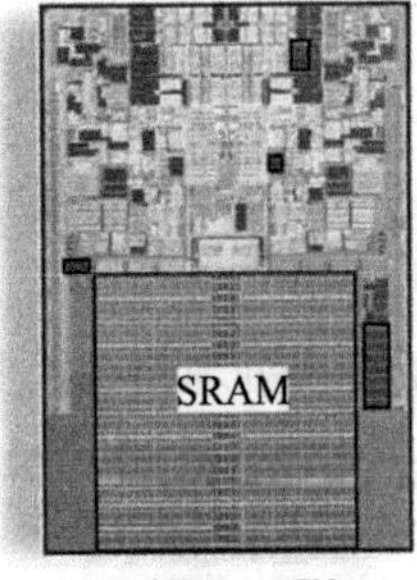

Intel Penryn ™
（插图由 Intel 提供）

- 片上存储器占据总晶体管数量的 50% ~ 90%
  - Xeon：48MB/110MB
  - Itanium 2:144MB/220MB
- SRAM 是片上静态功耗的主要来源
  - 在超低功耗应用中占主导
  - 在其他应用中也占大部分

幻灯片 7.4

我们以介绍存储器结构并着重于嵌入式 SRAM 来开始关于存储器功耗优化的讨论。然后描述设计阶段降低单元（cell）阵列功耗的技术，用于减小读取数据的功耗，也用于降低写操作访问期间的功耗。最后展示新型器件，它显示能降低 SRAM 功耗的可喜成果。

本章概览

- 存储器架构介绍
- 存储单元阵列的功耗
- 读操作功耗
- 写操作功耗
- 新存储器工艺

由于篇幅有限，很遗憾本书没有深入探讨 SRAM 存储器操作和目前的大趋势。建议读者参考本主题的专业教科书，比如 [Itoh'07]。

幻灯片 7.5

一个二维 SRAM 的位元（bit-cell）阵列是大型 SRAM 存储器的基本构建模块。每个单元阵列的尺寸被物理考量所限制，比如用于访问阵列中的单元的导线的电容和电阻。因此，大于 65 ~ 256Kb 的存储器被分成许多块，如这张幻灯片所示。存储器地址包含三个字段，即所需要的存储器的字节块、列和行。对这些地址位进行解码，正确的块被启用，这种相应的单元被选中。其他电路在写操作时把数据输入单元或者在读操作时把数据从单元输入数据总线。我们可以将所有这些外围电路（如解码器、驱动器、控制逻辑）当作逻辑，对它们采用本书前几章介绍的省功耗技术。在一个嵌入式 SRAM 里真正独特的技术是位元阵列本身。在本章中，我们将把重点放在位元阵列节省功耗的技术上。

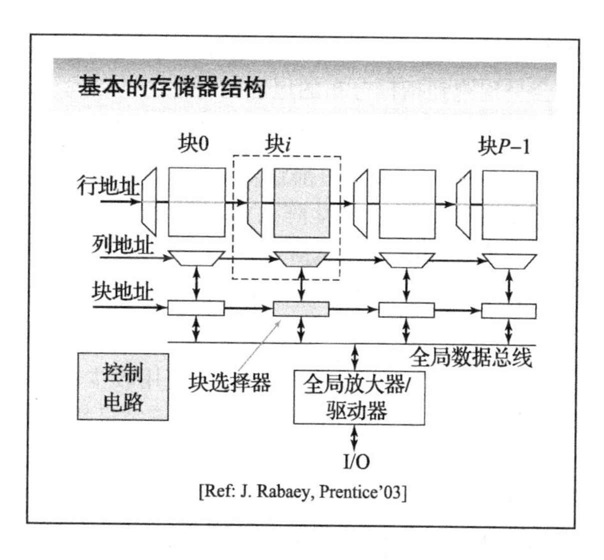

幻灯片 7.6

在标准互补金属氧化物半导体（CMOS）逻辑中，功率和延迟之间的权衡往往优先于其他指标。虽然理所应当地需要组合逻辑正常工作，静态 CMOS 足够可靠，能让逻辑功能相对容易实现（至少现在是如此）。在存储器中，并非一定是这种情况。对比以往，更高的存储密度的需求让面积变成主导指标——虽然功率的重要性最近获得了一席之地。SRAM 放弃了一些静态CMOS逻辑的重要特性（例如，大的噪声容限，无比（non-ratioed）电路），以减小单元面积。因此，一个典型的单元比典型的逻辑具有更低可靠性（更接近失败）。正如已经多次讨论的，伴随CMOS工艺尺寸缩小而快速增加的工艺误差导致电路参数变化。虽然工艺变化也影响逻辑，但是鉴于SRAM更紧的边界预留（margin），它们对SRAM的影响更深远。误差来源中最可怕的是随机掺杂波动（RDF），这指的是统计偏差数量和一个金属氧化物半导体场效应晶体管（MOSFET）沟道掺杂离子的位置。RDF导致了具有相同布局（layout）的晶体管的阈值电压呈现显著偏差。这意味着物理上相邻的存储器单元呈现不同的性能，这基于它们究竟落入阈值电压分布的哪个部分。因此，涉及单元的重要指标，比如延迟和漏电流，应该作为一个分布，而非一个常数。我们能进一步认为嵌入式SRAM可能具有数百万个晶体管，我们认识到，一些单元必定会呈现跑到指标分布的尾部的特性（可以远至6σ或者7σ）。

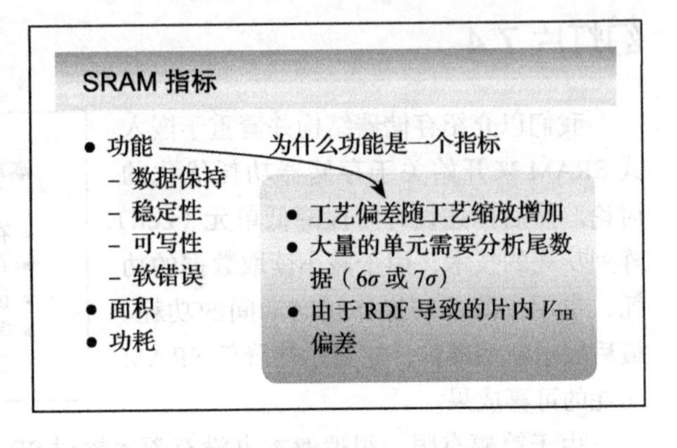

虽然功率–延迟的权衡肯定在存储器中存在，但更紧要的问题是，在深缩小的工艺尺寸中功率和功能的可靠性之间的权衡（以及第二的是与面积之间的权衡）。转动电路的旋钮降低SRAM的功率让阵列的可靠性变差，所以功能通常是阻止功率进一步降低的限制因素。这意味着，对SRAM而言，最主要的目标是在试图降低功率实现节能的时候，也能保持在整个阵列上的正确操作。功能的主要方面是可读性、可写性、数据保持和软错误率。本章中，我们专注于前两个。我们将在第9章讨论数据保持的限制。现代SRAM中软错误率（SERS）正在增加，因为每个位元使用较少的电荷来存储其数据（源自于采用了更小的电容和较低的电压）。其结果是，这些位更容易受宇宙射线和α粒子破坏。我们将不详细讨论软错误免疫能力，虽然有各种不同的技巧可以帮助减少SER，诸如纠错和位交织。

本章的中心主题围绕着这些威胁SRAM正常功能的内容：为了让SRAM降低功耗，引入新的技术去改善可靠性，并且随后在获得的可靠性和低功耗之间进行权衡。

幻灯片 7.7

在开始降低SRAM功耗之前，我们应该问自己："SRAM的功耗消耗在了哪里?"不幸的是，这是一个很难回答的问题。通过查阅文献，可以找到许多用于SRAM功耗分析的模型，并且每个模型都是复杂而不同的。那些指出

SRAM 功耗消耗在了哪里

- SRAM 功耗数值分析模型
- 在总功耗占很大量
- 不同应用导致不同部分的功耗占主导
- 结果：取决于应用，例如，高速与低功耗、可移动

SRAM 功率分解图的论文都与其结果不一致。造成不一致的原因可追溯到幻灯片 7.2 中的观察：SRAM 具有广阔而不同的用途。即使在同一芯片上，一个大的高速四路缓存可以邻近一个 1Kb 的很少访问的查找表（look-up-table）。从芯片到另一块芯片，一些应用需要对一块缓存进行高速访问，而一些便携式应用需要不经常使用的超低能量存储。造成的结果是，为某一应用设计的最佳的 SRAM 可能大大不同于另一种应用。由于每个应用的约束和规范为其功能决定了最佳 SRAM，我们限制自己对各种节省功耗技术的调查属于本教科书的权衡主题。再次重申，对于 SRAM，权衡通常针对的是功能的可靠性，而不是延迟。

幻灯片 7.8

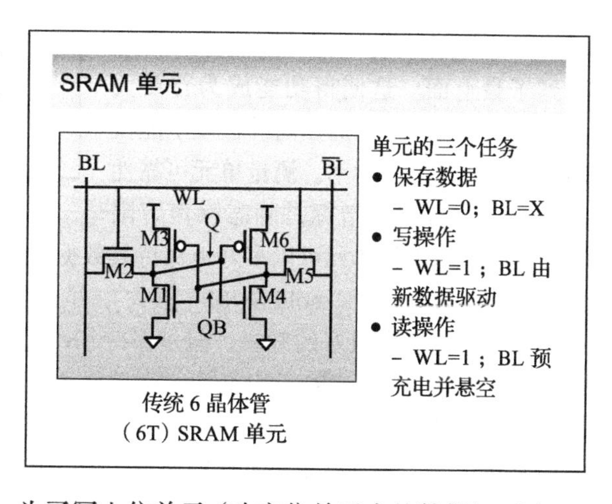

传统 6 晶体管（6T）SRAM 单元

本张幻灯片展示了传统 SRAM 位单元的电路图。它由 6 个晶体管组成，依次通常称为 6 晶体管单元。位单元最主要的工作是保存一位数据，并且必须提供访问数据的读写功能。位单元通过使用由晶体管 M1、M3 和 M4、M6 形成的背靠背反相器中固有的正反馈来保存数据。只要给单元供电并且字线（WL）为低（M2 和 M5 截止），位于结点 Q 的数据会驱动 QB 至正值，这也会保存结点 Q 的数据。在这个设置下，位线电压（BL 与 $\overline{\text{BL}}$ 或（BLB））并不会影响位单元的功能。为了写入位单元（改变位单元中的数据），我们必须使用抵制正反馈来反转单元至其相反状态。例如，如果 Q=1，QB=0，我们必须驱动 Q 为 0 和 QB 为 1 来写入。为了完成这一操作，我们驱动新数据至 BL（例如，BL=0，BLB=1）并使能 WL。这个写操作明显是有比逻辑，这是因为其引起了单元内晶体管和访问晶体管（M2 和 M5）之间的竞争。NMOS 访问晶体管擅长传递 0，所以我们需要依靠带接地功能的 BL 一侧的单元晶体管来执行写操作。为了保证这一操作正确，通过尺寸设计使 M2（M5）战胜 M3（M6），这样可以将内部结点拉至 0 来反转单元。我们也想使用相同的访问晶体管 M2（M5）来读取位单元内容并且保持单元面积尽量小。这意味着我们必须要小心设计以避免读操作时驱动 BL 为 0，这样就不会不小心写入单元。为了避免这个问题，我们预充电两个 BL 至 V_{DD}，并允许它们在使能 WL 之前悬空。在读操作开始时可以认为 BL 为被充电至 V_{DD} 的电容。存储 0 的单元一侧会缓慢放电 BL——读操作很慢是因为单元晶体管很小而 BL 电容相对很大，而其他 BL 则保持接近 V_{DD}。通过观察差分电压在 BL 上的变化，我们可以决定单元中保存的内容。

幻灯片 7.9

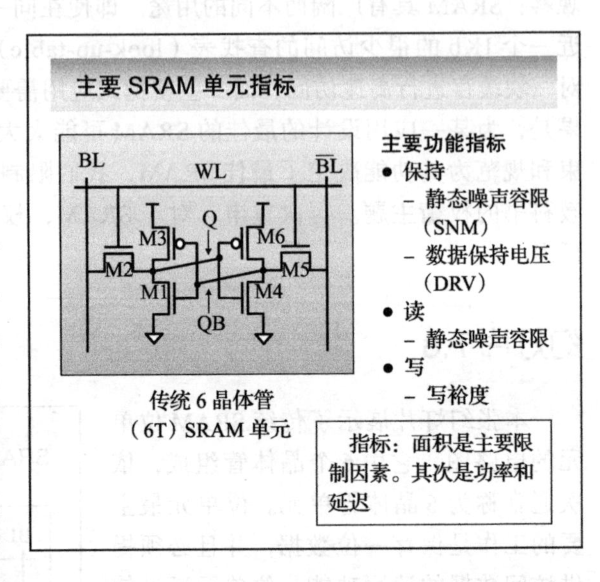

传统的指标——面积、功率和延迟适用于 SRAM。由于 SRAM 阵列中有大量的单元，因此在很长一段时间内最重要的指标是面积。但是功率正变得越来越重要，其重要性与面积可以相提并论。原因在幻灯片 7.3 中有描述。调整存储器的访问延迟也很关键，但是许多嵌入式存储器并不需要超高速。这样可以用延迟去交换面积节省和功率节省。如幻灯片 7.6 提到的，由于工艺误差增加，可靠性的问题浮到了最上面。这使得功能成为首要关注，并且它限制了我们在何种程度上能扭转设计旋钮以降低功率。测量单元可靠性的一个非常有用的指标是静态噪声容限（SNM），这是测量单元可以多好地保持其数据的指标。一个没有被访问的单元通常可以非常好地保持其数据（即"hold SNM"很大），虽然 SNM 随着电源电压降低而缩小。V_{DD} 缩放是一个降低漏电功率很好的旋钮，但是保持 SNM 设置了通过这种方式能节省功率的上限。我们将数据保持电压（DRV）定义为一个单元（或单元的阵列）可以连续保持其数据的最低电压。第 9 章会详细讨论 DRV。

在读访问期间，由于保持 0 的位单元的一侧的访问晶体管和驱动晶体管出现了电压分压效应，因此 SNM 降低。这意味着该位单元最容易在读访问期间丢失数据。随着位单元的电源电压降低，这种类型的读错误也很可能出现。

由于成功地写入一个 SRAM 单元取决于晶体管尺寸比例，工艺尺寸误差的存在让其失误的可能性增加。具体来说，增强单元中的 pMOS 晶体管（相对于访问晶体管来说）是有害的。如果访问晶体管不能胜过单元中背靠背的反相器，我们所希望的写操作是无法实现的。下面的幻灯片更加详细地讨论这些指标。

幻灯片 7.10

这张幻灯片提供了一个单元的静态噪声容限（SNM）的详细说明。电路原理图显示的单元中，含有直流电压噪声源。现在假定这些电压源的值 V_N=0V。图中粗线显示无噪声情况下单元的直流特性。电压传输特性（VTC）曲线相交在三个点上，从而形成两个肺叶。由于肺叶看起来像蝴蝶翅膀，由此产生的图形称为单元的蝶形图。叶的尖端的两个交叉点是稳定的点，而中心交叉点是亚稳定点。现在考虑噪声源的值 V_N 开始增加的情况。这将导致反相器

2 的 VTC 移动到右边，反相器 1 的 VTC 向下移动。只要蝶形图保持其两肺叶，单元就能保持双稳态（也就是说，它会保持它的数据）。一旦 VTC 移动过远，以至于它们只在两个地方相交，一个肺叶消失，任何进一步增加 V_N 的结果使一个单稳态位单元已经失去了它的数据。V_N 的这个值是静态噪声容限。图中的细线说明在此条件下的 VTC。把一个最大的正方形刻画在原来的蝴形图中，它们在正方形的边角相交。SNM 现在定义为蝶形图肺叶内的最大正方形的边的长度。如果单元不均衡（例如，由于晶体管的尺寸或工艺变化）——一个肺叶比另一个小，则 SNM 是两片肺叶中相对较小的肺叶中能放入的最大的正方形的边长。这表明该位单元更容易失去一个特定的数据值。

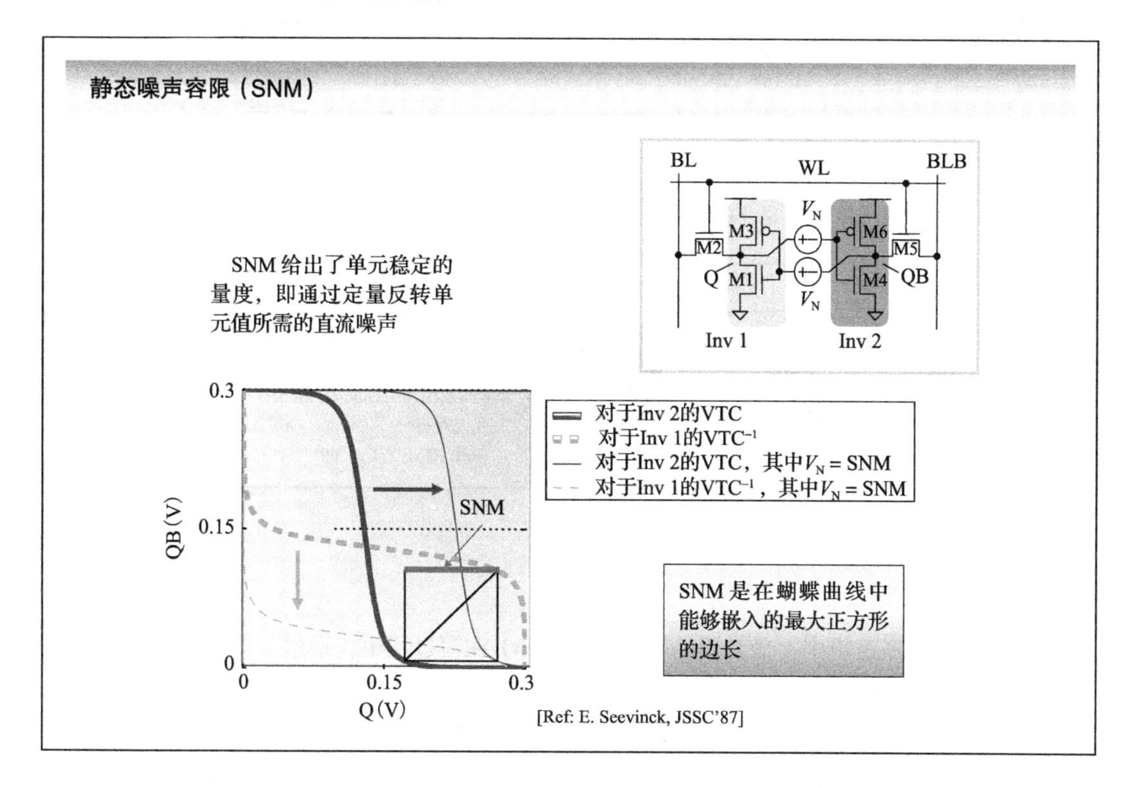

幻灯片 7.11

工艺缩小引起 SRAM 位单元的 SNM 变差。这张幻灯片显示了用预测工艺模型（PTM）进行仿真得到的 65nm、45nm 和 32nm 的 SNM。上面的曲线可以看出，通常 SNM 随着工艺尺寸缩小和电压降低而变差。这也就是说，用缩小的工艺尺寸更难获得一个可靠的阵列，同时，降低供电电压去降低功率，这会让单元的可靠性恶化。本图进一步确认，读 SNM 比保持 SNM 小了不少。

如果说这个故事还不够糟糕，那么工艺误差使它显著地恶化。图的底部显示了在不同工艺节点下读 SNM 的分布。显然，这些分布的尾部对应于具有微乎其微的噪声容限的单元，表明这些单元即使采用传统安全的 SRAM 架构，在读访问期间将是相当不稳定的。在 32nm

工艺，大量的单元展示出（低于）0处的SNM，表示即使没有噪声源，读操作也会失误。稳定性的恶化，意味着如果要保持读的稳定性，SRAM电路/架构必须要改变。对于权衡功率，这就意味着几乎没有空间（实际上是负空间！）去用可靠性换取功耗节省。取而代之的是，我们需要对SRAM做出根本性的改变，让它能工作，并希望也能降低功耗。

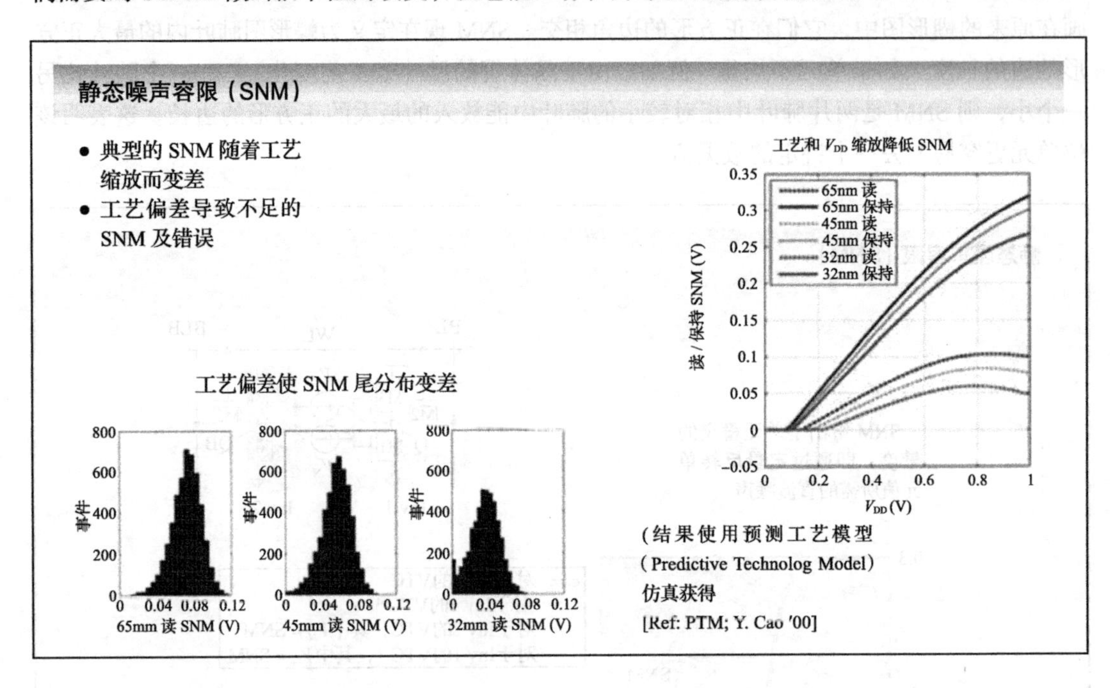

幻灯片 7.12

在CMOS时序逻辑中，最常用的锁存器（latch）在写过程中，通过一个开关的帮助而让它里面相互连接的反相器形成的反馈环无效，从而简化了写的过程。SRAM用舍弃这种可靠的写的方法去交换了面积。写操作现在变成了写驱动晶体管和单元中一个反相器之间的比值竞争。这场“战争”在这张幻灯片上图形化地显示出来。写驱动晶体管把新的数据通过一个传输门（未示出）置于位线（bitline）上面，然后WL置高。它把位单元的内部节点和驱动位线连接起来，随即建立了单元反相器和通过访问晶体管的驱动器之间的竞争。当nMOS访问晶体管传输一个强的0，只要这个访问晶体管可以胜过pMOS上拉晶体管，把内部节点下拉到足够低的电位去让单元值翻转，那么具有0的位线（BL）就能赢得竞争。我们可以通过写访问时的蝴蝶等效图去分析单元的写操作的可靠性。这张幻灯片底部左侧的图显示一个位单元保持它的数据的蝶形图。要做到成功地写入，访问晶体管必须将单元驱入单稳态条件。在右下角的图显示了一个看起来不再像蝶形图的蝶形图——因为它已经成功地取得了单稳态（向Q写入1）。这对应于一个负的SNM。在右上方的情况，由于在写过程中蝶形图仍然保持两片肺叶，蝴蝶曲线保持双稳态。这就意味着写操作已经失败了。

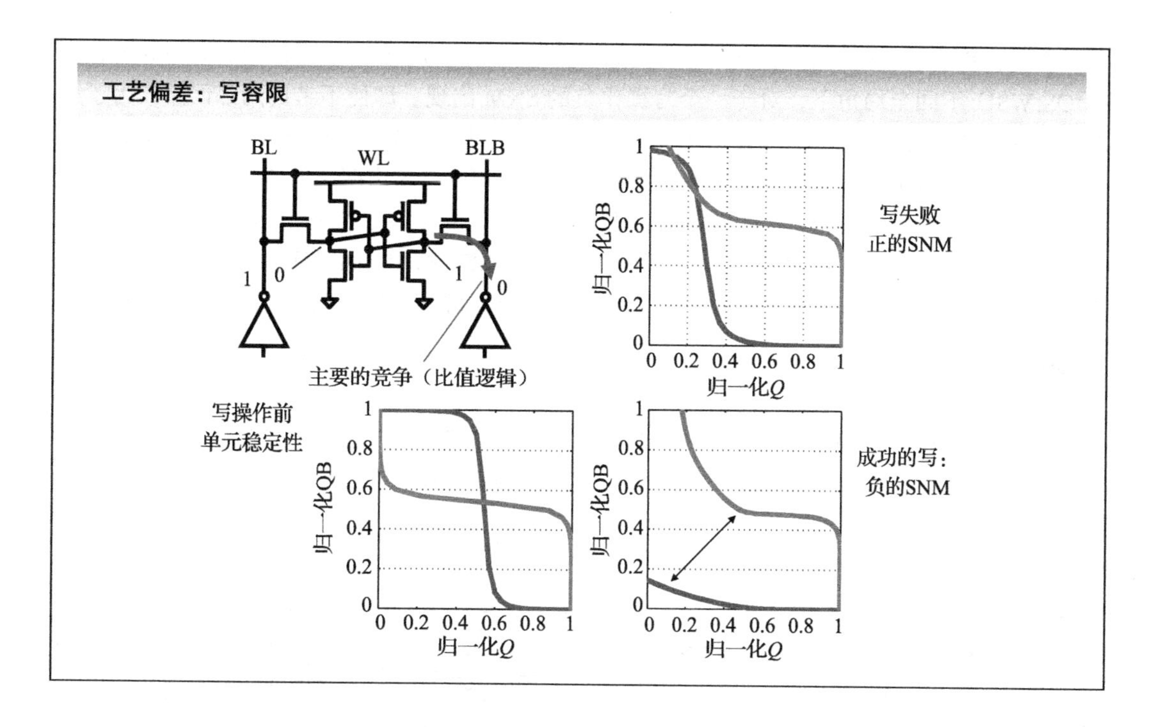

幻灯片 7.13

和 SNM 一样，由于存在工艺误差，写余量（write margin）变得恶化。这点由该曲线图

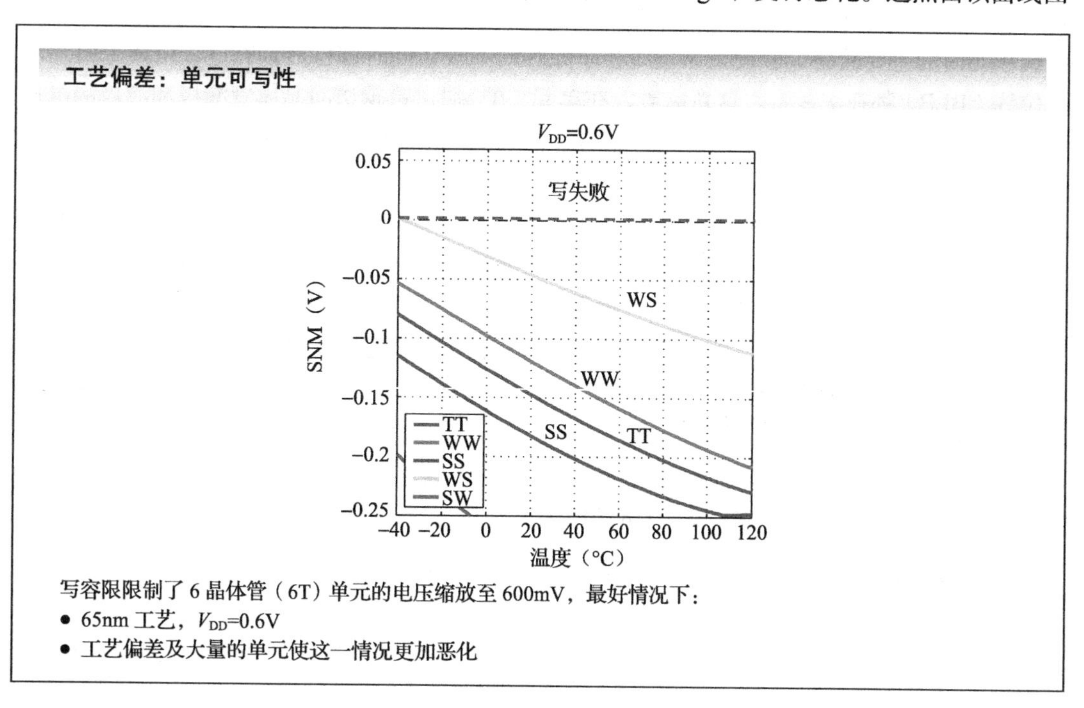

可以看出，它绘制了在一个 65nm 工艺（例如，普通的 nMOS，pMOS 管 [TT]；弱 nMOS，强 pMOS[WS]）不同全局角下，对于一个写操作负的 SNM 出现。即使不考虑局部误差，为了成功地在该工艺的全局 PVT（工艺、电压和温度）工艺角进行写操作，600mV 是 6 晶体管（6T）位单元能允许的最低电压。局部误差使得最低工作电压更高。这表明，即使对于采用缩小工艺的传统的 6 晶体管（6T）位单元和架构，成功的写操作需要一定妥协。与读静态噪声容限（SNM）一样，这限制了我们为了节省功耗而做出这种权衡（折中）的灵活性。因此必须引入提高功能可靠性的方法。只有在这一步完成后，才能开始在可靠性和降低功耗之间进行权衡。

幻灯片 7.14

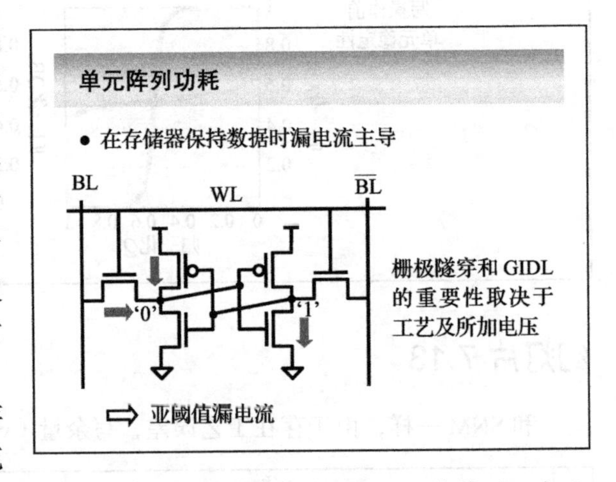

现在我们已经回顾了传统的 SRAM 架构、位单元，以及它的重要指标，让我们看看在位单元阵列（bit-cell array）不被访问时，它内部的功耗。此刻假设这个阵列仍然是活跃的，意味着读 / 写访问是立刻可执行的。在第 9 章，我们将分析预计没有访问的待机情况。由于无访问的阵列仅仅保持它的数据，它没有消耗切换功率。它的功耗几乎完全是漏电功耗。

只要阵列被供电，不活动的单元就存在漏电流。这张幻灯片显示了亚阈漏电流在位单元内的主要通路。假设两条位线在单元阵列不被访问时都已经预充电，位线（BL）和双位线（BLB）都在 V_{DD} 上。这意味着，在单元“0”端，跨越访问晶体管漏极和源极的电压等于 V_{DD}，从而导致器件漏电。类似的漏电流产生在单元同侧的 pMOS 晶体管，以及另外一侧的 nMOS 驱动晶体管上。这三个组成了位单元内主要的漏电通路。

在现代工艺中，其他的漏电流机制也同样显著（见前面的章节）。最值得注意的是，具有大的 V_{GD} 或 V_{GS} 的薄栅金属氧化物晶体管是通过栅端口产生漏电流的。大多数缩小的工艺尺寸通过放缓缩小栅金属氧化物的厚度去把栅漏电流保持在一个可接受的范围。在 45nm 工艺节点的新技术承诺在栅绝缘层采用高 k 介电材料，从而允许进一步将介电厚度缩小。假定这会发生，我们预测亚阈值漏电流会继续在 CMOS 单元中占据主导地位。否则，栅极漏电流的影响应该包括在设计优化过程中。

在下面的幻灯片中，我们考察两个可以降低阵列漏电功耗的旋钮：阈值电压和外围电压。这些旋钮可以在设计时设置，使得运行状态中的 SRAM（例如，当阵列准备好被访问时）的漏电流降低。

幻灯片 7.15

正如前面所建立的，亚阈值漏电流 $I_{SUBVTH}=I_{oexp}\left(\frac{V_{GS}-V_{TH}+dV_{DS}}{nkT/q}\right)$。我们可以从这个等式

直接观察到，阈值电压 V_{TH} 是一个强大的旋钮，它能按指数形式减小金属氧化物半导体场效应晶体管（MOSFET）的关断电流。因此，一个降低 SRAM 漏电流的技术是，选择一个具有足够高阈值电压的工艺。这张幻灯片中的图展示了在不同温度下 1MB 阵列的漏电流与阈值电压之间的关系。显然，选择一个较大的 V_{TH} 对降低漏电流具有立竿见影和强大的效果。如果假设一个高速存储器应用在 50℃可以容忍 10μA 漏电流，那么该图说明这个阵列的 V_{TH} 必须是 490mV。同理，该图显示一个低功耗阵列（在 75℃时漏电流为 0.1μA）需要超过 710mV 的 V_{TH}，假定其他的设计参数保持不变。这个分析不仅仅表明阈值电压可以用来控制一个阵列的漏电流，而且说明如果阈值电压是唯一的旋钮，可用于控制漏电功率，那么它必须保持在一个相当大的值。负面的是，较高的 V_{TH} 降低了位单元的驱动电流，也限制了存储器的速度。

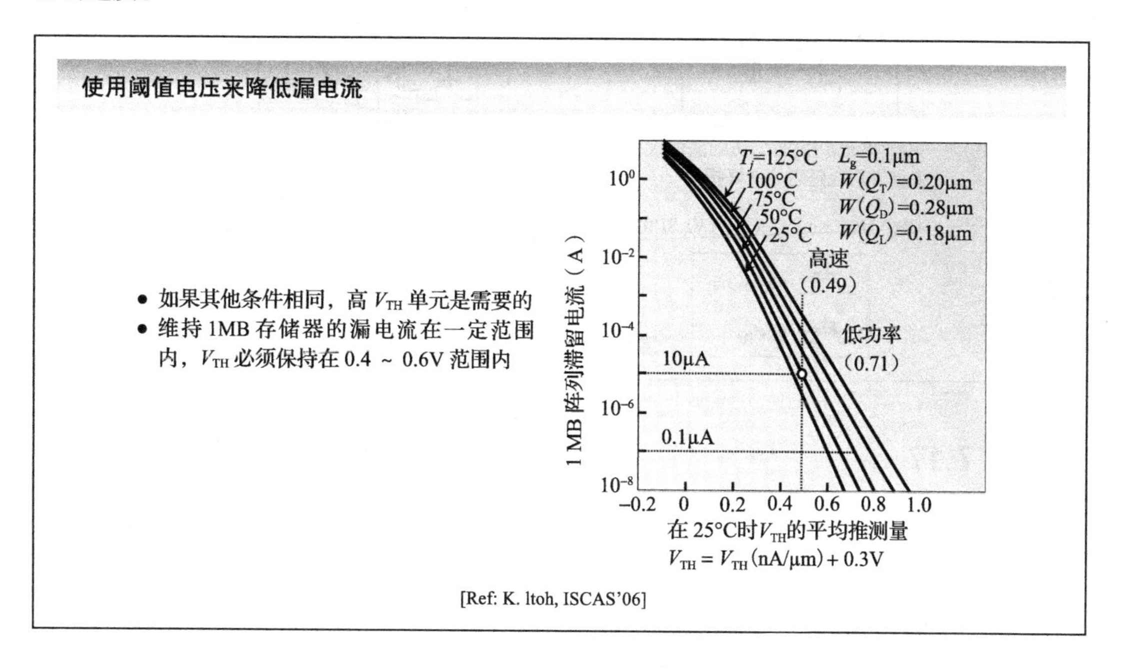

幻灯片 7.16

一种使用高 V_{TH} 晶体管的替代方法是选择性地把一些高 V_{TH} 器件更换为低 V_{TH} 晶体管。在大量可能的采用两种阈值电压晶体管的组合方式中，只有少数具有意义。最好的选择取决于所期望的存储器和要使用的工艺特性。

多阈值电压设计的一个潜在缺点是，设计规则可能规定具有不同 V_{TH} 的晶体管要进一步隔开（间隔更大距离）。如果面积增加可以被避免，或者下降至一个可接受的范围，双 V_{TH} 的单元可以带来一些不错的优点。这张幻灯片的左边展示了这样的一个单元，其低 V_{TH} 器件用阴影表示。单元中交叉耦合的反相器是高阈值电压器件，从而有效地消除了反相器中的漏电路径。访问晶体管和外围电路是低阈值电压器件。这转化为读取期间驱动电流的改善，从而

最小化由于采用高 V_{TH} 晶体管而导致的读取延迟的恶化。

幻灯片右侧的单元利用了一个属性，那就是，在许多应用的存储器中大多数的单元都存储“0”。选择性地降低这些单元的漏电流是有意义的。事实上，在这个电路中，一个“0”单元的漏电流至少可以被降低 70%。这显然让“1”单元具有更高的漏电流，但毕竟这些是少数，整个存储器的漏电流显著降低。

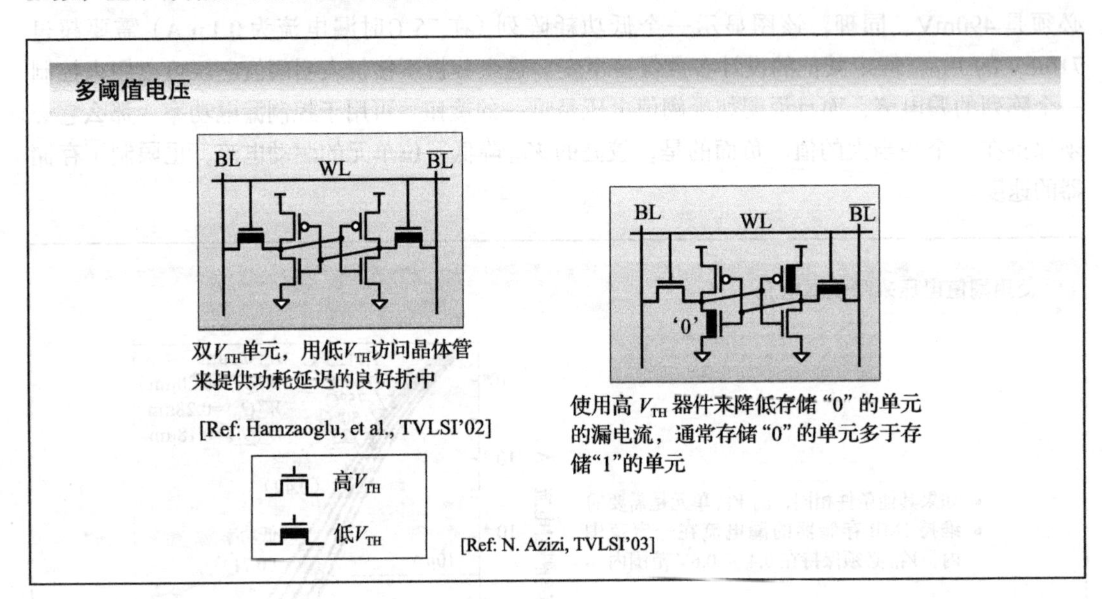

幻灯片 7.17

使用多种单元电压提供了另一个强有力的减小漏电流的旋钮。谨慎选择单元内部和它周围的电压，可以减小关键器件上的漏电流，例如产生负的栅极 – 源极电压。亚阈值电流方程告诉我们，对漏电流而言，一个负 V_{GS} 具有和提高 V_{TH} 一样的指数型影响。在这张幻灯片所示的单元里，字线（WL）是 0，但是交叉耦合的反相器的源极电压升高到 0.5V。这让保持逻辑“0”和“1”的单元两端的访问晶体管的 V_{GS} 分别被设置为 –0.5V 和 –1.0V，从而产生了一个显著降低的亚阈值漏电流。单元内的电源电压必须相应地增加，以维持足够的 SNM。在这个特定的实现里，作者采用高 V_{TH} 场效应晶体管（FET）结合电压分配，在 130nm 工艺下实现了 16fA/ 单元的漏电流。

总结来说，增加阈值电压是降低“非活动的”亚阈值漏电流的有用的旋钮，但是高阈值器件带来了更长的读 / 写延迟。降低单元电压或者引入多电压也可帮助降低漏电流功耗，但是必须小心地执行，以避免降低单元的稳定性。也要注意到这些技术相关的隐性成本和额外面积开销。例如，额外的阈值意味着需要额外的掩模（mask）。幸运的是，大多数最先进的工艺流程已经提供两个阈值电压。提供额外的电源电压会让系统成本增加，这源于需要额外的直流 – 直流转换器，而为单元和外围电路布置多条电源电压线会带来面积开销增加。对于一个完整的设计，所有这些开销源都必须与功率节省进行仔细地衡量。

下一组幻灯片中，我们专注于如何影响读取访问期间的功率。

多电压域

- 有选择地在存储单元阵列中使用多个电压
- 例如，16fA/ 单元，25℃，0.13μm 工艺

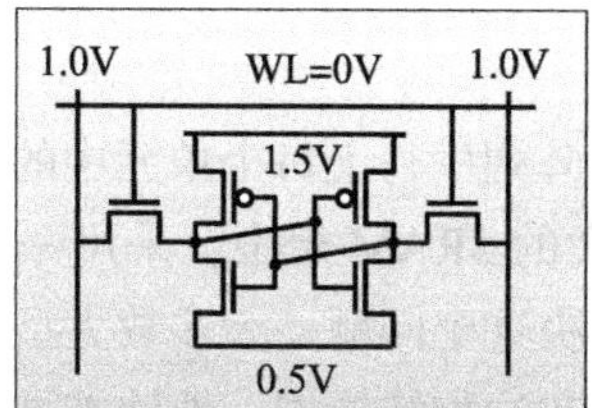

- 用高 V_{TH} 来降低亚阈值 V_{TH} 漏电流
- 提高源电压，提高 V_{DD}，降低位线来减小栅极压力并维持 SNM

[Ref: K. Osada, JSSC'03]

幻灯片 7.18

由于读取访问包括 SRAM 中的活动跳变，在读取中占主导地位的功耗是切换功率。这张幻灯片提供了一个通用的概念去说明在读取访问期间，切换功率耗散在了哪里。当地址首先施加到所述存储器时，这个地址被译码去选择正确的字线。译码后的信号被进行缓存，以驱动字线上大的电容。译码器和字线驱动器只是组合逻辑，对这样的逻辑网络进行功耗管理的技术在前面的章节中进行了深入的讲解。在这里，我们不探讨这些电路层的技术，我们只限于在一些存储器中具有特别意义的技术。

一旦已译码的字线信号到达单元阵列，所选择的位单元选择性地对一条已经（预充电）

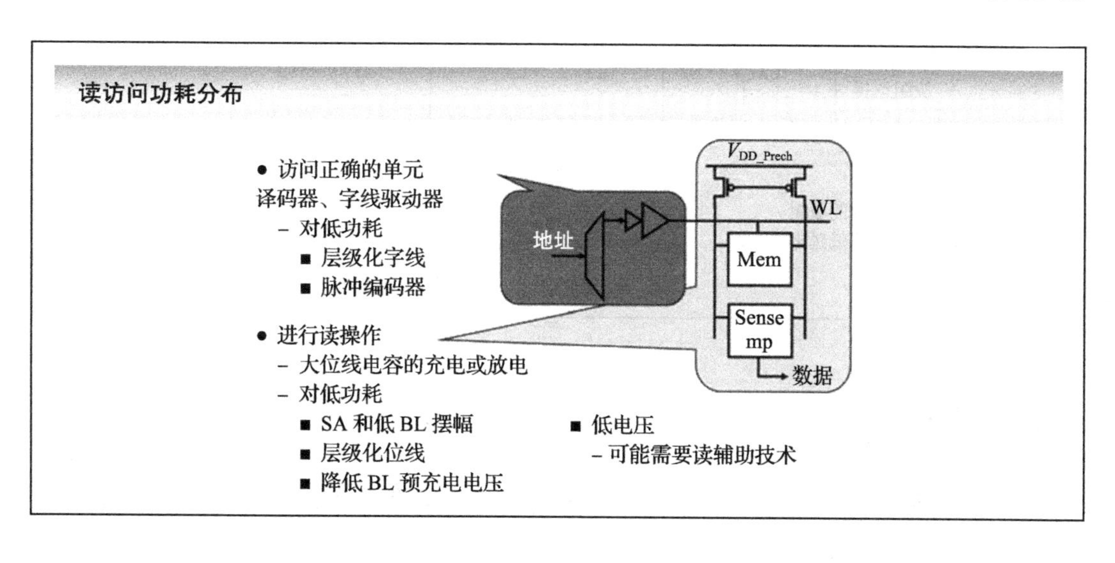

位线进行放电。由于位线电容很大，在接下来的预充电阶段重新对它充电要消耗大量的功率。显然，降低放电量有助于最小化功耗。在SRAM中使用差分放大器（SA）来检测位线上的小差分信号是一个传统。这不仅最大限度地减小了读取延迟，也可以让我们在位线的V_{DD}只有一小部分被放电后就开始对它预充电，从而降低功率。除此之外，还有其他几种方法在读访问阶段可降低功率，其中一些在下面的幻灯片中加以描述。

幻灯片 7.19

SRAM阵列中字线的电容可以是非常大的。它由阵列中行上每个单元中的两个访问晶体管的栅极电容和互联导线的电容组成。如果在一个大的SRAM宏中，采用一条字线去访问多个模块中的行，这个字线电容会变得更大。为了解决这个问题，大多数大型存储器使用层次化的字线结构，这类似于这张幻灯片所示。例如，在这种结构中，地址被划分成多个字段来指定块、块组和列。列地址被译码到全局字线，它结合选通信号去产生亚全局字线信号。这些信号被块选信号进行门控，去产生局部字线信号。因此，每个局部字线变得更短，具有更小的电容。通过降低字线上切换的电容的量，这种分层方案可以节省功率和降低延迟。该方法还防止了那些不被访问的模块被激活进而被进行虚读操作，因而带来了进一步的功率节省。

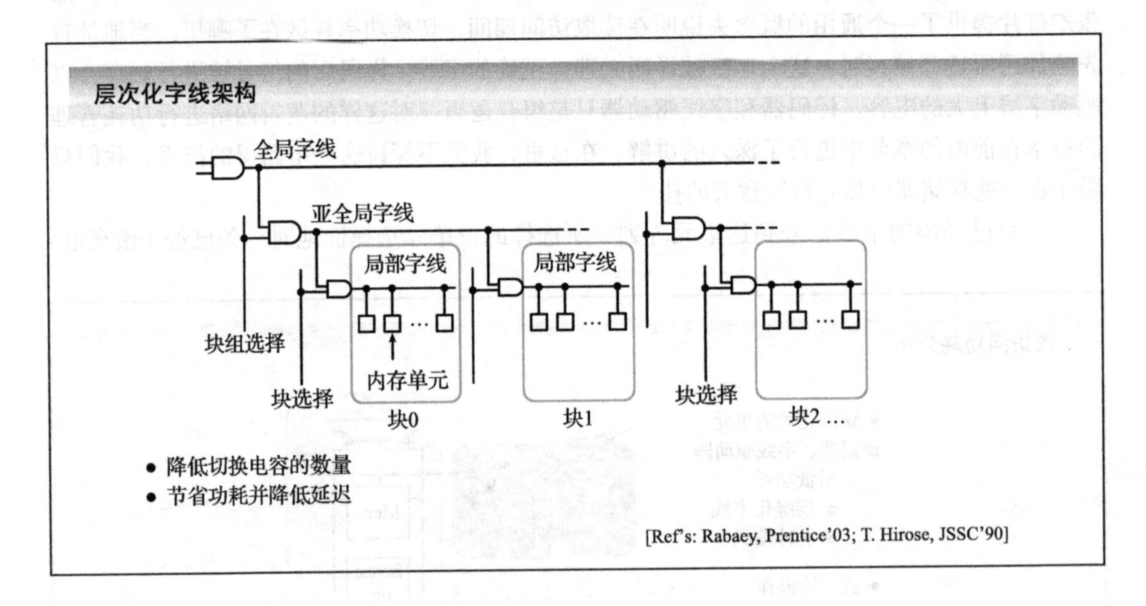

幻灯片 7.20

将长线分成较短线的层次结构，适用于字线，同样的方式也适用于位线。因为有放大器，位线通常不完全放电。不过，这些线有很大电容，放电导致功耗和延迟的代价非常高昂。降低每组局部位线对上的位单元的数量会减少延迟和读访问的功耗。所述局部位线可以重组到全局位线，提供最终要读的数据值。位线漏电成为深亚微米工艺中 SRAM 设计的主要问题，这让层次化位线更加常见，并且局部位线对上的位单元数量正在减少，以弥补位线漏电。

层次化位线

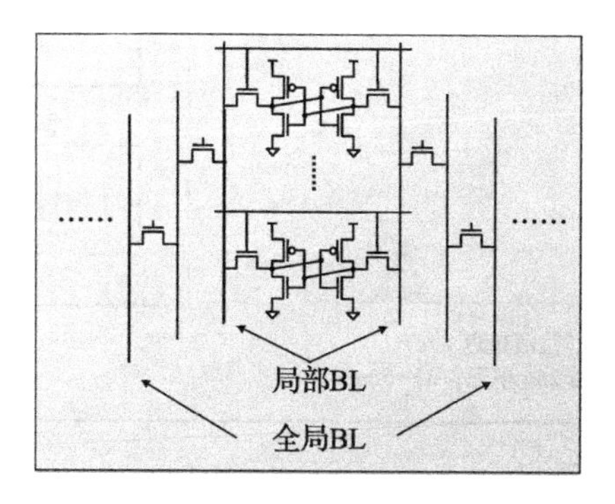

- 层次化分离字线
  - 许多种可能的变体
- 减小 RC 延迟，同时减小 CV^2 功耗
- 降低被访问的单元所看到的位线漏电

幻灯片 7.21

位线漏电指的是在 SRAM 列中从位线流向位单元的漏电流路径。在幻灯片 7.14 中我们已经从更局部的角度指明了这种漏电路径。位线漏电实际上比这里所描述的更加成问题，因为它降低了 SRAM 正确读取的能力。这一点在本幻灯片中展示出，其中一个单元试图在线上驱动一个“1”，而这时列上其他的单元保持“0”。对于这组数据向量，所有来自非访问的单元的漏电流相对来自访问位单元（本已很小的）驱动电流形成了抵制。其结果是，本应该保持预充电电压 V_{DD} 的位线，可能实际已经被放电到一个更低的电压。因此，它与对面位线（未标示出）本应放电形成的电压差，缩小了。最起码，这种漏电增加了感知放大器做决定的时间（因此增加了读取延迟）。

存储器访问期间的数据分布所带来的影响展示在左侧的曲线图中。显然，如果所有非访问单元包含着与要访问的单元相反的数据，延迟显著增加。访问时间的误差也增大。在最坏的情况下，位线上大量非访问单元的漏电流可以变得和访问单元的驱动电流相同，甚至更大，从而导致了 SRAM 读取该单元时失败，一对位线上的位单元数量必须要仔细选取，以防止这种位线漏电流导致错误。

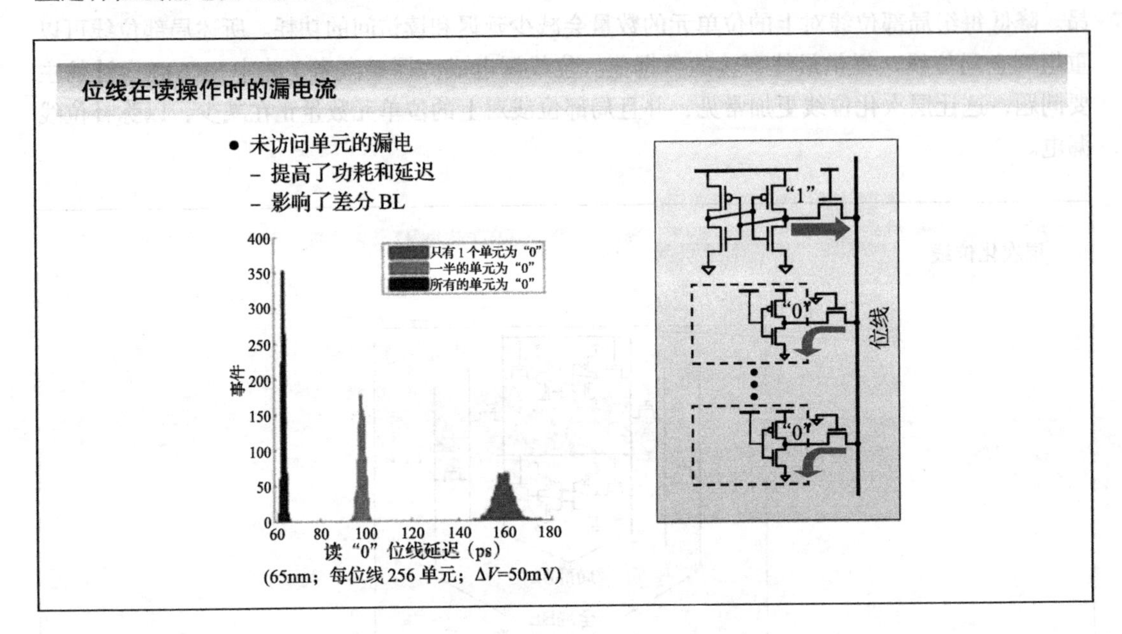

幻灯片 7.22

这张幻灯片列举了一些对付位线漏电的可能解决方案。层次化位线降低了连接到同一条线上单元的数量，但是增加了复杂度，也增加了均摊到每个位单元的面积（由于需要更多外围电路）。升高非访问的位线中的虚地节点降低来自位线的漏电流，这需要以增加面积和降低静态噪声容限（SNM）为代价。字线电压降低到 0（负 WL）将指数级地降低访问晶体管中的亚阈值漏电，但是这种方法可能被栅极电流所限制（大的 V_{DG} 让栅极电流增加）。增加访问晶体管的长度可降低漏电流，这以降低驱动电流为代价。一些别的可选的位单元被提出，例如使用 8 晶体管（8T）单元，它使用两个额外的访问晶体管（始终都关闭），让两条位线上具有同等量的漏电流。这种单元成功地均衡了两条位线上的漏电，但是，它是通过让漏电成为最坏情况来实现的。因此，它只成功地减少了位线漏电对延迟的影响，并非其对功耗的影响。一些积极补偿的方法被提出，它们能测出位线的漏电流，然后施加额外的电流去防止高位线错误地放电。这些方法增加了复杂度，并且往往把重点放在以功耗为代价降低延迟。减小预充电电压是另一种方法（因为它值得进一步讨论，我们把对它的描述推迟到下一张幻灯片中）。

所有这些技术可以帮助减轻位线漏电问题，但是转化成某种形式的权衡。对于一个给定的应用，一如既往地，都取决于具体的情况和设置。

本幻灯片上的条形图提供了几个技术对读访问延迟的有效性的高层次比较（通过使用预测模型技术或 PTM 仿真得到）。传统的方法和 8T 单元在直到 32nm 工艺的路上都不起作用。

提高非访问单元的虚拟地，通过一个负的字线电压，并且用分层次的位线把阵列进行划分，让阵列对位线漏电流更加不敏感。再次重申，必须仔细衡量每种方法为了实现这点所使用的权衡，并包含在探索的过程中。

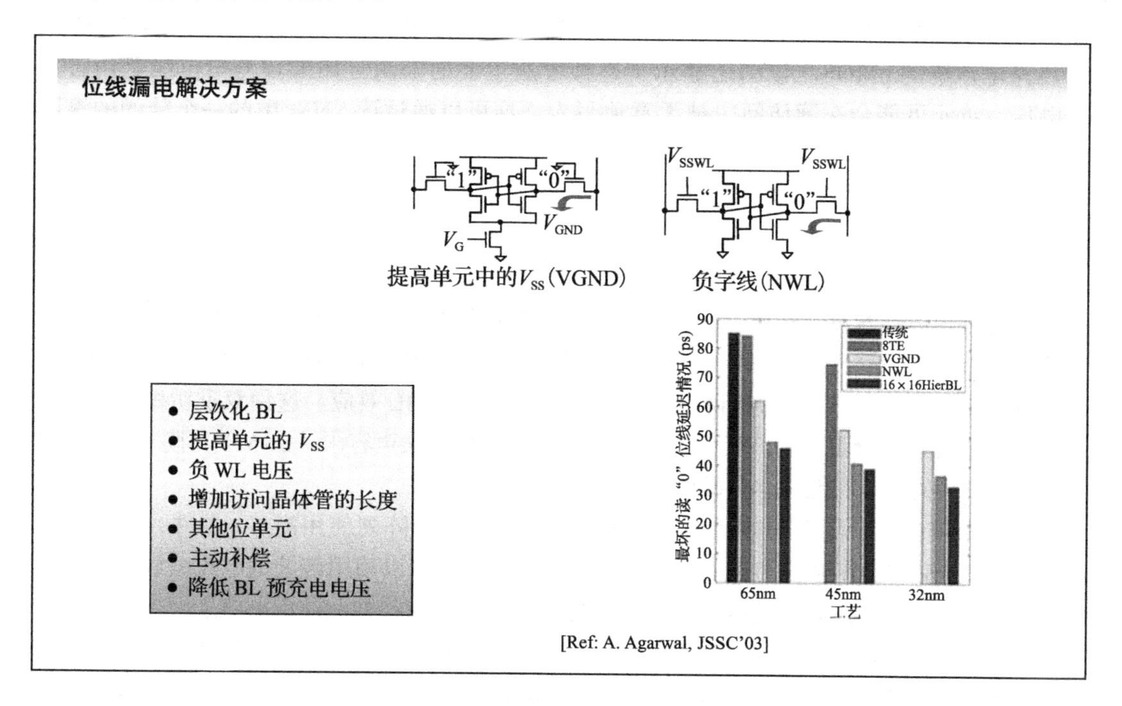

幻灯片 7.23

将位线上预充电电压减小到低于传统的 V_{DD} 值有助于降低位线上渗入非访问位单元的位线漏电流，因为横跨访问晶体管上的 V_{DS} 变低。由于在读取时，将 1 驱入位线的访问晶体管

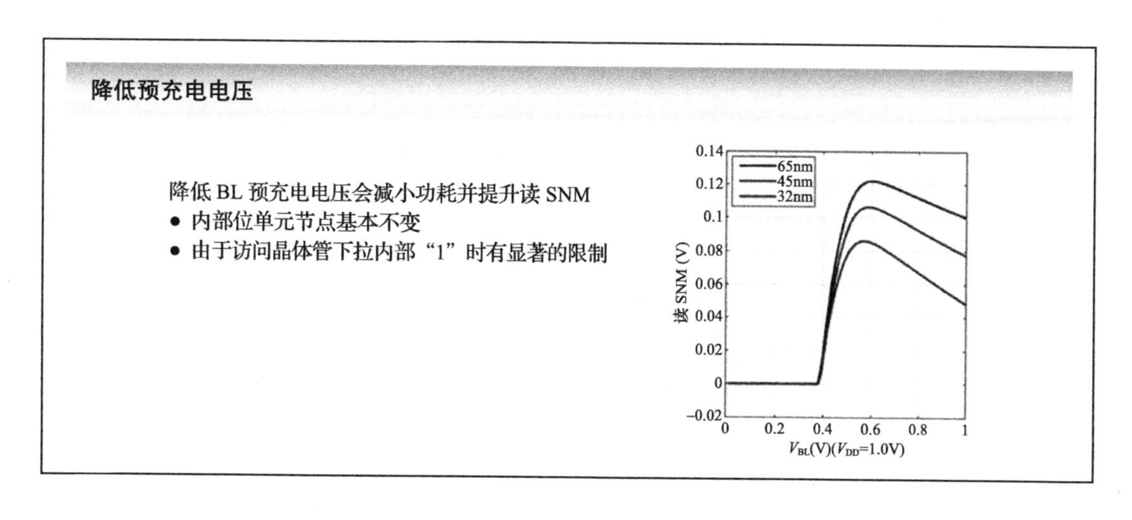

不会开启（除非位线电压下降到 V_{DD}-V_{TH}），较低的预充电电压对读取本身不产生负面影响。事实上，通过弱化单元中 0 侧的访问晶体管，更低的预充电电压实际上改善了读 SNM，从而让读更稳定。图上显示了一个较低的预充电值，可以将读 SNM 提升超过 10%，同时获得更低的漏电功耗。实现此方法的一个简单的方式是，使用 nMOS 器件代替预充电传统的 pMOS。该图还显示了这种方法主要的限制：如果预充电位线是用过低的电压，单元可能会在读访问中被无意地写入。这可以通过读 SNM 中的一个陡峭的滚降看出。

幻灯片 7.24

不更近距离地看看“经典”的 V_{DD} 缩放，那么节省功耗方法的讨论是不完整的。在活动模式期间降低 SRAM 阵列的电源电压显然地降低了该阵列的切换功耗（$P = fCV^2$）。它也减少了泄漏功率为 $P = VI_{OFF}$，I_{OFF} 的降低很大程度上是因为 DIBL 效应。这种双重功率节省是以增加访问延迟为代价获得的。我们也知道，由于存在静态噪声容限（SNM）和读 / 写裕量这样的功能性障碍，现在能减小的操作 V_{DD} 的量是相当有限的。

有两个解决这个问题的方法。第一个解决方法是，让阵列使用高 V_{TH} 器件，并维持高 V_{DD} 以提供足够的操作裕量和速度。另一方面，外围电路可以使用传统的电压缩放技术，因为它们实际上是组合逻辑。这种方法的复杂之处在于需要在阵列和外围电路之间进行电压转换。第二个解决方法是，通过读辅助（read-assist）技术恢复失去的裕量（读裕量，因为我们正在这里讨论读访问）。这些是改善读裕量的电路层技术，它们可以用来减小 V_{DD}。读辅助方法的例子包括降低 BL 预充电电压，提高位单元 V_{DD}，短暂对 WL 进行脉冲，读之后把数据重写入单元，以及降低 WL 电压。所有这些方法实际上是绕过读干扰（read-upset）问题或者加强驱动晶体管（相对于访问晶体管来说），这样降低了读 SNM。幻灯片为有兴趣的读者提供了大量的参考文献。

V_{DD} 缩放

- 通过经典电压缩放技术降低 V_{DD}（和其他电压）
  - 节省功耗
  - 增加延迟
  - 受到丢失的读 / 写容限限制
- 通过读辅助技术来重获读 SNM
  - 降低 BL 预充电电压
  - 提升的单元 V_{DD} [Ref: Bhavnagarwala'04, Zhang'06]
  - 脉冲 WL 和先读后写 [Ref: Khellah'06]
  - 降低 WL 电压 [Ref: Ohbayashi'06]

幻灯片 7.25

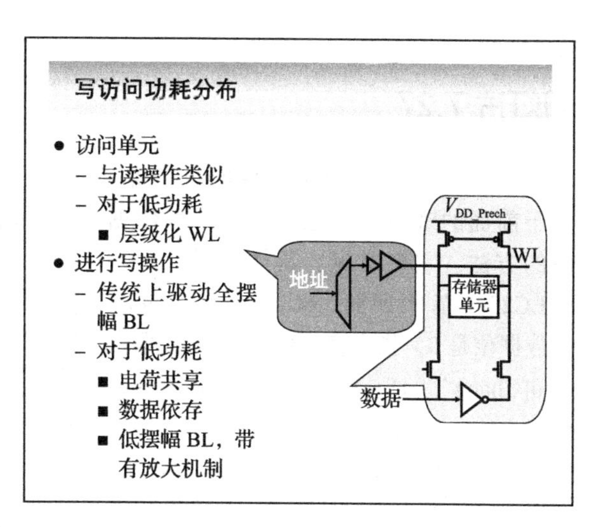

现在继续前进去看看写访问时的功耗。可以把写访问器件的功耗分为两个阶段，这与我们对读访问的划分类似。首先，必须访问 SRAM 阵列中正确的单元，其次必须执行写操作。写访问单元与读访问单元基本是一样的。一旦正确的本地字线被置位，新的数据必须被驱动进入访问的位单元，从而将单元中的数据进行更新。完成这点的传统方式是用新数据的全摆幅差分值驱动入位线。由于随后的写入不同数据或者随后的读操作（带预充电）会将放电后的位线进行充电，这个方法在功耗方面的代价是高昂的。实际上，由于全摆幅驱动位线，写访问的功耗通常比读访问的功耗更大。幸运的是，写操作次数往往比读操作次数少。在接下来的三张幻灯片里，我们要评估一些技术，它们使用电荷共享，利用数据相关性，并使用低摆幅位线去降低读访问相关的功耗。

幻灯片 7.26

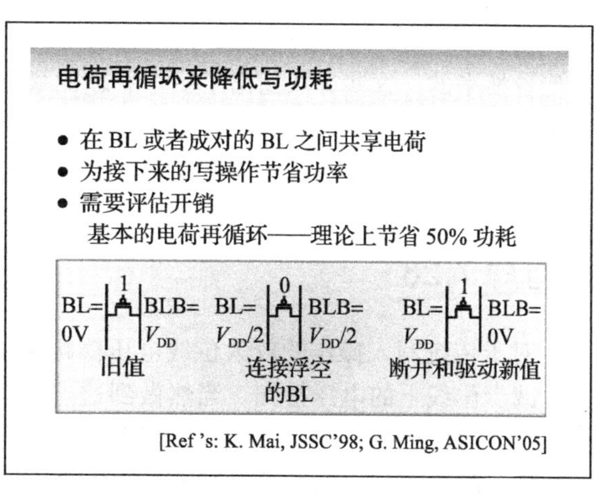

如果连续的写操作都发生在同一个模块中，写操作中位线上的全摆幅看起来特别浪费。在这种情况下，根据输入数据，位线被充电和放电。位线的大电容会导致显著的 CV^2 功耗。如果连续写操作具有不同的数据值，则一根位线必须放电，而相反的位线必须为下一次写操作充电。与其分开执行这些操作，可以应用电荷再循环，以降低功耗。这张幻灯片显示了一个简单的例子，以说明如何工作。关键概念是在驱动数据之间引入了一个电荷共享阶段。假设在 BL 和 BLB 上的旧数据值分别是 0 和 V_{DD}。在电荷共享阶段，位线是悬空的（例如，未被驱动）和短接在一起。如果它们有相同的电容，那么它们将各自稳定在 $V_{DD}/2$ 上。最后，位线被驱动到它们新的值。因为 BL 仅需从 $V_{DD}/2$ 充电到 V_{DD}，从电源输出的功率等于 $P=C_{BL}V_{DD}V_{DD}/2$。这样，在这一条跳变中，理论上可以节省 50% 的功耗。

在现实中，引入这个额外的阶段（时间上和功率上讲）的代价需要与实际的能量节省进行权衡。

幻灯片 7.27

另一种减小写操作功耗的方法是，基于前面的观察发现之一，即一种数据值的方法，它更常见。具体地说，对于SPEC2000基准评测（benchmarks），90%的数据位是0，指令存储器85%的数据位是0[Chang’04]。我们可以充分利用0数据为主的这个优势。

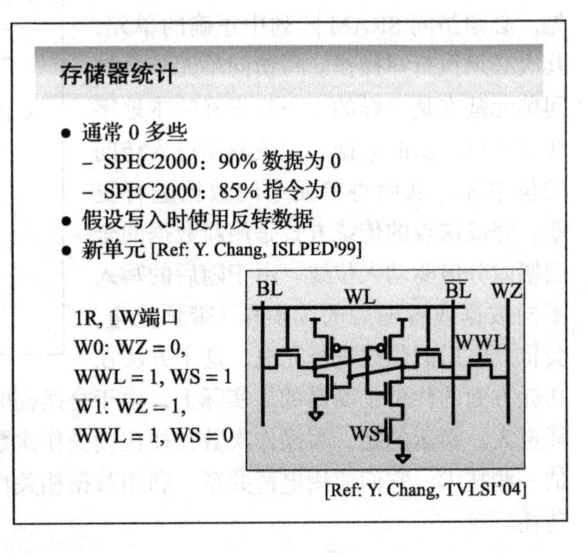

首先，可以使用一个写方法，基于一个假设——所有位都将为0，在每次写操作之前让BL进行预设置。然后，只要一个字节包含的0比1更多，相比两条BL都要预充电到V_{DD}的情况，用于驱动BL到相应值的功耗降低了。此外，包含的1比0更多的字节可以取反（保持追踪这个情况需要每个字节中增加额外的一位），以符合预充电的期望。这种方法可以减少高达50%的写操作功率[Chang'99]。

其次，替换的位单元引入了不对称，这使得写入0时的功率非常低。由于这是常见的情况，至少对一些应用来说是这样，平均的写入功率可以至少减少60%，这是以面积增加9%为代价换来的。这些方法指出了一个有趣的概念，即一个应用程序层次的观察现象（即，0占主导）可以在电路层加以利用，以节省功率。当然，这符合幻灯片7.7所讨论的，关于针对一个特定的SRAM设计的应用与存储器设计权衡之间的紧密关系。

幻灯片 7.28

对于传统写入操作的较大位线电压摆幅是主要的功耗来源，一个看起来很明显的方法是，减少位线上的电压摆幅。当然做到这点会使得访问晶体管将新数据写入单元的能力降低。本张幻灯片展示了使用低摆幅位线的解决方案，以及为确保成功写入的放大机制。这个想法需要门控时钟nMOS跳变线串联至单元的V_{SS}处。这个器件（由SLC驱动）可以被一个字节中的很多位所共享。在开始写操作之前，这个跳变线开关被禁用以关闭位于存储单元中的nMOS驱动器。字线电压升高且存储单元的内部节点电压也升高。（削弱的）访问晶体管也能够完成功能，这是因为下拉路径的单元被关闭了。接着，位线根据输入数据被分别拉至$V_{DD}-V_{TH}$和$V_{DD}-V_{TH}-\Delta V_{BL}$。差分位线则被送入存储单元，并且在WL拉低和SLC拉高后在存储单元内放大到全摆幅。这种方法可以节省 90% 的写功耗 [Kanda'04]。

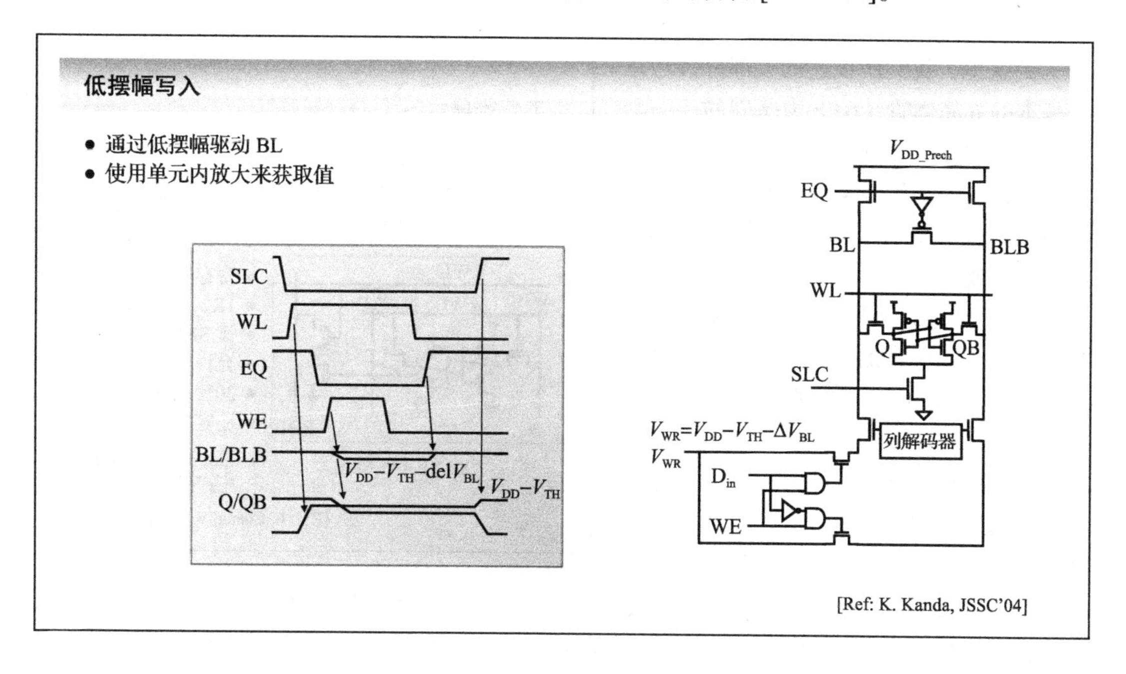

幻灯片 7.29

和读操作功耗降低技术类似，许多写功耗降低方法的极限是稳定功能（即，写容限变得越来越小，并且一些单元变得不可写）。渡过这个难关的方法依旧是，通过一些电路创新来增加写容限，并且在提升稳定性和功耗节省中进行折中。

在这张幻灯片中，我们参考使能这个权衡的大量成功机制中的一些。在写操作时提升字线电压高于 V_{DD} 可以增强访问晶体管相对于存储单元的上拉晶体管，产生一个较大的写容限，并允许低压操作。关闭单元 V_{DD} 或者升高单元 V_{SS} 具有降低单元驱动访问晶体管能力的相同效应。最终，我们描述了一种提供单元内的信号放大的方法。而参考文献可以帮助有兴趣的读者探索更多。

写容限

- 许多功耗减小的基本限制
- 通过写辅助来恢复写容限，例如
  - 提升 WL 电压
  - 关闭单元 V_{DD} [Itoh'96, Bhavnagarwala'04]
  - 提升单元 V_{SS} [Yamaoka'04, Kanda'04]
  - 带有放大功能单元 [Kanda'04]

幻灯片 7.30

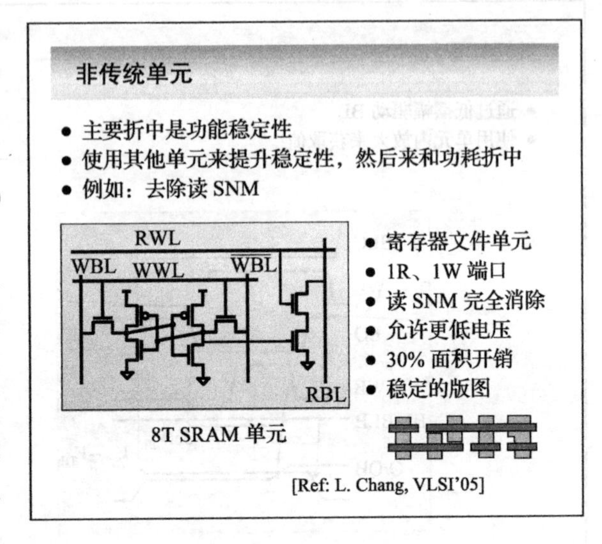

到这里，我们所描述的大部分技巧是以基本的 6 晶体管（6T）为基础的。一个更加激进的方法是探索 6 晶体管（6T）存储单元其他的替代方案。这些替代的位单元通常以面积为代价改进 6 晶体管（6T）单元一个或多个方面。一些单元可以在如下幻灯片提到的一些场合中替换 6 晶体管（6T）单元。更加激进的方法（也是更需要的）是改变 SRAM 单元中的 CMOS 器件本身（甚至放弃 CMOS 工艺）。一些新型器件提供了吸引人的性质，并且可能改变我们设计存储器的方法，因此这里也进行讨论。在这个领域有着大量的创新活动，在某一天用一个非常不同的方法来实现嵌入式存储器也不会使读者惊奇。

我们已经重复描述过多次，节省 SRAM 功耗的主要困难是，降低了功能稳定性。非传统存储单元 8 晶体管能提供比 6 晶体管（6T）单元更好的稳定性，然后我们就能够利用它和功耗折中。总之，额外的晶体管会导致较大的面积。

8 晶体管（8T）单元是带有一系列有趣性质的 6 晶体管（6T）单元的替代品，如本幻灯片所示。2 晶体管（2T）读缓冲器加入到 6 晶体管（6T）单元中。这个额外的读缓冲器在（单端）读操作中隔离了存储节点，这样读静态噪声容限不再恶化。将驱动晶体管和存储节点分开，这个单元就允许较大的驱动电流和较短的读取时间。此外，额外的读缓冲器能有效地分开读 / 写端口。这样就能够通过重叠读写操作来提高存储器的访问效率。这些有关读操作稳定性的改进，允许 8 晶体管（8T）单元在低电压下操作，并且不需要额外的电源来实现。

当然，这些改进也有代价。最明显的就是面积增加，尽管一个紧密的版面布局可以使开销降低。此外，额外的单元稳定性可能允许更多的单元划分到一个单独的列中，从而减少了需要的外围电路。SRAM 的面积开销因此比单个单元中的开销要小。主要的挑战是使用这个单元意味着架构的改变（例如，二端口），这阻止了其无须大幅改变而直接用作 6 晶体管（6T）的替代品。然而，8 晶体管（8T）单元是一个非常好的例子，其证明了非传统单元可以带来的稳定性改善，这个稳定性可用来提升功率效率。

幻灯片 7.31

8 晶体管（8T）单元在读操作中静态地将存储节点和位线隔离。本张幻灯片中展示了两个使用伪静态方法获得类似效应的替代设计。两个单元都利用了相同的工作原则，但是左侧的单元提供了差分读出功能，而右侧单元使用了单端读出功能。当单元保持数据时，额外字线（WLW，WLB）保持高电压，这样单元就很像一个 6 晶体管（6T）单元。在读访问时，额外的字线会降低（WLW=0，WLB=0）。这隔离了用来动态保持数据的存储节点，而单元的靠上部分针对正确的位线放电。只要读操作足够短来防止数据流失，数据就会被保持下来。这些单元增加了读操作的复杂性，需要新型的位线读取方法。

伪静态噪声容限去除单元

- 在读操作时隔离存储的数据
- 在读过程中动态存储

BL　WL　$\overline{BL}$　WLW

差分读取

[Ref: S. Kosonocky, ISCICT'06]

BL　WL　WWL　$\overline{BL}$　WLB

单端读取

[Ref: K. Takeda, JSSC'06]

幻灯片 7.32

另一个不同的降低嵌入式 SRAM 功耗的技巧是，使用其他器件来替换标准 CMOS 晶体管。一些替换 CMOS 的工艺正在考察中，从针对 CMOS 微调的器件到完全不同的没有关联的器件。在许多选择中，我们简单关注一个与 CMOS 工艺兼容的结构，并且许多人认为，这是未来 CMOS 的一个可能的发展方向。

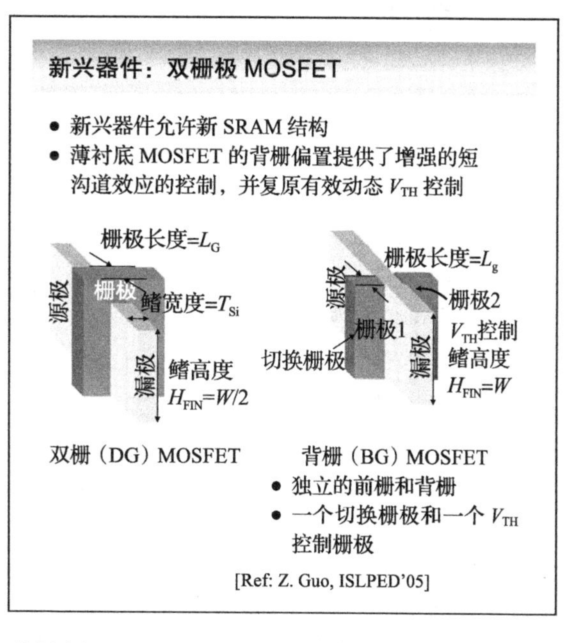

这个幻灯片中展示了使用了一个垂直的鱼鳍状的栅结构的鳍栅晶体管（参考第 2 章）来替代传统的平面 MOSFET。围绕这个基本概念，两类器件可以被制造。双栅（DG）晶体管是一个垂直导向的 MOSFET，具有三面环绕 MOS 沟道的栅极。这允许了栅极具有非常好的沟道控制能力。在背栅（BG）晶体管中，栅极上部分被刻蚀掉，并留出沿着沟道方向的未连接的栅极。这和带有独立背栅的平面 MOSFET 工艺相似（例如 SOI 工艺）。如果这些栅极都连在一起，那么 BG-MOS 就像一个 DG-MOS。BG-MOSFET 保留了背栅控制调制晶体管阈值电压的灵活性。

幻灯片 7.33

使用这两种器件，我们就可以重新制造 6 晶体管（6T）SRAM 单元，这样就可以得到这张幻灯片中的蝶形图。DG-MOS 单元的静态噪声容限和传统 CMOS 单元的类似；读静态噪声容限由于访问晶体管和驱动晶体管的分压效应而下降。

这可以通过连接 BG-MOS 访问晶体管的背栅节点来克服，如原理图中的灰线所示，这样反馈就在读操作时形成。当存储节点为高电压 / 低电压，访问晶体管的阈值电压就随之分别升高 / 降低。在后面的情况中，访问晶体管的驱动能力变得更强，有效地提升了基于 BG-MOS 器件的存储单元的读静态噪声容限。

这张幻灯片中展示了器件创新可以在存储器未来的路线图中起到很大的作用。然而，制造新器件总是发生在一系列最终能够引导可制造工艺过程中的第一步。

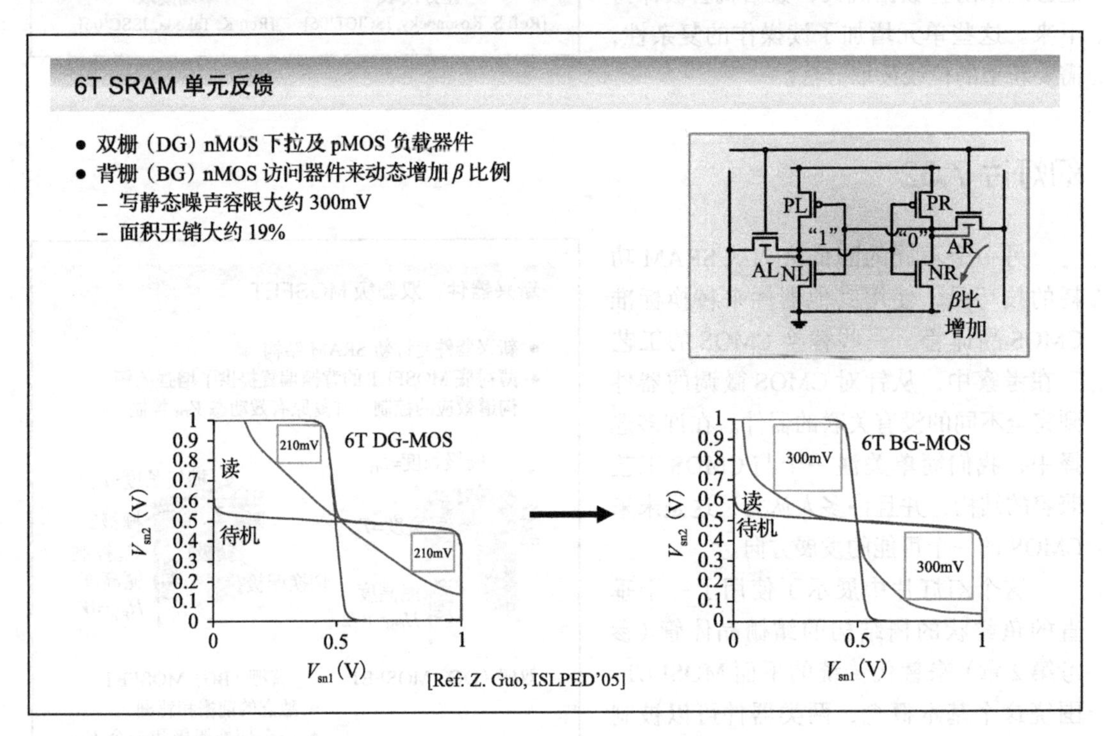

幻灯片 7.34

正如我们重复看到的，工艺尺寸缩放和偏差给现代嵌入式存储器的功能带来了挑战。越大的嵌入式存储器，伴随着局部工艺尺寸偏差，需要我们检查很远的尾分布（6σ）来找出那些限制存储器功能的单元。取决于应用和操作环境，限制条件可以发生在保持、读或者写操作中。由于稳定性非常重要，最有效地节省功耗的方法就是，加入那些增强功能稳定性的技巧。多余的功能裕度可以用来和功耗折中。一些这样的技术使用了器件阈值电压、单元和外围电路供电电压、新单元和新型器件。

长期来说，只有新型存储器件才能帮助解决功耗和稳定性的问题。在等待这些工艺成熟之前（可能会花大部分的时间和耐心），很明显在短期内唯一的解决方案是，付出面积开销。另一个选择是将大型的存储器和逻辑电路分离，并且使用更高的电压和阈值电压。三维封装技巧就可以用来连接逻辑器件和存储器。

小结及观点

- SRAM 的功能是主要限制
  - 工艺对偏差产生了偏离的单元
  - 关注保持、读、写模式
- 使用各种方法来提升稳定性，并和节省功耗折中
  - 单元电压、阈值电压
  - 新位单元
  - 新型器件
- 嵌入式存储器主要威胁持续的工艺缩放——新的解决方案是必需的

幻灯片 7.35 ~ 幻灯片 37

一些参考文献……

参考文献

书及章节

- K. Itoh et al., *Ultra-Low Voltage Nano-scale Memories*, Springer 2007.
- A. Macii, "Memory Organization for Low-Energy Embedded Systems," in *Low-Power Electronics Design*, C. Piguet Ed., Chapter 26, CRC Press, 2005.
- V. Moshnyaga and K. Inoue, "Low Power Cache Design," in *Low-Power Electronics Design*, C., Piguet Ed., Chapter 25, CRC Press, 2005.
- J. Rabaey, A. Chandrakasan and B. Nikolic, *Digital Integrated Circuits*, Prentice Hall, 2003.
- T. Takahawara and K. Itoh, "Memory Leakage Reduction," in *Leakage in Nanometer CMOS Technologies*, S. Narendra, Ed., Chapter 7, Springer 2006.

论文

- A. Agarwal, H. Li and K. Roy, "A Single-Vt low-leakage gated-ground cache for deep submicron," *IEEE Journal of Solid-State Circuits*,38(2),pp.319–328, Feb. 2003.
- N. Azizi, F. Najm and A. Moshovos, "Low-leakage asymmetric-cell SRAM," *IEEE Transactions on VLSI*, 11(4), pp. 701–715, Aug. 2003.
- A. Bhavnagarwala, S. Kosonocky, S. Kowalczyk, R. Joshi, Y. Chan, U. Srinivasan and J. Wadhwa, "A transregional CMOS SRAM with single, logic V_{DD} and dynamic power rails," in *Symposium on VLSI Circuits*, pp. 292–293, 2004.
- Y. Cao, T. Sato, D. Sylvester, M. Orshansky and C. Hu, "New paradigm of predictive MOSFET and interconnect modeling for early circuit design, " in *Custom Integrated Circuits Conference (CICC)*, Oct. 2000, pp. 201–204.
- L. Chang, D. Fried, J. Hergenrother et al., "Stable SRAM cell design for the 32 nm node and beyond," *Symposium on VLSI Technology*, pp. 128–129, June 2005.
- Y. Chang, B. Park and C. Kyung, "Conforming inverted data store for low power memory," *IEEE International Symposium on Low Power Electronics and Design*, 1999.

参考文献（续）

- Y. Chang, F. Lai and C. Yang, "Zero-aware asymmetric SRAM cell for reducing cache power in writing zero," *IEEE Transactions on VLSI Systems*, 12(8), pp. 827–836, Aug. 2004.
- Z. Guo, S. Balasubramanian, R. Zlatanovici, T.-J. King, and B. Nikolic, "FinFET-based SRAM design," *International Symposium on Low Power Electronics and Design*, pp. 2–7, Aug. 2005.
- F. Hamzaoglu, Y. Ye, A. Keshavarzi, K. Zhang, S. Narendra, S. Borkar, M. Stan, and V. De, "Analysis of Dual-V_T SRAM cells with full-swing single-ended bit line sensing for on-chip cache," *IEEE Transactions on Very Large Scale Integration (VLSI) Systems*, 10(2), pp. 91–95, Apr. 2002.
- T. Hirose, H. Kuriyama, S. Murakam, et al., "A 20-ns 4-Mb CMOS SRAM with hierarchical word decoding architecture,"*IEEE Journal of SolidState Circuits-*, 25(5) pp. 1068–1074, Oct. 1990.
- K. Itoh, A. Fridi, A. Bellaouar and M. Elmasry, "A Deep sub-V, single power-supply SRAM cell with multi-V_T, boosted storage node and dynamic load," *Symposium on VLSI Circuits*, 133, June 1996.
- K. Itoh, M. Horiguchi and T. Kawahara, "Ultra-low voltage nano-scale embedded RAMs," *IEEE Symposium on Circuits and* Systems, May 2006.
- K. Kanda, H. Sadaaki and T. Sakurai, "90% write power-saving SRAM using sense-amplifying memory cell," *IEEE Journal of Solid-State Circuits*, 39(6), pp. 927–933, June 2004.
- S. Kosonocky, A. Bhavnagarwala and L. Chang, *International conference on solid-state and integrated circuit technology*, pp. 689–692, Oct. 2006.
- K. Mai, T. Mori, B. Amrutur et al., "Low-power SRAM design using half-swing pulse-mode techniques," *IEEE Journal of Solid-State Circuits*, 33(11) pp. 1659–1671, Nov. 1998.
- G. Ming, Y. Jun and X. Jun, "Low Power SRAM Design Using Charge Sharing Technique," pp.102–105, *ASICON*, 2005.
- K. Osada, Y. Saitoh, E. Ibe and K. Ishibashi, "16.7-fA/cell tunnel-leakage- suppressed 16-Mb SRAM for handling cosmic-ray-induced multierrors," *IEEE Journal of Solid-State Circuits*, 38(11), pp. 1952–1957, Nov. 2003.
- PTM – Predictive Models. Available: http://www.eas.asu.edu/˜ptm

参考文献（续）

- E. Seevinck, F. List and J. Lohstroh, "Static noise margin analysis of MOS SRAM Cells," *IEEE Journal of Solid-State Circuits*, SC-22(5), pp. 748–754, Oct. 1987.
- K. Takeda, Y. Hagihara, Y. Aimoto, M. Nomura, Y. Nakazawa, T. Ishii and H. Kobatake, "A read-static-noise-margin-free SRAM cell for low-vdd and high-speed applications," *IEEE International Solid-State Circuits Conference*, pp. 478–479, Feb. 2005.
- M. Yamaoka, Y. Shinozaki, N. Maeda, Y. Shimazaki, K. Kato, S. Shimada, K. Yanagisawa and K. Osadal, "A 300 MHz 25 μA/Mb leakage on-chip SRAM module featuring process-variation immunity and low-leakage -active mode for mobile-phone application processor, " *IEEE International Solid-State Circuits Conference*, 2004, pp. 494–495.

第 8 章

优化功耗 @ 待机阶段——电路与系统

幻灯片 8.1

在第 3 章中，我们注意到能量 – 延迟空间中的最优运行点是翻转活动（换言之，该电路的操作模式）的强函数，并且存在动态功耗和静态功耗之间的最佳比例。

一个特殊情况是，在完全没有计算活动进行，也就是待机模式时，在一个理想情况下，这将意味着动态功耗应该是零或非常小。而且（给定恒定的比例），静态功耗应该也被消除。虽然前者可以通过仔细设计来实现，但是后者因为先进的工艺尺寸缩小而越来越难。当所有晶体管都更加漏电，完全关闭一个模块是很难的。在本章中，我们会讨论一些电路和系统级的技巧，以保持动态功耗和静态功耗在待机状态下为绝对最小值。然而，静态功耗是存储器中主要的关注问题（存储器某种意义上来说更特别），我们会在第 9 章讨论存储器中的静态功耗。

幻灯片 8.2

我们通过讨论降低静态功耗的重要性来开始本章节。接下来，我们分析如何才能降低待机状态下的动态功耗。本章的大部分将致力于解决主要问题，即待机状态下的静态功耗（至少是减至最低）。最后，将提供一些对未来前景的展望。

幻灯片 8.3

随着移动应用的出现，待机模式的重要性变得更加突出。因为人们认识到，待机操作消耗了总能量中的很大一部分。事实上，大多数的应用程序常常以突发的方式来执行，也就是说，它们在短时间内频繁地活动后穿插着很长的间隔，这些间隔内无活动或者有少量的活动。即使在传统产品线上诸如微处理器中也是这种情况。常识中模块或处理器在不执行任何任务时消耗零动态功耗，也（最好）消耗零静态功耗。

休眠模式论据（为什么需要休眠模式）

- 许多计算应用是发生在突发模式下的，在动态和非动态状态下切换模式
  - 通用计算机、手提电话、接口、嵌入式处理器、小飞机应用，等等
- 主要的概念：待机模式下的静态功耗即使不是 0，也要绝对小。
- 休眠模式管理随着漏电的增加而越发重要

	固定活动率	可变活动率	没有活动、休眠
动态	设计时	运行时	门控时钟
静态			消除漏电

幻灯片 8.4

这并不是一个共识。在过去，功率在 CMOS 设计中并非十分重要，设计人员很少去关注不用的模块的功耗。其中一个（到现在为止）经典的例子是，第一代 Intel 奔腾处理器在做最少的任务时功耗达到峰值，即它在执行一串 NOP 指令序列。当功耗成为一个问题，这一问题也迅速在奔腾 2 处理器中被改正。

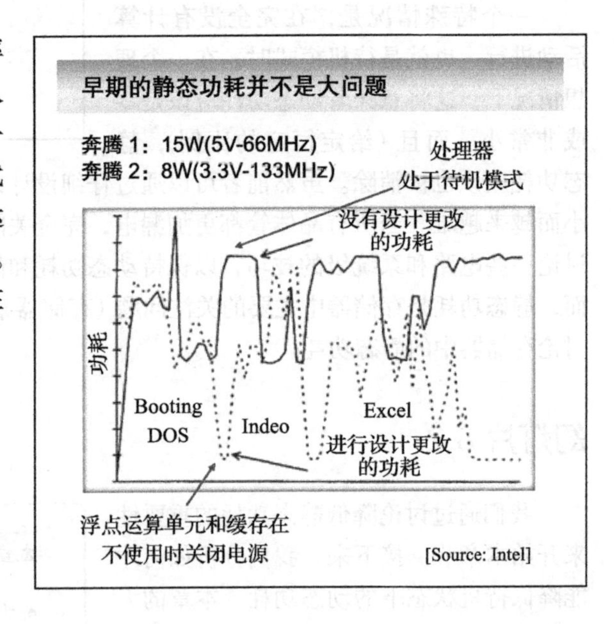

幻灯片 8.5

待机模式下的动态能耗的主要来源是时钟。将时钟始终连接到空闲模块中的触发器不仅增加时钟负载，而且可能会导致逻辑电路的错误活动。事实上，因为在这些条件下施加的数据实际上是相当随机的，正如前面讨论的翻转活动可能被最大化。这种浪费的位翻转可以通过以下两种设计来避免：

- 通过门控时钟（clock gating）来断开空闲模块中的时钟和触发器。
- 确保空闲逻辑的输入稳定。因为即使没有时钟，组合逻辑模块在输入端的变化仍会导致反转活动。

一个完整的时钟门控模块（而不是一组逻辑门）会使任务变得更加简单。然而，在决定一个模块或模块的集合是否为空闲却并不总是直截了当的。虽然有时从寄存器传输级（RTL）代码来判断是很明显的，但是通常仍然需要理解操作系统模式。此外，当把处于空闲状态的模块归类在一起时，门控时钟可以更有效。从基本面上来说，待机电源管理在各级设计层次中均很重要。

动态功耗——门控时钟

- 关闭空闲模块的时钟
  - 保证没有不必要的活动发生
- 必须确保模块的输入数据在稳定模式
  - 主要输入来自门控锁存器或者寄存器
  - 或者，和互联网络断开连接
- 可以在系统层级的不同层次进行

幻灯片 8.6

这张幻灯片展示了一种可行的实现时钟门控的方式，即通过使用一个额外的“与”门及一个使能信号，来控制位于未使用模块中的寄存器的时钟信号的打开或关闭。该信号要么是在系统级或者由寄存器传输级（RTL）的设计人员引入，要么是通过时钟综合工具来自动生成。在指令寄存器（IR）中加载一条指令后，解码逻辑确定需要哪些数据路径单元来执行指令处理，随后将其使能信号设置为 1。

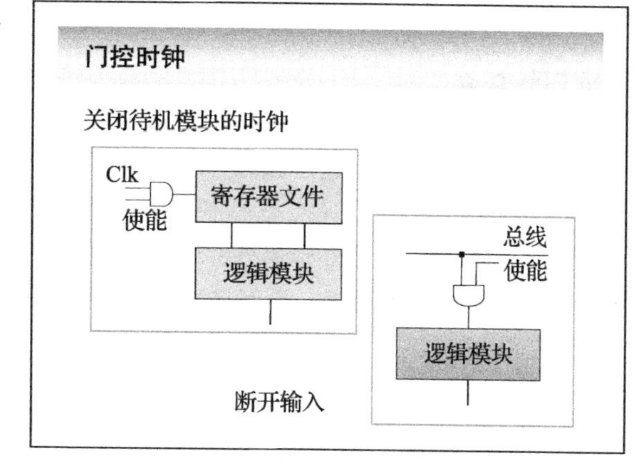

逻辑模块的输入端被连接到寄存器，只要时钟被禁用，这些输入也将保持稳定。在输入端直接连接到共享总线的情况下，仍需要插入额外的逻辑门来实现隔离。

注意到门控时钟信号有额外的门延迟，因此这也增加了时钟偏差。在设计过程中插入门控时钟信号的时候，我们必须确保这种额外的延迟不会干扰任何重要的建立时间和保持时间的约束。

幻灯片 8.7

毫无疑问，时钟门控是降低待机动态功耗的真正有效手段。这也可以定量地从一个 MPEG4 解码器的例子中看出来 [Ohashi'02]。门控 90% 的触发器可直接导致 70% 的静态功耗下降。这明确说明了在当今的功耗受限的设计中门控时钟是必须被采用的。

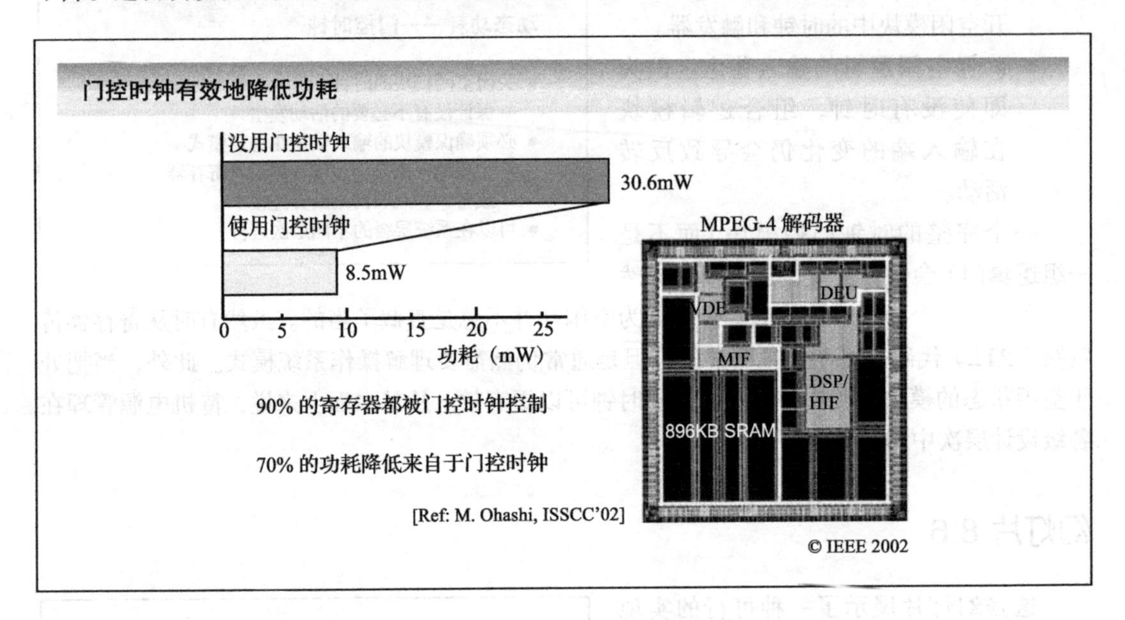

幻灯片 8.8

然而，如前所述，这些优势并不是没有代价的，并且给时钟分布网络设计者带来额外的负担。

除了门控器件的额外延迟外，时钟门控使时钟网络上的负载发生动态变化，这就在系统中引入了另一种时钟噪声。举例来说，研究一些在时钟树的层级结构中插入门控装置的不同

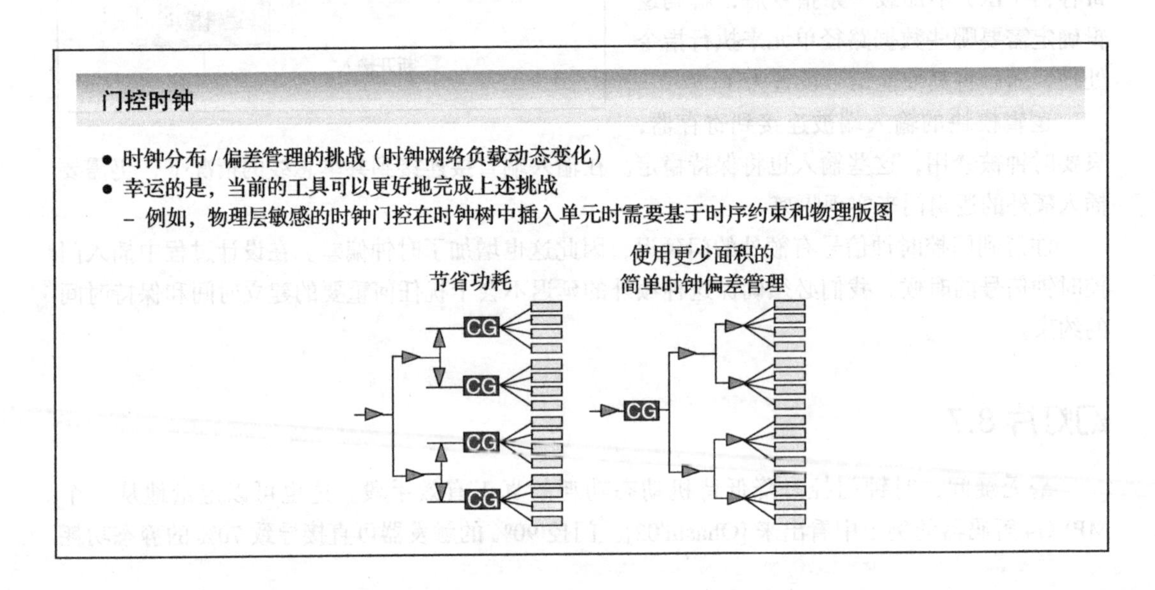

选择。一个可行的解决办法是，让门控装置尽可能靠近寄存器。这样就可以实现细粒度的关闭控制。但它的缺点是，引入了更加复杂的时钟偏差控制和面积增加。另一种选择是，将门控装置放到树中较高的层级，附加的优点是，该子树的时钟分布网络也被关闭，从而导致了潜在的更大的功率节省，但这是以用较粗的控制粒度为代价实现的，即表示部分模块不能频繁地被关闭。

鉴于这项工作的复杂性，值得庆幸的是，最先进的时钟合成工具已经更加擅长处理时钟门控的时钟偏差。后面在介绍功率设计方法章节（第 12 章）会更详细地讨论。

幻灯片 8.9

尽管这些工具可能有效，但仍需要一段时间才能够处理现代微处理器设计中的复杂的时钟网络。这里展示了 Intel 双核 Montecito 处理器的时钟网络鸟瞰图。每个核可以在任意频率下运行（第 10 章有更多关于此的内容，届时我们将讨论动态优化）。数字分频器（DFD）将中央主时钟频率转化为不同时钟域的预期时钟频率。下游时钟网络采用主动纠偏（在第二级

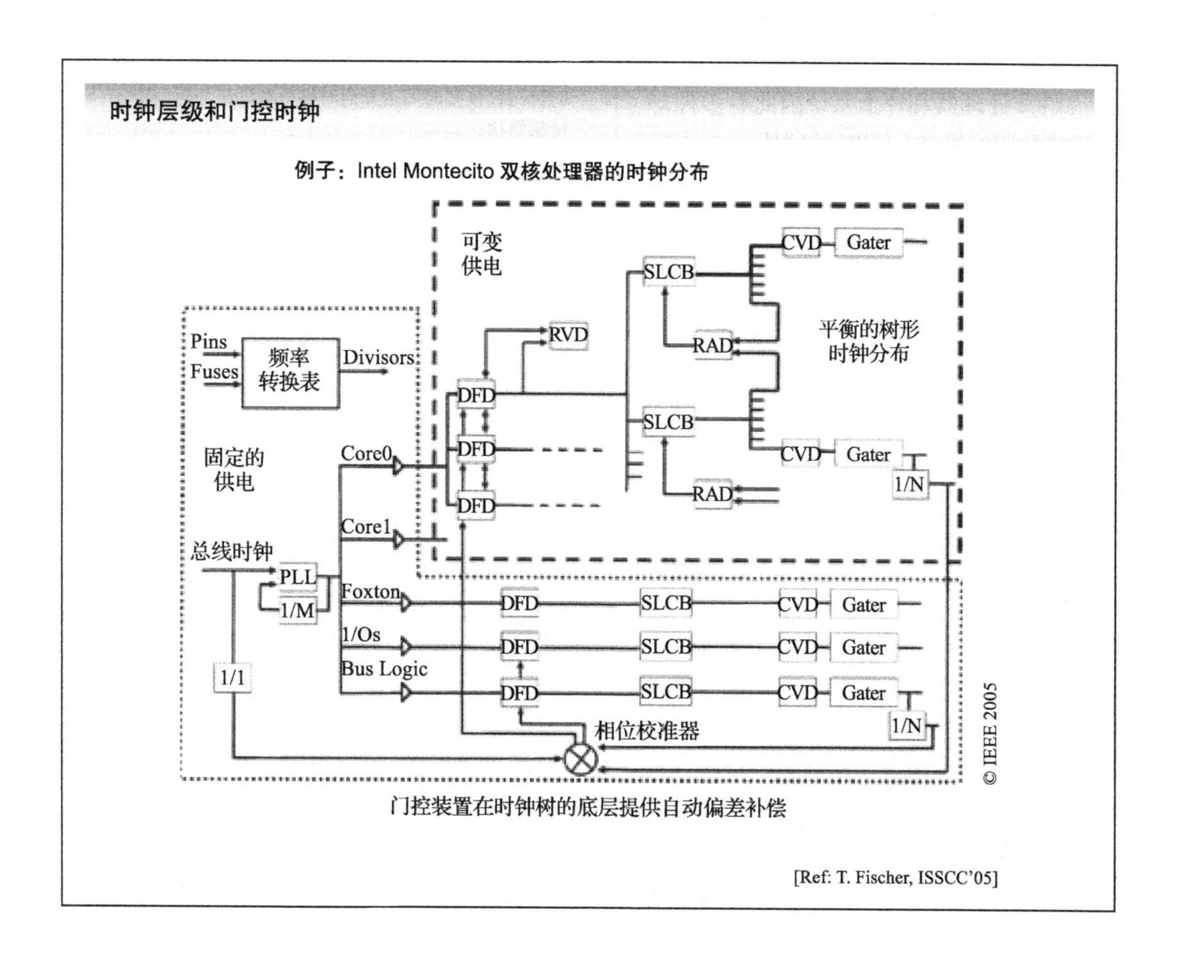

的时钟缓冲器或 SLCB，以及在区域主动纠偏或 RAD 中）和固定纠偏，通过扫描调谐（使用时钟游标设备或 CVD）。后者允许进行最终微调。门控装置为网络的最终阶段，使能节电和脉冲成形。共计 7536 个这样的电路单元分布在整个芯片上。时钟门控显然并没有简化高性能设计的工作量！

幻灯片 8.10

时钟门控的引入成功地从根本上消除了待机时的计算模块的动态功耗。但是，虽然时钟树的终端都已断开，根仍处于活动状态并继续耗电。进一步降低功耗，需要完整的时钟分布网络，甚至将时钟发生器（通常包括晶振和锁相环）置于睡眠状态。虽然后者可以被快速关闭，让它们重新投入运行，则需要花费大量的时间，因此只有当待机模式持续相当长的时间时这才有意义。

休眠模式和休眠时间的折中

一般操作模式

活动模式	待机模式	休眠模式
正常处理	快速恢复	较慢恢复
	高被动能耗	低被动能耗

时钟门控恢复时间由开启时钟分布网络的时间决定

待机选项：
- 仅门控有问题的模块
- 关闭锁相环
- 完全关闭整个时钟

许多处理器和片上系统因此有多种待机（或休眠）模式，用时钟网络状态来区分。选项包括：

- 仅门控时钟
- 禁用整个时钟分布网络
- 关闭时钟驱动器（和锁相环）
- 完全关闭整个时钟

在后者的情况下，仅唤醒电路保持活动状态，因而静态功耗可下降到微瓦的范围。不同公司会使用不同的名称来代表各种模式，而通常保留睡眠模式（sleep mode）用来表示时钟驱动器关闭模式。这可能需要数十个时钟周期以使处理器从睡眠模式恢复运行。

幻灯片 8.11

如本幻灯片所示，待机模式的选择是一些早期的低功耗微处理器重要的区别。摩托罗拉的 PowerPC 603 支持四种不同的操作模式，从 active，到 doze（多数电路单位的时钟仍在运行），nap（定时器时钟运行）和 sleep（时钟完全关闭）。另一方面，MIPS 处理器不支持完全睡眠模式，从而导致了相当大的待机功耗。德州仪器（TI）的 MSP430 微控制器则显示了最为先进的待机管理。通过使用多个片上时钟产生器，该处理器（常用于低占空比且对功耗敏感的控制应用中）可在 1μs 时间内完成待机状态（1μA）到激活模式（250μA）的切换。这种快速的切换模式保证了处理器在更长时间内处于待机模式，并且使处理器更为频繁地进入待机模式变得更有吸引力。

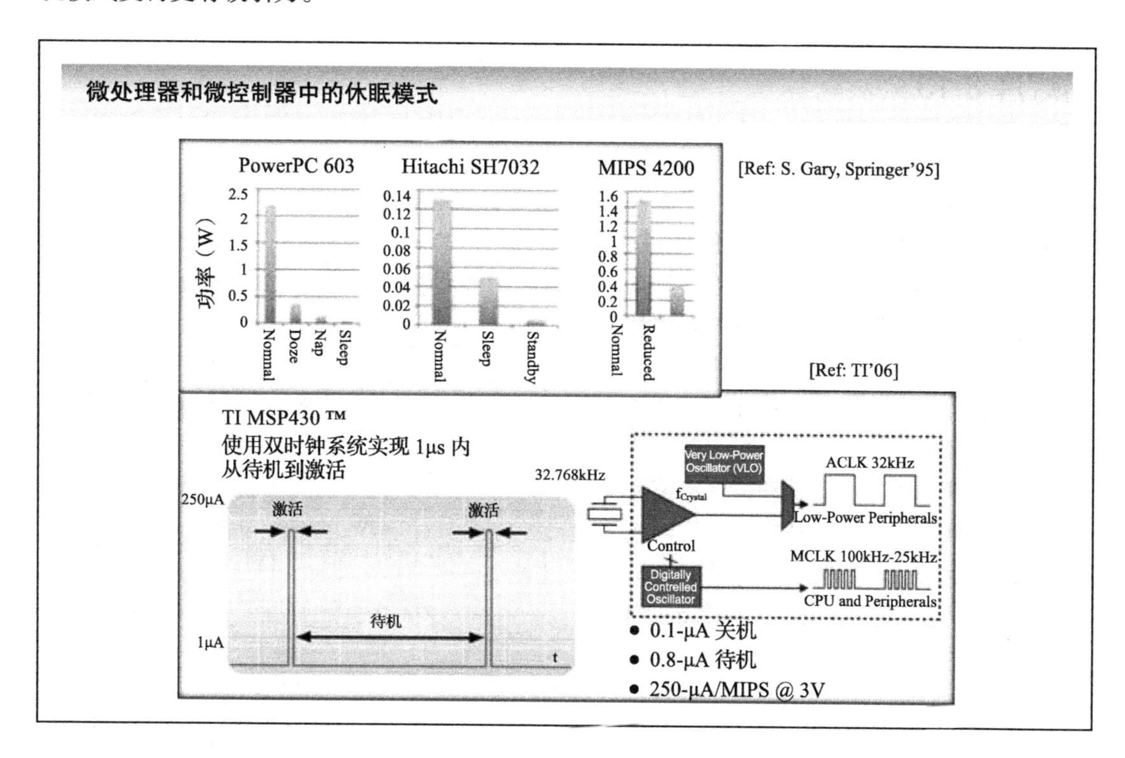

幻灯片 8.12

从前面的幻灯片中，经典的能耗 – 延迟（*E-D*）权衡曲线展现出一种新的形式。在此所

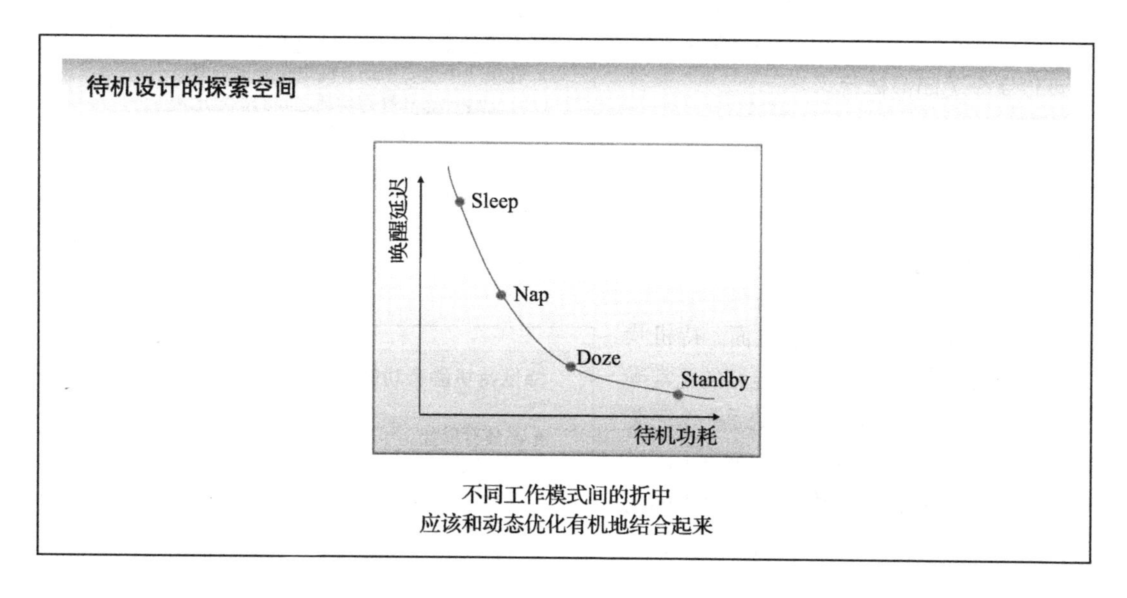

需权衡的指标为待机功耗与唤醒延迟。

幻灯片 8.13

虽然待机模式通常是针对处理器来说的，但是这些模式对于外围设备一样重要（至少不亚于处理器）。磁盘、有线和无线接口，以及输入/输出设备都是工作在一种突发模式下。例如，鼠标在大部分时间内都处于待机状态，即使在运算进行中，数据也只是周期性发送。时钟门控和不同的待机模式支持就是必不可少的。在本张幻灯片中展示了两个外围设备的测量功率值和状态过渡时间。显然，与从待机模式到唤醒模式所相关联的时序开销是不能在这些情况下忽略的。如果需要更有效地利用待机模式，减少这些时间开销则是至关重要的。

对于外设也是类似的情形

硬盘

	P_{sleep} (W)	P_{active} (W)	T_{sleep} (s)	T_{active} (s)
IBM	0.75	3.48	0.51	6.97
Fujitsu	0.13	0.95	0.67	1.61

无线网卡

	TX	RX	Doze	Off
功耗	1.65W	1.4W	0.045W	0W
过渡			到 Off 62ms	到 Doze: 34ms

幻灯片 8.14

鉴于时钟门控的有效性，在待机模式下就没有理由来消耗动态功耗。消除或者大幅降低待机电流则变成一个更大的问题。而主要的挑战是当代的 CMOS 工艺不可以完全关闭晶体管。

漏电挑战——待机功耗

- 在大多数设计采用了时钟门控后，漏电功耗就变成了最主要的待机功耗来源
- 在模块中没有活动，漏电功耗也需要最小化
  - 记住动态和静态功耗之间的恒定比例
- 挑战——如何在没有理想开关的情况下最有效地关闭电路单元

幻灯片 8.15

无论是从功能还是性能方面，待机状态下的漏电流控制技术必须对电路的正常操作，都带来最小的影响。由于缺乏一个完美的开关，因此对于设计者来说，就剩下两个减少漏电流的技巧：即增加漏电路径上的电阻或降低路径两端的电压。后者很难实现，

降低待机静态功耗的方法

- 晶体管堆叠
- 门控电源
- 体偏置
- 电源电压变化

它需要一个可变的电压源或者多电压值的电源。本章所展示的大部分技巧都属于前一个类型。

幻灯片 8.16

在第 4 章中，我们确定了堆叠晶体管具有超线性漏电减少的效果。因此，在待机状态下值得将堆叠效应最大化。对于每一个逻辑门，一个最优的输入模式可以被确定。为了得到最大化的堆叠效果，必须单独控制逻辑门的各个输入端，但是很不幸，这不是一个好选择。在组合逻辑模块中只有主要的输入端是可控的，因此面临的挑战是，找到能够使整个模块漏电最低的主要输入模式。尽管堆叠对漏电的影响仍很有限，但是其优点是，它几乎没有成本，而且它对性能的影响微乎其微。

晶体管堆叠

- 关闭电流在复杂逻辑门中减小（参考漏电功耗降低 @ 设计时间）
- 某些输入模式较其他输入模式能减小漏电
- 有效的静态功耗降低策略
  - 选择最小化漏电流的输入模式来降低组合逻辑模块漏电流
  - 在待机时强迫模块输入对应到最小漏电的模式
- 优点：低成本，快速反应
- 缺点：有限的有效性

幻灯片 8.17

利用堆叠效应来控制待机漏电流只需要一个真正的电路修改：所有的输入锁存器或寄存器必须是可预置（或为“0”或为“1”）的。这张幻灯片显示了如何实现这一修改，并且对性能只有很小的影响。一旦模块的逻辑拓扑结构是已知的，计算机辅助设计（CAD）工具可以很容易地确定最佳的输入模式，并且将相应的锁存器插入到所述的逻辑设计中。

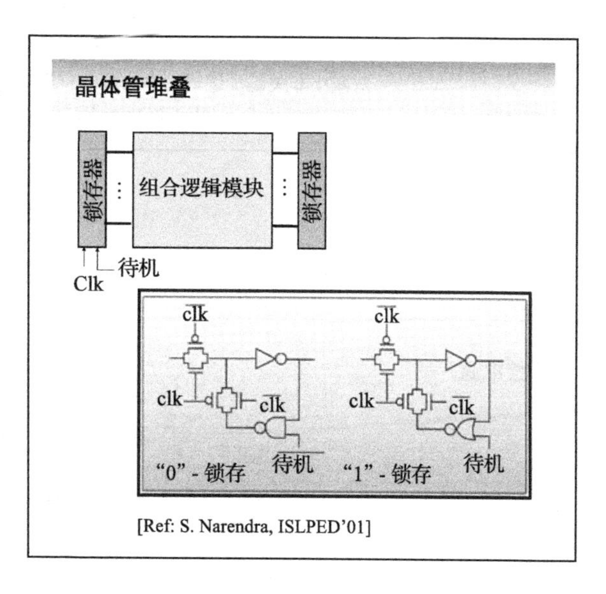

幻灯片 8.18

即使在逻辑综合时的工艺映射阶段可以利用堆叠效应，但是模块中的一些门仍无法避免地采用小扇入。到处使用反相器是很难避免的，而这些简单的逻辑门贡献了大量的漏电。这可以通过使用强制堆叠来补救，即将浅堆叠的晶体管用一对堆叠晶体管（保持相同的输入载荷）来代替。尽管根据需要该晶体管增加 1 倍影响了门的性能，因此只能用在非关键路径，而减小的漏电是十分可观的。这可以由漏电流（即待机功耗）– 延迟图来完美体现，如幻灯片中的高阈值电压晶体管和低阈值电压晶体管的情况。强制堆叠的优点在于它可以完全自动化。

可以看到，这张幻灯片介绍了另一个重要的权衡指标：待机功耗与活动延迟。

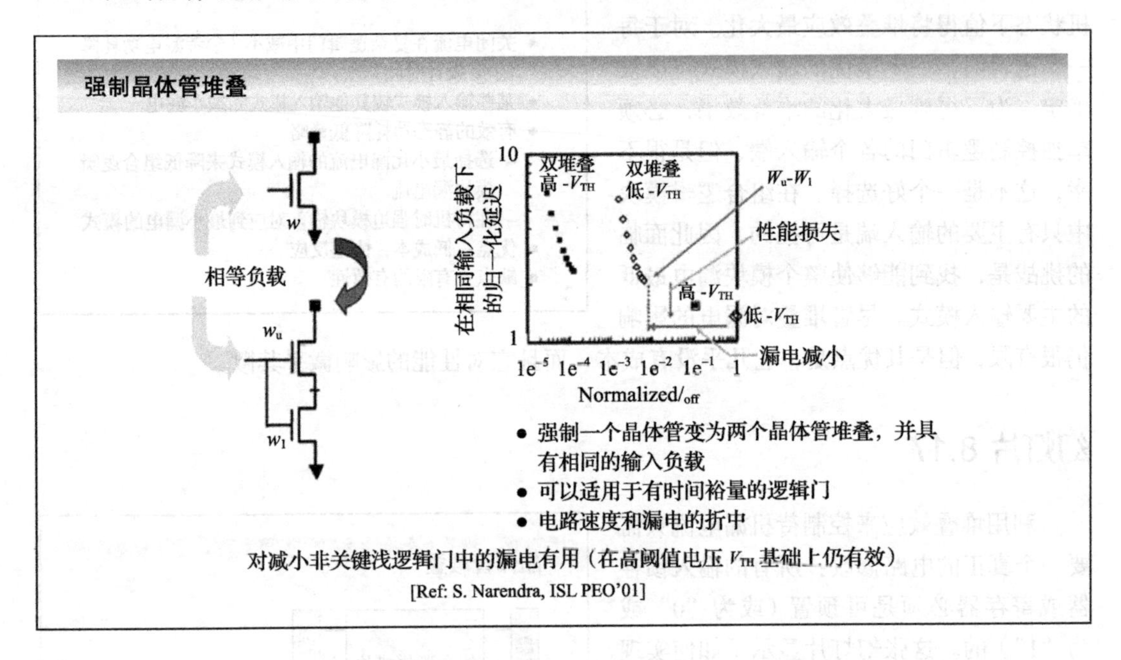

幻灯片 8.19

如果在有理想通断性能的开关的情况下，消除漏电的理想方式是将模块和电源轨断开。

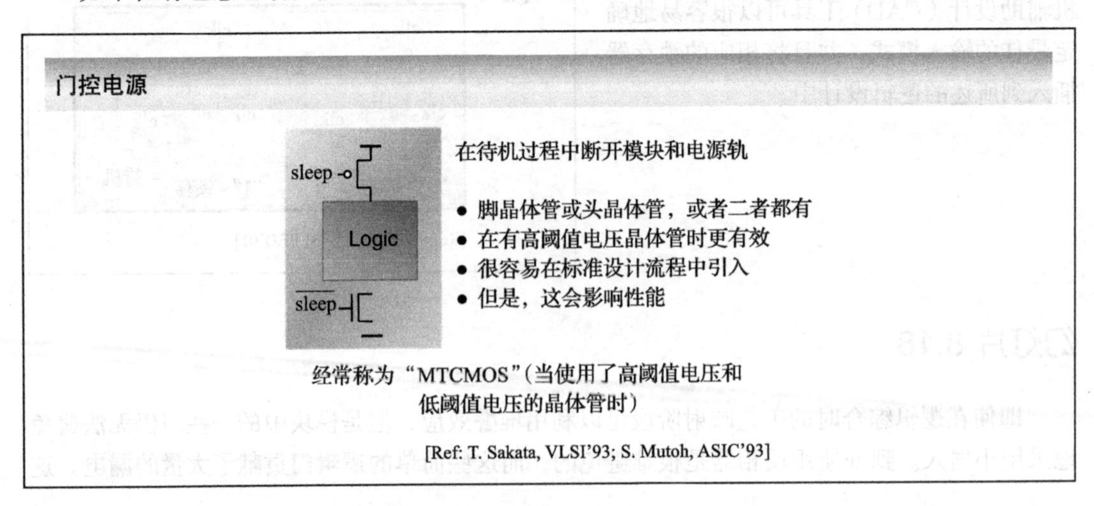

另一个好的选择是将开关用作一个“大电阻”并连接在模块的“虚”电源轨和全局电源轨之间。取决于所处的位置，这些开关称作头晶体管（header）或者脚晶体管（footer），分别连接到 V_{DD} 或者地。该电源门控技术在工艺支持高低阈值电压晶体管的前提下能达到最好的性能。后者可用于逻辑电路，以确保最佳的性能，而前者是非常有效的电源门控器件。当多个阈值电压被使用时，电源门控方法通常称为 MTCMOS。

幻灯片 8.20

头晶体管和脚晶体管在待机状态下增加了漏电路径的电阻值。此外，它们还引入了堆叠效应，这增加了堆叠晶体管的阈值电压。电阻增加和阈值电压增加的组合导致漏电流大幅减小。

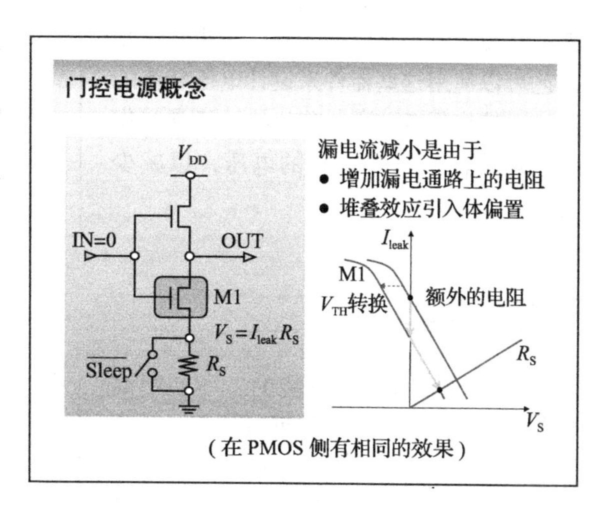

幻灯片 8.21

显然，在一个逻辑门的充放电路径上引入一个额外的晶体管会带来性能损失，而我们希望能尽量减轻这种影响。原则上，只需要插入一个晶体管（头晶体管或脚晶体管）就足以实现减小漏电。尽管加入第二个开关只能很小程度地减小漏电，但是这却保证了独立于输入模式地利用堆叠效应。如果选择使用一个电源门控器件，nMOS 脚晶体管是较好的选择，因为它的导通电阻在相同的晶体管宽度情况下较小。因此它的尺寸比对应的 pMOS 要小。这也是现在大多数的功耗敏感集成电路中所使用的设计方法。

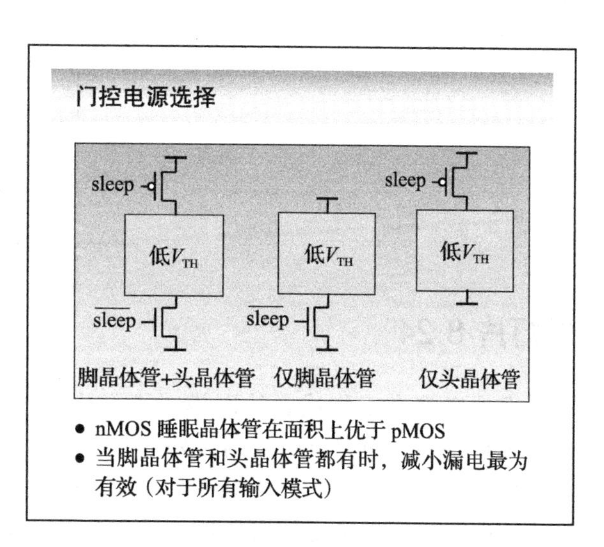

幻灯片 8.22

可以设想若干针对标准电源门控技术的修改可以更好地减小漏电流，或降低性能损失。“栅极增压”方法提高脚晶体管（头晶体管）栅极电压并超过电源电压，从而有效地降低其电阻。该技术仅适用于当工艺允许栅极被施加高电压。这甚至可能需要使用厚氧化层晶体管。一些 CMOS 工艺可以使用这些器件来设计电压转换的输入、输出焊盘（注：芯片的核经常工作在比电路板级信号更低的电压，以减少功耗）。

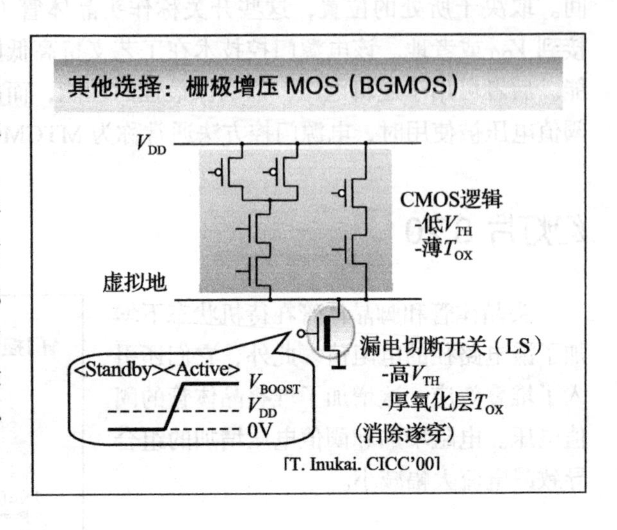

幻灯片 8.23

反其道而行也是可能的。不使用高 V_{TH} 晶体管，休眠晶体管可以用低 V_{TH} 晶体管来实现，从而产生更好的性能。为了减少待机时的漏电，休眠晶体管的栅极是反向偏置的。类似于“栅极增压”技术，这需要一个单独的电源。需要注意，这也增加了闩锁的危险。

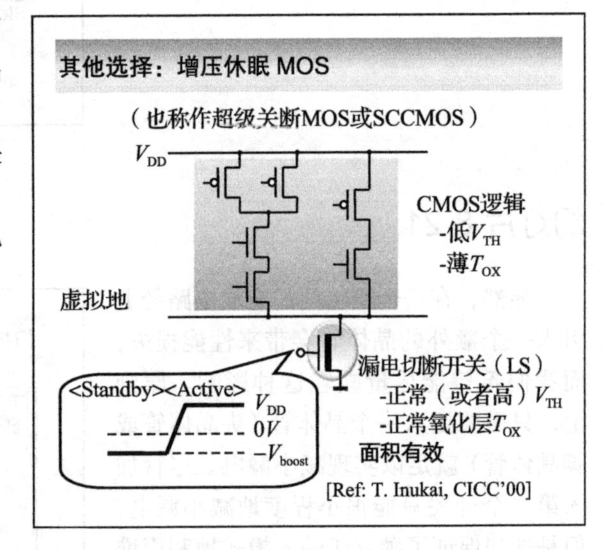

幻灯片 8.24

虚拟电源在工作或者休眠模式下发生了什么非常值得研究。电源上额外的电阻不仅会影响性能，而且所引入的额外电阻压降会导致电源噪声，从而影响信号完整性。在待机模式下，虚拟电源开始漂移，并最终收敛于由位于堆叠中的导通或截止的晶体管所形成的电阻分压器决定的电压值。虽然这个转换过程并不是立刻完成的，而是由泄漏率来确定的。

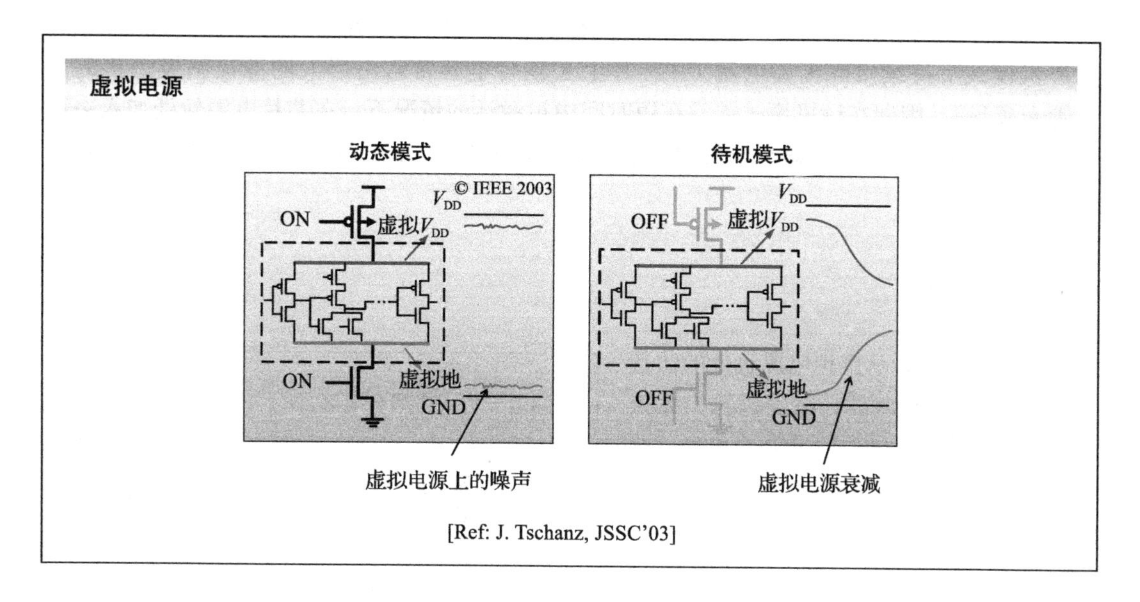

幻灯片 8.25

因此，到达待机模式并不是立刻的。这就带来了一些关于在什么地方放置大量的去耦合电容（decap）的有趣问题：在芯片的电源轨上，还是虚拟电源轨上？前者的优势是，相对小的电容在这一过程中被充放电，导致快速的收敛和较小的开销。进入待机模式的成本

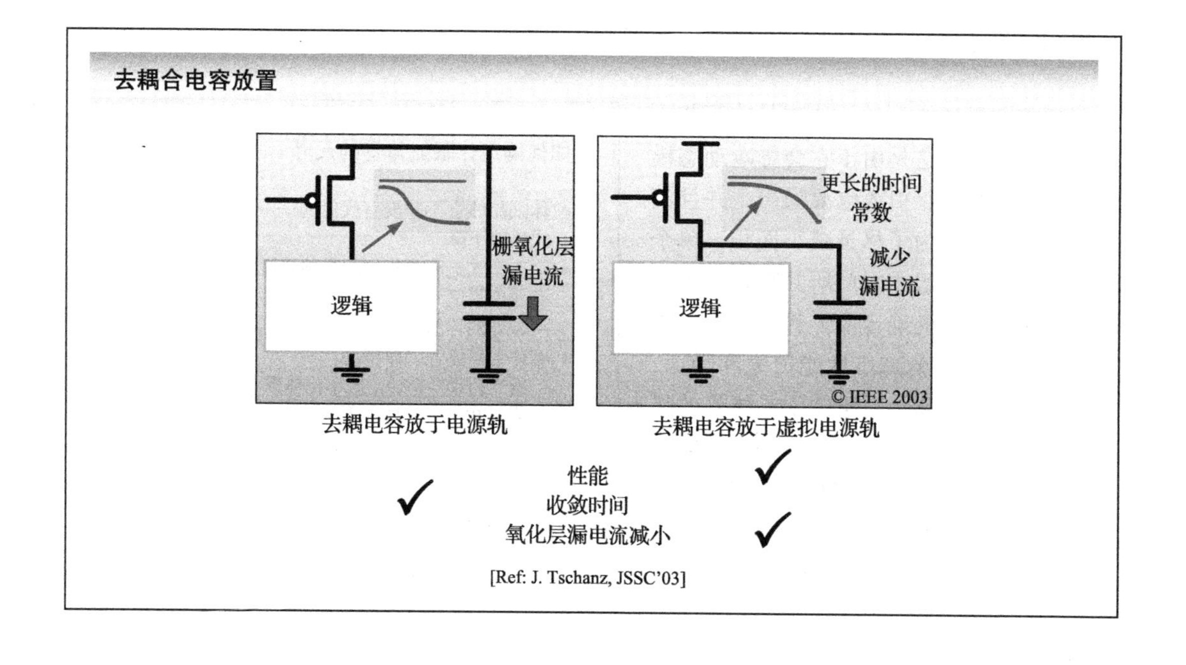

和开销都较小。而且去耦合电容充放电的能量开销是无法避免的。但这种方式也有重要的缺点：(1）虚拟电源对噪声更敏感，(2）用作去耦合电容的栅氧化层电容承受全电压，并在待机模式下持续贡献栅漏电流（注：片上去耦合电容常常由巨大的源极漏极短接的晶体管来实现)。因此在待机模式常常在短时间内被激活的情况下，在芯片电源轨处加入去耦合电容是首选方案。而在虚拟电源轨处加去耦合电容更适用于长时间、非频繁的待机触发模式。

幻灯片 8.26

这种权衡可以从虚拟电源轨处的仿真看出来。经过 10ms 后，在虚拟轨上无去耦电容情况下的漏电功耗下降了 90%，而在虚拟电源轨上有去耦电容的情况则需花费 10 倍的时间来达到相同的水平。

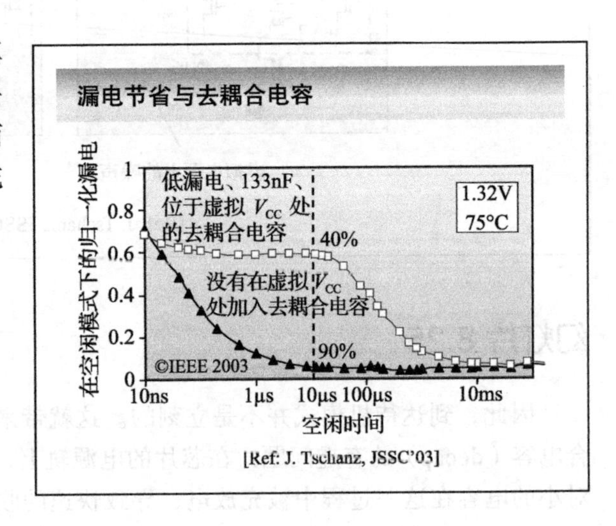

幻灯片 8.27

正如前面所提到的，休眠晶体管并不是没有代价的，这是由于它会影响动态模式下的模块性能，引入电源噪声，并且消耗多余的面积。为了尽量减小面积，单个晶体管经常被一组逻辑门所共享。一个重要的问题就是如何确定晶体管的大小：加宽晶体管的尺寸会减小性能损失和噪声，但是消耗更大面积。对于休眠晶体管的尺寸来说，一个典型的目标是确保电源轨上的额外纹波小于 5% 的全摆幅。

如何确定休眠晶体管的尺寸

- 休眠晶体管不是没有代价的——它会导致动态模式性能下降
- 动态模式电路会将休眠晶体管视为一个额外的电源线电阻
  - 越宽的休眠晶体管越好
- 宽休眠晶体管以面积为代价
  - 给定抖动（5%），最小化休眠晶体管尺寸
  - 需要找出最差情况下的输入向量

如果设计者可以使用电源分布分析及优化工具，休眠晶体管的尺寸就可以自动地决定，第 12 章将讨论。如果不能使用工具，那就需要由设计者通过仿真（或者估计）来决定模块的

峰值电流，并决定休眠晶体管的尺寸，使得开关上的压降不大于所允许的 5%。

幻灯片 8.28

这张幻灯片中的表格比较了不同电源门控方法的有效性。在 MTCMOS 方法中，休眠晶体管用高 V_{TH} 器件来实现。为了支持所需的电流，此晶体管会非常大。当使用低 V_{TH} 晶体管时，面积开销大幅变小，而代价是增加了漏电。增压休眠模式结合了二者的长处，即使用小尺寸晶体管和低漏电，而代价是增加额外的电源轨。晶体管的尺寸大小需要调整到使电源抖动在上述所有情况下大致相等。

确定休眠晶体管的尺寸

- 高 V_{TH} 晶体管必须要很大的尺寸来提供线性区的低阻抗
- 低 V_{TH} 晶体管则需要较小面积

	MTCMOS	增压休眠	无增压休眠
休眠 TR 尺寸	5.1%	2.3%	3.2%
漏电功耗减小	1450x	3130x	11.5x
虚拟电源抖动	60mV	59mV	58mV

[Ref: R. Krishnamurthy, ESSCIRC'02]

幻灯片 8.29

细心的读者一定已经想过电源门控的一个重要的负面影响：在断开电源后，存储在模块的锁存器、寄存器和存储器上的所有数据最终都将丢失。有时这是没有问题的，特别是在处理器总是从相同的初始状态重启，即所有的中间状态可以被忽略的场合。但更常见的是处理器被期望记住先前的某些数据，而在每次休眠周期后从零开始启动并不是一个好选择。这可以由以下几种方法来处理。

保留数据

- 在休眠模式中虚拟电源衰减导致寄存器中的数据丢失
- 将寄存器保持在正常 V_{DD} 来保留数据
  - 这些寄存器漏电
- 可以在休眠模式下降低 V_{DD}
  - 会对稳定性、噪声和软错误容错有影响

- 所有重要的状态都在进入休眠模式前被复制到能够保留数据的存储器中，并在重启时候全部重新加载。所有高速缓存中的数据都可以被忽略。用来复制和重新加载的额外时间会增加启动延时。
- 模块中的重要存储器不掉电，而是进入数据保持模式。这种方法增加了待机功耗，但是最小化了启动时间和关断时间的开销。下一章会更多地讨论存储器保持。
- 只有组合逻辑是被电源门控所控制的，而所有寄存器被设计为具有保留数据的功能。

幻灯片 8.30

后一种方法虽然有最小粒度的控制，但是只能达到最少的待机漏电，这是因为所有的寄存器都仍然通电。此外，锁存器/寄存器的正常工作性能受到的影响最小。

本张幻灯片中显示了一个结合高速动态性能和低漏电数据保持功能的主从触发器。高阈值电压器件被使用到除了黑色阴影覆盖的晶体管或者逻辑门中。本质上来说，这些晶体管位于前馈通路，其性能非常关键。在第二级锁存器中的高阈值电压交叉耦合反相器对作为数据保持环路并且是唯一在待机阶段产生漏电的电路。

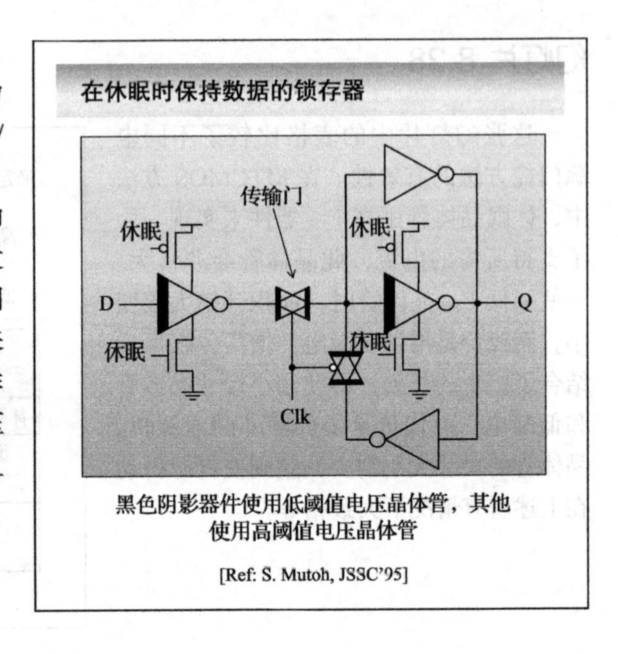

幻灯片 8.31

上述内容仅代表了一个数据保持锁存器的例子。自那以后，更多其他形式的设计也已经发现。

状态保持的一个非常不同的地方是，确保寄存器待机电压不低于保持电压（即寄存器或者锁存器可靠保持数据时的最低电压）。例如，可以通过将待机电压设置在 $V_{DD}-V_D$（V_D 是反向偏置的二极管两端的电压）或者将其连接到一个单独的电源轨 V_{retain} 来实现。前一种方法具有无需额外电源的优点，而后者则允许仔细选择保持电压来保证在可靠存储的同时，漏电流最小。这两种情况都会有缺点，即逻辑部分的漏电可能会高于由简单电源门控方法所能达到的漏电。它的优点是设计人员不必担心状态保持。

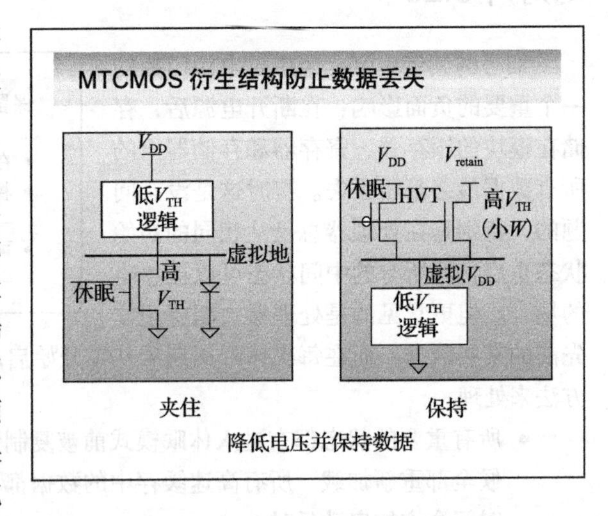

保持电压和电压值的决定因素的话题将会在下一张有关内存待机的章节进行更详细的讨论（第 9 章）。

幻灯片 8.32

为了总结电源门控的讨论，非常值得问自己电源门控如何影响版图策略以及所带来的面积开销。幸运的是，电源开关可以以最低的变化在现代化标准版图工具中引入。在传统的标准单元的设计策略中，标准做法是引入规则间隔的条形单元，将在单元中的 V_{DD} 和 GND 导线连接到全局电源分布网络上。这些单元可以很容易地修改来包含适当大小的头晶体管和脚晶体管的开关。事实上，我们通常根据单元行中所需要供给的单元数来决定开关的尺寸。

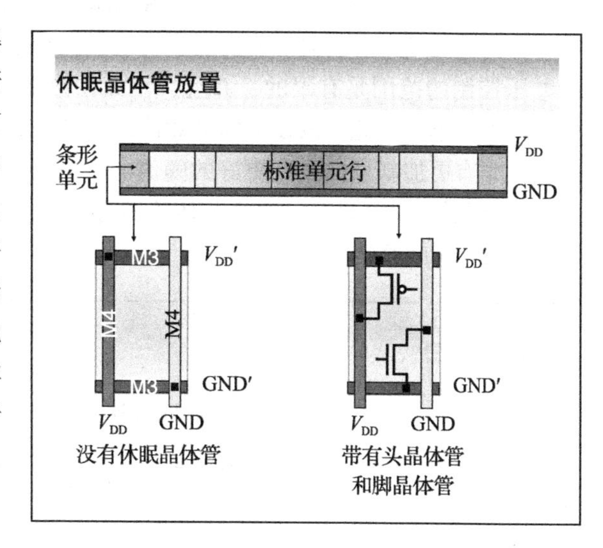

幻灯片 8.33

电源门控方法的面积开销的定量研究在 2003 年由 Intel 公司进行 [J Tschanz, ISSCC'03]，其中比较了在相同设计中不同的漏电流控制策略的有效性（高速 ALU）。头晶体管和脚晶体管都被使用，并且所有的休眠晶体管都是用低阈值电压晶体管来实现的，以减少其对性能的影响。研究发现电源门控的面积开销对于 pMOS 是 6%，而对于 nMOS 脚晶体管是 3%。我们会在几张幻灯片之后继续回到这个研究上。

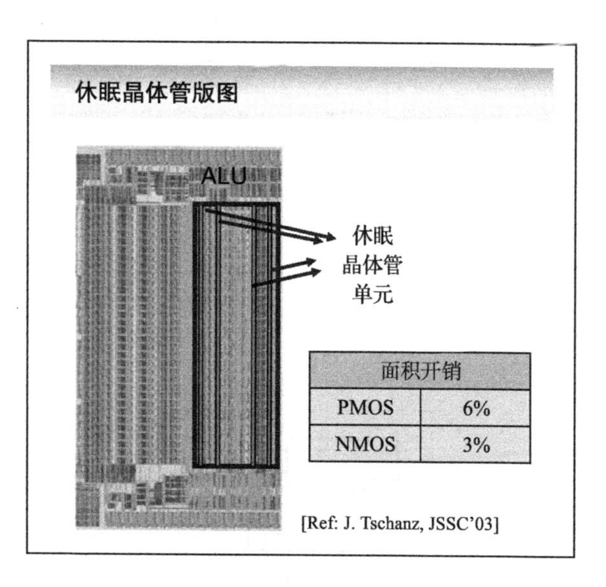

面积开销	
PMOS	6%
NMOS	3%

幻灯片 8.34

一种替代电源门控的方法是提高晶体管的阈值电压来降低漏电流。事实上，每一个晶体管具有第四个端口，它可以通过反向偏置来增加阈值电压。回想一下，阈值电压的线性变化会转换成漏电流的指数变化。更好的是，这种方法也可用于通过正向偏置来减小动态模式下晶体管的阈值电压！动态偏置晶体管吸引人的特点是，它不会带来性能损失，而且也不会改变电路的拓扑结构。唯一的缺点是，如果想控制 nMOS 和 pMOS 晶体管的阈值电压，三阱工艺看起来是必不可少的。

虽然这一切乍一看是非常有吸引力的，但是也有不能忽视的一些负面影响。动态偏置阈值电压控制的范围是有限的，并且，正如在第 2 章所讲的，它的作用在低于 100nm 的工艺中迅速地减小。因此，该技术的有效性在纳米工艺中是非常小的，并且在未来也不会变得更好，除非有更加新颖并具有更好的阈值电压控制功能的器件出现（例如，第 2 章简单介绍过的双栅极晶体管）。最后，改变晶体管的背栅偏压要对阱电容充电或放电，这增加了相当可观的能量和时间开销。

动态体偏置

- 通过在休眠时反向体偏置来增加晶体管阈值电压
  - 可以和动态模式正向体偏置结合
- 没有延迟代价

但是

- 需要三阱工艺
- 有限的阈值调整范围（<100mV）
  - 不会随着工艺尺寸缩减改善
- 有限的漏电减小（<1/10）
- 充放电体电容的能耗

幻灯片 8.35

这张幻灯片形象地说明由 Seta 等人在 1995 年率先提出的动态体电压偏置（DBB）的

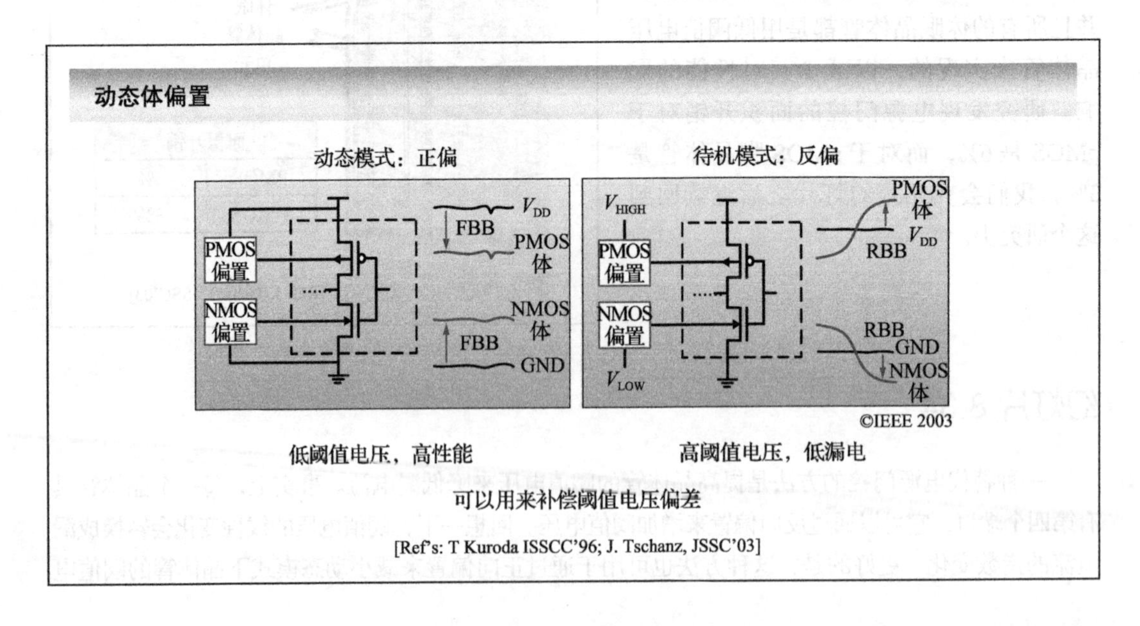

概念。显然，这种方法需要一些额外的分布在芯片上的电源。幸运的是，这些额外的电源仅须提供很小的连续电流，即可以使用简单的片上电压转换器来产生。

动态衬底电压偏置技术绝不是新的，因为它已经在存储器设计中应用了一段时间。然而，它仅仅是当漏电功耗成为一个重要的问题时才用于计算模块。细心的读者可能都知道，这个技术提供的不仅仅是漏电管理，例如，它也可以用于补偿阈值电压偏差。为了知道更多相关知识需参考后面的章节。

幻灯片 8.36

虽然采用 DBB 技术几乎不需要改变计算模块，但是它需要一些额外的电路来实现不同偏置电平之间的转换，而这些电平会超出或者低于标准电平。将休眠控制信号（CE）调整到合适的电平需要一系列电平转换器，其输入依次用来切换阱电位。幻灯片中显示了 [Seta95] 中记录的这一电压波形。注意到在 DBB 方法的早期需要花大约相同的时间来给阱电容充电和放电，总瞬态时间大概略小于 100ns。

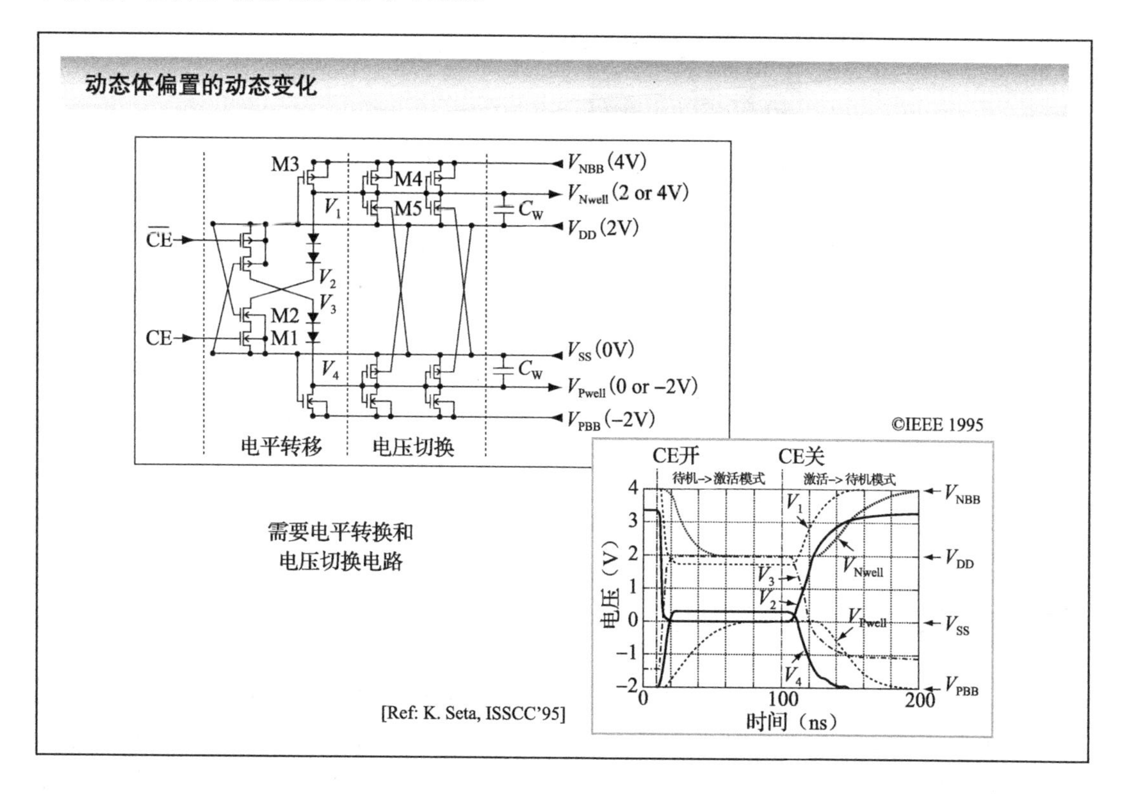

幻灯片 8.37

动态偏置方法的面积开销主要由偏置电压电路、电压切换电路和偏置电压的分布网络所组成。为了比较 DBB 和电源门控，需要重新回顾幻灯片 8.33。体偏置电路由两个主要模块组成：一个中心偏置产生器（CBG）和许多分布式局部偏压产生器。CBG 的功能是产生一个不随工艺 / 电压 / 温度变化而变化的电压基准，然后将其连接到 LBG。CBG 使用一个缩小的带隙电路来产生电压基准，其值比主电源低 450mV 作为动态模式下正向偏置的大小。这个基准电压之后被连接到所有的分布式 LBG。LBG 的功能是用来指示局部模块相对于电源电压的偏移电压。这保证了局部电源处的任何偏差都会被体电压所跟踪，从而保持了一个稳定的 450mV 的正向偏置电压。

为了确保足够低的阱阻抗，算术逻辑单元（ALU）的正向偏置需要 30 个 LBG。注意到在本研究中只有 pMOS 晶体管被动态偏置，并且只有正向偏置被使用了（在待机状态下为零偏置时）。所有的偏置单元和布线的总面积开销大约为 8%。

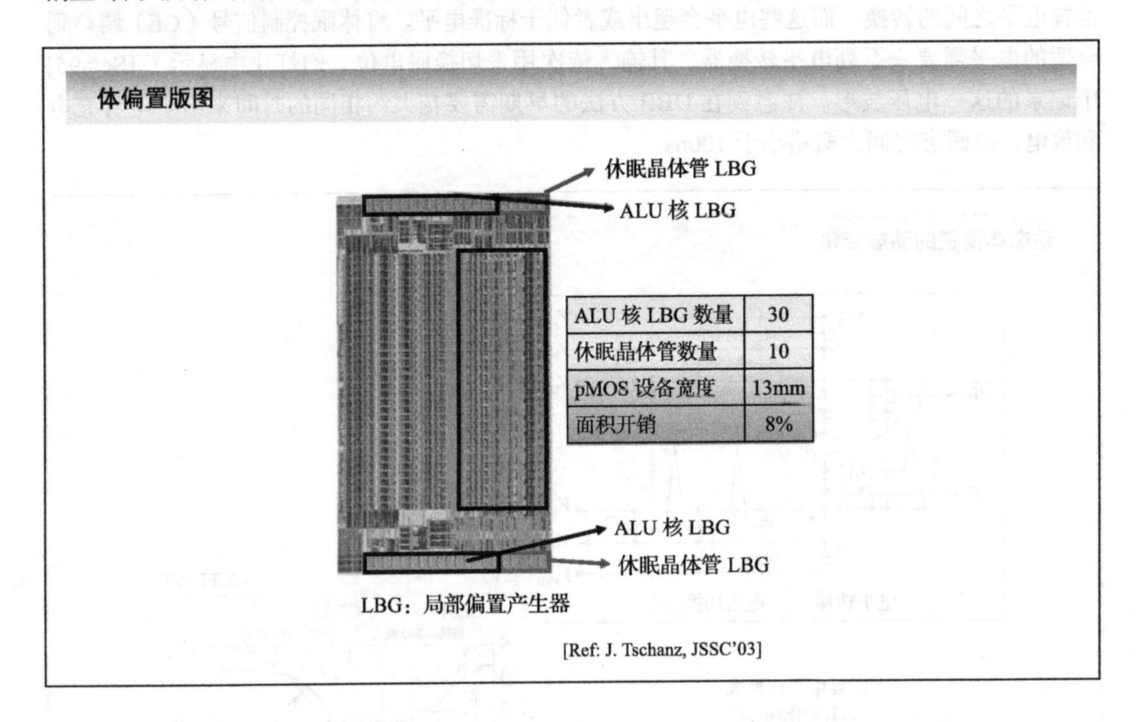

ALU 核 LBG 数量	30
休眠晶体管数量	10
pMOS 设备宽度	13mm
面积开销	8%

幻灯片 8.38

DBB 方法的有效性在 Renesas 生产的 SH-Mobile 专用处理器上（也称为 SuperH 移动应用处理器）得到证明。处理器的内部核心运行在 1.8V（250nm CMOS 技术）。在待机状态下，反向体偏压被施加到 pMOS（3.3V）和 nMOS（1.5V）晶体管。3.3V 电源利用外部可用的 I/O 引脚，而 1.5V 电压则在片上产生。类似于电源门控方法，特殊的“开关单元”插入在每一行标准单元中，供电路用来调制阱电压。

对于这个特殊的设计，DBB 方法用相当小的开销减少了 28 倍的漏电。但是，适用于

250nm 的技术在未来并不一定意味着有相似的节省。

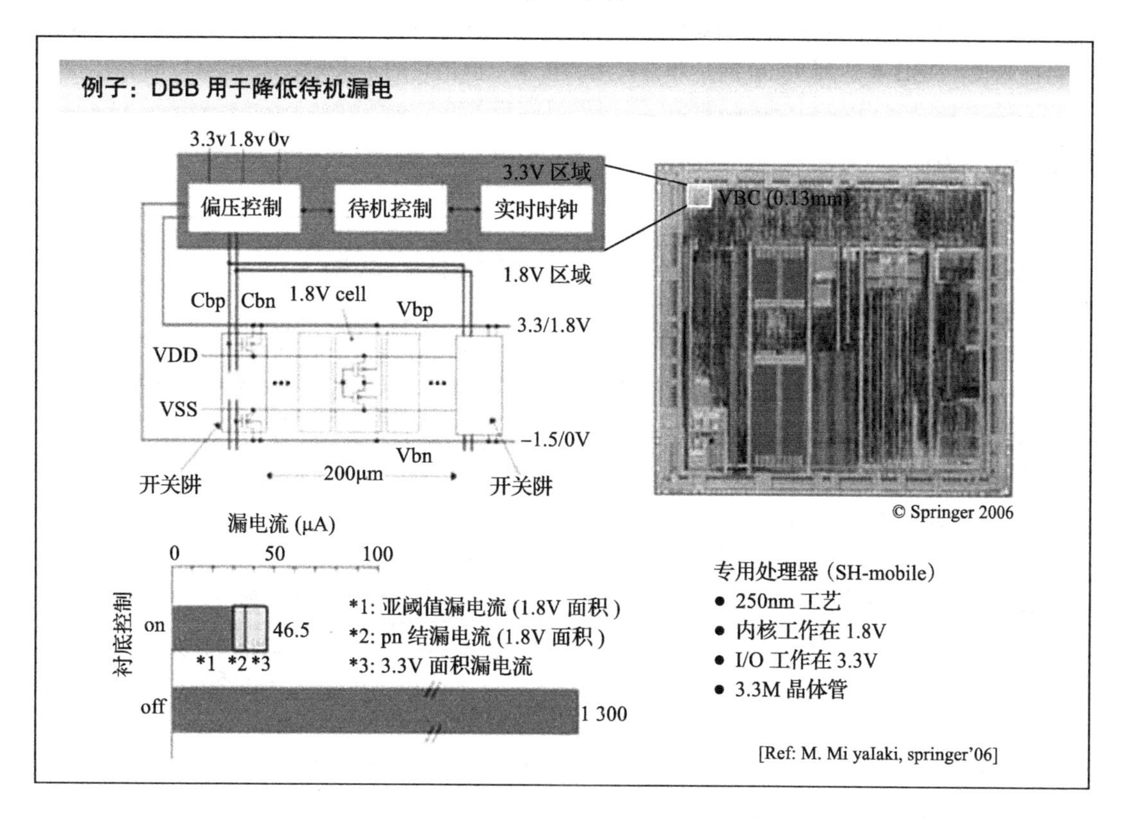

幻灯片 8.39

正如在幻灯片 2.12 所观察到，反向体偏置的有效性随着工艺尺寸缩小而降低。虽然在 90nm 工艺中，正向体电压偏置（FBB）和反向体电压偏置（RBB）的组合仍然可以产生

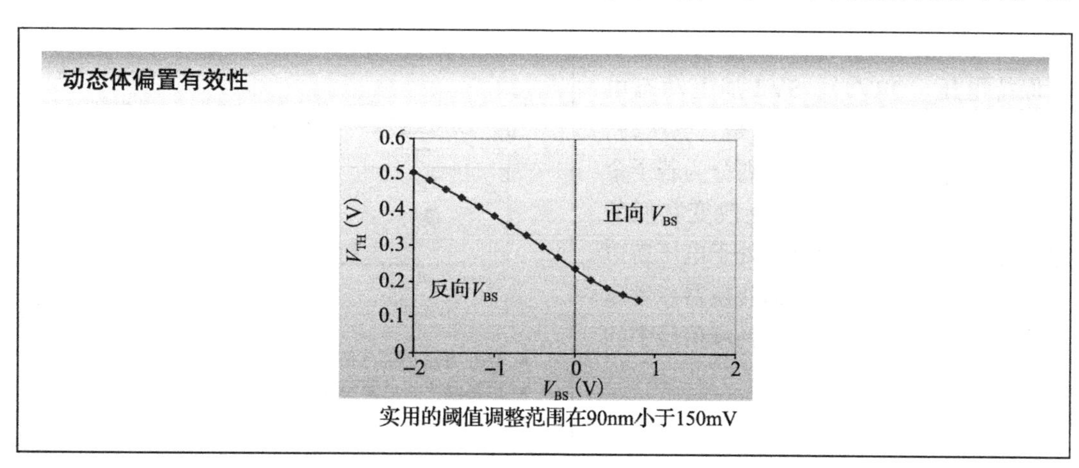

150mV 的阈值变化，但这种效果在 65nm 会小得多。这一趋势预计在未来的工艺中不会有明显改变。而潜在的救星就是采用双栅器件，45nm（以及大于 45nm）的工艺采用了这种器件。因此就目前来说，DBB 在达到 90nm 前是非常有用的技术，但是它的未来却取决于器件和制造创新。

幻灯片 8.40

电源电压斜坡（SVR）

- 在休眠模式降低模块的电源电压
  - 如果不需要保持状态可以降到 0V
  - 其他情况下降到状态保持最低电压（参见下一章）或者在掉电前将数据存到永久存储器中
- 最为有效的减小漏电技术
  - 减小电流和电压

但是

- 需要可控的稳压器
  - 在现在的集成系统设计中越来越常见
- 更长的重启时间

在 V_{DD} 和 GND（或 V_{DD}）之间的简化版开关

[Ref: M. Sheets, VLSI'06]

最终，在待机模式下减小漏电的最佳方法是将电源电压降到 0V。这是唯一能够保证完全消除漏电的方法。可控稳压器是实现这一电源电压斜坡（SVR）方案的首选方式。随着电压岛和动态电压缩放成为普遍的做法（见第 10 章），稳压器和转换器被集成到片上系统（SoC）设计中，那么 SVR 的开销可以忽略不计。当这种情况在设计中不适用时，开关可以用于交换“虚拟”电源 V_{DD} 和 GND 之间的电平。由于开关本身漏电，这种方法并没有斜坡方式有效。

SVR 方法的开销是，在激活时所有的电源电容必须重新充电，从而导致较长的启动时间。显然，所有的状态数据都将在这时丢失。如果状态保持是一个问题，本章前面讨论的方法，如，将重要状态信息传入持久性存储器或保持状态存储器的电源电压高于保持电压（DRV）的方法，都同样适用。

幻灯片 8.41

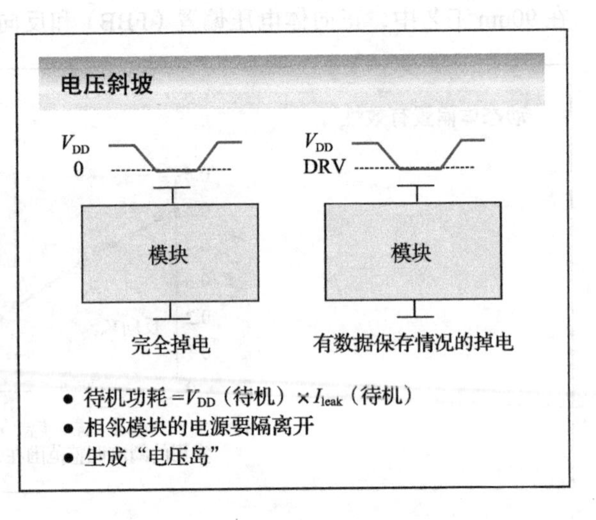

这张幻灯片通过图片中的角度显示了电源斜坡方法（无论是斜坡到 GND 或数据保持电压（DRV））。SVR 加上动态电压调节（DVS，见第 10 章）是“电压岛”的核心概念，其中，芯片被划分为若干个电压域，并可以动态和独立改变它们的值。为了得到最大的效果，处于电压岛边界处的信号需要经过合适的转换器或者隔离器。这类似于存在于跨时钟域信号中的边界情况。

幻灯片 8.42

SVR 的影响是非常重要的。因为 DIBL 效应的指数性质，仅仅将电源电压从 1V 降至 0.5V，90nm CMOS 工艺中的四输入“与非”门的静态漏电功率就降低到了 1/8.5。有了适当的预防措施（我们将在第 9 章讨论），数据保留电压可以降低至 300mV。然而，没有什么能赢过直接降到地电压。

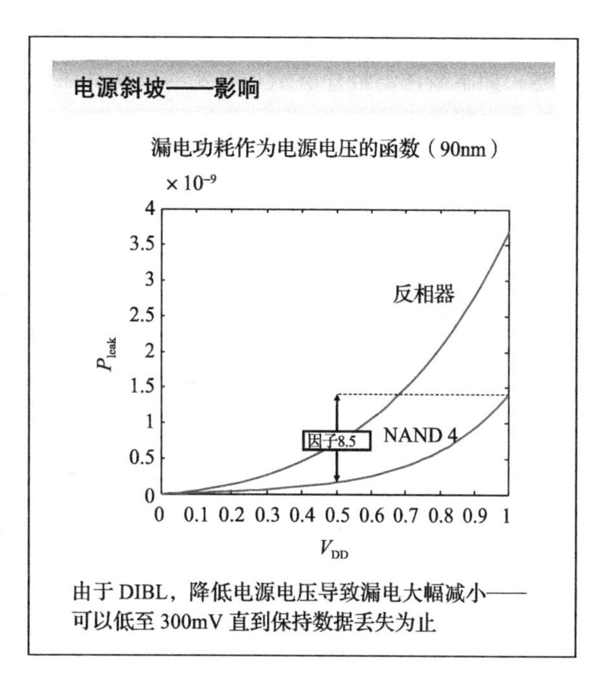

幻灯片 8.43

如果电源斜坡不可以被选择，在不同电平之间的切换（从 V_{DDH} 到 GND 或 V_{DDL}）仍然是一个可行的替代选择，尽管在待机状态下它有较大的漏电流（通过 V_{DDH} 开关）。切换到低电平（V_{DDL} 或 GND）的开关可以很小，因为它仅需提供一个非常小的电流。SVR 方法可以在标准设计流程中引入，类似于前面讨论的电源门控和动态体偏置方法。唯一的要求是，在单元库中加入一些额外的针对不同电流负载具有合适尺寸的单元。

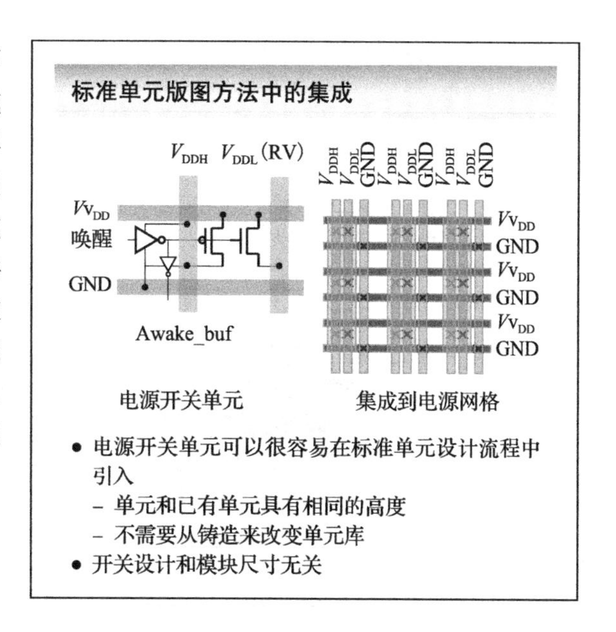

幻灯片 8.44

虽然降低待机功耗是一个主要挑战，但很清楚，一些技术已经出现并有效地解决了这一问题，如本概述幻灯片所示。主要的权衡是在待机功耗、调用开销、面积成本和运行时的性能影响之间进行。

设计者所面临的主要挑战是确保一个模块在需要的时候置于适当的待机模式，并考虑到潜在的节省和所涉及的开销。这需要从系统级的角度，以及集成了电源管理的芯片架构来看。

待机漏电管理——比较

	晶体管堆叠	电源门控	动态体偏置	电源电压斜坡
优点	– 传统工艺 – 不影响性能	– 传统工艺 – 概念上简单 – 最有效	– 重用标准设计 – 不影响性能	– 最有效 – 也可用于切换版本
缺点	– 影响有限 – 特殊寄存器	– 对串联晶体管的性能影响 – 设计流程改变	– 三阱工艺 – 激活速度慢 – 工艺缩放不匹配	– 需要额外的稳压器或电源轨 – 激活速度慢
潜在的节省	– 5 ~ 10	– 2 ~ 40	– 2 ~ 1000	– 巨大

幻灯片 8.45

最后，处理待机功耗问题真正需要的是一个理想的开关，其断开时电流非常小而且在导

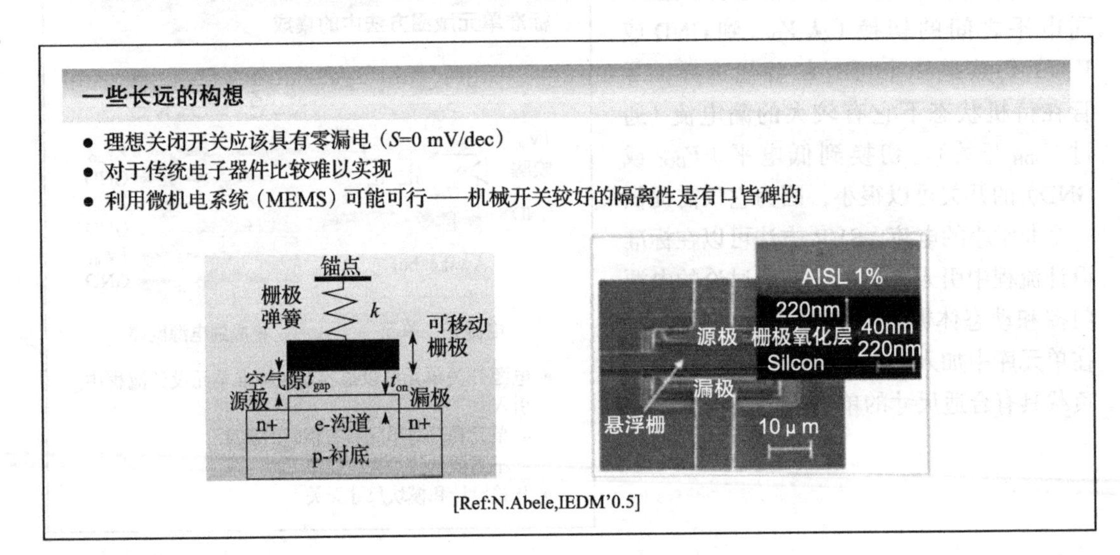

通时电阻非常小。鉴于待机功耗的重要性，在这样的设备上花费面积或是制造成本看起来都是值得的。在第 2 章，我们讨论了一些具有陡峭亚阈值斜率的新兴器件，比如双栅极器件。一些设想的晶体管的斜率甚至能够低到低于 60mV/dec。

不过，在待机状态下能够完全关闭的开关才是最终目的。这就是为什么目前一些基于微机电系统（MEMS）的开关的研究如此吸引人。一些研究小组正在研究“可移动”栅极的晶体管，其栅极绝缘层的厚度可以由静电力来改变。这可能会使开关在关闭状态下几乎没有漏电，而在导通状态下具有良好的导电性能。我们相信这样的器件可能最终会在延长纳米尺度 CMOS 设计寿命方面发挥重要作用。然而，一如既往地，任何制造工艺的修改都会带来相当大的成本。

幻灯片 8.46

综上所述，虽然漏电在电路快速切换时可能不算一件坏事，但是在什么都不发生时漏电却要通过各种方式来杜绝。公平来说，一些有效的管理待机功耗的方法已经出现，特别是对于逻辑电路。目前设计者所面临的最重要的挑战是如何以及何时调用不同的待机节能技术。

下一章，将讨论存储器中一些不同的方面，即在控制待机漏电的同时保持存储已经成为当前和未来最有挑战的问题。

小结和展望

- 现在的漏电设计不够实现真正的功耗 - 性能最优。然而，当电路不切换时就不应漏电
- 门控时钟有效降低了待机的动态功耗
- 有效的待机功耗管理技术在亚 100nm 设计中很重要
  - 门控电源是最为流行和有效的技术
  - 可以和体偏置及晶体管堆叠联合使用
  - 电压变化在很大范围内可能是最为有效的技术（除非栅极漏电变为主导）
- 开始出现“电压或功耗”域

幻灯片 8.47 和幻灯片 8.48

一些参考文献……

参考文献

书及章节

- V. De et al., "Techniques for Leakage Power Reduction," in A. Chandrakasan et al., *Design of High-Performance Microprocessor Circuits*, Ch. 3, IEEE Press, 2001.
- S. Gary, "Low-Power Microprocessor Design," in *Low Power Design Methodologies*, Ed. J. Rabaey and M. Pedram, Chapter 9, pp. 255–288, Kluwer Academic, 1995.
- M. Miyazaki et al., "Case study: Leakage reduction in hitachi/renesas microprocessors", in A. Narendra, *Leakage in Nanometer CMOS Technologies*, Ch 10., Springer, 2006.
- S. Narendra and A. Chandrakasan, *Leakage in Nanometer CMOS Technologies*, Springer, 2006.
- K. Roy et al., "Circuit Techniques for Leakage Reduction," in C. Piguet, *Low-Power Electronics Design*, Ch. 13, CRC Press, 2005.
- T. Simunic, "Dynamic Management of Power Consumption", in *Power Aware Computing*, edited by R. Graybill, R. Melhem, Kluwer Academic Publishers, 2002.

论文

- N. Abele, R. Fritschi, K. Boucart, F. Casset, P. Ancey, and A.M. Ionescu, "Suspended-gate MOSFET: bringing new MEMS functionality into solid-state MOS transistor," Proc. Electron Devices Meeting, 2005. IEDM Technical Digest. *IEEE International*, pp. 479–481, Dec. 2005
- T. Fischer, et al., "A 90-nm variable frequency clock system for a power-managed Itanium® architecture processor," *IEEE J. Solid-State Circuits*, pp. 217–227, Feb. 2006.
- T. Inukai et al., "Boosted Gate MOS (BGMOS): Device/Circuit Cooperation Scheme to Achieve Leakage-Free Giga-Scale Integration," CICC, pp. 409–412, May 2000.
- H. Kam et al., "A new nano-electro-mechanical field effect transistor (NEMFET) design for low-power electronics, " IEDM Tech. Digest, pp. 463–466, Dec. 2005.
- R. Krishnamurthy et al., "High-performance and low-power challenges for sub-70 nm microprocessor circuits," *2002 IEEE ESSCIRC Conf.*, pp. 315–321, Sep. 2002.
- T. Kuroda et al., "A 0.9 V 150 MHz 10 mW 4 mm^2 2-D discrete cosine transform core processor with variable-threshold-voltage scheme," JSSC, 31(11), pp. 1770–1779, Nov. 1996.

参考文献（续）

- S. Mutoh et al., 1V high-speed digital circuit technology with 0.5 mm multi-threshold CMOS, "*Proc. Sixth Annual IEEE ASIC Conference and Exhibit*, pp. 186–189, Sep. 1993.
- S. Mutoh et al., "1-V power supply high-speed digital circuit technology with multithreshold-voltage CMOS", *IEEE Journal of Solid-State Circuits*, 30, pp. 847–854, Aug. 1995.
- S. Narendra, et al., "Scaling of stack effect and its application for leakage reduction," *ISLPED*, pp. 195–200, Aug. 2001.
- M. Ohashi et al., "A 27MHz 11.1mW MPEG-4 video decoder LSI for mobile application," *ISSCC*, pp. 366–367, Feb. 2002.
- T. Sakata, M. Horiguchi and K. Itoh, Subthreshold-current reduction circuits for multi-gigabit DRAM's, *Symp. VLSI Circuits Dig.*, pp. 45–46, May 1993.
- K. Seta, H. Hara, T. Kuroda, M. Kakumu and T. Sakurai, "50% active-power saving without speed degradation using standby power reduction (SPR) circuit," *IEEE International Solid-State Circuits Conference*, XXXVIII, pp. 318–319, Feb. 1995.
- M. Sheets et al., J, "A Power-Managed Protocol Processor for Wireless Sensor Networks," Digest of Technical Papers 2006 Symposium on VLSI Circuits, pp. 212–213, June 15–17, 2006.
- TI MSP430 Microcontroller family, *http://focus.ti.com/lit/Slab034n/slab034n.pdf*
- J. W. Tschanz, S. G. Narendra, Y. Ye, B. A. Bloechel, S. Borkar and V. De, "Dynamic sleep transistor and body bias for active leakage power control of microprocessors," *IEEE Journal of Solid-State Circuits*, 38, pp. 1838–1845, Nov. 2003.

第 9 章
优化功耗 @ 待机阶段——存储器

幻灯片 9.1

本章介绍在待机模式下优化嵌入式存储器功耗的方法。如在第 7 章里，存储器的功耗在动态模式下通常只是总功耗的一部分。同样的，在待机模式下的情况也是如此。由于在一个典型的集成电路中存在的大量的（和持续增长的）存储器单元，它们对于漏电功耗的贡献即使不是主要的但也是非常可观的。因此减小存储器中的待机功耗就非常重要。

优化功耗@待机阶段——存储器

Benton H. Calhoun
Jan M. Rabaey

幻灯片 9.2

本章大纲

- 待机模式下的存储器
- 电压缩放
- 体偏置
- 外围电路

在本章中，我们首先讨论为什么大容量嵌入式静态随机存储器（SRAM）的待机漏电流日益受到关注。当观察可能的解决问题的方案，很显然存储器内核的静态功耗可以通过控制存储单元周围的各种电压来有效控制。一种选择是降低电源电压，另一种则是改变晶体管的偏置电压。我们也可以考虑这两种方法的各种组合。然而需要记住向任何实际的静态功耗节省技巧必须保证在待机期间数据被可靠地保持。虽然外围电路某种程度上只是较小的挑战，但是其仍然具有一些需要关注的特点。本章会通过审视全局来结束本章。

幻灯片 9.3

在待机模式中，嵌入式存储器不会被访问，那么其输入/输出都不会变化。因此存储器在待机期间的主要功能是保持数据直到过渡到下一个动态操作。数据保持的要求使静态功耗节省变得更加复杂。虽然组合逻辑模块可以通过电源门控方式与电源断开，或者将电源电压降到0，但是这对于嵌入式SRAM是不适用的（除非是高速缓冲存储器）。因此，最小化漏电的同时稳定保持存储是最主要的要求。本章介绍的一些方法在存储器进入或者离开待机状态时都伴随着功耗和时序方面的开销。因此第二个指标就是在转换过程中的能量开销，它很重要，因为它决定了需要花在待机模式转换上的最小时间。如果保持待机获得的功率节省没有抵消由于进入和离开这一模式时的能量开销，那么待机就不应该被使用。另外，待机和动态模式的快速切换在许多应用中都是有益的。最终，我们也会观察到待机功耗的减小经常伴随着增加面积开销。

存储器占据处理器大部分面积

- SRAM是集成电路静态功耗的主要根源，尤其在低功耗应用中
- 特别的存储器设计要求：需要在待机时保持数据
- 待机指标：
  - 1. 漏电功耗
  - 2. 用于进入/离开待机模式的能量开销
  - 3. 时序/面积开销

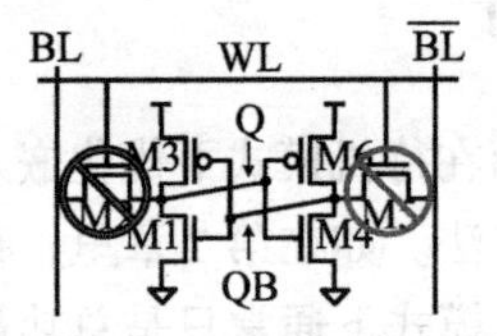

通过从顶层来看待机模式中的一个嵌入式SRAM单元的操作开始本章。接下来，考察一系列静态功耗节省的方法。到目前为止，最有效的方法是基于电压操作，或是降低电源电压或者增加单元内晶体管的偏压。外围电路的静态功耗将在概括本章节前简单地讨论。

幻灯片 9.4

在第7章讨论的设计过程中所使用的部分方法可以用来减小动态和静态模式的待机功耗。这些方法包括使用高阈值电压晶体管，降低预充电电压或允许字线浮空（浮空到一个最小化位单元漏电的电压值）。虽然这些方法确实对待机漏电功耗有作用，但是本章将关注那些专门解决待机漏电的一些方法。

回忆“设计时”漏电降低

- 设计过程中采用的技巧（第7章）也会影响漏电
  - 高阈值电压晶体管
  - 不同的预充电电压
  - 浮空的位线
- 本章：用自适应方法来独立解决存储器静态功耗问题

幻灯片 9.5

虽然有许多用来解决漏电功耗的电路级方案，但在存储单元内外使用大量的电平才是最有效的。在第 7 章，我们讨论了如何在设计时分配这些电平来降低功耗。在待机模式下通过操作外围电路来改变电压可以减小漏电功耗。在待机模式下，有更大的灵活性来改变电压值，这是因为许多由功能限制的指标无关紧要了，比如读操作和写操作的静态噪声容限。在待机模式下，最主要的功能指标是保持噪声容限，这是由于存储单元仅仅需要保持其数据。

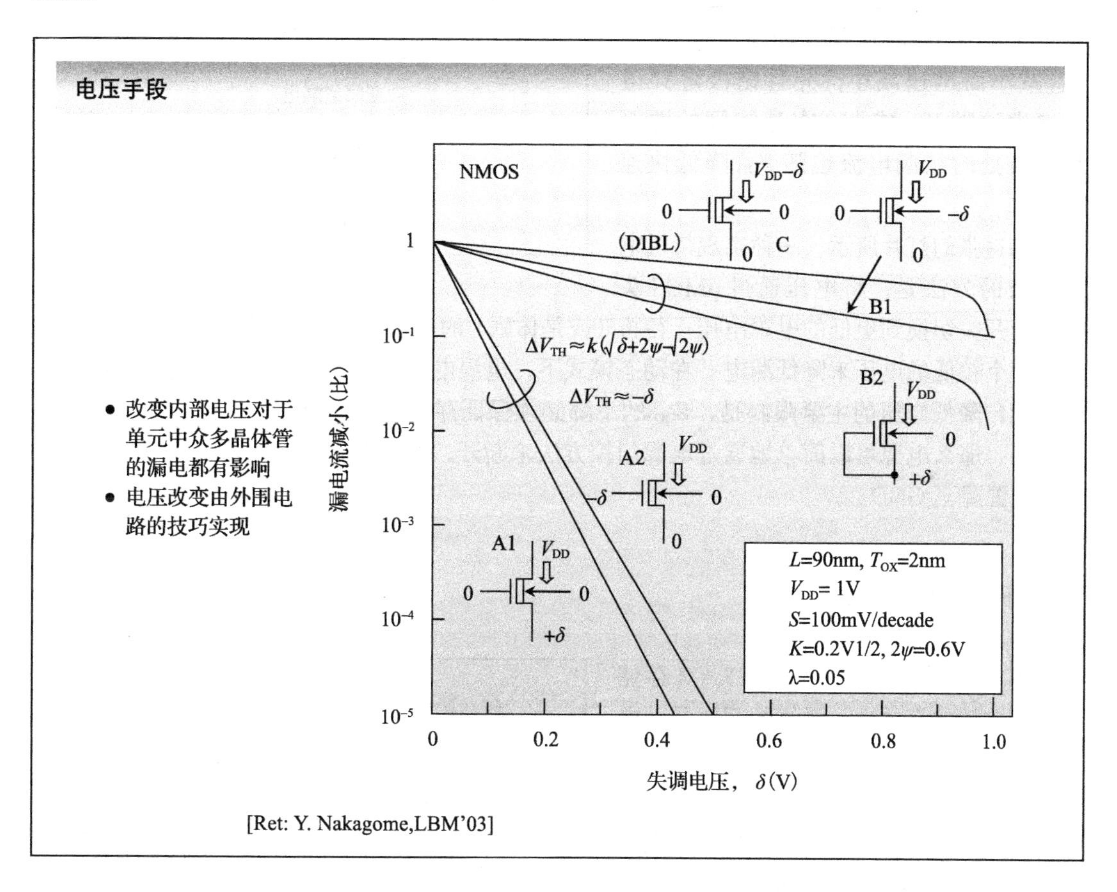

幻灯片 9.6

最直接的降低存储器待机漏电功耗的电压缩放方法是，降低电源电压 V_{DD}。这种方法降低功率的路径有两种：电压下降（$P = VI$）和漏电流减小。其中后者的主要机制是漏致势垒降低（DIBL）效应。此外，其他方法也可引起漏电流降低。栅致漏极泄漏（GIDL）电流随 V_{DD} 减小而迅速减小，并且栅极隧穿电流也大致随 V_{DD} 减小。在晶体管的源极和漏极处的结漏电流也随 V_{DD} 降低快速减小。

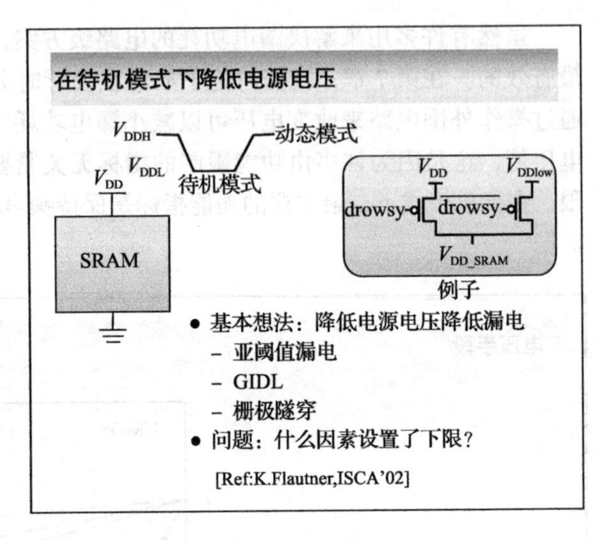

如这张幻灯片所示，一种实现待机电压缩放的方法是，将电压通过 pMOS 头晶体管开关切换到更低的电源电压。待机（或是休眠）的电压为 SRAM 模块在待机模式中提供了一个较低的电压来降低漏电。在动态模式下，电源电压就回到正常的操作电压。正如之前所述，降低电压的主要限制是，V_{DD} 的下降必须保证存储单元中数据的保持。如果数据不再需要，那么电源可以简单地通过电源门控方法来断开，就类似于之前描述的组合逻辑，或者将电源降至 GND。

幻灯片 9.7

鉴于降低电压对于降低 SRAM 存储器静态功耗的有效性，最终的问题是，电源电压究竟可以安全地降低多少。我们将 SRAM 位单元（或者 SRAM 阵列）用来保持数据的最低电压定义为数据保持电压（Data Retention Voltage，DRV）。

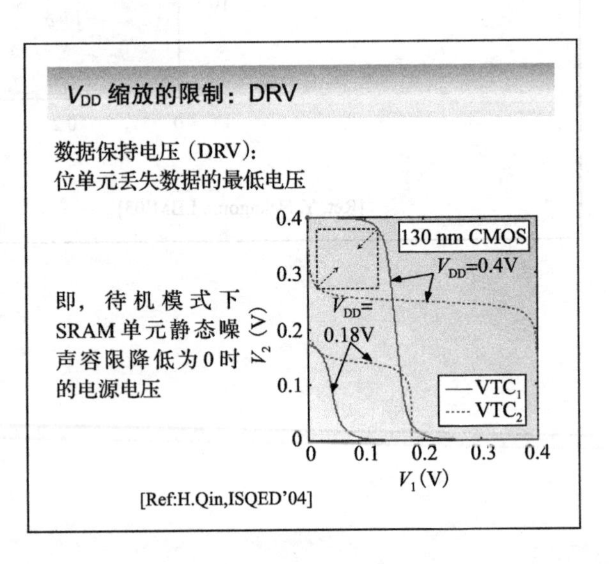

这张幻灯片中的蝶形图表示了 6T 单元的噪声容限随电压降低而消失（访问晶体管关闭）。由于一个典型存储单元的非对称性（由单元晶体管的尺寸和偏差引起），单元的静态噪声容限由蝶形图的上边区表示。当电压达到 180mV 时，静态噪声容限降低到 0，并且所存储的值也丢失了。此时存储单元处于单稳态。在一个完全对称的存储单元中，数据丢失前电源电压可以降得更低。

因此，也可以将 DRV 定义为使存储单元（或阵列）的静态噪声容限降至零时的电压。

幻灯片 9.8

在待机模式下降低电压具有非常明显的优势的。一块 0.13μm 的测试芯片通过降低电压至低于 100mV 的 DRV 达到了超过 90% 待机漏电节省。电压降低导致 DIBL 效应的缓解是大幅漏电降低背后最重要的原因。

因此，最小化存储器的 DRV 看起来是进一步降低待机漏电功耗的一种有效手段。

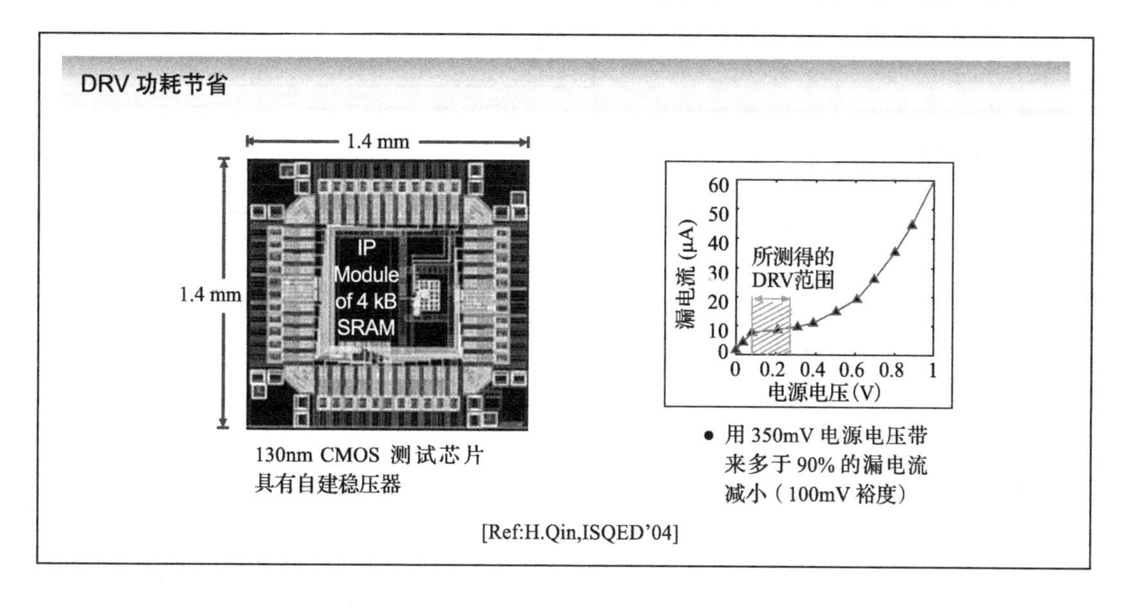

幻灯片 9.9

存储单元的 DRV 值取决于一系列的参数。直观上，我们可以看出如果蝶形图对称的话，DRV 可以最小化。如果上拉和下拉网络（包含关闭的 nMOS 访问晶体管）具有相同的驱动能力就能实现这一点。

从此就可以清晰地得知，DRV 是存储单元中晶体管大小的函数。由于 DRV 通常低于其工艺的阈值电压，这就意味着所有的晶体管工作于亚阈值区域。在这样的操作条件下，标准的（强反型）的 nMOS 和 pMOS 之间的比值规则就不再适用。在强反型区间，由于较高的电子迁移率 nMOS 晶体管通常比相同大小的 pMOS 晶体管的驱动能力强 2 ~ 3 倍。在亚阈值区间，器件的相对强弱由漏电流参数 I_S、阈值电压 V_{TH} 和亚阈值斜率因子 n 来决定。事实上，亚阈值 pMOS 晶体管可能远强于 nMOS 晶体管。

改变一个通用 6T 单元中相应晶体管的大小的影响如幻灯片所示。对于这个单元，增加 pMOS 晶体管的大小对于 DRV 影响最大。鉴于大部分通用单元中使用强上拉 / 弱下拉方式，这也是意料之中的事。

注意：虽然对称蝶形曲线最小化了 DRV 电压，但是从动态的读 / 写操作来说它不一定是最优选择。SRAM 存储器通过预充电字线和强 nMOS 放电提供了快速的读访问。这就自动导致了非对称的存储单元。

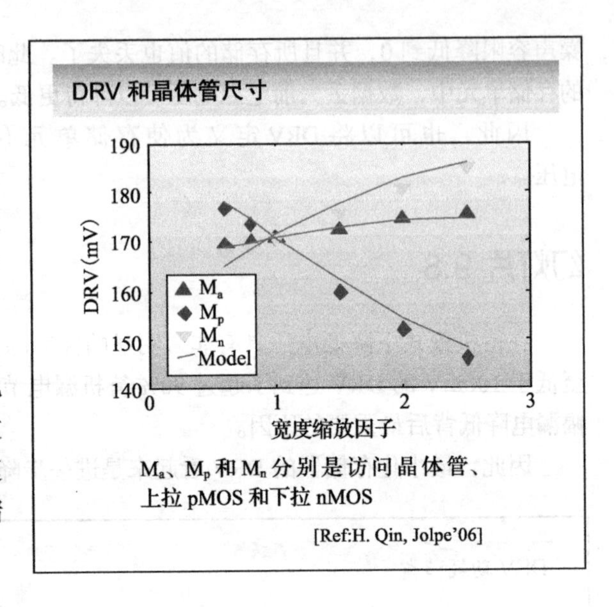

M_a、M_p 和 M_n 分别是访问晶体管、上拉 pMOS 和下拉 nMOS

幻灯片 9.10

任何对称单元中的偏差都会导致 DRV 的恶化。在这张幻灯片中显示了改变亚阈值晶体管相对驱动能力所带来的影响。强 nMOS 和强 pMOS 晶体管使蝶形曲线变歪，并降低了静态噪声容限。

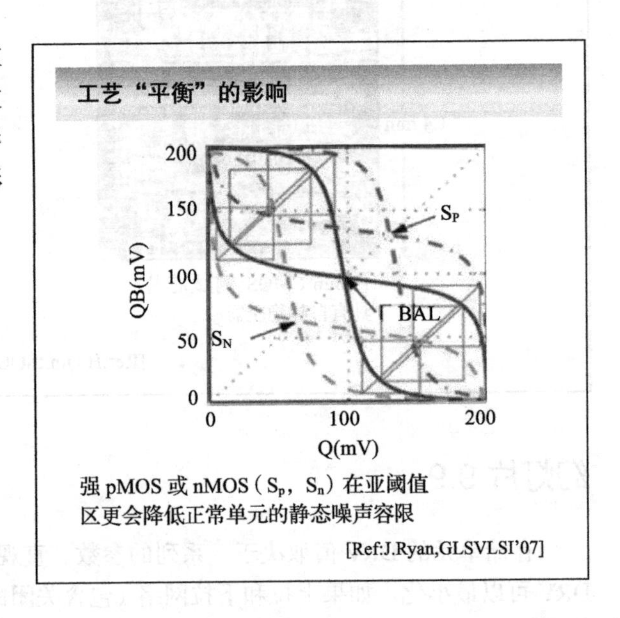

强 pMOS 或 nMOS（S_p，S_n）在亚阈值区更会降低正常单元的静态噪声容限

幻灯片 9.11

鉴于 DRV 对于晶体管相对驱动能力的高灵敏度，应该毫不奇怪工艺偏差对于 SRAM 存储单元的最低操作电压有着重大的影响。沟道长度和阈值电压的局部偏差是导致 DRV 恶化的最重要原因。可以用一些试验结果来更好地证明这一点。这张图展示了 130nm，32KB 的 SRAM 存储器的 DRV 电压的三维重现，其中 *x* 轴和 *y* 轴表示存储单元在阵列中的位置，*z* 轴表示 DRV 的值。局部晶体管工艺偏差引起了最大的 DRV 变化。尤其是阈值电压偏差起到主要作用。

DRV 的直方图显示了一条长长的拖尾，这意味着一小部分单元有着非常高的 DRV。这是一个坏消息：整个存储器的最低工作电压（即整个存储器的 DRV）是由最差的单元决定的，并且需要一些额外的安全裕度。这意味着这块存储器的 DRV 大约为 450mV（加入了 100mV 的安全裕度），尽管大部分的单元可以完美地工作在 200mV 下。

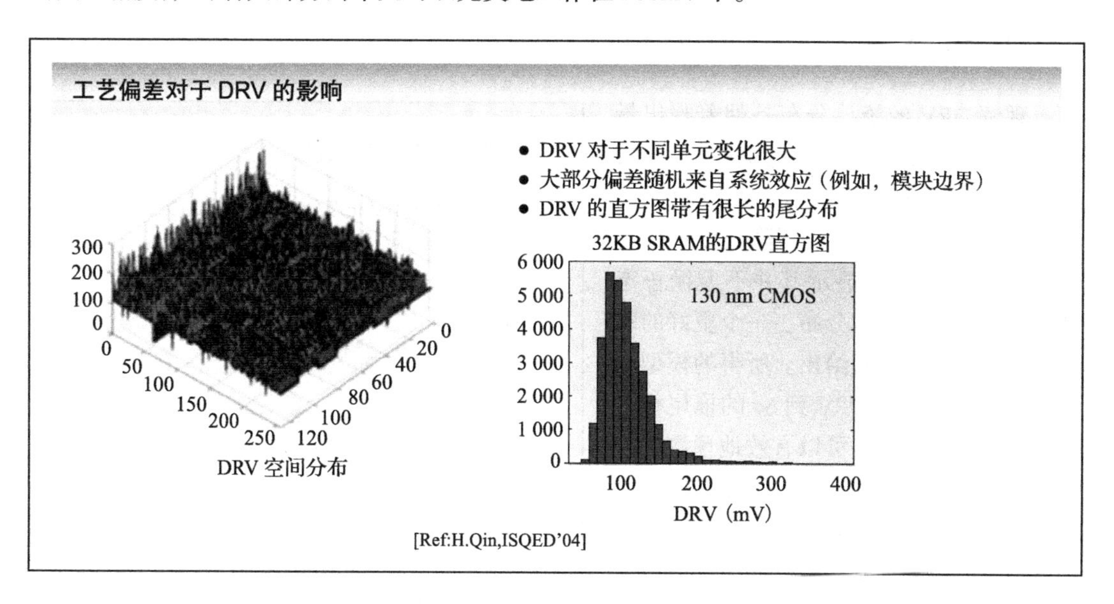

幻灯片 9.12

类似的情景也出现在 90nm 和 45nm 的存储器中（在这个特殊的情况下，一个 5KB 的存

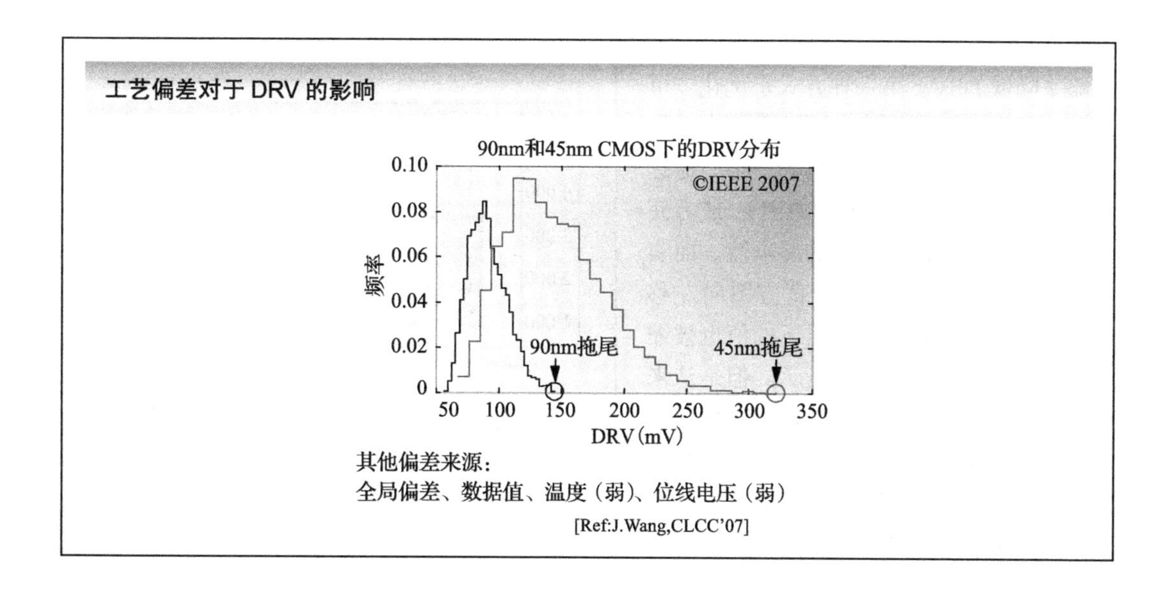

储器)。显然，局部偏差导致了 DRV 的分布朝着高 DRV 的方向有一条长拖尾，而且局部偏差造成的影响随着工艺尺寸缩小而增加。DRV 也依赖于其他因素(但是没这么强)，如全局偏差、所存储的数据、温度以及位线电压。

幻灯片 9.13

理解 DRV 的统计分布是朝着找出最为有效地降低操作电压和漏电的第一步，也是重要步骤(这将尽力在第 10 章明确地介绍，彼时讨论运行功耗降低技术)。

检查 DRV 分布显示其并不遵循正态分布或者是对数正态分布。一个更好的匹配由幻灯片中的公式给出。所得的模型与蒙特卡罗模拟沿着 DRV 到 6σ 的拖尾相吻合，这意味着异常点可以有效地预测。模型中的独立参数(μ_0 和 σ_0，在电压为 V_0 时的静态噪声容限的平均值和方差)可以通过蝶形图中最为重要的肺叶处少量静态噪声容限的蒙特卡罗(在 $V_{DD}=V_0$)模拟获得。

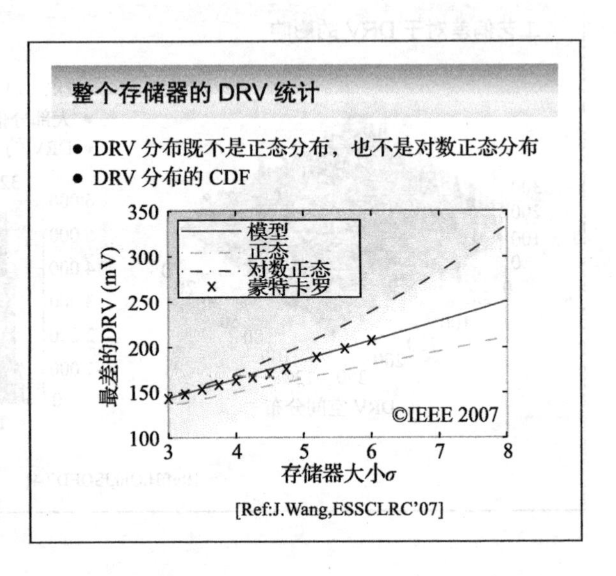

幻灯片 9.14

基于已有的对于 DRV 的分析，它的参数和统计数据，我们可以设计出一系列策略来降低 DRV。第一种方式是优化。可用的选择是选择晶体管合适的尺寸来平衡存储单元或是降低偏差的影响，小心地选择体偏置电压(出于相同的原因)，或者使用外围电压来补偿不平衡的漏电流。而实际效果就是为了将 DRV 的直方图向左移动。最为重要的，最差情况下的值也被缩小了，正如图中绿色箭头所示。但是从来没有免费的午餐，操纵 DRV 的分布意味着与其他指标的权衡，如面积或访问时间。因此设计者必须在认识到 DRV 对于低静态功耗的重要性的同时考虑其他因素。

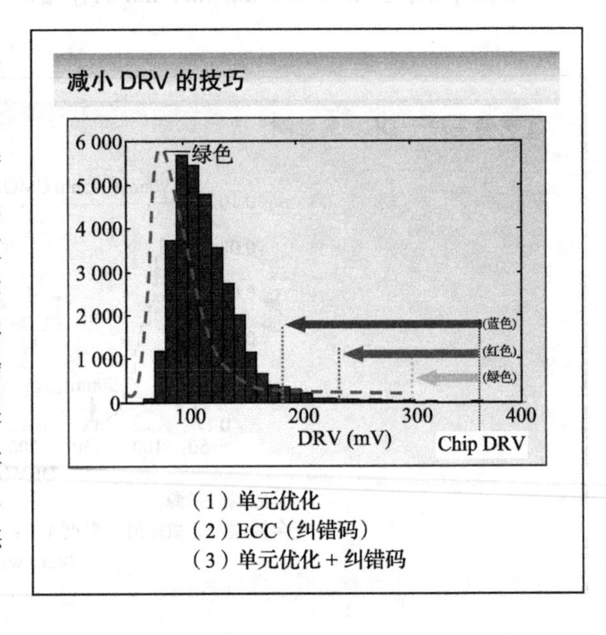

第二种方法是将电压降到低于最差情况。这种方法，下一章我们称之为“优于最差情况”，可能会导致错误。由于分布的拖尾很长，错误的单元相对来说很少。以错误检测的方式加入冗余可以帮助捕捉和改正这些罕见的错误。纠错码（ECC）策略在 DRAM 和非易失性存储器中已经使用了很长时间，但是在嵌入式 SRAM 中却并不常见。而潜在的漏电节省和总体的稳定性都值得这些额外开销。从 DRV 角度来看，ECC 的作用是将 DRV 分布的拖尾减小(红色所示)。

当然，单元优化和 ECC 可以一起应用来产生一个具有较低平均值和较窄分布的 DRV(蓝色所示)。

幻灯片 9.15

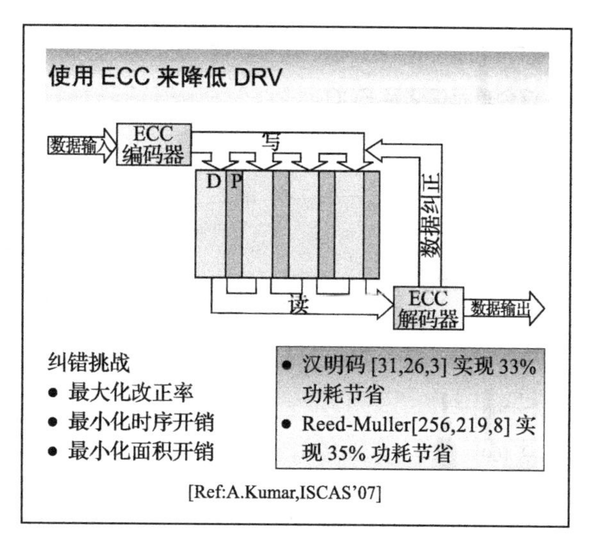

ECC 已经在存储器中使用了很长时间。早在 20 世纪 70 年代，ECC 就已经被提出，作为提高 DRAM 的良率的一种方法。相似地，ECC 被大量地使用在闪存中来提高写周期数。如在上一张幻灯片所示，ECC 的另外一种用法是“优于最差情况”，并在待机模式下更加积极地降低电压。

错误检测和纠正背后的基本概念是在所存储信息中加入冗余信息。例如，在汉明码（31，26）中，在原始的 26 个数据位中加入 5 个额外的校验位，这允许纠正一个位的错误（或同时检测到两个错误）。这所带来的额外存储开销大概是 20%。编码器和解码器也是必需的，这进一步增加了面积开销。ECC 导致的漏电流减小也应该仔细地与额外的电源和模块的动态和静态功耗所比较。

然而，当所有都被考虑到了，ECC 仍然能够节省大量待机功耗。高达 33% 的漏电功率降低可通过汉明码来获得。Reed-Muller 码的效果会更好一点，但是随之而来的是更为复杂的编码器 / 解码器以及增加的延迟。

幻灯片 9.16

联合使用单元优化和纠错的作用展示在一块 26KB 的 SRAM 存储器上（实现在 90nm 的 CMOS 工艺上）。使用（31，26，3）汉明码实际上将存储器的大小增加到了 31KB。

优化后的存储器和一个通用方法实现的存储器集成在同一块芯片上并比较如下。在所有的情况下，比最低允许的 DRV 高 100mV 的保护间隔一直被维持。DRV 的直方图说明了优化和 ECC 两者是如何将 DRV 平均值移到较小的值和显著收缩其分布的。待机漏电流被减小到 1/50。这可以分解如下

- 只是降低了通用存储器的电源电压到其 DRV+100mV 可以减少 75% 漏电功耗。
- 优化存储单元以降低 DRV 可以进一步减少 90% 漏电功耗。
- 最后，ECC 的加入转换为额外 35% 的功耗节省。

对于这个小型存储器，通过面积消耗来完成这个大的漏电节约是相当值得的。较大的单元面积，附加的奇偶校验位，加上编码器和解码器的组合，大约增加 1 倍的存储器的大小。虽然这个消耗在带有大量缓存的顶级微处理器芯片中是不能接受的，其静态功耗的减少使得其非常适合于低工作周期的超低功率器件（例如无线传感器网络或植入式医疗设备）。

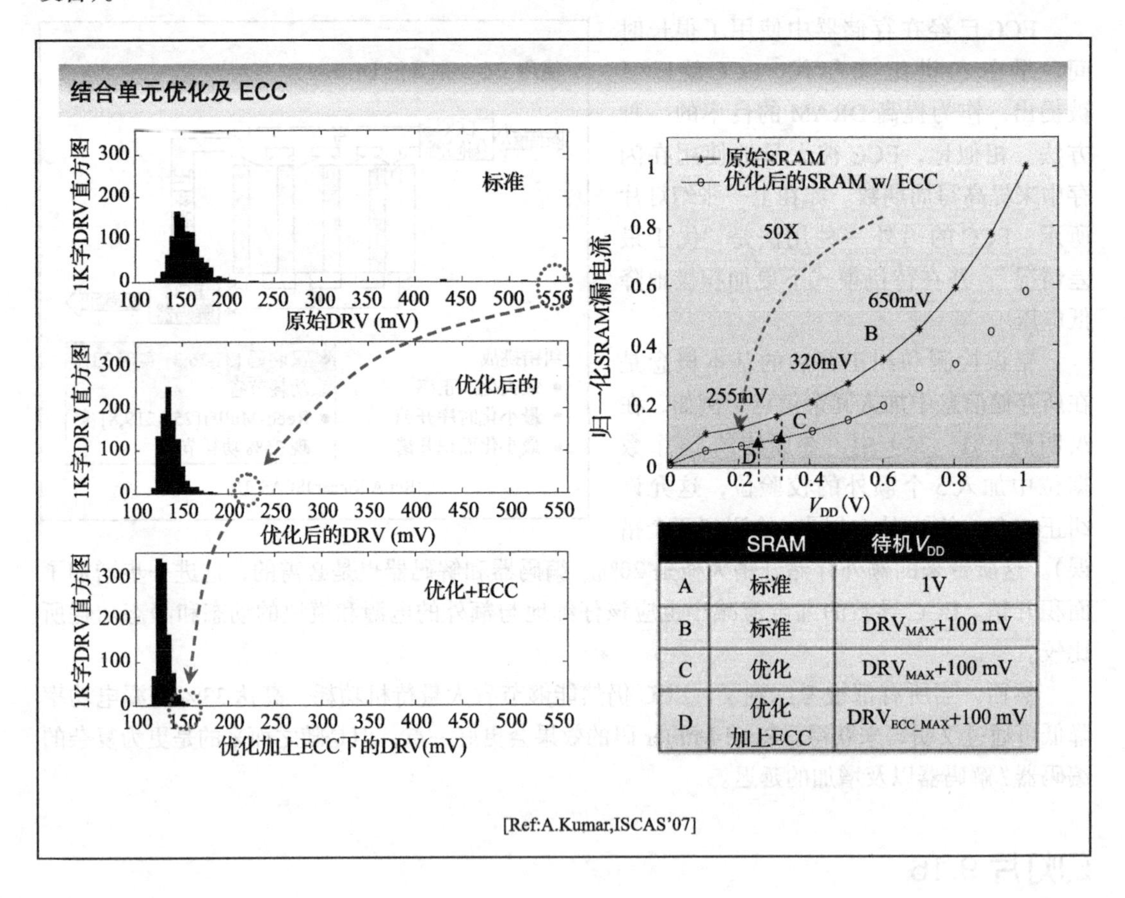

	SRAM	待机 V_{DD}
A	标准	1V
B	标准	DRV_{MAX}+100 mV
C	优化	DRV_{MAX}+100 mV
D	优化加上ECC	DRV_{ECC_MAX}+100 mV

幻灯片 9.17

迄今为止所讨论的待机电压降低技术都将电源电压降低到比最差情况的 DRV 高的保护

间隔内的值。而这个保护间隔需要通过仔细建模、仿真和实验观察工艺偏差来获得。这种开环方法意味着所有那些没有最差 DRV 的芯片可以获取最大限度的漏电节省。这种情况已经被广泛报道，同一个设计中的最好情况和最差情况的漏电流变化最大可以达到 30 倍。

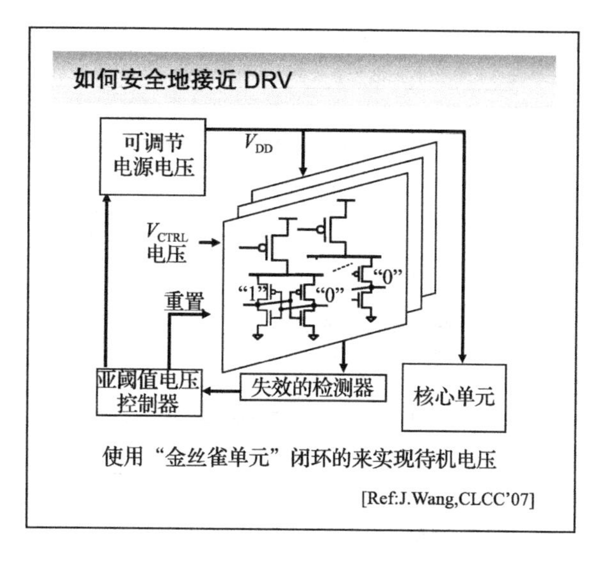

使用“金丝雀单元”闭环的来实现待机电压

[Ref:J.Wang,CLCC’07]

解决这个问题的一个办法是使用闭环反馈方式，这能够增加每一块芯片的漏电节省。这个想法是实时地测量分布并设置相应的待机电压。这些测试结果由一系列加入到存储器的“金丝雀复制单元”得到（如过去用于检测煤矿有毒气体的策略“煤矿中的金丝雀”）。

金丝雀单元的失效电压被有意设计为高于 SRAM 核心单元的 DRV 分布。基于 SRAM 单元 DRV 分布的基本情况（使用如幻灯片 9.13 所示的模型），反馈回路使用测量到的数据来动态地设置电源电压。

这张框图展示了将金丝雀单元放入存储器中的原型架构。每个金丝雀单元都有核心阵列中存储单元的结构和大小，除此之外，加入了一个额外的 pMOS 头晶体管开关来生成一个较低的电源电压 V_{DD}。通过控制 pMOS 头晶体管的栅极电压（V_{CTRL}），允许我们在很大的电压范围内设置金丝雀单元的 DRV。

注意：“金丝雀”的做法是一个实时功耗降低技术，这是第 10 章的主题。

幻灯片 9.18

幻灯片中的左上图显示了金丝雀单元如何用来估计“安全”操作电压这一概念。这些单元被划分为簇，分别调整其失效（电压）至具有规则间距并且高于平均 DRV 的区间。为了减小金丝雀单元相对于核心的 DRV 分布，使用了更大尺寸的金丝雀晶体管。当然，少量的金丝雀单元不能跟踪主存储器阵列中的局部工艺偏差，但是它足够估计全局工艺偏差（如系统偏差或者温度变化的影响），因此去除了大部分的设计保护开销。

通过改变 V_{CTRL}（例如，通过给不同的存储模块提供不同的 V_{CTRL}）和测量失效点，我们可以得到一个安全的最低操作电压的估计值。幻灯片中左下图显示了测量所得的金丝雀单元的 DRV 和 V_{CTRL} 之间的关系，这清楚地证明了 V_{CTRL} 是一个非常好的 DRV 的度量。

一块 90nm 的测试芯片实现了基于金丝雀单元的反馈机制，以 0.6% 的面积开销为代价。测试结果确认了金丝雀单元失效电压稳定地高于平均核心电压，且这种关系在环境变化后仍然适用。相比于带有保护间隔的设计，这种方法有助于至少减少 30 倍的漏电功耗。

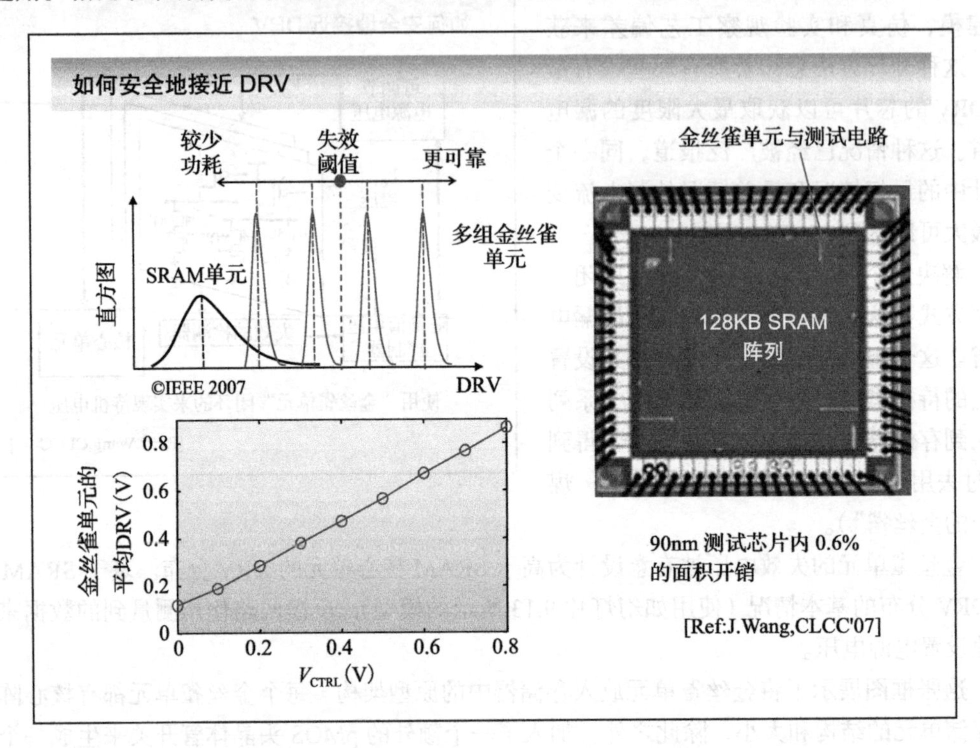

幻灯片 9.19

到目前为止，讨论的所有的待机功耗降低技术都是基于降低 V_{DD}。另一种方法是，提高存储单元的接地端 V_{SS}。这种方法减小了一些晶体管的 V_{DS}，从而降低了亚阈值导通（由于 DIBL）和 GIDL 效应。另外，对于堆叠 nMOS 器件，更高的 V_{SS} 导致了负 V_{BS}，这增加了晶体管的阈值电压，并呈指数关系地降低了亚阈值电流。本幻灯片所示的单元利用了所有这些

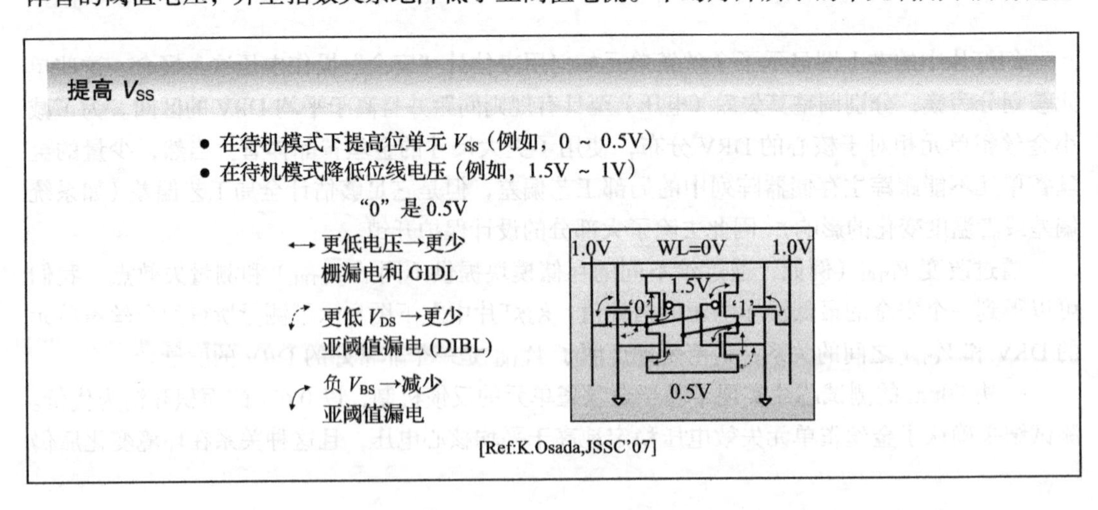

效应。针对提高 V_{SS} 和降低 V_{DD} 的选择主要取决于给定的工艺中最主导的漏电来源以及不同方案所带来的相对的设计开销。

幻灯片 9.20

另一种选择是有意地在待机模式下给单元中的晶体管施加反向体偏置（RBB）。再次，阈值电压的增加转换为源极和漏极间的指数型减小的亚阈值电流，这使其成为了一个非常强有力的降低待机电流的工具。

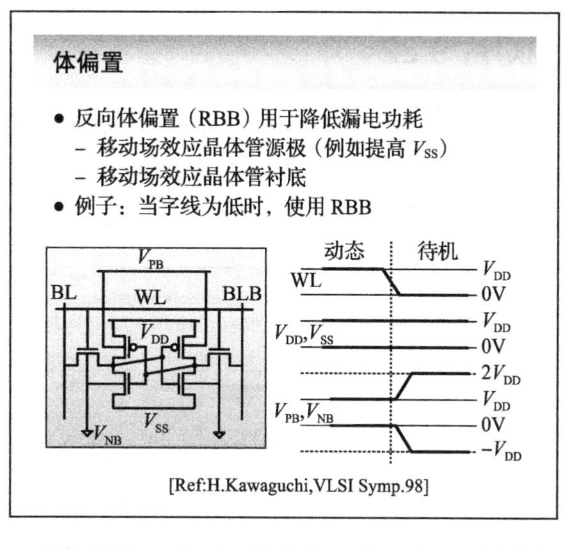

为了引起 RBB，既可以抬高源极电压（如幻灯片 9.19 所示提高 V_{SS} 方法）或者降低 nMOS 体电压。在传统的堆叠 CMOS 中，调制 nMOS 体节点意味着驱动整个 p 型衬底所具有的体电容。转入和退出待机模式因此带有大量的功耗开销。改变 pMOS 的体电压相对容易是因为 n 阱提供了相对较小的控制粒度。如今许多堆叠工艺都提供了三阱工艺选项来允许 nMOS 晶体管放于位于 n 阱中的 p 阱。这一选择使得可调节 RBB 对于待机模式更有吸引力，但是改变阱点电压所涉及的能量仍需要考虑到。

本张幻灯片显示了当一行单元没有访问时，RBB 方法分别升高 pMOS 阱电位和降低 nMOS 阱电位。这种方法的优点是，它可以运行在较低的粒度下（行级别），与之前所讨论的工作于模块级别的所有技巧相区别。一般来说，在任何时候存储模块中至多一行会被访问。这所带来的开销则是读 / 写的访问时间。

幻灯片 9.21

体偏置技术可以很容易地部署并结合其他的降低待机功耗的方法。例如，这张幻灯片显示了一个结合了体偏置技术和供电电压降低技术的 SRAM。在动态模式下，被访问单元的 V_{DD} 和 V_{SS} 相比于静态模式下分别被设置到略微偏高和偏低。同时，晶体管的体端被驱动到 0 和 V_{DD}，这样单元中的晶体管就具有了轻微的正向体偏置（FBB）。减小的阈值电压改善了

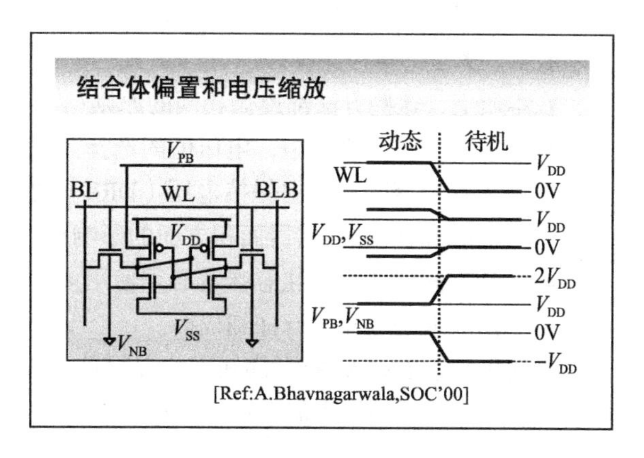

读/写访问时间。在待机模式下，电源电压恢复正常并且应用RBB。电压缩放和体偏置的结合潜在地提供了大幅待机功耗降低。然而，我们还必须确定这个双重开销不会抵消所带来的收益。另外，我们必须确保的是源极、漏极的二极管在FBB模式下没有被正向偏置。

幻灯片 9.22

相似地，我们还可以结合提高 V_{SS} 和 RBB 的方法。在待机时，提高 V_{SS} 的节点减小了有效电源电压，同时对 nMOS 晶体管使用 RBB。提高 n 阱的电压给 pMOS 提供了 RBB。这种方法的优点是不需要三阱工艺。

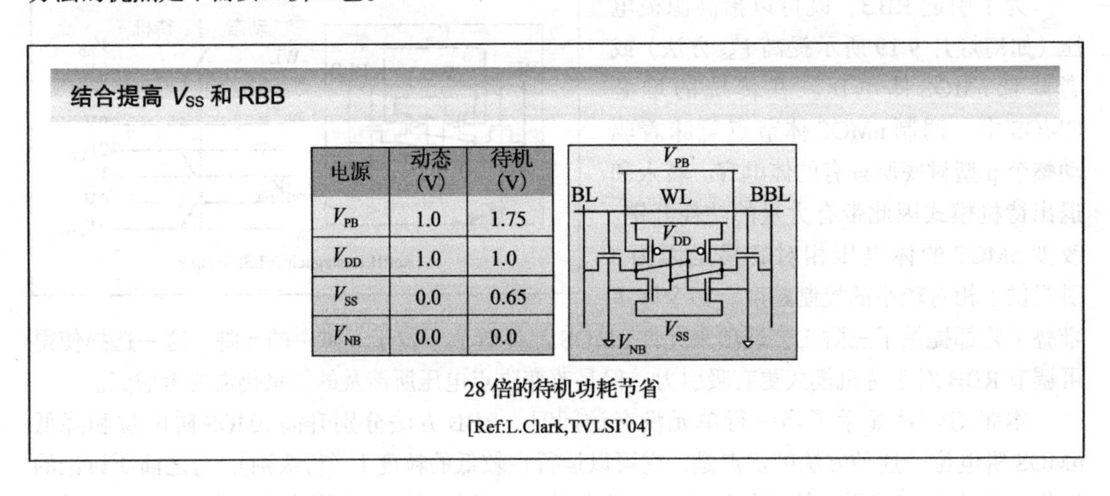

电源	动态（V）	待机（V）
V_{PB}	1.0	1.75
V_{DD}	1.0	1.0
V_{SS}	0.0	0.65
V_{NB}	0.0	0.0

28 倍的待机功耗节省

[Ref:L.Clark,TVLSI'04]

幻灯片 9.23

从第 7 章到第 9 章出现了许多不同的设置 SRAM 在动态和待机模式下的电压的方式。设计参数不但包括电源电压和阱电压的选择，还有外围电路电压，如字线和位线电压。参考文献展示了大量的可用选择。

在本质上，这些方法都遵循相同的原则：

- 对于每个操作模式中，电压值的选择需要减小功耗，同时保证功能和可靠性。后者意味着噪声容限和数据保持电压（DRV）约束必须同时满足动态和待机模式。此外，读/写访问时间和存储器面积方面的影响也需要保持在一定范围内。
- 模式之间的转换往往意味着必须使用多个电压。模式转换导致的时序和功耗开销应该和所获取的收益进行仔细权衡。

任何设计过 SRAM 的人都知道，存储单元或外围电路变化的影响可以说是相当微妙的。虽然这里介绍的不同技术似乎产生了巨大的收益，但是认真地分析大量的模拟和实际原型设计最终的收益和缺点是绝对必要的。

在位单元内外的电压缩放

很多已发表的技术手段

电压	方法	文献出处
位单元V_{DD}	工作时降低 待机时降低 任何时候都升高 读操作时升高 写操作时悬浮或降低 待机时升高	[1] [2][3][4][5][6][7] [8][9] [5][9] [5][10] [10]
位单元V_{SS}	待机时升高 写操作时升高或悬浮 读操作时降低	[6][7][11][12][13][14][15] [16] [9]
字线(WL)	待机时为负值	[4][10]
字线驱动V_{DD}	待机时降低	[7]
阱偏置	随模式改变	[4][9]
位线V_{DD}	待机时降低	[12]

[1] K. Osada et al. JSSC 2001
[2] N. Kim et al. TVLSI 2004
[3] H. Qin et al. ISQED 2004
[4] K. Kanda et al. ASIC/SOC 2002
[5] A. Bhavnagarwala et al. SymVLSIC 2004
[6] T. Enomoto et al. JSSC 2003
[7] M. Yamaoka et al. SymVLSIC 2002
[8] M. Yamaoka et al. ISSC 2004
[9] A. Bhavnagarwala et al. ASIC/SOC 2000
[10] K. Itoh et al. SymVLSIC 1996
[11] H. Yamauchi et al. SymVLSIC 1996
[12] K. Osada et al. JSSC 2003
[13] K. Zhang et al. SymVLSIC 2004
[14] K. Nii et al. ISSCC 2004
[15] A. Agarwal et al. JSSC 2003
[16] K. Kanda et al. JSSC 2004

幻灯片 9.24

第 7 章提到过，SRAM 阵列周围的外围电路主要由组合逻辑（例如写驱动器，行和列解码器，I/O 驱动器）组成。绝大部分这些电路都可以在待机模式下被禁用，并且它们的漏电可以通过第 8 章介绍的技术来减小。然而，SRAM 的外围电路的一些特性将它们和通用的逻辑分了开来，因此值得介绍。

- 虽然 SRAM 中大多数的晶体管位于存储器阵列中，SRAM 的外围电路仍然贡献了相当数量的漏电。这可以归因于这样一个事实，即大多数外围电路的尺寸必须很大，以便能驱动阵列中的大电容（例如，字线和位线）。这些大晶体管带来了很大的漏电流。
- 虽然 SRAM 的存储单元通常使用高阈值电压的晶体管，基于性能方面的考量决定了在外围电路中必须使用低阈值电压。
- 从我们的讨论得知，存储单元和逻辑电路遵循不同的电压缩放策略。逻辑电路的电压有望继续向下缩放，而由于持续增长的工艺偏差的存在，可靠性方面的考虑迫使存储器上的电压保持不变（不增长）。在外围和存储器内核之间的接口因此越来越需要升压或者降压转换器，从而转换为时序和功耗的开销。例如外围电路电源门控会导致浮空的字线，这可能会导致存储单元中的数据丢失。

另一方面，有相当一部分在第 8 章介绍的通用的待机功耗管理技术，在存储器外围电路中使用会有更好效果。这很大程度上是因为外围电路重复的结构。此外，许多信号在待机时的电压值都是已知的。例如，我们知道所有的字线都需要在待机时为 0。这些信息使得使用电源门控或者强制堆叠来最大限度地降低漏电功耗变得更容易。

外围电路分解

- 外围电路漏电通常被忽略了
  - 宽晶体管用来驱动很大的负载电容
  - 低阈值电压晶体管用来满足性能要求
- 第 8 章介绍的逻辑电路漏电降低技术同样适用，但是
- 通用逻辑比较简单是因为其具有良好的结构和外围电路信号模式
  - 例如，解码器在待机时候输出为 0
- 低外围电压可以使用，但是需要快速的电平转换接口

幻灯片 9.25

总之，SRAM 的漏电功耗在许多片上系统（SoC）和通用处理器件的总漏电功耗中占了主要部分。对于运行在低占空比下的组件，其漏电功耗通常是最重要的功耗来源。在本章中，我们知道降低漏电功耗最有效的手段是，使用多种电压来驱动存储单元，然而，这些电压必须仔细处理以不威胁到数据保持。

小结和展望

- SRAM 静态功耗在漏电中占了主导的作用
- 用降低电压的技术降低功耗非常有效
- 自适应方法必须考虑工艺尺寸偏差来允许偏离的单元能够工作
- 结合多种方法最为有效
  - 例如，电压缩放和 ECC
- 评估开销非常重要
  - 需要探索和优化框架，以定义逻辑的方式来组织

如动态运行一样，在嵌入式 SRAM 中大量的小尺寸晶体管意味着功耗和功能分布的大拖尾决定着设计。也就是说，任何最坏情况或者自适应方法必须考虑到分布中的异常值以保证正常的 SRAM 功能。最有效的减小漏电的方法是结合几种不同的电压缩放方法（从 V_{TH}、V_{DD}、V_{SS} 和阱及外围电路电压来选择）和架构上的改变（例如 ECC）。在所有这些方法中，需要特别注意额外的设计开销，即总的漏电节省是否值得花费额外的面积、性能和功耗开销。

所有这一切都已经表示，人们不可避免地认为从长远观点来看存储器需要一些更加激动人心的方法。与逻辑工艺相兼容且不需要高电压的非易失性存储器结构是一个很有前途的方向。其非易失性从本质上有效地消除了待机功耗的顾虑。但是，它们的读和（有时）写访问时间是显著高于我们从 SRAM 中所能达到的。非常值得留意许多仍在实验室中努力寻找出路的存储单元结构。

幻灯片9.26～幻灯片9.28

一些参考文献……

参考文献

书及章节

- K. Itoh, M. Horiguchi and H. Tanaka, *Ultra-Low Voltage Nano-Scale Memories*, Springer 2007.
- T. Takahawara and K. Itoh, "Memory Leakage Reduction," in *Leakage in Nanometer CMOS Technologies*, S. Narendra, Ed, Chapter 7, Springer 2006.

论文

- A. Agarwal, L. Hai and K. Roy, "A single-V/sub t/low-leakage gated-ground cache for deep submicron," *IEEE Journal of Solid-State Circuits*, pp. 319–328, Feb. 2003.
- A. Bhavnagarwala, A. Kapoor, J. Meindl, "Dynamic-threshold CMOS SRAM cells for fast, portable applications," *Proceedings of IEEE ASIC/SOC Conference*, pp. 359–363, Sep. 2000.
- A. Bhavnagarwala et al., "A transregional CMOS SRAM with single, logic V/sub DD/and dynamic power rails," *Proceedings of IEEE VLSI Circuits Symposium*, pp. 292–293, June 2004.
- L. Clark, M. Morrow and W. Brown, "Reverse-body bias and supply collapse for low effective standby power," *IEEE Transactions on VLSI*, pp. 947–956, Sep. 2004.
- T. Enomoto, Y. Ota and H. Shikano, "A self-controllable voltage level (SVL) circuit and its low-power high-speed CMOS circuit applications, " *IEEE Journal of Solid-State Circuits,*" 38(7), pp. 1220–1226, July 2003.
- K. Flautner et al., "Drowsy caches: Simple techniques for reducing leakage power"., *Proceedings of ISCA 2002*, pp. 148–157, Anchorage, May 2002.
- K. Itoh et al., "A deep sub-V, single power-supply SRAM cell with multi-VT, boosted storage node and dynamic load, "*Proceedings of VLSI Circuits Symposium*, pp. 132–133, June, 1996.
- K. Kanda, T. Miyazaki, S. Min, H. Kawaguchi and T. Sakurai, "Two orders of magnitude leakage power reduction of low voltage SRAMs by row-by-row dynamic Vdd control (RRDV) scheme," *Proceedings of IEEE ASIC/SOC Conference*, pp. 381–385, Sep. 2002.

参考文献（续）

- K. Kanda, et al., "90% write power-saving SRAM using sense-amplifying memory cell,"*IEEE Journal of Solid-State Circuits*, pp. 927–933, June 2004
- H. Kawaguchi, Y. Itaka and T. Sakurai, "Dynamic leakage cut-off scheme for low-voltage SRAMs,"*Proceedings of VLSI Symposium*, pp. 140–141, June 1998.
- A. Kumar et al., "Fundamental bounds on power reduction during data-retention in standby SRAM,"*Proceedings ISCAS 2007*, pp. 1867–1870, May 2007.
- N.Kim, K. Flautner, D. Blaauw and T. Mudge, "Circuit and microarchitectural techniques for reducing cache leakage power,"*IEEE Transactions on VLSI*, pp. 167–184, Feb. 2004 167–184
- Y. Nakagome et al., "Review and prospects of low-voltage RAM circuits,"*IBM J. R & D*, 47(516), pp. 525–552, Sep./Nov. 2003.
- K. Osada, "Universal-Vdd 0.65–2.0-V 32-kB cache using a voltage-adapted timing-generation scheme and a lithographically symmetrical cell," *IEEE Journal of Solid-State Circuits*, pp. 1738–1744, Nov. 2001.
- K. Osada et al., "16.7-fA/cell tunnel-leakage-suppressed 16-Mb SRAM for handling cosmic-ray-induced multierrors,"*IEEE Journal of Solid-State Circuits*, pp. 1952–1957, Nov. 2003.
- H. Qin, et al., "SRAM leakage suppression by minimizing standby supply voltage,"*Proceedings of ISQED*, pp. 55–60, 2004.
- H. Qin, R. Vattikonda, T. Trinh, Y. Cao and J. Rabaey, "SRAM cell optimization for ultra-low power standby,"*Journal of Low Power Electronics*, 2(3), pp. 401–411, Dec. 2006.
- J. Ryan, J. Wang and B. Calhoun, "Analyzing and modeling process balance for sub-threshold circuit design" *Proceedings GLSVLSI*, pp. 275–280, Mar. 2007.
- J. Wang and B. Calhoun, "Canary replica feedback for Near-DRV standby VDD scaling in a 90 nm SRAM," *Proceedings of Custom Integrated Circuits Conference* (*CICC*), pp. 29–32, Sep. 2007.

参考文献（续）

- J. Wang, A. Singhee, R. Rutenbar and B. Calhoun, "Statistical modeling for the minimum standby supply voltage of a full SRAM array", *Proceedings of European Solid-State Circuits Conference* (*ESSCIRC*), pp. 400–403, Sep. 2007.
- M. Yamaoka et al., "0.4-V logic library friendly SRAM array using rectangular-diffusion cell and delta-boosted-array-voltage scheme, *Proceedings of VLSI Circuits Symposium*, pp. 13–15, June 2002.
- M. Yamaoka, et al., "A 300 MHz 25 µA/Mb leakage on-chip SRAM module featuring process-variation immunity and low-leakage-active mode for mobile-phone application processor," *Proceedings of IEEE Solid-State Circuits Conference*, pp. 15–19, Feb. 2004.
- K. Zhang et al., "SRAM design on 65 nm CMOS technology with integrated leakage reduction scheme," *Proceedings of VLSI Circuits Symposium*, 2004, pp. 294–295, June 2004.

第 10 章
优化功耗 @ 运行阶段——电路与系统

幻灯片 10.1

优化功耗 @ 运行阶段——电路与系统

Jan M. Rabaey

计算负荷，也可以说，处理器的活动或片上系统（SoC）可能随时间变化得非常明显。这对低功耗设计策略有深刻的影响，因为这意味着优化设计点是动态变化的。待机情况下，前面的章节中所讨论的是这些动态变化的一个特例（活动因子下降到零）。在能量 - 延迟空间的运行优化这一概念提出了与传统设计方法本质的不同，传统设计方法中所有的设计参数，如晶体管尺寸和电源阈值电压都是由设计者或者工艺决定的，并在产品的整个有效期中保持不变。尽管运行优化创造了一些独特的机会，它也提出了一些新的挑战。

幻灯片 10.2

本章大纲

- 运行优化的动机
- 动态电压及频率缩放
- 自适应体偏置
- 通用自适应
- 积极的部署
- 电压域以及电源管理

本章从提出动态调整的必要性开始，接下来详细介绍的是，许多不同的策略是如何利用一个设计中的活动因子变化或者操作模式的。动态电压和体偏置缩放技术是最广为人知的例子。动态调整大量的设计参数变得越来越重要，这导致了自适应的方法。在极端的情况下，人们甚至可以调整设计到安全操作区以外来进一步节省能源。这种方法称为“积极部署”或“优于最差情况。”最后，我们讨论采用这些运行技术如何导致了对一个电源管理系统的需要，或者，换句话说，对“芯片的操作系统”的需要。

幻灯片 10.3

运行优化在 20 世纪 90 年代末成为很有吸引力的方法的重要原因是活动因子的变化及其对功耗的影响。此后，其他重要的动态变化也纷纷出现。器件参数会随着时间变化而变化，或是由于老化或者受压，或是由于环境情况的变化（例如，温度）。电流负载的变化导致电源轨上下跳变。这些额外的效应使得在现有设计参数上进行运行优化更有吸引力。维持在一个单独的工作点会变得太无效。

为什么要使用运行优化来节省功耗

- 功耗是活动因子的强函数
- 在许多应用中，活动因子随时间变化而变化很大：
  - 例子 1：实用负载在通用计算中变化很大。一些计算需要更快的响应速度
  - 例子 2：在许多信号处理及通信功能中的计算量（例如压缩或者滤波）是输入数据流及其属性的函数
- 性能 - 能耗空间中的最优工作点，随着时间变化而变化
- 制造、环境或者老化条件的改变也导致不同的工作点

针对单个、固定工作点的设计不会是最优的

幻灯片 10.4

为了定量显示到底多少工作负载会随着时间改变而变化，让我们来考虑一个视频压缩模块的例子。一个基本的在几乎所有压缩算法中都有的组件是运动补偿模块，它用来计算现有的和之前的视频帧有多少不同及如何变化。运动补偿在例如 MPEG-4 和 H.264 这类视频压缩

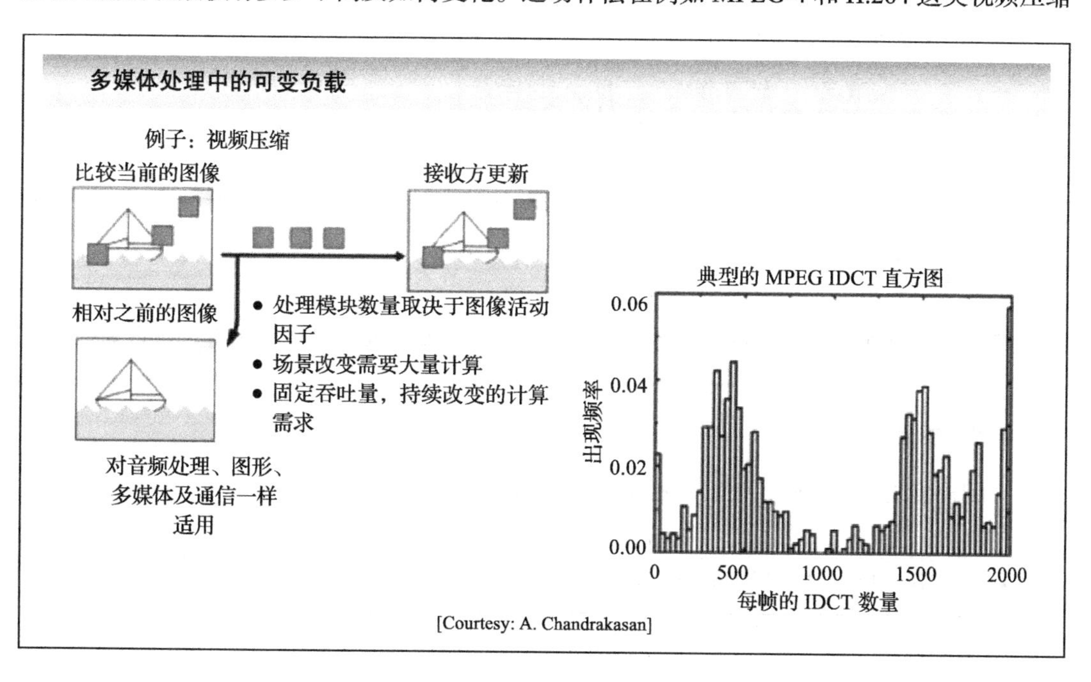

算法中是最消耗计算资源的功能。

人们可以直观地理解，在快速运行的汽车追逐场景中运动补偿模块必须比慢速的自然景观场景中更努力地运行。这明显地显示于幻灯片右下角每帧执行的IDCT（反离散余弦变换）数量的分布图中。分布明显地显示了两个峰值。另外也显示了每帧的计算量可以变化2～3个数量级。

幻灯片 10.5

相同的分布在通用计算中也适用。只需观察笔记本电脑的“CPU使用”图一段时间。大部分时间内，处理器运行在2%～4%的使用率，偶尔计算量会飙升至100%使用率。类似的情景也会在其他类型的计算机中观察到，如台式机、工作站、文件服务器及数据中心等。当观察到这些使用曲线时，很明显有机会利用这些低活动因子的区间来减少能耗。

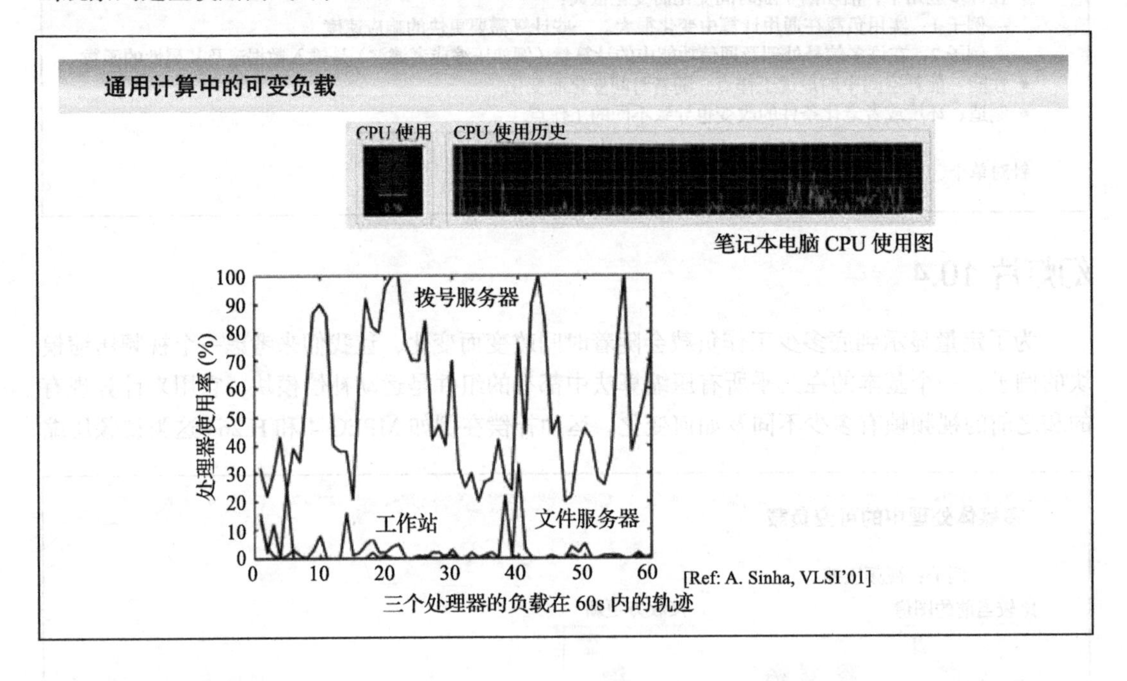

幻灯片 10.6

如在较早的章节中提到的，活动因子的变化会移动或者改变最优的能量－延迟曲线。此

自适应变化的工作负载

- 目标：给定需要的吞吐量，进行最优工作点定位设计
- 有用的动态设计参数：V_{DD} 和 V_{TH}
  - 动态改变晶体管尺寸并不容易
- 可变电源电压对于动态功耗降低是最为有效的

外，延迟也会随着不同的操作模式而改变。最优工作点因此改变，这意味着一个高能效的设计需要其自身随着条件变化而自适应地变化。但是，运行系统设计者可用的有效手段却非常有限。在传统的设计参数中，只有电源电压和阈值电压是真正可用的，动态改变晶体管尺寸并不实际，也不很有效。另一个我们可以考虑的参数是时钟频率的动态变化。

幻灯片 10.7

例如，设想在笔记本电脑中的微处理器。假设计算任务可分为高性能低延迟任务和延迟不那么重要的背景任务。运行在固定电压和频率下的处理器用同样的方式来执行这两种任务，这意味着高性能任务可以按需求完成（如虚线所示），而低性能任务执行得过快了。以较慢速度执行后者仍可以满足需求，并且有机会减少功耗和能耗。

早期一种被移动计算行业采用的方法是当计算机由电池供电时调低时钟频率。降低时钟频率时，减小的功耗（$P=CV^2f$）正比于减小的频率（假设不考虑漏电）。另外，这有两个其他优点：

- 频率降低的处理器处理高延迟的任务没有问题，但是不满足高性能的需求。
- 尽管这可以降低功耗，这种方法并不改变单次操作的能量。因此，一块电池的电量可以支持的操作数保持不变。

第一个顾虑可以通过动态改变相对于工作负载的时钟频率来解决。动态频率缩放（DFS）保证了性能需求总是被满足（及时计算），但是错失了能量减小的机会。

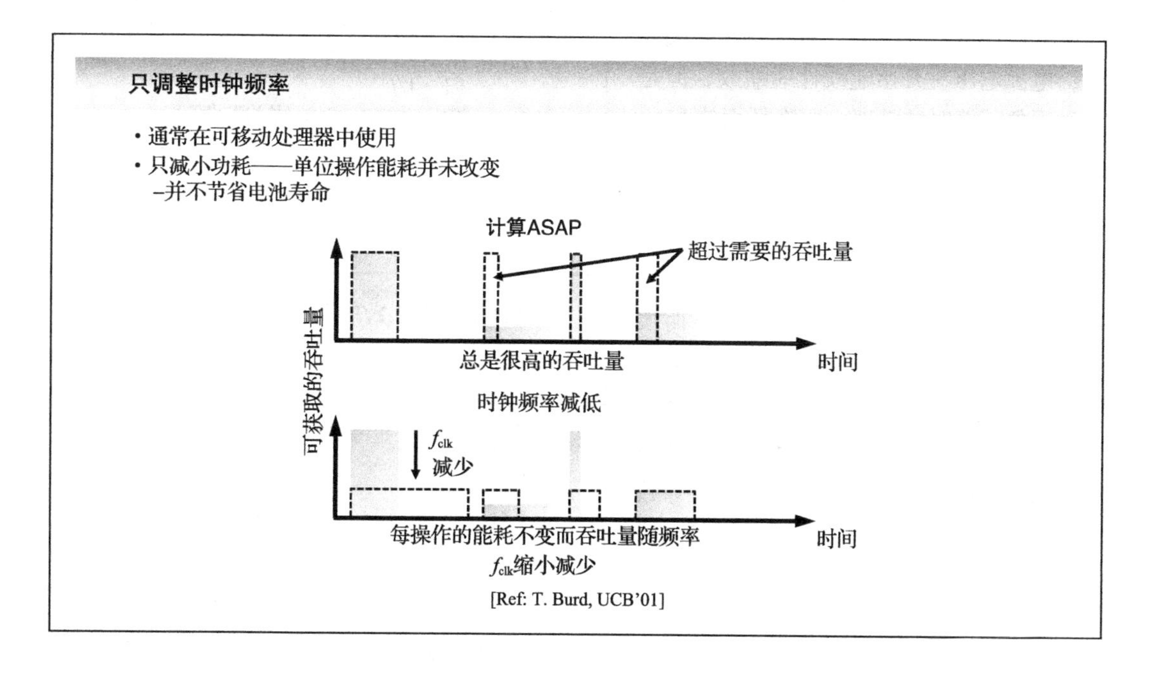

幻灯片 10.8

一个有效地减少工作负载的方法是同时降低频率和电源电压（称为动态电压缩放（DVS））。后者在允许更高的延迟情况下是可能的，因此允许了更低的电压。频率缩放本身只能线性降低功耗，而额外的电压缩放引入了二次方的因子，这减小了平均功耗和单次操作的能量，同时满足了所有的性能需求。

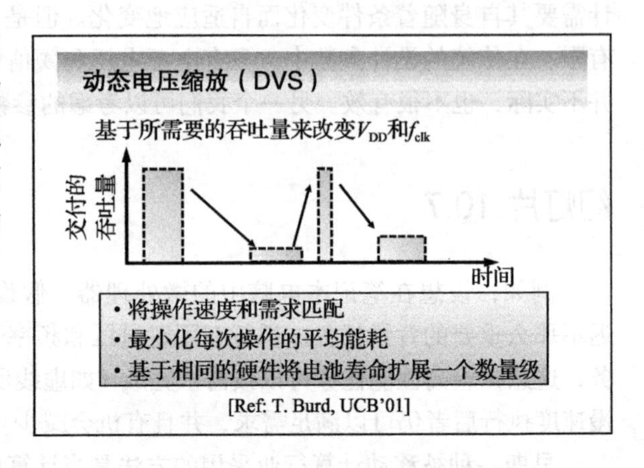

幻灯片 10.9

为了分析 DVS 的有效性，我们有必要重新回顾电源电压和延迟的关系（或时钟频率）。通过第 4 章介绍的 α 定律，并且归一化电源电压和频率到标准值，可以获得归一化的频率和所需的电压值之间的表达式。对于长沟道晶体管，可以观察到频率和电压的线性关系。对于短沟道晶体管，电源电压一开始超线性地缩放，但是这种现象随着时钟频率大幅降低而饱和。

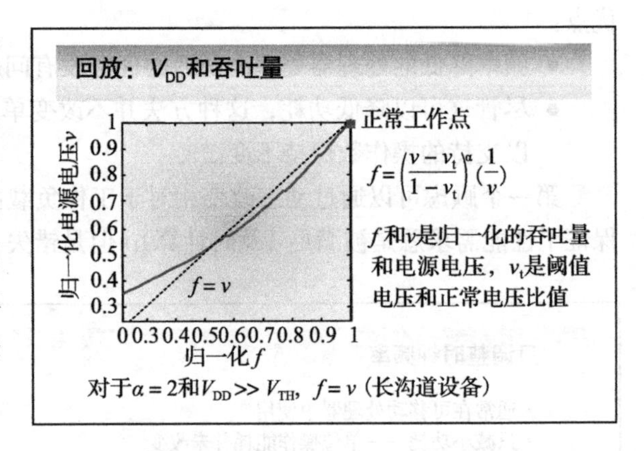

幻灯片 10.10

前一张幻灯片中的结果现在可以用来计算电源和频率同步缩放时的功耗。所得的图明确地显示 DVS 超线性地减小了每次操作的能量。以因子 2 和 4 减小时钟频率转化为以因子 3.8 和 7.4 减小能耗（在 90nm CMOS 工艺中）。仅缩放频率会导致单次操作的能量不变，如果考虑了漏电功耗，能量可能还会升高。

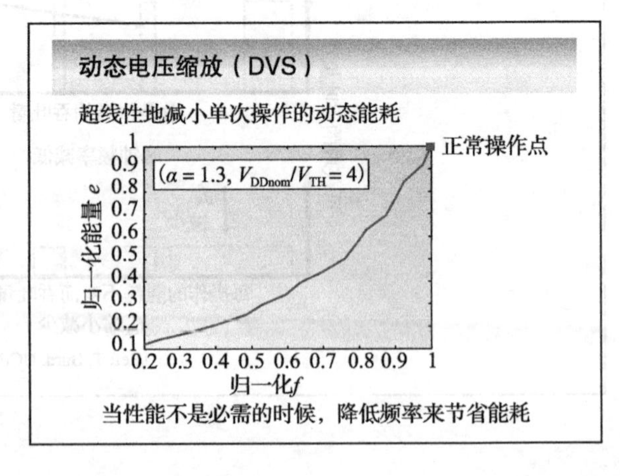

幻灯片 10.11

当考虑功耗时，DVS 的影响会变得更加令人印象深刻，在这里可以观察到接近三阶的减小。更精确地，以因子 2 和 4 缩放时钟频率，会使能耗以因子 7.8 和 30.6 减小。减小时钟频率而不改变电压值会导致线性缩放，因此功耗只会分别以因子 2 和 4 减小。

动态电压缩放方法尽管很有吸引力，但仍带有一个主要的缺点：它需要连续地改变电压源的电压。

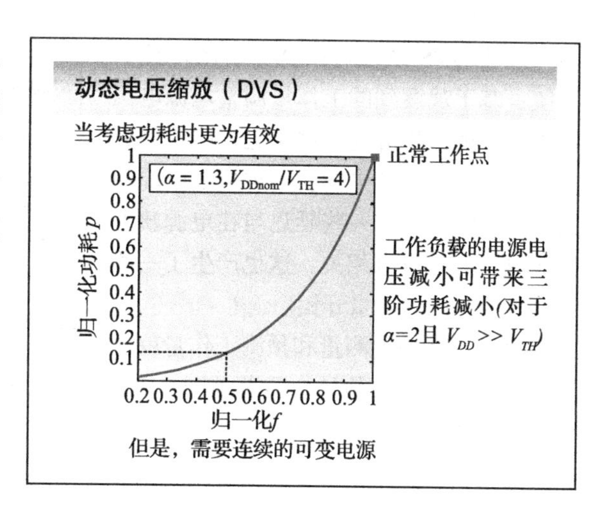

幻灯片 10.12

自适应地和连续地调整电源电压可能或可能不会给处理器所处的系统带来显著的开销。许多微处理器的母板包括非常复杂的稳压器来允许在一定范围内可调的输出电压。但是，在其他系统中这些稳压器的成本则太高了。幸运的是，动态电动缩放（DVS）的优势在具有一些离散的电源电压中也可以获益。将模块在不同电源电压之间抖动（即以一定周期在不同电压间变化），可以模仿连续的电压缩放。这所导致的每次操作的能耗处于不同电压工作点之间的线性插值处。在每个电压处所花费的时间的百分比决定了准确的工作点。

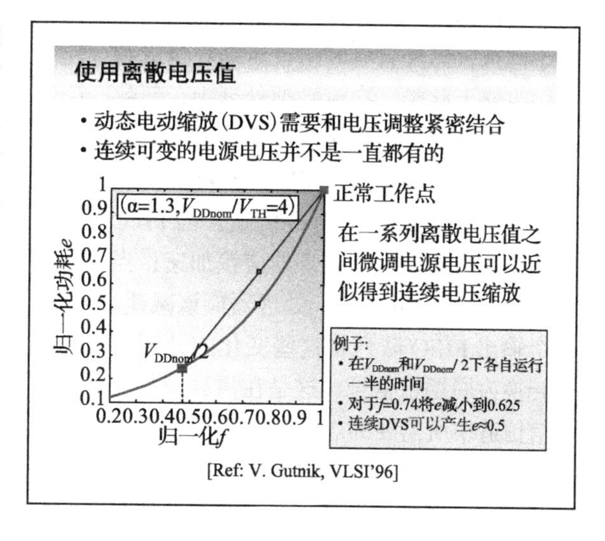

增加更多的独立电压值会导致非常接近于连续 DVS 曲线的近似。这种方法通常称为电压跳变（voltage hopping）或者电压抖动（voltage dithering）。

例如，如果一个额外的电压（$V_{DD}/2$）是可用的，在两个电压值花费相同的时间会以因子 1.6 减小能耗（不是连续缩放情况下的因子 2）。

幻灯片 10.13

一个 DVS 系统可以认为是闭环控制系统：基于观察到的工作量调整电源电压和工作速度，相应地，这决定了多快完成这些工作量。设计中的主要挑战是电源的改变不是瞬间的，一些延迟与在电源轨上的大电容的充放电相关，这也产生了一些改变电源电压的能量开销。

挑战：估计工作量

- 调整电源电压并不是立刻发生的，而是需要几个时钟周期
- DVS 有效性是工作量估计准确性的强函数
- 取决于工作量的类型，它们的可预测性以及动态类型
  - 基于流的计算
  - 通用多进程

因此，准确地测量和预测工作量就非常重要了。错误地估计会显著地减小 DVS 方法的有效性。如何进行工作量的估计取决于手头上的应用。

幻灯片 10.14

流数据处理是一类相对较为容易估计工作量的应用。幻灯片中的视频压缩例子属于此类，另外音频和语音压缩、合成和识别也属于此类。在流数据处理中，新数据周期性更新。当把输入数据放入先进先出（FIFO）队列缓冲，FIFO 队列的使用是现在工作量的一个直接度量。当 FIFO 队列接近满的时候，处理器应该加速；当 FIFO 队列快空的时候，处理器应该减速。一个输出 FIFO 队列将这些变化的处理速率转换为周期性信号，这是在播放设备或通信信道中所需要的。

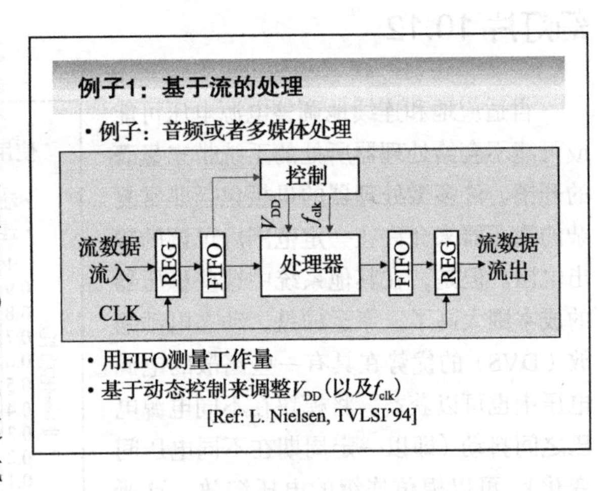

缓存使用率只是一种工作量的度量方式。其缺点是，它带有延迟。可以设想更加复杂的估计单元。例如，许多信号处理和通信算法中允许构建简单和快速的估计器来估计所需的计算量。这些输出可以用来控制电压 - 频率的回路。

幻灯片 10.15

这种方法的有效性展示在 MPEG-4 编码器中。每次一个新的帧到来的时候，“调度器”估计在下一帧到来之前的工作量，并且也相应地调整电压值。在这个特别的例子中，设计者选择使用电源抖动技术。分析显示只需两个电压值就足够收获大部分收益。这可以减小 90% 功耗。

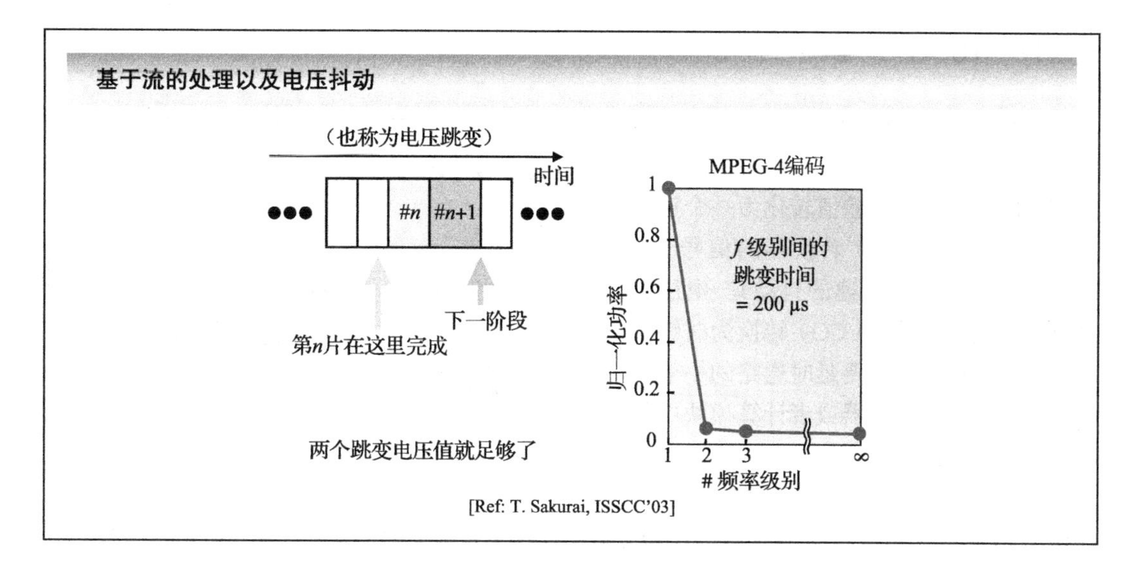

幻灯片 10.16

DVS 方法的另一个难点是如何将一个给定的“性能请求”转化为电压值和相应的频率值。一种选择是使用自定时（self-timed）的方法（Nielsen 在 1994 年发表的 DVS 方面的第一篇文章中采用）。这种方法有效地消除了电压 - 频率转化的步骤。性能 - 电压转化则是通过闭环控制回路来进行的。我们仍然需要制定重要的设计选择：应该加入什么样的电压步长来响应性能请求，以及用多快速度来响应。

电源电压和时钟频率相结合

- 自定时
  - 避免使用时钟
  - 电源电压通过 V_{DD}、处理器速度以及 FIFO 占有量来闭环设定
- 在线速度估计
  - 闭环比较需要的和实际的频率
  - 需要虚拟关键路径来估计实际的延迟
- 查找表
  - 存储 f_{clk}（处理器速度）和 V_{DD} 之间的关系
  - 通过仿真或者校准得到查找表

在同步时序方法下，电压 - 频率转化也同样可以动态地通过闭环的方法来实现。一条用来模仿最差情况下关键路径的虚拟延时线可以将电压转化为延迟（和频率）。

第三种方法是通过建模电压 - 频率关系来得到一系列方程或一系列经验参数，并存入一个查找表中。后者可以通过仿真或者芯片启动后的测量得到。为了解决由温度变化和器件老化所带来的工艺变化，测量可以周期性地重复。查找表仍然可以用来转化计算需求到所需要的频率。

幻灯片 10.17

本张幻灯片所示的是用于设定电压和频率的闭环回路方法。所需要的时钟频率和实际时钟频率的差值转化为一个控制直流 / 直流（DC-DC）转换器的信号（在滤波之后用来避免快速的抖动）。电压通过电压控制振荡器（VCO）转换为时钟频率，其中，包含了主要延时通路的一个复制品，用于保证处理器或者计算模块中的所有延时约束都得到满足。

在线速度估计

频率检测器

电池

f_{req} + Σ − 环路滤波器 → DC/DC → V_{DD} → VCO → f_{actual}

处理器

同时进行电压控制和时钟产生，电压控制振荡器（VCO）设定时钟频率

• 处理器关键路径的复制

任何熟悉锁相环（PLL）的技术人员都会认得这种方法。这种方法确实与现代微处理器和片上系统中用于设定时钟相位和频率的锁相环十分相似。唯一的不同在于闭环还提供了电源电压。

幻灯片 10.18

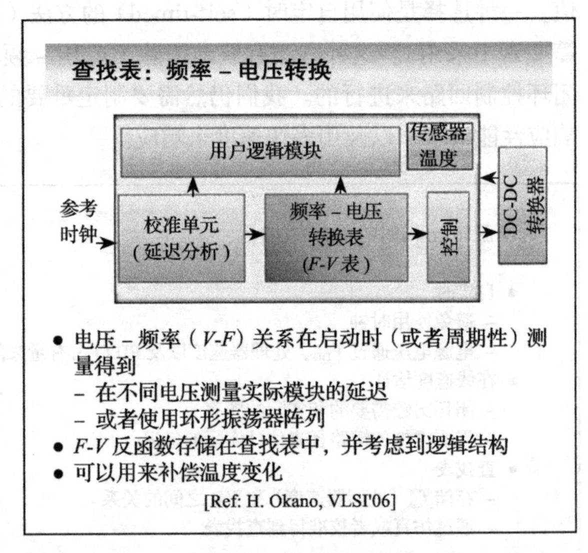

尽管关键延时通路复制的方法是一种有效并且简单的用来联系电源电压和时钟频率的方式，但是这种方法在深亚微米工艺中面临一些非常重要的挑战。由于工艺偏差导致芯片不同位置上有不同的时钟行为，一个简单的复制单元对于一整块芯片而言可能不足够具有代表性。一种选择是结合许多分布式的复制单元，但是这会迅速地使设计变得复杂。

另一种方法是在启动后校准并记录电压 – 频率关系（通过和精确的参考时钟比较）查找表（也可以通过仿真来提前创立这个查找表）。一种可能的校准实现方式是通过给逻辑模块加入一系列电压值并测量相应的延时。存储在查找表中的反函数就可以用来转化所需的频率至相应的电压。这种方法可以解决温度变化的影响，这是由于延时 – 温度关系已知或者可以通过提前仿真而确定。这些信息可以用来重新校准查找表。一个基于查找表的系统概念图也展示在本张幻灯片中。

另外一种校准方法是，通过使用一个具有不同尺寸的环形振荡器阵列，有效地测量真实的工艺参数。这些工艺信息之后可以通过 P–V（工艺 – 电压）查找表来转化为电压值，这是

通过仿真来提前获得的。这种方法在 [Okano，VLSI06] 中提出，优点在于其将设计因素和工艺相关因素完全正交化处理。

幻灯片 10.19

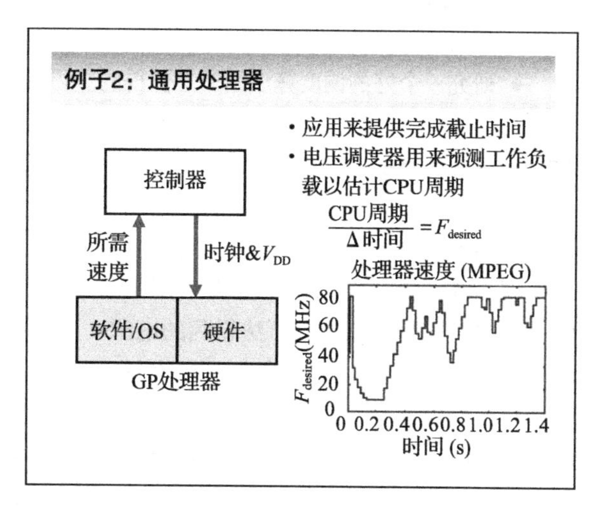

所有上述考虑针对通用处理器来说都是适用的。主要的区别在于工作负载 - 电压（或频率）转换通常是在软件中完成的。事实上，它变成了操作系统中的一个功能，其任务是将一系列计算任务的截止时间转换为一个满足时序需求的调度。处理器的频率对于操作系统来说只是一种额外的方法。

一个简单的估计所需的时钟频率的方法是，将完成任务所需的时钟频率除以所需要的周期。例如在 MPEG 编码器的例子中，所需的时钟频率可以通过经验或者仿真得到。多任务和现代复杂的处理器使得这种转换变得更加复杂，进而更需要复杂的工作负载和频率估计。

幻灯片 10.20

电压 / 频率调度的影响

归一化能量

调度算法	基准测试		
	MPEG	UI	音频
ASAP	100%	100%	100%
Oracle	67%	25%	16%
Zero	89%	30%	22%

- Oracle：关于未来的完美知识
- Zero：启发式调度算法
- 针对需求不高或者突发式应用有最大的节省（UI、音频）
- 在计算密集型代码类应用中很难有较大提升（MPEG）

DVS 方法在通用处理器中的有效性由电压调度算法来决定。任务调度已经在一些领域被积极地研究，如操作研究、实时操作系统和高级综合。可以从这些领域的发展中借鉴很多。

最大化节省可以通过一个 Oracle 调度器来实现，其具有完美的关于未来（以及所有的由电压变化引起的开销）的知识，因此可以决定每一个任务的完美电压值。一个调度算法的质量可以通过量度其接近 Oracle 调度器的程度得到。

最差的调度器使用“ASAP”方法。这种方法将处理器没有活动时置于空闲模式，在有任务时将电压值加至最大。

最为实用的调度算法依赖一系列启发算法来决定任务执行的顺序以及设计参数。一个例

子是在 [Pering99] 中提出的“Zero”算法。

通过幻灯片的表格所展示的结果，一些有趣的现象可以总结如下。

- 通过 DVS 和电压调度所获得的节省取决于目前的应用。最大化的节省情况是应用不会对处理器施加压力，例如 UI 或者音频处理。另一方面，对于计算要求高的应用（如 MPEG）则收效很小。这就是为什么要把这些应用放到协处理器中，如在第 5 章所讨论的。
- 研究一个好的调度算法是非常值得的。得到与 Oracle 调度算法接近的算法是非常可能的。

幻灯片 10.21

使用不同调度算法的影响在本张幻灯片中展示在“繁忙”的用户界面应用中。由“ASAP”和“Zero”算法得到的电源电压（也就是能量）值被放在一起比较。后者只在少数情况下将电压值升高到超过最小电压值，即仅在对延迟比较敏感任务中，并且从不需要最大电压值。

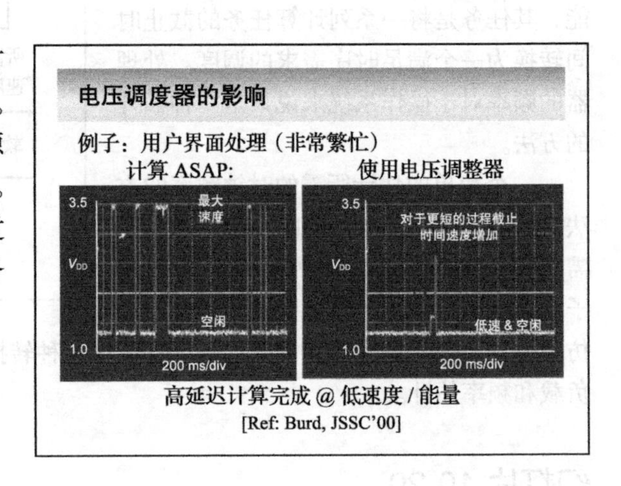

幻灯片 10.22

通用处理器的电压 / 频率回路基本完全跟随了幻灯片 10.17 所示的方法。实际的时钟频率 F_{clk} 转化为一个数字数值，并存在一个计数器 - 锁存器中（在这个例子中采样频率为 1MHz）。这个频率结果用来和操作系统所设定的频率做对比。这个反馈回路的目的是使频率误差 F_{ERR} 尽可能接近 0。在滤波后，这个误差信号用来驱动直流 / 直流转换器（在这个特别的情况下是一个电感性的降压型转换器）。在环形振荡器的帮助下，电源电压值转化为时钟频率 F_{clk}，并且与处理器的关键路径相匹配 [Burd'00]。

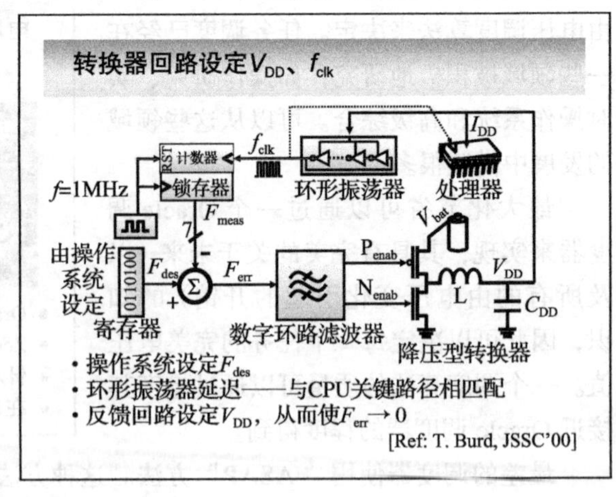

幻灯片 10.23

DVS 处理器的工作点动态地在能量 – 延迟空间内移动而不是代表一个单一的工作点。这非常恰当地在本张幻灯片中的一个图中表示出来，其中画出了最早期的一款 DVS 处理器的性能 – 能量图，发表于 2000 年 ISSCC。在 600nm 工艺下实现的这款处理器可以实现 85MIPS、6.5μJ/ 指令的 ARM 处理器或者 6MIPS、0.54μJ/ 指令的处理器或任何介于两者之间的性能。如果工作的占空周期很小，这通常是嵌入式应用处理器的情形，DVS 创造了一个平均能量超低的高性能处理器。工作点只是在能量 – 延迟（性能）曲线上来回移动。

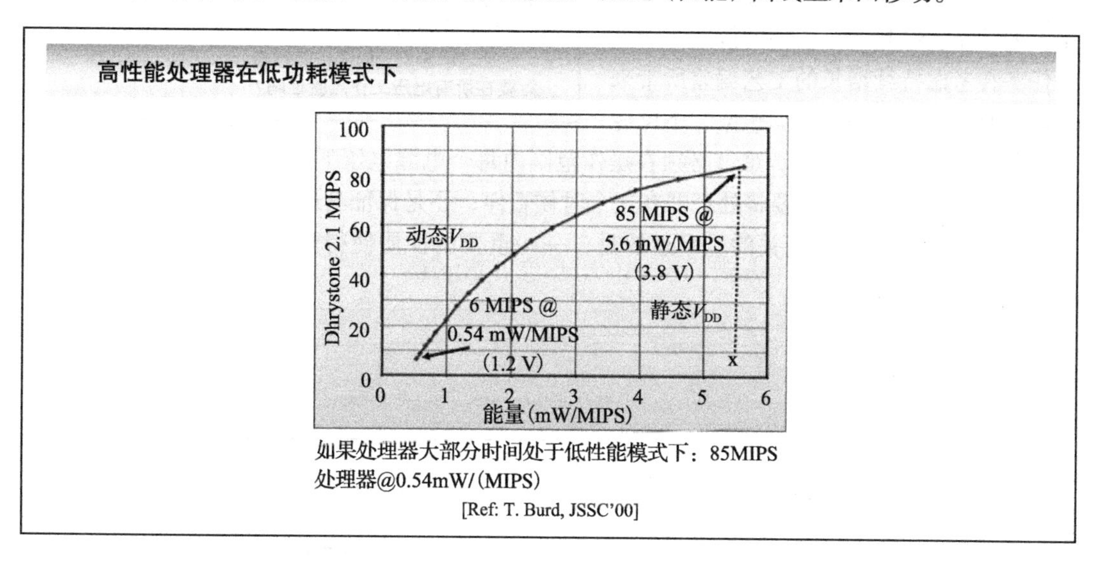

如果处理器大部分时间处于低性能模式下：85MIPS 处理器@0.54mW/(MIPS)

[Ref: T. Burd, JSSC'00]

幻灯片 10.24

DVS 技术出现后由学术界快速地推进。如今，大范围的嵌入式、数字信号处理和笔记本处理器中都接受了这一概念。在通常的应用中，每个指令所需的能量变化可达到 10 倍。

具有 DVS 的微处理器的例子

- 早期科研模型
  - 东芝 MIPS 3900：1.3-1.9 V，10-40 MHz [Kuroda98]
  - 伯克利 ARM8：1.2-3.8 V，6-85 MIPS，0.54-5.6 mW/MIPS [Burd00]
- Xscale：180 nm 1.8 V bulk-CMOS
  - 0.7-1.75 V, 200-1000 MHz, 55-1500 mW (typ)
  - Max. Energy Efficiency: ~23 MIPS/mW
- PowerPC：180 nm 1.8 V bulk-CMOS
  - 0.9-1.95 V, 11-380 MHz, 53-500 mW (typ)
  - Max. Energy Efficiency : ~11 MIPS/mW
- Crusoe：130 nm 1.5 V bulk-CMOS
  - 0.8-1.3 V, 300-1000 MHz, 0.85-7.5 W (peak)
- 奔腾 M：130 nm 1.5 V bulk-CMOS
  - 0.95-1.5 V, 600-1600 MHz, 4.2-31 W (peak)
- 扩展到了嵌入式处理器（ARM、Freescale、TI、Fujitsu、NEC 等）

幻灯片 10.25

尽管动态电压缩放看起来是那种不需要多想就适合大量应用的（如果连续的或者离散的电源电压是能够得到的），但是在早期其推广仍然受到大量的阻力。主要的考虑是如何能够在变化的情况下保证时序以及信号完整性。验证处理器在单一电压下的功能已经是一个主要的挑战，而这个任务在考虑持续增长的工艺偏差所带来的影响时将变得更为复杂。想象一下电源电压动态变化意味着什么。难道必须在操作范围内每个电源电压下确保正确的功能？电压变化时的瞬态情况如何？需要将处理器在这个时候暂停，还是保证其运行？

DVS 挑战：验证

- 功能验证
  - 电路设计约束
- 时序验证
  - 电路延迟约束
- 电源分布完整性
  - 噪声容限减小
  - 延迟敏感度（局部电源网络）

需要在所有电压工作点验证吗？

这些问题都是十分相关的。幸运的是，一些重要的性质使得验证的任务变得比想象中简单。

幻灯片 10.26

首先考虑一下保证功能性。电路在电源电压变化时仍然正常工作是十分重要的。这取决于一系列因素，如逻辑族的使用，或是所选的存储器单元的类型。最为重要的是，电源电压变化得有多快。

动态改变 V_{DD} 的设计

- 逻辑电路在变化 V_{DD} 的情况下功能要正确
  - 逻辑类型的选择很重要（静态与动态、三态总线、存储单元、灵敏放大器）
- 同时：需要确定 $|dV_{DD}/dt|$ 的最大值

幻灯片 10.27

让我们来考虑互补型 CMOS 逻辑族。这个最为流行的逻辑类型的一个主要优点是，其输出永远通过一个电阻性的通路连至 GND 或者 V_{DD}（在转换中可能暂时会同时连至两者）。如果输出为高且电源电压在变化，逻辑门的输出由于 RC 时间常数而以一个较小的延时来跟随这个变化。因此，逻辑的功能不可能被 DVS 影响。这对于一个静态 SRAM 存储单元来说也

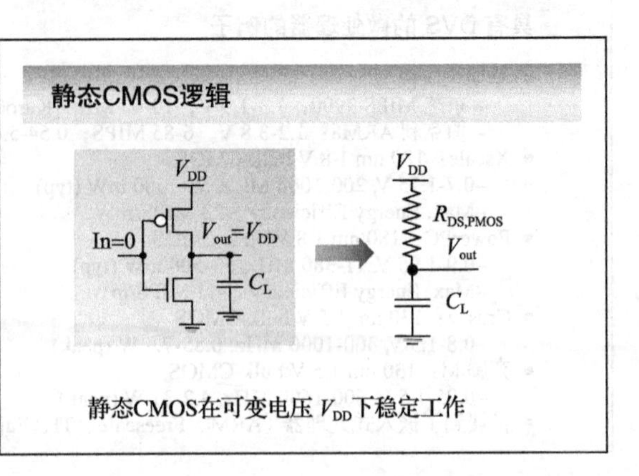

静态CMOS在可变电压 V_{DD} 下稳定工作

同样适用。事实上，即使在电源电压变化时静态电路仍会持续稳定地工作。

幻灯片 10.28

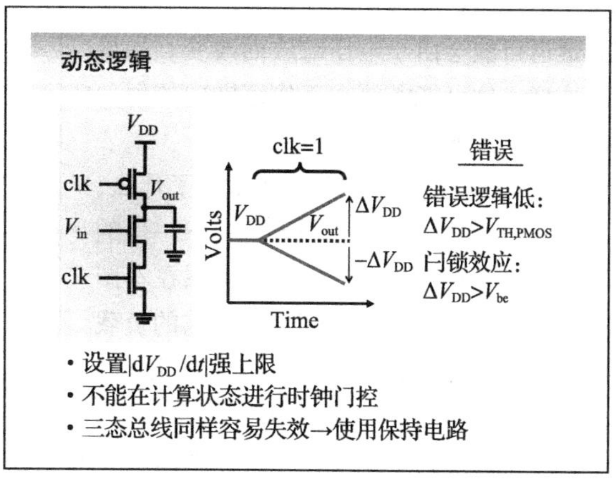

但是这对于动态电路来说却不同。在计算的时候，电路中的“存储”节点可能会处于高阻态，并且与电源网络中断。在这一时段的电源电压变化可能导致一系列的失效模式：

- 当电源电压在计算时升高，存储节点的“高”电平会低于新的电源电压。如果这个变化很大（大于 pMOS 的阈值电压），这在连接到逻辑门时会被认为是一个逻辑低。
- 另一方面，当电源电压降低时，存储节点的电压高于新的电源电压，这可能会导致闩锁效应，如果这个差异大于寄生双极晶体管的 V_{be}。

这些失效机制可以通过在计算过程中限制电源电压为常值来避免，或者通过缓慢变化电压值来达到之前所述的值而不超过这一限制。

高阻的三态总线由于同样的原因应该避免。

幻灯片 10.29

本张幻灯片展示 CMOS 环形振荡器相应的仿真结果，充分验证了我们的论点，即静态 CMOS 电路在电压变化时仍能正常运行。图中显示了输出的时钟信号 f_{clk} 在电源电压增加时仍在保持升高。

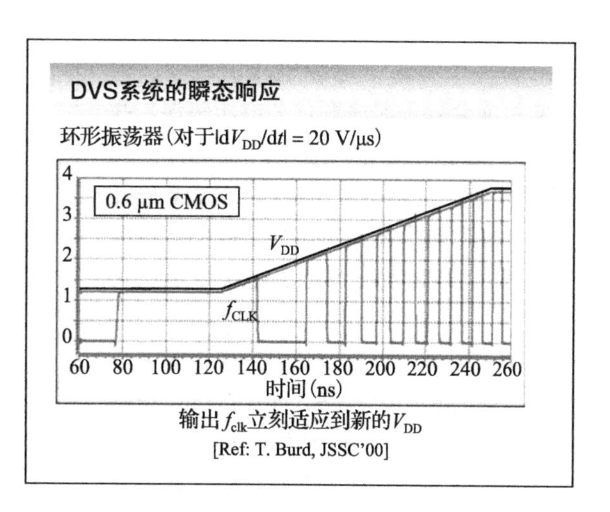

幻灯片 10.30

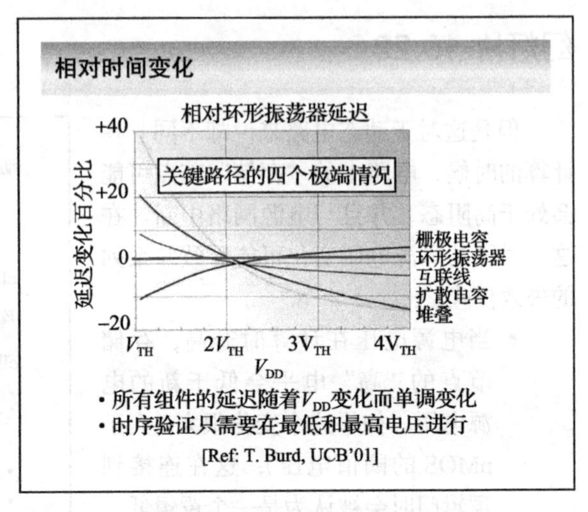

即使电路在某个电压值下从时序角度看来工作正常，但这绝不能保证在其他情况下适用。不同模块中不同逻辑类型的相对延迟可能会由于电压缩放而改变。如果是这样，这可能需要在工作范围内的每一个工作电压下检查时序。

为了验证在电压缩放时发生了什么，四种典型电路元件的相对延迟（归一化的环形振荡器延迟）－电源电压关系在本图中显示。这其中包含反相器链，它的负载由逻辑门、互联线和扩散电容所决定（其中每一项都有不同的电压依存关系）。为了给堆叠器件路径建模，相关链由四个 pMOS 和四个 nMOS 串联组成并对其进行了分析。四种电路的相对延迟只在最低和最高电压时达到最大，并且是单调地递增或者递减。这意味着在电源电压范围的两个极值点做验证可以保证整个范围内的时序。这就显著减少了时序验证的工作量。

注意：将不同类型的电路结合来产生一个具有最小值和最大值的相对延迟曲线是可能的。但是，因为栅极电容导致的延迟曲线是凸函数，而且其他的都是凹函数，所以这些组合通常导致了一个相当平的曲线，并且上述这些观点仍适用。

幻灯片 10.31

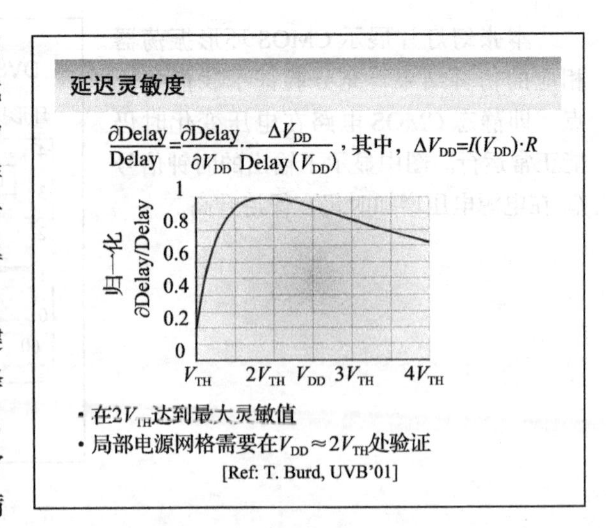

另一个考虑是电源电压的跳变，因为它可能会导致时序变化和电压错误。我们并不关心全局电源电压的变化，因为其对所有的电路时序的影响是完全一样的，并且时钟周期也在改变，我们记得时钟频率在 DVS 系统中是由电源电压所得到的。

然而局部的电压变化可能会影响关键路径而非时钟产生电路，如果局部电压降低到足够大，则会导致时序出错。因此，对于局部电源布线需要非常谨慎。像往常一样，必须设置一定比例的时序开销来满足电源跳变的影响。然而，关于在什么时候电源噪声的效果最大，以及我们是否需要在全部范围内检查它的问题便重新出现了。

延迟关于电源 V_{DD} 的灵敏度可以通过分析来定量确定，且归一化的结果以 V_{DD} 的函数画于本张幻灯片中。对于亚微米 CMOS 工艺，延迟的灵敏度在 $2V_{TH}$ 处达到最大值。因此，在设计局部的电源布局网格时，只需要保证电源分布网络的阻性（感性的）电压降低满足针对一个单电源电压的设计裕度（即 $2V_{TH}$），就足够保证它们会在其他所有电压下满足。

总之，尽管 DVS 方法毫无疑问地增加了验证的工作量，但是额外的工作量是有限的。事实上，甚至可能有人会认为自适应的闭环回路事实上以某种程度简化了任务，因为工艺偏差被自动地相应改善了。

幻灯片 10.32

到目前为止，我们只考虑了电源电压的动态自适应。为了和关于设计时的优化的讨论相对应，看起来也会很自然地想到在动态情况下改变阈值电压。这种方法称为自适应体偏置或者 ABB，而且由于持续增加的静态功耗而显得尤为具有吸引力。在电路活动频率低（时钟周期长）时升高阈值电压，在电路活动频率高且时钟周期短的时候降低阈值电压，这看起来是一个完美的替代方案或者 DVS 方法的一个补充。很明显 ABB 即为在第 8 章中介绍的动态体偏置（DBB）技术在运行阶段的等价技术。

除了动态地调整静态功耗外，ABB 也能够帮助补偿由于静态或者动态阈值电压引起的偏差，如由制作工艺的缺陷、温度变化、老化效应或者上述的所有现象。事实上，如果很好地执行了 ABB 技术，阈值电压的变化几乎可以消除。

自适应体偏置（ABB）

- 与 DVS 类似，晶体管阈值电压可以通过使用体偏置来实现动态变化
- 是降低待机漏电管理的 DBB 方法的扩展
- 动机
  - 扩展了动态 *E-D* 优化空间（活动因子的函数）
  - 有助于控制漏电
  - 有助于管理工艺 / 环境偏差（尤其是 V_{TH} 偏差）
  - 在低 V_{DD}/V_{TH} 比值情况下越来越重要

幻灯片 10.33

可以观察到，阈值电压的偏差可能导致模块性能的显著变化。这种效应在电源电压降低和 V_{DD}/V_{TH} 的比例降低时会更加明显。在 1V 电压下（90nm 的 CMOS 工艺）50mV 的阈值电压变化只会导致 13% 的延迟改变，而这个结果在 0.45V 电压下会导致 55% 的变化。

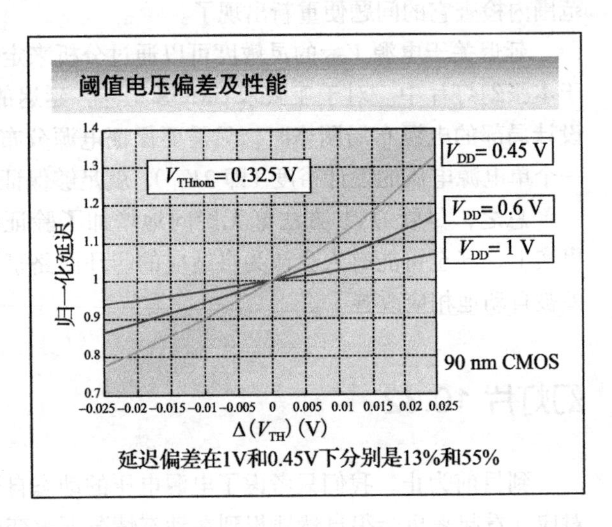

幻灯片 10.34

通过 ABB 来解决工艺偏差的想法已经在 1994 年的 [Kobayashi94] 中介绍，称为 SATS（自调整阈值电压方法）。一个片上漏电传感器放大漏电流（电阻性分压器偏置 nMOS 晶体管来获得最大的增益）。当漏电流超过了预设的阈值时，阱偏置产生电路被开启，通过降低阱电势来增加反向偏置电压。同一个体偏置电压被加给芯片上的所有 nMOS 晶体管。尽管这张幻灯片中的电路解决了 nMOS 晶体管的阈值电压调节，pMOS 器件的阈值电压也可以通过类似的方法来控制。

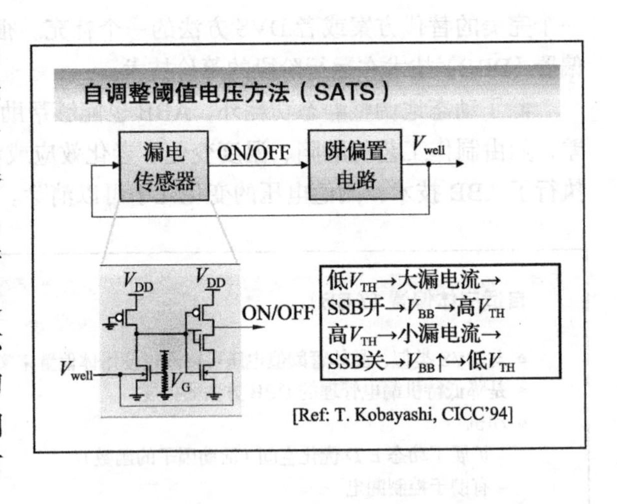

注意：SAT 的总目标是使漏电达到某个特定值，即晶体管的阈值电压被设置到最低值，且仍然能满足功耗的指标。

幻灯片 10.35

从图中测量结果来看，SATS 的有效性是非常明显的。即使开始有多达 300mV 的阈值电压变化，但控制回路保证了实际的阈值只在 50mV 的范围内变化。

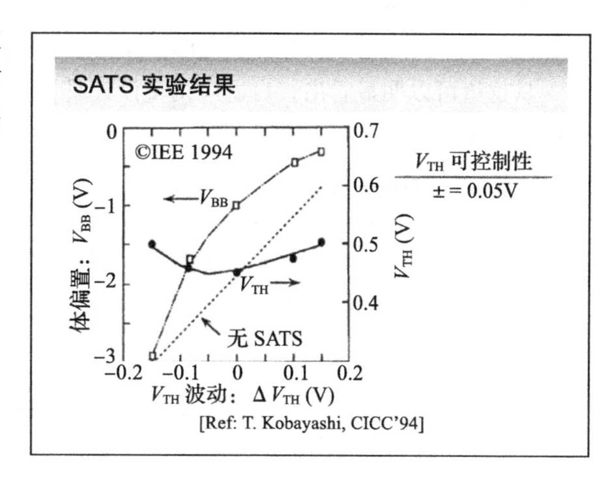

幻灯片 10.36

这张幻灯片展示了一个最新的关于 ABB 潜力的研究。Intel 的一组研究人员在 150nm CMOS 技术上实现了一块具有 21 个完全自主体偏置模块的测试芯片[Tschanz02]。这个想法是为了探索 ABB 到底可以多大化地处理芯片间和芯片内的偏差。反向和正向体偏置都可用。每一个子单元都包含一个测试电路（CUT）的关键路径的复制单元和一个由计数器、D/A（数 / 模）转换器以及运算放大器驱动器组成的鉴频器（PD）。在这个原型设计中只实现了 pMOS 的阈值电压控制。ABB 的面积开销，尽管在这个实验器件中显得很大，但在实际设计中可以被限制到很小的一个比例。

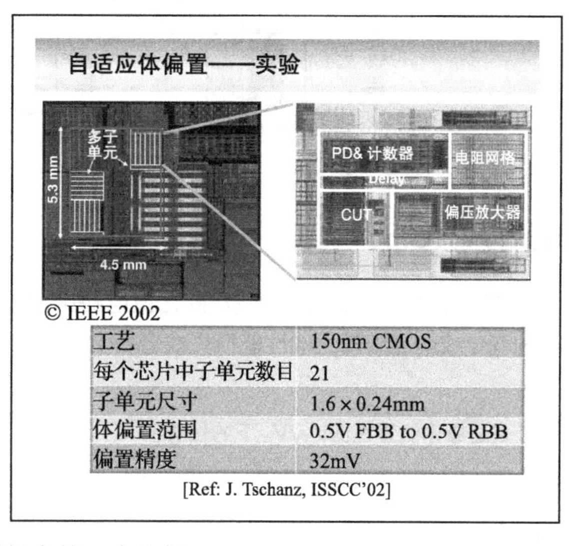

工艺	150nm CMOS
每个芯片中子单元数目	21
子单元尺寸	1.6 × 0.24mm
体偏置范围	0.5V FBB to 0.5V RBB
偏置精度	32mV

[Ref: J. Tschanz, ISSCC'02]

幻灯片 10.37

从大量的芯片中收集到的测量结果在本张幻灯片中显示。不带有自适应的设计具有一个非常宽的分布，其中具有低阈值电压的快速漏电模块在一侧，而具有较高阈值电压且较慢较少漏电的模块在另一侧。正如所愿，通过分别施加反向体偏置（RBB）和正向体偏置（FBB）可以收紧频率分布，此外，这也帮助了控制漏电流到能够接受且期望的值。

使用 ABB 的经济效应同样也不能忽视。在微处理器的世界，将生产出来的裸片按照测量得到的性能分类到频率区间（此外，所有能够接受的芯片应该满足功能和最大功耗的需要）。没有 ABB 技术，大量的芯片会被分到收益颇低的低频区间，而大部分会完全不能满足设计指标。单块芯片和片上 ABB 的应用使大量的产品移入了高频区间，而且将参数成品率推至接近 100%。

从这里可以明显看出，自适应调整设计是设计者在纳米时代的一个强有力的设计工具。

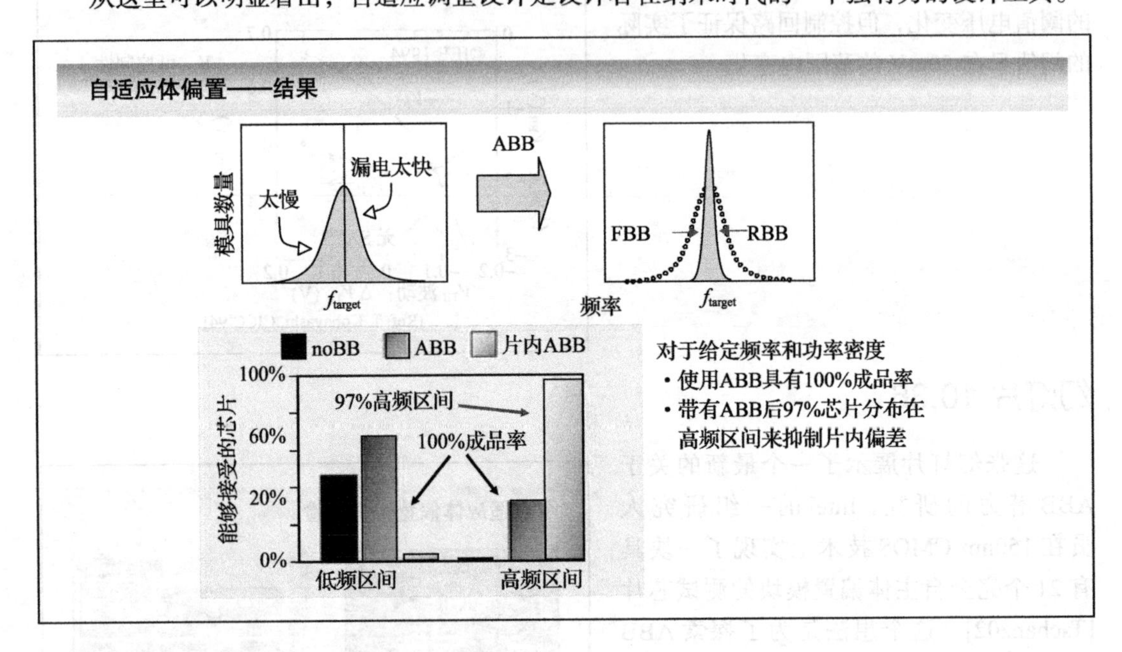

幻灯片 10.38

ABB 在低电压或者低 V_{DD}/V_{TH} 比值电路中会更加有效。在这种情况下，阈值电压的一个较小的变化或会导致较大的性能损失或者一个显著的能耗增加。这可以通过能量 - 延迟曲线中“正

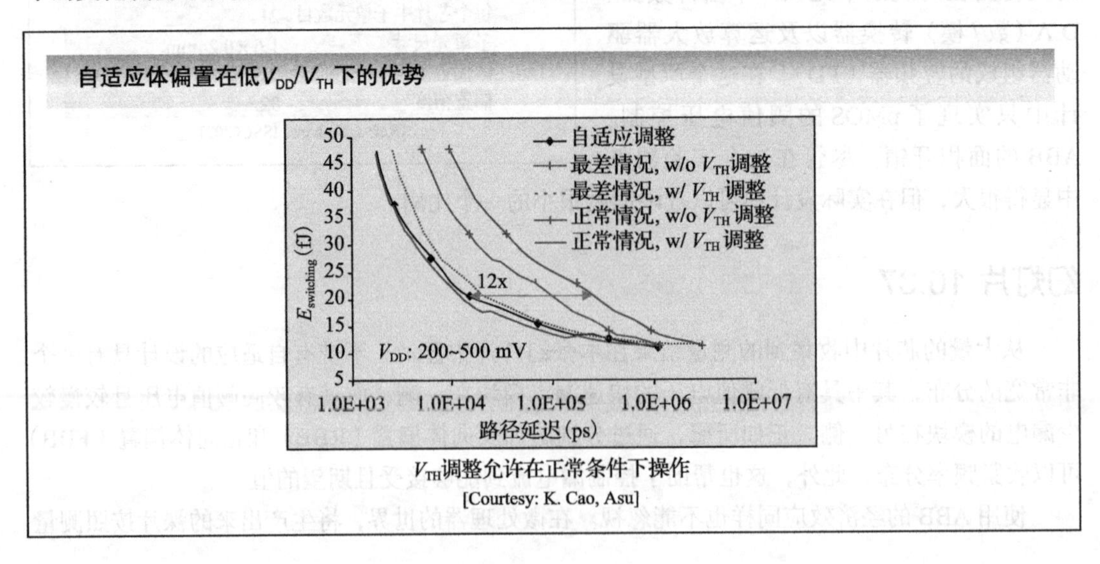

V_{TH}调整允许在正常条件下操作

[Courtesy: K. Cao, Asu]

常情况”和“最差情况”的距离来表征，其中，采用了 130nm CMOS 工艺。电压值是一个变量，其范围为 200mV 到 500mV，然而阈值电压保持恒定。注意到延迟被刻画在一个对数坐标尺度。

一个显著的改善是我们允许调整阈值电压。一个选择是，通过改变阱电压来同时改变一个模块中的所有器件的阈值电压。即使这样，最差情况下仍然有一个相当于正常情况下 2 倍的性能损失。这种差异在允许较小粒度的阈值电压调整时基本被完全消除，例如，允许每一条逻辑路径具有不同的体偏置。总之，引入“自适应调整”导致了最差情况的性能有高达 12 倍提升，而能量保持不变。

幻灯片 10.39

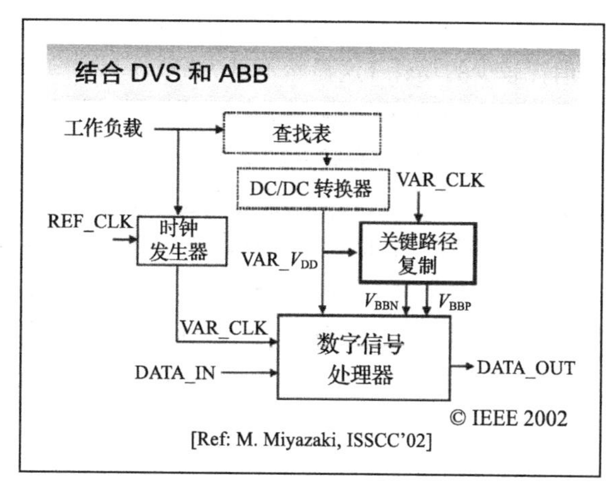

至此，只需要一小步就可以考虑同时应用 DVS 和 ABB 的优势。而 DVS 主要解决动态功耗，ABB 则用来决定被动的功耗水平。这个联合方法会导致能量 - 延迟曲线优于分别应用这些技巧时的曲线。

一个用来调整 V_{DD} 和 V_{TH} 的电路例子在本张幻灯片中展示 [Miyazaki02]。所需的工作负载通过查找表转化为一个所需要的电压值。在给定电压后，关键路径的复制电路用来设定 nMOS 和 pMOS 晶体管的阱电压，这样所需要的时钟频率就被保证。这种方法明显假设了复制单元路径具有和实际处理器相同的偏差行为。

幻灯片 10.40

幻灯片 10.39 中的电路的实际测量结果确实显示了所期望的改进。仅与 DVS 相比，增加 ABB 明显改进了电路的平均性能而保持功耗不变（反之亦然）。

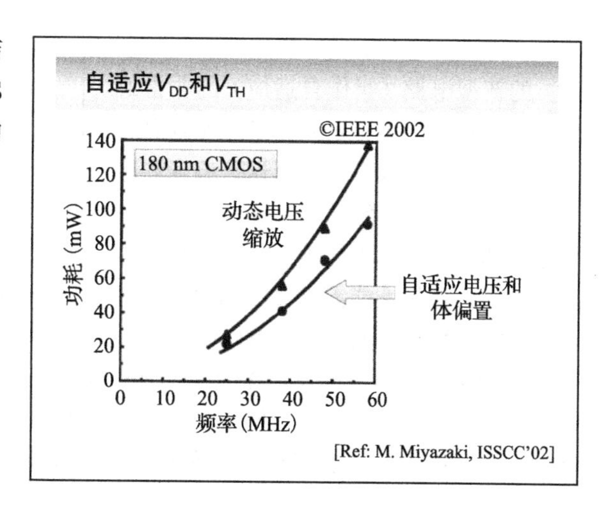

幻灯片 10.41

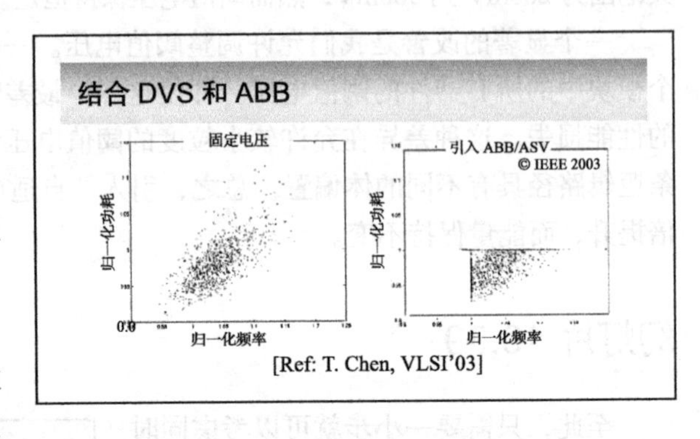

尽管这些性能提升让人印象深刻，人们可能会质疑到底联合 DVS/ABB 方法对于抑制阈值电压偏差多么有效。幻灯片中左侧的图显示了之前在大量芯片（在不同的晶圆上）的同一电路上测量的时钟频率和功耗。针对这些测量，电源电压都被固定，且没有体偏压。尽管测量结果显示了一个非常宽的分布（时钟频率和功耗都达到 20%），一个常见的现象是，较慢的电路消耗较少的功耗（这显然不足为奇）。

在引入 DVS 和 ABB 后，那些没有满足性能和功耗指标的电路都被调整至一个可以接受的范围内（除了那些在可接受的电源和偏置电压内无法满足需求的，因此也被认为是次品）。这导致了右边的分布图，其意味着动态适应和调整确实是解决工艺和器件偏差影响问题的有效方法。

这里要提一个非常重要的警告：当器件偏差变为一个重要的设计考量时，一个最为有效的方法，即体偏置，其效果渐渐减小。如第 2 章所指出的，在亚 100nm 工艺中高掺杂浓度减弱了体效应系数：在 65nm 时或更低，ABB 可能不值得尝试。这非常不幸，且希望这是暂时的。新型器件的引入，如双栅极晶体管，在 32nm 工艺节点时可能会恢复这样的控制。

幻灯片 10.42

通用自适应方法

动机：大部分偏差来自系统误差或者变化缓慢的误差，并且可以被测量出来，并给予周期性的调整。

- 需要测量的参数：温度、延迟、漏电流
- 需要控制的参数：V_{DD}、V_{TH}（或者V_{BB}）

传感器

T_{clock} 控制器 V_{BB},V_{DD} 模块

- 在工艺限制下达到最大功耗节省
- 本身具有增强设计的时序稳定性的能力
- 相比于传统设计方法有最小设计开销

另一个重要且通用的现象值得一提。在前面的幻灯片中介绍的 DVS 和 ABB 方法，是一种通过采用闭合反馈回路来处理偏差（可能由电路活动、制造或者环境引起）的新型电路（叫作自适应）的非常好的例子。在线的传感器测量了一系列具有意义的参数，如漏电流、延迟、温度和电路活动因子。这些结果信息用于设定设计参数，如电源电压和体偏压。在更加先进的方法中，如果性能需求无法满足，一些功能可能会移至其他的运算单元中。

这种想法当然不算新。在 20 世纪 90 年代，高性能处理器中就引入了温度传感器来检测过高温度的情形，并在芯片变得过热的时候抑制时钟频率。差别是现在的自适应电路（在最高档的产品中）变得更加复杂了，其使用了很大范围的传感器并控制了很宽范围的参数。

幻灯片 10.43

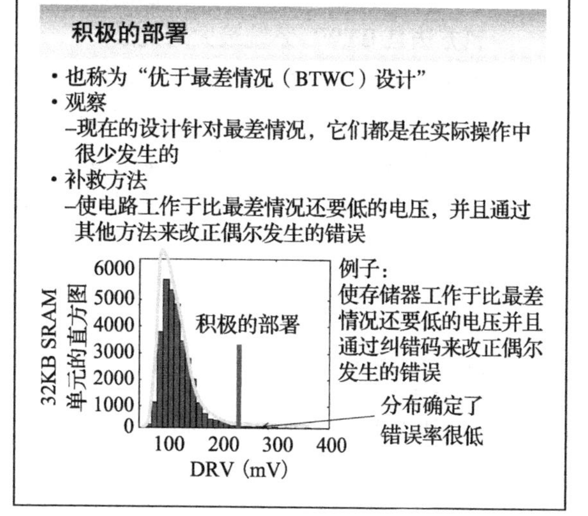

尽管自适应技术对于处理运行偏差大有帮助，其终极有效性却被“最差情况”所限制。这可能是满足关键路径的时序约束所需要的时钟或是存储器单元失效。在传统的设计方法中，这就是电压缩放结束的地方。但是，在仔细观察后，人们意识到这些最差情况是非常罕见的。因此，如果能够简单地检测到这些情况并解决其带来的误差，我们就能够更多地缩放电压来更多地减少能耗。

考虑一个 SRAM 存储器的情况。如第 9 章所示，SRAM 单元的最小操作电压在不同单元中是不一样的。在一个较大的存储模块中测量到的 DRV 分布具有一个长长的尾巴。这意味着把电压降低到最差情况会导致错误，但是很少。这样带来的漏电流减小远远超过了检错和纠错的代价。

幻灯片 10.44

积极的部署——概念

- 在任何时候达到分布尾部的概率非常低
  - 关键路径分布函数，输入向量及工艺偏差
- 最差设计从能耗角度看非常不经济
  - 电源电压设置到最差情况（加上裕度）
- 积极的部署使电源电压低于最差情况的值
  - “优于最差情况”设计策略
  - 使用错误检测和纠正方法来处理罕见的错误

“优于最差情况”（BTWC）（最早由 Todd Austin 提出）的基本概念如下。

- 更多的电压缩放只会带来少数的错误，并不是灾难性的。在后者中，为了处理错误而引入的开销将会主导功耗节省。因此，了解重要参数的分布是非常重要的。
- 最差情况导致了一系列残留问题。一个模块中的所有电路都消耗了太多的能量，这只是因为一小部分极端情况。
- 因此我们通过更多的电压缩放来允许一些错误，并接受一些小的针对检错和纠错的开销。

幻灯片 10.45

像 DVS 和 ABB 一样，BTWC（也常称为积极的部署（AD））依赖于一个反馈回路的存在，从性能 / 能量的角度将系统置于其最优的工作点。一个 BTWC 系统由下述元素组成。

- 设置电源电压的机制基于对误差和修正间折中的理解。想方设法，这种控制机制应该十分小心误差分布（或是由提前仿真获得，或者由自适应学习得到）。
- 检错的机制——因为这个功能是持续运行的，其能量开销需要很小。想出最有效的检错方法是 BTWC 系统最大的挑战。
- 检错的策略——由于期望错误是罕见的，那么花一些时间来改正它们是可行的。纠正的机制可能会很不相同，并且取决于应用领域和所处的抽象层。

意识到 BTWC 方法非常通用，是很重要的，而且可以将它应用在设计抽象链的许多不同层中（电路、架构、系统）和大范围的应用，其中一些将会在下一张幻灯片中简单介绍。

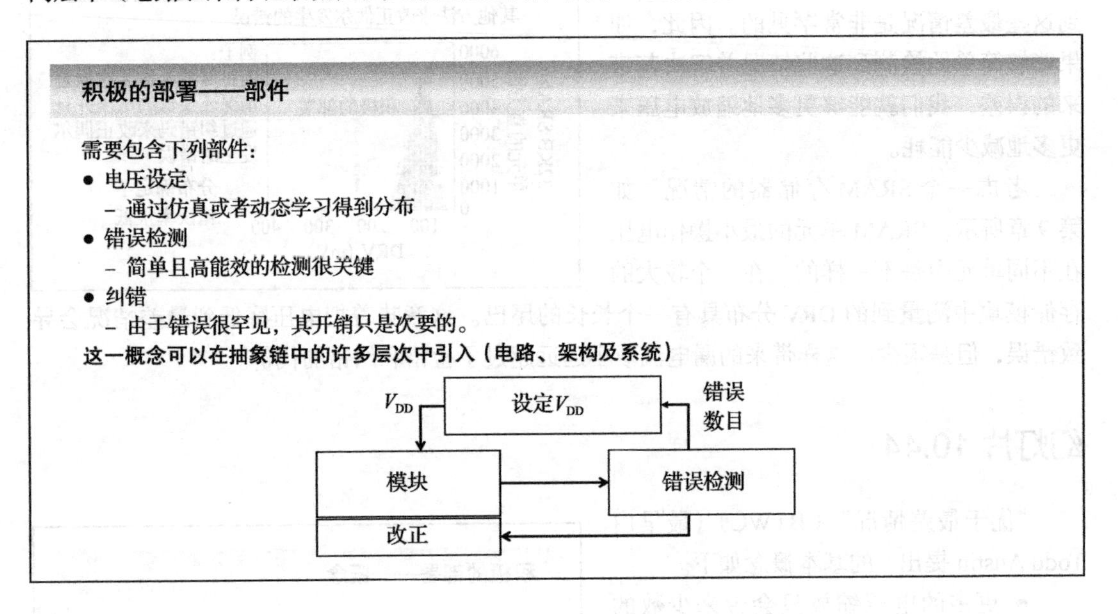

幻灯片 10.46

作为第一个例子，我们来考虑当降低如乘法器这样的逻辑模块中的电源电压时会发生什么，其电路时序通常会有一个非常宽的分布。在一个传统的设计中，最低的电源电压被设置为在最差情况时仍带有一些额外电压裕度的电路时序。本张幻灯片显示了在 FPGA 内实现的一个 18 × 18 位的乘法器例子。带有这个额外的安全裕度，最低操作电压是 1.69V。一旦开始降低电源电压，一些电路的时序可能不会被满足，且错误会开始出现。在这个 FPGA 原型设计中，第一个错误出现于 1.54V。观察到 y 轴是对数显示的。如果允许 1.3% 的错误率（这意味着每 75 个样本中有 1 个是失效的），电源电压就能被降低到 1.36V。这可转化为 35% 的功耗降低。

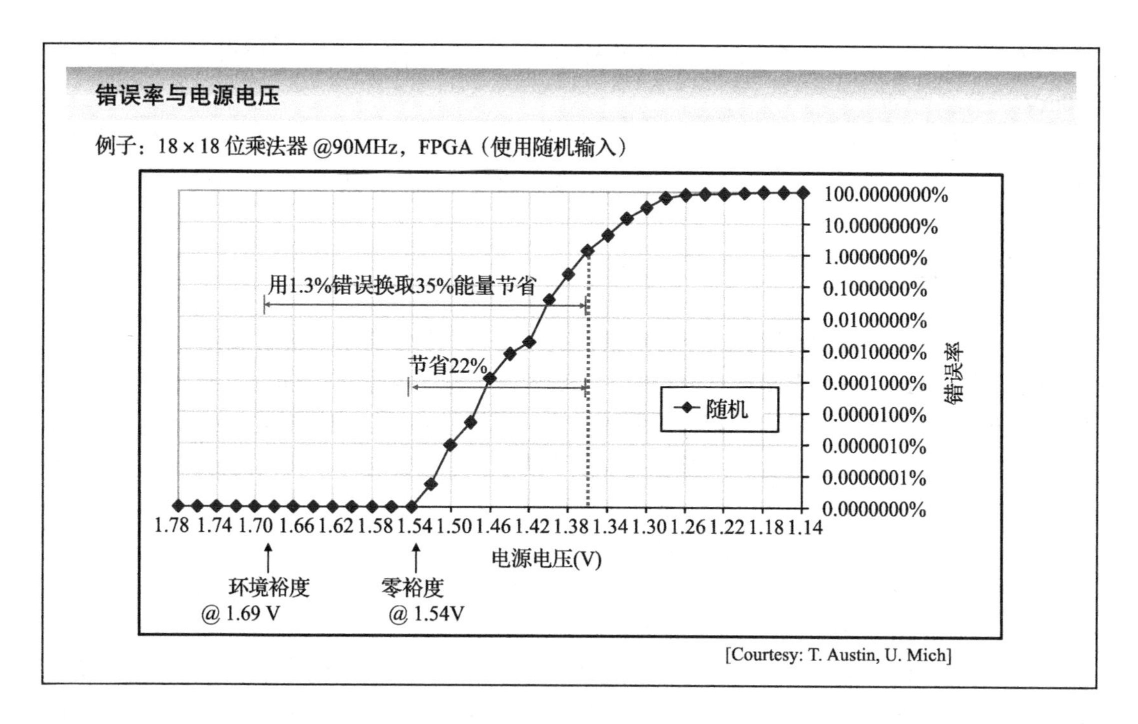

幻灯片 10.47

值得关注的是，错误率及错误直方图的形状是输入数据模式的函数。对于乘法器这个例子，随机数据模式相较于在信号处理中常出现的相关数据模式更倾向于更多地触发电路的最差情况。这种情况对于其他许多种计算功能都是适用的，如这张幻灯片中的 Kogge-Stone

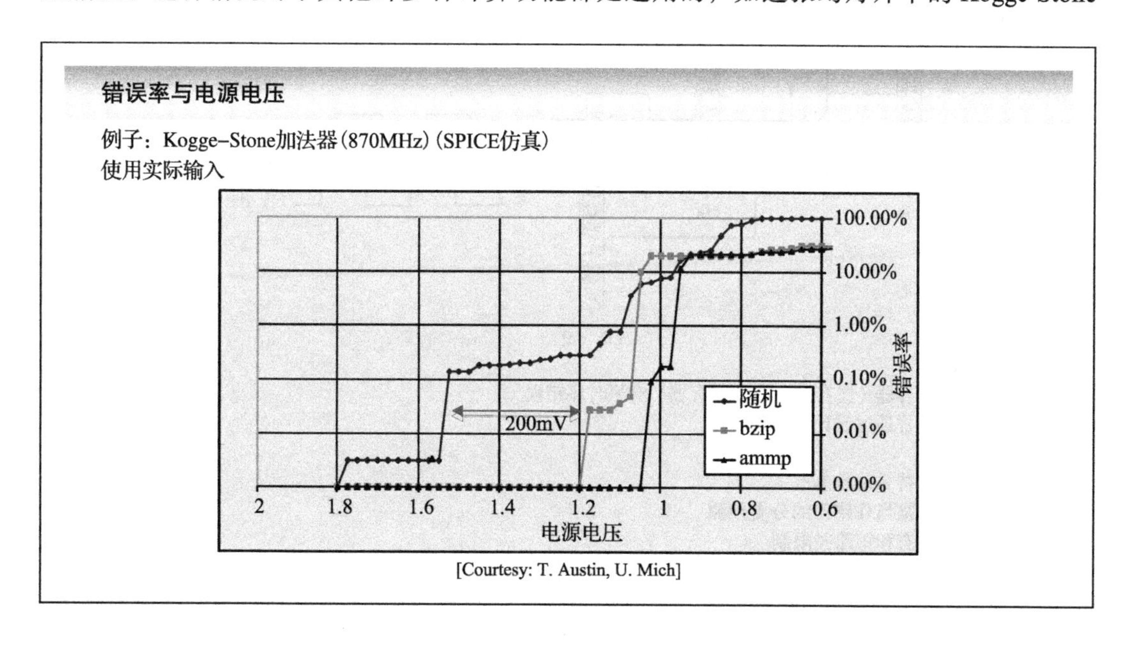

加法器。当加入来自 bzip 和 ammp 应用的数据模式，在相同错误率下电压值可以多下降 200mV。

因此，为了更高效，电压设计模块必须在某种程度上对于电压 - 错误率函数有所觉察。而对于 DVS，这些信息可以通过仿真来获得，或者通过训练的方式来存入一个查找表中。

幻灯片 10.48

基于这些观察，假设检测到这个时序错误是通过一个非常简单的机制来实现的，那么将电源电压降低到最差情况看起来是值得的。一种实现方法（叫作 RAZOR）在这里显示出来。每个关键时序电路末端的锁存器都被复制到一个“影子锁存器”中，并在ΔT时间后被时钟锁存。主锁存器中的值是正确的，当且仅当影子锁存器中也具有一个相同的值。在另一种情况下，主时钟到达得太早，且电路并没有完全稳定下来，主锁存器和影子锁存器将获得不同的值。而一个“异或”(XOR) 门就足够检测到这个错误。

上面的描述有些过于简化，而且这种方法还需要解决其他的问题来实现功能。例如，影子锁存器不应放在“较短的路径”上，因为这会导致影子锁存器锁住下一个数据。换句话说，检查建立时间和保持时间的约束变得更加复杂。另外，第一个锁存器可能会卡在单稳态从而失效或者产生不确定的错误状态。必须加入额外的电路来解决这些问题。对于更加详细的信息，感兴趣的读者请参考 [D. Ernst, MICRO'03]。

在检测到错误后，可触发一系列的策略来纠错（取决于应用类型）。例如，既然 RAZOR 原来的目标是针对微处理器的，那么它是通过微架构这个层次来纠错的。

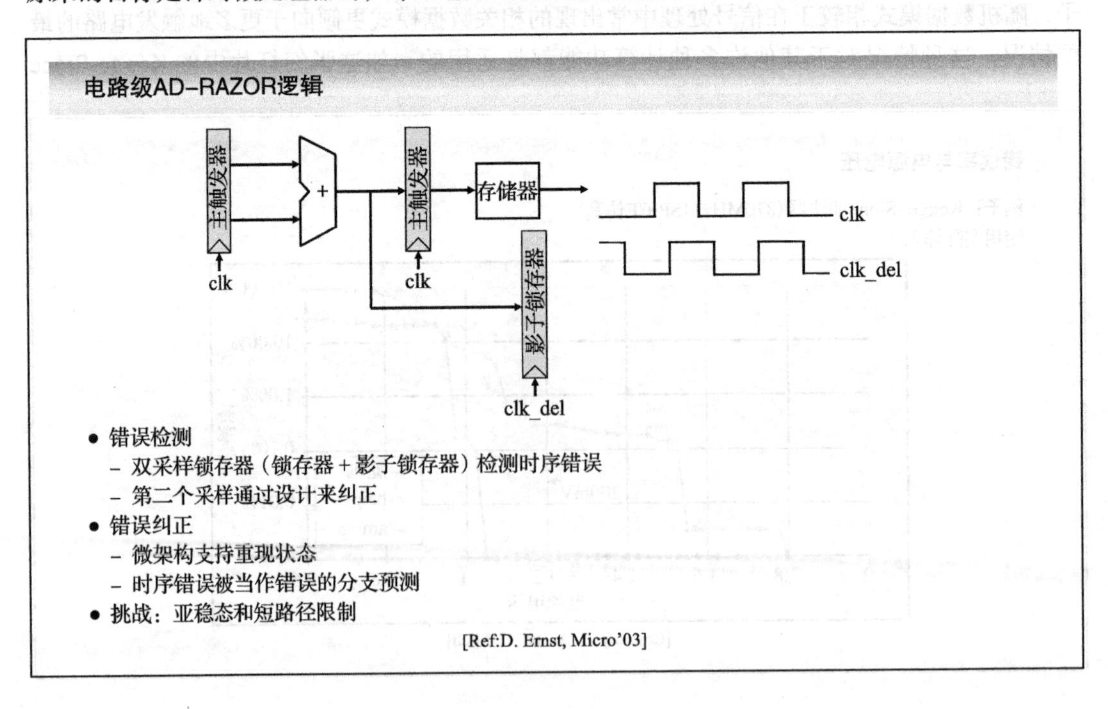

幻灯片 10.49

某种意义上来说，数据路径流水线中的错误类似于一个错误的分支预测。在检测到错误信号后，流水线被停止，一个气泡插入进来或者整条流水线被冲掉。一个有趣的观察是，在发生错误时，正确的值存在影子锁存器中。这个值因此也可以在下一个时钟周期重新被加入到流水线中并且同时停止下一条指令。更简单地来讲，对于微架构工程师有一系列技巧可用来有效地处理这个问题。随之而来的是时钟周期（和能量）开销，但是记住：如果电压设置机制正常工作，那么错误只会在非常罕见的情况下发生。

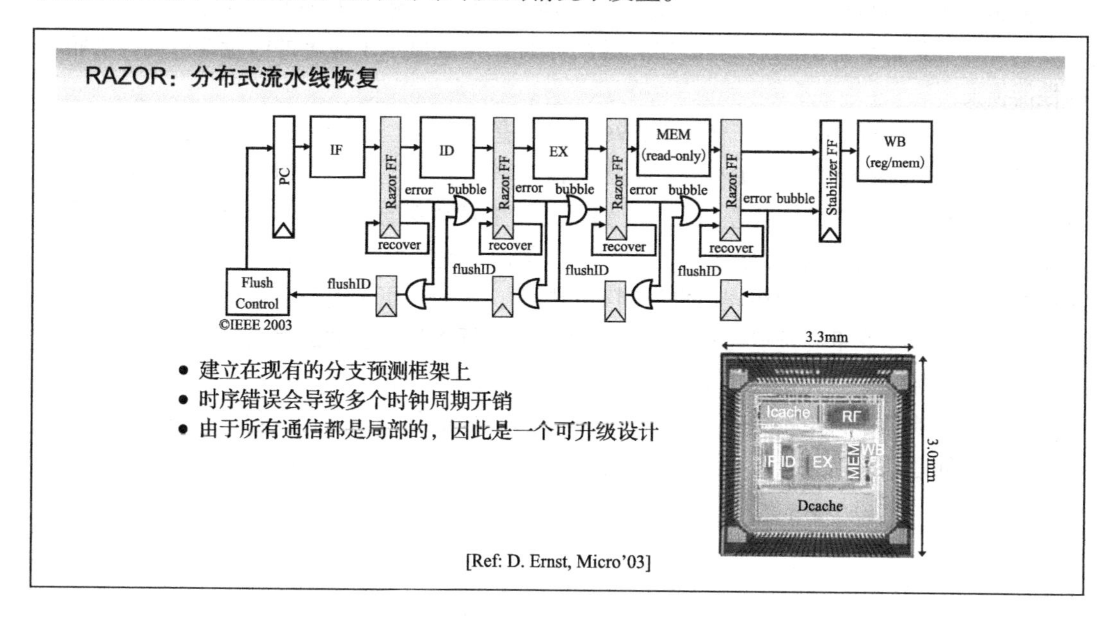

幻灯片 10.50

电压设置机制是任何一个 AD 方法的重要部分。在 RAZOR 方法中，数据路径中的每个

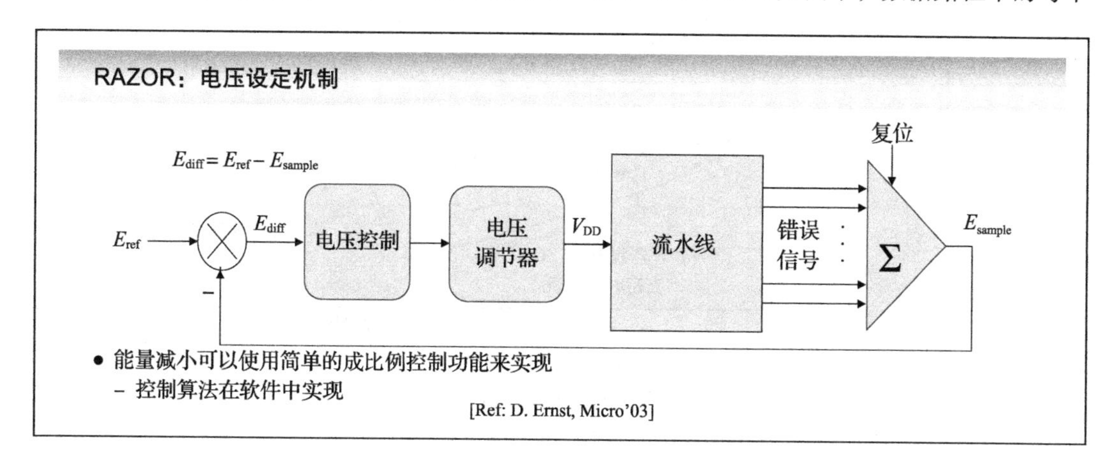

时钟周期的错误都被记录并整合起来。错误率用来设置自适应电压值。如前面介绍的，电压–错误率分布只是有助于改进控制回路的有效性。

幻灯片 10.51

考虑到前面针对延迟–能量空间中的自适应优化的讨论，我们应该不会感到意外的是 BTWC 方法收敛于一个最优的电源电压来最小化每次操作的能量。

降低电源电压可以降低能量，但是同时增加了纠错的开销。如果电压–错误率的关系是渐变的（例如乘法器和 Kogge-Stone 加法器），最优工作点显示了显著的能量改进而只有很小的性能损失。

如这里所示的折中曲线对于任何 BTWC 方法都是典型的，这也会在后续的幻灯片中证实。

警告：为了让积极的部署更有效，电压–错误率分布具有一个“长尾巴”就显得很重要。这意味着当电源电压降低于最差情况时，错误的发生是渐变的。如果一个小的电压减小会带来“灾难性的错误”，这种方法明显不可行。但是，在本书前面介绍的更广范围内的减小能量的方法都多少会导致这种错误。设计周期的技术，例如使用多电源、多阈值电压和晶体管尺寸设计，会利用非重要延迟路径上的时序宽松来降低能量。这样的最终结果是大量的电路时序都变得重要起来。在这种情况下，一个小的电压降低就会导致灾难性的问题。由此可会开始一个非常有趣的讨论：是否应该完全摒弃设计时的优化而让运行优化来代替？或者反之亦然？这个问题唯一相关的答案就是利用本书倡议的系统级的设计框架。

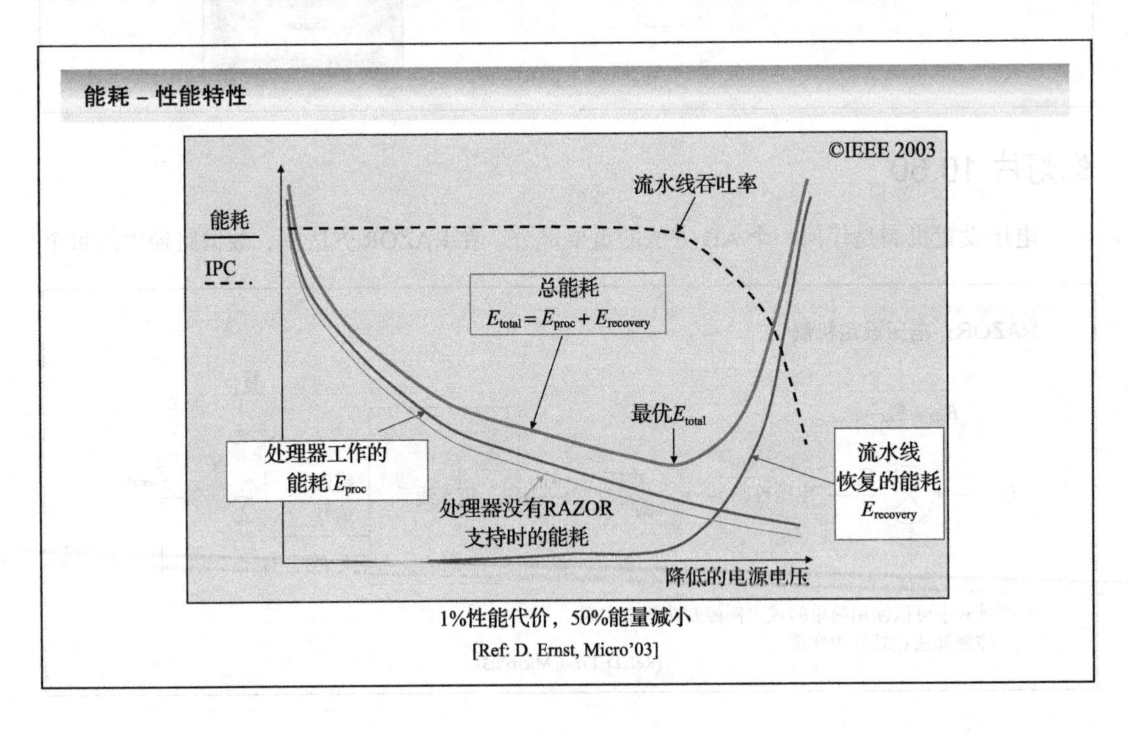

幻灯片 10.52

尽管如动态自适应的概念和 BTWC 设计流程展示了巨大的潜力，但是仍然需要大量的工作来将它们转化为可生产的产品。类似于 DVS，AD 需要重新估计标准的设计流程并重新考虑传统的设计理念。正如前面提到过的，如 RAZOR 这样的概念需要理解一块芯片如何和什么时候失效。为了使这个方法更有效，我们甚至可以重新考虑接受新的设计方法。这样做的好处也会非常显著。

这张幻灯片讲述了把 RAZOR 概念运用到 ARM 家族中嵌入式处理器的影响，获得了所有处理器至少 30% 的能耗减少，而平均节省了至少 50%。达到这一步需要对数据路径和存储器模块重新设计，但是好处也很多。

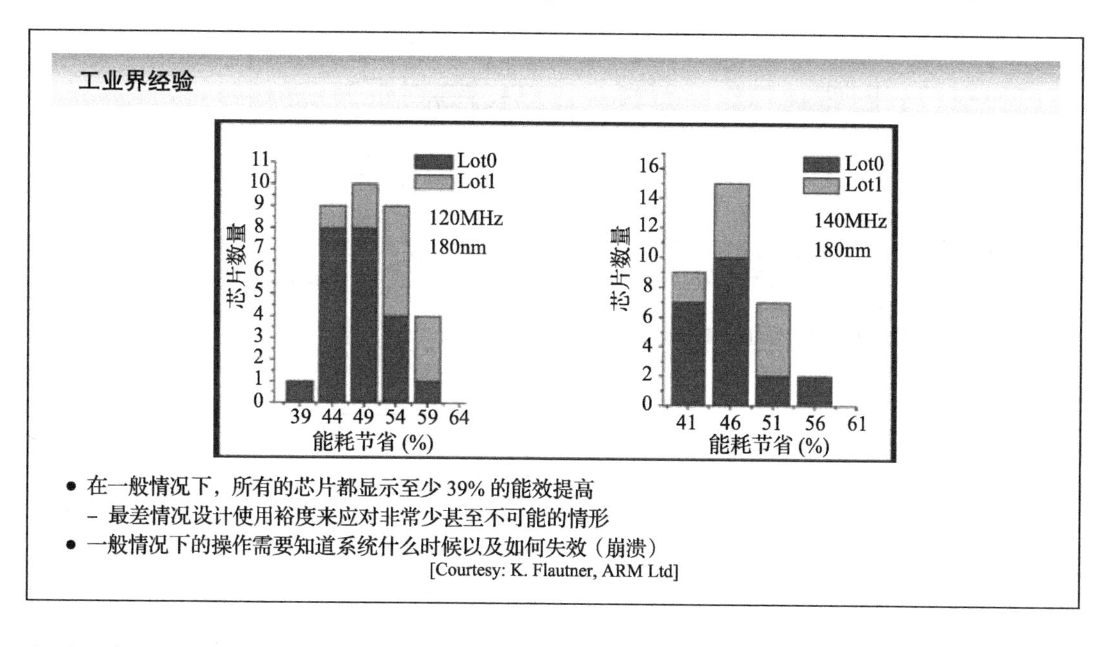

幻灯片 10.53

RAZOR 的概念结合了电路级别的检错和微架构级别的纠错。还可以展望许多其他的 BTWC 方案。例如，这张幻灯片展示了一种在算法级别引入检错和纠错的方法。

一个有趣的性质是许多信号处理和通信应用中，理论研究团体提供了简单的方法来估计一个复杂计算的近似输出（基于过去的输入流）。这种估计方法为我们提供了一个很好的通过 BTWC 来减小能耗的方法。

原理图中的“主要模块”代表了一些复杂的能量密集型算法，例如视频压缩算法中的快速运动补偿。在正常操作中，这个模块是没有错误的。假设我们更加积极地降低这个模块的电源电压从而导致错误开始出现。与“主模块”并行设计了一个简单的估计器来计算所期望的“主模块”的输出。当后者的值与预测值相去甚远时，一个错误被标记（检错），而错误的输出就被估计值取代（纠错）。这明显会降低处理器的质量，从信号处理角度看来，这就降低了信噪比（SNR）。然而，如果估计器的性能足够好，噪声的增加会被输入信号的噪声或被信号处理算法所增加的噪声所覆盖，因此基本不会影响什么。另外注意到“小错误”（只影响最低有效位 [LSB] 的错误）不会被检测到，这是没有问题的，因为这对 SNR 的影响很小。

对于 RAZOR，算法级的 BTWC 会导致一个最优的电压值。如果错误率增加，纠错的开销开始占主导（另外，SNR 下降是不能被接受的）。为了让这个方法工作，明显这个估计器自身不能出任何错误。这需要“估计模块”在正常电压下工作。既然这应该是一个简单的功能，其能量开销就应该非常小。

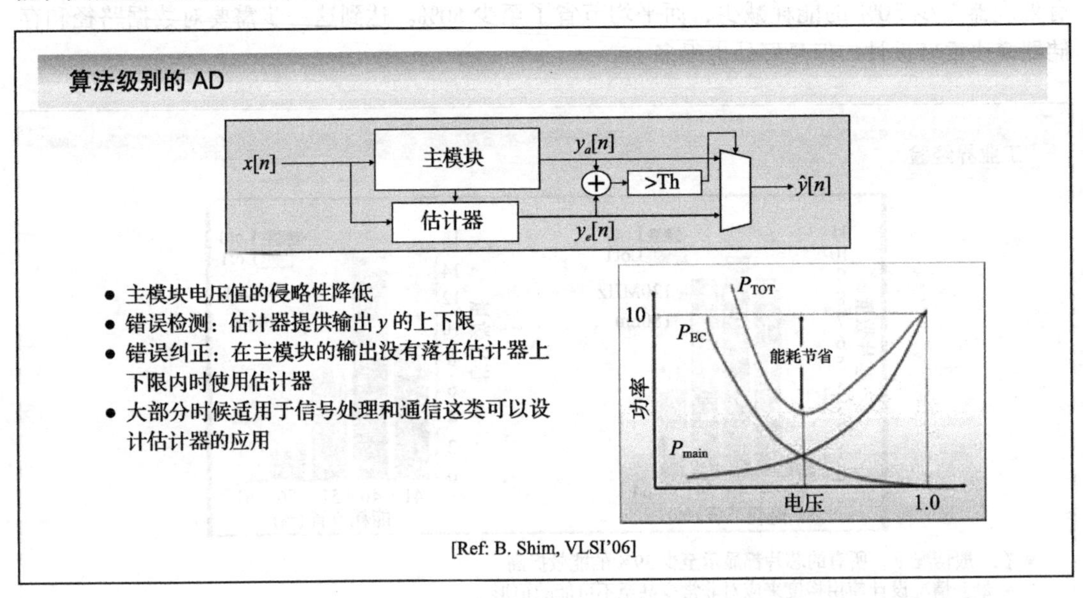

幻灯片 10.54

算法级的 AD 的有效性在这个视频压缩的例子中显示，特别针对其运动估计模块，它是

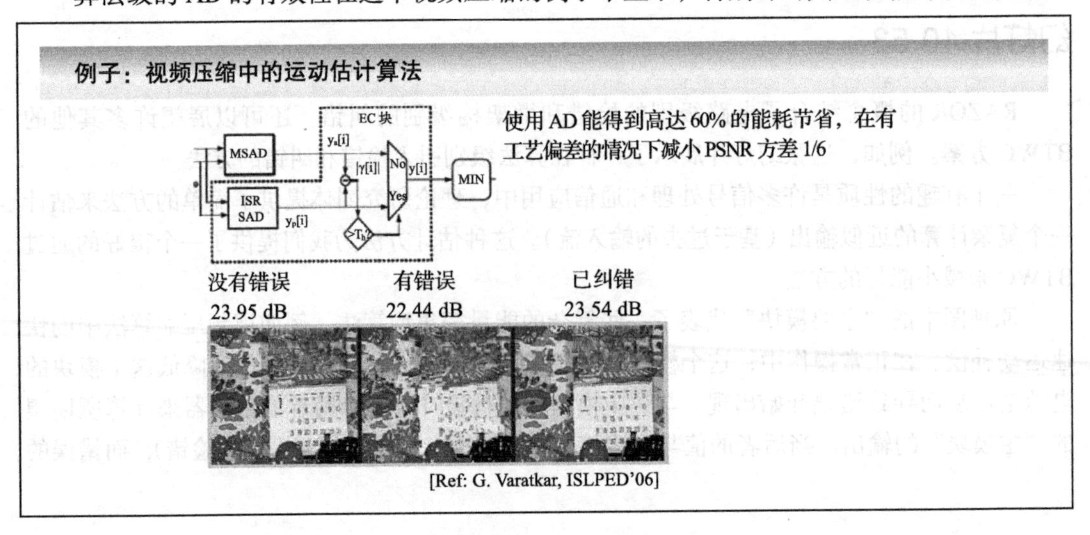

最为计算密集的。主要的算法使用了 MSAD，而估计器使用了更为简单的版本 ISR-SAD（输入欠采样绝对值和的复制模块）。在估计器中使用的主要简化是降低的精度和降低的采样率（通过欠采样）。而只有 MSAD 是电压可缩放的。一个有趣的惊喜是在工艺偏差的影响下，从 SNR 角度来讲 AD 版本的性能会优于原版本。这个结果并不是一个例外，联合利用应用的统计数据和工艺方法的技术经常会比不使用这些方法的技术更有效。

幻灯片 10.55

正如所设计的，动态自适应的概念和 AD 都是很宽泛和影响深远的。本章仅仅展示了一些例子。一些其他例子也列举在本张幻灯片中。建议读者参考 2004 年 3 月的《IEEE Computer Magazine》，其中介绍了大量的 BTWC 技术。

其他 BTWC 策略

- 自调整电路 [Kehl93]
  - 关于避免动态时序错误的早期工作
  - 自适应时钟控制
- 基于时序的瞬态错误检测 [Anghel00]
  - 双采样锁存器用于速度测试
- 使用 TEAtime 超越最差情况 [Uht00]
- 片上自校准通信技巧，针对电参数偏差稳定 [Worm02]
  - 针对片上总线的错误恢复逻辑

©IEEE 2004

IEEE Computer Magazine, March 2004.

幻灯片 10.56

本章节介绍了许多关于电源电压和体偏置电压的动态自适应技巧。现在的片上系统（SoC）中具有许多分区，其中每一个都可能需要不同的电压调度方法。在移动通信类的集成 SoC 中，许多模块都会处于待机模式，需要其电源电压降至最低或者到数据保持电压，而其他模块则处于动态模式并且需要全电压或者动态电压。每个需要独立电源控制的芯片分区称为一个电源域（PD）。

电源域（PDS）

在同一块芯片上使用多个电源域产生了新的挑战

- 需要多个电压稳压器和升降变压器
- 需要多个电源的稳定分布
- 不同电压域之间的接口电路
- 系统级管理电压域的不同模式
  - 改变电压模式的优点和开销的折中
  - 中心化“电源管理”通常更为有效

在传统设计流程中引入电源域带来了一些很大的挑战。首先，产生和分布多个可变电源电压，且具有合理的有效性是非常不容易的。许多由可变电源和阱电位方法带来的收益都会因为低效的电平转换、稳压和电压分布而消失。另外，也是经常被忘记的，应该小心处理跨电源域的信号。电平转换，尽管是必需的，但是并不足够。例如，一个活动的模块不应该引起与之相连的处于静态的模块的活动；或者与之相反，静态模块的接地输出信号不应该导致与之相连的活动模块的错误操作。

最为重要的挑战是全局电源管理，也就是，决定为不同的分区选取什么样的电压，多快和多频繁地改变这些电源电压和阱电压，以及何时进入待机和休眠模式，等等。在前面的幻灯片和章节中，我们介绍了单独模块中的电压设置策略。然而，由于缺乏对系统的全局状态的认识，这通常不会是最优的。一个中央电源管理器（PM）经常可以带来更有效的结果。

幻灯片 10.57

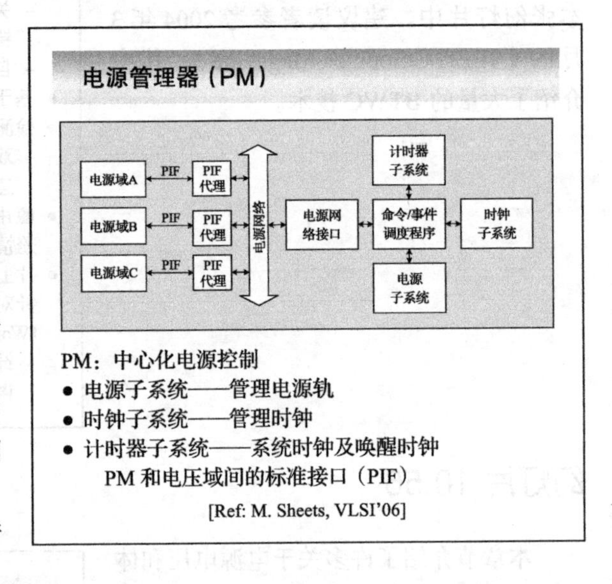

这其中有许多原因。首先，电源管理器可以检查系统的全局状态，并且具有过去状态的信息。因此它就处于一个很好的位置来预测一个模块何时会活动或者不活动，或者预测活动率可能是多少。此外，将状态传递给一个中央模块允许子模块完全进入休眠来降低漏电功耗。例如，许多休眠策略通常引入计时器来设计下一个唤醒时间（除非一个输入时间更早发生）。保持计时器运行就减少了完全关闭单元的可能性。因此，将保持时间放在中央“调度器”中就十分有意义。

尽管许多 SoC 都引入了某种电源管理策略，但大部分是独立设计的。因此，例如本张幻灯片所倡导的方法是明智的。电源管理器包含如下组件：一个中央控制模块（叫作时间 / 命令调度器）和定时、电源，以及时钟子模块。后者分别包含过去和未来时间事件的必要信息、每个独立模块的功耗和电源电压设计策略，以及电压 - 时钟关系。调度器使用这三个子系统的信息来设置芯片上不同电源域的调度策略。电源管理器的输入（如关闭请求或者建立通往其他 PD 的通道请求），以及调度决策和功耗设置命令通过有标准接口的电源网络在不同的电源域和电源管理器之间都是可以互换的。

一定程度上，电源管理器接手了一些通常属于调度器或者操作系统（OS）的任务（这就是为什么电源管理器的另一个常用的名字叫作“芯片操作系统”）。然而，后者通常在嵌入式处理器中运行，因此这个处理器从来不能进入休眠模式。将电源管理器的功能划分给一个特殊的处理器来避免这个问题，随之而来的好处是其能量效率会更高。

幻灯片 10.58

在文献中，一系列的电源管理调度策略都被提出。主要的考量指标为调度测量的质量是否“正确”，例如，一个 PD 在非活动模式下，当另一个 PD 尝试与之通信时是非常致命的，将产生延迟并降低能耗效率。调度策略可以粗略地分为两类，重新启动（基于信号端口的时间）和主动启动。

Tajana Simunic（Stanford） 和 Mike Sheets（UCB）的博士论文可能是目前这个课题最为深入的研究结果。

管理时序

- 基本调度方法
  - 重新启动
    - 当没有操作时休眠
    - 对于挂起事件唤醒并响应
  - 随机
    - 如果待机就休眠并且未来很大可能不唤醒 [Simunic'02]
    - 在未来期望的事件发生时唤醒
- 指标
  - 正确性——PD 知道何时启动
  - 延迟——模式改变所需时间
  - 效率——最小总能耗
    - 最小待机时间——进入低功耗模式得到的节省用于
    - 抵消模式改变的能耗所需要的时间

$$\text{最小待机时间} = \frac{E_{\text{lost}}}{P_{\text{savings}}} = \frac{E_{\text{overhead}} - P_{\text{idle}}\, t_{\text{switch\_modes}}}{P_{\text{sleep}} - P_{\text{idle}}}$$

幻灯片 10.59

一个构建 PD 的结构化方法也有助于解决跨电源域的信号条件的挑战。给每个 PD 加上具有标准接口的外围电路使得设计具有很多 PD 的复杂 SoC 的任务变得十分简单。例如，每个 PD 的接口应该支持一个通过电源网络（Power Network）与 PM 通信的接口和一系列连至其他 PD 的信号端口。信号端口可包括一系列特性，如电平转换或信号调节，如幻灯片所示。

电压域间的接口

将模块内部逻辑和接口分开

（1）通过将相关信号打包到端口（port）和其他电压域通信
  - 一个端口的通信需要许可（基于会话的）
  - 许可是通过电压控制接口来获取的

（2）信号墙无论功耗模式都维持接口
  - 可以被强制拉到一个已知的值（例如，非门控电源）
  - 可以进行电平转换

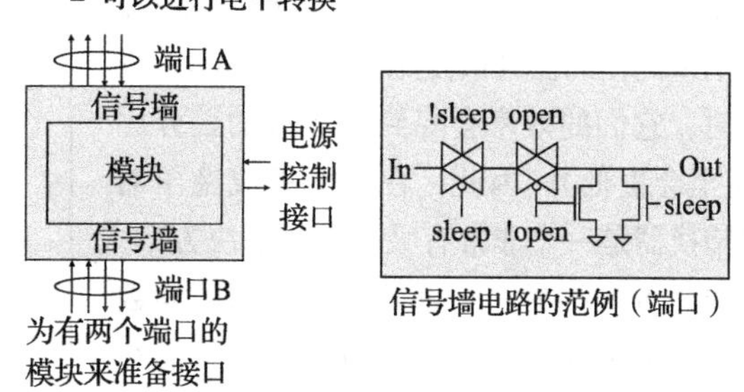

为有两个端口的模块来准备接口

信号墙电路的范例（端口）

幻灯片 10.60

本张幻灯片展示了一个关于结构化电源管理的方法。这个针对无线传感器网络的集成方法和应用处理器结合了大量的功能，如基带、链路层、媒体访问层和网络级别处理、节点定位及应用级别处理。这些任务展示出了非常不同的执行需求，其中有一些用软件实现在嵌入式 8051 微控制器中，然而有一些则实现在专有的硬件模块中，也就是异构模块中。通常同时执行所有任务是非常罕见的。为了降低静态功耗（这个对于低占空周期的应用绝对有必要），一个集成的电源管理器中的任何一个模块默认都是关闭的。模块进入动态模式或由于定时器时间（所有定时器都在 PM 中），或因其输入端子的事件引起。对于一个处于待机的模块，电源电压在没有状态时下降到 GND 或者数据保持电压 300mV。后者就是嵌入式微控制器的例子，其状态在动态模式间切换。为了减少开销，保持电压通过片上电压转换完成。当芯片处于最深度睡眠模式时，只有 PM 处于活动并运行在时钟频率 80kHz 上。

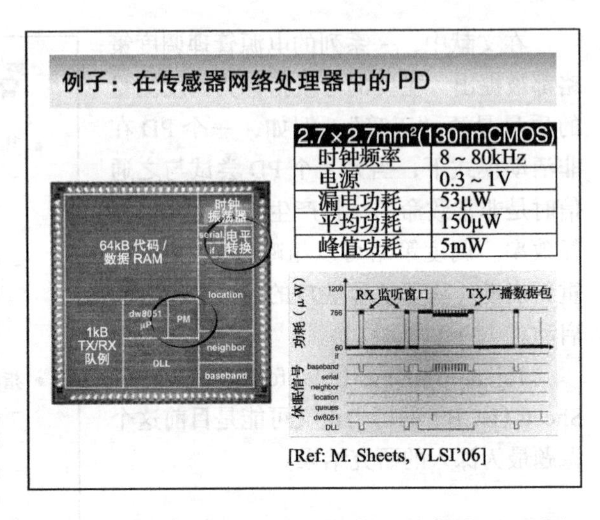

逻辑分析仪的结果显示所有的模块如何在默认情况下都处于待机模式。当节点在监听输入数据或者位于一个较长的 TX 周期内，功耗都是在一个周期性的 RX 周期内被消耗的。协议堆栈中不同层的模块只在需要时启动。例如，不需要唤醒微控制器也可以传递一个数据包。

幻灯片 10.61

对于低功耗应用，例如无线传感器网络，使用现成的部件来产生片上所需的各种电压是非常低效的。大部分商用稳压器都是针对使用安培（A）级电流的高功耗应用来优化的。当被使用在毫瓦（mW）级别时，它们的效率会降到个位数的百分比(甚至会更低)。因此，在片上集成稳压器和转换器是一个非常有吸引力的解决方案。集成化方案的另一个好处是转换器的参数可以根据电流需要而自适应变化，从而在整个操作范围内保持一个较高的效率。

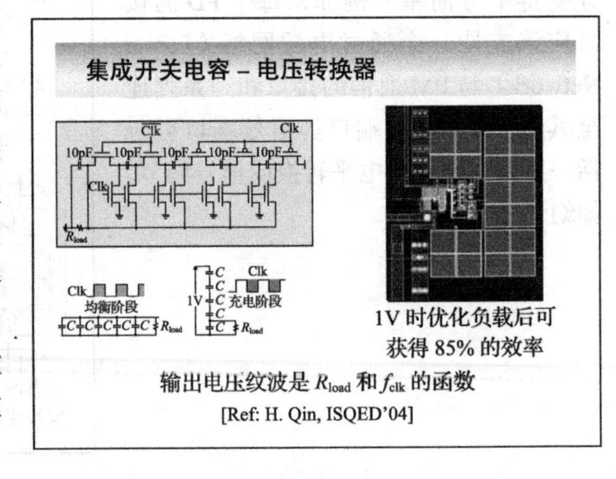

本张幻灯片中显示的开关电容转换器在低电流情况下性能良好，并且可以比较容易地和其他活动电路一起集成在芯片上（例如幻灯片 10.60 中的传感器网络处理器的例子），针对工艺没有特殊要求。输出电压的纹波由输出电流（由负载电阻 R_{load} 表示），以及转换器的总电容和时钟频率共同决定。在待机模式下，负载电阻极大，这意味着转换器的时钟频率可以大幅地降低同时仍能够保持纹波恒定。因此，较高的效率可以在动态和待机模式下实现。唯一的缺点是，构成开关电容转换器的电容会消耗相当大的芯片面积。这就限制了它们在大电流应用中使用。高级的封装工艺可以帮助消除其中一些问题。

幻灯片 10.62

使用开关电容转换器的概念，产生一个完全集成的供电系统，这针对无线传感器应用就变得有可能了。如第 1 章提到的，分布式传感器阵列节点力图从周围环境中获取能量来保证较长的工作时间。这取决于能量源，整流有可能是需要的。收集到的能量会暂时存储在一个充电电池上或者超级电容器上来平衡供电和用电次数。传感器节点本身也需要一系列电压。例如传感器通常会需要比数字和混合信号模块高的操作电压。一个开关电容转换器阵列可以用来提供所需的电压值，而它们所有都需要具有在待机时降低电压至 0V 或者数据保持电压（DRV）的能力。

这张幻灯片显示了一个集成了功率转换功能、应用于轮胎压强检测应用的无线传感器节点的专有芯片。这块集成电路（IC）包含了整流器和大量的电平转换器，并在所有操作模式下维持了较高的转换效率。

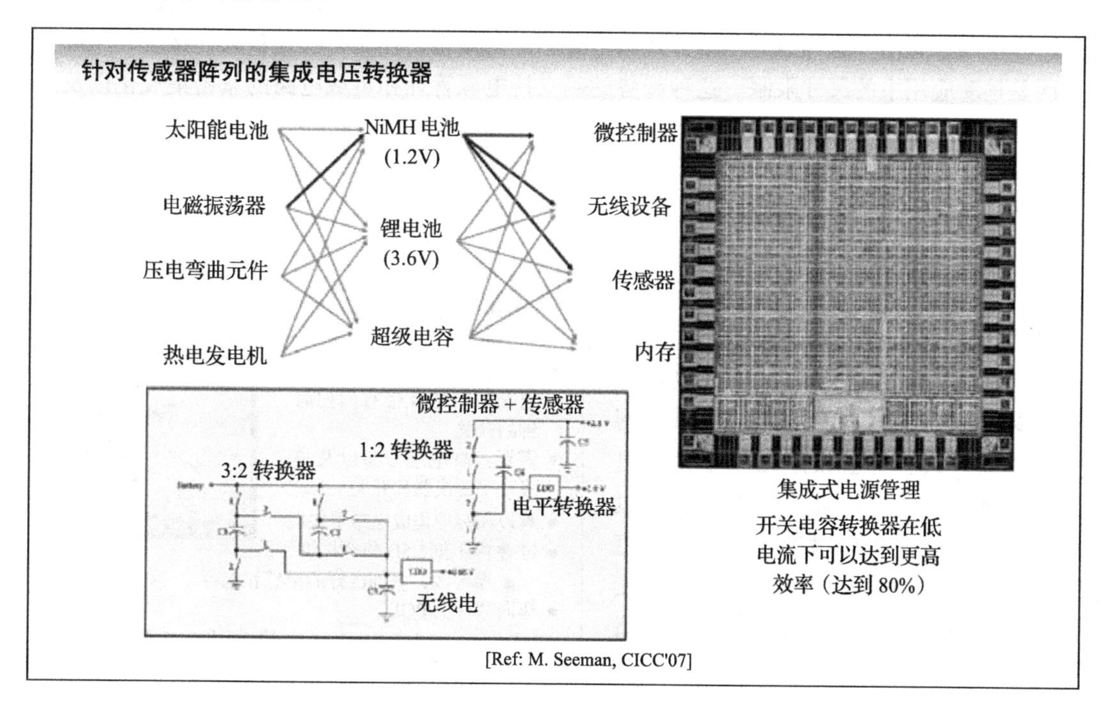

幻灯片 10.63

不幸的是，开关电容 – 电压转换器只针对低电流和低功耗较为有效（也就是，毫安和毫瓦范围）。

大部分集成电路运行在显著更高的电流水平，因此需要更为复杂的稳压器和电压转换器。最为有效的一种转换器是基于共振 LC 网络的（通常称为降压转换器），其能量以最小的损耗在一个明确定义的切换频率下在电感和电容之间传递。本张幻灯片就展示了一个这样的转换器。

基于 LC 的直流 – 直流（降压）转换器

$V_{DD,\ High\ Voltage}$

控制器

输出滤波器

L_F R_S C_F

$V_{DD,\ INTERNAL}$

负载

©IEEE 2006

挑战：
- 需要良好的低阻电感和高容值电容
- 难以片上实现
- 可选途径：多芯片堆叠

PAD

2mm

Cap 1nf

[Ref: K. Onizuka, A-SSC'06]

基于 LC 的稳压器通常被实现为一个独立的组件。对此一个很好的原因是所需的电感值及其品质因数是很难在片上实现的。因此，这些无源元器件都是通过分立器件来实现的。对于具有多个电源域和动态改变电压需求的 SoC，基于很多重要的原因需要尽可能少地给有源电路中加入无源器件。

尽管在芯片中直接集成电感和电容可能行不通，一个替换选择就是，将这些无源器件实现在另外一块芯片上（实现在硅衬底或者其他材料，如塑料 / 玻璃基板上），这就能提供高性能的导体和绝缘体，但是不需要很小的尺寸。然后这些芯片可以通过高级的封装连接在一起。这里展示了一个组合了电感 / 电容的电路实例。这种方法可以分别实现纳法和纳享范围的电容值和电感值。这种通过三维方式来堆叠芯片的概念正在非常快地被人们接受，大部分原因是移动应用中的尺寸限制。这种趋势的确支持电源管理和负载电路的紧密集成化以及分布式的电源产生和转化。

幻灯片 10.64

多维度集成的可行性可能会引起关于如何布局复杂 SoC 中的供电系统的全新思考。在过去的芯片中，电源分布网络由很大规模的铜线（或铝线）网格所构成，其全部被设定在一个正常电压值（例如 1V）。电源门控的概念通过这个实践而发生了轻微变化：模块不直接连接到供电网格中，而通过开关连接且这个开关允许空闲模块与供电网络断开。

回顾电压分布概念

- 现有的片上电压分布：单层金属网格及带有门控时钟的开关
- 需要：高电压分布以及集成电平转换器和开关
- 难以在标准集成电路中实现
- 堆叠芯片和 2.5D 集成提供了机会
  - 厚导线，更加良好的电感和电容
- 迈向"片上 PGE"

[Ref: J. Rabaey, MPSOC'04]

如果可能将电压转换器（变压器）更为紧密地集成到网络中，就可能会诞生一个新的方法。这类似于大都市和全国级别的大范围的供电分布：主电网运行在高压来减小电流值和提高效率。当需要时，电压降低到低电平值。除了引入变压器外，开关也可以在逐个层级结构中引入。

幻灯片 10.65

实现这种构想的一个图形化表示在这里展示。大部分标准的电路都实现在芯片上。同时包含在芯片上的还有不同电源域的稳压器的控制电路。然而，后者的供电网络在芯片上并没有连接。更高级别的电源分布网络在一块壁板芯片中实现，这里实现了高性能的电感和电容，以及高压供电网络。这种 2.5D 集成方案也允许非传统工艺，例如 MEM 或者非数字工艺（如 DRAM），可以紧密地与计算模块集成在一个紧凑的封装中。

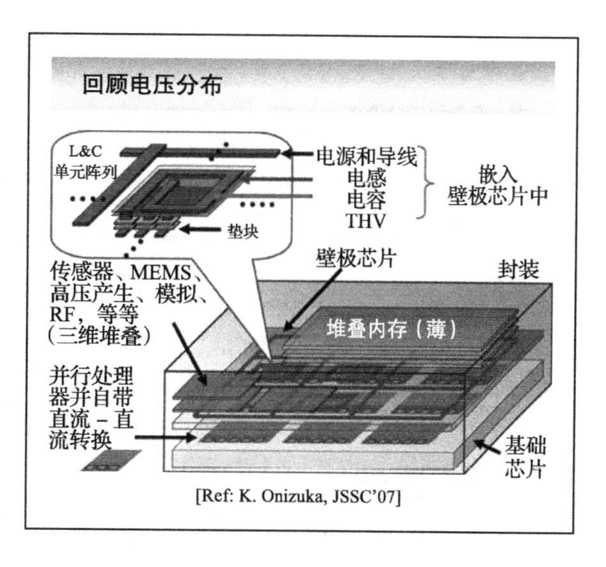

[Ref: K. Onizuka, JSSC'07]

注意：2.5D 集成这个术语与三维 IC 工艺有关，单独的芯片都堆叠在一起并通过焊球或者焊线的方式连接。相反，一个真正的三维集成策略应该将所有有源器件和无源器件都实现在一个器件中，并制造出一系列层次逐层堆叠。尽管这最终是一个更优的解决方案，但更多的经济和工艺问题使得后者在目前来说非常不实际。

幻灯片 10.66

总之，活动因子、工艺和环境条件的变化结合起来会导致设计和管理集成电路、SoC 显著的变化。与其只依赖于设计时的优化方法，现在的集成电路基于对工作负载、漏电和温度等参数的观察来动态地调整如电源电压和阱电压这类参数。此外，不同的参数设置可以施加给芯片上独立的电源域。

小结

- 功率和能量最优是工作参数的函数
- 运行功率优化跟踪运行的变化和环境条件来动态设定电源电压和阈值电压
- 积极的部署降低电源电压到比传统最差情况更低的值，并且使用错误检测和纠错来处理这些罕见的错误
- 有趣的想法：错误并不总是致命的并且在一些条件下是可以允许的
- 挑战：集成电源管理和分布来支持动态变化

这种设计策略和过去的设计方法相比有很大的不同。它挑战了传统设计流程，

然而并未完全淘汰这一流程。事实上，通过进一步观察，我们可以得出如下结论，即运行优化可以使得传统设计策略在纳米时代更为稳定，同时有助于显著减小能量消耗。

幻灯片 10.67 ~ 幻灯片 10.69

一些参考文献……

参考文献

书，杂志和学位论文

- T. Burd, *Energy-Efficient Processor System Design,"* http://bwrc.eecs.berkeley.edu/Publications/2001/THESES/energ_eff_process-sys_des/index.htm, UCB, 2001.
- Numerous authors, *Better than worst case design*, IEEE Computer Magazine, March 2004.
- T. Simunic, "Dynamic Management of Power Consumption", in *Power-Aware Computing*, edited by R. Graybill, R. Melhem, Kluwer Academic Publishers, 2002.
- A. Wang, *Adaptive Techniques for Dynamic Processor Optimization*, Springer, 2008.

论文

- L. Anghel and M. Nicolaidis, "Cost reduction and evaluation of temporary faults detecting technique," *Proc. DATE 2000*, pp. 591–598, 2000.
- *T. Burd*, T. Pering, A. Stratakos and R. Brodersen; "A dynamic voltage scaled microprocessor system," *IEEE Journal of Solid-State Circuits*, 35, pp. 1571–1580, Nov. 2000.
- T. Chen and S. Naffziger, "Comparison of adaptive body bias (ABB) and adaptive supply voltage (ASV) for improving delay and leakage under the presence of process variation," *Trans. VLSI Systems*, 11(5), pp. 888–899, Oct. 2003.
- D. Ernst et al., "Razor: A low-power pipeline based on circuit-level timing speculation," *Micro Conference*, Dec. 2003.
- V. Gutnik and A. P. Chandrakasan, "An efficient controller for variable supply voltage low power processing," *IEEE Symposium on VLSI Circuits*, pp. 158–159, June 1996.
- T. Kehl, "Hardware self-tuning and circuit performance monitoring,": *Proceedings ICCD* 1993.
- T. Kobayashi and T. Sakurai, "Self-adjusting threshold-voltage scheme (SATS) for low-voltage high-speed operation, "*IEEE Custom Integrated Circuits Conference*, pp. 271–274, May 1994.

参考文献（续）

- T. Kuroda et al., "Variable supply-voltage scheme for low-power high-speed CMOS digital design", *IEEE Journal of Solid-State Circuits*, 33(3), pp. 454–462, Mar. 1998.
- W. Liao, J. M. Basile and L. He, "Leakage power modeling and reduction with data retention," in *Proceedings IEEE ICCAD*, pp. 714–719, San Jose, Nov. 2002.
- M. Miyazaki, J. Kao, A. Chandrakasan, "A 175 mV multiply-accumulate unit using an adaptive supply voltage and body bias (ASB) Architecture," *IEEE ISSCC*, pp. 58–59, San Francisco, California, Feb. 2002.
- L. Nielsen and C. Niessen, "Low-power operation using self-timed circuits and adaptive scaling of the supply voltage," *IEEE Transactions on VLSI Systems*, pp. 391–397, Dec. 1994.
- H. Okano, T. Shiota, Y. Kawabe, W. Shibamoto, T. Hashimoto and A. Inoue, "Supply voltage adjustment technique for low power consumption and its application to SOCs with multiple threshold voltage CMOS," *Symp. VLSI Circuits Dig.*, pp. 208–209, June 2006.
- K. Onizuka, H. Kawaguchi, M. Takamiya and T. Sakurai, "Stacked-chip Implementation of on-chip buck converter for power-aware distributed power supply systems," *A-SSCC*, Nov. 2006.
- K. Onizuka, K. Inagaki, H. Kawaguchi, M. Takamiya and T. Sakurai, "Stacked-chip Implementation of on-chip buck-converter for distributed power supply system in SIPS, IEEE JSSC, pp. 2404–2410, Nov. 2007.
- T. Pering, T. Burd and R. Brodersen. "The simulation and evaluation of dynamic voltage scaling algorithms." *Proceedings of International Symposium on Low Power Electronics and Design 1998*, pp. 76–81, June 1998.
- H. Qin, Y. Cao, D. Markovic, A. Vladimirescu and J. Rabaey, "SRAM leakage suppression by minimizing standby supply voltage," *Proceedings of 5th International Symposium on Quality Electronic Design*, 2004, Apr. 2004.
- J. Rabaey, "Power Management in Wireless SoCs," invited presentation MPSOC 2004, Aix-en-Provence, Sep. 2004; http://www.eecs.berkeley.edu/~jan/Presentations/MPSOC04.pdf

参考文献（续）

- T. Sakurai, "Perspectives on power-aware electronics", *IEEE International Solid-State Circuits Conference*, vol. XLVI, pp. 26–29. Feb 2003.
- M. Seeman, S. Sanders and J. Rabaey, "An ultra-low-power power management IC for wireless sensor nodes", *Proceedings CICC 2007*, San Jose, Sep. 2007.
- A. Sinha and A. P. Chandrakasan, "Dynamic voltage scheduling using adaptive filtering of workload traces," *VLSI Design 2001*, pp. 221–226, Bangalore, India, Jan. 2001.
- M. Sheets et al., "A power-managed protocol processor for wireless sensor networks," *Digest of Technical Papers VLSI06*, pp. 212–213, June 2006.
- B. Shim and N. R. Shanbhag, "Energy-efficient soft error-tolerant digital signal processing," *IEEE Transactions on VLSI*, 14(4), 336–348, Apr. 2006.
- J. Tschanz et al., "Adaptive body bias for reducing impacts of die-to-die and within-die parameter variations on microprocessor frequency and leakage," *IEEE International Solid-State Circuits Conference*, vol. XLV, pp. 422–423, Feb. 2002.
- A. Uht, "Achieving typical delays in synchronous systems via timing error toleration," *Technical Report TR-032000-0100*, University of Rhode Island, Mar. 2000.
- G. Varatkar and N. Shanbhag, "Energy-efficient motion estimation using error-tolerance," *Proceedings of ISLPED 06*, pp. 113–118, Oct. 2006.
- F. Worm, P. Ienne, P. Thiran and G. D. Micheli. "An adaptive low-power transmission scheme for on-chip networks," *Proceedings of the International Symposium on System Synthesis (ISSS)*, pp. 92–100, 2002.

第 11 章

超低功耗 / 电压设计

幻灯片 11.1

在前面的章节中，我们建立了这样的一个认识，即单独考虑能量几乎是没什么意义的。经常地，在一个多维的优化过程中考虑如吞吐量、面积或可靠性都是非常重要的。然而，在一系应用中，最小化能耗（或者功耗）是首要的目标，而其他指标都退居次席。在这种情况下，非常值得研究在给定工艺下完成一个指定的任务的最小能量。另一个有趣的问题是，工艺尺寸缩小是否以及何如影响这个最小值。本章的主要目的就是解决这些问题。

幻灯片 11.2

本章大纲

- 理论基础
- 计算能量的下限
- 亚阈值逻辑
- 折中：中度反型
- 回顾逻辑门结构
- 小结

本章开始于超低功耗（ULP）设计的基本原理和对于数字芯片操作的最低能量的下限。因此，ULP 设计也逐渐等同于超低电压（ULV）设计。除非我们找到了一条降低阈值电压而不显著增加漏电的方法，ULV 电路不可避免地会工作在亚阈值区域。本章节中的一大部分因此会致力于这种模式下的数字逻辑和存储器的建模、操作及优化。我们将会展示，尽管这通常会导致最低能量的设计，随之而来的则是，一个指数上升的性能损耗。因此，稍微退回到中度反型区域会带来类似的能耗而性能显著提升。一个基于能量 – 延迟优化且能够覆盖 MOS 晶体管所有可能的操作区域（强反型、中度反型和弱反型）的框架被提出来。最后，我们会思考不同于 CMOS 逻辑族的其他逻辑族是否会更适合使 ULP 电路具有更好的性能。

幻灯片 11.3

在本书综述章节中提到过，很明显持续的工艺尺寸缩小需要功率密度（即，单位面积所消耗的功耗）保持恒定。尽管 ITRS 给出了一个很不同的轨迹，动态和静态功率密度在未来的十年里会持续增加，除非一些更加革命性的解决方案产生。其他更合理的方法是尝试持续减小每次操作所需的能量（E_{OP}）。这就需要回答下面这个问题：E_{OP} 是否有一个绝对的下限？并且离达到这个下限还有多远？

> **理论基础**
>
> - 持续增长的计算密度必须和单位操作能量减小相结合
> - 进一步缩小电源电压有助于实现
>   - 另一个选择是降低活动因子
> - 一些主要问题
>   - 电源电压还能降多少
>   - 理论上和实际上能得到的最低单位操作能量是多少
>   - 怎样处理阈值电压和漏电流
>   - 如何实际设计电路来接近这个最低能量下限

看起来这些问题的答案会与使数据逻辑门能够运行的最低电压紧密相关，这一电压已经被明确的定义了。这个章节的主题是探讨能够使我们尽可能地接近这个最小值电路技术。

幻灯片 11.4

尽管保持功率密度恒定是持续寻找更低的 E_{OP} 的一个主要动机，另一个原因，可能会更为重要，即需要非常低的能耗 / 功耗水平的一些激动人心的应用会变得可能。例如，可以想象一个数字手表。这一概念，尽管很直接，只会在功耗足够低到一节电池能够使用许多年时才会变得有吸引力。因此，20 世纪 80 年代早期的手表就成为第一个使用超低功耗和超低电压设计的应用。

> **超低电压的机遇**
>
> - 许多新型应用不需要高性能，只需要极端低功耗
> - 例子：
>   - 移动单元的待机操作
>   - 植入式电子以及人工感知
>   - 智能物体、织物和电子仿真品
> - 需要功耗低于 1mW（在某些情况下甚至是微瓦）

如今，ULP 技术正使得大范围和更为复杂的应用变得可能。集成了带有信号采样和处理的无线前端的无线传感器网络节点正在走向市场。达到一至两个数量级的功耗降低可能会实现更加具有未来功能，如能够响应更宽范围输入信号的智能材料，以及即时观察人类的细胞。每一个这样的功能都需要电子设备完全嵌入并能够通过环境能量来独立运行。为了实现这个崇高的目标，这个节点的功耗水平保持在微瓦数量级别，或者更低（如第 1 章中介绍的微瓦节点）是很重要的。

幻灯片 11.5

关于 CMOS 反相器的最低工作电压的问题在 20 世纪 70 年代早期的一篇里程碑式的文章中解决 [Swanson72]，甚至早于 CMOS 集成电路的流行。为了使反相器变得再生且具有两个不同的稳态操作点（“1”和“0”），在瞬态区域的增益绝对值必须大于 1。解出这些条件下的方程得到最低电压 $V_{min} = 2(kT/q)\ln(1+n)$，$n$ 是晶体管的斜率。一个重要的观察是，V_{min} 正比于运行温度。降低 CMOS 电路到接近热力学温度零度（例如液态氦）会使毫伏数量级别的运行成为可能（但是，降温所需的能耗会大大超过电路运行所减少的能量）。另外，工作于亚阈值模式下的 MOS 晶体管会变得更像理想的三极晶体管。在室温下，一个理想的 CMOS 反相器（斜率为 1）几乎能够在低至 36mV 下工作。

反相器的最低运行电压

- Swanson, Meindl (April 1972)
- 在 Meindl 研究基础上进一步延伸 (Oct 2000)

©IEEE 1972

限制：中点增益 >–1

$$V_{DD}(\min)=2\left(\frac{kT}{q}\right)\ln\left(2+\frac{C_d}{C_{ox}}\right)$$

or

$$V_{DD}(\min)=2\left(\frac{kT}{q}\right)\ln(1+n)$$

C_{ox}: 逻辑门电容

C_d: 扩散电容

n: 斜率

对理想 MOSFET（60mV/dec 斜率）

$$V_{DD}(\min)=2\ln(2)\frac{kT}{q}=1.38\frac{kT}{q}=0.036\text{V}$$

在 300K 温度时

[Ref: R. Swanson, JSSC'72; J. Meindl, JSSC'00]

幻灯片 11.6

给定这样一个重要的公式，一个快速的推导是值得的。假设在最低运行电压下，晶体管工作于亚阈值区域，也通常称为弱反型模式。MOS 晶体管在亚阈值区域的电流 – 电压关系在第 2 章中介绍，为清楚起见在这里重复。对于很小的 V_{DS}，漏致势垒降低（DIBL）效应可以忽略。

反相器的亚阈值建模

- 来自第 2 章

$$I_{DS}=I_S e^{\frac{V_{GS}-V_{TH}}{nkT/q}}\left(1-e^{\frac{-V_{DS}}{kT/q}}\right)=I_0 e^{\frac{V_{GS}}{nkT/q}}\left(1-e^{\frac{-V_{DS}}{kT/q}}\right)$$

其中，

$$I_0=I_S e^{\frac{-V_{TH}}{nkT/q}}$$

(DIBL 在低电压下可以忽略)

幻灯片 11.7

反相器的静态电压转移特性（VTC）可以通过使 nMOS 和 pMOS 晶体管的电流相等来推

导得到。我们假设在亚阈值区域运行时，两种器件具有完全相同的驱动能力，那么推导就可大幅简化。另外，归一化电压到热电压 Φ_T 导致了更简便的表达式。将增益设置为 –1 产生了和 Swanson 相同的最低电压的表达式。

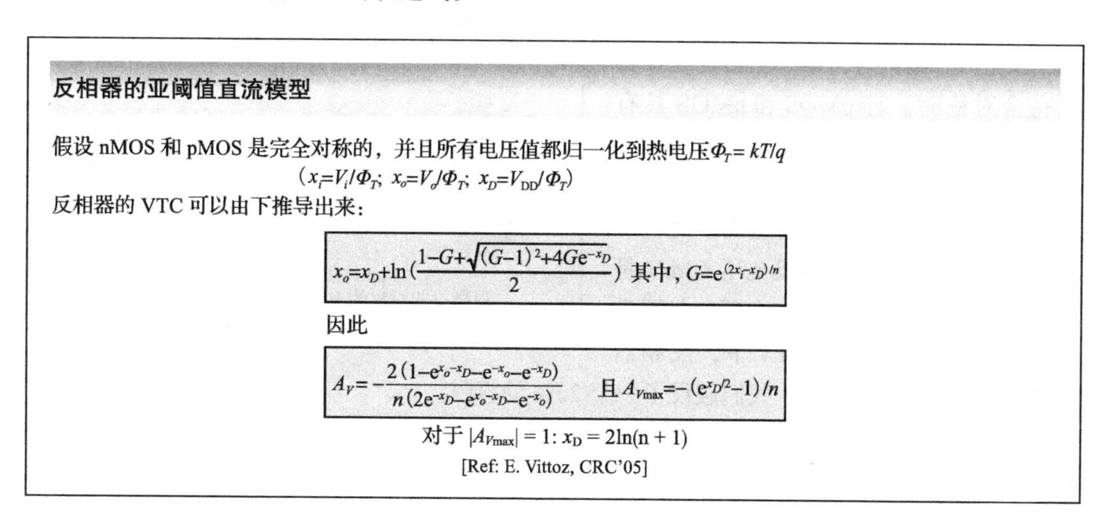

幻灯片 11.8

使用这个分析模型，我们可以画出反相器的 VTC。这很清楚，当归一化的电压值接近其最小值时，VTC 曲线会退化，并且静态噪声容限会降至 0。当中间区域没有增益时，是不可能区分“0”和“1”的，且寄存器也无法具有双稳态。这就促成了一个边界条件。为了可靠地操作，我们需要提供一个容限。从图中可以看出，将电压值设置到热电压的 4 倍会带来一个合理的噪声容限（假设 n 为 1.5）。这大概等于 100mV。

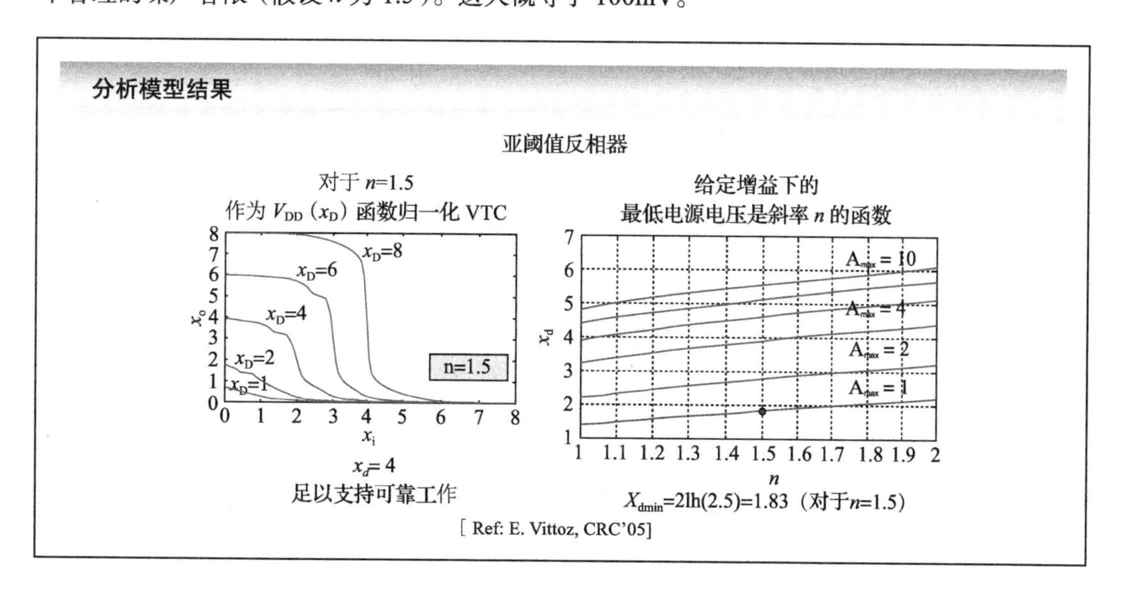

幻灯片 11.9

在 90nm 工艺下的仿真也证实了这些结果。当刻画最低电流电压作 pMOS/nMOS 比例的函数时，最小值出现在反相器完全对称时，即 pMOS 和 nMOS 具有相同的驱动能力时。对称性的任何偏离都会导致 V_{min} 上升。这意味着晶体管的尺寸将会在设计最低电压电路时起到作用。

仿真确认（在 90nm）

最低运行电源电压

V_{DDmin}(mV)

90 85 80 75 70 65 60 55 50 45 40

0.5 1 1.5 2 2.5 3

pn 比例

对于 n= 1.5,
$V_{DDmin}=1.83\Phi_T$
= 48mV

观察：非对称的 VTC 增加了 V_{DDmin}

同时注意到仿真的最低电压 60mV 是比理论值 48mV 略高的。这大部分是因为“操作点”的定义。在 48mV 下，反相器刚刚能够工作。在仿真中，我们假设了一个 25% 的容限。

幻灯片 11.10

上拉和下拉网络的对称性在复杂逻辑门中最低运行电压也是非常重要的。例如，考虑一个 2 输入“或非”门。

上拉和下拉网络的驱动能力取决于输入值。当只有一个输入在变化（另一个固定在“0”）时，内在的非对称性就会导致较高的最低电压。这导致了一个有用的设计准则：当设计最低电压逻辑网络时，我们应该尽力使逻辑门在所有输入情形下具有对称性。

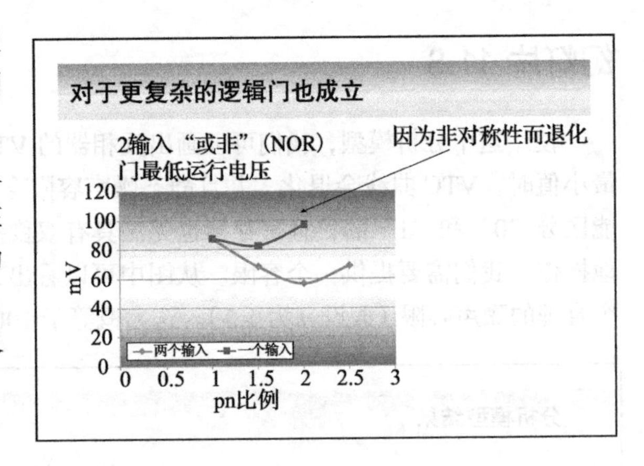

幻灯片 11.11

既然最低电压的问题解决了，每次操作能量（E_{OP}）的最小值问题也就能攻克了。在香农（Swanson Meindl）1972 年的文章中 [Meindl, JSSC'00] 宣称移动一个单独的电子所需要的最低能量等于 $kT\ln(2)$。这个结果从几个方面来看都是值得注意的。

- 这个有关数字逻辑运行的最低能量的表达式很早前就被约翰·冯·诺伊曼所预测出（[Von Neumann, 1966] 中介绍）。之后朗道声称这仅在物理计算机中的“逻辑不可逆”操作中适用，即通过产生并消除相对应数量的位信息熵而耗散能量。这个界限因此并不适用于可逆计算机（如果能够造出来的话）[Landauer，1961]。
- 这也正是第 6 章中所得到的用来在介质中传递一个位信息的最低能量的表达式。那个结果是从香农定律中推导而来并基于信息论论证的。

每次操作能量最小值

冯・诺伊曼预测：$kT\ln(2)$

J. von Neumann,
[Theory of Self-Reproducing Automata, 1966]

- 在 V_{DDmin} 下移动一个电子
  - $E_{min} = QV_{DD}/2 = q\,2(\ln 2)kT/2q = kT\ln(2)$
  - 也称作香农 – 冯・诺伊曼 – 朗道极限
  - 在室温下（300K）：$E_{min} = 0.29\ 10^{-20}$J
- 90nm 工艺最小尺寸 CMOS 反相器工作在 1V
  - $E_{min} = CD_{DD}^2 = 0.8\times10^{-5}$J，或者比此极限值高 5 个数量级

我们能多么接近这个极限？

[Ref: J. Von Neumann, III'66]

一开始看起来通过不同的方法得到了相同表达式的事实是难以置信的。基于更仔细的分析，所有的推导都是基于一个共同的针对具有高斯分布的白热噪声的假设。在这种情况下，一个可以被区分出来的信号必须是 kT 噪底的 ln (2) 倍之上。基于这种多源性，$kT\ln(2)$ 通常也称为香农 – 冯・诺伊曼 – 朗道极限。

一个更实际的角度，标准的 90nm CMOS 反相器（1V 电源）的能量大概比这个最低值高 5 个数量级。考虑到一个 100 倍于最低值的容限来保证稳定的操作，这意味着 E_{OP} 可能会有一个 3 个数量级的减小。

幻灯片 11.12

上述的分析尽管对于设置绝对的界限时很有用，但是其忽略了一些实际的考量方面，如

亚阈值反相器的延迟

$$t_p=\frac{CV_{DD}}{I_{on}}\approx\frac{CV_{DD}}{I_0 e^{\frac{V_{DD}}{n\Phi_T}}}\ (\text{对于}V_{DD}>>\Phi_T)$$

归一化 t_p 到 $\tau_0=C\Phi_T/I_0$：$\tau_p=\dfrac{t_p}{\tau_0}=x_d e^{-x_d/n}$

曲线拟合模型和仿真结果比较
（FO4，90nm工艺）

n = 1.36
τ_0 = 338
t_p (ns)
x_d
0 20 40 60 80 100 120
3 4 5 6 7 8 9 10

漏电流。因此，尽可能降低电压并不是降低能耗的正确答案。

然而将一个反相器运行在亚阈值区域可能会是一种接近最低能耗界限的一种方法。然而，不需要惊讶，这会带来非常大的性能损失。参考本书的惯例，我们仍然将这个设计任务映射为能量 – 延迟空间的优化问题。

运行在亚阈值区域的一个有趣的副产品是，公式都变得很简单而且是指数型的（正如晶体管中的情况）。在前面的对称性假设上，就能够推导出来反相器的延迟表达式。我们观察到电源电压的降低对延迟具有一个指数型的影响。

幻灯片 11.13

给定非常低的电流，那么波形就会具有非常慢的上升和下降时间。因此，输入信号的斜率可能会对延迟有很大影响。仿真结果显示延迟确实随着输入的过渡时间而增加，但是其影响与正常电压下的电路没有什么不同。关于短路电流（幻灯片 11.12 中的表达式并没有考虑）的问题也随之而来，并且需要在延迟分析中考虑。这并不意味着只要输入 / 输出信号的斜率被平衡了，或者输入的斜率小于 t_0 就可以了。

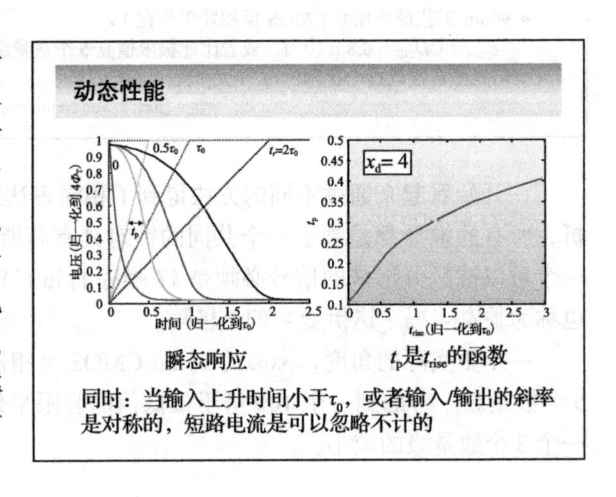

幻灯片 11.14

关于功耗的表达式也被推导出来。对于 $x_d \geqslant 4$，逻辑电平几乎等于电源电平，并且漏电流简单地为 I_0。将动态和静态功耗结合在一个表达式中，活动因子 $\alpha(=2t_p/T)$ 应该被引入，正如我们在第 3 章所做的。

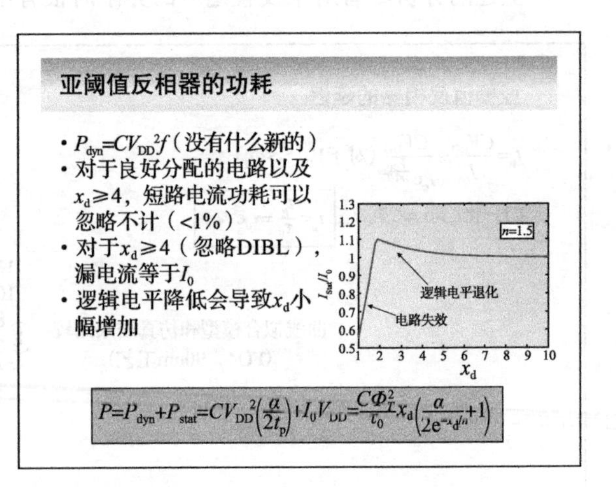

幻灯片 11.15

现在我们能够画出作为归一化电源电压 x_d 和活动因子 α 的函数的归一化功耗 - 延迟曲线和能耗 - 延迟曲线。当活动因子 α 非常高（α 接近 1），动态功耗占主导，并且是 x_d 尽可能低会非常有帮助。相反，如果活动因子 α 很低，增加电压会有帮助，这是因为它提高了时钟周期（因此也提高了每个单独周期中的能量和漏电）。

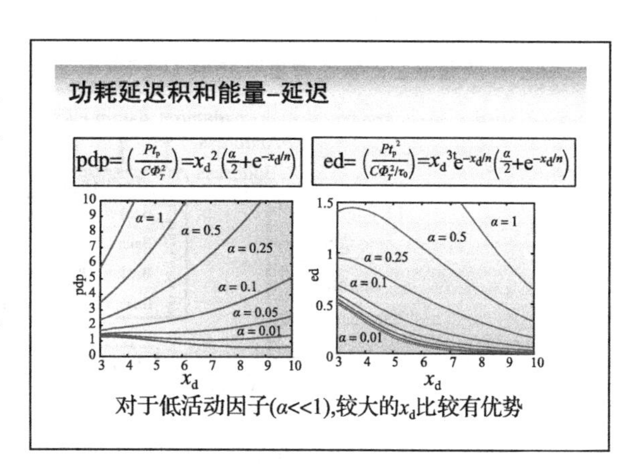

幻灯片 11.16

如之前所示意的，功率 - 延迟和能量 - 延迟指标某种程度上是没有意义的，这是由于它们没有将能量 - 延迟的权衡考虑在内。一个更加相关的问题是，对一个给定的任务和给定的性能需求，什么样的电压会最小化能量。答案很简单，尽量使电路越活跃越好，并减小电源电压到最低可以允许的值。低活动因子电路必须工作在高电压下，这就会导致更高的 E_{oP}。这就使一些有趣的逻辑和架构级别的优化成为可能。更加浅的逻辑相比于较长的复杂的关键路径更为可取。相似地，通过增加活动因子，例如时分复用就是一个降低能量的方法，如果减少能量是目标。

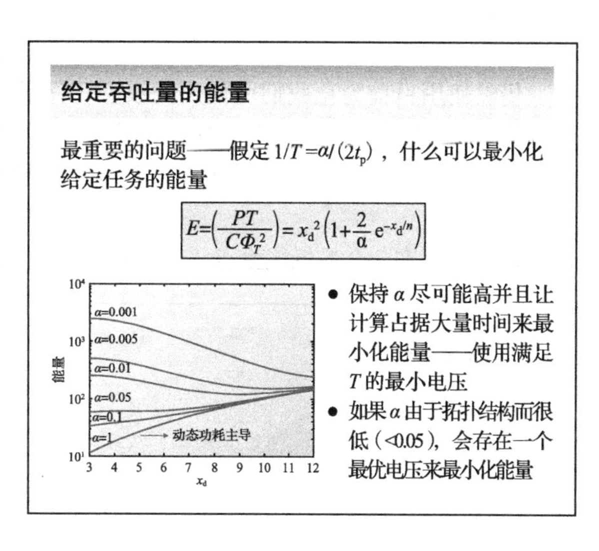

幻灯片 11.17

为了展示亚阈值设计的潜力及其潜在的陷阱，我们做一些案例研究。在第一个例子中，分析一个能量敏感的快速傅里叶变换（FFT）模块 [A. Wang, ISSCC'04]。对于正常的 FFT，大部分硬件分配给了“蝶形”计算单元，其中牵扯了复杂的乘法。模块中的另一个主要组件是用来存储数据向量的存储器模块。这个架构是参数化的，所以对于长度在 128 点到 1024 点的 FFT 运算和数据字长为 8 位到 16 位的情况都可以有效地计算。

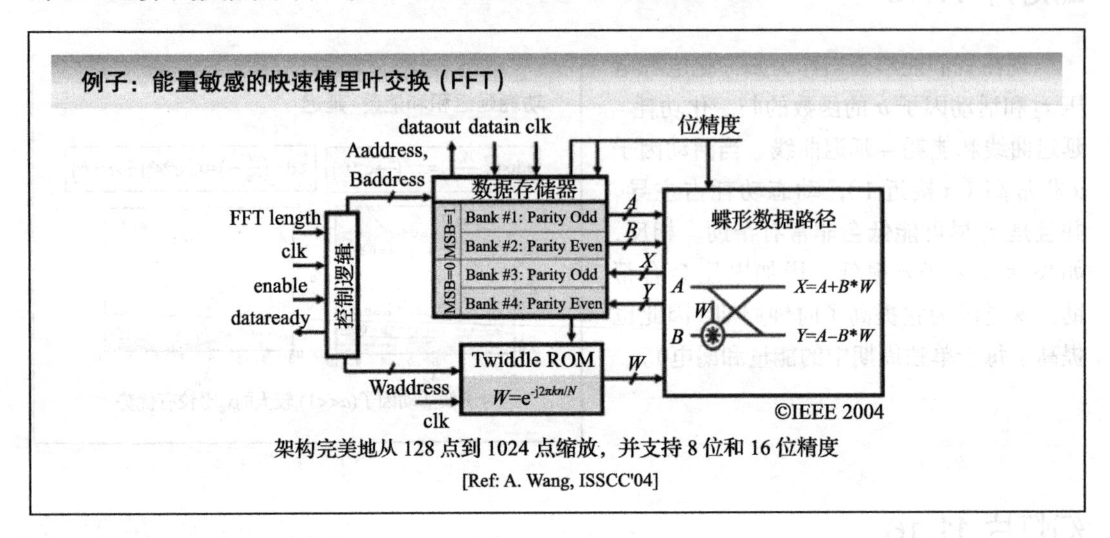

架构完美地从 128 点到 1024 点缩放，并支持 8 位和 16 位精度

[Ref: A. Wang, ISSCC'04]

幻灯片 11.18

仍然使用目前为止我们所使用的模型，仔细地研究 FFT 模块的能量 – 延迟空间。在这个研究中，我们最感兴趣的是决定最小能量点及其位置。所考虑的设计参数是电源电压和阈值电压（对于固定的电路拓扑结构）。仿真得到的能量 – 延迟图提供了一些有趣的结果（对于 180nm 工艺）：

- 确实存在一个最低能量点，位于亚阈值区域（V_{DD} 为 0.35V，V_{TH} 为 0.45V）。

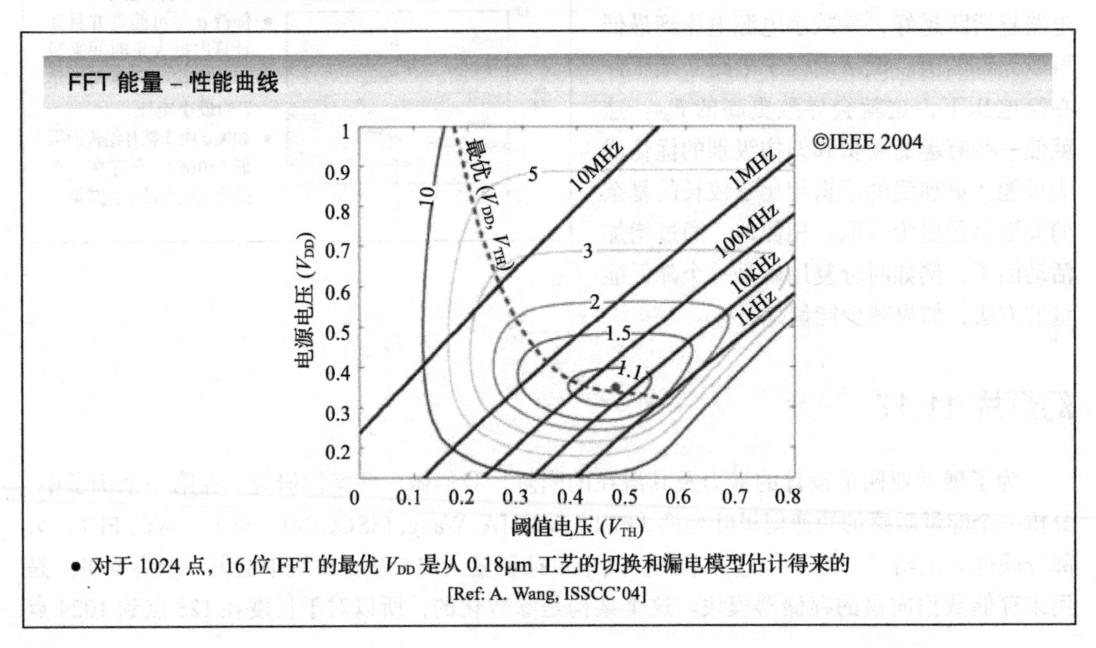

- 对于 1024 点，16 位 FFT 的最优 V_{DD} 是从 0.18μm 工艺的切换和漏电模型估计得来的

[Ref: A. Wang, ISSCC'04]

- 这个操作点发生在 10kHz 的时钟频率处，显然这不是非常显著，但是性能并不总是问题。
- 如往常一样，可以找到一条最优的能量 - 延迟曲线。
- 通过进入更深的亚阈值区域而更多地降低吞吐量并没有帮助，这是由于漏电功耗会主导一切并且导致能量增加。
- 另一方面，如果允许高于最低值的能量少量增加（25%），性能就能够得到巨大的提升（10 倍）。这意味着亚阈值操作以较大的性能牺牲来降低能耗。

幻灯片 11.19

仿真数据也由 180nm 的原型芯片的实际测量结果所确认。这个设计展示了从 900mV 到 180mV 的功能。前面的分析会暗示一个更低的操作电压，然而第 7 章和第 9 章明确提到，SRAM 会第一个失效，而且会决定电源电压的最低值。

从能量角度看，仿真和测量互相吻合得很好，这再次确认了最低能量点存在于亚阈值区域。

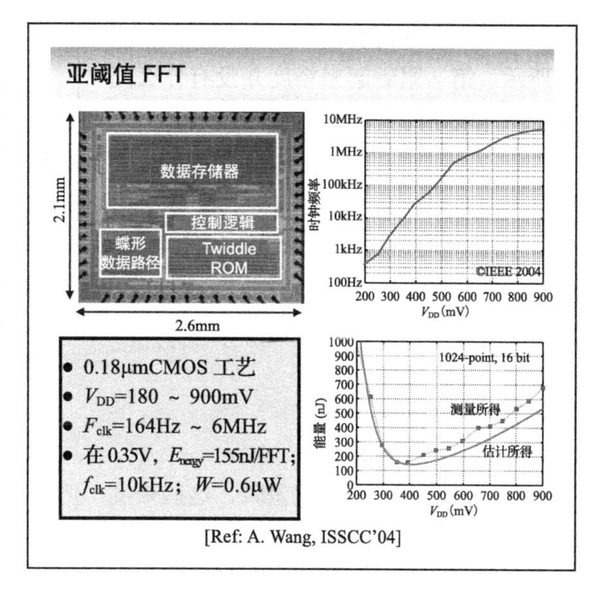

幻灯片 11.20

这个案例研究，通过确定逻辑门工作于弱反型区域的可行性，也突出了一些挑战。如果正确操作能被保证，仔细地决定尺寸是有必要的。对称的门级结构对于避免数据依赖性影响是十分必要的。工艺偏差所引起的偏移会进一步使设计变得复杂，尤其是阈值电压偏差会在亚阈值区域具有非常严重的影响。而且如前面的幻灯片所示，保证超低电压下的存储器可靠运

亚阈值设计挑战

- 很明显只适用于非常低速的设计
- 目前仅仅分析了对称逻辑门
  - 非对称结构逻辑门的最低工作电压会增加
- 小心选择和指定尺寸对于逻辑门是有必要的
  - 数据依赖性可能造成逻辑门出现故障
- 工艺偏差会进一步加剧这一问题
- 寄存器和存储器都会成为主要问题

行并不是一件容易的事情。在接下来的几张幻灯片中我们会探索一些设计考量。

幻灯片 11.21

亚阈值区域的运行归结于pMOS和nMOS漏电流的平衡。如果其中一个器件太过强大，它就会在所有操作情况下压倒其他器件而占主导地位，导致错误的操作。对于一个简单的反相器和给定的nMOS晶体管的尺寸，最小和最大的pMOS晶体管的宽度就可以计算出来，如图所示。第一眼看起来裕度并没有什么问题，除非电压降到100mV以下。

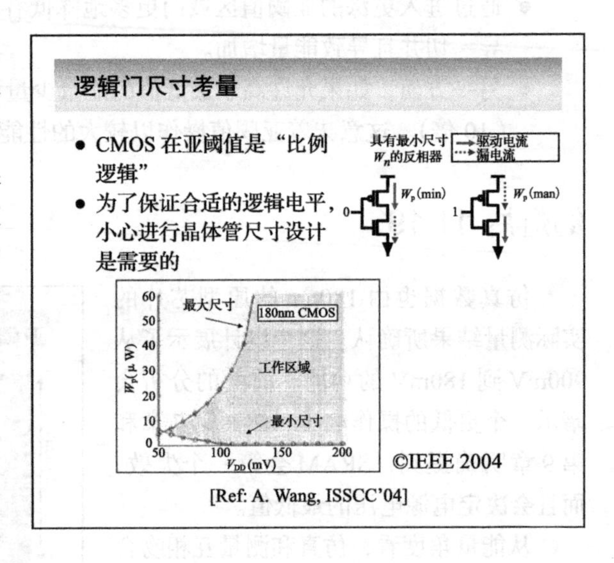

幻灯片 11.22

然而，当考虑工艺偏差时，这些裕度就会显著地减小。仿真结果显示，保证所有情况下的正确运行，对于低于200mV的电源压是非常困难的。从前面的章节，我们知道，设计者会做一些选择来解决这些问题。一种可能是使用大于最小值的沟道长度。然而不幸的是，这也会带来性能损失。自适应体偏置（ABB）是另一个选择，并且十分有效，如果工艺偏差在所感兴趣的区域是相关的。

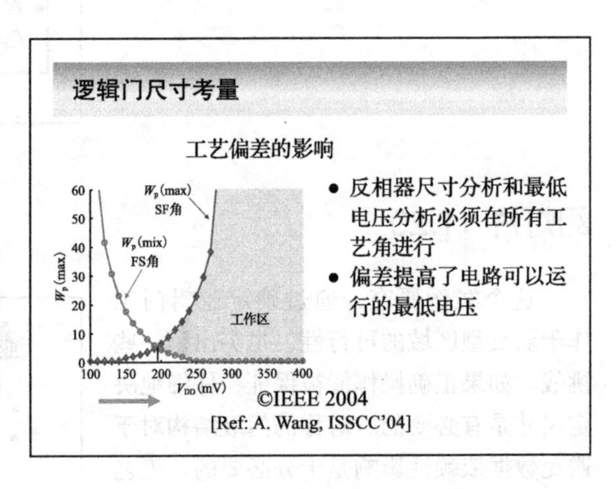

幻灯片 11.23

维持对称性的重要性在不同的输入数据的情况下显示在本张幻灯片中，其中，检查了两个不同的“异或”(XOR) 门结构。更为流行的 4 晶体管“XOR_1”结构在低电压下对于 A=1 和 B=0 的情况失效。而基于传输门的“XOR_2”则针对所有输入模式都可以很好地工作。

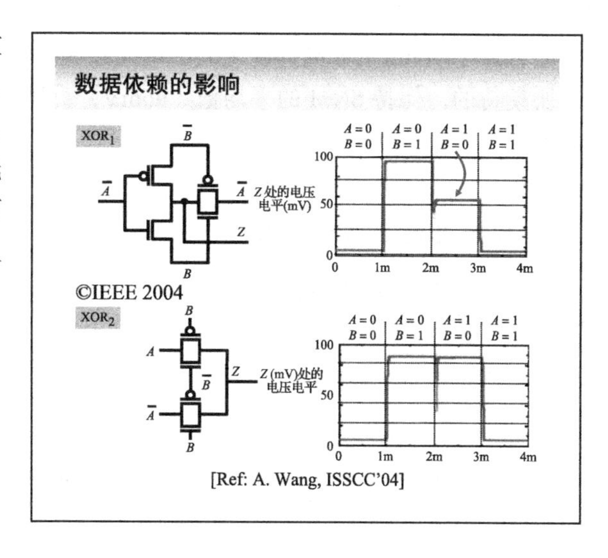

幻灯片 11.24

这个失效背后的原因在电路重画后会变得清晰起来。“XOR_1”在 A=1 和 B=0 的情况下的失效又是因为非对称，在这个特殊的情况下，三个关闭的晶体管的漏电主宰了一个单独的导通的 pMOS 器件，导致了一个未定义的输出电压。这对于“XOR_2”不会是问题，因为总有两个晶体管被分别拉至 V_{DD} 和 GND。

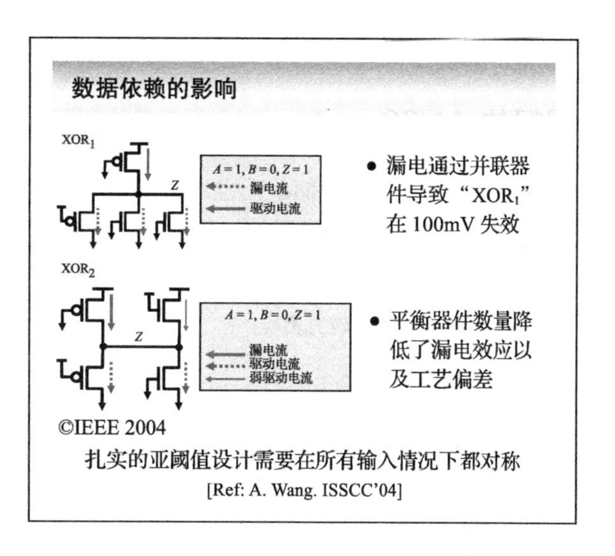

幻灯片 11.25

现在已经证明了逻辑器件可以在低至 200mV 左右安全运行。这就回避了一个问题，即是否这对于另一个数字电路设计中重要的组件（即存储器）仍然适用。从前面章节关于存储器的讨论（第 7 章和第 9 章）中，你们也大概能够推测到这并不容易。降低电源电压会导致读 / 写和保持静态噪声容限（SNM）减小。此外，这使得存储器对于工艺偏差、软错误和不规则的错误更敏感。访问晶体管的漏电流也负面地影响功耗。

评估不同因素可能导致的影响，读 SNM 的恶化最可能成为主要的忧虑。幻灯片中下面的图显示了 90nm 的 6 晶体管（6T）单元在 300mV 处读 SNM 和保持 SNM 的分布。正如我们所期待的，保持 SNM 的平均值（96mV）明显高于读 SNM（45mV）。此外，分布也明显更宽，一直延伸到了 0mV。

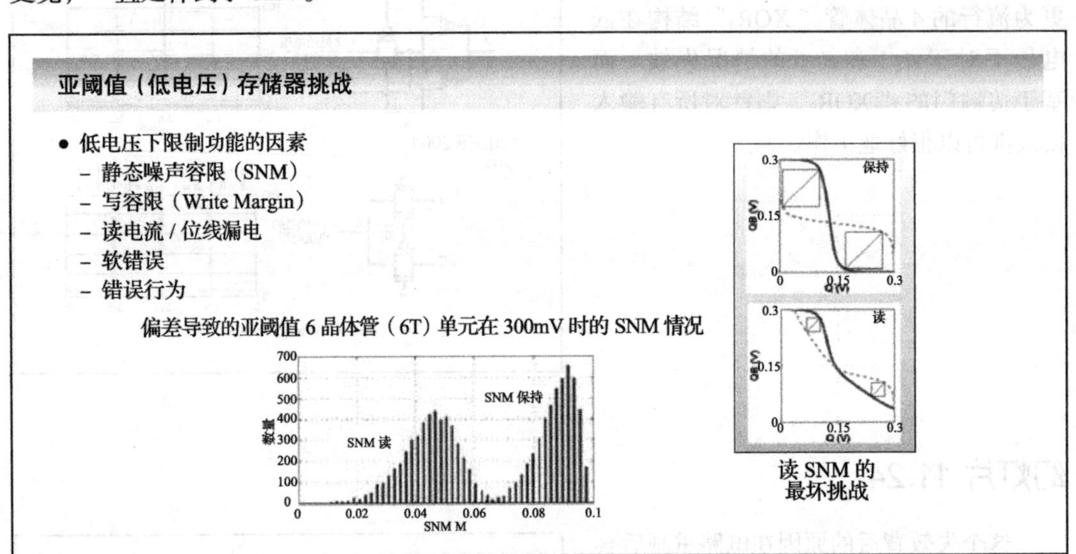

幻灯片 11.26

这意味着亚阈值存储单元也不会工作。克服工艺偏差影响的一个方法是增加晶体管的尺寸。但是，这会导致漏电增加，且可能会抵消电压缩放所带来的功耗收益。

亚阈值存储器实现方案

- 标准 6T 方式不会工作
- 电压缩放与晶体管尺寸设计
  - 在亚阈值区域，电流和电压呈指数关系
  - 使用电压（而非尺寸）来克服问题
- 新的位单元
  - 缓冲输出去除读 SNM 问题
  - 降低位线（BL）漏电
- 同时使用架构策略
  - ECC、交叉、SRAM 刷新、冗余

幻灯片 11.27

本张幻灯片展示了一个已经被证实能够工作在 300mV 的存储单元。它有针对性地解决了低电压下读 SNM 错误的可能性。通过使用单独的读缓冲，读操作通过单元优化来独立地解决。因此，电源电压可以在不影响读操作的情况下被降低。这只是一种可能的单元结构。其他的作者也提出了一些相似的方法（例如，[Chen'06]）。

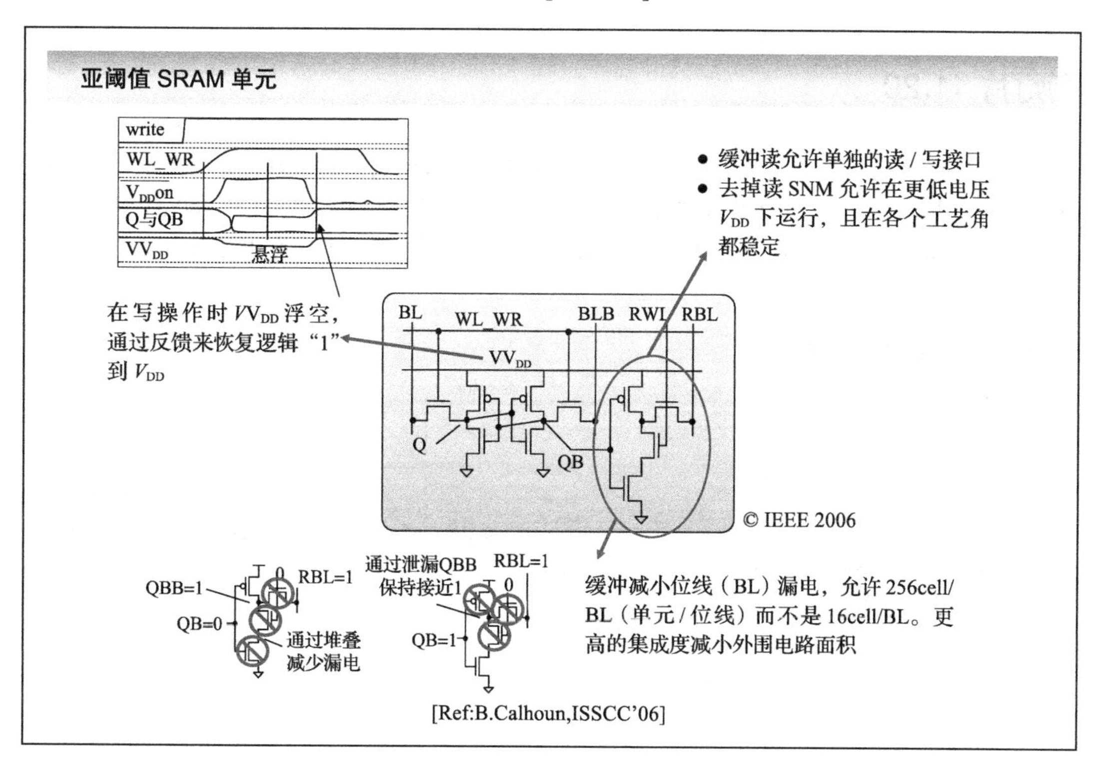

幻灯片 11.28

使用前面幻灯片中的单元结构，设计和测试一个 256KB 的 SRAM 存储器。低至 400mV

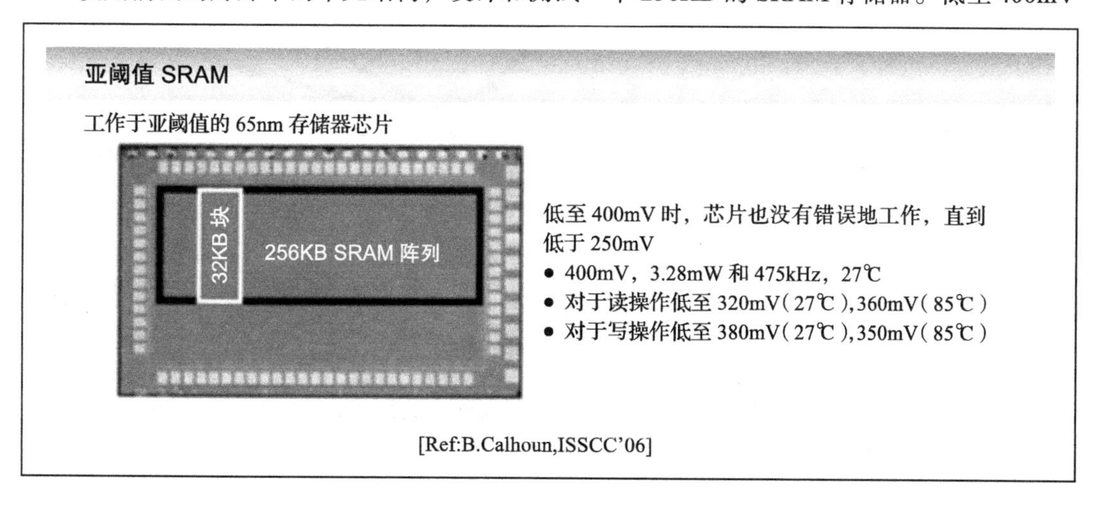

时，依然可靠地工作。

尽管这代表了很大的进步，解决了 SRAM 中更进一步的电压缩放（或其他类型的存储器）对于超低功耗设计的成功很明显很有必要（很抱歉，我们似乎总是在重复这些话）。

幻灯片 11.29

亚阈值数字电路对于超低能耗的嵌入式微处理器或微控制器的实现也是有效的。对于传感器网络应用的亚阈值处理器由密歇根大学的研究者研发出来。在 130nm 和 400mV 阈值电压（对于 V_{DS}=50mV）的 CMOS 工艺上实现，每个指令的最低能量 3.5pJ 在电压 350mV 时达到。

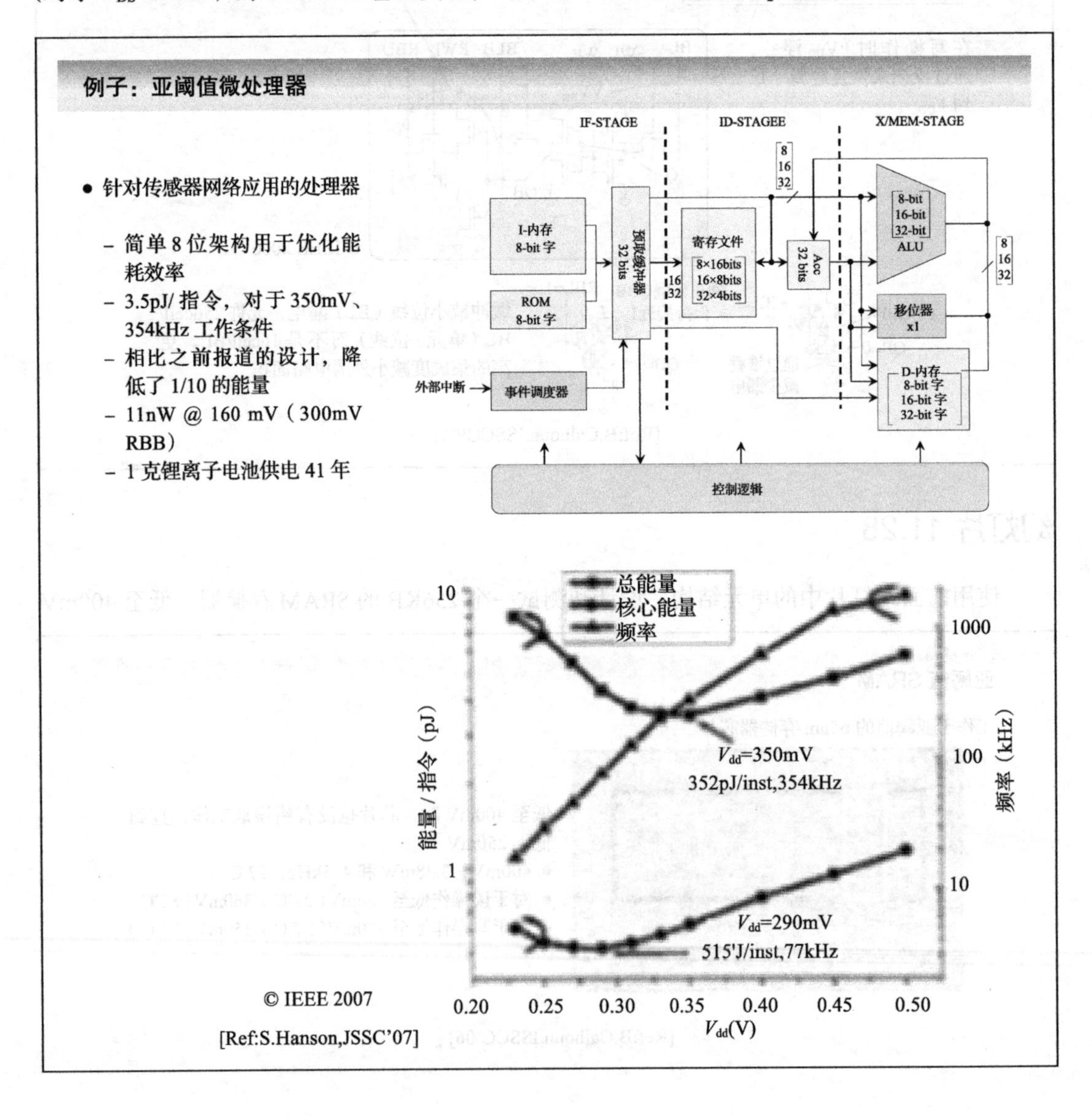

这是目前为止所记录的针对微处理器或者信号处理器的最低能量效率。在更低的电压下，漏电功耗开始起主导作用，且每个指令的能量重新增加。如果只有处理器内核被考虑（忽略存储器和寄存器文件），最优能量的电压值会朝着更低的水平移动（即 290mV）。更多的能量降低可以通过反向偏置来获得，当然，以牺牲性能为代价。

如前面章节所述，最低电压工作点与 nMOS 和 pMOS 晶体管在亚阈值区域具有相同驱动能力的工作点相重合。鉴于亚阈值区域显著的工艺偏差的影响，通过设计技巧很难实现这个匹配。使用动态体偏置技术可以帮助补偿不同的驱动能力。在 [Hanson，07] 中介绍的体偏置优化有助于减少 30 ~ 150mV 的最低工作电压。

幻灯片 11.30

一个亚阈值处理器的原型实现在本张幻灯片中展示 [Hanson07]。当处理器功耗降至足够低时，事实上数字逻辑和存储器可以通过集成在同一块芯片上的太阳能电池来供电。这可能代表了第一个完全的自给自足的处理器芯片。除了一系列的处理器之外，这块芯片也包含了大量的测量电路以及稳压器。

注意：最近，同一个研究组发表了另一个低功耗处理器（现在叫作 Phoenix）[Seok'08]. 在 180nm CMOS 工艺下，处理器在待机模式仅消耗 29.6pW，在动态模式消耗 2.8pJ/ 周期，当 V_{DD} 为 0.5V，时钟为 106kHz 时。注意，作者有意选择了一个比较旧的工艺节点来解决新工艺中的漏电问题。这也是能够降低静态功耗的一个原因。

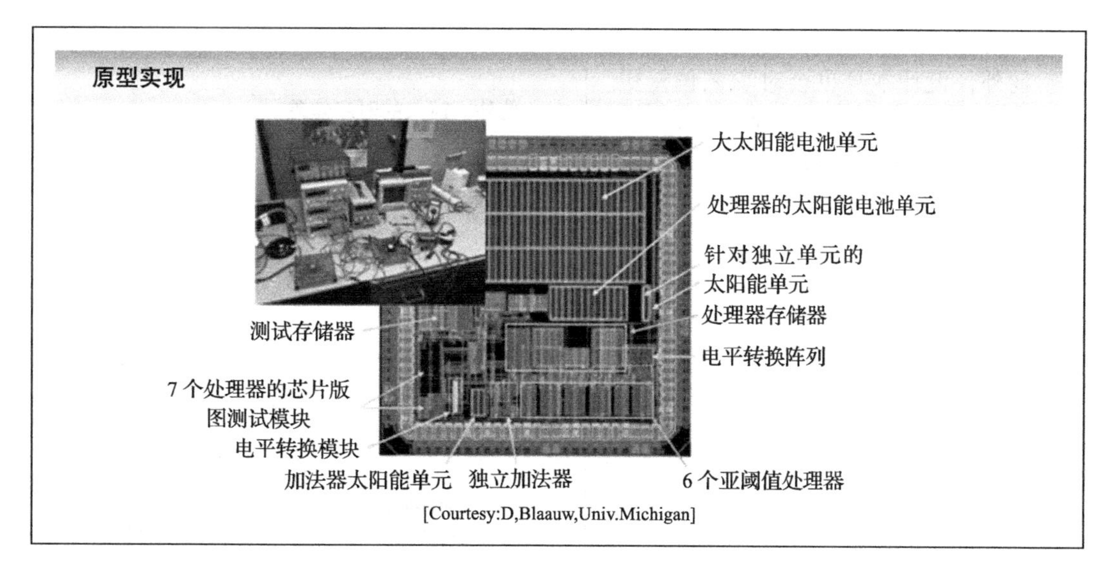

幻灯片 11.31

前面的讨论明确地证明了亚阈值设计在以最低能耗作为最主要的设计目标时是一个好方法。尽管在超低功耗设计领域，这是众所周知（追溯到 20 世纪 70 年代后期）的，但在更宽领域中引起兴趣则是最近几年的事情。这启发了学术界和工业界一些非常有趣的工作并在未来几年也是值得跟进的方向。

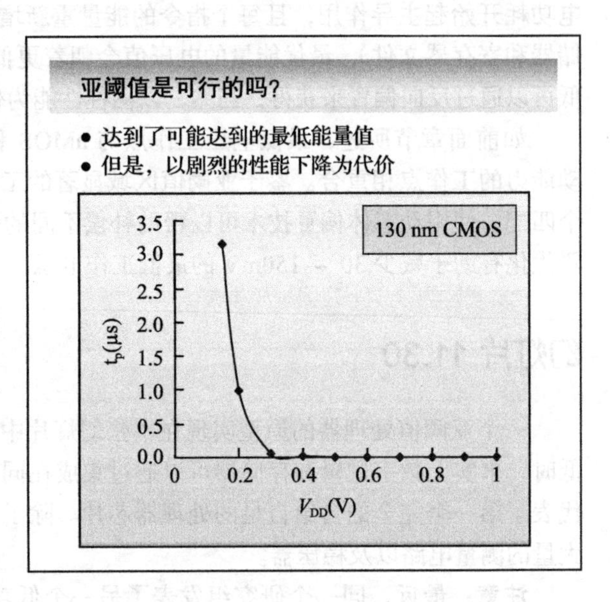

然而，必须清楚地知道，亚阈值设计会带来显著的性能下降。从这张图中可以明显看出来，其中画出的是延迟和电源电压的函数关系（线性量度）。如前面所述，延迟在电路进入亚阈值区域后会有一个指数型的增加，对于工作在几十万赫兹时钟频率的应用来说，这不会是一个问题。然而，有许多应用并不属于这个类型。

幻灯片 11.32

此外，设计本身也会对工艺偏差更加脆弱和敏感。这张图也明确地展示了出来，其中刻画了延迟方差和电源电压的函数关系。当运行在最差设计条件时，这会导致一个巨大的延迟开销。

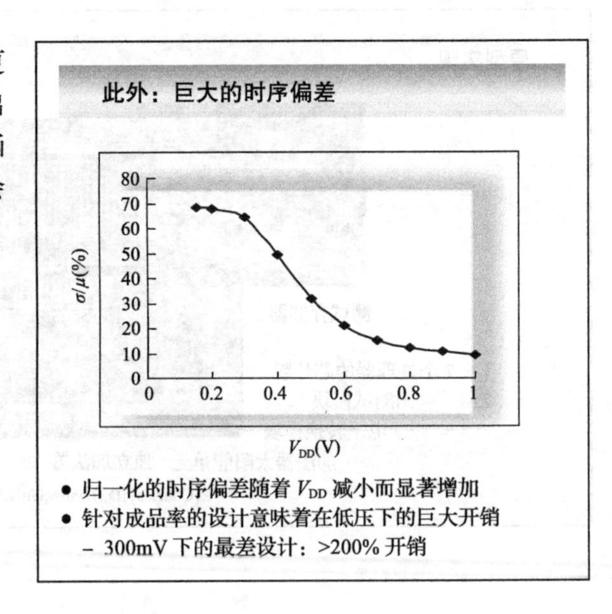

幻灯片 11.33

除了对于性能的影响，工艺偏差还可能会威胁到亚阈值电路的稳定性。通过反相器的导通 / 关断电流比值和电源电压的函数关系就可以清晰地看出（使用本章前面的公式）。对于小于 10 的比值，工艺偏差可以很容易使电路失效，或者迫使电源电压升高。合适的晶体管尺寸有助于改善一些弱点（如在快速傅里叶变换（FFT）处理器设计中展示的）。然而，工艺偏差明显给亚阈值设计设置了一个极限。

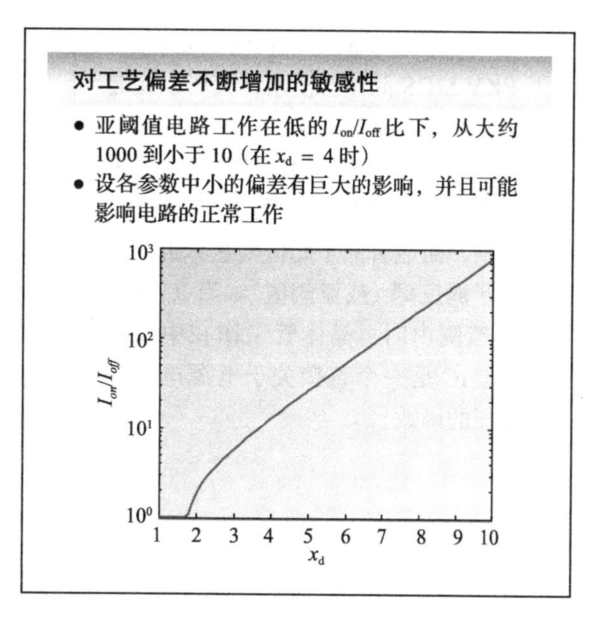

幻灯片 11.34

一个非常有吸引力的通过实践经验法则同时实现低能耗和合理性能的选择是，工作在能量 – 延迟空间的极点是不值得的。后退一点会使得所需要的代价减小。电路运行在比阈值电压略高处会避免性能的指数型损失。

其中一个让设计者很长时间避免使用这个区域的原因是，他们认为晶体管模型在这个区域不能准确工作。在这个区域进行手动分析和优化也是非常困难的，因为简单的性能模型（如 α 定律）不再适用。然而，降低电源电压和恒定的阈值电压结合使得中度反型区域变得越来越有吸引力。更好的消息是，能够覆盖整个操作区域的晶体管模型和性能模型如今已经具备。

一个解决方案：后退一步

- 最低能量点的性能开销呈指数般巨大
- 运行在略高于阈值电压的地方来大幅改进性能，同时对能量的影响较小

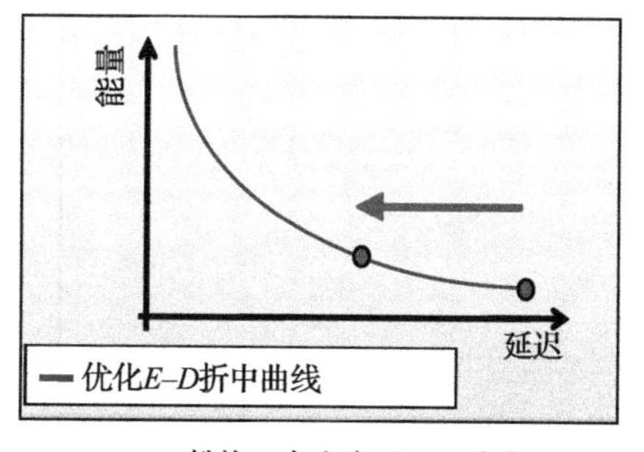

挑战：在中度反型区域建模

幻灯片 11.35

在 1995 年，Enz 和 Vittoz[Enz95] 引入了 EKV MOS 晶体管模型，其可以无缝地覆盖晶体管所有的工作区。这个模型的一个重要参数是反型系数（IC），它用来量度器件反型的程度。较大的 IC 值意味着强反型，而显著低于此值则意味着晶体管工作于弱反型（或亚阈值）。当 IC 值在 1 到 10 范围内时，晶体管工作在中度反型区域。IC 是一个直接关于电源电压和阈值电压的函数。

在全区域进行建模

- EKV 模型覆盖了强反型、中度反型以及弱反型区域

$$t_p = k\frac{CV_{DD}}{IC \cdot I_S}$$

K 是一个拟合因子，I_s 是特定电流，IC 是反型系数

- 反型系数 IC 度量饱和的程度

$$IC = \frac{I_{DS}}{I_S} = \frac{I_{DS}}{2n\mu C_{ox}\left(\frac{W}{L}\right)\Phi_T^2}$$

并且直接和 V_{DD} 相关

$$V_{DD} = \frac{V_{TH} + 2n\Phi_T + \ln\left(e^{\sqrt{IC}} - 1\right)}{1 + \lambda_d}$$

[Ref:C.Enz,Analog'95]

幻灯片 11.36

电源电压和反型系数 IC 的关系在本张图中显示（给定阈值电压）。从弱反型到中度反型和强反型需要提高更多的电源电压。

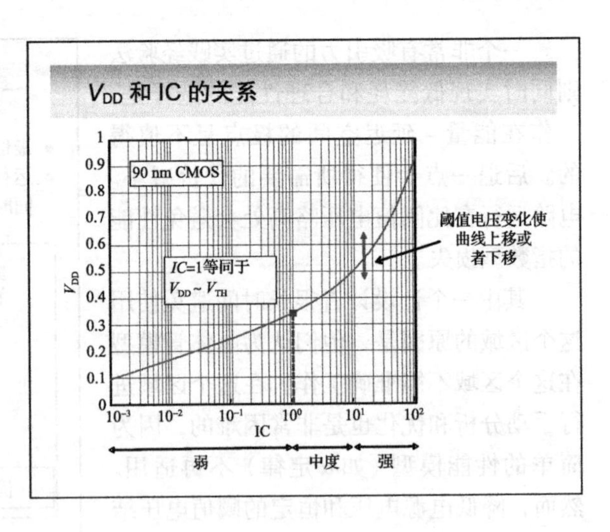

幻灯片 11.37

在幻灯片 11.33 中的基于 EKV 的延迟公式在宽广的工作区间内都具很好的匹配性（将拟合模型参数 k 和 I_S 得到仿真数据后）。尽管延迟模型在弱反型和中度反型区域很准确，对于强反型却会有一些偏差，这是由于这个模型不能很好地处理迁移率饱和这个问题。然而，这对于现在的许多设计不会是问题，其 IC 值不会超过 100。另外，最近的模型改进解决了这些问题。这个分析证明了让设计运行在中度反型和弱反型区的边界是没有问题的。

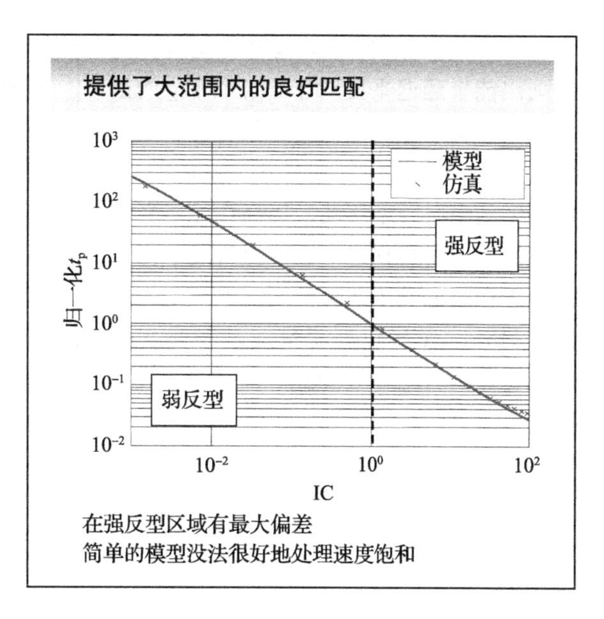

幻灯片 11.38

一个基于 IC 的能量模型也可以被建立。再次，活动因子 α（$=2t_p/T$）用于结合动态和静态功耗部分。电容 C 是有效电容值，即每次操作的平均切换电容。每次操作能量（E_{OP}）针对 IC 和 α 的函数关系刻画如图。实线代表模型，而虚线则代表仿真结果。正如所期待的，当 α 为 1 时 E_{OP} 在所用工作区达到最小值。在这种情况下，尽可能降低电源电压并让电路运行在非常低的 IC 值就有意义。然而，对于不是很活跃的电路，最低能量点会朝着较大的 IC 值移动，并最终移到中度阈值区域。

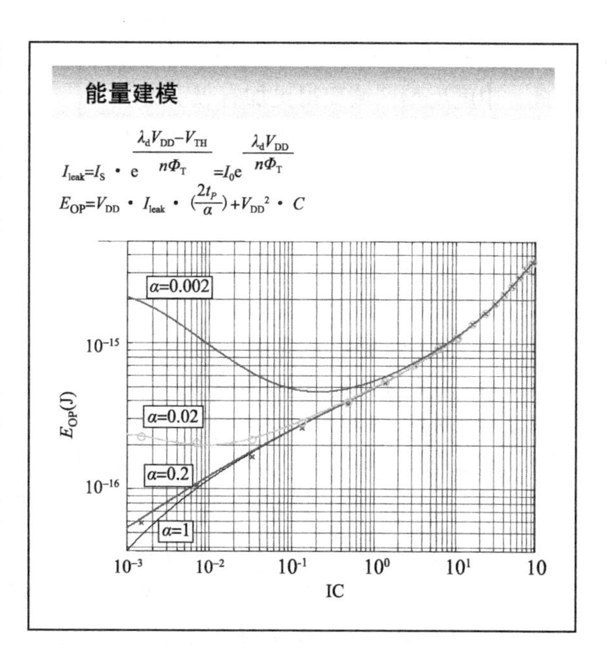

幻灯片 11.39

现在可以结合 EKV 延迟和能量模型并画出能量延迟平面对于 V_{DD} 和 V_{TH} 的函数，以活动因子为独立的参数。对于 0.02 的活动因子，我们看到最小 E_{OP}（点）从弱反型到中度反型移动来提高性能。非常有趣的是，观察到这个性能提升几乎完全是由于在固定电压下降低阈值电压所得到的。另外，观察到等能量线基本是水平的，这意味着增加性能几乎对于 E_{OP} 没有影响。

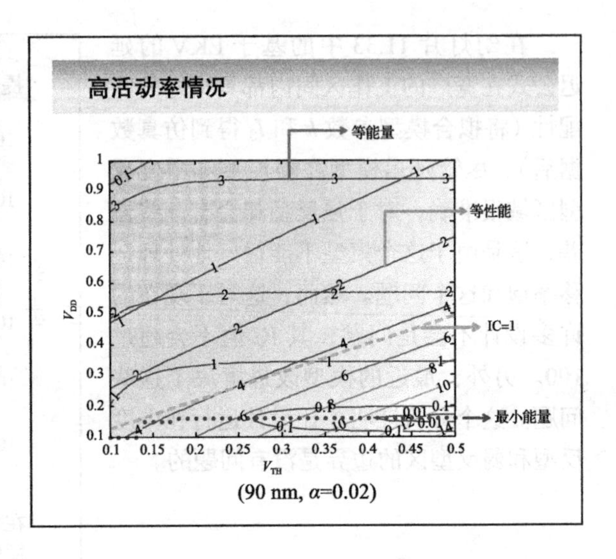

(90 nm, α=0.02)

幻灯片 11.40

当活动因子进一步降低（$\alpha=0.002$），最低能量点会出现在更高的电源电压处。因此，中度反型区域变得更加有吸引力。

这个简单的分析示例表示 EKV 模型是一个在更广的工作范围内分析能量 - 延迟性能的有效工具。尽管是一个简单的例子，我们可以推测一些重要的指导原则（在讨论亚阈值性能时已经介绍过）:

- 从能量角度，电路在活动因子高（即较低的周期）时性能更好。
- 有时候这又不太可能，例如，所需要的吞吐量明显低于工艺所能达到的，最优工作点就不在稳定操作区域内，或者运行情况可以在很大范围内变化。在这种情况下，有一些可行的解决方案：

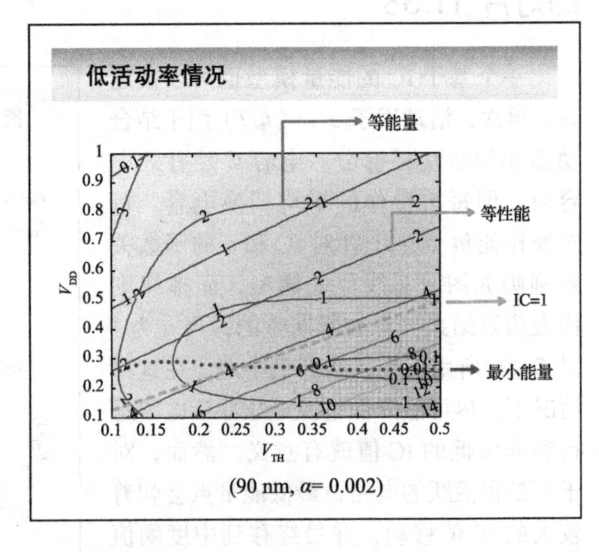

(90 nm, α= 0.002)

（1）改变架构来提升活动因子（例如，时分复用）。

（2）使电路工作在较高的活动水平并在结束时使之进入待机模式。

（3）在给定低活动因子时找到最好的可能的工作条件。这通常出现在较高的电源电压处。

幻灯片 11.41

如前所述，前面几张幻灯片中使用的例子都象征性地表示了 EKV 模型的潜力，它本身也非常简单。为了展示建模和优化策略，并对于更复杂的例子也适用，让我们看一个全加器单元的例子。考虑只使用 2 输入“与非”门和反相器来实现单元功能。

90nm CMOS 工艺的 EKV 模型可在前面的幻灯片中得到。“逻辑努力”模型参数也是可用的。对于一个较小的“努力”，我们现在能够推导出整个加法器的延迟和能量模型。

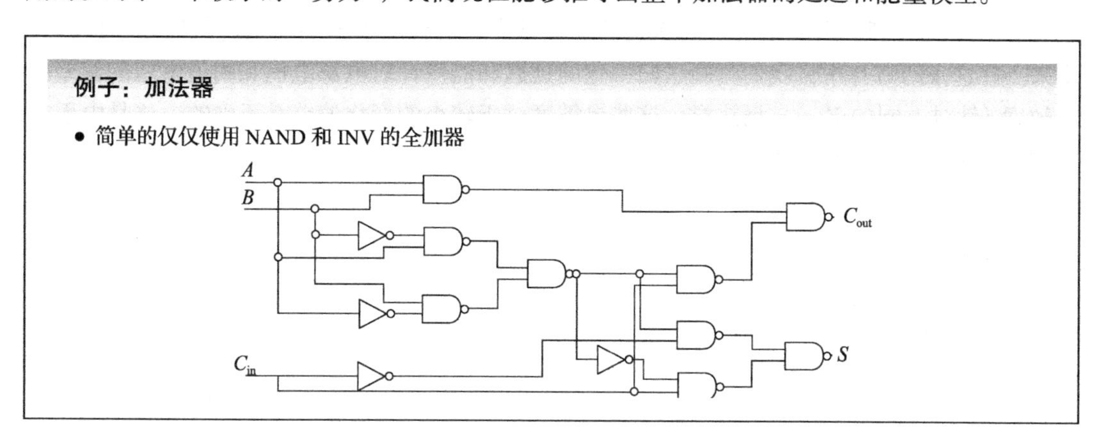

幻灯片 11.42

作为活动因子（以及反型系数 IC）的函数的能量 – 延迟曲线画出如图。注意这些分析结

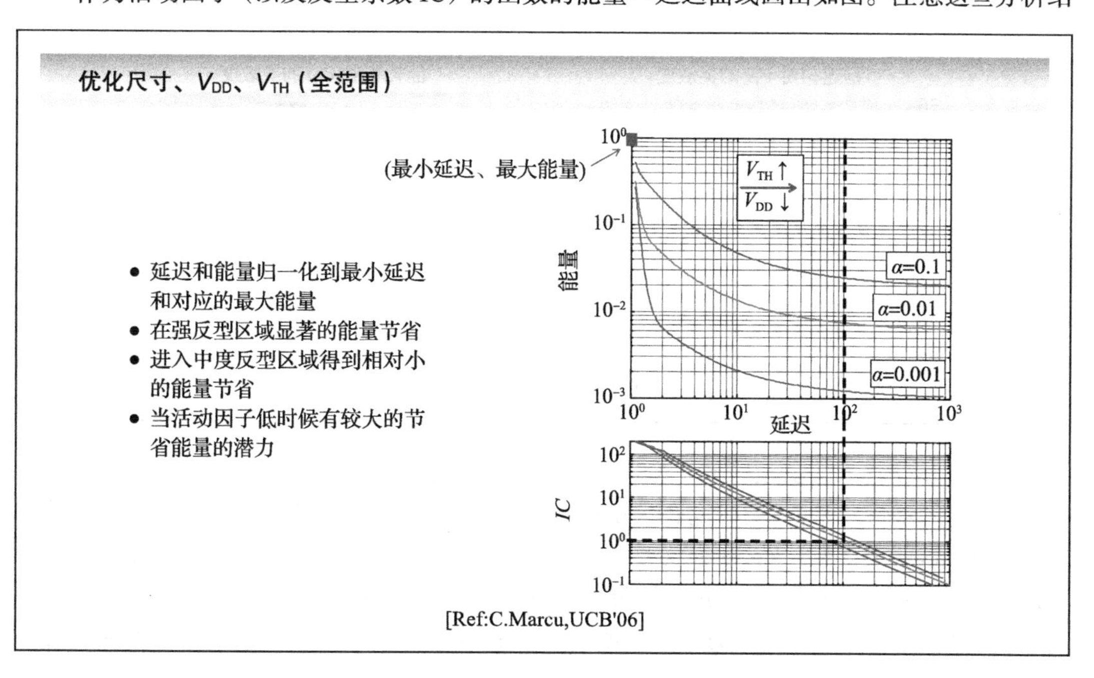

果横跨所有的工作区域。正如所期待的，最大的能量节省来自从强反型区域进入中度反型区域。从中度反型区域到弱反型区域对 E_{OP} 仅仅有很小的影响。另一个很明显的是，最小的延迟会带来巨大的能量损失。此外，图中还显示了更大的能耗减小可以通过更低的活动因子来实现。这可以解释为在低活动因子下漏电流很重要。

幻灯片 11.43

另一个具有延迟和能量解析表达式的优势是，针对参数偏差的灵敏度可以轻松地计算出来。在这张幻灯片中，我们刻画了归一化的延迟和能量针对电源电压和阈值电压的偏差的灵敏度（针对不同的 V_{TH}）。请注意，这些灵敏度对于较小的变化偏差是正确的，这是由于它们代表了能量和延迟的梯度。

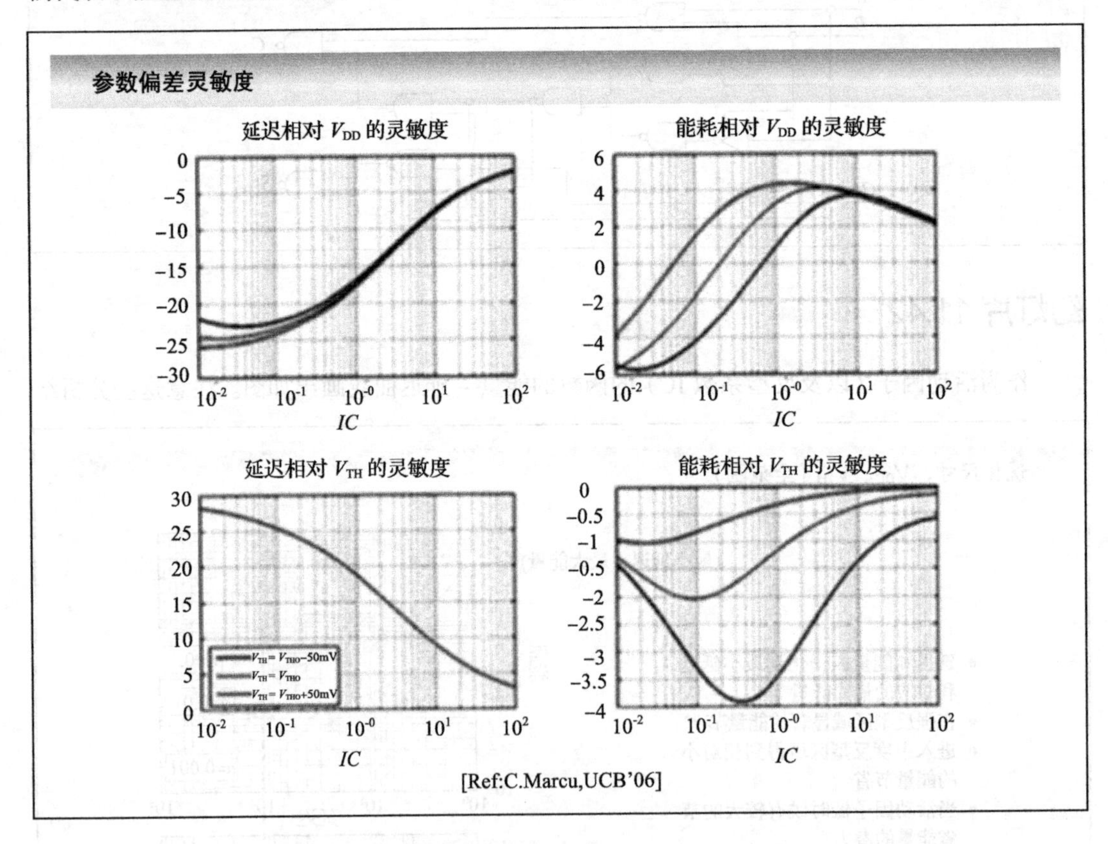

左图展示了进入弱反型区域（或许与所选的 V_{TH} 无关）后延迟灵敏度针对 V_{DD} 和 V_{TH} 具有一个很大的增量。能量关于 V_{DD} 的灵敏度在动态能量占主导地位时是正值，当漏电占主导时为负值。这就很直观：V_{DD} 在强反型区域的增加主要影响了能耗；在弱反型区使得性能显著提升，从而减少了电路漏电的时间。能量灵敏度针对 V_{TH} 的绝对值最终变得对所有 V_{TH} 值都相同。然而，由于针对不同的 V_{TH} 能量都有不同的绝对值，归一化的灵敏度最大值发生在绝对能量最小的点。

幻灯片 11.44

到目前为止，我们研究了如何通过降低电源电压来实现超低功耗，而保持阈值电压基本不变的方法。尽管这使得显著的能量减少变得可能，但是最终的能量节省是有限的。此外，离香农 – 冯·诺伊曼 – 朗道界限仍然很遥远，这很明显在本张幻灯片中显示出来，其中的图表刻画了在 90nm 到 22nm 工艺的反相器的能量 – 延迟曲线。这张图是通过 PTM 模型在正常阈值电压下的 423 级环形振荡器的仿真中得到的。尽管从仿真结果中可以看出，最低 E_{OP} 仍然会持续降低，这个减少却非常小，在 5 个工艺节点下减少不到 25%。这当然没有反映可能的工艺创新。即使假设最终的能量界限是 $kT\ln(2)$ 的 500 倍，22nm 的方案仍然比这个值高 40 倍。

因此，我们要发散思考进一步减少能耗需要什么。除了使用完全不同的工艺，看起来唯一合理的选择是，找到一个能够减小阈值电压且防止漏电流大幅增加的方法。这种方法的净效应会将最低能量点从弱反型区域移出到中度反型区域。我们可以构想一些实现这一目的的方法。

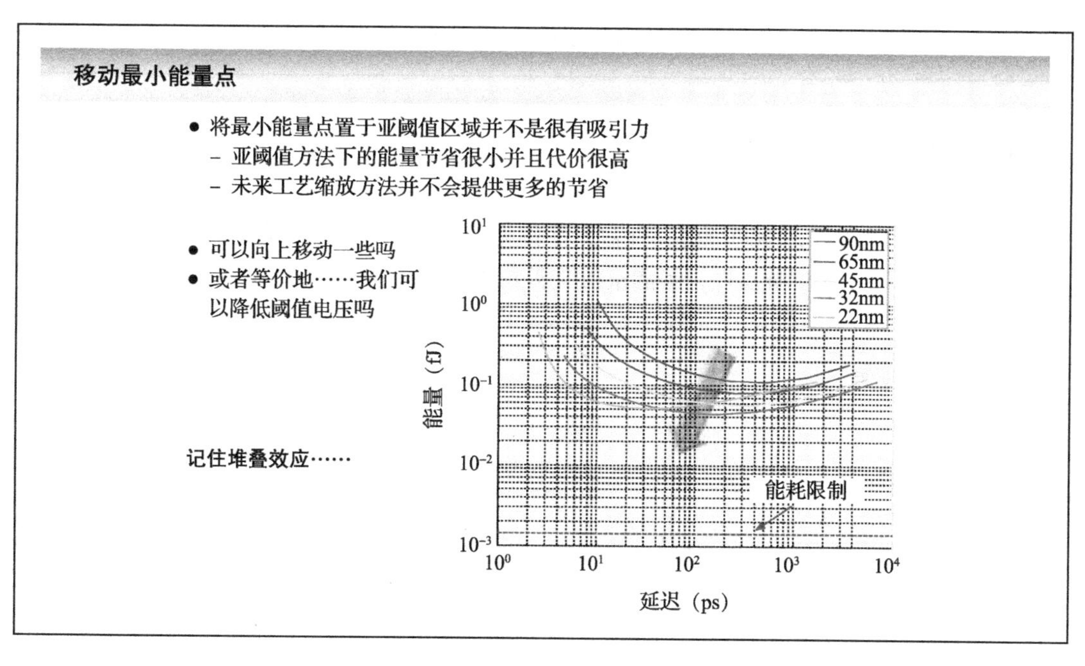

- 采用具有较陡的亚阈值斜率的器件（< 60mV/dec），这种晶体管如果存在，将会提供一个具有高能耗比的逻辑门。最近一些有希望的工艺被提出来。不幸的是，任何一个工艺离可靠量产都有一段很长的距离。但是仍然值得留意这个领域的发展。
- 选择不同的逻辑族，关于互补 CMOS 逻辑族的主要缺点是，漏电控制非常困难。其

他的逻辑类型可以提供更加精确的关断电流控制，因此可以成为超低电压和超低功耗的逻辑器件。

幻灯片 11.45

在第 4 章，我们分析了堆叠效应，其导致了在堆叠连接晶体管结构中，作为扇入数的函数，关断电流相比于导通电流增长更小。利用这种效应有助于设计具有合理 I_{on}/I_{off} 比值的逻辑结构，即使降低了阈值电压。针对有较大扇入数（复杂）的逻辑门的最低能量点应该具有较低的阈值电压。应该再次重复，一个额外的优势是，复杂逻辑门通常带有较低的寄生电容。

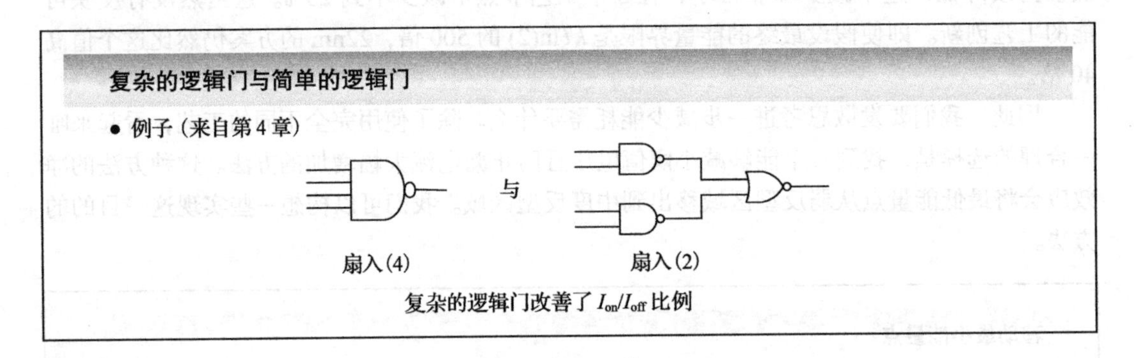

幻灯片 11.46

本张幻灯片显示了，不同堆叠器件数量下作为 V_{DD} 和 V_{TH} 函数的等能量曲线的仿真图也验证了这一点。对于大堆叠器件，等能量由线明显地朝低阈值电压值方向移动。

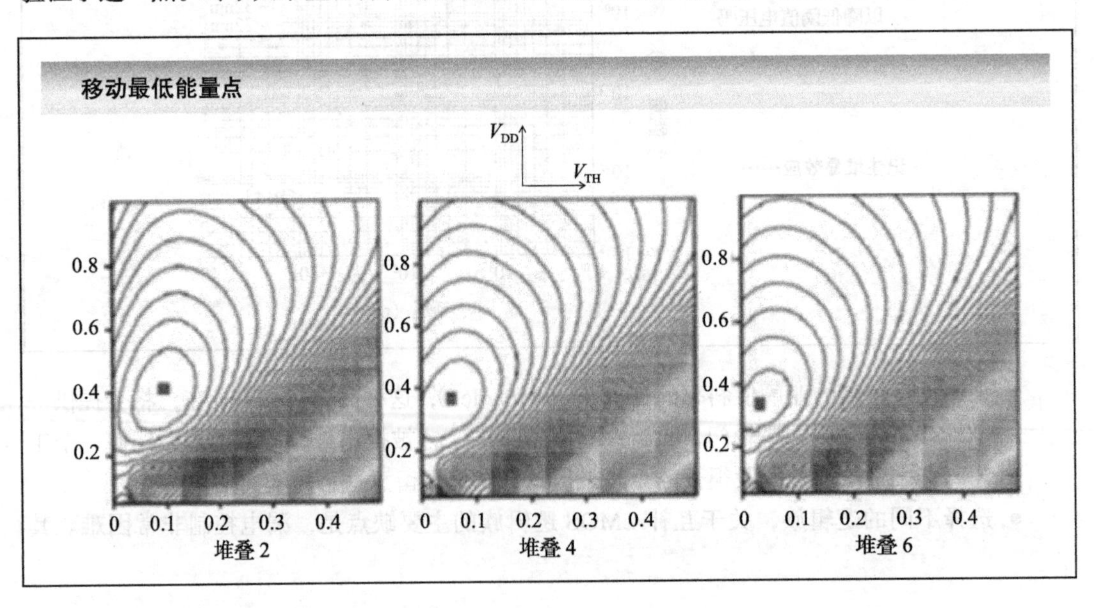

幻灯片 11.47

这个观察是比较 4 输入“与非”门的能量 - 延迟曲线和一个等效的只是用 2 输入“与非 - 或非”门的能量 - 延迟曲线。与电路活动因子无关，4 输入“与非”门在同样功能下消耗了更少的能量。

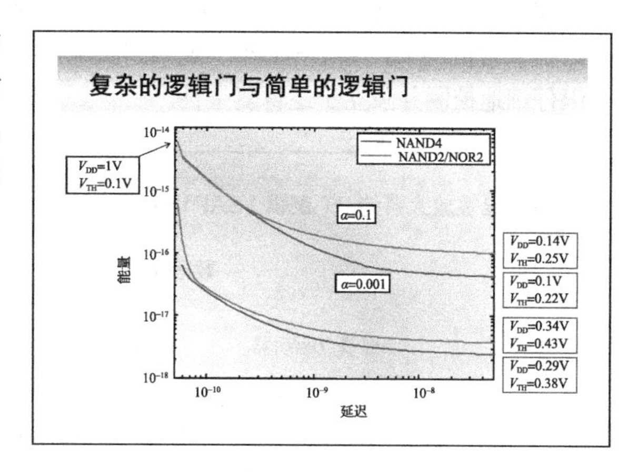

幻灯片 11.48

尽管这看起来是一个很令人鼓舞的想法，但是总的影响却非常有限。更多的改进则要求额外的门级结构修改。一个可靠的选择是使用通道晶体管（Pass-Transistor, PTL）方式。很多年来，PTL 都被认为是低功耗的首选，主要是因为其简单的结构和较小的开销。即使在关于 CPL 最早的文章中（互补性 PTL）[Yano'90]，其建议通道晶体管的阈值电压可以减到 0 来改进性能且不影响能量。在那时，静态功耗并不是一个主要的问题，而其位于输入端的可疑的漏电通路使得这种方法从漏电的角度来看不那么有效。

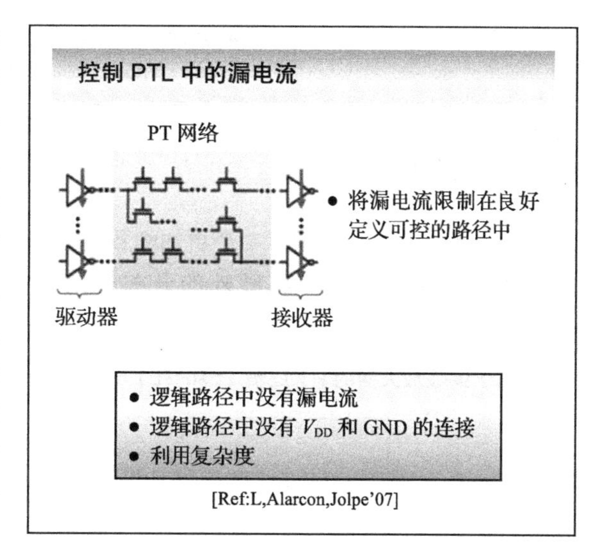

然而，一个基本的观察仍适用：开关网络，不管其复杂度，它们自己并不增加漏电，这是因为它们并没有形成任何直接接到 V_{DD} 和 GND 的电阻性连接。这种网络唯一的漏电来自于寄生二极管，并且非常小。这些开关只会将电流从输入端传导至输出端。

因此，对于这些输入和输出巧妙的连接和控制有助于结合这些有吸引力的特点：复杂的逻辑和较低的阈值电压，以及可控的导通电流及截止电流。

幻灯片 11.49

基于 PTL 逻辑族的灵敏放大器（SAPTL）代表了此类方式 [Alarcon'97]。在计算模式下，电流被注入通道晶体管树的根部。这个网络将电流连至 S 或者 $\overline{S}$ 节点。一个高阻抗的灵敏放大器仅在 S 和 $\overline{S}$ 之间的电压差足够大时启动，用来恢复电压值和加速计算。其结果是逻辑门可以在非常低的 I_{on}/I_{off} 值下工作。观察到漏电流只在负载驱动器和灵敏放大器中存在，因此可以仔细地控制并独立于逻辑复杂性。

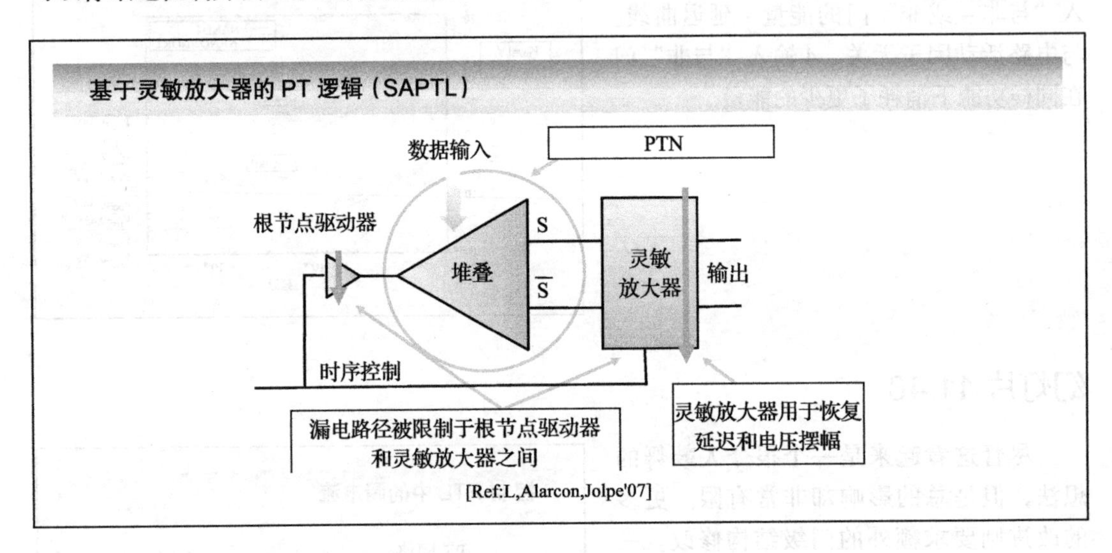

幻灯片 11.50

在本张幻灯片中显示了一个更加细致的管级电路图。通道晶体管网络被实现为一个反相树，并可以通过增加一层额外的开关来实现为可编程的（就像一个 FPGA 中的查找表

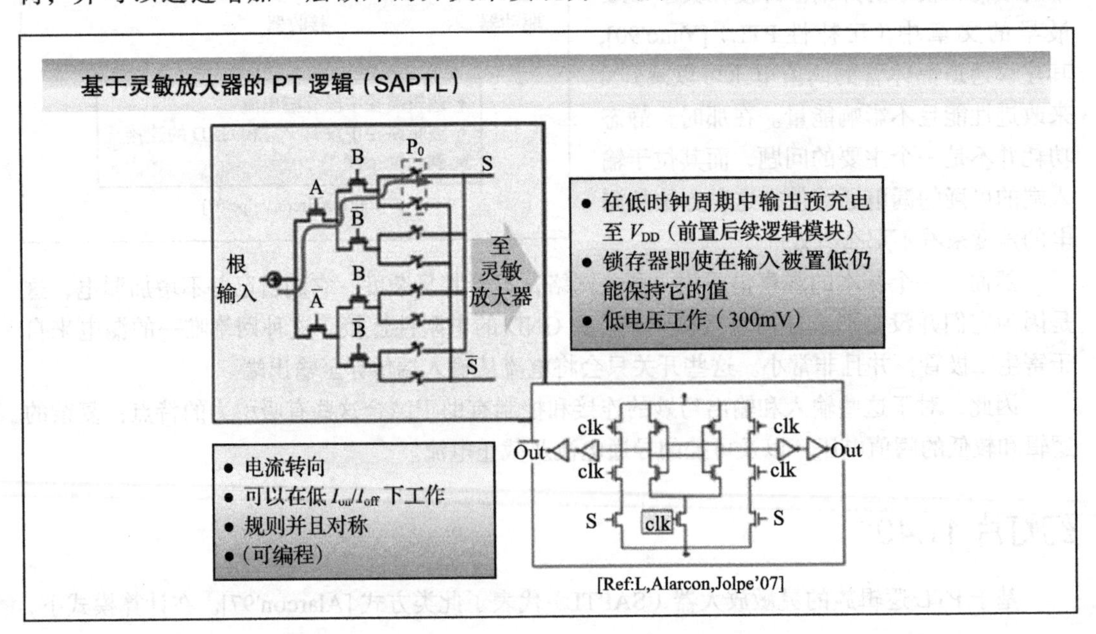

(LUT))。灵敏放大器的输出节点都会预充电到高，并且可以有条件地在计算时被拉到低，并有效地锁存结果。低至 300mV 的正常功能已经被证明了。

幻灯片 11.51

在 CMOS、传输门逻辑和 SAPTL 中的能量 – 延迟曲线的等价函数都在图中给出。这张图明确地证明了，每一个逻辑类型都具有它们自己的“甜区”。最为重要的，它显示了基于通道晶体管的逻辑族扩展了 MOS 逻辑的工作区间，使其能量水平显著低于传统的互补 CMOS 逻辑族。这个观察本身就足够有吸引力使电路设计者去探索其他的逻辑族来获得更加广阔的机遇。我们认为使用新的器件更会拓展这个空间。

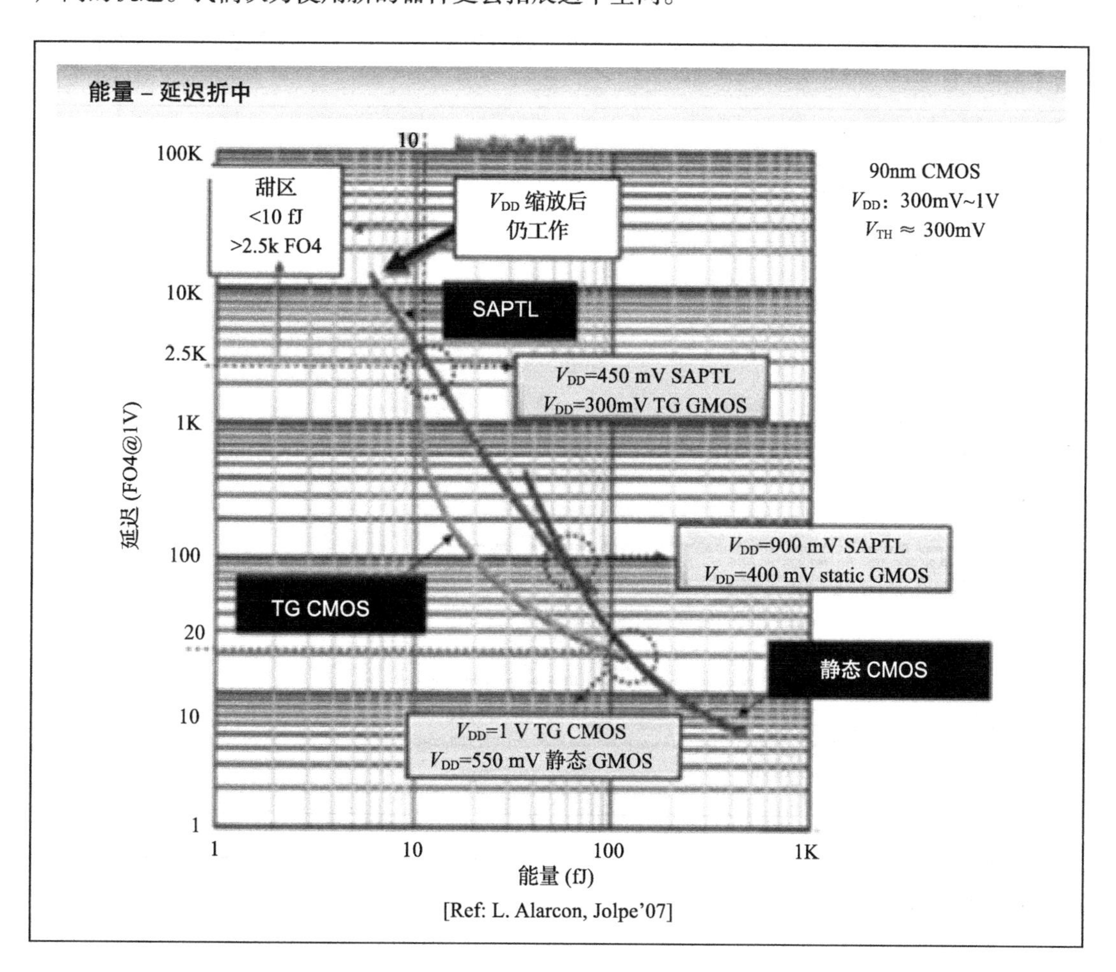

幻灯片 11.52

总之，如果更进一步追求计算最小化，那么进一步降低 E_{OP} 是十分有必要的。肯定还有提升的空间，正如香农－冯·诺伊曼－朗道界限（bound）所暗示的。使用晶体管的弱反型区域或者中度反型区域在某种程度上有助于接近这个界限，但是并没有带来巨大提升。实现后者的唯一方法是根本地改变设计逻辑功能的方法。

此外，很有可能需要重新回顾建立逻辑的方法。在当今的设计领域，逻辑输出被假设是完全确定的。当接近物理极限时，再坚持这个模型可能就不明智，当所有的过程都是基于统计的，计算可能也需要如此。

小结

- 为了继续工艺缩放，每位操作能量需要降低
- 但是电源电压的下限使这一情况复杂
- 如果需要继续缩放电压，那么电路工作于弱反型区域和中度反型区域的设计技巧，结合创新逻辑形式都是必需的
- 最终，确定性布尔计算模型可能需要放弃了

幻灯片 11.53～幻灯片 11.54

一些参考文献……

参考文献

书和章节

- J. von Neumann, "*Theory of self-reproducing automata*," A.W. Burks, Ed., University of Illinois Press, Urbana, 1966.
- E. Vittoz, "Weak Inversion for Ultimate Low-Power Logic," in C. Piguet, Ed., *Low-Power Electronics Design*, Ch. 16, CRC Press, 2005.
- A. Wang and A. Chandrakasan, *Sub-Threshold Design for Ultra Low-Power Systems*, Springer, 2006.

论文

- L. Alarcon, T.T. Liu, M. Pierson and J. Rabaey, "Exploring very low-energy logic: A case study," *Journal of Low Power Electronics*, 3(3), Dec. 2007.
- B. Calhoun and A. Chandrakasan, "A 256kb Sub-threshold SRAM in 65nm CMOS," Digest of Technical Papers, ISSCC 2006, pp. 2592–2601, San Francisco, Feb. 2006.
- J. Chen et al., "An ultra-low_power memory with a subthreshold power supply voltage," *IEEE Journal of Solid-State Circuits*, 41(10), pp. 2344-2353, Oct. 2006.
- C. Enz, F. Krummenacher and E. Vittoz, "An analytical MOS transistor model valid in all regions of operation and Dedicated to low-voltage and low-current applications," *Analog Integrated Circuits and Signal Proc.*, 8, pp. 83–114, July 1995.
- S. Hanson et al., "Exploring variability and performance in a sub-200-mV Processor," *Journal of Solid State Circuits*, 43(4), pp. 881–891, Apr. 2008.
- R. Landauer, "Irreversibility and heat generation in the computing process," *IBM Journal of Research and Development*, 5:183–191, 1961.
- C. Marcu, M. Mark and J. Richmond, "Energy-performance optimization considerations in all regions of MOSFET operation with Emphasis on IC=1", *Project Report EE241*, UC Berkeley, Spring 2006.
- J.D. Meindl and J. Davis,"The fundamental limit on binary switching energy for tera scale integration (TSI)", *IEEE Journal of Solid-State Circuits*, 35(10), pp. 1515–1516, Oct. 2000.
- M. Seok et al., "The phoenix processor: A 30 pW platform for sensor applications," *Proceedings VLSI Symposium*, Honolulu, June 2008.

参考文献（续）

- R. Swanson and J. Meindl, "Ion implanted complementary MOS transistors in low-voltage Circuits," *IEEE Journal of Solid-State Circuits*, SC-7, pp. 146–153, Apr. 1972.
- E. Vittoz and J. Fellrath, "CMOS analog integrated circuits based on weak-inversion operation," *IEEE Journal of Solid-State Circuits*, SC-12, pp. 224–231, June 1977.
- A. Wang and A. Chandrakasan, "A 180mV FFT processor using subthreshold circuit techniques", *Digest of Technical Papers*, ISSCC 2004, pp. 292–293, San Francisco, Feb. 2004.
- K. Yano et al., "A 3.8 ns CMOS 16 x 16 Multiplier using complementary pass-transistor logic," *IEEE Journal of Solid-State Circuits*, SC-25(2), pp. 388–395, Apr. 1990.

第 12 章
低功耗设计方法和流程

幻灯片 12.1

本章的目的是描述一些目前所使用的低功耗设计的方法和设计流程。了解一个实现低功耗的技巧是一回事，而了解如何有效且高效地实现这个技巧则是另一回事。前面的章节集中介绍了一些技巧以及它们如何实现高能效。本章主要探索实现这些技巧的方法以及与这些方法相关的问题和折中。

低功耗设计方法和流程

Jerry Frenkil
Jan M. Rabaey

幻灯片 12.2

与最小化功耗相比，低功耗设计有更多的故事。需要大量的时间和精力来实现广受欢迎的高能效。一个主要的挑战是，事实上，低功耗设计自身就是一个多变量优化问题。我们迟些就会看到，在一个模式下优化功耗事实上可能会增加其他模式的功耗，如果其中一种没有仔细设计，花在各种与功耗相关问题上的时间和精力会增加甚至可能会超过花在基本功能上的时间和精力。因此，一个有效的低功耗设计方法除了最小化功耗外还要包括减小时间和精力。

低功耗设计方法——动机

- 最小化功耗
  - 在设备运行的各种模式中降低功耗
  - 动态功耗、漏电功耗或者总功耗
- 最小化时间
  - 快速减小功耗
    - 以最少的时间完成设计
  - 预防低功耗设计技巧的潜在问题
    - 避免时序和功能验证的复杂化
- 最小化工作量
  - 有效降低功耗
    - 用最少的资源完成设计
  - 预防低功耗设计技巧的潜在问题
    - 避免时序和功能验证的复杂化

高能效设计在一开始的几年里大部分致力于设计方法的开发，即减少功耗的方法。当能效成为与面积和功耗相同级别的重要设计指标，电子辅助设计公司逐渐地融入了低功耗集成电路设计流程（即支持工具）的开发中。这被证明是十分有效的，因为本书描述的很多技巧都成为设计流程中的一部分，因此对于更多的读者是可用的。低功耗设计方法在各个 EDA 公司的设计流程中得到了证实 [例如，Cadence，Sequence, Synopsys]。

幻灯片 12.3

开发低功耗设计方法时需要考虑一系列问题。

第一个问题关于特征描述和建模。在基于标准单元的片上系统（SoC）设计流程中，每个单元在功能和时序模型之外必须有一个功耗模型。如果没有一套足够精确的模型，这些方法的有效性会大打折扣。

这些方法必须在设计过程中定义何时来进行功耗分析，即只需要一个主要的测试还是需要频繁地周期性地进行，或者是介于二者之间？问题的答案可能取决于项目的目标和所设计器件的复杂度。相似地，这些分析的结果会如何使用？只是简单检查整个设计是否达到基本指标还是检查许多不同的模式？还是用作进一步降低功耗的指导？或者，设计目标并不是减少功耗，而是能量传输网络的验证（也称作信号完整性）？这些问题的答案将会决定功耗分析的频率及所需的细节。

类似地，降低功耗的努力应该由特定项目的目标来驱动。有多少不同的功耗目标被指定？这些目标的优先级相对其他项目参数，例如芯片尺寸、性能和设计时间的关系？这些问题的答案不但能够帮助确定特定的降低功耗的技巧，而且可用对应的方法来实现它们。

幻灯片 12.4

尽管有前面提出的各种各样的问题，一些常理仍然适用。模型仍然需要且可以在项目初期来产生，通常会比实际需要时早很多。功率应该在早期且经常地分析且密切注意，以防止一些意外。功耗节省技巧的数量应该限制到可以满足项目功耗目标，这是由于这些技巧通常会使设计任务变得复杂。

关于一些方法的思考

- 产生所需模型来支持所选的方法
- 尽早和经常地分析功耗
- （只）引入尽可能多的低功耗设计技巧来降低功耗指标
  - 一些技巧只能在某一个抽象层使用；其他的可以在下面几个中使用
    - 时钟门控：多级
    - 时序余量重新分配：只在物理层
- 方法选用取决于所选功耗
  - 门控电源与门控时钟
    - 非常不同的方法
- 没有免费的午餐
  - 许多 LPD 技巧使设计流程更为复杂
  - 设计方法必须避免或者缓和复杂情况

幻灯片 12.5

在基于标准单元的 SoC 设计流程中，每个单元的功耗模型在设计中都是需要的。所以首先要实现的任务是建立所需方法的模型。例如，计算漏电功耗，漏电流必须被特征化和建模。为了分析电压下降，基本的平均功耗模型是需要的。但是为了更加准确，电流波形模型也应该针对每个单元产生。类似地，如果设计方法需要检查电压降低带来的时序影响（后面会介绍更多），电压敏感的时序模型也是需要的。

功耗特征化及建模

- 目标：建立模型来支持低功耗设计方法
  - 功耗模型
  - 电流波形模型
  - 电压敏感的时序模型
- 问题
  - 模型格式、结构及复杂度
    - 例子：Liberty 功耗模型
  - 运行时间
  - 准确度

不管建立哪个模型，它们必须与方法中使用的工具所匹配。有许多标准和专用格式可用来对功耗建模，并且对于每种格式有多种建模选择。在本书写作时最常用的针对功耗建模的方法是 Liberty 功耗模型。它提供了基于点的和基于路径的动态功耗建模方法。在前一种情况，功耗在每一个单元变化的特殊点处消耗，而后者是整条路径的输入到输出的变化，必须通过仿真来计算所消耗的功耗。在任何一种情况下，功耗都只用一个单独的值来代表，对于一个特别的输入变化时间和输出负载对，用来代表整个事件的总功耗。最新的一个 Liberty 功耗模型称作 CCS（混合电流源 [Liberty Modeling Standard]）模型，使用了时变电流波形而不是一个单独的值来对功耗建模。

这两个格式支持状态相关的和状态不相关的漏电模型。正如名称所暗示的，状态不相关模型使用一个单独的值来代表单元的漏电，且与单元所在的状态无关，而状态相关的模型包括了每个状态的不同漏电值。这里的折中是模型的复杂度与精度、评估时间。一个状态不相关的模型牺牲了准确度来实现快速的评估时间和紧凑的模型，而状态相关的模型则提供了最高的准确度。在大部分情况下，对于标准单元类型的基本单元，全部状态相关模型是首选的。状态不相关模型或者有限状态模型通常用于更为复杂的单元或者对于那些多于 8 输入的逻辑单元。

幻灯片 12.6

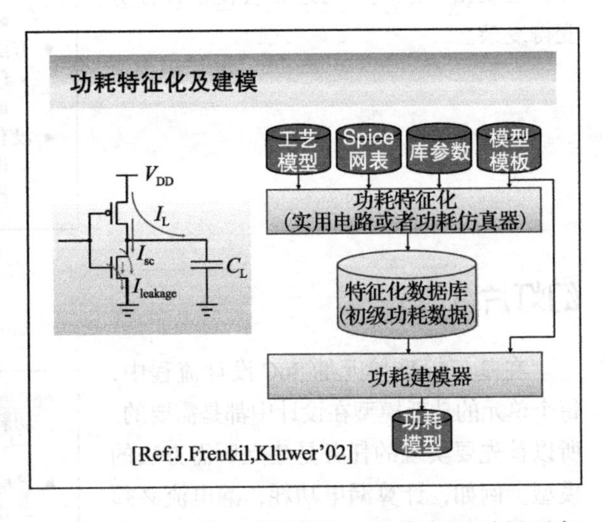

在这里展示了一个常用的流程来产生功耗模型。这个流程与产生时序的模型基本类似。事实上，多个 SPICE 或者类 SPICE 在晶体管级别针对每个单元进行仿真，每个仿真针对一个输入到输出路径 / 输入变化时间 / 输出负载的组合，观察从电源处获得的电流。其结果，I_L、I_{sc} 和 $I_{leakage}$(这种情况下)，都被收集且格式化地存为一个特殊的模型结构。这个流程通常包含在特征化工具中，其可以自动进行基于用户提供的数据的 SPICE 仿真，如特征化的情况（PVT：工艺、电压、温度)，数字模型的表格尺寸，以及特征化的类型（功耗、时序、噪声等）。仿真的激励针对每个可能的输入 / 输出路径来产生。然而，这种方法的使用受到其缺少可伸缩性而限制，由于仿真次数呈指数增长 $O(2^n)$。

注意到这类特征化可以在大量的模块和功能模块（例如，存储器、控制器甚至是处理器）中同时进行。在这类应用中，特征化引擎可能是一个高容量的 SPICE 仿真器、门级或者寄存器传输级（RTL）功耗分析工具。对于具有大量状态的对象，一个目标模型的模板是必需的。这类模板指定了一些特别的逻辑条件来特征化目标模块。这利用了模块设计者的知识来避免 2^n 仿真次数。

幻灯片 12.7

一个通用的低功耗设计流程在开发周期中的许多点处同时涉及分析和降低功耗，尽管对于每次分析和降低活动的准确动机会不同。在这个抽象的低功耗设计流程中，总的工作分为三个步骤：系统级设计、寄存器传输级（RTL）设计和实现。系统设计（SLD）步骤跟在较大的设计决定被制定后，尤其是这些算法如何实现。因此，这也是设计者有最大机会来影响功耗的步骤。

RTL 设计步骤是决定在系统级设计步骤制定后将代码写为可执行的 RTL 格式。RTL 可以手动编码在设计早期匹配系统构思，也可以由系统级描述用 C、C++、SystemVerilog 综合出来。

实现步骤包括综合 RTL 描述为逻辑门网表，以及物理实现这些网表。这也包括了最终签发的任务，例如时序和功耗闭合以及电源网格验证。

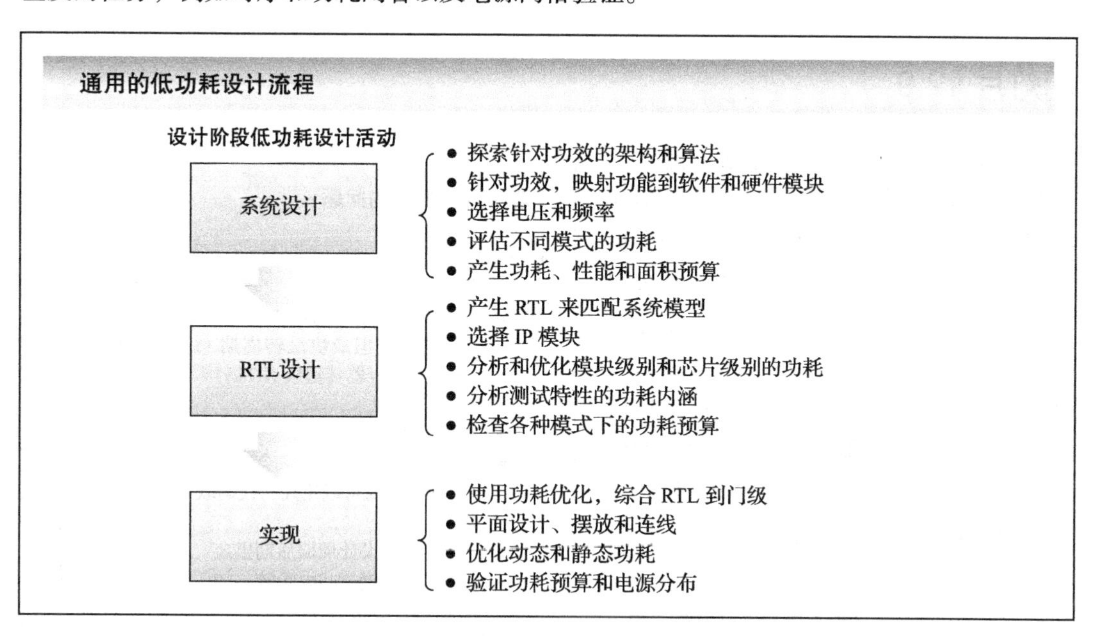

幻灯片 12.8

功耗分析有两种不同的尽管相关联的动机。第一是决定功耗特征是否满足了所需的指

功耗分析方法

- 动机
  - 决定设计是否满足功耗指标
  - 如果有需要，发现降低功耗的机会
- 方法
  - 设置规则、自动的功耗分析（每晚、每周）
  - 在仿真环境准备好后进行规则功耗回归分析
    - 最初可以重用功能验证测试
    - 增加针对模式或模块的测试以增加覆盖面
  - 将分析结果和设计指标对比
    - 对不同模式进行对比
  - 将分析结果和之前的分析结果对比
    - 发现功耗错误——改变和修正导致了功耗增加
  - 发现功耗降低的机会

标，第二个是在指标得到满足时寻找机会或者方法来减少功耗。

分析功耗的方法是使用功耗仿真来仿真设计或者通过估计工具来产生一个功耗估计。这个方法在整个设计过程中规则地、自动地产生一系列功耗回归测试。这种设置不但提高了对整个设计功耗的认识，而且加深了对单个设计决策的影响。能够一直规则地获得功耗数据对于完成这样的分析有着巨大的帮助。

幻灯片 12.9

这个“早期和常用”的方法提出了一些需要考虑的问题。用来产生功耗估计的细节信息和功耗准确性之间存在一个折中，越早做估计，细节就越少，那么很可能就不准确。另一方面，设计过程中靠后的分析会有更多的细节信息（逻辑门尺寸、提取的寄生参数）和更加高的准确度。这个增加的准确度的代价是更长的仿真时间和增加使用仿真结果寻找降低功耗的机会的复杂度，因为更多的细节会使大的图景显得模糊——“只见树木不见树林”的情景。此外，在设计过程中越迟分析，就会越难引入更大的功耗改变。一个有用的概念如下：分析的粒度应该与设计决定的影响相匹配。

功耗分析方法的问题

- 开发阶段
  - 系统
    - ■ 设计周期早期应有描述
    - ■ 最低准确度但最快反转周期（综合电路系统级(ESL) 到寄存器传输级 (RTL)）
  - 设计
    - ■ 最常见的设计表达
    - ■ 容易发现功耗节省的机会
      - 功耗结果可以用几行代码联系起来
  - 实现
    - ■ 门级设计在设计周期后期出现
    - ■ 最慢的反转周期（由于较长的门级仿真）但是最准确
    - ■ 很难使用结果来发现功耗节省机会
      - 很难从森林中看到树
- 数据可用性
  - 什么时候仿真结果可用
  - 什么时候寄生数据可用

幻灯片 12.10

系统级设计阶段的功耗分析流程包括将不同的系统描述结合到一个特别的硬件元素中。本张幻灯片显示这样一个通过综合 ESL（电路系统级）描述到 RTL 代码的流程。ESL 描述的仿真产生了一系列的活动数据，通常以转换轨迹的形式表示。一个 RTL 功耗估计器将读入 RTL 代码并转换轨迹来计算功耗。注意到一些其他输入也需要这样做，如环境数据（例如功耗电源电压和外部负载电容）、工艺数据（代表目标制作工艺，这通常包含在单元的功耗模型中），以及其他非综合 IP 模块的功耗模型。

这些额外的输入也需要在其他步骤和其他抽象层中估计功耗。

这张图片展示的理想情况很值得观察。如今，大部分 SoC 设计基本不会在设计的早期使用一个完全自动化的分析流程。功耗分析通常使用电子表格来进行，根据之前的设计、IP 提供商或者发布的数据来获取设计数据并结合对于不同操作模式的活动因子估计。

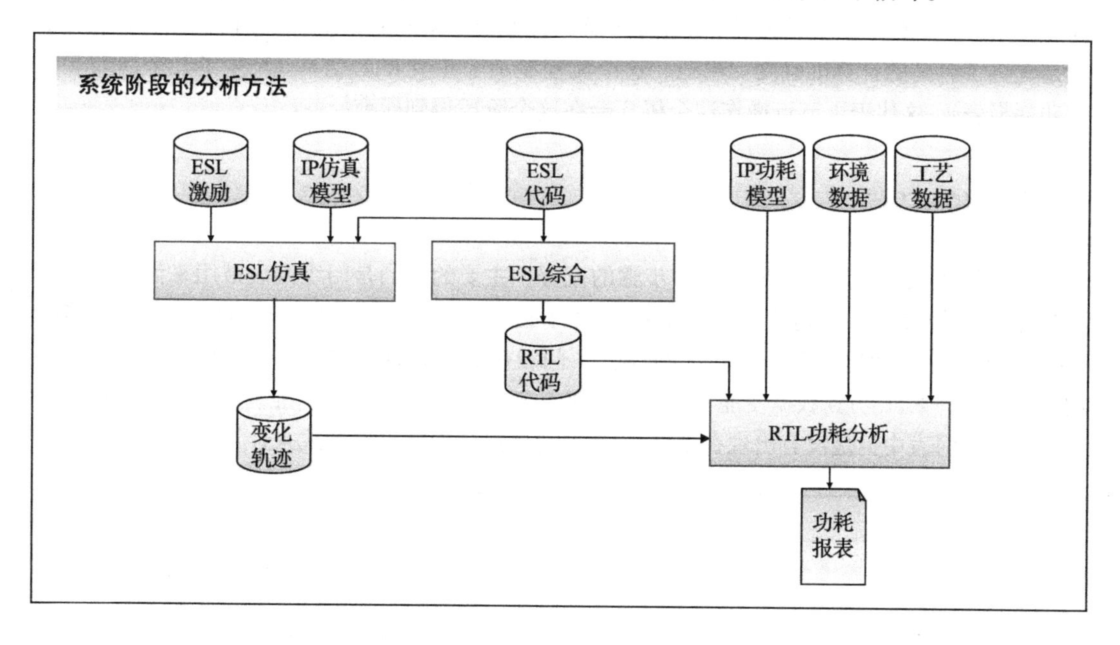

幻灯片 12.11

这个流程与系统级步骤非常类似，但也有几个显著的不同。第一，在单独的 RTL 级别

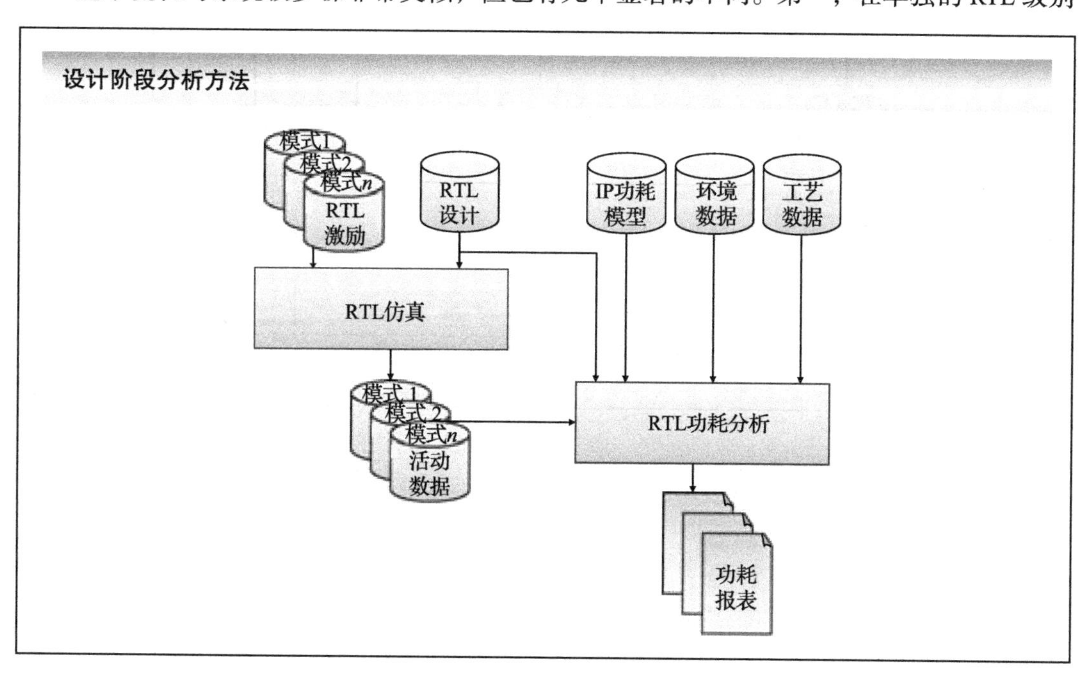

仿真和分析设计。第二，功耗分析使用了活动数据（节点变化）而不是传递数据。这两个不同导致了在一个给定仿真阶段较长的运行时间（等价地，相同运行时间内有较短的仿真时间）但是提供了更高的计算准确度。第三，这个流程显示了几个 RTL 仿真（产生了几个活动文件和功耗报表），这代表了节点操作这个概念会在这个阶段得到研究。

幻灯片 12.12

这个流程很大程度上类似于设计步骤的流程，主要的不同是门级网表被用来做分析，而不是做 RTL 设计。注意到仿真仍然在 RTL 设计上进行。尽管获取门级仿真的活动是可能的(甚至对于设计自动化来说更简单)，事实上，门级仿真的设置非常困难且运行非常耗时。使用这里所示的 RTL 仿真数据使能长仿真周期的功耗分析且只略微影响准确度。活动数据对于存在于门级网表中但是没有出现在 RTL 仿真中的节点是以概率的形式来计算的。

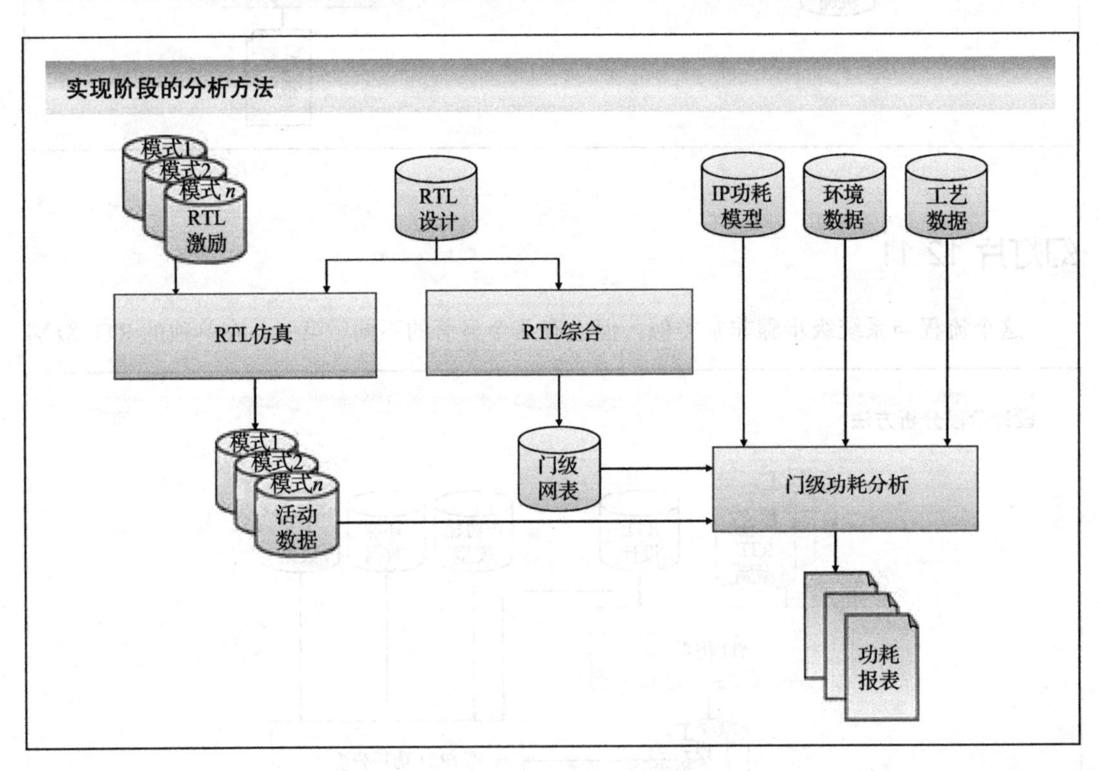

幻灯片 12.13

这里所示的是一个微处理器设计的功耗分析结果，来自于 RTL 设计步骤。在这个例子里，功耗回归被设置为在每周末的时候自动运行，使设计团队更容易看到和了解他们如何和设计目标相联系。这种注意在形成一个功耗敏感的环境时是需要的，使得团队——设计者和经理——有效地跟踪他们的功耗目标。两个特别的事情需要注意：本项目的功耗目标是实现相较之前设计 25% 的功耗减少，可以看到这个目标在第 15 周实现。第二，在第 13 周出现了一个功耗高于前一周的变化，并提示设计团队，修正行动得以有序进行。而且可以看到这个修正在第 14 周就完成了。

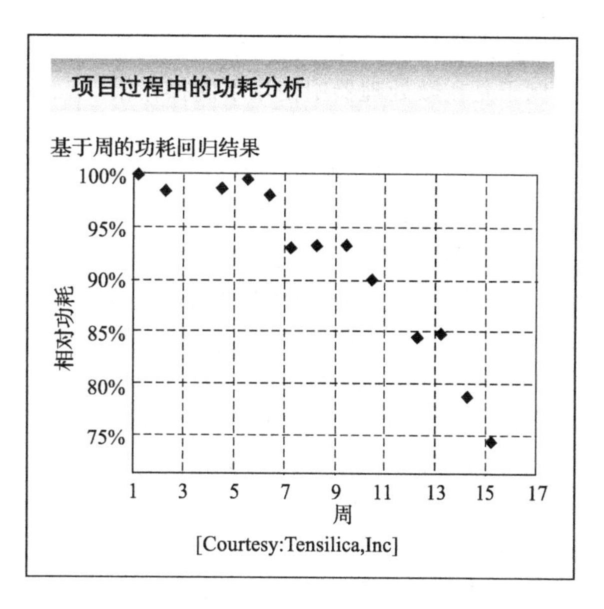

幻灯片 12.14

对于一些项目，仅知道一个特定的功耗目标是否达到是非常重要的。对于其他的，其目标是尽可能降低功耗。对于后者在系统设计阶段就应该开始低功耗设计的过程。

在系统设计阶段的主要低功耗设计目标是减少 f_{eff}（即有效切换频率，它是时钟频率和平均活动因子的乘积）和 V_{DD}。这可以通过各种方式来实现，但是主要的想法是探索不同的方法。一个有效的降低 f_{eff} 的方法是使用不同的操作模式，而 V_{DD} 降低通常可以通过并行或流水线来获得从而增加吞吐量。在任何一个情况下，最重要的设计挑战是评估不同方法自身的功耗。

系统阶段低功耗设计

- 主要目标：最小化 f_{eff} 和 V_{DD}
- 模式
  - 使功耗跟随工作负载的模式
  - 可编程软件；由操作系统控制
    - 硬件模块需要便于控制
    - 软件定时器和协议需要决定何时改变模式以及停在该模式多久
- 并行和流水线
  - V_{DD} 可以被减小，由于相同吞吐量可以在低压实现
- 挑战
  - 评估不同的备选方案

幻灯片 12.15

系统级低功耗设计技巧的一个最好的例子是在微处理器中使用不同操作模式（参考第 10 章）。很明显，如果一个处理器没有完全活动，那么它就不会消耗全部功耗。因此时钟可以减慢或者完全停止。如果时钟减慢，电源电压也就可以降低，这是因为逻辑不需要运行在高时钟频率下，这个技巧也称作动态电压频率缩放（DVFS）(参考前面章节)。多层的功耗降低是可能的，可以如此处所示的四个较粗放的层级到 DVFS 方式几乎是连续的层级，电压节约为 20mV。

降低功耗模式——例子

- 控制时钟频率的模式、V_{DD} 或者二者都使用
  - 主动模式：最大功耗
    - 在最高 V_{DD} 的全时钟频率
  - 打盹儿模式：约 1/10 主动模式的功耗降低
    - 主时钟停止
  - 小睡模式：约 50% 打盹儿模式的功耗降低
    - V_{DD} 降低、PLL 和总线监听停止
  - 睡眠模式：约 1/10 小睡模式的功耗降低
    - 全部时钟停止，核 V_{DD} 关闭
- 问题和折中
  - 确定合适的模式和合适的控制
  - 功耗减少和唤醒时间的折中

[Ref: S. Gary, D&T'94]

然而，控制这些功耗节省模式会非常复杂，它包含软件策略和协议。此外，总会有一个功耗降低量和转换时间称为唤醒时间的折中。这是一些早期应该探索的折中，最好在系统设计阶段或者不晚于设计步骤时进行，以避免后期发现重要参数不满足指标。早期调查的重要性当然不仅仅是功耗方面，但是可能对于功耗非常流行，这是因为没有一个单独因素可用来解决功耗问题。反之，功耗问题是大量微小功耗的集合。

幻灯片 12.16

可以引入并行和流水线技术来降低功耗，但是代价是面积增加（第 5 章）。在较低的级别可以使用并行，例如并行数据通路，或者在高级别，例如在同一个设计中使用多个处理器内核，一个例子就是 Intel 的 Penryn 多核处理器。在任何一种情况下，降低电压引起的延迟增加都会被复制单元的加强吞吐量补上。

并行和流水线——例子

- 概念：维持性能并降低 V_{DD}
  - 总面积增加但是每个数据路径在每周期中减少工作
    - 降低 V_{DD} 来使在全周期时间内完成工作
    - 周期时间保持不变，但是降低 V_{DD}
  - 数据路径流水线
    - 功耗可以降低 50% 或者更多
    - 由于额外的寄存器导致中度面积开销
  - 数据路径并行
    - 功耗可以降低 50% 或者更多
    - 由于并行逻辑而显著增加面积开销
  - 多个 CPU 核
    - 使能在限制的 V_{DD} 下多线程性能收益
- 问题和折中
  - 应用：能否并行或者线程化？
  - 面积：对于功耗降低，面积增加多少？
  - 延迟：可以容忍多少？

[Ref: A. Chandrakasan, JSSC'92]

幻灯片 12.17

通用的系统阶段的低功耗设计流程在设计开始时就展开，或至少开始于高级语言（如 C、C++ 或 SystemVerilog）的设计模型。设计在正常工作量下仿真来产生活动数据，通常以数据流存在来进行功耗分析。构建一些不同版本的模型来评估和比较功耗特性，并且使得设计者选择最低功耗的版本或者最好的替代。这样的设计流程的例子有，来自于 MIT 的 7 个不同版本的 802.11a 发射器通过 SystemVerilog 描述来综合完成 [Dave'06]。功耗从 4mW 到 35mW 不等，面积为 5 ~ 1.5mm^2 不等。

系统阶段的低功耗设计流程

创建C/C++设计 → 在正常工作情况下仿真C/C++ → 创建/综合不同的版本 → 评估每个版本的功耗 → 选择最低功耗版本

发射器设计 (IFFT模块)	面积 (mm^2)	符号延迟 (周期)	吞吐量 (周期/面积)	最小频率	平均功耗 (mW)
组合的	4.91	10	4	1.0 MHz	3.99
流水线	5.25	12	4	1.0 MHz	4.92
折叠的 (16 Bfly4s)	3.97	12	4	1.0 MHz	7.27
折叠的 (8 Bfly4s)	3.69	15	6	1.5 MHz	10.9
折叠的 (4 Bfly4s)	2.45	21	12	3.0 MHz	14.4
折叠的 (2 Bfly4s)	1.84	33	24	6.0 MHz	21.1
折叠的 (1 Bfly4)	1.52	57	48	12.0 MHz	34.6

例子：使用 BlueSpecSystemVerilog，开发针对 802.11a 的发射器的 IFFT 模块

[Ref: N. Dave, Memocode'06]

幻灯片 12.18

在设计阶段中主要的低功耗设计目标是最小化 f_{eff}。这里并不意味着时钟频率降低，尽管

设计阶段的低功耗设计

- 主要目标：最小化 f_{eff}
- 门控时钟
  - 减小 / 抑制不必要的时钟
    - 如果输入数据不变，就没必要提供寄存器时钟
- 门控数据
  - 当结果不使用时，预防数据线跳变
    - 减小浪费的操作
- 存储系统设计
  - 减小存储器中的活动因子
    - 每次访问的开销（功耗）减小了

这牵涉如何实现门控时钟来降低时钟切换。另一个降低 f_{eff} 的技巧是使用数据门控。类似地，减少存储器的访问，在设计阶段可以非常有效地降低功耗。

幻灯片 12.19

时钟门控是非常流行的降低动态功耗的方法。其通过降低 f_{eff} 来节省功耗，最终减少两种功耗类型。第一种是给负载电容充电的时钟驱动器上的功耗，第二种是寄存器内部时钟缓冲器上的功耗（基本所有的标准单元寄存器都加入缓冲的时钟输入来产生真正的互补时钟信号从而实现基本的锁存结构）。

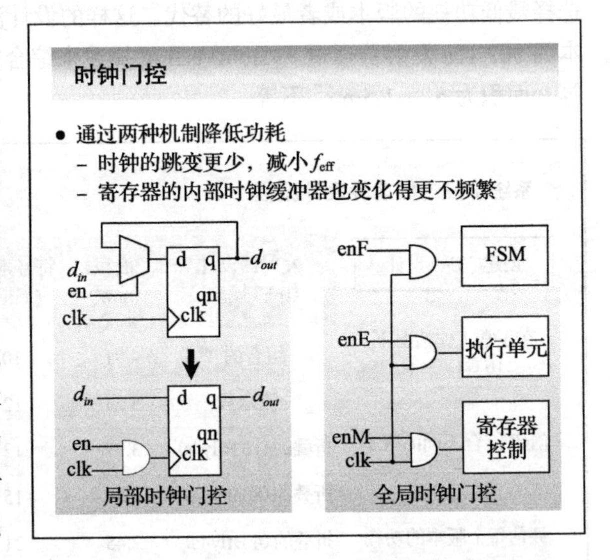

经常使用两种不同的时钟门控。局部时钟门控包括控制单独的寄存器或者寄存器阵列，而全局时钟门控用来门控其他的位于模块中的寄存器。这类模块可以相对很小，例如几百个例化单元，或者也可以是一整个功能单元，包含上百万的例化单元。

幻灯片 12.20

许多不同的方法可以用来在设计中加入时钟门控。最简单的方法是使用逻辑综合器在找到的包括反馈复用开关的逻辑结构中插入时钟门控电路，如前面的幻灯片所示。这对于局部时钟门控没有问题，但是对于全局时钟门控则不然，这是因为综合器通常不能识别或找到这些情况。另一方面，全局时钟门控条件通常很容易由设计者发现并加入到 RTL 代码中来综合产生门控逻辑或者直接初始化时钟门控逻辑。

插入时钟门控

- 局部时钟门控：三种方法
  - 逻辑综合器寻找并实现局部门控的机会
  - RTL 代码内指定时钟门控
  - 时钟门控单元在 RTL 中例化
- 全局时钟门控：两种方法
  - RTL 代码内指定时钟门控
  - 时钟门控单元在 RTL 中例化

尽管使用综合器在可能的地方插入时钟门控由于方法的简便性而很有吸引力，但通常有两个原因导致避免使用这种简单方法。第一个原因是，时钟门控并不总是降低功耗，这是因为额外插入的时钟门控逻辑在枝叶节点切换时会消耗功耗。因此，这会导致更高的功耗。例如，如果设计中存在一个模式使得时钟模块基本不会被同时关闭，时钟门控长时间的平均功耗会更高。如果使能激活时间较长，额外逻辑所消耗的功耗会超过时钟门控的功耗节省。还有一个避免“可能的地方”处的时钟门控逻辑的原因是，防止后面实现环节的复杂的时钟树综合，多余数量（大概超过 100）的时钟门控会导致低时钟偏移的实现更为复杂。

幻灯片 12.21

时钟门控 Verilog 代码

- 传统的 RTL 代码

```
//always clock the register
always @ (posedge clk) begin    // form the flip-flop
     if (enable) q = din;
end
```

- 低功耗时钟门控 RTL 代码

```
//only clock the register when enable is true
assign gclk = enable && clk;   // gate the clock
always @ (posedge gclk) begin  // form the flip-flop
     q = din;
end
```

- 例化时钟门控单元

```
//instantiate a clock-gating cell from the target library
clkgx1 i1 .en(enable), .cp(clk), .gclk_out(gclk);
always @ (posedge gclk) begin   // form the flip-flop
     q = din;
end
```

第一个 Verilog RTL 代码片段表示了在不使用低功耗优化综合时经典地使能作为一个反馈多路复用器的寄存器，或者通过低功耗综合方法来形成一个时钟门控寄存器。然而，低功耗综合器通常会对所有识别到的地方进行时钟门控，由于前面幻灯片中提到的，这通常是不需要的。一个可控寄存器被综合为时钟门控的方法是，分别在 RTL 代码中明确定义时钟门控，如中间的代码片段，并且在综合时关闭自动时钟门控。另一个方法明确定义时钟门控是从目标单元库中初始化一个集成的时钟门控单元，如第三个代码片段所示。另外，综合器可以带有明确指定哪些寄存器需要门控时钟、哪些不需要的约束。

幻灯片 12.22

大部分的时钟门控实现都使用了此处引用的逻辑模块来预防时钟门控输出上的毛刺信号。在综合 RTL 代码时会产生带有防止毛刺的门控时钟。这个逻辑通常实现在一个单独的库单元中，其称为集成时钟门控单元。

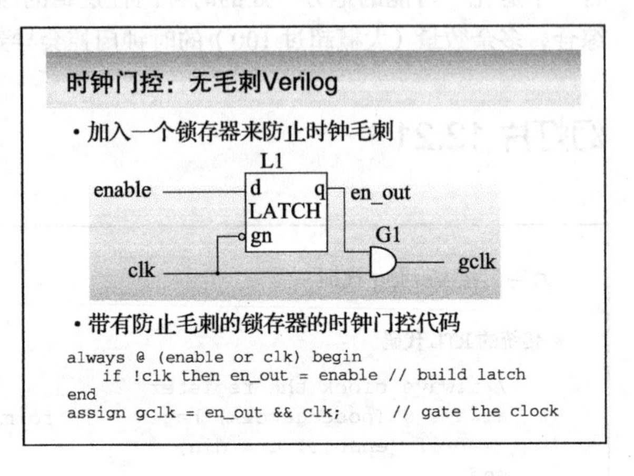

幻灯片 12.23

数据门控是另一种降低 f_{eff} 的方法。时钟门控降低了时钟信号的 f_{eff}，数据门控则关注非时钟信号。通用的概念就是当这些跳变是无用的计算时防止信号跳变向下游逻辑传播。这里展示一个称为操作隔离的例子——乘法器被隔离，那么只有在其结果被选择并通过下游多路复用器时才调用它。通过防止无用的操作来实现功耗节省。

数据门控

- 目标
  - 减少浪费的操作→减小 f_{eff}
- 例子
  - 乘法器输入每个周期都改变，而输出有条件地输入给一个算术逻辑单元(ALU)
- 低功耗设计版本
  - 如果乘法器未被选择，那么就防止数据通过乘法器

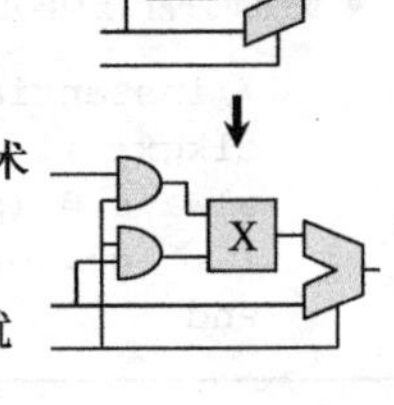

幻灯片 12.24

数据门控的插入技巧和时钟门控的插入方法类似。综合器可以完成插入或由 RTL 设计者明确地指定。和时钟门控类似，一些操作隔离的应用可能会导致功耗升高，这取决于这个操作的结果有多频繁地使用。然而，与时钟门控不同的是，操作隔离需要额外的门控单元面积，而且门控单元会在时序路径上引入额外的延迟，这可能是不符合需要的。基于这些原因，

数据门控插入

- 两种插入方法
  - 逻辑综合器找出并实现数据门控机会
  - RTL 代码指明数据门控
- 一些机会可能不会被综合器发现
- 问题
  - 数据路径中的额外逻辑降低时钟
  - 由门控单元导致的额外面积开销

有时在 RTL 代码中嵌入数据门控是需要的。

幻灯片 12.25

这里展示了一个传统 RTL 代码使用门控数据的例子。支持操作隔离的综合器识别了这个门控机会并自动地插入了隔离逻辑。低功耗代码片段展示了 RTL 代码示例，其明确指定了数据门控，避免了对支持数据隔离的综合器的需要。观察到如果多路复用器的输入可以锁存，保持旧数据也防止了不必要的活动，那就能够减少更多的活动。

数据门控Verilog代码：操作数隔离

- 传统代码

```
assign muxout = sel ? A : A*B ;  // build mux
```

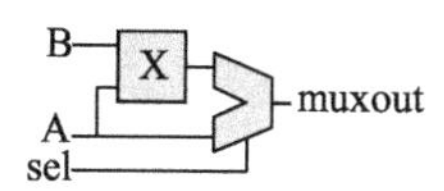

- 低功耗代码

```
assign multinA = sel & A ;  // build and gate
assign multinB = sel & B ;  // build and gate
 assign muxout =  sel ? A : multinA*multinB ;
```

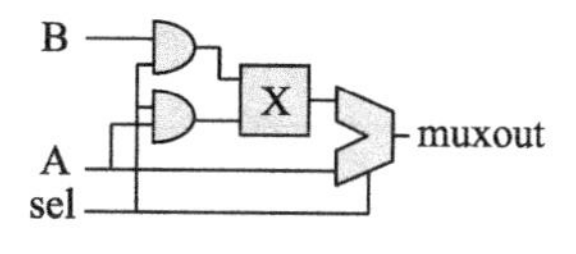

幻灯片 12.26

存储器系统通常会有明显的降低功耗的可能，这是由于它们总会消耗这个设计的全部功耗中相当大的部分。通常来说，使用存储器模块化或分化会降低功耗。这种技巧将存储器分为多个块或阵列，这样来降低针对某个特定访问使能的存储器数量，因此减少了功耗。另一个降低存储器功耗的技巧是减少访问存储器的次数，通过存储中间值到局部寄存器来替代写入存储器，或者重构算法来实现较少的存储器访问，尽管后者在系统步骤中解决得最好。

存储系统设计

- 主要目标：减小 f_{eff} 和 C_{eff}
  - 减小访问数量或者每次访问的（功耗）成本
- 功耗降低方法
  - 存储器模块化或分化
  - 最小化存储器访问的数量
- 挑战和折中
  - 和访问模式的关系
  - 布局和布线

幻灯片 12.27

这里展示的是一个存储器组，通常有 32KB 字深度和 32 位宽度并实现在两个组中，每组 16KB 字深度。当靠上的地址位变化时，一个读信号在两个存储器组中并行初始化，但是当最小地址位变化时新的读并不被初始化；相反，输出多路复用器简单地跳变来选择其他存储器组。这可以节省功耗，因为我们每次并行访问两个 16KB × 32 位存储器并稍后带有一个多路复用器的变化，而不是访问 32KB × 32 位存储器。

注意到这个组策略只适用于那些顺序访问存储器的应用。对于不同的访问，不同的存储器模块化技巧是需要的。按照方法论来说，这里主要的问题是分析访问模式：对于从访问模式中获取的知识会提供重构存储器系统的机会并降低功耗。

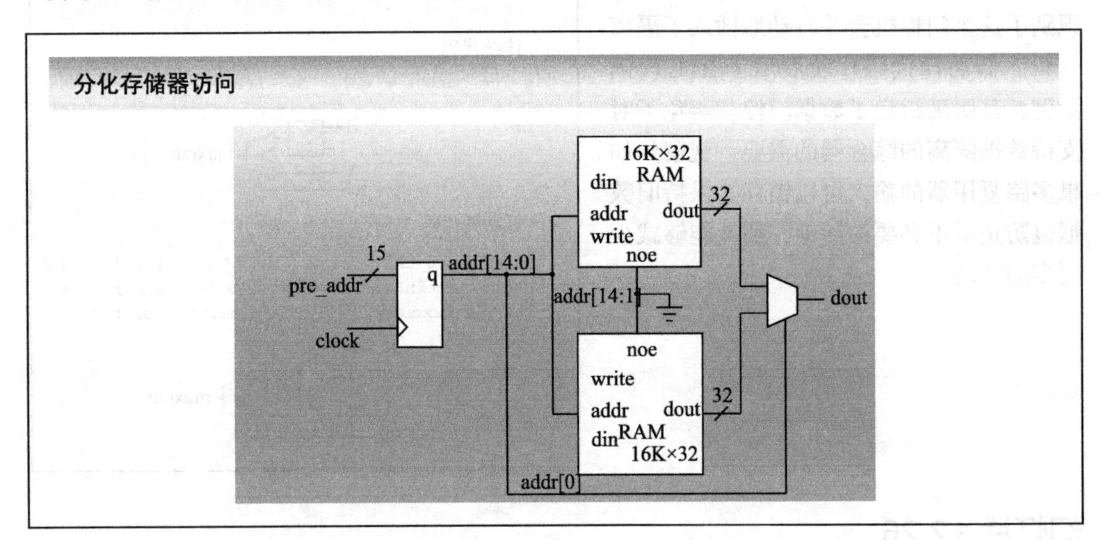

幻灯片 12.28

在实现步骤中也有许多技巧。然而，这些方法通常具有局限性，即在较多的设计都确定下来后，还能够节省多少总功耗。然而，这个时候的努力在整个低功耗设计流程中仍然重要，尤其是漏电降低。

注意到这个阶段也包含功耗完整性分析。尽管严格来讲，这些努力都没有关注功耗降低，但是它们也是一个完整方法论的重要组成部分，这是因为使用非常低的电压很容易导致供电网络上有几安培电流流动。我们必须小心验证，以保证在如此大和快速变化的电流出现

实现阶段的低功耗设计

- 主要目标：最小化每个单元的功耗
- 低功耗综合
  - 通过时钟门控插入、端口互换来降低动态功耗
- 重分配空余时间
  - 降低动态或漏电功耗
- 电源门控
  - 最大化降低漏电功耗
- 多电源设计
  - 早先选择的实现
- 电源完整性设计
  - 保证合适的和可靠的电源分布至逻辑电路

时芯片功能是正确的。

幻灯片 12.29

裕量的重分布在实现阶段是一个常见的并且非常直截了当的功耗降低方法，包括正的时序裕量和功耗间的权衡。由于综合器通常使得所有时序路径变得更快，而不仅仅是关键路径，许多非关键路径的例化就比实际需要的要快。裕量的重分布通过降速关键路径上的例化来实现功能，但是不能产生新的时序错误（参考第 4 章和第 7 章）。这些变化产生了新的时序裕量的分布图并有了这个名称，如图所示。典型的变化降低了一些例化单元的驱动能力（通常节省动态功耗）或者增加例化单元的阈值电压（降低漏电功耗）。

裕量重分布

- 目标
  - 减小动态功耗或者漏电功耗，或者通过折中正的时序裕量同时获得二者
  - 物理层优化
    最优布线后设计
    必须对噪声敏感

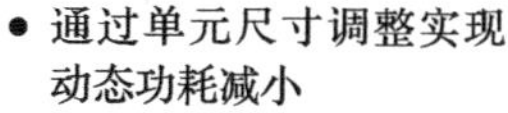

- 通过单元尺寸调整实现动态功耗减小

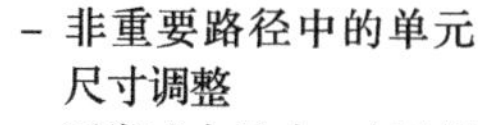

  - 非重要路径中的单元尺寸调整

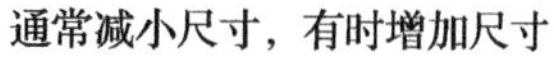

    通常减小尺寸，有时增加尺寸
  - 功耗降低 10% ~ 15%
- 通过 V_{TH} 赋值来降低漏电功耗
  - 非重要路径中的单元使用高阈值电压
  - 漏电降低 20% ~ 60%
- 动态和漏电功耗可以单独优化，也可以同时优化

路径数量
后优化
预优化
可用的裕量

[Ref: Q. Wang, TCAD'02]

幻灯片 12.30

这里显示了一个应用于动态功耗降低的裕量重分布的例子。这个优化可以在布线之前或者之后进行，但是通常是在布线后，是因为实际提取的寄生参数可以用来计算延迟及提供更为精确的时序分析和最好的优化结果。注意，经过这个优化之后，设计必须要重布线，至少部分需要，这是由于大小已经改变的例化单元不一定具有相同的物理尺寸。

动态功耗优化：修改单元尺寸

- 用正的裕量来折中动态功耗降低
  - 目标：在不需要速度的时候降低动态功耗
  - 在布线后进行优化来达到最优结果
  - 具有正裕量的路径单元被低驱动单元取代
- 切换电流、输入电容和面积都减小
- 增量重布线是必要的，新的单元的面积和之前的单元是不一样的

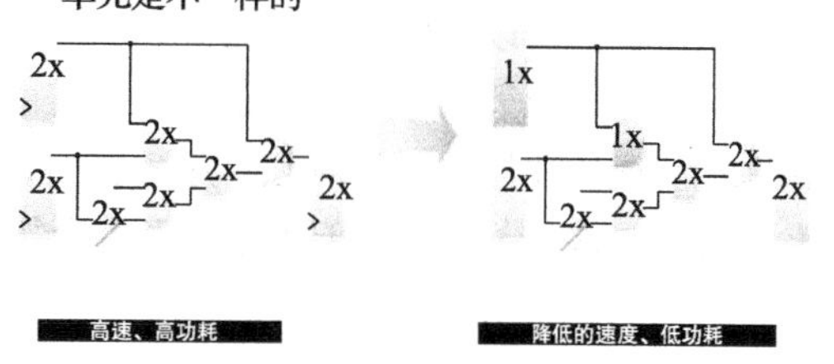

幻灯片 12.31

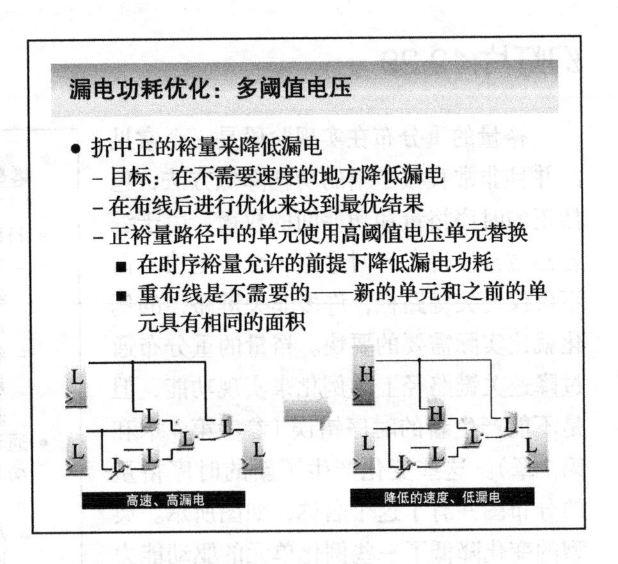

另一个裕量重分布的例子是降低漏电功耗。也是最好在布线后进行，这个优化用相同尺寸但是高阈值电压的单元替换了关键路径中的单元，因此减少了漏电功耗。

需要注意的是，将低阈值电压的单元替换为高阈值电压的单元的一个副作用（或替换高驱动能力的单元为低驱动能力的单元）是被取代单元所驱动的网络可能会有信号完整性噪声问题，例如耦合延迟和毛刺。因此，在每次裕量重分布优化后检查噪声免疫是有必要的。

幻灯片 12.32

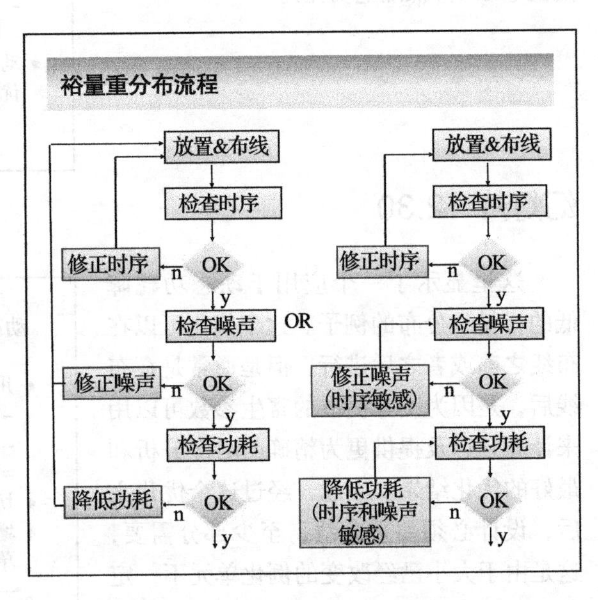

两个略微不同的裕量重分布的流程通常被应用。左边的流程是一个顺序流程，其中时序、噪声和功耗都按顺序验证。这个流程在整个流程中需要一些循环，这是由于修正噪声和功耗优化有一些冲突，噪声修正会反向影响功耗优化，反之亦然。例如，一个通用的噪声修正是，增加某个例化单元的驱动能力来使其对于耦合延迟不敏感，然而，功耗优化则会认为这个例化单元太大而降低其尺寸或者升高其阈值电压。这就导致了一个流程收敛问题。

右边的流程通过并行优化工具防止了这个问题，软件可以在优化中并行检查多个参数。这种情况下，噪声优化是时序敏感的，任何用来修正噪声问题的变化都不会破坏时序，并且功耗优化器是对噪声和时序敏感的，任何用来降低功耗的变化都不会影响时序或引入噪声问题。这些工具相比于顺序流程更为复杂，但是会带来更快的时序 / 噪声 / 功耗收敛。

幻灯片 12.33

裕量重分布流程在完全自动化后非常受欢迎，但是自身会引入一些问题。也许其中最为重要的是，提前预测会降低多少功耗是很困难的，这是因为结果取决于每个设计。此外，裕量重分布在更多路径变得重要时会变得更窄，这会使得设计对于工艺变化更为脆弱。基于这些原因，裕量重分布很少作为唯一的低功耗设计方法。反而，在设计过程中它通常会附加在前面所介绍的一些技巧和方法上。

裕量重分布：折中和问题

- 良率
  - 时间余量重分布有效地将非重要路径变为重要路径或者半重要路径
    - 增加的工艺敏感度和高频错误
- 库
  - 单元尺寸重设计需要带负载能力的细化来达到最优结果→库内更多的单元
  - 多阈值需要针对每个额外阈值电压的额外的库
- 重复的循环
  - 时序和噪声要在每次优化后重新验证
    - 这两个优化都会增加对噪声和毛刺敏感度
- 再设计的后端进行
  - 很难提前估计能够省下多少功耗
    - 强烈依赖于设计本身的特点

幻灯片 12.34

电源门控技术可能是最为有效的降低漏电功耗的方法，可以达到 1 到 3 个数量级（参考第 7 章）。概念上非常简单，电源门控本身却大大复杂了设计流程。值得注意的是，电源门控技术并不是对于所有应用都适用的。为了更有效，电源门控只应该针对具有长时间不活动的逻辑单元的设计。

电源门控

- 目标
  - 通过在逻辑单元（通常是低阈值电压的）插入开关晶体管（通常是高阈值电压的）来降低漏电流
    - 开关晶体管改变逻辑晶体管的偏置点（V_{SB}）
- 对于带有待机操作模式的系统非常有效
  - 可能有 1 ~ 3 个数量级的漏电降低
  - 但是加入开关会增加许多复杂问题

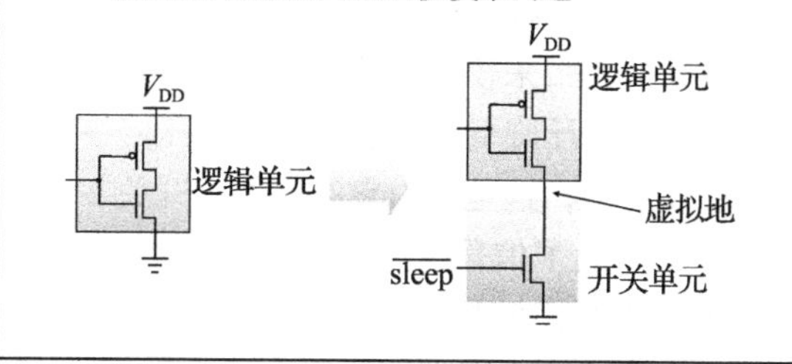

幻灯片 12.35

关于电源门控实现的一个主要决策是关于开关的放置。这里展示了三种不同的防止方法：开关单元，开关网格和开关环。

电源门控：物理设计

- 开关放置
  - 在每个单元中？
    - 非常大的面积开销，但是布局布线会非常容易
- 在开关阵列中？
  - 面积有效，但是第三个全局电源需要布局
  - 在环形开关中？
    - 适用于硬版图模块，但是面积开销会很大

虚拟地 全局电源 模块 虚拟电源 开关单元 开关集成在每个单元中 开关单元

开关内置在每个单元中　开关网络　开关环

[Ref: S. Kosonocky, ISLPED'01]

开关单元实现使用了标准单元的开关晶体管。事实上，标准单元提前被设计，并含有一个开关，这样每个例化就能够被电源门控了。这有时也叫作细粒度的电源门控。它的好处是能够大幅简化物理设计，但是面积开销则非常大，基本上等同于非门控逻辑的面积。

开关网格的实现方式是将开关放置为阵列形式。这通常导致了三条电源轨的布线：电源、地和虚拟电源轨。基于这个原因，当寄存器中的值需要保留时，这种方式是需要的，这是由于状态保持寄存器需要访问实际的电源和虚拟电源。

正如名字所示，开关环把一圈开关放在电源门控的单元里。开关断开外部真实电源和内部虚拟电源的连接。这种方式通常用于遗留设计以避免影响原来的物理设计。

幻灯片 12.36

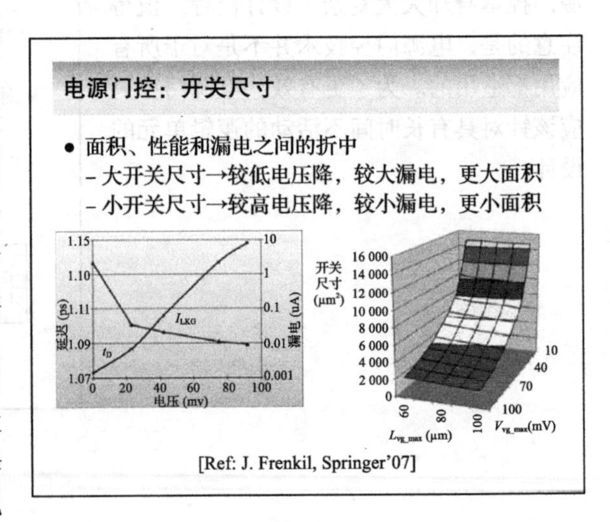

也许设计电源门控的最大挑战是决定开关的尺寸，这是因为开关尺寸、漏电减小和性能及可靠性之间的影响。一方面，小尺寸的开关因面积较小而受欢迎。然而，小开关会带来较大的开关电阻，这会导致较大的电压降低。这个较大的电压降是不受欢迎的，这是因为它们增加了开关时间，并降低了信号完整性。另一方面，尽管大的开关对性能影响较小，但它们占据了更大的面积。此外，漏电节省对于大的开关就会降低，这是因为较小的电压降降低了逻辑晶体管的体效应。虚拟电源轨电压降低（代表开关尺寸）、延迟增加和漏电节省之间的关系在左图中显示，而右图则显示了开关面积和电压降低的关系。

幻灯片 12.37

其他还有很多问题必须在门控电源中解决。其中一些是规划问题（选择头晶体管还是脚晶体管，哪些寄存器需要保持状态，以及哪些状态保持的机制），另一些则是真正的实现问题（插入隔离单元来预防门控电源逻辑输入浮空），余下的就是验证指向型（验证通断电的顺序、电压降和唤醒时间限制）。

电源门控：其他的问题

- 库设计：特殊单元是必要的
  - 开关，隔离单元，状态保持寄存器（SRFF）
- 头晶体管和脚晶体管？
  - 头晶体管有更好的漏电减小，但是有两倍大的面积开销
- 哪些模块，以及多少模块，需要进行电源门控？
  - 休眠控制信号必须可用，或必须得到创建
- 状态保持：哪些寄存器需要保持状态？
  - 使用 SRFF 带来很大的面积开销
- 防止浮空信号
  - 门控电源的输出用来驱动永远使用的模块，所以必须不能浮空
- 涌入电流及唤醒时间
  - 涌入电流必须快速回复，并且不影响电路操作
- 延迟效应及时序验证
  - 开关影响电源电压并影响延迟
- 上电及断电顺序
  - 必须设计控制器并且按序验证

幻灯片 12.38

这里展示了实现电源门控电路的通用流程。注意到状态保持机制的选择在某种意义上决定了单元库的设计，如果所需的机制需要使用状态保持寄存器（SRFF），那么这些单元必须存在于库中。更进一步，这个选择还会影响布局选择。另外，布局的选择可能会导致一些问题。例如，环形开关布局使得使用 SRFF 变得困难，读出（为了保持）和写入（状态回复）方法可能是更好的。在任何情况下，主要的概念是许多这些相关的问题互相关联，因此需要在物理实现之前仔细考虑。

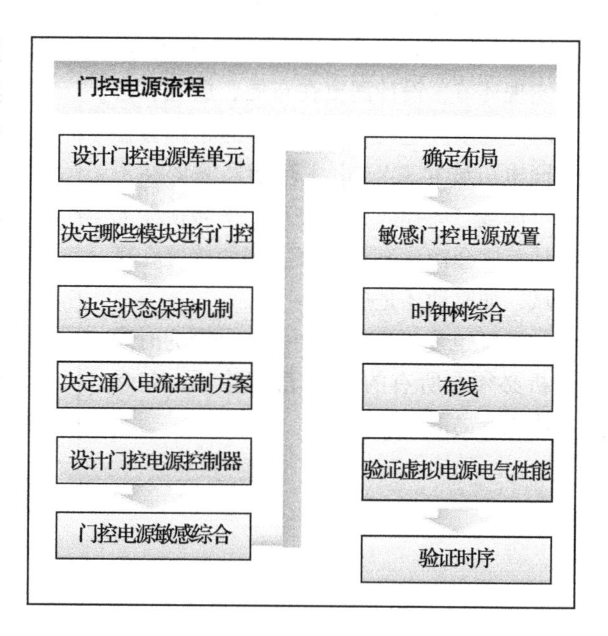

幻灯片 12.39

当电源门控解决了漏电节省时，多V_{DD}（多电源）可以解决动态功耗节省。这里显示了带有两个电压域的一个设计案例，但是多种变体都是可能的。一个变体就是简单地使用更多（例如，3到4个）电压域。另一种变体是使用时变的电压值的动态电压缩放（DVS）来使得需要高性能时有高电压，而在其他情况下降低电压。一个更为复杂的变体，就是用动态电压频率缩放（DVFS）来调整时钟和电源电压。我们可能会想象到，当功耗降低时，这些技巧会增加整个设计和验证的复杂度。

多电源

- 目标
  - 降低V_{DD}平方项来降低动态功耗
- 高电源用于速度优先逻辑
- 低电源用于非速度优先逻辑

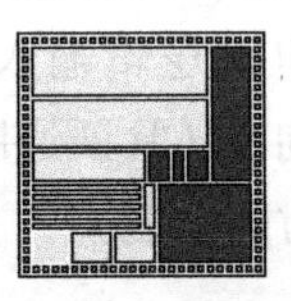

- 例子
  - 存储器V_{DD}=1.2V
  - 逻辑V_{DD}=1.0V
  - 逻辑动态功耗节省=30%

幻灯片 12.40

类似于电源门控，使用多电压带来了一些问题，可以划分为规划、实现和验证问题。大部分的复杂度发生在实现环节，而选择使用哪些特别的电压以及在哪些模块上使用，都应该在系统设计环节决定。在实现环节，设计需要在布局、放置和布线时考虑不同电压的幅值（地通常都会在不同电压域共享）。电平转换器需要在不同电压域之间插入，取决于电平转换器的设计，这会产生布局约束。例如放置在哪些域，如驱动还是接收。

验证也变得更为复杂，这是因为时序分析必须在所有的PVT角落验证，包含不同电源岛的切换。

多电源问题

- 分配
  - 哪些模块需要使用哪些电压？
  - 物理层和逻辑层应该尽量匹配？
- 电压
  - 电压应该尽量低来减小CV_{DD}^2f
  - 电压应该足够高来满足时序要求
- 电平转换器
  - 需要（通常需要）缓冲跨电压域的信号
    - 可以在电压差小的情况下忽略，~100mV
  - 加入的延迟需要被考虑到
- 物理设计
  - 在布局时应该考虑到多电源轨
- 时序验证
  - 设计完成前必须在所有工艺角及电压域进行验证
  - 例如：对于两个电压域V_{hi}和V_{lo}
    - 时序验证的工艺角增加1倍

幻灯片 12.41

这里展示了实现多 V_{DD} 设计的一般流程。整个流程和标准设计流程类似，但是一些人物需要额外注意。首先，或也许是最重要的，从逻辑上决定哪些模块需要运行在哪些电压和电源轨，如何布线以及物理模块的放置都是需要规划的。多电源综合将会在合适的地方插入电平转换器，这些电平转换器的放置必须考虑接下来的电源域的放置。时钟树综合必须对于多电压域敏感。也就是，其必须知道时钟缓冲器在不同电压域中时序特性不同，并且需要利用这些不同来管理延迟和抖动。最终，在布线完成后，时序必须使用不同电压域的特定操作电压下特征化的时序模型来验证。

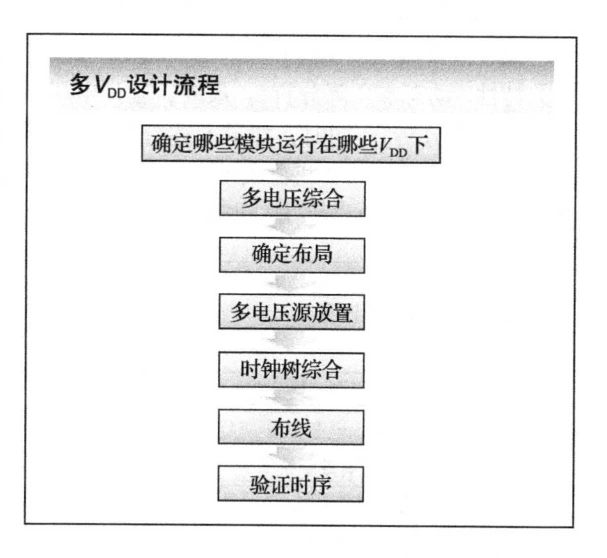

幻灯片 12.42

功耗完整性对于所有集成电路都是需要考虑的，但是对于功耗优化器件要额外关注，这是因为许多功耗降低技巧会倾向对供电网络施压并且降低逻辑和存储器噪声容限。例如，门控电源开关在电源网络中插入了额外的电阻，使得它们对于额外的电压降低更为敏感。循环使能时钟门控通常会导致周期变化间的大电流。即使低电压下的基本操作都会导致巨大的片上电流。考虑到 3GHz 的 Intel Xeon 处理器在 1.2V 电源电压时消耗 130W 功耗，片上电流变化达到 100A。

电源完整性方法

- 动机
  - 保证整个电源分布网络不会反作用于 IC 的性能
    - 功能运行
    - 性能：速度和功耗
    - 稳定性
- 方法
  - 分析特定电压降参数
    - 有效网格阻抗
    - 静态电压降
    - 动态电压降
    - 电迁移
  - 分析电压降对于时序和噪声的影响

幻灯片 12.43

功耗完整性分析背后的想法是，分析公式 $V(t) = I(t)*R + C*\mathrm{d}v/\mathrm{d}t*R + L*\mathrm{d}i/\mathrm{d}t$ 并决定它对于整个电路的影响。

功耗完整性分析流程包括以下几个重要步骤，包含连续改进方法。首先，电源网格的基本结构完整性通过每个实例单元到其自身电源处的有效电阻检验。第二，静态电流（也称作平均或有效直流电流）被引入来检查基本电压降（静态压降分析）。接下来，分析网格的时序相关特性（动态点压降分析）。最终，验证电压降低对于电路性能的影响（电压敏感的时序和信号完整性分析）。同时，如果上述分析暗示了任何问题，修复和优化就可以进行。在布线前，修复通常通过一些机制来实现，例如电源栅尺寸改变，实例单元移动来分散峰值电流和插入去耦合电容。在布线后，后面两个技巧最经常使用。

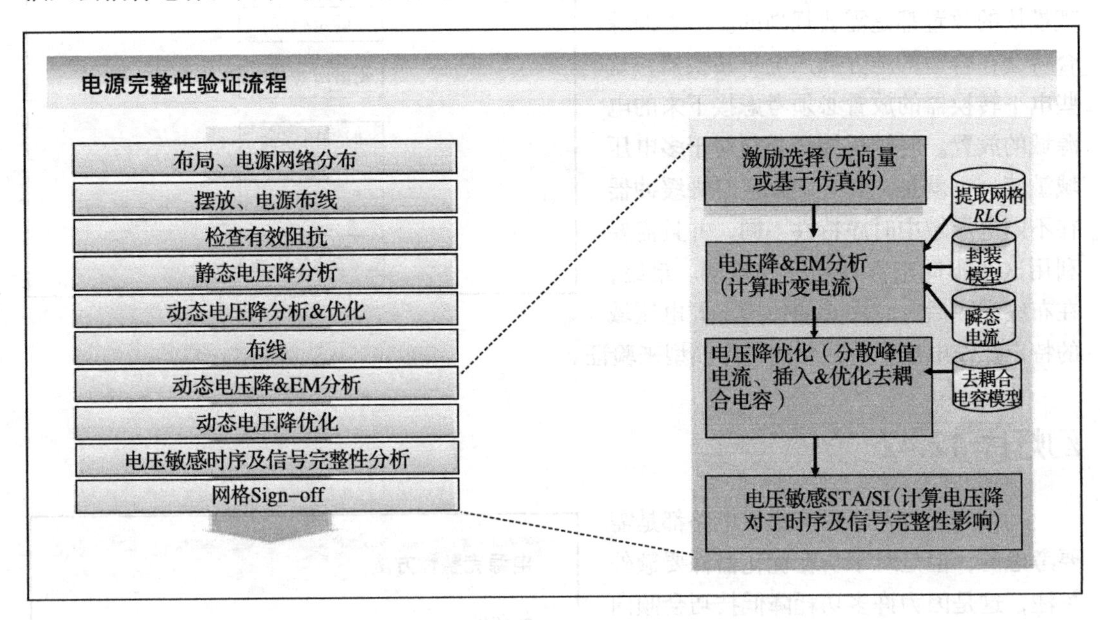

幻灯片 12.44

这个流程的第一步是通过到电源的有效电阻计算，验证每个实例单元和电源网格的连接

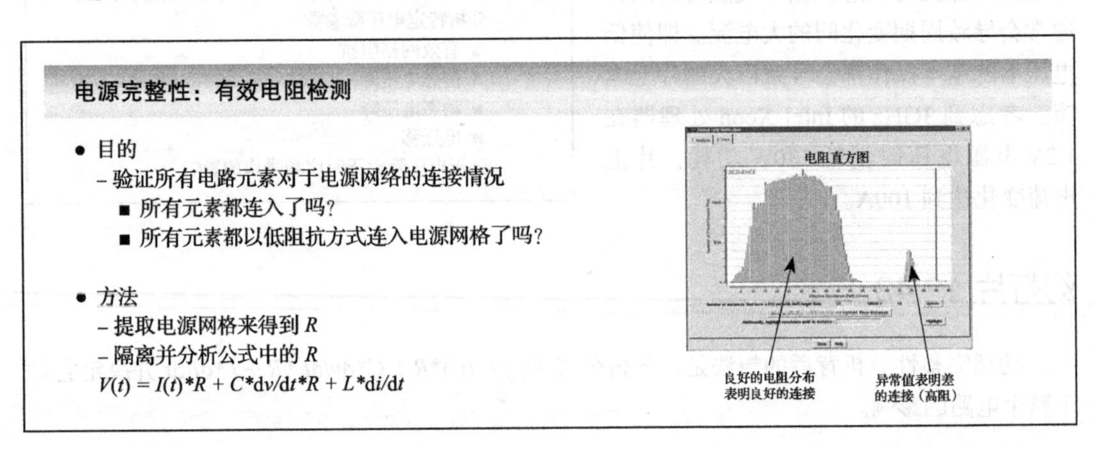

性。事实上，这隔离了电压降公式中的电阻项。这样就可以单独检查每个实例单元。有效电阻分析结果是一个显示实例单元的有效电阻值数量的柱状图。注意表中的一些极端值，它们表示了相比于其他实例单元较高的电阻，这也就强调了例如确实通孔或者较窄电源轨的问题。一个良好的、无错的电源传输网络将会产生一个良好的没有极端情况的电阻值分布。

这个分析可以在没有激励或者电流计算的情形下运行且非常快速，因覆盖了所有的例化单元，使其更容易突出其他方法较难找到的电源网格连接问题。

幻灯片 12.45

在验证了网格连接之后，下一步就是分析电压降。然而，为了达到这个目的，必须对电路仿真，然而由于功耗强烈依赖于活动因子，就应该分析一个高活动因子周期。这需要仔细选择这里所暗示的仿真数据。

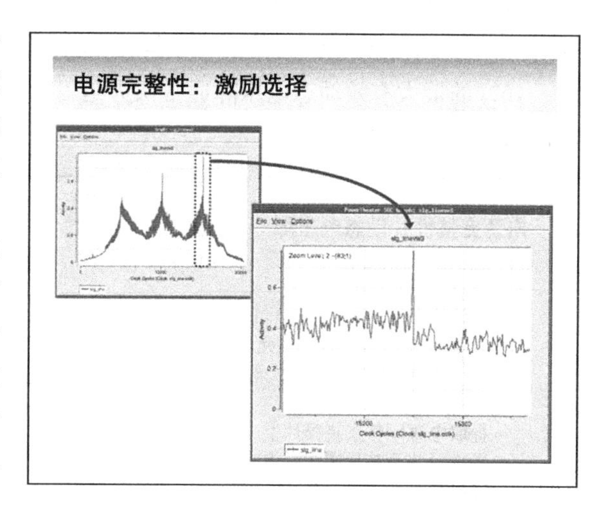

非向量仿真是基于仿真激励的一个非常有吸引力的替代，由于其摆脱了长时间仿真的需要和向量选择。然而，非向量仿真会有其自身的问题，例如如何选择非向量设置条件，如总功耗目标或者活动因子百分比。另外，这个分析可能会过于悲观，这会导致过度增大尺寸（潜在的漏电增加。）

幻灯片 12.46

一旦选出合适的周期做分析，并计算随时间平均的电流，进而用在 $V=IR$ 计算中，就可产生一个芯片尺度的随时间平均的电压梯度，如此处编码版图的颜色。这个分析用来显示网格灵敏度、电流密集或者高电流实例单元。注意到静态电压降分析并不是有效电阻分析的有效替代，这是由于前者并不检查每个单元的连接情况（因为实际上的激励不会使能所有例单元）。

一个有用的指标是从单个实例单元看来的有效电压，或者是 V_{DD} 和 V_{SS} 之间的

电源完整性：静态电压降

- 动机
  - 验证一阶电压降
    - 网格足够处理平均电流吗?
    - 静态电压降应该只有电源电压的很小百分比
- 方法
  - 提取电源网络来得到 R
  - 选择激励
  - 计算对于正常操作的平均功耗来获得 I
  - 计算：$V=I/R$
    - 非时变

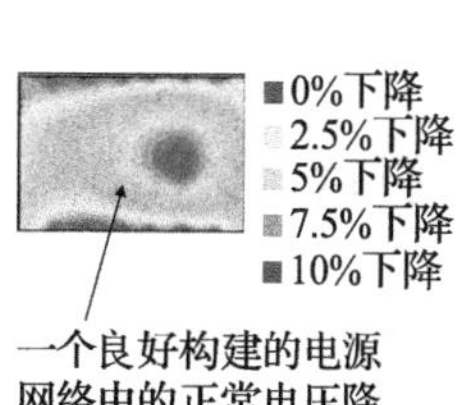

一个良好构建的电源网络中的正常电压降图。但是10%的静态电压降已经很大了

差。有效电压考虑了 V_{DD} 和 V_{SS} 电源轨的静态电压降，不会偏离理想值超过 2% ~ 3%。

幻灯片 12.47

功耗完整性分析的最优量度是动态电压降，这是由于它考虑了时变的电容和电感贡献。用来决定动态电压降的方法和决定静态电压降的方法基本一致，除了如下两个例外：寄生模型和计算方法。静态电压降分析用的寄生模型只需要包含由有效直流计算得来的电阻，而动态电压降分析使用了全部 *RLC* 模型。取代了单独解 $V(t)$ 的方程，多个解同时进行，其中一个制订了时间步长，很像 SPICE，对于所有的电源网络节点进行时变电压波形的计算。底部的四个图展示了一个相同的动态电压降计算的自连续时间步长，一系列的发展展示了典型电压降随时间的变化。

10% 的最大有效动态电压降通常认为是可以接受的，尽管小一些明显会更好，因为电压降造成延迟的危害。

电源完整性：动态电压降

- 动机
  - 验证动态电压降
    - 瞬态电流、电压都在允许范围内？
    - 芯片能否在外部 *RLC* 环境下正常工作？
- 方法
  - 提取电源网格来获得片上 *R* 和 *C*
  - 考虑封装及芯片连线的 *RLC* 模型
  - 选择激励
  - 计算特定操作的随时变的功耗来获得 $I(t)$
  - 计算 $V(t) = I(t)*R + C*dv/dt*R + L*di/dt$

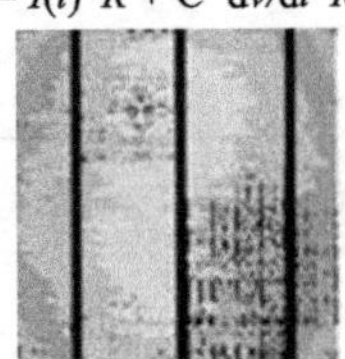
时间步长 1 @ 20 ps

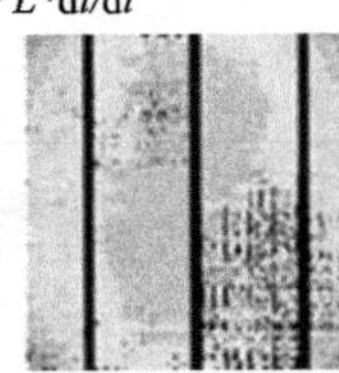
时间步长 2 @ 40 ps

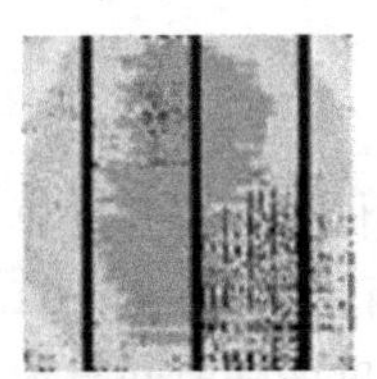
时间步长 3 @ 60 ps

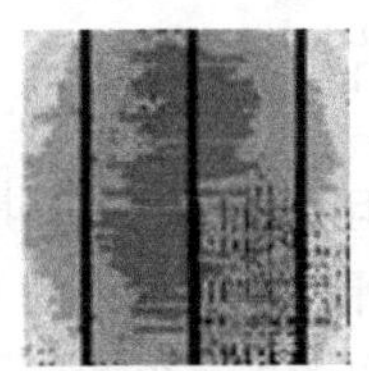
时间步长 4 @ 80 ps

幻灯片 12.48

一个典型和有效的电压降缓解方法是使用片上的去耦合电容。去耦合电容可以在布线前插入，作为一个预防的方法，或者在布线之后插入作为一个缓解的方法，或者二者兼备。去耦合电容的功能是作为一个局部的电荷库并有一个较快的时间常数，提供了高效的瞬态电流响应能力。这里展示了一个去耦合电容的 *RC* 模型，并插入到寄生参数网表，组成了 *RC* 电源模型和 *RLC* 封装模型。

去耦合电容通常由两种结构构成：金属 - 金属电容或者薄栅氧化层电容。后者因为其单位面积电容高于金属 – 金属电容而更为流行。然而，从 90nm 开始，在 65nm 时明显恶化，薄栅氧化层电容的栅漏电流成为了问题。这敦促了避免使用去耦合电容填充，即使用去耦合电容填充了没有用到的芯片面积，相反地，也就促成了优化插入的去耦合电容的数量和摆放位置的工作动机。

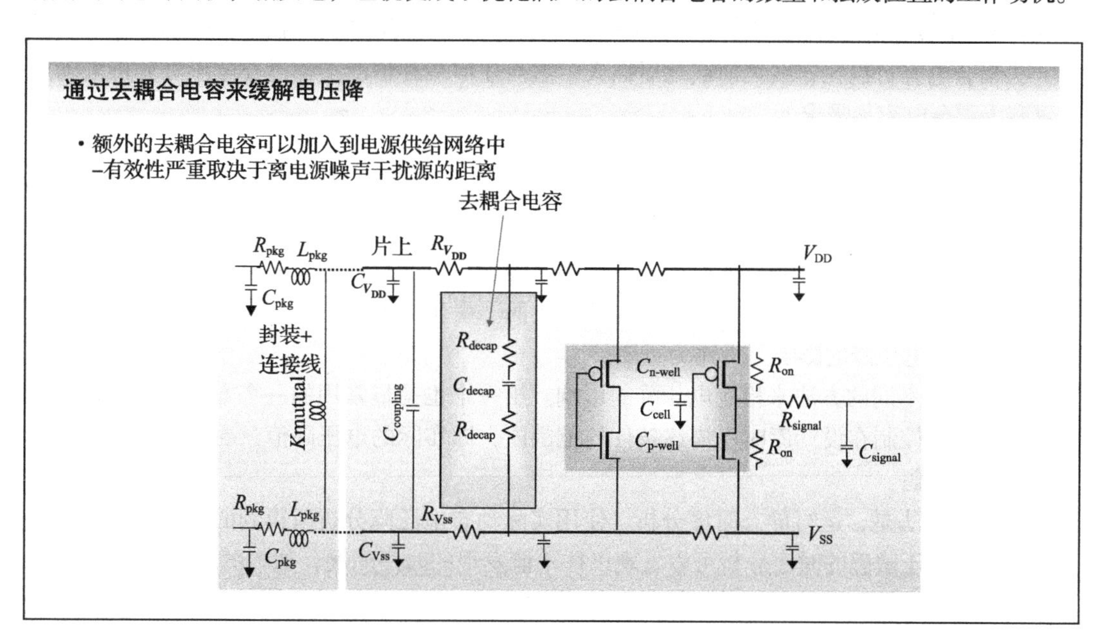

幻灯片 12.49

第二个优化去耦合电容的动机是，去耦合电容的有效性与干扰源（agressor）强烈相关。对于功

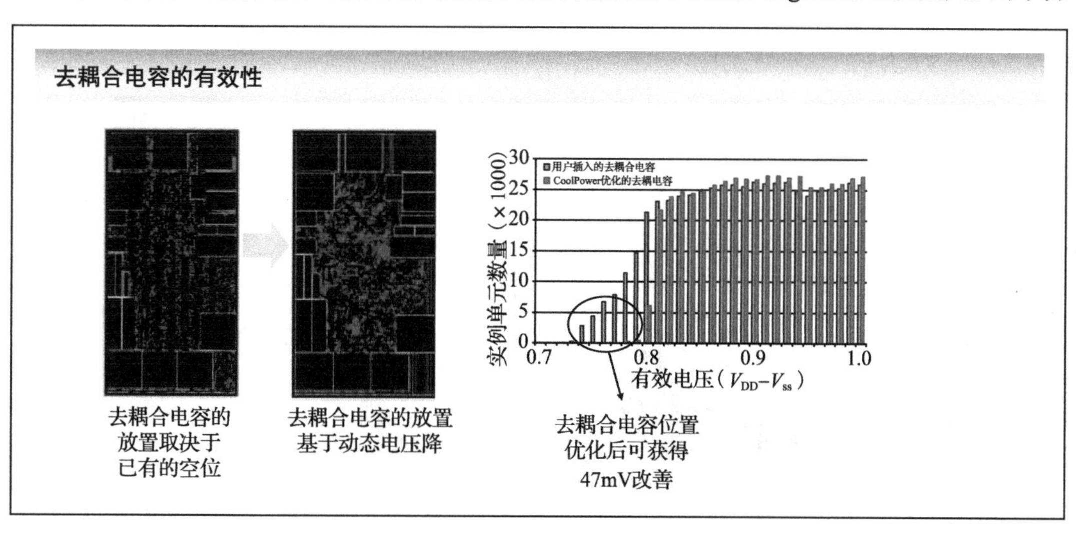

耗分布网格中为了防止瞬态电流需求事件，去耦合电容响应时间必须快于事件本身。即，通过去耦合电容到干扰源的电阻的电流应该足够小来提供较快的 *di/dt*。从物理角度，去耦合电容必须与干扰源离得很近。这可以从显示了两个电压降分析的图中看出，一个是布局优化前，另一个是布局优化后。后优化结果相比于前优化结果有较少的去耦合电容，因此有效改善了最差电压降的情况。使用较少去耦合电容意味着来自去耦合电容的漏电流可以减小，假设使用了薄栅氧化层去耦合电容。

去耦合电容可以在布线之前或之后插入，然而任何一种情况下都需要电压降分析来确定位置和去耦合电容值需求。

幻灯片 12.50

在保证了所有功耗参数在所有模式下都满足需求后，最后一步就来验证时序。当然，这个验证步骤与低功耗设计技巧是否使用无关。然而，由于低电压下及小幅电压变化对于时序的影响，验证电压降的影响显得尤为重要。

可用两种不同的方法来检查电压降的影响。第一个也是最常用的一个方法是，检查最差电压降是否被控制在设计库时序描述条件的范围内，即实际的电压降值只要在电压降目标范围内就没有问题。

第二种方法是，运行静态时序分析，使用实际动态电压降分析所得到的电压值来计算出延迟。这个电压敏感的时序分析可以发现以往不能发现的时序问题，如本图所示。

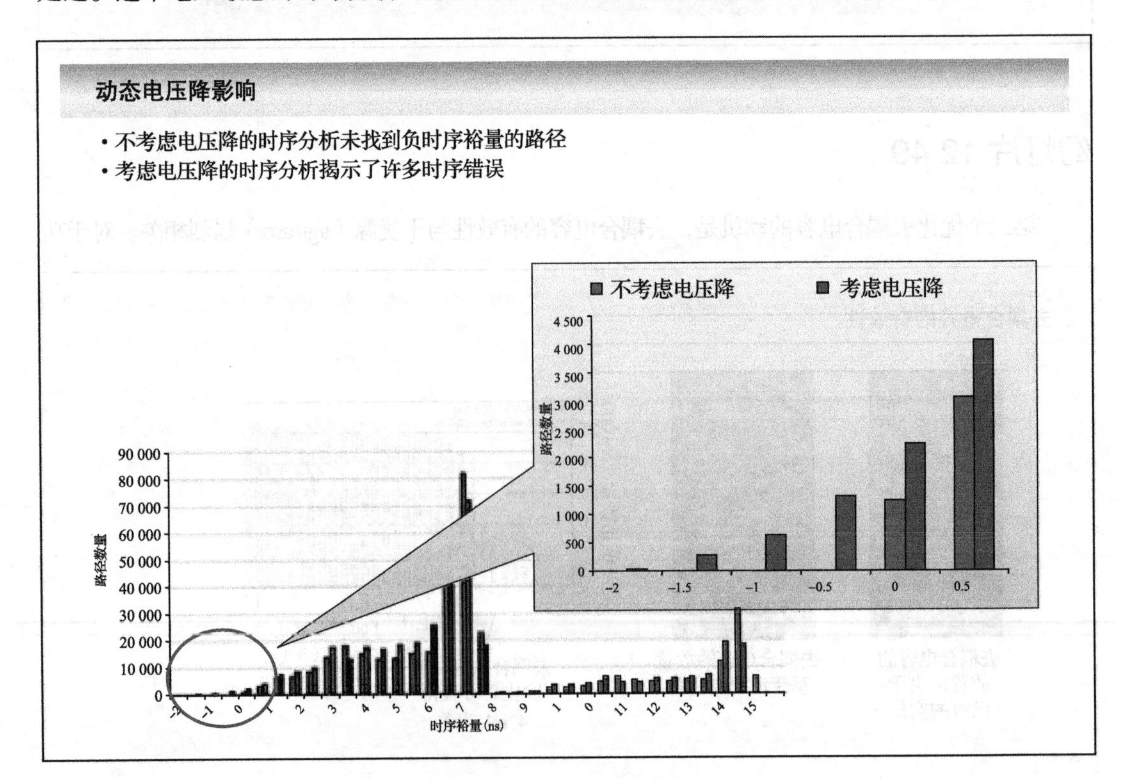

幻灯片 12.51

低功耗设计远比使用功耗优化工具更为困难。尤其需要设计者产生更为高功效的算法、架构和实现。由于设计经历许多设计步骤，增加功耗敏感设计的自动化能够帮助达到这个功耗目标。这类自动化的有效性取决于所选的方法，但是针对所有 SoC 设计项目一些道理仍然适用。库单元必须有功耗特征。应该尽早和频繁地分析功耗。功耗可以在所有抽象层和步骤中减少，但是最好的大幅降低功耗的机会是在早期设计步骤中。最终，电压降问题必须在流片前解决，尤其是有关时序和噪声特性的影响。

正如本章开始时提到的，高功效作为主要目标的出现使得电子设计自动化产业更加关注于将降功耗作为主要标准引入到设计流程和工具中。这其中的许多结果都在本章展示。然而，这些努力仍然离本书介绍的各种低功耗设计方法有相当远的距离。通过设计和设计自动化之间的紧密合作来实现真正的自动化低功耗设计是非常有必要的。

总结——低功耗设计方法回顾

- 功耗特征化和建模
  - 需要针对 SoC 的基于单元的设计流程
- 功耗分析
  - 在所有设计阶段尽早和频繁进行
- 功耗降低
  - 在所有阶段都有多种技巧和机会
  - 在设计阶段早期会出现最为有效的机会
- 功率完整性
  - 电压降分析是最为重要的验证步骤
  - 考虑电压降对于时序和噪声的影响

幻灯片 12.52

一些参考文献……

一些有用的参考文献

书和章节

- A. Chandrakasan and R. Brodersen, *Low Power Digital CMOS Design*, Kluwer Academic Publishers, 1995.
- D. Chinnery and K. Keutzer, *Closing the Power Gap Between ASIC and Custom*, Springer, 2007.
- J. Frenkil, "Tools and Methodologies for Power Sensitive Design", *in Power Aware Design Methodologies*, M. Pedram and J. Rabaey, Kluwer, 2002.
- J. Frenkil and S. Venkatraman, "Power Gating Design Automation", *in Closing the power crap Between ASIC and custom*, Chapter 10, Springer'2007.
- M. Keating et al., *Low Power Methodology Manual –For System-on-Chip Design*, Springer, 2007.
- C. Piguet, Ed., *Low-Power Electronics Design*, Ch. 38–42, CRC Press, 2005

论文和网址

- Cadence Power Forward Initiative, http://www.cadence.com/partners/power_forward/index.aspx
- A. Chandrakasan, S. Sheng and R. W. Brodersen, "Low-power digital CMOS design," *IEEE Journal of Solid-State Circuits*, pp. 473–484, Apr. 1992.
- N. Dave, M. Pellauer and S. Gerding, Arvind, "802.11a transmitter: A case study in microarchitectural exploration", *MEMOCODE*, 2006.
- S. Gary, P. Ippolito, G. Gerosa, C. Dietz, J. Eno and H., Sanchez, "PowerPC603, a microprocessor for portable computers", *IEEE Design and Test of Computers*, 11(4), pp. 14–23, Winter 1994.
- S. Kosonocky, et. al., "Enhanced multi-threshold (MTCMOS) circuits using variable well bias", ISLPED Proceedings, pp. 165–169, 2001.
- Liberty Modeling Standard, http://www.opensourceliberty.org/resources_ccs.html#1
- Sequence PowerTheater, http://www.sequencedesign.com/solutions/powertheater.php
- Sequence CoolTime, http://www.sequencedesign.com/solutions/coolproducts.php
- Synopsys Galaxy Power Environment, http://www.synopsys.com/products/solutions/galaxy/power/power.html
- Q. Wang and S. Vrudhula, "Algorithms for minimizing standby power in deep submicrometer, dual-Vt CMOS circuits," *IEEE Transactions on Computer-Aided Design of Integrated Circuits and Systems*, 21(3), pp 306–318, Mar. 2002.

第13章 总结与展望

幻灯片 13.1

在本书中，我们探讨了一系列技术来解决数字电路设计功耗和能耗挑战。其中许多技巧都是在最近几十年开发的。然而，我们不得不去想将来会怎么样。在最后一个章中，我们将总结过去一些年里低功耗设计的发展、现在的状况以及未来的可能。

幻灯片 13.2

在20世纪90年代早期，功耗节省的主要开发可以分为如下两类：一是删掉不需要的功耗，二是将电压作为一个设计变量。

低功耗设计规则

- 最小化浪费（waste）（或降低开关电容）
  - 匹配计算和架构
  - 在算法中预留内在的局部性
  - 使用信号统计信息
  - 按需能量（性能）
- 电压作为一个设计变量
  - 将电压和频率匹配到所需要的性能
  - 相较于可编程器件，更容易在特定应用中实现

[Ref: J. Rabaey, Intel'97]

的确，在功耗变成问题之前，能量浪费是非常大的（这和我们现今的很多地方是不是仍然很像）。比如电路尺寸过大、空闲模块仍然由时钟驱动，架构设计完全是性能导向的。又如电源电压和电源分布网络曾认为是神圣并不能被触动的。而通用计算“某种程度上”（三个数量级）没有效太让我们吃惊了。

上述的两个概念目前都已经成为主流。所有设计都在尽可能有效地除去多余的能耗。多个电源或可变电源都已普遍被接受了。

幻灯片 13.3

在 20 世纪 90 年代后期，准确地说，是在进入 130nm 和 90nm 工艺节点之时，漏电逐渐成为功耗的主要部分，这是多少有些令人吃惊的。之前很少的路线图预言了这点。所幸解决方法随后被快速地采用和跟进。

在公式中加入漏电

- 电源域的出现
- 漏电并不一定是坏事
  - 优化的设计可以有较高的功耗（$E_{lk}/E_{sw} \approx 0.5$）
- 漏电管理需要动态优化
  - 活动因子决定了动态 / 静态功耗比
- 存储器决定待机功耗
  - 逻辑模块应该在待机时不消耗功耗

[Emerged in late 1990s]

其中最重要的一个解决方法是采用功耗域。它们本质上是之前介绍的电压域的延伸，因此使得动态电压和体偏置管理在许多 SoC 和通用设计中成为现实。某种意义上，这也是动态优化想法的根源，现在它也成了进一步提升能耗效率最为流行的工具。

设计者也需要学着接受漏电，并且利用其优势。例如，当电路工作时，允许一些漏电是有优势的，这是由林雪平大学的 Kirsten Svensson 在 1993 年预测的 [Liu'93]。最终，意识到存储器消耗了最主要的静态功耗（这也是移动设备的主要问题），这有助于将设计高能效存储器放在最重要的位置。

幻灯片 13.4

当所有容易得到的果实已采摘后，进一步提高能效只能通过更为创新或者更为颠覆性的设计方案。

低功耗设计规则——Anno 2007

- 大量并行
  - 许多简单的事情会远好于复杂的事情
- 永远最优的设计
  - 需要注意到运行，制作和环境变化
- 优于最差情况设计
  - 超出可接受的并进行补偿（recoup）
- 继续电压缩放
  - 进入超低电压
  - 能多接近极限
- 开拓未知领域

[Ref: J. Rabaey, SOC'07]

尽管使用并行来提高能效的概念（或使用相同功耗来实现更高的吞吐量）在 20 世纪 90 年代早期被提出 [Chandrakasan92]，直到 2000 年开始，这个概念才被通用计算领域完全采用，这通常需要一个重大灾难事件来找到颠覆性概念的出路。当大坝溃堤之时，我们就不能再犹豫不决。在可预见的未来，大量（甚至巨量）的并行性将会在架构设计领域成为主导。

另一个进化是运行优化概念正在慢慢完全成果化。如果能效是最终目的，电路和系统正常工作在能量 - 延迟空间的最优工作点是非常必要的，同时要考虑变化的环境条件、活动因子水平，以及设计偏差。在一个极端情况下，这意味着传统的“最差”设计策略并不合适。选择电路最差情况下的运行条件就会带来很大的开销。允许偶然的错误发生是没有问题的，只要系统最后能够恢复就好。

很明显我们应该持续探索进一步降低电压的方法，这也是最为有效的降低能耗的工具。超低电压将会在未来几十年内保持吸引力。

最终，我们应该意识到进一步降低单位操作能量将会最终挑战过去六七十年中设计数字电路的方式。基于布尔型的冯·诺伊曼－图灵原则，我们需要自己的数字引擎来执行确定的计算模型。当信噪比变得非常小且变化很大时，就值得去探索统计计算模型。尽管它们可能不适合所有的应用领域，但在大量地方仍会非常有效，自然界的大量现象都有所体现。

后面的观察值得一些深思。设计工具和技巧总是通过隐藏或者忽略设计的统计信息。然而，现在却越来越不是这种情况。基于统计的设计肯定会越来越重要，但是不幸的是，我们的设计工具不能很好地处理这一点。分析、建模、抽象、组合和综合分布应该成为任何一个低功耗设计环境中的核心。

幻灯片 13.5

在本章剩下的部分，我们简单讨论那些值得关注但前面还未讨论到的概念。

一些值得关注的概念

- 新颖开关器件
- 绝热逻辑和能量恢复
- 自时钟和异步设计
- 拥抱非传统计算情景
  - 巨大的并行性

幻灯片 13.6

从能量角度来看，理想的开关器件应该是具有无限大亚阈值斜率和一个完全确定的阈值电压的晶体管或者开关。在这个条件下，我们能够持续降低电源电压和阈值电压，保持性能并降低漏电功耗。通过半导体开关来完成这个目的可能会是一个徒劳的尝试。在第 2 章，我们引入了一系列器件结构，它们可以使亚阈值斜率低于 60 mV/dec。

新颖的开关器件

- 纳米科技带来很广阔的新型器件
  - 碳纳米管晶体管、纳机电系统（NEMS）、自旋器件、分子器件、量子晶体管等
  - 有潜力——长期影响未知
  - 很可能需要重新回顾逻辑设计技术
- 跳出思维定势的想法很重要

因此，值得去考虑一些在纳米尺度工艺下的器件结构是否能提供解决办法。研究者提出并检查了许多相对半导体晶体管有很大不同的新型器件。尽管确实找到一些有趣的潜在可能

（例如，基于磁性而不是静电性质的自旋电子学），使用这些器件来进行数字计算引擎设计的长期目标的前景仍然不清晰。下一代数字开关可能会用其他完全不同的方法来实现。

幻灯片 13.7

我们通过下面的例子来说明。最近，一些研究者探索了使用机械开关的想法。这确实看起来是一个倒退回 20 世纪的方法，当时用继电器实现数字逻辑。工艺缩放不只是针对晶体管有效，它也使得可靠制造更为复杂的微机电系统（MEMS）和纳机电系统（NEMS）成为可能。一些可以可靠地开启和关闭上亿次的微机械开关可能成为近似理想的开关。机械开关的主要优点是，其导通电阻（1Ω）与 CMOS 晶体管（最小尺寸在 10kΩ 数量级）相比非常小，而且关断电流也非常小（空气是最好的介电材料）。不过生产这样一个能稳定开关上亿次的开关是一个大挑战。因为原子力在纳米尺度开始起作用，静摩擦力可以导致器件卡在关闭状态。不过成功的工业微机电系统（MEMS）产品，例如德州仪器的 DLP display 证明了这些问题是可以克服的。

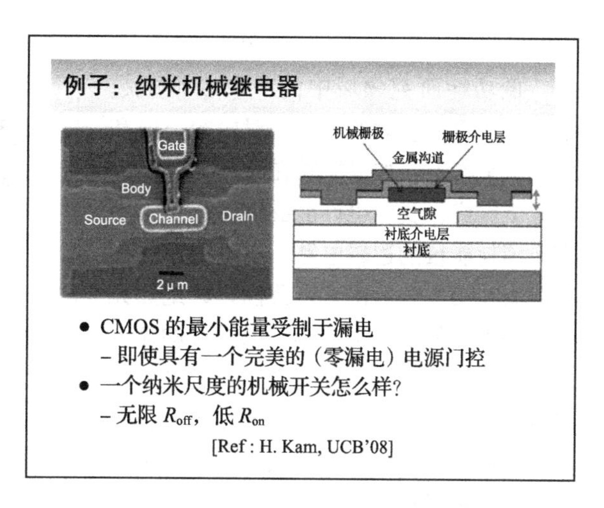

幻灯片 13.8

带有非常低导通电阻的器件对于逻辑实现具有深刻的影响。更为复杂的较深的逻辑结构相比于现在较浅的逻辑结构更受欢迎。著名的“FO4”准则就不再适用。但是更重要的，这会帮助将能量 - 延迟界限降低到新的范围。本张幻灯片展示了 90nm CMOS 工艺和 90nm 继电器逻辑的 32 位加法器的能量 – 延迟优化曲线。继电器逻辑已经存在很久了，然而直到现在仍限制在大型的电磁继电器领域。借助微机电系统（MEMS）开关，它们又被提到前台来。并且，图中清晰地显示了，相比于其他我们看到的器件，它具有更好的使我们更接近最低功耗界限的潜力。但它也有一个缺

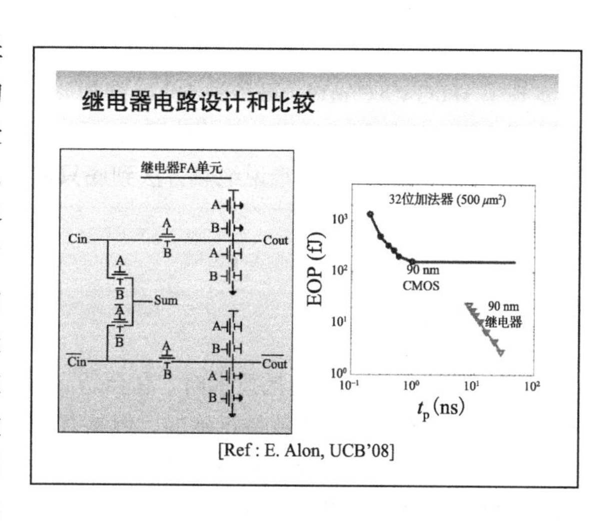

陷，即如何找出能够使其可缩放并且可靠工作的方法。

这个例子只是展示了一个可能的新型器件如何颠覆性改变低功耗设计的方法。我们确定其他更令人兴奋的器件会在未来几十年从纳米技术中出现。

幻灯片 13.9

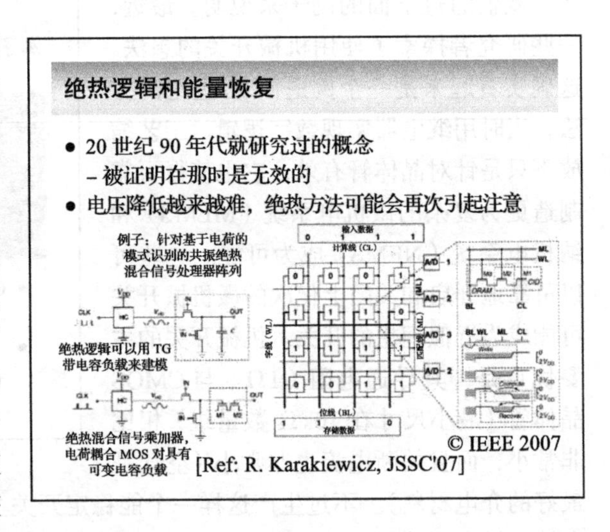

低功耗研究领域中的一个永恒主题是，寻找更为有效的方法来对电容充电和放电。事实上，如果能够在无任何热耗的情况下完成，我们也许能够设计出基本不需要消耗能量的逻辑电路。实现这个的一个线索在第 3 章给出，当我们讨论绝热充电时提到：如果一个电容器以极慢的速度充电，那么就基本不在开关上耗能（也可以参考第 6 章）。这个想法在 20 世纪 90 年代引起了很大关注并导致了一系列关于绝热逻辑和可逆计算的文章。后者指出使用绝热方法来充放电，所有的从电源处获得的电荷可以通过可逆计算来送回电源 [Svensson'05]。

但是这些想法都没有付诸实用。Mark Horowitz 和他的学生 [Indermauer'94] 正确地指出，如果能够放弃性能，那么也就能够降低传统 CMOS 电路的电压来降低功耗，而不是使用复杂的绝热充电。并且可逆计算的开销非常大，并不实用。

然而，当电压缩放越来越困难，绝热充电又再次得到注意。一个较好的例子显示在这里，用绝热逻辑实现了一个高能效的处理器阵列来进行模式识别（尽管是混合信号的）。处理器实现了 380GMAC/mW（每秒钟 10^9 次乘加），这比静态 CMOS 方法省电 1/25。这证明了使用共振绝热结构的创新可能会显著地降低能耗。

在本书写作时，还很难说绝热方法到底只适用于很小的一类电路，还是可以带来更大的收获。

幻灯片 13.10

当讨论到未来的低功耗技术时，总会遇到一个问题，那就是异步时序或自时序的潜力。相信异步方法能够减少功耗是正确的，但是背后的原因却经常有误导性。一个共识是，它的功耗节省来自于全局时钟的消除。事实上并不是这样。一个精心设计的使用层级时钟门控的同步时钟策略完全可以一样有效，并且能够去除完成信号产生和协议信号的开销。更有意义的是异步方法本身支持“优于最差”设计策略。活动因子的变化和实现平台都自动解决了这

推荐阅读

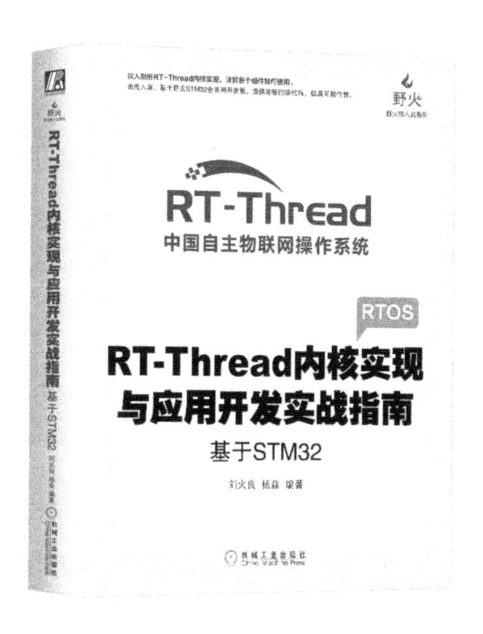

RT-Thread内核实现与应用开发实战指南：基于STM32

作者：刘火良 杨森 编著 书号：978-7-111-61366-4 定价：99.00元

深入剖析RT-Thread内核实现，详解各个组件如何使用。由浅入深，配套野火STM32全系列开发板，提供完整源代码，极具可操作性。超越了个别工具或平台。任何从事大数据系统工作的人都需要阅读。

推荐阅读

FPGA Verilog开发实战指南：基于Intel Cyclone IV（基础篇）

作者：刘火良 杨森 张硕 编著 ISBN：978-7-111-67416 定价：199.00元

配套《FPGA Verilog开发实战指南：基于Intel Cyclone IV（基础篇）》以Verilog HDL语言为基础，循序渐进详解FPGA逻辑开发实战。

理论与实战案例结合，学习如何以硬件思维进行FPGA逻辑开发，并结合野火征途系列FPGA开发板和完整代码，极具可操作性。

Verilog HDL与FPGA数字系统设计

作者：罗杰 编著 ISBN：978-7-111-48951 定价：69.00元

本书不仅注重基础知识的介绍，而且力求向读者系统地讲解Verilog HDL在数字系统设计方面的实际应用。

FPGA基础、高级功能与工业电子应用

作者：[西] 胡安 · 何塞 · 罗德里格斯 · 安蒂纳 等 ISBN：978-7-111-66420 定价：89.00元

阐述FPGA基本原理和高级功能，结合不同工业应用实例解析现场可编程片上系统（FPSoC）的设计方法。

适合非硬件设计专家理解FPGA技术和基础知识，帮助读者利用嵌入式FPGA系统的新功能来满足工业设计需求。

些问题。事实上，异步设计完成后实现了“平均”的情景。在设计领域中偏差占主导时，异步方法较小的开销很容易被它带来的增益中和掉。

然而，这并不意味着未来所有的设计都需要是异步的。对于小模块，同步策略的效率是很难被打败的。这解释了现在流行的 GALS（全局异步局部同步）方法，其中同步模块通过异步网络来通信 [Chapiro84]。随时间推移，同步模块的尺寸在不断缩小。

另一个经常提起的顾虑是异步设计太复杂并且没有兼容的设计流程。同样，这也只不过是部分正确的。异步设计的技巧是很好理解的，并在文献中有详尽的阐述。实际的挑战是如何说服 EDA 公司以及大型设计公司相信异步设计是可行的，并且将这个概念引入传统设计环境中所需付出的工作量是相对较小的。这就进入了政策和经济决策领域而不是技术本身。

自时钟和异步逻辑

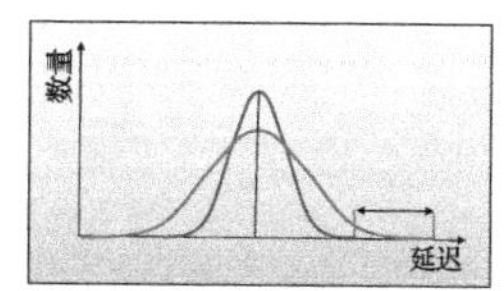

延迟分布作为可变性的函数

- 同步在确定情况下和任务周期大的情况下表现最优
- 但是，最差情况模型在偏差较大时并不理想
- 理想情况下，自时钟逻辑工作于“平均情形”
- 自时钟逻辑的协议和信号开销使其在延迟分布比较窄的时候没有吸引力
- 不再是这种情形，尤其在超低电压情况下
  - 有效“同步域”尺寸在缩小
- 设计流程也就不再适用
  - 例子：握手协议方案

幻灯片 13.11

本书最后讲解一些未来的推测。在文中，我们倡导了一系列策略，如并行、优于最差设计和更加激进的实现方法。尽管这些技巧能够放入传统的计算模型中，但是很明显这并不容易。简单来说，这些模型针对统计学并无效。

还有其他的计算系统可以做得更好，如那些在生物和自然系统中的。例如我们来看一下大脑，其在低信噪比的情况下运行得非常好，并且能有效地适应错误和改变的环境。也许一些来源于自然的技巧可以用来计算或者通信，这会帮助我们将未来的工作做得更好更有效。

拿并行性举例。例如，我们之前讨论了引入多核和众核系统来作为提升 SoC 性能且维持能耗的方法。我们可以再进一步。是什么阻碍了我们展望一个含有百万处理器的芯片，其中每个处理器都非常简单吗？联想一下大脑，或者蚂蚁窝，这个模型在自然界中

研究未知的可替代计算模型

人类

占 10% ~ 15% 的陆地动物生物量 10^9 神经元 /“节点”自从 10^5 年前

蚂蚁

占 10% ~ 15% 的陆地动物生物量 10^5 神经元 /“节点”自从 10^8 年前

相比人，更加容易制作蚂蚁系统
“小，简单，群落”

[Courtesy: D. Petrovic, UCB]

其实可以很好地运行。相比用较少数量但稳定且复杂的组件来建立一个系统，我们也可通过用大量较小的节点及其之间的通信来实现一个又大且复杂的系统。这句箴言为“小，简单，群落”。

幻灯片 13.12

这种“协作型”网络的优势可避免传统计算中的弱点，由于冗余性是内在的，这个网络本身非常稳定。这允许每个计算和通信组件运行在更加靠近冯·诺伊曼和香农界限的地方。

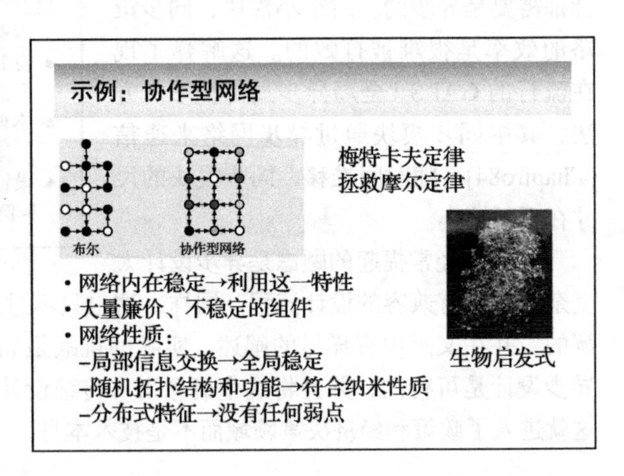

幻灯片 13.13

这些想法并不新。元胞自动机是基于相似概念的一个系统。在 20 世纪 80 年代晚期提出的“神经网络”概念是另一个例子。然而，这一概念由于计算模型限制，以及尝试将计算模型植入不兼容的平台而被判死刑。因此，这被证实了只在有限的情况下是可行的。

然而，通过许多简单和非理想模块构建复杂电子系统的想法在 20 世纪 90 年代末出现的无线传感器网络中，找到了真正的用武之地。网络自身统计学的性质事实上帮助产生了稳定和可靠的系统，即使单独节点失效，电力耗尽和通信失败。在一篇里程碑的文章中，纯粹的随机通信和网络编码的结合导致了完全可靠的系统，前提是节点数量足够大。

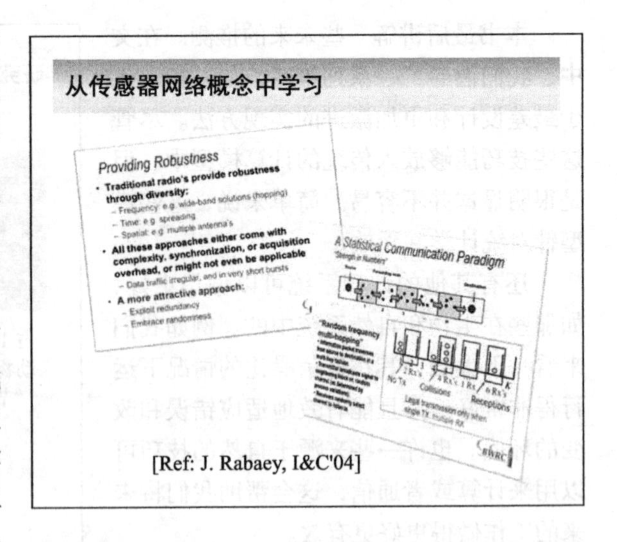

幻灯片 13.14

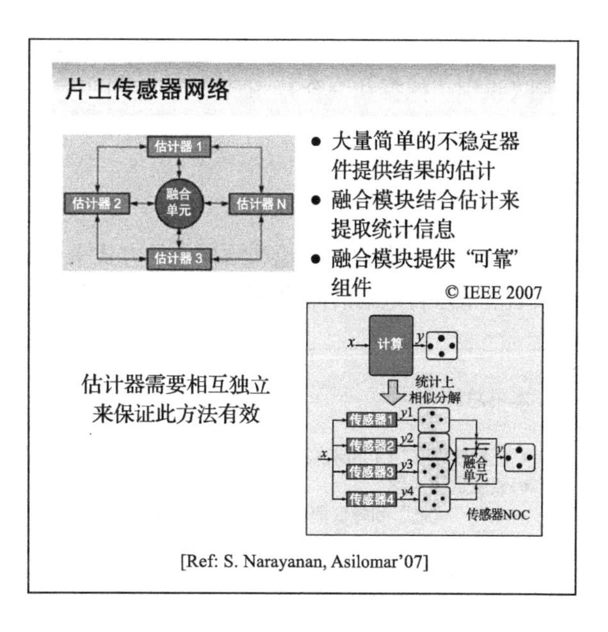

基于这些发现，一些研究者开始探索在芯片级别引入这个概念——“片上传感器网络（SNOC）”方法 [Narayanan'07]。与其用单个计算单元来计算（例如滤波或者编码），为什么不用多个简单单元同时估计这个结果，而后再使用一个融合单元来组合这些估计从而给出最终结果。每个“传感器”只负责一部分数据并使用简单的估计算法。这个方法明显只能在估计不相关然而具有相同均值的情况下有效工作。

这种方法本身非常稳定，一个或者多个传感器的失效并不会使最终结果错误，只会影响信噪比或 QoS（服务质量）。因此，激进的低能耗计算和通信技巧都可以使用。而唯一需要正确工作的就是融合单元。

细心的读者会注意到 SNOC 方法只不过是延伸了第 10 章倡导的“积极的部署”方法。在幻灯片 10.53 的例子中，一个计算单元由一个估计器辅助来抓获并改正偶然的错误。SNOC 简单地消除了计算单元，而只使用了估计器，这是考虑到了计算模块本身就是一个更为复杂的估计器。

幻灯片 13.15

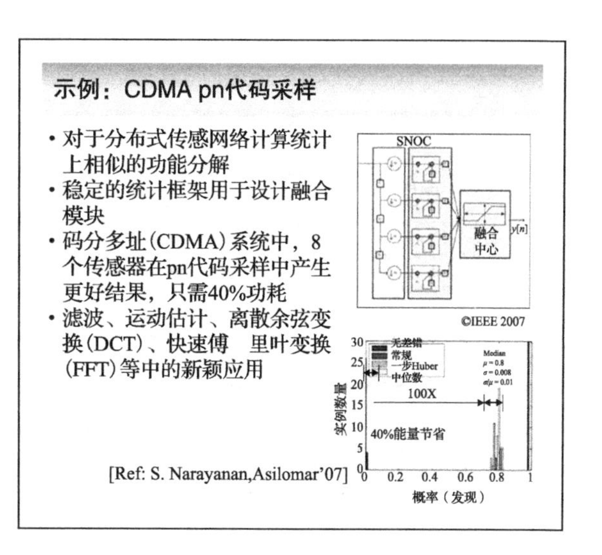

本张幻灯片显示了一个 SNOC 的例子。pn 代码采样是宽带码分多址（WCDMA）无线接收器中一个重要的功能。它的主要任务是将输入数据流和一个长伪随机代码相关起来。传统的 pn 代码采样方法是只使用一个相关器，而这明显是非常脆弱的。如本图所示，一个错误就会致使整个硬件失效。SNOC 架构把这个功能分到了许多（16 ~ 256）个简单的相关器上，每一个只针对子数据段和 pn 代码子集。SNOC 架构中的融合模块或者收集不同传感器数据或者进行一个中值滤波。如我们所观察到的，算法即使在大量错误出现时仍进行得非常良好。同时，能效由于较为积极的部署而被提升 40%。

可以想象同样类型的许多其他例子。事实上，上面的方法也潜在可以适用于任何 RMS 应用（识别、挖掘和综合）。随着这些应用变得愈发重要，创新的机会明显是巨大的。

幻灯片 13.16

本书的目的是以方法论和结构化的方式来展示低功耗设计。我们希望通过这样的方式提供给读者有效进行最前沿低功耗设计的工具，并且进而在未来能更加积极地为这个领域做出贡献。

本书总结

- 能量效率在当下和未来的集成电路设计中是最为重要的问题之一
- 领域足够成熟
  - 从“减肥”和降低消耗
  - 到“真正瘦能量”设计方法
- 仍有很多机会来超越现在所达到的成果
  - 底层还有很多空间

幻灯片 13.17

一些参考文献……

为进一步研究可阅读的有趣参考文献

书和章节

- L. Svensson, “Adiabatic and Clock-Powered Circuits,” in C. Piguet, *Low-Power Electronics Design*, Ch. 15, CRC Press, 2005.
- R. Wasser (Ed.), *Nanoelectronics and Information Technology*, Wiley-CVH, 2003.

论文

- E. Alon et al,, “Integrated circuit design with NEM relays,” *UC Berkeley Technical Report*, 2008.
- A.P. Chandrakasan, S. Sheng and R.W. Brodersen, “Low-power CMOS digital design,” *IEEE Journal of Solid-State Circuits*, 27, pp. 473–484, Apr.1992.
- D.M. Chapiro, “Globally asynchronous locally synchronous Systems,” PhD thesis, Stanford University, 1984.
- Digital Light Processing (DLP), http://www.dlp.com
- Handshake Solutions, “Timeless Designs,” http://www.handshakesolutions.com
- T. Indermaur and M. Horowitz, “Evaluation of charge recovery circuits and adiabatic switching for low power CMOS design,” *Symposium on Low Power Electronics*, pp. 102–103, Oct.1994.
- H. Kam, E. Alon and T.J. King, “Generalized scaling theory for electro-mechanical switches ,” UC Berkeley, 2008.
- R. Karakiewicz, R. Genov and G. Cauwenberghs, "480-GMACS/mW resonant adiabatic mixed-signal processor array for charge-based pattern recognition," *IEEE Journal of Solid-State Circuits*, 42, pp. 2573–2584, Nov. 2007.
- D. Liu and C. Svensson, "Trading speed for low power by choice of supply and threshold voltages," *IEEE Journal of Solid-State Circuits*, 28, pp. 10–17, Jan.1993.
- S. Narayanan, G.V. Varatkar, D.L. Jones and N. Shanbhag. "Sensor networks-inspired low-power robust PN code acquisition", *Proceedings of Asilomar Conference on Signals, Systems, and Computers*, pp. 1397–1401, Oct. 2007.
- J. Rabaey, “Power dissipation, a cause for a paradigm shift?”, Invited Presentation, Intel Designers Conference, Phoenix, 1997.
- J. Rabaey, “Embracing randomness – a roadmap to truly disappearing electronics,” Keynote Presentation, I&C Research Day, http://www.eecs.berkeley.edu/~jan/presentations/randomness.pdf, EPFL Lausanne, July 2004.
- J. Rabaey, “Scaling the power wall”, Keynote Presentation SOC 2007, http://www.eecs.berkeley.edu/~jan/presentations/PowerWallSOC07.pdf, Tampere, Nov. 2007.